普通高等教育本科教材

制药工艺学

PHARMACEUTICAL TECHNOLOGY

第二版

叶 勇 编

华南理工大学出版社
SOUTH CHINA UNIVERSITY OF TECHNOLOGY PRESS
·广州·

图书在版编目（CIP）数据

制药工艺学/叶勇编．—2版．—广州：华南理工大学出版社，2019.12
ISBN 978-7-5623-6179-4

Ⅰ.①制…　Ⅱ.①叶…　Ⅲ.①制药工业-工艺学-高等学校-教材
Ⅳ.①TQ460.1

中国版本图书馆 CIP 数据核字（2019）第 267102 号

制药工艺学（第二版）
　叶勇　编

出 版 人：卢家明
出版发行：华南理工大学出版社
（广州五山华南理工大学 17 号楼，邮编 510640）
http://www.scutpress.com.cn　E-mail：scutc13@scut.edu.cn
营销部电话：020-87113487　87111048（传真）
责任编辑：陈苑雯　张　颖
印 刷 者：佛山市浩文彩色印刷有限公司
开　　本：787mm×1092mm　1/16　印张：26.5　字数：645 千
版　　次：2019 年 12 月第 2 版　2019 年 12 月第 2 次印刷
定　　价：45.00 元

前　言

制药工艺学是研究药物生产过程的一门学科，包括药物制备的原理、工艺过程和质量控制。制药工艺是药物生产的核心，也是药物成型化的关键。

本教材突出了药品生产工艺研究的系统性和实用性。内容涵盖化学制药工艺、生物制药工艺、中药制药工艺和制剂工艺，详细阐述了这四类药物在生产过程中的关键核心技术，并结合现代制药工艺和药品生产质量管理规范（GMP）的要求，分别对不同类型的制药工艺特点、基本原理，以及工业化生产的工程技术和质量评价进行全面的介绍；还将制药工艺优化方法、放大方法、设计图和三废治理技术等共性技术整合，便于读者更好地把握制药工艺的共性规律。在每一篇章中，均列举了典型产品的生产实例和工艺流程，为工业化生产和应用提供指导。

《制药工艺学》第二版较第一版在内容上进行了以下更新：采用近年制药工业数据，紧跟制药行业发展趋势；结合临床常用的药物举例，与实际应用更为切合；补充了中药饮片和炮制工艺的介绍，使中药制药工艺过程更为完整；对照新版 GMP 要求阐述制剂工艺，使之更符合制药规范；补充了响应面的设计方法，使制药工艺条件优化方法更为丰富。

本教材可供制药及相关专业的本科生和专科生使用，也可作为研究生和相关研究人员的参考用书。

由于编者水平所限，书中难免存在不妥或疏漏之处，诚挚希望广大读者批评指正。

编　者

2018 年 10 月于广州

目 录

第1章 绪 论

1.1 制药工艺学的学科任务

制药工艺学（pharmaceutical technology）是研究药物工业化生产过程的制备原理、工艺路线和质量控制的一门学科。它是建立在化学、药学（中药学）、生物技术、工程学以及药事管理学基础上的一门专业课程。它的任务是研究、设计和选择安全、经济、先进的药物工业化生产途径和方法，解决药物在生产和工业化过程中的工程技术问题，规范药品生产质量管理过程，同时根据原料药物的理化性质、产品的质量要求和设备的特点，确定高产、节能的工艺路线和工业化的生产过程，实现制药生产过程最优化。

制药工艺是药物研究开发和生产过程中的一个极为重要的组成部分，属于制药行业里的前沿学科领域。

药物的生产过程包括工艺过程和辅助过程。工艺过程由直接关联单元操作的次序和操作条件组成，包括合成反应过程（反应步骤和反应条件，如配料比与培养基组成、温度和压力、催化剂与时间、通气与搅拌等）、分离纯化过程（如离心、过滤、结晶、色谱分离）与质量控制（诸如原辅料、中间体与终端产品）。辅助过程包括基础设施的设计和布局、动力供应、原料供应、包装、储运、“三废”处理等。

现代制药的特点是技术含量高、药品种类繁多、生产分工细致、生产具有比例性和连续性，发展方向是全封闭自动化、全程质量控制、在线可视化分析监测、大规模反应器生产和新型分离技术的综合应用。现代制药工业的迅速发展对于我国的新药研究与开发、传统制药工艺的革新、技术的创新以及与国际接轨都提出了更高的要求。研究和开发药物新产品、不断改进和创新制药工艺与提高技术水平是目前国内外制药企业在竞争中生存与发展的基本条件。

药物的生产制造必须接受严格控制，在生产制造过程中，药典和药品生产质量管理规范（good manufacturing practices，GMP）是指导标准，对药品安全和有效性起关键作用。我国制药行业已完成GMP改造，制药技术和设备已经有很大提升和改善，但工艺革新的空间仍然很大，特别是在新药的产业化方面。制药工艺作为把药物产品化的一种技术过程，是现代医药行业的关键技术领域，在新药的产业化方面具有不可替代的作用。

1.2 制药工艺学的研究内容

制药工艺学的目的是运用化学、生物、机械与工程等学科知识，研究药物的制造原理、工艺路线、过程优化、工艺放大、生产技术与质量控制，分析和解决药物生产过程中的实际问题。需通过小试（实验室）研究、中试放大研究，最终制定出相应的生产操作规程来指导制药生产。

制药工艺的研究可分为小试、中试及工业化生产三个阶段，每个阶段的研究场所、研究目的和研究内容均有所不同。

1.2.1 小试研究

小试研究是在实验室条件下进行的。研究内容包括化学或生物合成反应规律和步骤、天然原料的直接分离提取、微生物发酵、动植物细胞培养、产物分离纯化方法及其工艺参数，同时，研究建立成品、半成品、中间品、原料的检验分析与质量控制方法。研究目的是设计出合理的工艺路线，确定出收率稳定、质量可靠的操作条件，为中试放大研究提供技术资料。对于化学制药，研究配料比、反应介质溶剂、温度、压力、催化剂、时间等对反应过程和产率等的影响。对于生物技术制药，研究菌种和细胞系的建立、pH、溶解氧、搅拌、培养基组成，以及操作方式对细胞生长和产物合成及其产率的影响。对于中药制药，研究化工分离、纯化、浓缩、干燥单元组合对收率的影响。对于制剂工艺，研究药物剂型化制备技术。

1.2.2 中试研究

中试研究是在中试车间进行的。研究内容是在小试研究的基础上，利用小试获得的工艺路线，采用工业原料和工业设备，进行放大方法设计、工艺试验及其影响因素考察和优化，确定最佳操作条件；进行物料衡算、能量衡算，对工艺进行经济性评价。其目的是，在中试车间的条件下，取得工业生产所需的资料和数据，为工程设计和工业化生产奠定基础。

1.2.3 工业化生产工艺研究

工业化生产工艺研究是在生产车间进行的。它以经济效益为目标，研究内容是基于中试研究结果，制定生产工艺规程，在生产车间进行试生产；对工艺进行验证，在各项指标达到预期要求后，进行正式生产；在生产过程中，还可根据科学技术的进步，不断改进和完善工艺，修订生产工艺规程，以提高企业的效益和市场竞争能力。

1.3 制药工艺学的分类

药物按照制造技术可分化学合成药物（chemosynthetic drug）、生物合成药物（biosynthetic drug）和中药（traditional Chinese medicine）三大类。根据典型的药物生产过程，可把制药工艺过程分为4类，即化学制药工艺、生物技术制药工艺、中药制药工艺和制剂工艺，如表1－1所示。

表1-1 不同类型制药工艺的内容和特点

类型	研究内容	主要特点
化学制药工艺	采用化学方法，研究药物的合成路线、原理、工业生产过程及实现生产最优化的一般途径和方法	品种多、更新快、生产工艺复杂、原辅材料多、产量小、质量要求高、基本用间歇生产方式、有毒、易燃、易爆、“三废”多且成分复杂、易危害环境
生物技术制药工艺	以生物体、生物组织、体液或其代谢产物为原料，应用现代生物技术进行活性物质的制取，包括两个基本过程：上游过程（获得药物）、下游过程（后处理）。其中生物药品包括抗生素（发酵工程）、生化药品（直接从生物体分离纯化）和生物制品（基因工程、细胞工程等产物）等	生物药品治疗针对性强、疗效高，营养价值高、毒副作用小，免疫性副作用常有发生，同时其有效成分含量低、杂质多、原料多样性、易腐败、成分活性条件要求高（如pH、溶氧、CO_2、温度等），对剂型、生物活性、安全性检验均有特殊规定
中药制药工艺	以中医药理论为指导，对方剂药物进行方药分析，综合应用现代科学技术和方法，进行中药剂型选择、工艺路线设计和工艺条件的筛选。中药制剂工艺由主治病症、处方组成和药物剂型三方面决定，对应的三个评价标准为：质量标准、药效标准和疗效标准	中药处方是以中医理论为指导，按“理、法、方、药”总原则对证拟方，分为经方、古方、时方、验方、医师处方，定型后为成方；其药材来自植物、动物及矿物，需经炮制加工成饮片，再依处方制成制剂
制剂工艺	主要研究药物剂型的生产工艺、设备和质量控制，按照不同的临床医疗要求，设计、制造不同的药物剂型	产品与最终药品的质量、疗效、安全性、稳定性关系密切，具有种类多、效益高的特点

1.4 制药工业的发展状况

1.4.1 国外制药工业

制药工业（pharmaceutical industry）的历史较短，但发展迅速。现代制药工业起源于19世纪末20世纪初，最初的药物只有洋地黄（治疗各种心血管疾病）、奎宁（治疗疟疾）、吐根属植物提取物（治疗痢疾）、水银（治疗梅毒）。随着生物学和有机化学的发展，出现了人工合成药物，如阿司匹林，从而诞生了化学制药公司，如Bayer和Hoechst AG公司。20世纪30年代，由于磺胺类药物（用于治疗细菌性感染）的发现和化学合成，制药工业才开始大发展；40年代青霉素大规模生产，催生了很多现代领头制药企业，如Eilly、Wellcome、Glaxo、Roche等；70年代以后，出现现代生物技术制药公司。目前全世界的制药企业超过10 000家，生产制造5000多种药物，其中约100家为跨国公司。世界制药行业具有以下特征。

（1）药物针对性强。主要针对自身免疫病、癌症、心血管病、中枢神经系统疾病、感染、内肠道疾病等重大疾病。2013—2015 年销售额领先的前十大药品见表 1－2，属于治疗自身免疫性疾病、肿瘤、糖尿病、肝炎、肺炎、高胆固醇和甘油三酯、精神病的药物。

表 1－2　2013—2015 年销售额领先的前十大药品及其销售额

（单位：10 亿美元）

	2013 年			2014 年			2015 年		
排序	药品名称	销售额	适应证	药品名称	销售额	适应证	药品名称	销售额	适应证
1	阿达木单抗	10.66	自身免疫病	阿达木单抗	12.54	自身免疫病	阿达木单抗	14.01	自身免疫病
2	英夫利昔单抗	8.94	自身免疫病	索非布韦片	10.28	慢性丙肝	索非布韦片	13.86	慢性丙肝
3	利妥昔单抗	8.58	肿瘤	英夫利昔单抗	9.24	自身免疫病	依那西普	8.70	自身免疫病
4	依那西普	8.32	自身免疫病	利妥昔单抗	8.67	肿瘤、自身免疫病	英夫利昔单抗	8.35	风湿关节炎
5	沙米特罗	8.24	慢性肺病	依那西普	8.53	自身免疫病	利妥昔单抗	7.05	肿瘤、自身免疫病
6	甘精胰岛素	7.59	糖尿病	甘精胰岛素	7.28	糖尿病	贝伐珠单抗	6.68	实体瘤
7	贝伐珠单抗	6.75	实体瘤	贝伐珠单抗	6.95	实体瘤	曲妥珠单抗	6.54	乳腺癌
8	曲妥珠单抗	6.56	乳腺癌	曲妥珠单抗	6.79	乳腺癌	甘精胰岛素	6.39	糖尿病
9	瑞舒伐他汀钙	5.62	高血压、高血脂	沙米特罗	6.43	慢性肺病	肺炎球菌疫苗	6.25	肺炎
10	阿立哌唑	5.15	精神分裂症	瑞舒伐他汀钙	5.87	高血压、高血脂	米那度胺	5.80	多发性骨髓瘤

（2）研发费用加大。20 年前一种新药的研发费用约为 1 亿美元，10 年前为 12 亿美元，如今需要 26 亿美元，研发费用持续上升，导致新药投入不断增大。截至 2016 年，国际十大制药公司的年均研发经费占销售额达 20%，如图 1－1 所示。尽管如此，上市的新药数量却在下降，新药开发的难度越来越大。2015 年世界排名前十的制药公司及其研发费用见表 1－3。

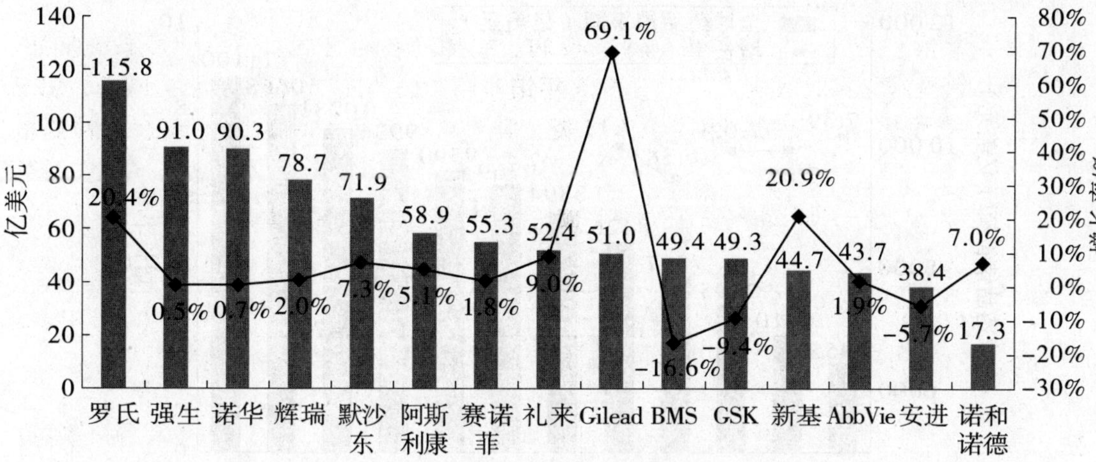

图1-1　2016年制药巨头研发投入及增长率

表1-3　2015年世界前十制药企业销售额及研发费用

（单位：亿美元）

排名	公司	全球药物销售额	年研发费用
1	强生（Johnson & Johnson）	700.74	90.46
2	诺华（Novartis）	494.14	89.35
3	辉瑞（Pfizer）	488.51	76.9
4	罗氏（Roche）	471.34	91.36
5	默沙东（Merck）	394.98	67.04
6	葛兰素史克（GlaxoSmithKline）	366.02	54.47
7	吉利德（Gilead）	326.39	30.14
8	阿斯利康（AstraZeneca）	247.08	56.03
9	艾伯维（AbbVie）	228.59	42.85
10	安进（Amgen）	216.62	40.70

（3）企业并购与重组。制药公司通过重组，可以实现优势互补。近10年来，药企并购数量增加，集中度不断提高，形成了世界级的制药公司。30家世界级制药公司包括12家美国公司、12家欧洲公司、5家日本公司和1家以色列公司（Teva是世界上最大的通用药物制造公司），其中有2家美国生物技术公司Amgen和Genentech。全球药物销售额每年都在增长，如图1-2所示，主要集中在美国，其次是欧洲，如图1-3所示。

（4）重磅炸弹药物数量增加。重磅炸弹（blockbuster）药物是指年销售收入达到一定标准，对医药产业具有特殊贡献的一类药物。重磅炸弹药物的衡量标准在20世纪80年代为年销售额5亿美元以上，而目前已达10亿美元，如Pfizer的阿伐他汀钙（立普妥，Lipitor）年销售收入超过100亿美元，是超级重磅炸弹。重磅炸弹药物不断出现，成为跨国制药公司的主要利润来源。2016年位居全球制药业收入前十名的制药企业中，Pfizer的重磅药物占其销售收入的77%，Merck为63%，Astrazeneca为61%。1995—2005年，

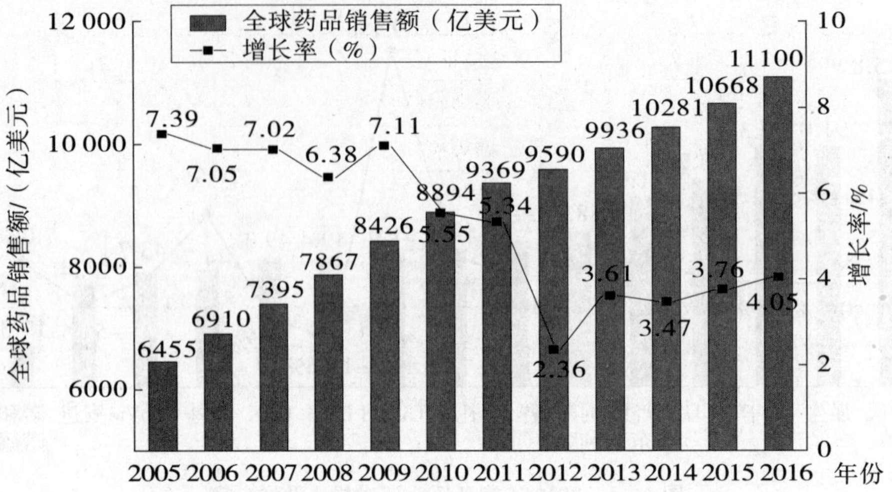

图 1-2　2005—2016 年全球药品销售额及增长率

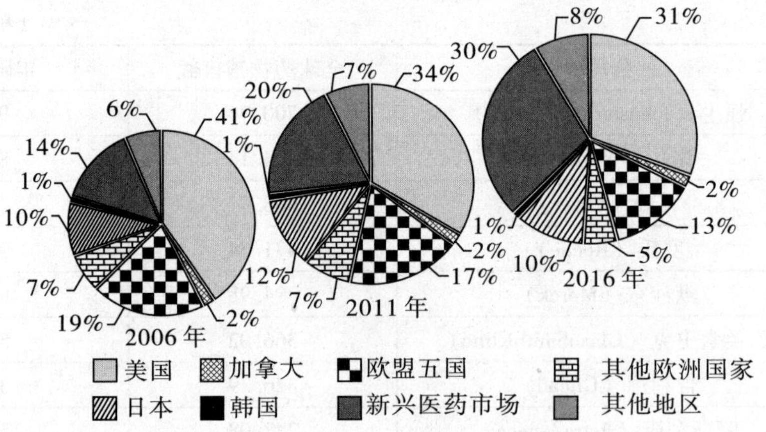

图 1-3　2006—2016 年全球医药市场销售分布

重磅炸弹药物增长了近 5 倍。2016 年销售排名前十的药物见表 1-4，Humria 自 2010 年以来已经连续 6 年成为销售额最高的药品，卫冕全球“药王”，成为史上第 4 只单药年销售额突破 100 亿美元的药品，未来仍有望成为销量第一的药物。

表 1-4　2016 年全球销售额前十药物

（单位：亿美元）

排序	商品名	中文名	适应证	公司名称	销售额
1	Humria	修美乐	自身免疫病	艾伯维	160.78
2	Harvoni	哈维尼	丙肝	吉利德	90.81
3	Enbrel	恩利	自身免疫病	安进/辉瑞	88.74
4	Remicade	类克	自身免疫病	强生/默沙东	82.34
5	Revlimid	来那度胺	多发性骨髓瘤等	新基	69.74

续上表

排序	商品名	中文名	适应证	公司名称	销售额
6	Avastin	阿瓦斯汀	结肠癌等多种癌症	罗氏	68.51
7	Herceptin	赫赛汀	乳腺癌等癌症	罗氏	68.50
8	Lantus	来得时	糖尿病	赛洛菲	61.08
9	Rituxan	美罗华	白血病等	罗氏	58.81
10	Prevnar	沛儿	肺炎	辉瑞	57.18

（5）生物技术药物发展迅速。生物技术药物具有独特的药理学特性和优势，使之成为药物研发的热点。21世纪生物技术药物以靶向蛋白质、多肽和核酸类治疗性药物为主导。目前，全世界生物技术公司有4400多家，主要集中在欧美，欧洲1815家、美国1444家、加拿大472家，亚太地区685家。年产值超过10亿美元的生物技术公司有20余家。全球排名前十的生物技术公司分别是Amgen（安进）、Roche/Genentech（罗氏/基因泰克）、Johnson & Johnson（强生）、Novo Nordisk（诺瓦诺德）、Eli Lilly（礼来）、Sanofi-Aventis（赛诺菲）、Abbott（雅培）、Merck KGaA（默克）、Schering-Plough（先灵宝雅）、Wyeth（惠氏），如图1-4所示。2016年全球十大生物技术药物见表1-5。

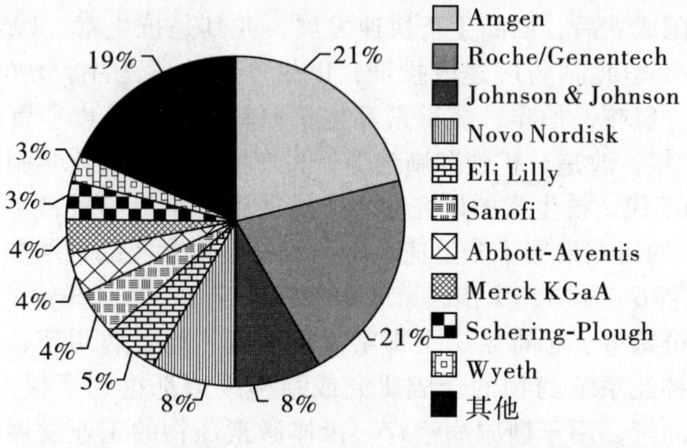

图1-4 2016年全球十大生物制药公司及其销售额分布

表1-5 2016年全球十大生物技术药物

（单位：亿美元）

药品名称	生产商	作用机制	2016年销售额	专利到期日
修美乐	艾伯维	抗TNFa单抗	160.78	2016年12月31日
恩利	辉瑞/安进	融合蛋白类TNFa抑制剂	88.74	2012年10月23日
类克	强生	抗TNFa单抗	82.34	2018年9月4日
阿瓦斯汀	罗氏	单抗类血管生成抑制剂	68.51	2019年6月28日
赫赛汀	罗氏	抗HER2单克隆抗体	68.50	2019年6月18日

续上表

药品名称	生产商	作用机制	2016 年销售额	专利到期日
来得时	赛洛菲	胰岛素类似物	61.08	2015 年 2 月 12 日
美罗华	罗氏	抗 CD20 单抗	58.81	2016 年 9 月 22 日
Neulasta	安进	粒细胞集落刺激因子	46.48	2015 年 10 月 20 日
诺和锐	诺和诺德	胰岛素类似物	28.38	2014 年 6 月 4 日
Avonex	百健艾迪	干扰素	23.14	2013 年 12 月 31 日

1.4.2 中国制药工业

1.4.2.1 化学与生物制药工业

中国制药工业的发展经历了从药店到厂房，再到现代化企业和集团的过程。上海、广州是中国近代制药工业的发祥地。1902 年广州建立梁培基药厂，1912 年上海建立中华制药公司。之后逐渐扩展至其他城市，一批制药公司、制药社和制药厂相继建立。1936 年上海有 58 家药厂，1938 年广州有 30 余家制剂药厂，产品种类有 100 多个。

中华人民共和国成立后，药品生产快速发展，尤其是抗生素。1951 年试制出第一批结晶青霉素，1958 年华北制药厂建成投产，以生产抗生素为主。1960 年建成太原制药厂，投产磺胺药物。氯喹、伯喹、氯霉素等化学原料药和胰岛素、胃蛋白酶等生化原料相继生产。到 1959 年，改造、扩建和新建了一批车间和厂房，化学制药工业兴起。

20 世纪六七十年代，抗生素的研究和生产发展到一个新阶段，半合成抗生素尤其是 β - 内酰胺类抗生素的研究发展十分迅速，半合成的青霉素类品种增加到十几种。生物酶裂解青霉素 G 以制备 6 - APA，头孢菌素 C 裂解制备 7 - ACA，开始了半合成头孢菌素的研究和生产，投产链霉素、金霉素、土霉素等抗生素。地方病用药、抗肿瘤药物、维生素类、心血管类、神经系统药物的合成研究或结构改造都得到了很大发展。在国际上，我国首次全合成胰岛素，用于糖尿病治疗。甾体激素药物的工业发展相当迅速，解决了各部位取代基的引入方法，改进工艺、合成并投产去氢氢化可的松等高效抗炎甾体激素、苯丙酸诺龙和炔诺酮等性激素。另外，生化药品开始兴起，以脏器为来源的生化药物达到 18 种。

20 世纪 80 年代，化学和生物制药得到迅猛发展。1982 年采用乙炔、丙酮连续炔化法合成维生素 E 中间体——异植物醇的新工艺，使原料成本大幅度下降。1983 年完成了青蒿素的全合成，全合成青蒿琥酯和蒿甲醚，并制成油剂、粉针剂及搽剂供临床使用，疗效比青蒿素更好而且毒性更低。在半合成抗生素方面，β - 内酰胺类抗生素继续发展，无论是化学合成还是酶法技术都有新的进步，增加了新品种，如氯呋苄青霉素、氨噻肟头孢菌素等。1989 年重组人干扰素申报新药，1993 年获得批准试生产。它是我国第一个拥有自主知识产权的上市基因工程药物。随后，p53 基因药物、结合型灭活甲乙肝疫苗、流感疫苗、重组人血管内皮抑制素（恩度）注射液被国家食品药品监督管理局（SFDA）批准。目前 SFDA 批准上市 30 多种生物药物，生物技术制药的规模逐渐形成。

20世纪90年代以后，国家全面实施GMP，对厂房进行设计和改造，建成现代制药生产线。化学原料药是中国医药行业的优势品种，中国现已成为世界原料药第二大生产国，是青霉素及β-内酰胺类药物和维生素的最大生产国和出口国。

近年来，全球医药市场增长平稳，新兴市场增速较快。根据报告，2015—2020年，全球药品支出从1.07万亿美元增至1.42万亿美元，其中主要增长来源为新兴市场需求以及原厂专利药。2011—2016年全球药品年消费支出由9560亿美元增加到1.2万亿美元，年增长率3%～6%。以中国为首的新兴市场在2013—2017年保持15%～18%的增长，至2017年中国已取代日本成为全球第二大医药消费市场。比较2005年至2014年中国医药工业产值变化情况（表1-6～表1-9）及分布（图1-5）可见，化学制药比重在下降，而生物制药比重明显增大。

表1-6 我国医药工业总产值及增幅额

（单位：亿元）

年份	2005	2006	2007	2008	2009	2010	2011	2012	2013	2014
总产值	4449	5340	6719	8382	9947	12350	15624	18770	22297	25798
比上年增长率/%	26.47	20.02	25.79	24.76	18.68	24.16	26.50	20.10	18.79	15.70

表1-7 我国化学原料药工业总产值及增幅额

（单位：亿元）

年份	2005	2006	2007	2008	2009	2010	2011	2012	2013	2014
总产值	1163	1289	1546	1782	1969	2432	2952	3398	3954	4484
比上年增长率/%	38.24	10.84	19.95	15.27	11.62	19.15	21.38	15.11	16.36	13.40

表1-8 我国化学制剂工业总产值及增幅额

（单位：亿元）

年份	2005	2006	2007	2008	2009	2010	2011	2012	2013	2014
总产值	1259	1501	1881	2406	2877	3474	4262	5233	5931	6666
比上年增长率/%	15.69	19.25	25.29	27.92	20.81	20.79	22.68	22.78	13.33	12.38

表1-9 我国生物制药工业总产值及增幅额

（单位：亿元）

年份	2005	2006	2007	2008	2009	2010	2011	2012	2013	2014
总产值	337	422	601	870	1084	1346	1592	1905	2465	2750
比上年增长率/%	24.09	25.37	42.26	44.75	24.60	24.17	18.28	19.66	29.40	11.56

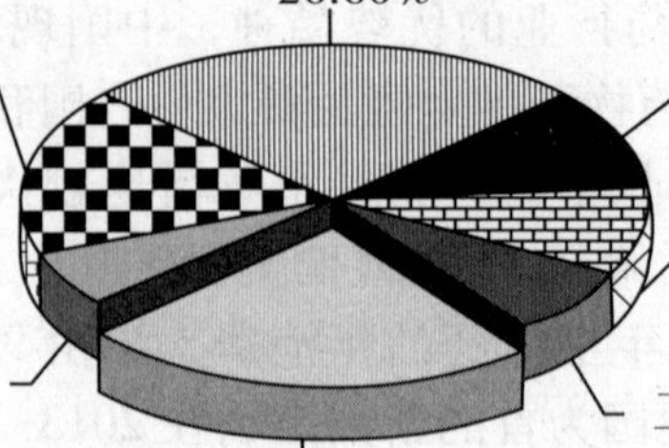

图 1－5 2014 年我国医药工业各子行业所占百分比

1.4.2.2 中药制药工业

在中华民族的历史长河中，中医药领域的成就宛如金子，积淀在河床里闪闪发光。从神农尝百草到李时珍踏遍祖国山河写出《本草纲目》，无一不记录着中国医药的发展。中医药学历史悠久，源远流长，是中华民族的瑰宝。

中药来源于自然界，包括动物、植物和矿物，有中药饮片、中药材和中成药三种形式。中药制剂起源很早，在夏商时期就已创造并使用中药的酒剂和汤剂。在中药的发展史上，有许多成就不可忽视。最早的医学文献典籍出现在春秋战国时期，为收载了 13 个方剂的《黄帝内经》。此书不仅论述了汤液酒剂的用途和制法，还记载了其他剂型如散、丸、丹和膏的用法用量、制法和适应证。东汉末年的著名医药学家张仲景编著的传世巨著《伤寒杂病论》，熔理、法、方、药于一炉，收录了 269 个方剂，开辨证论治之先河，形成独特的中国医学思想体系，为后世医药学的发展起了很大的作用。此书首次记载丸剂的赋形剂可使用动物胶汁、炼蜜和淀粉糊，这些材料至今仍沿用。宋元时代设立了我国最早的商业性药房——太医院买药所（即太平惠民药局），制备成药出售。此时还出版了我国第一部中药制剂规范——《太平惠民和剂局方》。明代医药学家李时珍编著的药学著作《本草纲目》记载了 1892 种药物，收集了 11 096 个医方，绘制了 1160 幅插图。本书是具有世界性影响的博物学著作，也是我国本草学中享有世界声誉的巨著，在药剂学、方剂学、生物学、矿物学、化学等诸多科学领域中有重大贡献。

除了上述具有标志性的成就外，还有许多医学家也对中药学的发展做出了重要贡献。晋朝葛洪编著的《肘后备急方》，是我国第一部临床急救手册。此书记述了各种急性病症或某些慢性病急性发作的治疗方药、针灸和外治等方法。唐代药王孙思邈编著的《千金药方》和《千金翼方》，对唐代以前的医学成就进行了系统的总结。孙思邈还是第一个提出复方治病理论的人。

中华人民共和国成立以后，由中国中医研究院中药研究所等编著的《中国中药成药处方集》，共收集了成药配方 2000 余种，大体反映了我国中成药生产和临床应用的基本情况。进入 21 世纪，我国已有中成药 8000 多种，剂型 50 多种，并有一批达到国家 GMP 标准的药厂，逐渐实现了中药制剂工艺的现代化。

中药是中国医药体系的重要组成部分，也是具有中国特色的医药品种。数千年来的临床使用，使得中药的应用十分成熟。至今，中药应用已取得硕果，中药已成为中华民族甚至外国民族预防、治疗和诊断疾病的重要药物。尤其是近年来推崇绿色药品，各国人民向往药品能回归自然，这给中药的发展带来了一个更大的契机。目前，中药研究已成为中国医药界的重点，更成为国外医药界的热点，中药的发展必将更加迅猛，其前景也必将更加灿烂。

中华人民共和国成立以前，中药制药的生产是以作坊的形式开展的。中药制药作坊多与中药店相结合，生产链和销售链很短。大多数药店在店面销售中药，在后院同时自行进行中药加工。这种生产方式十分不利于中药制药的发展，因其产业链太短，中药流通范围较小，难以将中药发展领域扩大到其他地域。

中华人民共和国成立以后，我国中药制药业进入了工业化的发展时代，研发了许多中药制药设备并投入使用，大大提高了中药的生产效率及生产质量。中药制药工业化，就意味着销售和生产的分离。脱离了传统的手工作坊生产方式以后，不仅使中药制药工业生产速度大大提高，更好地满足了中药的使用需求，还刺激了中药销售业的发展。生产与销售分工，使生产和销售更专业化，发展前景更广阔。

20 世纪 90 年代以来，中药制药领域的新技术不断研发并投入使用，促进了中药现代化，也为中药走向世界打好基础。中药制药业是近年来我国国民经济发展最快的行业之一。90 年代，我国中药工业总产值达到近 200 亿元，平均增长率达到近 20%。进入 21 世纪，平均增长率超过 20%，2014 年中成药工业总产值达 6141 亿元（表 1－10）。2015 年我国制药企业数量达到 7116 家，但是规模均偏小。在企业规模方面，2012 年全国纳入统计范围的制药企业中，大型药企约占 3.5%，中型药企约占 18.6%，小型药企约占 77.9%；从制药产业地域分布情况来看，制药工业排前三位的分别为山东、江苏、浙江三省，其产值占总产值的比重分别为 19.4%、15.6%、14.0%。当前，我国制药企业与发达国家差距较大，缺少大型制药公司，企业多、小、散和产业集中度低的状况，使得产业资源缺乏整合，利用效率低，不利于企业提升技术创新能力和市场竞争力。

表 1－10 中成药工业总产值及增幅额

（单位：亿元）

年份	2005	2006	2007	2008	2009	2010	2011	2012	2013	2014
总产值	1020	1228	1472	1705	2054	2614	3522	4253	5242	6141
比上年增长率/%	22.84	20.40	19.91	15.83	20.49	27.23	34.73	20.75	23.25	17.15

虽然大型药企数量不多，但是销售值却几乎占据了中药工业总销售值的半壁江山。大型企业产业结构完整，制度完善，资源丰富，经营策略合理，人员调配有度，因此能产生巨大销售值；而且大型企业声誉良好，知名度高，有利于推广中药，弘扬中药文化，对中药走向世界有很大的作用。中小型企业产业结构调整空间大，制度可创新，资源开辟途径广，经营策略新颖，人员调配灵活。虽然其销售值不如大型企业，但是却活跃在中药市场，给市场发展带来新鲜活力，为中药现代化的创新发挥其特有作用。

所以，中药现代化发展的关键是要大力发展大型企业，利用大型企业的知名度和强大实力将中药推向世界。同时扶持中小型企业，使其继续发挥其独特活力，为中药市场注入新鲜血液，逐步扩大规模，扩大其影响力，培养成为大型企业。

1.4.3 现代制药工业的特点

1.4.3.1 技术性强

制药生产早期采用的是手工作坊生产。随着科学技术的不断发展，制药生产中现代化的仪器、仪表、电子技术和自控设备得到广泛的应用，无论是产品设计、工艺流程的确定，还是操作方法的选择，都有严格的技术要求。必须用专业技术指标来控制，否则就难以生产，甚至造成废品，出现事故。只有系统地运用科学技术知识，采用现代化的设备，才能合理地组织生产，促进生产发展。

1.4.3.2 分工细致化，质量规范化

制药工业也同其他工业一样，既有严格的分工，又有密切的配合。在医药生产系统中有原料药合成厂、制剂药厂、中成药厂，还有医疗器械设备厂等。这些工厂虽然各自的生产任务不同，但必须密切配合，才能最终完成药品的生产任务。在现代化的制药企业里，只有根据机器设备的要求，合理地进行分工和组织协作，使企业生产的整个过程、各个工艺阶段、各个加工过程、各道工序以及每个人的生产活动都能协调一致，生产才能顺利进行。由于劳动分工细致，对产品的质量自然要严格要求，一旦某个生产环节出了问题，就会影响整个产品的质量，更重要的是因为药品是直接提供给患者的，若产品质量不合格，就会危害到患者的健康和生命安全。所以，每个国家都有药品管理法和药品生产质量管理规范，用法律的形式规范药品生产经营管理，这充分说明了医药企业确保产品质量的重要性。

1.4.3.3 生产过程复杂性、品种多样性

在药品生产过程中，所用的原料、辅料和产品种类繁多。虽说每个制造过程大致可由回流、蒸发、结晶、干燥、蒸馏和分离等几个单元操作串联组合，但由于一般的有机化合物合成均包含较多的化学单元反应，其中往往又伴随着许多副反应，使整个操作过程变得复杂了。在连续操作过程中，由于所用的原料不同，反应的条件不同，原料和中间体有很多易燃易爆、易腐蚀和有害的物质，也带来了操作技术的复杂性和多样性。

随着科学技术的发展，医药品种不但繁多，而且要求高效、特效、速效、长效的药品纯度高、稳定性好、有效期长、无毒、对身体无不良反应，这些要求促进医药工业在发展中不断创新。随着经济的发展和人民生活水平的不断提高，对产品的更新换代，特别是对保健、抗衰老产品的要求越来越强烈，疗效差的老产品被淘汰，新产品不断面世，要满足市场和人民健康的需要，就要求每个医药工作者不仅要学习和掌握现代科学文化知识，懂得现代化的生产技术和企业管理的要求，还要加紧研制新产品，改革旧工艺和旧设备，以适应制药工业的发展和市场的需求。

1.4.3.4 生产过程的连续性

生产的比例性、连续性是现代化大生产的共同要求，制药生产的比例性、连续性，有其自身的特点。制药生产的比例性是由制药生产的工艺原理和工艺设施所决定的。一般来说，医药工业的生产过程，各厂之间、各生产车间、各生产小组之间，都要按照一定的比例关系来进行生产，如果比例失调，不仅影响产品的产量和质量，甚至会造成事故，迫使停产。在医药工业的生产中，从原料到产品加工的各个环节，大多是通过管道

输送，采取自动控制进行调节，各环节的联系相当紧密，这样的生产装置连续性强，任何一个环节都不可随意停产。

1.4.3.5 高投入、高产出、高风险

制药工业是一个以新药研究与开发为基础的工业，而新药的开发需要投入大量的资金。一些发达国家在此领域中的资金投入仅次于国防科研，居其他各种民用行业之首。高投入带来了高产出、高效益，某些发达国家制药工业的总产值已跃居各行业的第五至第六位，仅次于军火、石油、汽车、化工等。它的巨额利润主要来自受专利保护的创新药物，制药工业也是一个专利保护周密、竞争非常激烈的行业。

1.5 制药技术的发展趋势

制药行业是一个集约化、国际化程度极高的产业。创新的畅销药物与时代性疾病的发生密切相关。20世纪七八十年代，威胁人类健康的主要疾病为细菌感染性疾病、哮喘与高血压等，世界畅销药基本上以治疗高血压、胃及十二指肠溃疡、心血管疾病为主体；80年代以后，由于世界各国工业化进程的加快和国民生活水平的普遍提高，高血脂、糖尿病及抑郁症等逐渐成为主要疾病，而细菌感染症已下降为次要疾病，世界畅销药变成了降血脂药、抗抑郁药与激素替代药。人口老龄化和新兴的治疗领域，如精神性疾病的治疗等，为制药行业带来新的市场机遇。各制药子行业市场中，化学制药仍然保持较高发展水平，生物技术制药已经成为新领域，中药制药有很大的发展空间和国际机遇。

1.5.1 创新药物研究

加大制药的科研开发投入，研究拥有自主知识产权的药物和技术，已成为我国制药领域的重中之重。中国现有常用化学药物4000多种，其中97%属于仿制国外产品或进口药，自行创制的新药只有3%左右。我国制药行业正处于从仿制转变为创新的关键时期。应采用组合生物化学、生物芯片、细胞组织和动物模型等高通量的方法筛选天然药物，发现新型治疗药物；利用人类基因组、蛋白质组、代谢组以及病原体的基因组研究成果，把生物信息学、分子生物学、基础医药学、药物化学、药理学等结合起来，通过突变、生物展示、嵌合、质谱分析等，进行新型药物的辅助设计和药物筛选，研究并建立新型药物筛选模型及新技术、新方法，获得创新药物。

应注重预防、诊断与治疗性疫苗以及基因治疗药物的开发。恶性肿瘤、心血管疾病、神经系统疾病、消化系统疾病以及艾滋病等严重威胁人类的生命健康，因此应研究这些疾病的新型疫苗、诊断试剂和血液替代品，大力开发疫苗与酶诊断试剂。基因治疗方法掀起了一场临床医学革命，我国已经有两种基因药物在全世界率先批准上市，为目前尚无理想治疗方法的大部分遗传病、重要病毒性传染病（如肝炎、艾滋病等）、恶性肿瘤等展示了良好的开发应用前景。

1.5.2 抗体工程制药技术

采用基因工程技术对鼠源抗体进行改造，制备嵌合抗体、改型抗体、小分子抗体，乃至完全人源化抗体，是抗体工程的主要研究内容。研究噬菌体抗体库技术、嵌合抗体

技术和核糖体抗体库技术以解决人源化抗体问题。抗体不仅可以对抗各种病原体，亦可作为药物的靶向导航器，用于靶向肿瘤药物的开发。1981 年美国第一种单克隆抗体诊断试剂盒获批进行商品化生产，至今品种已达数百种。治疗性抗体药物成为近年来研究和开发的热点。FDA 批准上市的生物药物中，抗体类药物所占比例越来越大，2004 年有 11 个，3 个为全新药物，其他为新适应证。2006 年 FDA 批准的 4 种生物制品中，有 2 种是单克隆抗体药物。抗体类药物一经上市其年销售额逾亿美元。基于单克隆抗体药物的主要应用领域是癌症，上市的抗体药物一半都在赢利。2015 年全球销量排名前 10 位的药物中，有 6 款是单抗或重组蛋白药物。全球在售单抗药物占生物药的比例超过 30%，在研单抗药物占生物药的比例是 70%。现有 55 种上市抗体药物产品，2015 年全球销售总额达到 916 亿美元，近 10 年年均复合增长率达到 31.65%。2015 年中国的单抗药物市场已经达到 72 亿人民币，2020 年则有望突破 200 亿。随着抗体基因工程改造技术日趋成熟，单抗药物的研发热点将主要围绕以下三个方向：双特异性抗体、抗体偶联药物和新剂型。

1.5.3 制药工艺的新技术及其改造

1.5.3.1 手性制药技术

目前世界上正在开发的新药中，手性化合物约占 70%，正在进行Ⅱ、Ⅲ期临床试验的药物中，80% 为单一异构体。手性药物技术、反应合成与分离的耦合、化学与生物技术融合正成为新一代的制药技术。此外，应加强连续操作的工艺技术研究以满足在线过程分析技术（processing analysis technology，PAT）的需求。

1.5.3.2 改造抗生素及氨基酸生产工艺

应用现代科学技术改造我国传统的制药工业，使我国制药行业的经济实现由速度型向效益型、由粗放型向集约型的根本转变，用先进的制造技术进行药物生产。以现代生物技术为依托，开发制药技术的新领域，加强生物技术制药的研究、开发和产业化，要特别重视上游工艺的工程菌选育和发酵过程的自动化、信息化控制，下游工艺的分离纯化工艺过程。利用代谢工程技术、原生质体融合技术、分子工程的定向进化技术，构建抗生素、维生素、氨基酸等药物生产新菌种。将固定化技术与生物转化相结合，研究大规模半合成工艺抗生素的现代生产技术，发展氨基酸和甾体激素生产工艺。将化学合成工艺与生物技术有机结合起来，研究制药新工艺，提升发酵水平，降低消耗，实现发酵制药的效益增长。

1.5.3.3 提升大规模动物细胞培养制药技术

哺乳动物细胞已成为生物技术药物最重要的表达系统，这种局面仍将持续并且其所占比例逐年扩大。欧美国家哺乳动物细胞表达的产品种类占 60%～70%，市场份额占 65% 以上。对于相对分子质量大、二硫键多、空间结构复杂的糖蛋白，只能使用 CHO 等哺乳动物细胞表达系统。国外动物细胞培养技术及制药能力已经得到很大提高，达到了克级。1986 年，细胞最大密度为 2×10^6 个/(mL · d)，比生产率为 10pg/(细胞 · d)，分批式培养 7d 的生产量为 5mg/L。到 2004 年，细胞培养密度已达 10^7 个/mL，并且维持 3 周生产期，比生产率达 90pg/(细胞 · d)，生产量达 4.7g/L。

由于动物细胞培养技术的复杂性，国内动物细胞大规模培养工艺过程相对落后，产业化仍然困难。研究动物细胞的糖基化表达，对细胞凋亡进行有效控制，实施产业化，以提高蛋白质药物的产量和质量。

1.5.3.4 清洁生产工艺

在制药生产过程中，应加强环境保护与质量意识，研究和推行清洁工艺，提高化学制药水平，特别是提高药物中间体的合成工艺。做好各个环节的污染物治理，进行清洁生产，控制污染总量，任重而道远。

1.6 GMP基本知识

1.6.1 GMP实施目的

由于药品是一种特殊的商品，而医药工业又是特殊的行业，WHO以及许多国家和地区，对药品从研究开发、临床试验、新药审批、质量标准到生产管理、流通销售和临床使用，均实行了严格的特殊管理。各国都有国家法典——药典，对药品标准检验方法、剂量与用法等做出了严格规定，此外，还有药品生产质量管理规范（GMP）等法律性规定。GMP是药品生产过程中，保证生产出优质药品的管理制度，是药品生产企业管理生产和质量的基本准则。

随着医药科学领域的技术进步，药品质量要求也会更加严格，确保药品质量已成为制药生产中的重点，同时消费者的医药知识水平普遍提高，对药品的安全有效性有了新的认识，提高了对药品质量的要求，因此实施GMP是有必要的。如果仅靠事后把关进行成品检查来保证质量，有其局限性。这是因为药品成品的检验多属于破坏性检验，不可能检验每一支安瓿、每一粒药片，只能按批次进行抽样检验。而药品检验项目的确立，是以生产工业及保证药品安全有效为主要依据，也有其局限性。同时，进行药品检验的仪器和操作也会有误差。这都说明仅靠成品检验把关是不够的。引进和实施GMP对服务于人类健康的制药企业来说，具有重要意义。

美国于1963年制定了GMP标准，WHO于1969年向全世界推荐GMP，并于1975年作了修订。我国1985年开始制定GMP，1992年、1998年、2010年分别进行了修订。2010年修订版基本保留了1998年版GMP的主要内容，涵盖了WHO的GMP主要原则和欧盟GMP基本要求中的内容，强调人员和质量体系的建设，明确提出了质量风险管理的概念，要求企业建立全面的质量保证系统和质量风险管理体系，并对委托生产和委托检验也提出了明确要求，对无菌药品的要求大大提高。内容章节由1998年版的14章88条变为2010年版的14章54小节313条。2010年版GMP于2011年2月12日发布，2011年3月1日开始执行。新版GMP认证有两个时间节点：药品生产企业血液制品、疫苗、注射剂等无菌药品的生产，应在2013年12月31日前达到新版药品GMP要求；其他类别药品的生产均应在2015年12月31日前达到新版药品GMP要求。未达到新版药品GMP要求的企业（车间），在上述规定期限后不得继续生产药品。实施GMP是我国医药行业与国际接轨的重要措施，也是参与国际医药市场竞争的基本条件。推行GMP不仅是我国医药走向世界的需要，也是调整医药产业结构，引进新品种、新技术的需要，更是净化医药市场，保证人民群众用药安全有效的需要。

GMP在人员、厂房、设备、卫生、原料辅料及包装材料、生产管理、包装和贴标签、生产管理和质量管理文件、质量管理部门、自检、销售记录、用户意见和不良反应报告等方面都制定了规范。通过执行这一系列的规范以保证达到一个共同的目的，即生产出安全有效、均一稳定的符合质量标准的药品。这些目的分述如下：

（1）防止不同药物或组分之间发生混杂。

（2）防止由其他药品或其他物质带来的交叉污染，包括物理污染、化学污染、生物污染和微生物污染等。

（3）防止差错，防止计量传递和信息传递失真，把人为误差降低至最小限度。

（4）防止遗漏任何生产和检验步骤的事故发生。

（5）防止任意操作及不执行标准与低限投料等违章、违法事故发生，保证药品的高质量。

药品管理法规要求药品生产企业一切按GMP办事，一切有记录可查。实施GMP要以硬件为基本条件，以软件为基础，以人员素质为保证。只要切实按照GMP去做，就能防止事故的发生，就能生产出符合质量要求的药品。

1.6.2 GMP的范围与分类

根据GMP适用范围，现行的GMP可分为三类。

（1）具有国际性质的GMP，如WHO的GMP，北欧七国自由贸易联盟制定的GMP，东南亚国家联盟制定的GMP等。

（2）国家权力机构颁布的GMP，如中华人民共和国卫生部以及国家食品药品监督管理局、美国FDA、英国卫生和社会保险部、日本厚生省等政府机构制定的GMP等。

（3）工业组织制定的GMP，如美国制药工业联合会制定的、标准不低于美国政府制定的GMP，中国医药工业公司制定的GMP及其实施指南，甚至还包括药厂或公司自己制定的GMP等。

根据GMP制度的性质，现行的GMP又可分为两类。

（1）将GMP作为法典规定，如美国、日本、中国的GMP。

（2）将GMP作为建议性的规定，对药品生产和质量管理起指导作用，如WHO的GMP。

1.6.3 GMP的核心内容

GMP的中心指导思想是，任何药品质量是通过设计和生产形成的，而不是检验出来的。因此必须强调以预防为主，在生产过程中建立质量保证体系，实行全面质量保证，确保药品质量。

GMP是药品生产质量全面管理控制的准则，它的内容可概括为“三件”，即湿件、硬件和软件。湿件是指人员；硬件是指厂房设施、设备等；软件是指组织制度、工艺操作、卫生标准、记录、教育、管理规定。

GMP的具体细则可参见国家卫生部颁发的文件内容（卫生部令第79号）。

1.6.4　2010年版GMP与1998年版的主要区别

1.6.4.1　强化了管理方面的要求

提高了对人员的要求；明确要求企业建立药品质量管理体系；细化了对操作规程、生产记录等文件管理的要求。

1.6.4.2　提高了部分硬件要求

（1）调整了无菌制剂生产环境的洁净度要求。1998年修订的药品GMP，在无菌药品生产环境洁净度标准方面与WHO标准（1992年修订）存在一定的差距，药品生产环境的无菌要求无法得到有效保障。为确保无菌药品的质量安全，2010年版药品GMP在无菌药品附录中采用了WHO和欧盟最新的A、B、C、D分级标准，对无菌药品生产的洁净度级别提出了具体要求；增加了在线监测的要求，特别对生产环境中的悬浮微粒的静态、动态监测，对生产环境中的微生物和表面微生物的监测都做出了详细的规定。

（2）增加了对设备设施的要求。对厂房设施的生产区、仓储区、质量控制区和辅助区分别提出设计和布局的要求，对设备的设计和安装、维护和维修、使用、清洁及状态标识、校准等几个方面也做出具体规定。

1.6.4.3　围绕质量风险管理增设了一系列新制度

质量风险管理是美国FDA和欧盟都在推动和实施的一种全新理念，2010年版药品GMP引入了质量风险管理的概念，并相应增加了一系列新制度，如供应商的审计和批准、变更控制、偏差管理、超标（OOS）调查、纠正和预防措施（CAPA）、持续稳定性考察计划、产品质量回顾分析等。

1.6.4.4　强调了与药品注册和药品召回等监管环节的有效衔接

2010年版药品GMP还注重了与《药品召回管理办法》的衔接，规定企业应当召回存在安全隐患的已上市药品，同时细化了召回的管理规定，要求企业建立产品召回系统，指定专人负责执行召回及协调相关工作，制定书面的召回处理操作规程等。

思考题

1-1　制药工艺学在制药领域中的地位如何？

1-2　制药工艺学的研究内容有哪些？

1-3　制药工艺有哪些种类？分别具有什么特点？

1-4　世界制药行业具备什么特征？

1-5　简述我国制药行业的现状及其在世界制药行业中的地位。

1-6　现代制药工业具有什么特点？

1-7　制药技术将朝着什么方向发展？

1-8　GMP的作用及其主要内容是什么？

第2章　药物合成工艺路线的设计和选择

2.1　概述

2.1.1　药物工艺路线的设计意义

（1）具有生物活性和医疗价值的天然药物，由于它们在动植物体内含量太少，不能满足需求，因此需要全合成或半合成。

（2）根据现代医药科学理论找出具有临床应用价值的药物后，必须及时申请专利并进行化学合成与工艺设计研究，以便经新药审批获得新药证书后，尽快进入规模生产。

（3）引进的或正在生产的药物，由于生产条件或原辅材料变换或要提高药品质量，需要在工艺路线上进行改进与革新。

2.1.2　研究对象

1．即将上市的新药

在新药研究的初期阶段，对研究中新药（investigational new drug，IND）的成本等经济问题考虑较少，化学合成工作一般以实验室规模进行。当 IND 在临床试验中显示出优异性质之后，便要加紧进行生产工艺研究，并根据社会的潜在需求量确定生产规模。这时必须把药物工艺路线的工业化、最优化和降低生产成本放在首位。

2．专利即将到期的药物

药物专利到期后，其他企业便可以仿制，药物的价格将大幅度下降，成本低、价格廉的生产企业将在市场上具有更强的竞争力，设计、选择合理的工艺路线显得尤为重要。

3．产量大、应用广泛的药物

某些疗效确切的老药，社会需求量大、应用面广，如能设计、选择更加合理的工艺路线，简化操作程序、提高产品质量、降低生产成本、减少环境污染，可为企业带来极大的经济效益和良好的社会效益。

2.1.3　理想的工艺路线

化学合成药物一般由结构比较简单的化工原料经过一系列化学合成和物理处理过程制得（习称全合成）；或由已知具有一定基本结构的天然产物经化学改造和物理处理过程制得（习称半合成）。在多数情况下，一种化学合成药物可以通过不同的途径获得，通常将具有工业生产价值的合成途径称为药物的工艺路线或技术路线。

药物生产工艺路线是药物生产技术的基础和依据。它的技术先进性和经济合理性，是衡量生产技术高低的尺度。在化学制药工业中，首先是工艺路线的设计和选择，以确定一条最经济、最有效的生产工艺路线。理想的药物工艺路线应该是：①化学合成途径简易；②需要的原辅材料少而易得，量足；③中间体易纯化，质量可控，可连续操作；④可在易于控制的条件下制备，安全无毒；⑤设备要求不苛刻；⑥三废少，易于治理；⑦操作简便，经分离易于达到药用标准；⑧收率最佳，成本最低，经济效益最好。

2.1.4　药物生产工艺路线的设计和选择的一般程序

2.1.4.1　药物结构的剖析

在设计药物的合成路线时，首先应从剖析药物的化学结构入手，然后根据其结构特点，采取相应的设计方法。药物剖析的方法如下：

（1）对药物的化学结构进行整体及部位剖析时，首先应该分清主环与侧链、基本骨架与功能基团，进而弄清这些功能基以何种方式和位置同主环或基本骨架连接。

（2）研究分子中各部分的结合情况，找出易拆键部位。键易拆的部位也就是设计合成路线时的连接点以及与杂原子或极性功能基的连接部位。

（3）考虑基本骨架的组合方式和形成方法。

（4）功能基的引入、变换、消除与保护。

（5）对于手性药物，需考虑手性拆分或不对称合成等。

2.1.4.2　化学结构的测定

化学结构测定资料对设计工艺路线也很重要。在用降解法测定化学结构时，某个降解产物很可能被考虑作为该药物的关键中间体。近代物理方法作为测定天然产物结构的手段已逐步取代化学降解法，研究其化学结构特点，对进行合理的药物设计很有帮助。

2.1.4.3　合成方法

以合成子（synthon）和切断（disconnection）为手段的合成子法，1994年由Corey创办以来引起制药界极大的兴趣和重视，其中利用电子计算机合成子法进行设计也不乏其人。

2.1.4.4　文献总结和生产研究方案的确定

药物工艺路线的设计应针对药物结构的特点和不同的生产条件，因地制宜地结合起来，优选一条或若干条技术先进、操作条件切实可行、设备条件容易解决、原辅材料有可靠来源的技术路线。

2.2　药物合成路线的设计方法

药物工艺的合成路线属于有机化学合成中的一个分支。因此，化学路线设计的方法与有机合成方法有许多类似之处，并在不断地丰富和发展，诸如文献归纳法、类型反应法、模拟类推法、分子对称法、追溯求源法等。下面就常用的药物工艺路线设计方法结合具体药物设计进行加以描述。

2.2.1　文献归纳法

在设计合成路线时，对于简单分子和已知结构衍生物的合成设计，可通过查询有关专著、综述或化学文献，找到若干可模拟的方法。查阅文献时，除了需对合成的化合物本身进行合成方法的查阅外，还应对其各个中间体的制备方法进行查阅，在比较摸索后，选择一条实用的合成路线。必要时还应对其中某些条件加以改进，以简化操作，提高收率等。这些方法是经典合成方法的延续，其中对选定合成路线起主导作用的是化学文献介绍的已知方法和理论。

对于某些杂环化合物的合成，应用熟知的人名反应来得到其母体结构时，亦属于这种方法。还有一些在研究中发现的新试剂和方法，最初并不具有通用性的标准合成法，但在实践中不断改进和完善，逐渐成为某些化合物的合成通法。

文献归纳法具有减少工作量、节约试剂、避免盲目性等特点，从而得到广泛的重视，并在实践中不断改进和完善，逐渐成为一般的合成方法。例如，抑制甲状腺素合成、治疗甲亢的药物 2－甲基－2－硫基咪唑（又名他巴唑，tapazole）就是应用文献归纳法进行合成的一个例子。合成路线如下：

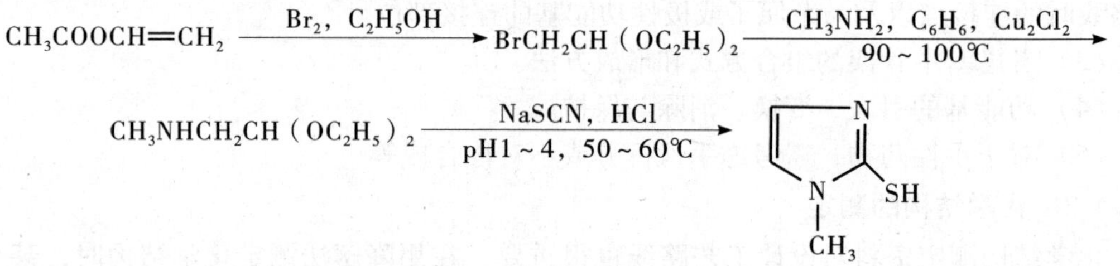

它是利用咪唑标准合成法改进设计的：

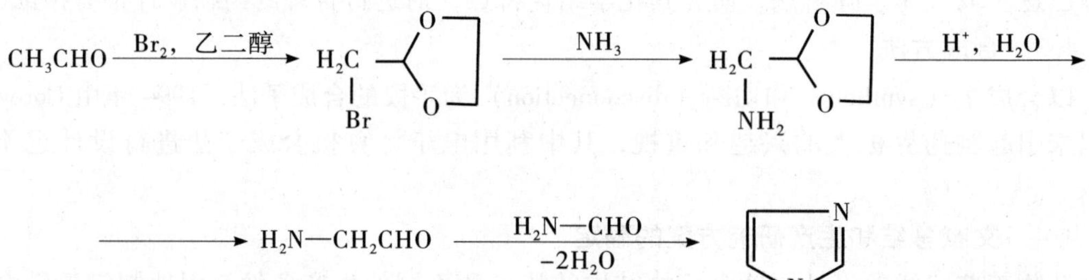

对于较复杂的化合物而言，常常不能满足于单纯模仿文献或者标准方法，而是希望有所发现，有所创新。通过在实践中认真观察，对某些意外结果进行分析、判断，有时会成功发现新反应、新试剂，并有效地应用于复杂化合物的合成。不断积累文献资料以尽快对其中有用的信息进行分析、归纳和储存，是应用文献方法的重要环节。另外，充分利用电子计算机储存的药物合成信息日益受到重视。

2.2.2 类型反应法

类型反应法即利用常见的典型有机化学反应与合成方法进行合成路线设计的方法。这一方法既包括各类化学结构的有机合成通法，又包括官能团的形成、转换或保护等合成方法。对于有明显类型结构特点以及功能基特点的化合物，可采用此种方法进行设计。

抗霉菌药物克霉唑（clotrimazole，2－1）是邻氯代三苯甲基咪唑化合物，显然分子中的 C—N 键是一个易拆键，它可由咪唑的亚胺基和卤烷通过烷基化反应形成。因此，首先，通过找出易于拆键的部位而得到的两个关键中间体——邻氯苯基二苯基氯甲烷（2-2）和咪唑（2-3）。化合物（2-2）是邻氯苯甲酸乙酯与溴苯进行的 Grignard 反应，先合成叔醇（2-4），再用二氯亚砜氯化得到。

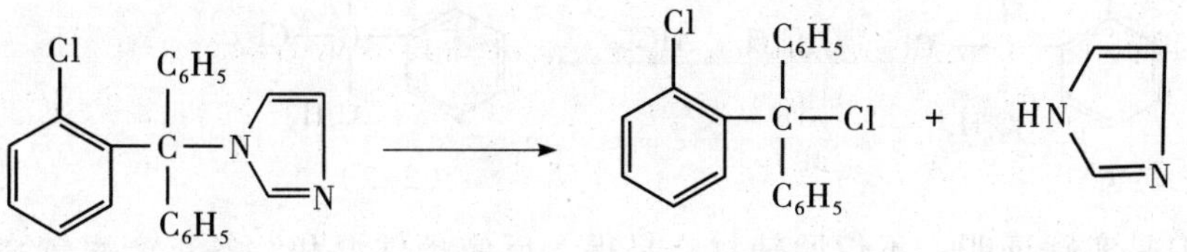

（2-1）　　（2-2）　　（2-3）

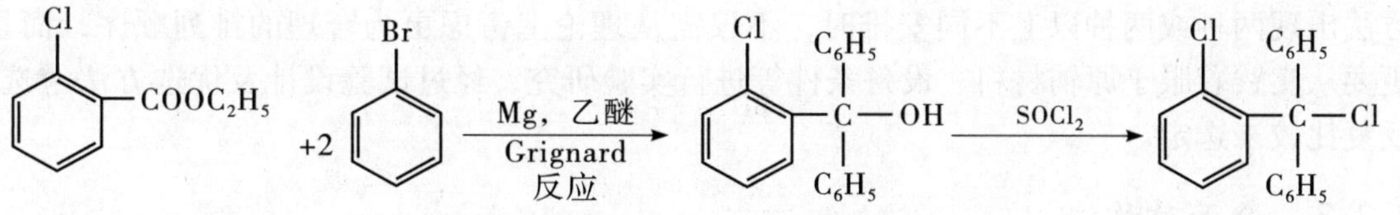

（2-4）　　（2-2）

该方法合成的克霉唑质量虽好，但格氏反应要求严格无水条件，对原辅料质量要求严格，且乙醚易燃易爆，设备需要相应的安全措施，而使生产受到限制。

鉴于上述状况，参考四氯化碳与苯通过 Friedel-Crafts 反应先生成三苯基氯甲烷（2-5）的类型反应，设计了由邻氯甲苯为原料合成邻氯苯基三氯甲烷（2-6）的工艺路线。

$$CCl_4 + 3C_6H_6 \longrightarrow (C_6H_5)_3CCl$$

（2-5）

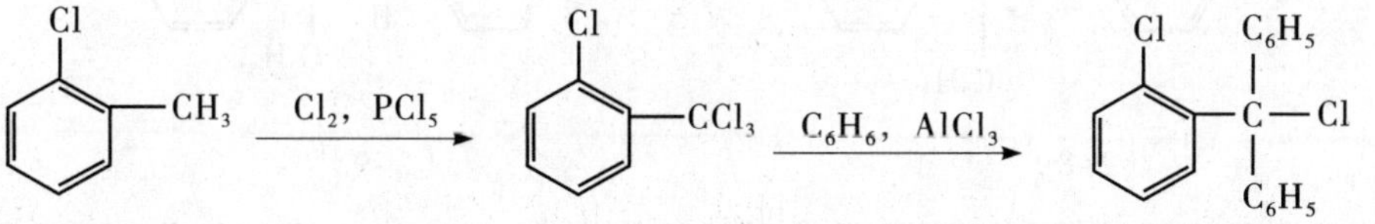

（2-2）

此法合成路线较短，原辅材料获取方便，收率也较高，但是这条工艺路线仍有一些缺点，主要是邻氯甲苯进行氯化反应要引进三个氯原子，反应温度较高，且反应时间长，并有未反应的氯气逸出，不易吸收完全，以致带来环境污染和设备腐蚀等问题。

还可以邻氯苯甲酸（2-7）为起始原料，经过两步氯化、两步 Friedel-Crafts 反应来合成关键中间体（2-2）。

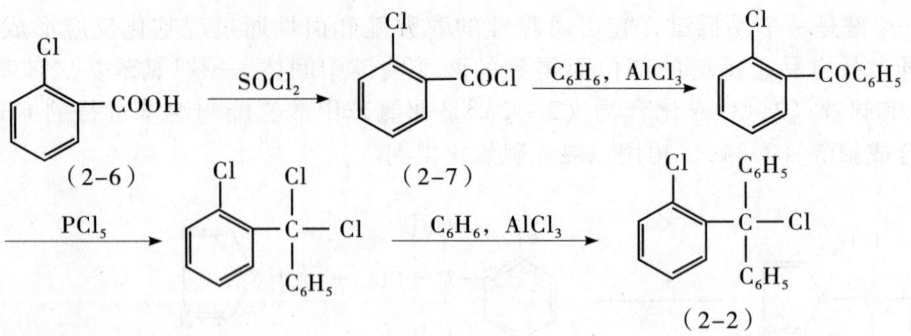

尽管此路线长，但是实践证明：不仅原辅材料易得，反应条件温和，各步产率较高，成本也较低，而且没有上述氯化反应的缺点，更适合于工业化生产。

应用类型反应法进行药物或中间体设计时，若功能基的形成与转化的单元反应排列方法出现两种或两种以上不同安排时，不仅需从理论上考虑更为合理的排列顺序，而且更要从实践着眼于原辅材料、设备条件等进行实验研究，经过试验设计及优选方法遴选、反复比较来选定。

2.2.3 分子对称法

剖析某些药物或其中间体结构时，常发现存在分子对称性，这对于药物设计是很有用处的，它们往往可用两个相同分子经化学反应制得，或在同一步反应中将分子的相同部位同时构建起来，这就是分子对称法。对于具有对称性或潜在对称性的药物就需要用分子对称法来进行工艺路线的设计。

非甾体雌激素类药物已烯雌酚（2－8）、己烷雌酚（2－9）等二苯乙烯类化合物可以用分子对称法设计工艺路线。

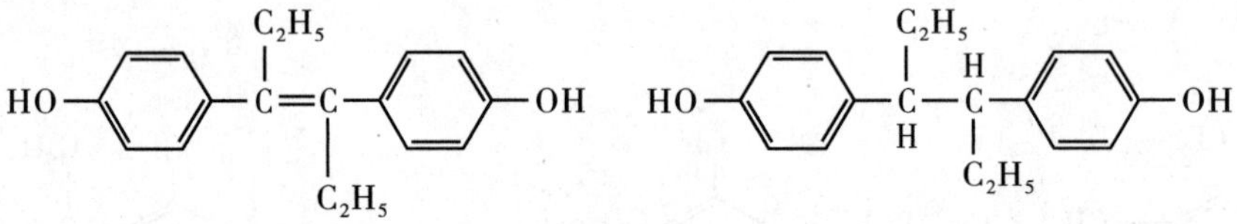

（2–8）　　（2–9）

己烷雌酚的合成路线可由两分子的对硝基苯丙烷（2－10）在氢氧化钾存在下用水合肼还原，同时发生缩合生成3，4－双对氨苯基己烷（2－11），后者再经重氮化，水解反应得己烷雌酚。

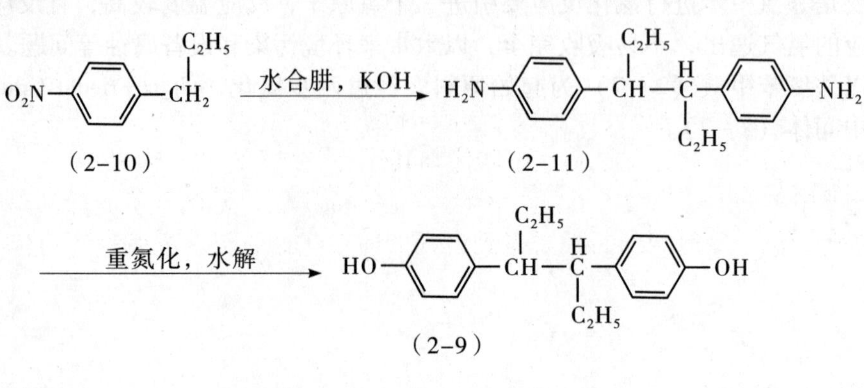

（2–9）

有些分子看起来不是对称分子，但仔细剖析却存在对称性，即潜在的分子对称性。例如，抗麻风病药物氯法齐明（克风敏）（2－12），可看作吩嗪亚胺类化合物，即是 2－对氯苯氨基－5－对氯苯基－3，5－二氢－3－亚氨基吩嗪（2－13）的衍生物。（2－13）从实线处可看作是两个对称分子。

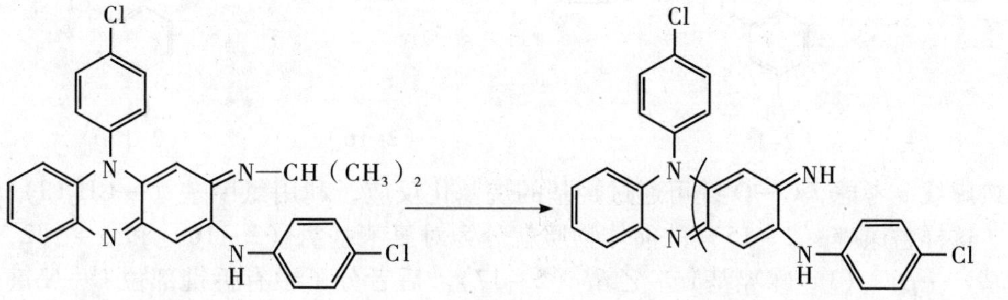

（2–12）　　（2–13）

因此，可以用两分子的 N－对氯苯基苯二胺（2－14）于三氯化铁存在下进行缩合反应，收率可达 98%。接着用异丙胺进行加压反应，即得（2－12）。

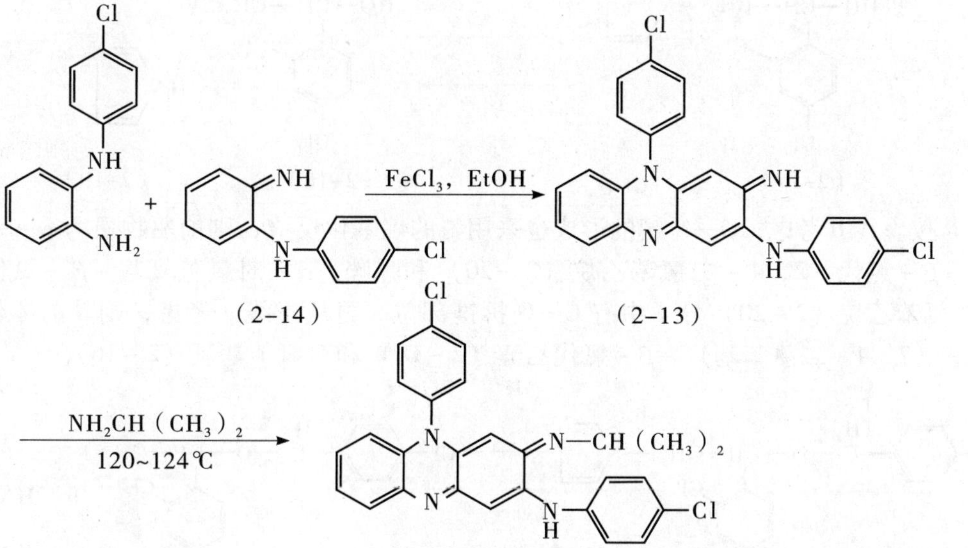

（2–14）　　（2–13）

（2–12）

2. 2. 4　追溯求源法

追溯求源法（逆合成分析法）由 E. J. Corey 于 1964 年创立，是从药物分子的化学结构出发，将其化学合成过程一步一步地逆向推导进行追溯寻源的方法，也称倒推法。首先从药物合成的最后一个结合点考虑它的前体物质是什么，用什么反应得到，如此追溯求源，直到推导出可能的化工原料、中间体和其他易得的天然化合物为止。

药物分子中具有 C—N，C—S，C—O 等碳杂键的部位，是该分子的拆键部位，也是合成时的连接部位。经追溯求源最后得到已知的简单起始原料，进而设计出药物合成的工艺路线。

例如，抗霉菌药益康唑（2－15）分子中有C—N和C—O两个拆键部位，则可以从a，b两处追溯其合成的前体物质。

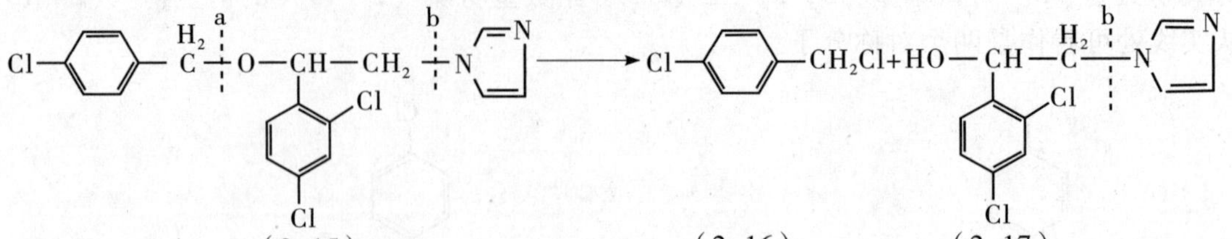

（2-15） （2-16） （2-17）

按虚线a考虑，C—O键可通过羟基的烷基化反应，利用氯甲基（—CH_2Cl）和仲醇作用。这样益康唑（2－15）的前体物质就分为对氯苄基氯（2－16）和α－（2，4－二氯苯基）－β－（1－咪唑基）－乙醇（2－17）。后者分子中有拆键部位C—N键，即从虚线b，可考虑由氨基的烷基化反应形成，于是（2－17）的前体物质为α－（2，4－二氯苯基）－β－氯代乙醇（2－18）和咪唑（2－19）。

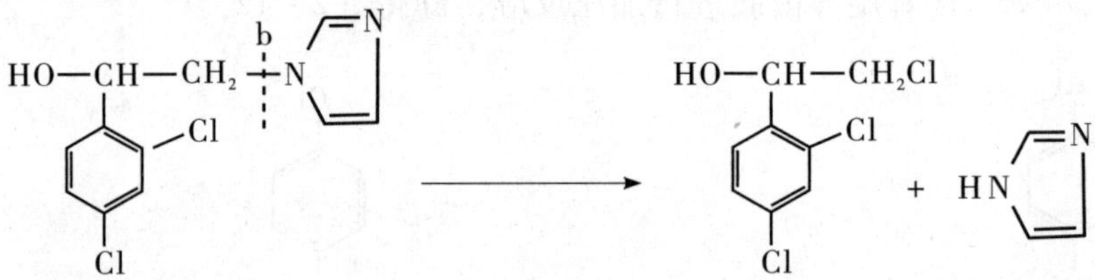

（2-17） （2-18） （2-19）

若按虚线b考虑，C—N键的形成也采用氨的烷基化反应，则前驱物质为α－对氯苄氧基－β－氯代－2，4－二氯苯乙烷（2－20）和咪唑。α－对氯苄氧基－β－氯代－2，4－二氯苯乙烷（2－20）分子中有C—O拆键部位。再从虚线a考虑，则其前体化合物为α－（2，4－二氯苯基）－β－氯代乙醇（2－18）和对氯苄基氯（2－16）。

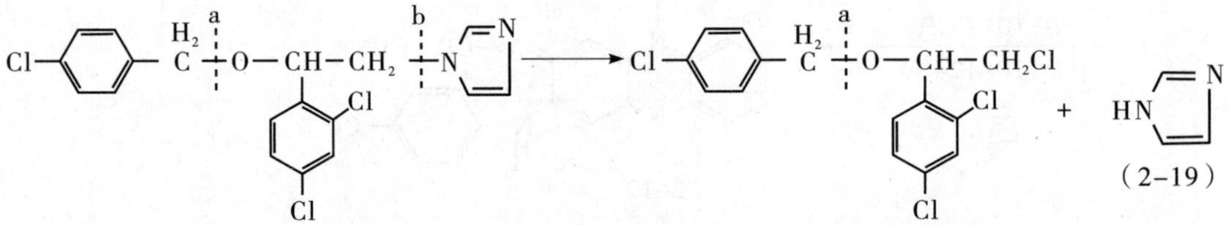

（2-15） （2-20） （2-19）

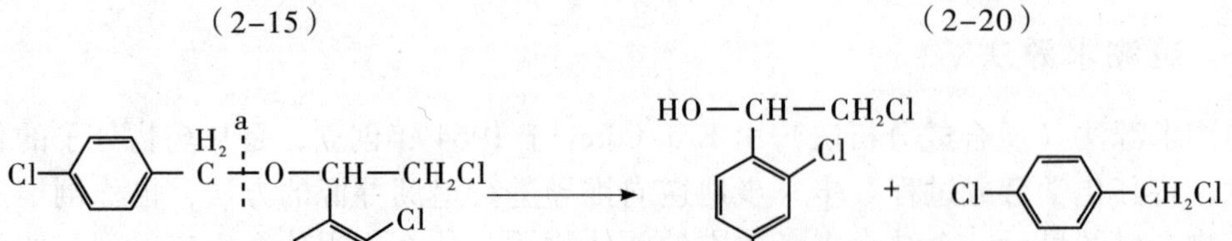

（2-20） （2-18） （2-16）

益康唑及中间体分子的装配有a，b两条虚线考虑，即a，b两种连接方法；但C—O键与C—N键形成的先后次序不同，这对合成有较大影响。若用上述b法拆键，（2－18）

与（2－16）在碱性试剂存在下反应制备中间体（2－20）时，不可避免地将发生（2－20）的自身分子的烷基化反应；从而使反应复杂化，降低（2－20）的收率。因此，采用先形成C—N键，然后在形成C—O键的a法的连接装配更为有利。

再分析化合物（2－18），它是一个β醇；可由相应的酮还原制得。其前体物质2，4－二氯－β－氯代苯乙酮（2－21），可由2，4－二氯苯与氯乙酰经Friedel-Crafts反应制得。

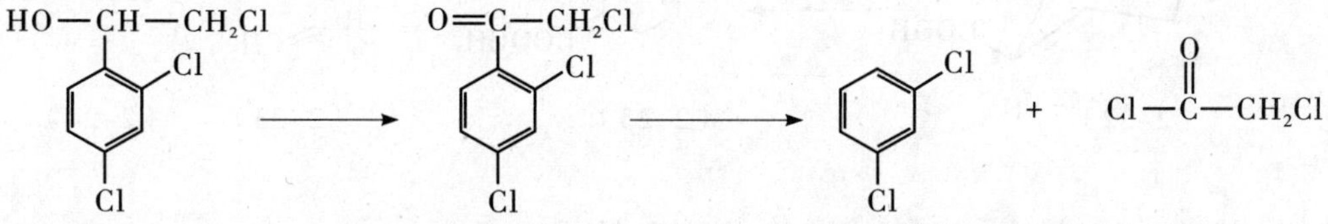

（2-18）　（2-21）

而间二氯苯可由间硝基苯还原得间二氨基苯，再用重氮化，Sandmeyer反应制得。

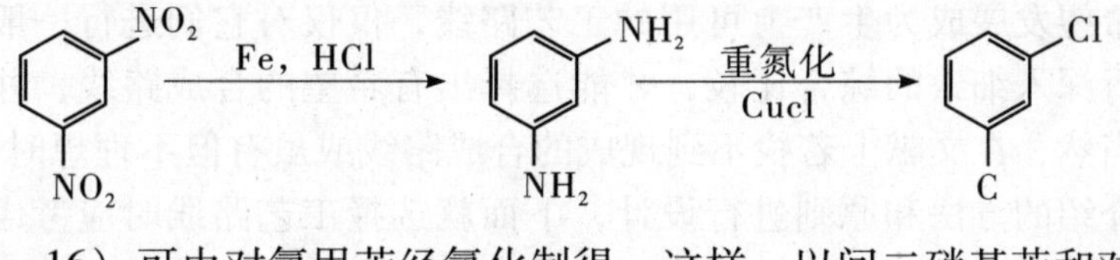

化合物（2－16）可由对氯甲苯经氯化制得。这样，以间二硝基苯和对氯甲苯为起始原料合成益康唑的合成路线可设计如下：

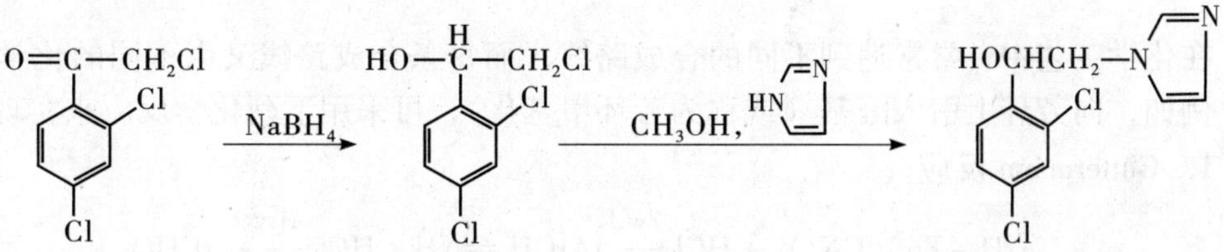

（2-21）　（2-18）　（2-17）

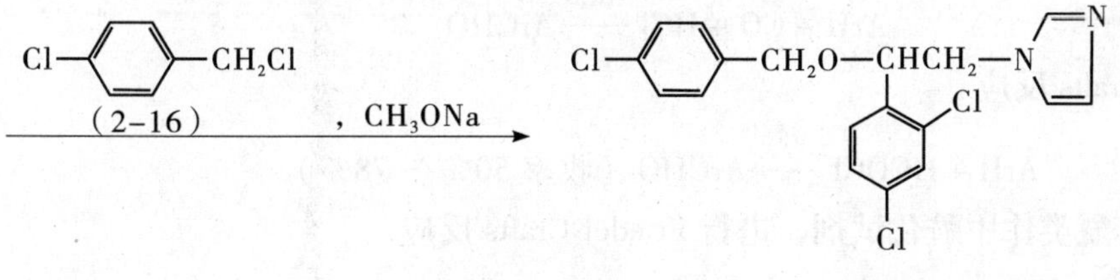

（2-15）

追溯求源法还适合于分子具有 C≡C 、C＝C、 C—C 键化合物的合成设计，如环己烯为目标化合物时，从脱水反应的追溯求源思考方法，可以想到其前体化合物应为环己醇；若从双烯的逆合成考虑，可以想象到其前体化合物为丁二烯与乙烯通过Diels－Alder反应得到。

因此，止血药氨甲环酸（凝血酶）（2－22）的合成设计可考虑由氯代丁二烯（2－23）与丙烯酸酯（2－24），经Diels－Alder反应得关键中间体对氯环己烯酸甲酯（2－

25)，再经氰化、氢还原等制取得到。

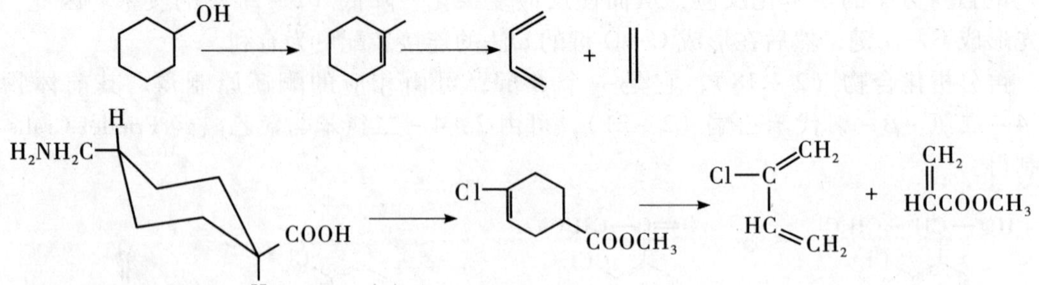

（2-22） （2-25） （2-23） （2-24）

2.3 药物合成路线的选择和评价

通过文献调查可能找到药物的多种合成路线，它们各自有自己的特点和优缺点。至于哪条路线有希望发展成为生产上可用的工艺路线，仅仅对它们进行一般性评价是不够的，还必须进行深入细致的综合比较，才能选择出有希望的合成路线，并制订具体的实验研究计划。当然，在文献上若找不到现成的合成路线或虽有但不理想时，需自行设计，可参照上一节介绍的方法和原则进行设计，下面就选择工艺路线时应考虑的主要问题进行讨论。

2.3.1 反应类型

在化学工艺中，常常遇到不同的合成路线，而每条合成路线又由不同的化学反应组成。例如，向芳环上引入醛基（或称为芳环甲基化），可采用下列化学反应来实现：

1. Gattermann **反应**

$$ArH + Zn(CN_2)_2 + HCl \xrightarrow{ZnCl_2} ArCH{=}NH \cdot HCl \xrightarrow{H_2O} ArCHO$$

2. Gattermann-Koch **反应**

$$ArH + CO + HCl \xrightarrow{AlCl_3} ArCHO$$

3. Friedel-Crafts **反应**

$$ArH + HCOCl \xrightarrow{BF_3} ArCHO \text{（收率 50\%～78\%）}$$

4. **二氯甲基醚类作甲酰化试剂，进行 Friedel-Crafts 反应**

$$ArH + \underset{\text{二氯甲基醚}}{Cl_2CHOCH_3} \xrightarrow[\text{F-C 反应}]{AlCl_3} ArCHO + CH_3Cl + HCl$$

（收率 60%）

5. Vilsmeier **反应**

$$ArH + HCON(CH_3)_2 \longrightarrow ArCHO \text{（收率 70\%～80\%）}$$

6. **应用三氯乙醛甲酰化反应**

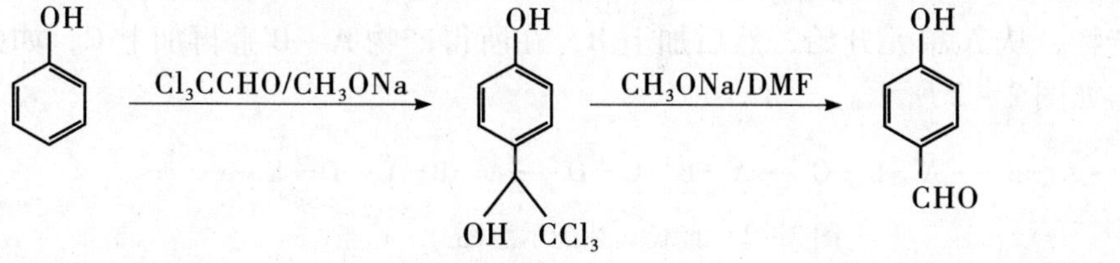

（收率 30% ～50%）

7. **Duff 反应**

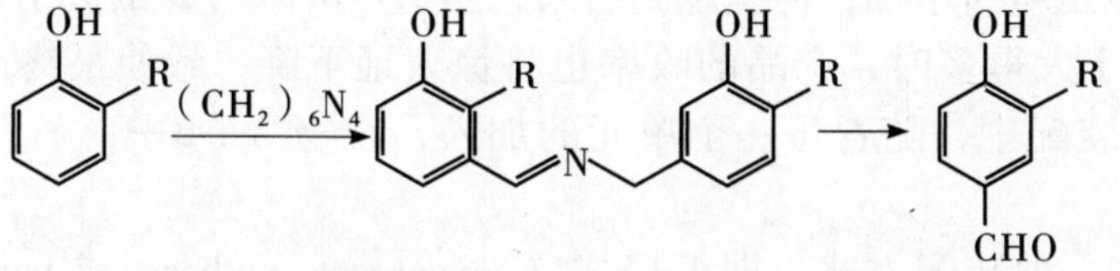

（收率 15% ～20%）

以上 7 个反应说明，在含有不同取代基的苯环上引入同一个功能基，各有不同的取代方式。相同的苯取代化合物引入同一个功能基可有不同的方法。

2.3.2　反应条件

不同反应的条件有很大差异，但可分为两种反应类型，即平顶型反应和尖顶型反应，反应条件与收率的关系如图 2-1 所示。

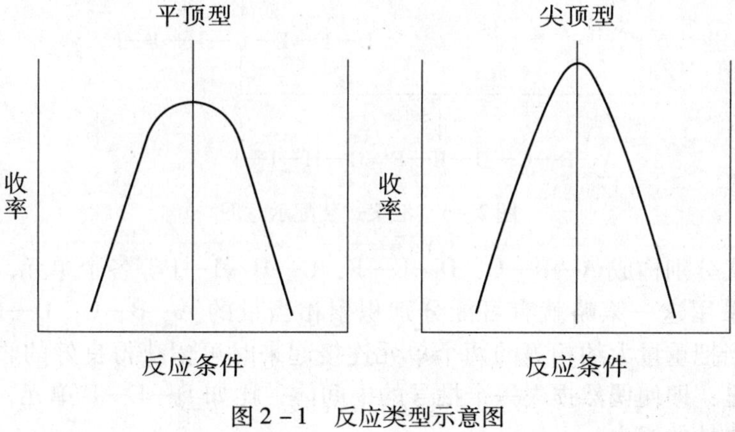

图 2-1　反应类型示意图

从合成工艺的可操作性来看，平顶型反应比较好；对于尖顶型反应来说，反应条件要求苛刻，稍有变化就会使收率下降，副反应增多；尖顶型反应往往与安全生产技术、三废防治、设备条件等密切相关。

2.3.3　单元反应的组合方式

最理想的药物合成工艺路线应具备合成步骤少、操作简便、设备要求低、各步收率较高等特点。了解反应步骤数量和计算反应总收率是衡量不同合成路线效率的最直接的方法。此处介绍直线式和汇聚式两种主要的装配方式。

在直线式（linear synthesis 或 sequential approach）装配中，一个由 A，B，C，…，J 等单元组成的产物，从 A 单元开始，然后加上 B，在所得产物 A－B 上再加上 C，如此下去，直到完成，如图 2－2 所示。

A ⟶ A—B ⟶ A—B—C ⟶ A—B—C—D ⟶ A—B—C—D—E ⟶ ……

图 2－2　直线式装配示意图

由于化学反应的各步骤收率很少能达到100%，总收率是各步收率的乘积，对于反应步骤多的直线式装配，必须要求大量的起始原料 A。当 A 接上分子量相似的 B 得到产物 A—B 时，即使用重量收率表示虽有所增加，但是越到后来，当 A—B—C—D 的分子量变得比要接上的 E，F，G，…，J 大得多时，产品的收率也将惊人地下降，致使最终产品非常少。另一方面，在直线式装配中，随着每一个单元的加入，产物 A—B—，…，—J 将会变得越来越珍贵。

因此，通常倾向于采用另一种装配方式，即汇聚式（convergent synthesis 或 parallel approach），如图 2－3 所示。

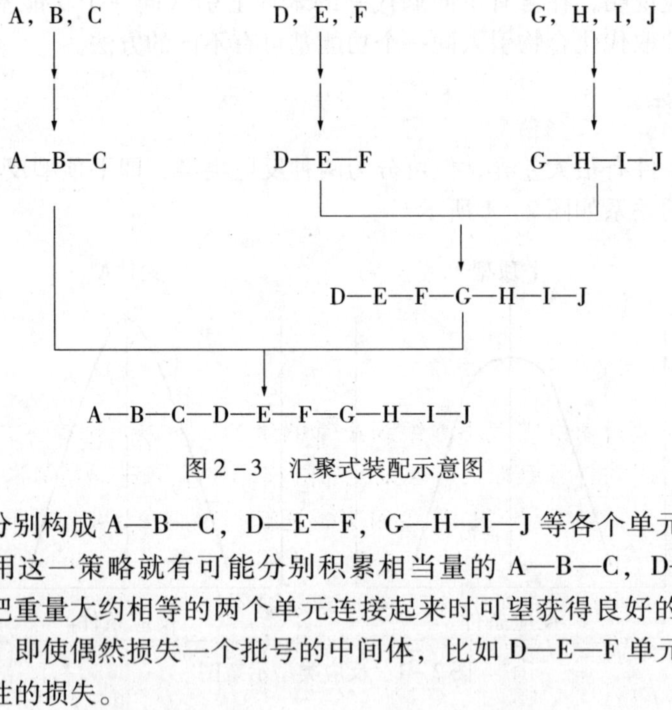

图 2－3　汇聚式装配示意图

先以直线式分别构成 A—B—C，D—E—F，G—H—I—J 等各个单元，然后汇聚组装成所需产品。采用这一策略就有可能分别积累相当量的 A—B—C，D—E—F，G—H—I—J 等单元，当把重量大约相等的两个单元连接起来时可望获得良好的收率。汇聚组装的另一个优点是：即使偶然损失一个批号的中间体，比如 D—E—F 单元，也不至于对整个路线造成灾难性的损失。

这就是说，在反应步骤相同的条件下，宜将一个分子的两大块分别组装；然后，尽可能在最后阶段将它们结合在一起，这种汇聚式的合成路线比直线式的合成路线有利很多。同时可以把收率高的步骤放在最后，提高昂贵中间体的质量收率。假定 7 步反应，每步收率都为70%，则直线式收率为 $(0.7)^7=8.2\%$；汇聚式可能变成 1 个 3 步反应和 1 个 4 步反应，则其总收率为 $(0.7)^4=24.0\%$。

2.3.4　单元反应的顺序

在同一条合成反应中，有时某些单元反应的先后次序可以颠倒，而最后都得到同样的结果，这时就需要研究单元反应的次序如何安排最为有利。从收率角度看，应把收率低的单元放在前头，而把收率高的单元放在后头，这样做符合经济原则，有利于降低成本。最佳的安排要通过实验和生产实践来验证。例如，在以对硝基苯甲酸合成局部麻醉药物盐酸普鲁卡因的过程中，即使把硝基的还原和羧基的酯化这两个单元次序先后颠倒，都同样得到普鲁卡因，如图 2－4 所示。

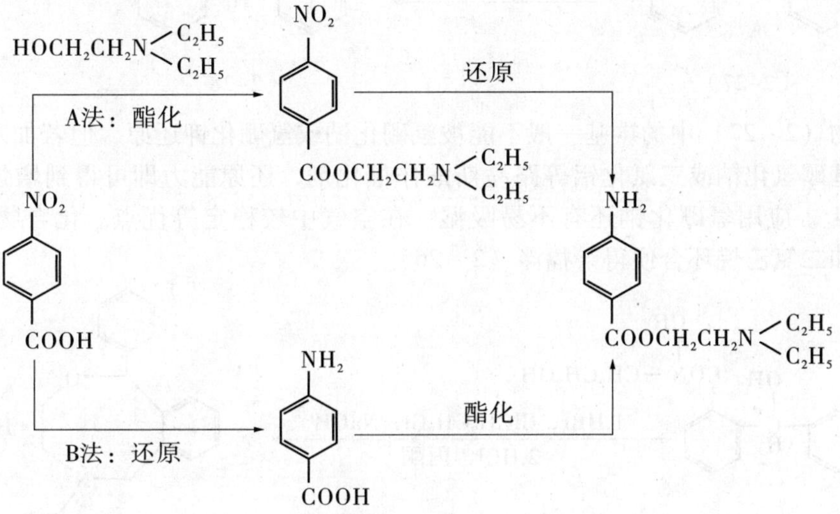

图 2－4　单元反应次序的颠倒验证

2.3.5　原辅材料供应

没有稳定的原辅材料供应就不能组织正常的生产。所以，选择工艺路线，首先应考虑每一合成路线所用的各种原辅材料的来源、规格和供应情况，其基本要求是利用率高、价廉易得。利用率包括化学结构中骨架和功能基的利用程度，取决于原辅材料的化学结构、性质以及所进行的反应等。为此，必须对不同合成路线所需的原料和试剂作全面了解，包括理化性质、类似反应的收率、操作难易以及市场来源和价格等。有些原辅材料一时得不到供应，则需考虑自行生产，同时要考虑到原辅材料的质量规格、储存和运输等。对于准备选用的合成路线，应根据已找到的操作方法，列出各种原辅材料的名称、规格、单价，算出单耗（生产 1kg 产品所需要的各种原料的数量），进而算出所需各种原辅材料的成本和原辅材料的总成本，以便比较。

2.3.6　原辅材料更换

更换原辅材料和改变合成步骤常常是选择工艺路线的重要工作之一，它也是生产企业竞争的重要内容。在相同的合成路线中，采用同一个化学反应，若能因地制宜地更改原辅材料或改变合成步骤，虽然得到的产物是相同的，但是收率、劳动生产率和经济效益会有很大差别。例如，某些药物生产工艺中需用乙醚等低沸点、易燃、易爆的有机溶剂，南方夏季温度过高时，只得停产，这时可用四氢呋喃或混合溶剂代替。

又如，在镇痛药奈福泮（Nefopam，2－26）的合成中，N－2－羟乙基－N－甲基邻苯甲酰苯酰胺（2－27）的还原可用氢硼化钠替代价格昂贵的氢化铝锂，制取2－［N－(2－羟乙基）－N－甲基氨甲基］－双苯甲醇（2－28）。

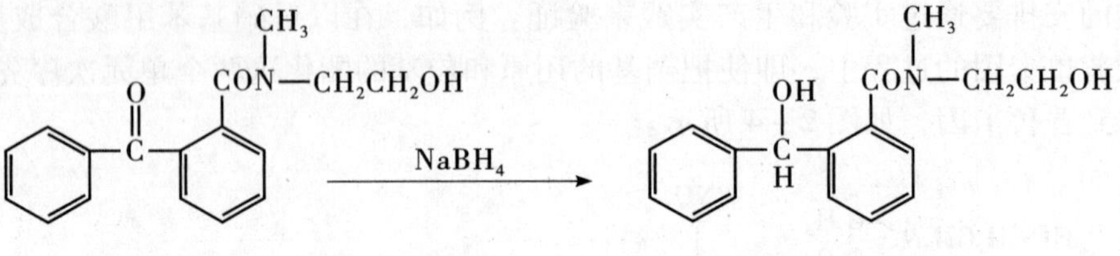

（2–27）　（2–28）

化合物（2－27）中的羰基一般不能被氢硼化钠或氢硼化钾还原，但若加入其衍生物三乙酰氧基硼氢化钠或三氯化铝等路易斯酸作催化剂，还原能力即可得到增强，收率可达80%以上。应用氢硼化钠还有不易吸湿、在空气中较稳定等优点。化合物（2－28）经氢溴酸和二氯乙烷环合便得奈福泮（2－26）。

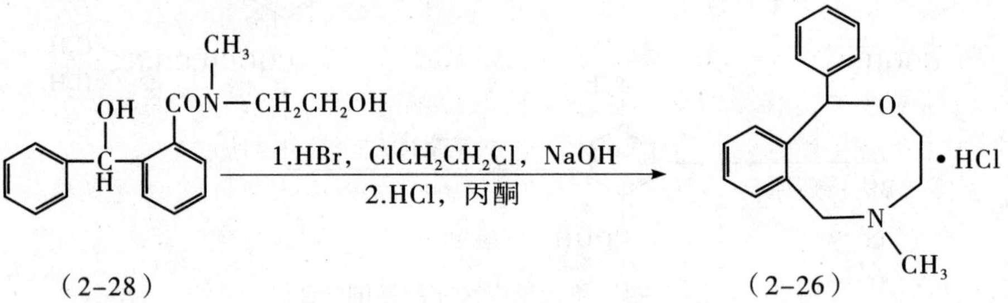

（2–28）　（2–26）

2.3.7　工序合并

当一个反应所用溶剂和产生的副产物对下一步影响不大时，可考虑工序合并，即所谓的“一勺烩”工艺。它是指两步或几步反应按顺序，不经分离、在同一个反应罐中进行。如5－Fu合成中Claisen缩合反应与环合反应是分步进行的，改进后将两步骤同时进行，提高收率。

2.3.8　技术条件和设备要求

合成路线中有些化学反应需在高温、高压、低温、高真空或严重腐蚀的条件下进行，应尽量避开这类技术条件和对设备要求高的反应。

思考题

2－1　理想的药物合成工艺路线是怎样的？

2－2　简述药物合成工艺路线设计的一般程序。

2－3　药物合成工艺路线设计的常用方法有哪些？

2－4　试述克霉唑不同合成工艺路线的优缺点。

2－5　怎样选择药物的合成路线？

第3章 药物合成工艺条件的研究

3.1 概述

在进行了药物合成工艺路线的设计和选择之后，接下来要进行工艺条件研究。一个药物的合成工艺路线通常由若干个合成工序组成，每个合成工序包含若干个化学单元反应，每个单元反应又包括反应和后处理两部分，后处理是产物的分离、精制等物理处理过程，只有经过适当而有效的后处理才能得到符合质量标准的药物。

药物生产的工艺条件有如下七个方面：

（1）配料比。参与反应的各物料之间物质的量的比例称为配料比（也称投料比）。通常物料量以摩尔为单位，故称为物料的摩尔比。

（2）溶剂。溶剂主要作为化学反应的介质，反应溶剂性质和用量会直接影响反应物的浓度、溶剂化作用、加料次序、反应温度和反应压力等。

（3）温度和压力。化学反应需要光和热的传输和转换，在化学合成药物工艺研究中要注意考察反应温度和压力的变化，选择合适的搅拌器和搅拌速度。

（4）催化剂。现代化学工业中，80%以上的反应涉及催化过程。化学合成药物的工艺路线中也常见催化反应，如酸碱催化、金属催化、相转移催化、生物酶催化等，以加速化学反应、缩短生产周期、提高产品的纯度和收率。

（5）反应时间及其监控。反应物在一定条件下通过化学反应转变成产物，与化学反应时间有关。有效地控制反应终点，力图以高收率获得高纯度的产物。

（6）后处理。由于药物合成反应常伴随着副反应，因此反应完成后，需要从副产物和未反应的原辅材料及溶剂中分离出主产物。分离方法基本上与实验室所用的方法类似，如蒸馏、过滤、萃取、干燥等技术。

（7）产品的纯化和检验。为了保证产品质量，所有中间体都必须有一定的质量标准，最终产品必须符合国家规定的药品标准。化学原料药生产的最后工序（精制、干燥和包装）必须在符合《药品生产质量管理规范》（GMP）规定的条件下进行。

在化学合成药物工艺研究中，还要注意化学反应各种条件之间的相互影响。通常采用数理统计学中的正交设计法和均匀设计法等方法来安排实验和处理实验数据。目的在于用最少的实验次数，得出最佳的合成药物工艺条件，进而进行中试放大。

3.2 反应类型

根据反应原理可将反应类型分为基元反应和非基元反应两类。

3.2.1 基元反应

凡反应物分子在碰撞中一步转化为生成物分子的反应称为基元反应。基元反应是机理最简单的反应，其反应速率符合质量作用定律。对于任何基元反应来说，反应速率总是与其反应物浓度的乘积成正比。

例如，伯卤代烷的碱性水解速率为：

$$-\frac{d[RCH_2X]}{dt}=k[RCH_2X][OH] \qquad (3-1)$$

此反应是按双分子亲核取代历程（S_N2）进行的，在化学动力学上为二级反应。

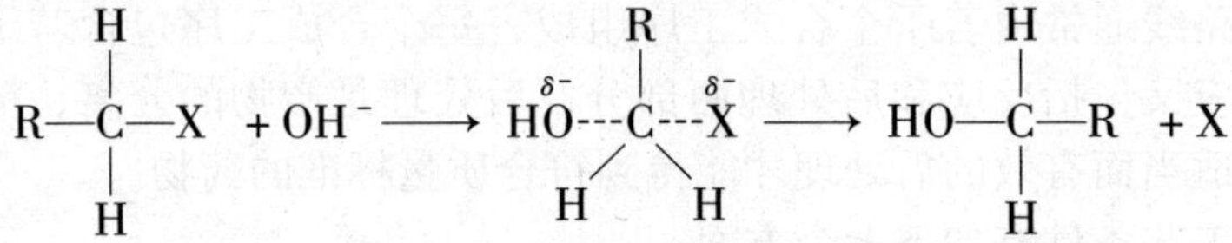

在反应过程中，碳氧键（C—O）的形成和碳卤键（C—X）的裂解同时进行，化学反应速率与伯卤代烷和 OH^- 的浓度有关，这个反应实际上是一步完成的。

3.2.2 非基元反应

凡反应物分子要经过若干步，即经过若干个基元反应才能转化为生成物的反应，称为非基元反应。例如，叔卤代烷的碱性水解速度仅依赖于叔卤代烷的浓度，而与碱的浓度无关：

$$-\frac{d[R_3CX]}{dt}=k[R_3CX] \qquad (3-2)$$

由此可见，叔卤代烷的水解反应历程与伯卤代烷并不相同，它属于一级反应。这个反应实际上是分两步完成的，反应的第一步（慢的一步）是叔卤代烷的离解过程：

$$R_3CX \longrightarrow \left[R_3\overset{\delta^+}{C}\text{---}\overset{\delta^-}{X}\right] \longrightarrow R_3C^+ + X^-$$

反应的第二步是由碳正离子与试剂作用，生成水解产物。整个反应速率取决于叔卤代烷的离解进程。因此，反应速率仅与叔卤代烷的浓度成正比，与碱的浓度和性质无关。这个离解过程属于单分子历程（S_N1）。

$$R_3C—X \xrightarrow{慢} R_3C^+ + X^-$$

$$R_3C^+ + OH^- \xrightarrow{快} R_3C—OH$$

$$R_3C^+ + H_2O \xrightarrow{快} R_3C—OH + H^+$$

由于伯卤代烷和叔卤代烷的碱水解反应机理不同，欲加速伯卤代烷水解可增加碱的浓度；而加速叔卤代烷水解则需要增加叔卤代烷的浓度。

化学反应按照其过程又可分为简单反应和复杂反应两大类。由一个基元反应组成的化学反应称为简单反应；由两个和两个以上基元反应构成的化学反应则称为复杂反应。在有机化学中，简单反应是极为少见的，多数都是复杂反应，包括可逆反应、平行反应和连续反应等。

3.3 化学反应动力学

无论是简单反应还是复杂反应，一般都可以应用质量作用定律来计算浓度和反应速率的关系，即温度不变时，反应速率与直接参与反应的物质的瞬间浓度的乘积成正比，并且每种反应浓度的指数等于反应式中各反应物的系数。例如，

$$aA + bB + \cdots \longrightarrow gG + hH + \cdots$$

按质量作用定律，其瞬间反应速率为：

$$-\frac{dc_A}{dt} = kc_A^a c_B^b \cdots \text{或} -\frac{dc_B}{dt} = kc_A^a c_B^b \cdots \quad (3-3)$$

各浓度项的指数称为级数；所有浓度项的指数的总和称为反应级数。

3.3.1 单分子反应

在反应过程中，若只有一分子参与反应，此类反应则称为单分子反应。多数的一级反应为单分子反应。反应速率与反应物浓度成正比。

$$-\frac{dc}{dt} = kc \quad (3-4)$$

属于这一类反应的有热分解反应（如烷烃的裂解）、异构化反应（如顺反异构化）、分子内重排（如 Beckman 重排、联苯胺重排等）以及羰基化合物酮型和烯醇型之间的互变异构等。

3.3.2 双分子反应

当相同或不同的两分子碰撞时相互作用而发生的反应称为双分子反应，即二级反应，反应速率与反应物浓度的乘积成正比。

$$-\frac{dc}{dt} = kc_A c_B \quad (3-5)$$

在溶液中进行的大多数有机化学反应都属于这种类型。如加成反应（羰基的加成、烯烃的加成等）、取代反应（饱和碳原子上的取代、芳核上的取代、羰基位的取代等）和消除反应等。

3.3.3 零级反应

若反应速率与反应物浓度无关，仅受其他因素影响的反应为零级反应，其反应速率为常数。

$$-\frac{dc}{dt} = k \quad (3-6)$$

如某些光化学反应、表面催化反应、电解反应等。它们的反应速率常数与反应物浓度无关，而分别与光的强度、催化剂表面状态及通过的电量有关。这是一类特殊的反应。

3.3.4 可逆反应

可逆反应是常见的一种复杂反应，即两个方向相反的反应同时进行。对于正方向的

反应和反方向的反应，质量作用定律都适用。例如，醋酸和乙醇发生的酯化反应：

$$CH_3COOH + C_2H_5OH \underset{k_2}{\overset{k_1}{\rightleftharpoons}} CH_3COOC_2H_5 + H_2O$$

若醋酸和乙醇的最初浓度各为 c_A 及 c_B，经过 t 时间后，生成物乙酸乙酯及水的浓度为 x，则该瞬间乙酸的浓度为（$c_A - x$），乙醇的浓度为（$c_B - x$）。按照质量作用定律，在该瞬间：

正反应速率 $= k_1$（$c_A - x$）（$c_B - x$）

逆反应速率 $= k_2 x^2$

两速度之差，便是总的反应速率。

$$\frac{dx}{dt} = k_1(c_A - x)(c_B - x) - k_2 x^2 \tag{3-7}$$

可逆反应的特点是正反应速率随时间逐渐减小，逆反应速率随时间逐渐增大，直到两个反应速率相等，反应物和生成物浓度不再随时间而发生变化。对这类反应，可以用移动平衡的办法（除去生成物或加入大量的某一反应物）来破坏平衡，以利于正反应的进行，即设法改变某一物料的浓度以控制反应速率。例如酯化反应，可采用边反应边蒸馏的办法，使酯化生成的水，与乙醇和乙酸乙酯形成三元恒沸液（9.0% H_2O，8.4% C_2H_5OH，82.6% $CH_3COOC_2H_5$）蒸出，从而移动化学平衡，提高反应收率。

利用影响化学平衡移动的因素，可以使正逆反应趋势相差不大的可逆平衡向着有利的方向移动。对正逆反应趋势相差很大的可逆平衡，也可以利用化学平衡的原理，使可逆反应中处于次要地位的反应上升为主要地位。如用氢氧化钠与乙醇反应来制备乙醇钠，乍看起来是不可能的，但是，既然乙醇钠的水解反应存在着可逆平衡，就有利用价值。

$$C_2H_5ONa + H_2O \rightleftharpoons C_2H_5OH + NaOH$$

尽管在上述平衡混合物中，主要是氢氧化钠和乙醇，乙醇钠的量极少；也就是说，在这个可逆反应中，乙醇钠水解趋势远远大于乙醇和氢氧化钠生成乙醇钠的趋势，但若按照化学平衡移动原理，设法将水除去，就可使平衡向左移动，使平衡混合物中乙醇钠的含量增加到一定程度。生产上就是利用苯与水生成共沸混合物不断将水带出，来制备乙醇钠的。

3.3.5 平行反应

平行反应，又称竞争性反应，它是一种复杂反应，即反应物同时进行几种不同的化学反应。在生产上将所需要的反应称为主反应，其余称为副反应。这类反应在有机反应中十分常见，以氯苯的硝化为例：

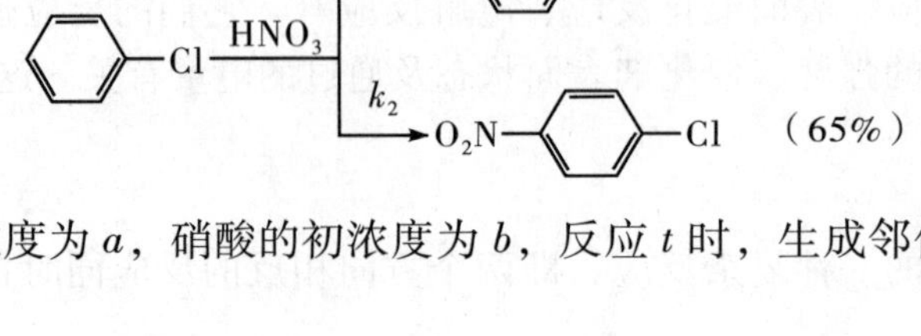

若反应物氯苯的初浓度为 a，硝酸的初浓度为 b，反应 t 时，生成邻位和对位硝基氯苯的

浓度分别为 x、y，其速度分别为 dx/dt、dy/dt，则

$$\frac{dx}{dt}=k_1\ (a-x-y)\ (b-x-y) \tag{3-8}$$

$$\frac{dy}{dt}=k_2\ (a-x-y)\ (b-x-y) \tag{3-9}$$

反应的总速度为两式之和，即

$$-\frac{dc}{dt}=\frac{dx}{dt}+\frac{dy}{dt}=(k_1+k_2)(a-x-y)(b-x-y) \tag{3-10}$$

式中，$-\frac{dc}{dt}$为反应物氯苯或硝酸的消耗速率。

若将两式相除得 $(dx/dt)\ /\ (dy/dt)\ =k_1/k_2$，将此式积分得 $x/y=k_1/k_2$。这说明级数相同的平行反应，其反应速率之比为一常数，与反应物浓度及时间无关。也就是说，不论反应时间多长，各生成物的比例是一定的。例如上述氯苯在一定条件下硝化，其邻位和对位生成物比例均为35∶65=1.0∶1.9。对于这类反应，显然不能通过改变反应物的配料比或反应时间来改变生成物的比例；但可以通过改变温度、溶剂、催化剂等来调节生成物的比例。

在一般情况下，增加反应物的浓度有助于加快反应速率，提高设备能力和减少溶剂用量。但是，有机合成反应大多数存在副反应，增加反应物的浓度，有时也加速了副反应的进行。所以，应选择最适当的反应物浓度。

例如，在吡唑酮类（3－1）解热镇痛药的合成中，苯肼与乙酰乙酸乙酯的环合反应为：

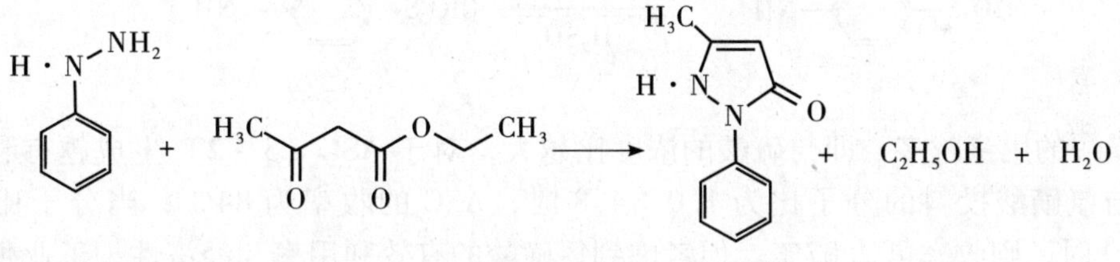

（3–1）

若较多地增加苯肼浓度，则会引起2分子苯肼与1分子乙酰乙酸乙酯的缩合反应。

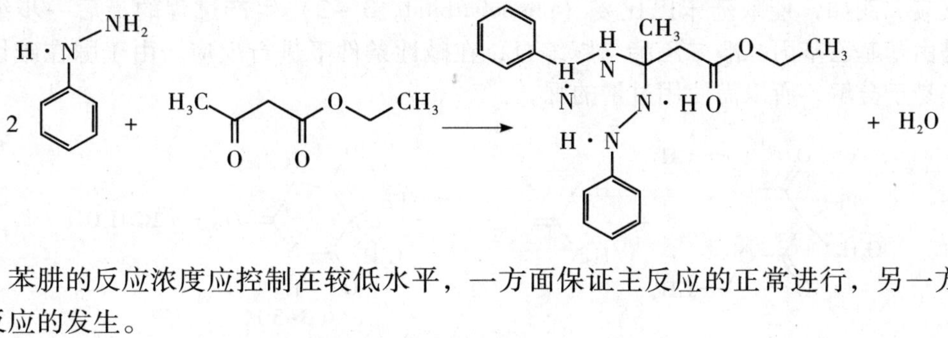

因此，苯肼的反应浓度应控制在较低水平，一方面保证主反应的正常进行，另一方面避免副反应的发生。

3.4 反应物浓度与配料比

必须指出，有机反应很少是按理论值定量完成的。这是由于有些反应是可逆的、动态平衡的，有些反应同时有平行或串联的副反应存在。因此，需要采取各种措施来提高产物的生成率。合适的配料比，在一定条件下也就是最恰当的反应物的组成。配料比的关系，也就是物料的浓度关系。一般可以从以下几个方面来考虑：

（1）凡属可逆反应，可采取增加反应物之一的浓度（即增加其配料比），或从反应系统中不断除去生成物之一的办法，以提高反应速率和增加产物的收率。

（2）当反应生成物的生成量取决于反应液中某一反应物的浓度时，则应增加其配料比。最适合的配料比应在收率较高，同时又是单耗较低的某一范围内。例如，在磺胺类抗菌药物的合成中，乙酰苯胺的氯磺化反应产物对乙酰氨基苯磺酰氯（ASC，3－2）是一个重要的中间体，它的收率取决于反应液中氯磺酸与硫酸的浓度比。

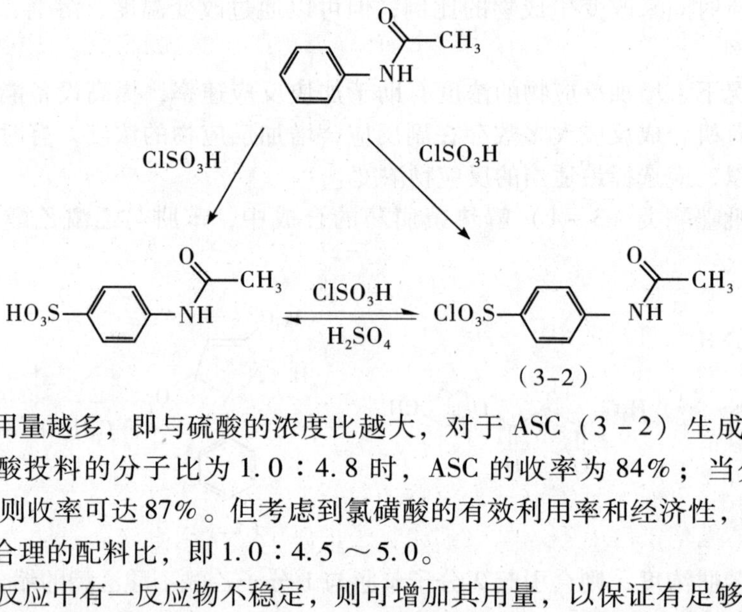

（3-2）

氯磺酸的用量越多，即与硫酸的浓度比越大，对于ASC（3－2）生成越有利。如乙酰苯胺与氯磺酸投料的分子比为1.0∶4.8时，ASC的收率为84%；当分子比增加到1.0∶7.0时，则收率可达87%。但考虑到氯磺酸的有效利用率和经济性，工业生产上采用了较为经济合理的配料比，即1.0∶4.5～5.0。

（3）倘若反应中有一反应物不稳定，则可增加其用量，以保证有足够量的反应物参与主反应。例如，催眠药苯巴比妥（phenobarbital，3－3）生产过程的最后一步缩合反应，是由苯基乙基丙二酸二乙酯与脲缩合，在碱性条件下进行反应。由于脲在碱性条件下加热易于分解，所以需使用过量的脲。

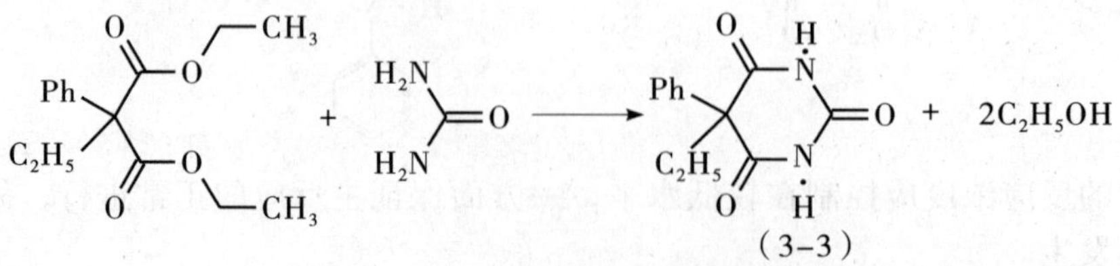

（3-3）

（4）当参与主、副反应的反应物不尽相同时，应利用这一差异，增加某一反应物的用量，以增加主反应的竞争能力。例如，氟哌啶醇（haloperidol，3－4）的中间体4－对氯苯基-1，2，5，6-四氢吡啶，可由对氯甲基苯乙烯与甲醛、氯化铵作用生成噁嗪中间体，再经酸性重排制得。这里的副反应之一是对氯甲基苯乙烯单独与甲醛反应，生成1，3-二氧六环化合物（3-5）。

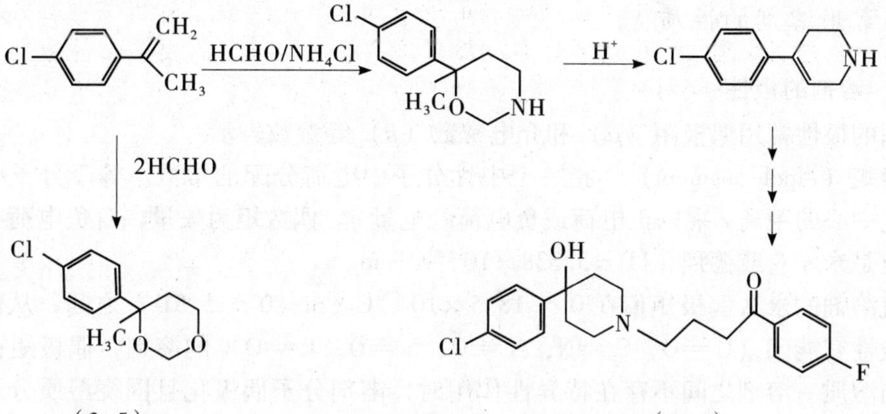

（3-5） （3-4）

这个副反应可看作是正反应的一个平行反应；为了抑制此副反应，可适当增加氯化铵用量。目前生产上氯化铵的用量是理论量的两倍。

（5）为防止连续反应和副反应的发生，有些反应的配料比小于理论配比，使反应进行到一定程度后停止。如在三氯化铝催化下，将乙烯通入苯中制得乙苯。所得乙苯由于乙基的供电性能，使苯环更为活泼，极易引进第二个乙基。如不控制乙烯通入量，就易产生二乙苯或多乙基苯。所以，应在工业生产上控制乙烯与苯的摩尔比为0.4：1.0左右。这样乙苯收率较高，过量苯可以回收、循环利用。

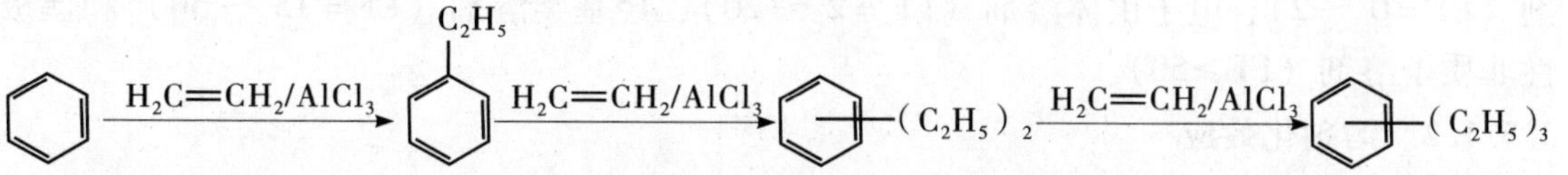

此外，还必须重视反应机理和反应物的特性与配料比的关系，如 Friedel-Crafts 酰化反应，在无水三氯化铝作用下，先形成羰基碳正离子，然后生成分子内鎓盐，再水解生成相应的产物。反应中无水三氯化铝的用量要略多于等摩尔比，有时甚至用2倍量，这是因为反应中生成的鎓盐需消耗无水三氯化铝。

对于新反应，反应物浓度和配料比的经验性规则为：使用2%～10%的反应物浓度和1.0～1.1的摩尔比，作为试探性反应条件。

3.5 反应溶剂和重结晶溶剂

在药物合成中，绝大部分化学反应都是在溶剂中进行的，溶剂还是一个稀释剂，它可以帮助反应散热或传热，并使反应分子能够均匀分布，增加分子间碰撞的机会，从而加速反应进程。采用重结晶法精制反应产物，也需要溶剂。

无论是反应溶剂，还是重结晶溶剂，都要求溶剂具有不活泼性，即在化学反应或在重结晶条件下，溶剂应是稳定而惰性的。尽管溶剂分子可能是过渡状态的一个重要组成部分，并在化学反应过程中发挥一定的作用，但是总的来说，应尽量不要让溶剂干扰反应，也就是说，不要在反应物、试剂和溶剂之间发生副反应，或在重结晶时，溶剂与产物发生化学反应。

3.5.1 常用溶剂的性质

3.5.1.1 溶剂的极性

溶剂的极性常用偶极距（μ）和介电常数（ε）等参数表示。

偶极矩（dipole moment） 指一个中性分子中电荷分配的常数。等于分子中正电中心与负电中心的距离 r 乘以正电荷或负电荷的电量 q。偶数矩为矢量，自负电荷指向正电荷。单位是米库仑或德拜，$1D=3.338\times10^{-30}C\cdot m$。

有机溶剂的永久偶极矩值在 $0\sim18.5\times10^{-30}C\cdot m$（$0\sim5.5D$）之间，从烃类溶剂到含有极性官能团（C═O，C═N，N═O，S═O，P═O）的溶剂，偶极矩值呈增大趋势。当溶质-溶剂之间不存在特异性作用时，溶剂分子偶极化且围绕溶质分子呈定向排列，在很大程度上取决于溶剂的偶极矩。

介电常数（dielectric constant） 同一电容器在真空时的电容与某一物质作为电介质的电容的比值。介电常数也是衡量溶剂极性的重要数值。介电常数是分子的永久偶极矩和可极化性的函数，它随着分子的偶极矩和可极化性的增加而增大。有机溶剂的介电常数值范围为2（烃类溶剂）到190左右（如二级酰胺）。介电常数大的溶剂，可以解离，被称为极性溶剂；介电常数小的溶剂被称为非极性溶剂。

由于偶极矩和介电常数具有重要的互补性质，根据有机溶剂的静电因素EF（electrostatic factor），即 μ 和 ε 的乘积，和溶剂的结构类型，可以把有机溶剂分为4类：烃类溶剂（$EF=0\sim2$）、电子供体溶剂（$EF=2\sim20$）、羟基类溶剂（$EF=15\sim50$）和偶极性非质子溶剂（$EF\geq50$）。

3.5.1.2 溶剂化效应

溶剂化效应指每一个溶解的分子或离子，被一层溶剂分子疏密程度不同地包围着的现象。对于水溶液来说，常用水合这个术语。在电解质溶液中溶质离子周围形成溶剂层，这是溶质离子和溶剂偶极分子间相互作用的结果。

溶剂化自由能 ΔG 是对溶剂化能力的量度，它是由4种不同性质的能量叠加而成。

（1）空穴能：由溶解的分子或离子在溶剂中产生；

（2）定向能：由于溶剂化分子或离子的存在而引起，与偶极溶剂分子的部分定向现象有关；

（3）无向性相互作用能：为非特异性分子间的作用力，具有较大的活性半径（即静电能，极化能和色散能）；

（4）有向性相互作用能：产生于特异性氢键的形成，或者是电子给予体与电子接受体之间键的形成。

物质的溶解不仅需要克服溶质分子间的相互作用能，对于晶体来说就是晶格能，而且也需要克服溶剂分子之间的相互作用能。这些所需能量可通过溶剂化自由能 ΔG 而得到补偿。一个化合物的溶解热，可以看作是溶剂化自由能和晶格能之间的差值，如图

3－1 所示。

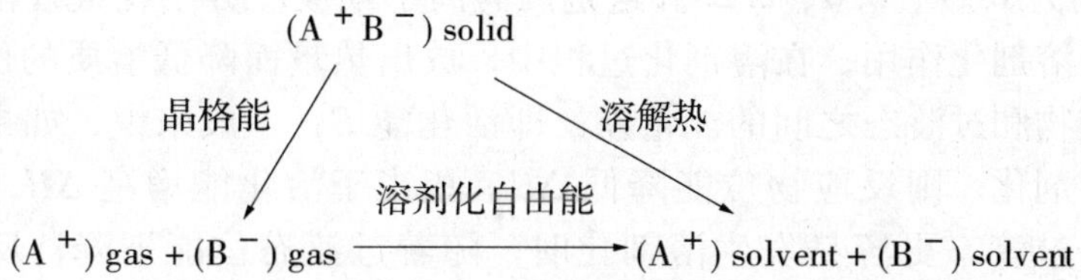

图 3－1　晶格能、溶剂化自由能和溶解热之间的关系

如果释放出的溶剂化自由能高于晶格能，那么溶解的全过程是放热的。在相反的情况下，需要向体系提供能量，溶解的过程便是吸热的。氯化钠溶解过程的有关数值是一个典型的例子：晶格能 +766kJ/mol，水合自由能 －761kJ/mol，其溶解热是 +3.8kJ/mol。溶解热通常比较小，因为晶体之间相互作用的能量与晶体组分同溶剂相互作用的能量接近。如果溶剂化自由能 ΔG_{solv} 与键能相当，甚至更高时，往往可把溶剂看成直接的反应参与者，并且应该如实地把溶剂包括在反应式中。许多溶剂化物，如水化物、醇化物和醚化物就是例子。常见的溶剂化药物有甾体类药物、β－内酰胺类抗生素、磺胺类抗菌药和强心甙类药物等。

3.5.2　反应溶剂的作用和选择

为什么有机化学反应必须在溶液状态下进行呢？一个重要原因是，在溶液中分子间的作用力比在气相条件下更强，更容易变化，并可以多种方式影响反应物的性质。溶剂不仅为化学反应提供了反应进行的场所，而且在某种意义上，它直接影响化学反应的反应速率、反应方向、转化率和产物构型等。在选用溶剂时还要考虑如何将产物从反应液中分离。为了使反应能成功地按预定方向进行，必须选择适当的溶剂。除了依靠直观经验外，还要探索一般规律，为合理地选择反应溶剂提供客观标准。

溶剂影响化学反应的机理非常复杂，目前尚不能从理论上准确地找出某一反应的最适合的溶剂，而需要根据试验结果来确定溶剂。

3.5.2.1　溶剂对反应速率的影响

有机化学反应按其反应机理来说，大体可分成两大类：一类是游离基反应，另一类是离子型反应。在游离基反应中，溶剂对反应无显著影响；然而在离子型反应中，溶剂对反应影响很大。

极性溶剂可以促进离子反应，显然这类溶剂对单分子亲核取代反应（S_N1）最为适合。例如，盐酸或对甲苯磺酸等强酸，它们的质子化作用在溶剂甲醇中受到甲醇分子的破坏而遭削弱；而在氯仿或苯中，酸的“强度”将集中作用在反应物上，因而质子化作用得到加强，结果加快反应速率，甚至发生完全不同的反应。例如，Beckmann 重排，其反应速率决定于第一步骤的解离反应，故极性溶剂有利于反应。

下列溶剂中反应速率的次序为：$ClCH_2CH_2Cl > CHCl_3 > C_6H_6$，这三种溶剂的介电常数（20℃）分别为10.7、5.0、2.28。这是因为离子或极性分子在极性溶剂中，溶质和溶剂之间能发生溶剂化作用；在溶剂化过程中，放出热量而降低溶质的位能。化学反应速率决定于反应物和过渡态之间的能量差，即活化能 E，一般来说，如果反应物比过渡态更容易发生溶剂化，则反应物位能降低 ΔH，相当于活化能增高 ΔH，反应速率降低（图3-2a）。当过渡态更容易发生溶剂化时，随着过渡态位能下降，反应活化能降低 ΔH，故反应加速，溶剂的极性越大，对反应越有利（图3-2b）。

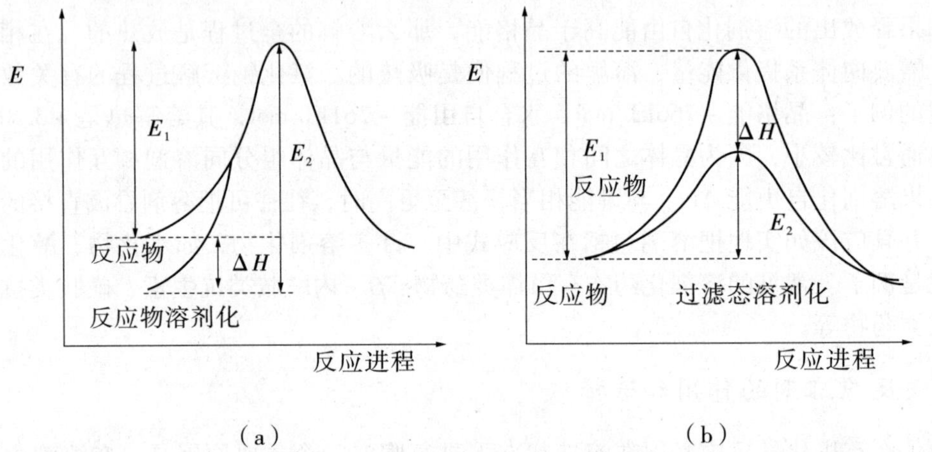

图3-2　溶剂化与活化能的关系示意图

改变溶剂能够相应地改变均相化学反应的速率和级数。如碘甲烷与三丙胺生成季铵盐的反应，活化过程中产生电荷分离，因此溶剂极性增强，反应速率明显加快。研究结果表明，其反应速率随着溶剂的极性变化而显著改变。例如，以正已烷中的反应速率为1，则在乙醚中的相对反应速率为120，在苯、氯仿和硝基甲烷中的相对反应速率分别为37、13000和111000。

$$(C_3H_7)_3N + CH_3I \rightleftharpoons (C_3H_7)_3\overset{\delta^+}{N}\text{---}CH_3\text{---}\overset{\delta^-}{I} \longrightarrow (C_3H_7)_3N^+CH_3 + I^-$$

在化学合成药物工艺研究中，选择合适的溶剂，可以加快或减缓化学反应速率。在某些极端的情况下，仅仅通过改变溶剂就能使反应速率加速 10^9 倍。

3.5.2.2　溶剂对反应方向的影响

溶剂不同，反应产物可能不同。例如，甲苯与溴反应时，取代反应发生在苯环上还是在甲基侧链上，可用不同极性的溶剂来控制。以二硫化碳为溶剂，甲基侧链溴代，反应收率为85.2%；以硝基苯为溶剂，溴代发生在苯环上，邻、对位溴代收率为98%。

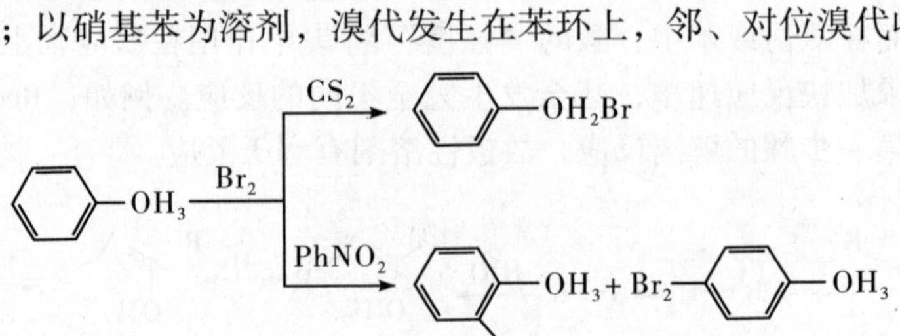

苯酚与乙酰氯进行 Friedel-Crafts 反应，若在二硫化碳中反应，产物主要是邻位取代物；若在硝基苯溶剂中，产物主要是对位取代物。

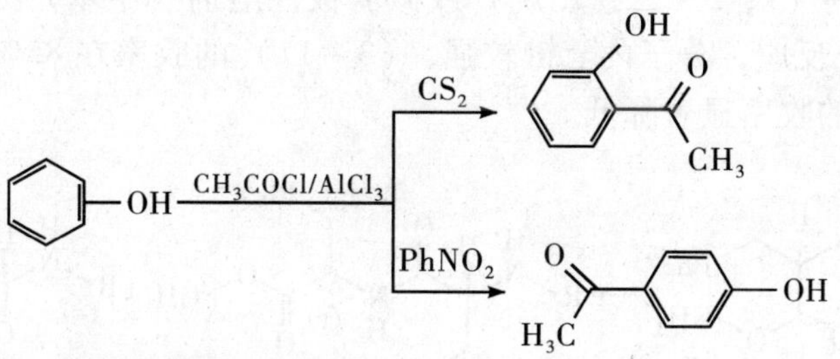

3.5.2.3　**溶剂对产品构型的影响**

溶剂极性不同，有的反应顺反异构体产物的比例也不同。Wittig 试剂与醛类或不对称酮类反应时，得到的烯烃是一对顺反异构体。

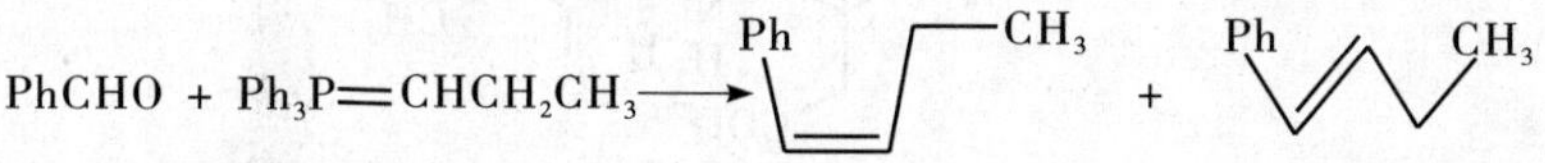

通过控制反应的溶剂和温度可以使某种构型的产物成为主要产物。实验表明，当反应在非极性溶剂中进行时，有利于反式异构体的生成；在极性溶剂中进行时，则有利于顺式异构体的生成。例如，丙醛与 Wittig 试剂的反应，DMF 为溶剂，顺式产物占 96%；苯为溶剂，产物均为反式体。

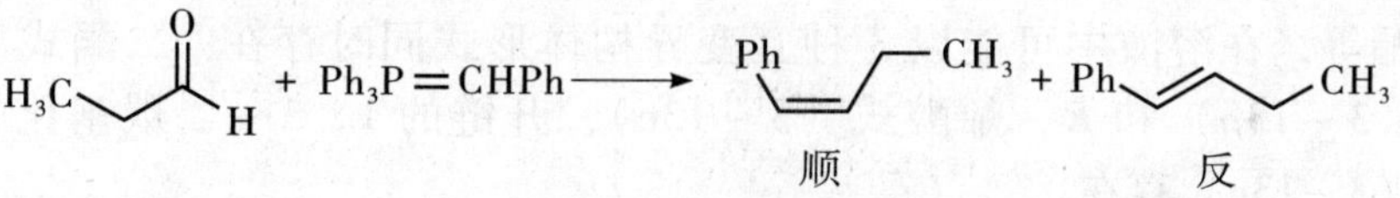

这个原理已在昆虫激素的生产工艺中得到应用。梨小食心虫性外激素由顺-8-十二烯醇乙酸酯（3-6）和反式异构体（3-7）组成，当反式异构体（3-7）含量在10%左右时，诱蛾活性最高。旧生产工艺先分别合成顺、反两种异构体，再按一定比例混合。路线冗长，操作繁杂。应用 Wittig 反应合成梨小食心虫性外激素，通过控制反应溶剂和条件，使产物中的顺式构型产物占 88%，田间实验表明具有最大的诱蛾活性。

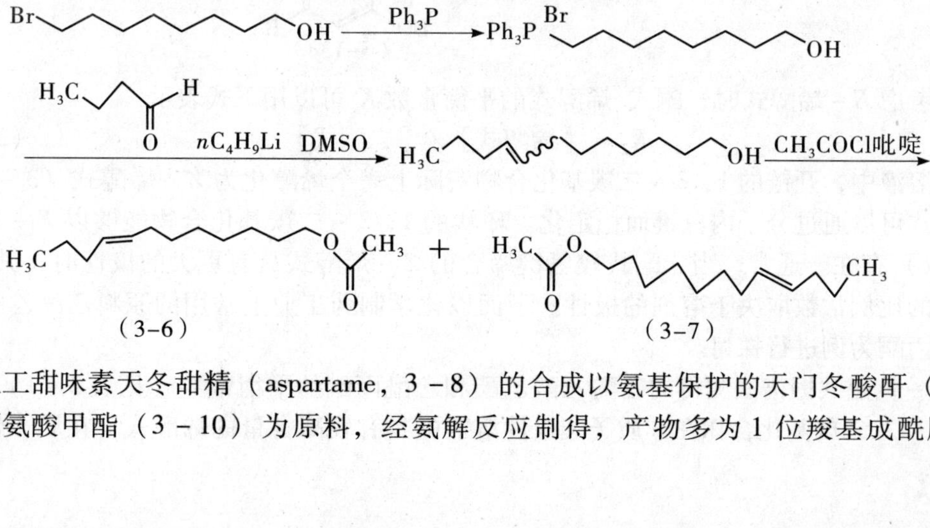

（3-6）　　（3-7）

人工甜味素天冬甜精（aspartame，3-8）的合成以氨基保护的天门冬酸酐（3-9）与苯丙氨酸甲酯（3-10）为原料，经氨解反应制得，产物多为 1 位羧基成酰胺产物

(3－11)，但含有少量4位羧基成酰胺产物（3－12），(3－12）味苦，且不易除去。Albini等人研究发现，影响两种产物比例的主要因素是催化剂碱和影响分子内氢键的溶剂效应。以非极性溶剂（1，2－二氯乙烷）或微弱极性溶剂（甲苯）为反应溶剂，在低浓度下（0.02mol/L）反应，分子内氢键较强，(3－11）的收率在85%左右；但如果加入三乙胺，(3－11）的收率显著降低。

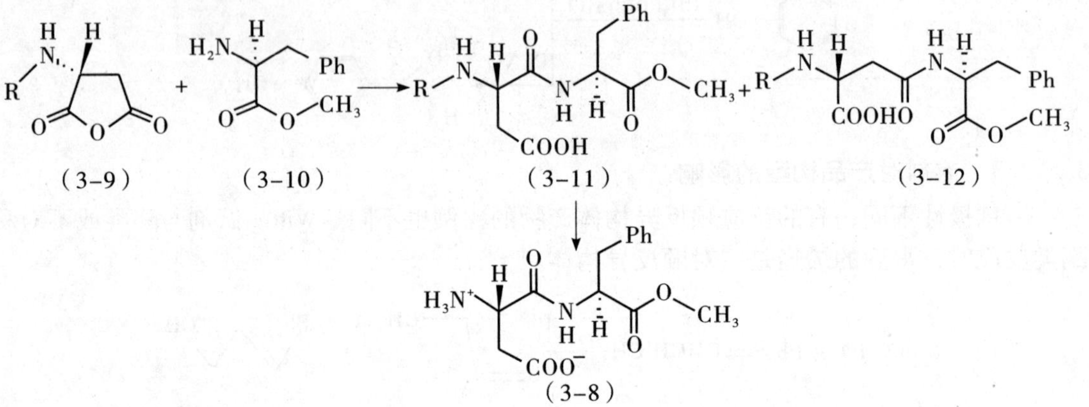

（3-9） （3-10） （3-11） （3-12） （3-8）

3.5.2.4　**溶剂极性对化学平衡反应的影响**

溶剂对酸碱平衡和互变异构平衡等均有影响。不同极性的溶剂，直接影响1，3－二羰基化合物酮型－烯醇型互变异构体系中两种异构体的含量，进而影响以1，3－二羰基化合物为反应物的反应收率。1，3－二羰基化合物，包括β－二醛、β－酮醛、β－二酮和β－酮酸酯等，在溶液中可能以3种互变异构体形式同时存在：二酮式（3－13a)、Z－烯醇式（3－13b）和E－烯醇式（3－13c)，开链的1，3－二羰基化合物难于以E－烯醇式（3－13c）存在。

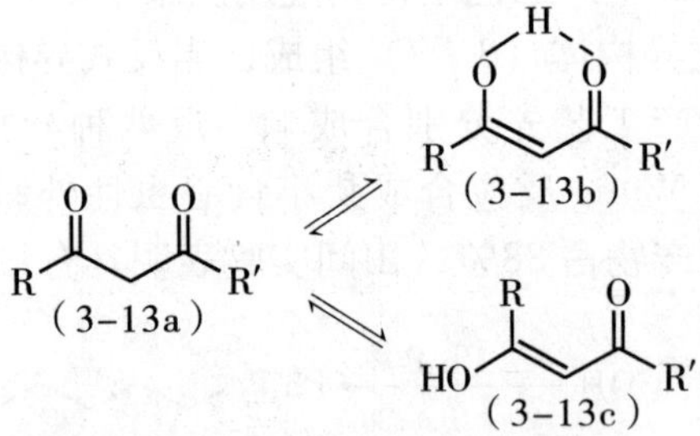

（3-13a） （3-13b） （3-13c）

不考虑E－烯醇式时，酮式/烯醇式的平衡常数K_T可以用下式表示：

$$K_T = [\text{烯醇式}] / [\text{二酮式}] \qquad (3-11)$$

在溶液中，开链的1，3－二羰基化合物实际上完全烯醇化为Z－烯醇式（3－13b)，这种形式可以通过分子内氢键而稳定化。环状的1，3－二羰基化合物能够以E－烯醇式（3－13c）存在。通常，当二酮式较氢键缔合的Z－烯醇式具有更大的极性时，其酮式/烯醇式的比例常数取决于溶剂的极性。下面以化学制药工业上常用的原料乙酰乙酸乙酯和乙酰丙酮为例进行探讨。

^{1}H－核磁共振谱法测得的乙酰乙酸乙酯和乙酰丙酮的平衡常数（见表3－1）表明：这些1，3－二羰基化合物在非质子非极性溶剂中具有较高含量的烯醇式，在质子性溶剂

或者极性非质子性溶剂中烯醇式含量较低。当1，3-二羰基化合物溶于非极性溶剂时，Z-烯醇式的比例较高；增加溶剂极性，平衡移向二酮式。在两种互变异构体中烯醇式是极性比较小的一种形式，烯醇式异构体的分子内氢键有助于降低羰基的偶极之间的斥力。此外，当溶剂分子间的氢键与1，3-二羰基化合物分子内氢键不发生竞争时，分子内氢键使烯醇式稳定的作用将变得更为明显。这样，当溶剂极性增强时，伴随着分子间氢键的形成，烯醇式含量降低。

表3-1　在各种溶剂中乙酰乙酸乙酯和乙酰丙酮的平衡常数

溶剂	介电常数/D	乙酰乙酸乙酯		乙酰丙酮	
		K_T	烯醇式/%	K_T	烯醇式/%
气相	0.00	0.74	43	11.7	92
正己烷	1.88	0.64	39	19.0	95
苯	2.28	0.19	16	8.0	89
纯溶质	15.70	0.081	73	4.3	81
甲醇	32.70	0.062	6	2.8	74
乙酸	6.15	0.019	2	2.0	67

注：测定条件为33±2℃，浓度0.1mol/L，气相温度40℃。

2-异丙基-5-甲氧基-1，3-二氧六环（3-14）的顺反异构体平衡自由能差与溶剂有关，见表3-2。

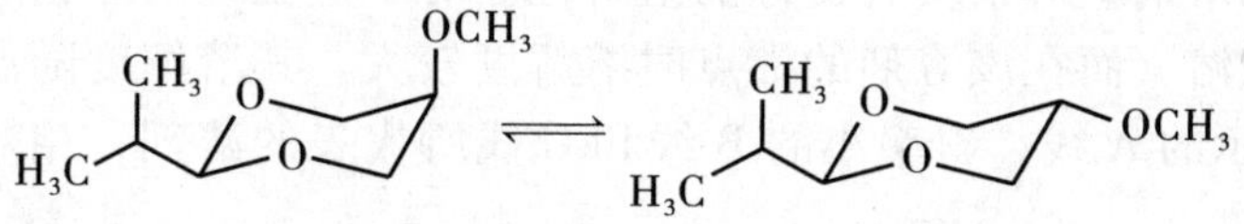

（3-14a）　（3-14b）

表3-2　在各种溶剂中5位甲氧基顺反异构体平衡自由能差

溶剂	ΔG/（kJ·mol^{-1}）	溶剂	ΔG/（kJ·mol^{-1}）
正己烷	-4.44	甲苯	-2.97
四氯化碳	-3.77	四氢呋喃	-2.72
丙酮	-1.42	氯仿	-0.67
硝基苯	-0.84	甲醇	-0.13
乙醚	-3.47	乙腈	+0.04

3.5.3　重结晶溶剂的选择

应用重结晶法精制最终产物，即原料药时，一方面要除去由原辅材料和副反应带来的杂质；另一方面要注意重结晶过程对精制品晶体大小、晶型和溶剂化等的影响。

药物微晶化（micronization）可增加药物的表面积，加快药物的溶解速度。对于水溶性差的药物，微晶化处理很有意义。某些药物在临床应用初期剂量较大，逐步了解其结晶大小与水溶性的关系后，实现微晶化，可显著降低剂量。如利尿药螺内酯（spironolactone）微晶化处理后，20mg 微粒的疗效与 100mg 普通制剂的疗效相仿，服用剂量减少 4/5。有些药物在胃肠道中不稳定，微晶化处理后加速其溶解速率，加快药物分解。如合成抗菌药呋喃妥因（nitrofurantoin）主要用于泌尿系统感染，微晶化后反而会刺激胃，故宜用较大结晶制成剂型，以减慢药物溶解速度，提高胃肠道的耐受性。因此，用重结晶法精制药物时，必须综合考虑药物的剂型和用途等。

还要注意重结晶产物的溶剂化（solvates）问题。如果溶剂为水，重结晶产物可能含有不同量结晶水，这种含结晶水的产物被称为水合物（hydrates）。如氨苄西林（ampicillin）和阿莫西林（amoxicillin）既有三水合物，又有无水物，三水合物的稳定性好。同样，药物与有机溶剂形成溶剂化物，在水中的溶解度和溶解速率与非溶剂化物不同，因而剂量和疗效就可能有差别。如氟氢可的松（fludrocortisone）可与正庚烷、乙酸乙酯形成溶剂化物。

对于口服制剂，原料药的晶型与疗效和生物利用度有关。例如，棕榈氯霉素（chloramphenicol palmitate）有 A、B、C3 种晶型及无定型，其中 A、C 无效，而 B 及无定型有效。原因是口服给药时，B 及无定型易被胰脂酶水解，释放出氯霉素而发挥其抗菌作用；而 A、C 型结晶不能为胰脂酶所水解，故无效。世界各国都规定棕榈氯霉素中的无效晶型不得超过 10%。又如 H_2受体拮抗剂西咪替丁（cimetidine），采用不同的溶剂结晶可制得不同的晶型，它们的熔点、红外吸收光谱和 X 射线衍射谱不同，其中 A 型疗效最佳。再如法莫替丁有 A、B 两种晶型，口服生物利用度分别为 46.82% 和 49.10%。

理想的重结晶溶剂应对杂质有良好的溶解性。对于待提纯的药物应具有所期望的溶解性，即室温下微溶，而在该溶剂的沸点时溶解度较大，其溶解度随温度变化曲线斜率大，如图 3-3 所示的 A 线；斜率小的 B 线和 C 线所代表的溶剂，相对而言不是理想的重结晶溶剂。

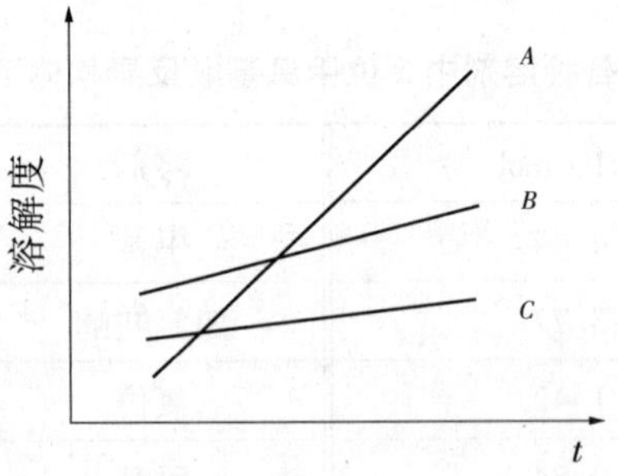

图 3-3　药物溶解度与温度关系示意图

选择重结晶溶剂的经验规则是“相似相溶”。若溶质极性很大，就需用极性很大的溶剂才能使它溶解；若溶质是非极性的，则需用非极性溶剂。对于含有易形成氢键的官能团（如—OH，$—NH_2$，—COOH，—CONH—等）的化合物来说，它们在水、甲醇类溶剂中的溶解度大于在苯或己烷等烃类溶剂中的溶解度。但是，如果官能团不是分子的主要部分时，那么溶解度可能有很大变化。如十二醇几乎不溶于水，它所具有的十二个碳长链，使其性质更像烃类化合物。在生产实践中，经常应用两种或两种溶剂形成的混合溶剂作重结晶溶剂。

3.5.4 溶剂的毒性

根据国际人用药品注册技术协调会（ICH）的指导原则，对于第一类溶剂，如苯、四氯化碳、1，2-二氯乙烷等，由于它们不可接受的毒性和对环境的有害作用，应尽量避免使用。乙腈、氯仿、二氯甲烷、环已烷、N，N-二甲基甲酰胺等第二类溶剂由于其固有的毒性，必须在药品生产中限制使用，如在工艺中使用这两类溶剂，应在质量研究中注意检测其残留量，待工艺稳定后再根据实测情况决定是否将该项检查定入质量标准。第三类溶剂，如醋酸、丙酮、乙酸乙酯、二甲基亚砜和四氢呋喃等，则根据GMP管理及生产的需要来合理使用。在合理选择溶剂的基础上，根据所用溶剂的毒性及对环境的影响程度而采取一定的防范措施，并注意溶剂的回收与再利用。

3.6 反应温度和压力

3.6.1 反应温度

反应温度的选择和控制是合成工艺研究的一个重要内容。常用类推法选择反应温度，即根据文献报道的类似反应的反应温度初步确定反应温度，然后根据反应物的性质作适当的改变。如与文献中的反应实例相比，立体位阻是否大了，或其亲电性是否小了，等等，综合各种影响因素，进行设计和试验。如果是全新反应，可从室温开始，用薄层层析法追踪发生的变化，若无反应发生，可逐步升温或延长时间；若反应过快或剧烈，可以降温或控温使之缓和进行。当然，理想的反应温度是室温，但室温反应毕竟是极少数，而冷却和加热才是常见的反应条件。常用的冷却介质有冰/水（0℃）、冰/盐（-10℃～-5℃）、干冰/丙酮（-60℃～-50℃）和液氮（-196℃～-190℃）。从工业生产规模考虑，在0℃或0℃以下反应，需要冷冻设备。加热温度可通过选用具有适当沸点的溶剂予以固定，也可用蒸汽浴（100℃）、控温油浴将反应温度恒定在某一温度范围。如果加热后再冷却或保温一定时间，则反应器须有相应的设备条件。

选择最佳反应温度，应先了解温度与活化能、反应速率及反应平衡之间的关系。其相关性可用Arrhenius经验式描述：

$$k = A\mathrm{e}^{-E/RT} \qquad (3-12)$$

式中，k为反应速率常数；A为表现频率因子；$\mathrm{e}^{-E/RT}$为指数因子；E为活化能；R为气体常数；T为温度。

指数因子$\mathrm{e}^{-E/RT}$一般是控制反应速率的主要因素。指数因子的核心是活化能E，而温度T的变化，也能使指数因子变化而导致k的变化。活化能是反应物发生化学反应难易程度的表征，无法改变。在生产过程中通过改变温度来控制反应速率，E值大小反映反应温度对速度常数k的影响程度。E值较大时，温度升高，k值增大显著；E值较小时，温度升高，k值增大但不显著。

温度升高，一般可以使反应速率加快，例如，由对硝基氯苯生成对硝基苯乙醚的反应，温度升高，k 值增加（见表 3-3）。

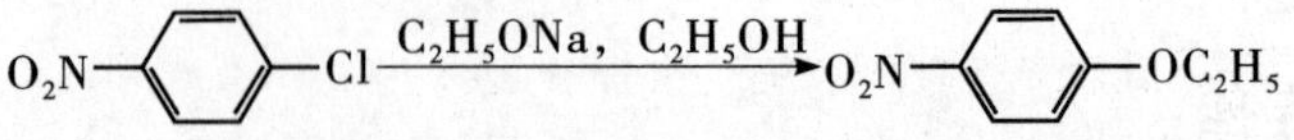

表 3-3　对硝基氯苯乙氧基化的反应速率与温度的关系

T/°C	60	70	80	90	100
$k/(L \cdot mol^{-1} \cdot h^{-1})$	0.12	0.30	0.76	1.82	5.20

根据大量实验数据归纳总结得到 Van't Hoff 经验规则，即反应温度每升高 10℃，反应速率提高 1～2 倍。如以 k_t 表示 t℃时的速度常数，k_{t+10} 表示 $t+10$℃时的速度常数，则 $k_{t+10}/k_t=\gamma$，γ 为反应速率的温度系数，其值为 1～2。温度对反应速度的影响是复杂的，归纳起来有 4 种类型，如图 3-4 所示。

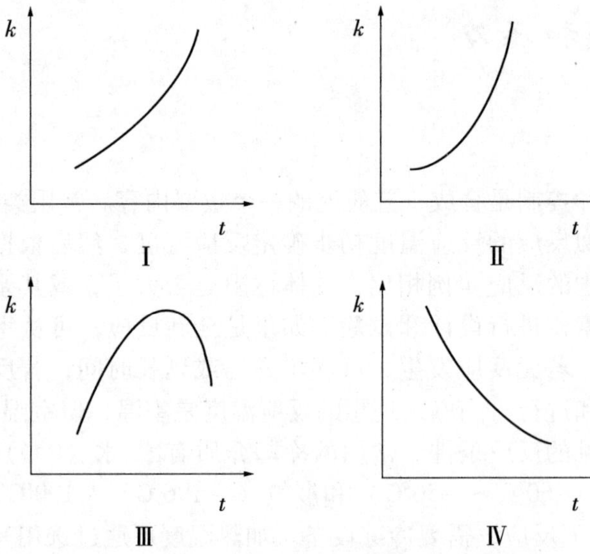

图 3-4　不同反应类型中温度对反应速率的影响

Ⅰ——一般反应；Ⅱ—爆炸反应；Ⅲ—催化加氢或酶反应；Ⅳ—反常反应

第Ⅰ种类型，反应速率随温度的升高而逐渐加快，它们之间呈指数关系，这类化学反应最为常见，可以应用 Arrhenius 公式求出反应速率的温度系数与活化能之间的关系。第Ⅱ类属于有爆炸极限的化学反应，这类反应开始时温度影响很小，当达到一定温度时，反应即以爆炸速度进行。第Ⅲ类是酶催化反应及催化加氢反应，在温度不高的条件下，反应速率随温度升高而加速；但达到某一温度后，再升高温度，反应速率反而下降，这是由于高温对催化剂的性能有着不利的影响。第Ⅳ类是反常的，温度升高，反应速率反而下降，如硝酸生产中一氧化氮氧化生成二氧化氮的反应。显然 Arrhenius 公式不适用于后三种情况。

温度对化学平衡的关系式为

$$\lg K = -\Delta H/2.303RT + C \qquad (3-13)$$

式中，K 为平衡常数；R 为气体常数；T 为绝对温度；ΔH 为热效应；C 为常数。

从式（3-13）可以看出，若 ΔH 为负值时，为放热反应，温度升高，K 值减小。对于这类反应，一般是降低反应温度有利于反应的进行。反之，若 ΔH 为正值时，即吸热反应，温度升高，K 值增大，也就是升高温度对反应有利。即使是放热反应，也需要一定的活化能，即需要先加热到一定温度后才开始反应。因此，应该结合该化学反应的热效应（反应热、稀释热和溶解热等）和反应速率常数等数据，找出最适宜的反应温度。现用下例说明确定最适宜反应温度的一种方法。

在磺胺甲噁唑（sulfamethoxazole，3-15）生产中，中间体3-氨基-5-甲基异噁唑（3-16）是由5-甲基异噁唑-3-甲酰胺（3-17）经Hoffmann降解反应制得的，最合理的工艺是将原料（3-17）和次氯酸钠溶液用压缩空气压入事先预热到180℃的管式反应器中，以800～1000mL/min的流速通过反应器使反应完成，收率可达95%左右。这个工艺条件就是根据其反应原理通过化学动力学计算而获得的。

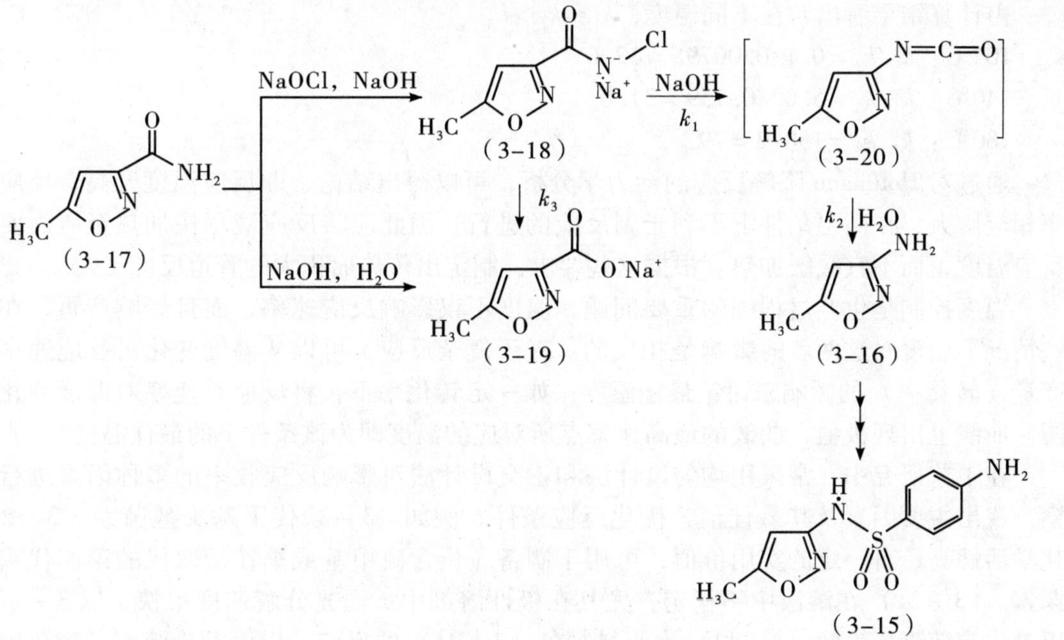

在低温条件下，5-甲基异噁唑-3-甲酰胺（3-17）溶于次氯酸钠水溶液中，几乎可定量地生成中间体（3-18），在低温下由（3-17）水解生成的（3-19）数量极微，可忽略不计。因此，Hoffmann降解反应可简化为：由（3-18）生成（3-16）是一个连续反应，并伴有生成（3-19）的平行反应，各步反应均为一级不可逆反应，各步反应的速度常数为 k_1，k_2，k_3。以 $\lg k$ 对 $1/T$ 作图，均呈直线关系。按照Arrhenius反应速率方程式，可得出各步反应速率常数和活化能。

$k_1 = 10^{18.1-7200/T}$　（L/min）　　$E_1 = 137.75$（kJ/mol）

$k_2 = 10^{17.6-7000/T}$　（L/min）　　$E_2 = 133.98$（kJ/mol）

$k_3 = 10^{12.1-5350/T}$　（L/min）　　$E_3 = 104.68$（kJ/mol）

从这些数字，又可以计算出各种温度下的最高收率。可以看出，反应温度愈高，收率也愈高。为了提高 Hoffmann 降解反应产物（3－16）的收率，必须使平行反应的速度常数比（k_1/k_3）较大。现以 104℃（反应液的沸点），140℃及 180℃ 3 个反应温度，求出各步反应的 k 值作一比较，估算 Hoffmann 降解反应的最佳温度。

104℃：$k_1 = 10^{18.1-7200/377} = 10^{18.1-19.1} = 0.10$

$k_2 = 10^{17.6-7000/377} = 10^{17.6-18.6} = 0.11$

$k_3 = 10^{12.1-5350/377} = 10^{12.1-14.2} = 0.00793$

140℃：$k_1 = 10^{18.1-7200/413} = 10^{18.1-17.4} = 5.02$

$k_2 = 10^{17.6-7000/413} = 10^{17.6-16.9} = 5.02$

$k_3 = 10^{12.1-5350/413} = 10^{12.1-13.9} = 0.159$

180℃：$k_1 = 10^{18.1-7200/453} = 10^{18.1-15.9} = 158$

$k_2 = 10^{17.6-7000/453} = 10^{17.6-15.4} = 142$

$k_3 = 10^{12.1-5350/453} = 10^{12.1-11.8} = 2.0$

由计算结果看出，在不同温度，$k_1 \approx k_2 > k_3$

104℃：$k_1/k_3 = 0.1/0.00795 = 12.6$

140℃：$k_1/k_3 = 5.02/0.159 = 31.6$

180℃：$k_1/k_3 = 158/2 = 79$

通过对 Hoffmann 降解反应的动力学分析，可以得出结论，即反应温度升高，反应速率相应增大，在高温条件下不利于副反应的进行。因此应将反应液尽快加热至所需要的反应温度，而不宜缓缓加热。根据这些要求，制定出传热面积大的管道反应工艺。

温度控制是生产过程中的重要问题，温度不仅影响反应速率，而且影响产量，在一些情况下温度对这两者的影响是相反的。对于复杂反应，可以从温度变化对反应速率及产量（转化率）的影响来讨论最佳温度：如一定转化率下，将反应总速率对温度变化作图，曲线上出现极值，曲线的最高速率点所对应的温度即为该条件下的最佳温度。

在工艺研究中，常采用均匀设计法和正交设计法对影响反应收率的多种因素进行考察，找出主要因素及其最佳值，优化反应条件。例如，3－碘代甲基头孢菌素（3－21）化学活性高，有一定的实用价值，可用于制备 3 位含硫甲基或季铵盐取代的第四代头孢菌素。（3－21）在溶液中不稳定，尤其在极性溶剂中，遇光分解速度很快。以 3－氯代甲基头孢菌素衍生物（3－22）为原料制备（3－21）的反应，以丙酮为溶剂，碘化钠为碘化剂，低温反应较长时间碘代完全，产物含量高；若在室温条件下反应，反应虽易发生，但近 20% 的（3－21）分解。采用均匀设计法对影响反应的 3 个主要因素——温度、物料配比和反应时间进行考察，最佳反应条件为反应温度 －10℃，（3－22）与碘化钠的摩尔比为 1：7，反应时间为 5h。

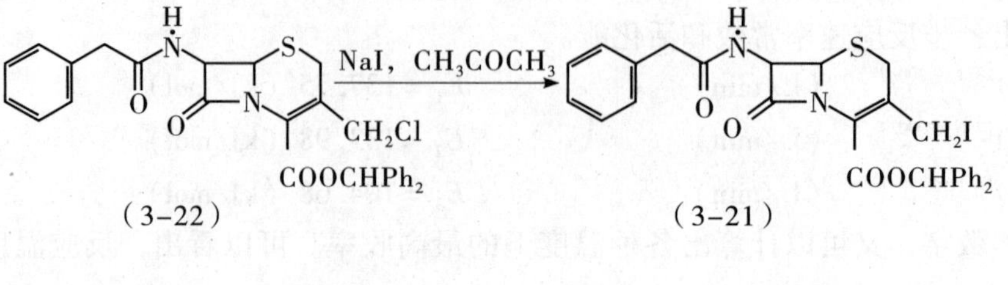

（3-22） （3-21）

3.6.2　反应压力

多数反应是在常压下进行的，但有些反应要在加压条件下才能进行或提高产率。压力对于液相或液-固相反应一般影响不大，而对气相、气-固相或气-液相反应的平衡、反应速率以及产率影响比较显著。对于反应物或反应溶剂具有挥发性或沸点较低的反应，提高温度，有利于反应进行，但可能成为气相反应。在工业上，加压反应需要特殊设备并需要采取相应的措施，以保证操作和生产安全。

压力对于理论产率的影响，依赖于反应物与产物体积或分子数的变化，如果一个反应的结果使分子数增加，即体积增加，那么，加压对产物的生成不利。反之，如果一个反应的结果使体积缩小，则加压对产物的生成有利。可由下列公式看出：

$$K_p = K_N \times p^{\Delta V} \tag{3-14}$$

式中，K_p为用压力表示的平衡常数；K_N为用摩尔数表示的平衡常数；ΔV为反应过程中分子数（或体积）的变化。

理论产率决定于K_N，并随K_N的增加而增大。当反应体系的平衡压力p增大时，$p^{\Delta V}$的值视ΔV的值而定。如果$\Delta V<0$，p增大后，则$p^{\Delta V}$减小。因K_p不变，K_N若保持不变就不能维持平衡，所以当压力增高时，K_N必然增加，因此加压对反应有利。或者说加压使平衡向体积减小或分子数减小的方向移动。如果$\Delta V>0$，则正好相反，加压使平衡向反应物方向移动，因此，加压对反应不利。这类反应应该在常压甚至在减压下进行。如$\Delta V=0$，反应前后体积或分子数无变化，则压力对理论产率无影响。如一氧化碳和氢气合成甲醇的反应：

$$CO + 2H_2 \rightleftharpoons CH_3OH$$

$\Delta V=1-(2+1)=-2$，反应体积减小或分子数减少。在常压350℃时，甲醇的理论产率仅为10^{-5}，说明常压下这个反应无实际意义。但若将压力增加到30MPa，则甲醇产率能达40%，从而使原来可能性不大的反应转变为可能性较大的反应。

压力既影响化学平衡，又可影响其他因素，如催化氢化反应中加压能增加氢气在反应溶液中的溶解度和催化剂表面氢的浓度，从而促进反应的进行。又如需要较高反应温度的液相反应，如果反应温度超过反应物或溶剂的沸点，也可以在加压下进行，以提高反应速率，缩短反应时间。例如，磺胺嘧啶（sulfadiazine，3-23）的合成反应中，Vilsmeier试剂（3-24）与磺胺脒（3-25）的缩合反应是在甲醇中进行的，在常压下反应，需要12h才能完成；而在294MPa压力下进行，2h即可反应完全。

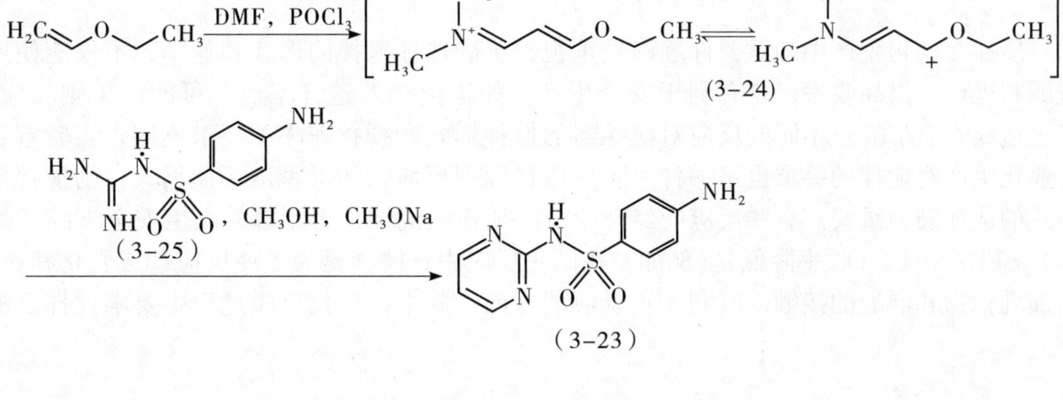

(3-24)　(3-25)　(3-23)

3.7 搅拌

搅拌是使两个或多个反应物获得密切接触的重要措施，在制药工艺中，搅拌是一个基本的单元操作。通过搅拌，不仅可以加速反应物之间的传热和传质过程，有利于加快反应速率和缩短反应时间，还可以有效避免或者减少由于局部浓度过大或局部温度过高而引起的副反应，因此搅拌是影响反应的重要影响因素之一。

3.7.1 搅拌的种类

搅拌可以分为机械搅拌、气流搅拌和超声波搅拌等。常用的是机械搅拌器。

表 3-4 常用机械搅拌器的类型及其特点

类型		结构特点	适宜转速/(r/min)	流型	适用范围
桨式搅拌器	平桨式	叶片一般由 2 ～6 块不锈钢板制成，叶片平行于轴向安装	20 ～80	径向流、切向流	用于固体的溶解，避免结晶或沉淀等低黏度的搅拌
	折叶式	叶片侧斜于轴向安装	20 ～80	轴向流	用于黏度较大，混合程度较高的搅拌
	锚式	桨叶与物料接触面积增加，桨叶的外缘与容器的内壁间隙减少	50 ～70	径向流、切向流	多用于夹层加热器中高黏度液体的搅拌
	涡轮式	由一个水平圆盘和 6 个叶片组成	30 ～300	径向流、切向流	用于乳浊液、悬浮液和固体溶液的搅拌
	旋桨式	由 3 个螺距与直径相等的螺旋叶片组成，一般偏心安装或轴与槽成一夹角	100 ～500	轴向流	用于强化传质、制备乳浊液或固体颗粒含量 $<10\%$ 的悬浮液等低黏度液体搅拌
特种搅拌器	螺杆式	螺杆置于槽的中心并设有挡板	10 ～50	上下周向湍动	用于黏度为 $1 \sim 10^2$ Pa · s 液体的搅拌
	螺带式	不需设挡板	10 ～50	上下周向湍动	用于黏度为 $1 \sim 10^4$ Pa · s 液体的搅拌

3.7.2 搅拌速率对反应的影响

搅拌在药物生产中的重要性逐渐被重视，正确选择搅拌的形式和速率，不仅能使反应顺利进行，提高收率，还有利于安全生产。如果搅拌器选择不当，可能产生副反应，甚至造成安全事故。不同的反应对搅拌器的搅拌形式和搅拌速率的要求不同，实验室和工业化生产对搅拌的要求也不一样。若反应过程中反应物的黏稠度不断增大，则搅拌器形式的选择颇为重要。有些反应一经开始，必须连续搅拌，否则容易发生安全事故（爆炸）和生产事故（收率降低）。例如，在硝化反应中，搅拌是为了使反应物成乳化状态，增加乳化物和混酸的接触，有利于正反应的方向。其中，硝化反应过程中要求搅拌器的转速均匀且不宜过快，但若转速过慢或中途停止，很容易因局部过热造成冲料或发生重大安全事故。在结晶过程中，不同的晶体对搅拌器的形式和转速的要求不同。一般来说，如果想要得到大的晶体，搅拌器采用框式或锚式，转速 20 ～60r/min；如果想要得到小的晶体，则搅拌器采用推进式，转速可根据需要来确定。

3.8 催化剂

现代有机合成化学的核心是研究新型、高选择性的有机合成反应。这类反应应具有如下的特点：

（1）反应条件温和，反应能在中性、常温和常压下进行；

（2）高选择性，包括化学选择性、立体选择性和对映体选择性等；

（3）仅需加入少量催化剂，反应即可以顺利进行，从原料不断地生成产物；

（4）无“三废”或少“三废”。

与此密切相关的催化学科已经成为化学工业的一个重要前沿领域。现代化学工业最重要的成就是在生产过程中广泛采用催化剂和催化工艺技术。在药物合成中 80% ～85% 的化学反应需要用催化剂，如氢化、脱氢、氧化、还原、脱水、脱卤、缩合、环合等反应几乎都使用催化剂。又如酸碱催化、金属催化、酶催化（微生物催化）、相转移催化等技术都已广泛应用于药物合成。关于催化作用原理已有许多专著系统论述。这里仅介绍在化学制药工业中应用较多的催化剂和催化反应。

3.8.1 催化剂的基本特征

某一种物质在化学反应系统中能改变化学反应速率，而其本身在反应前后化学性质并无变化，这种物质称为催化剂（catalyst）。有催化剂参与的反应称为催化反应。当催化剂的作用是加快反应速率时，称为正催化作用；减慢反应速率时，称为负催化作用。负催化作用的应用比较少，如有一些易分解或易氧化的中间体或药物，在后处理或贮藏过程中，为防止变质失效，可加入负催化剂，以增加药物的稳定性。在某些反应中，反应产物本身即具有加速反应的作用，称为自动催化作用。如游离基反应或反应中产生过氧化物中间体的反应都属于这一类。

3.8.1.1 催化剂的活性

催化剂的活性就是催化剂的催化能力，是评价催化剂好坏的重要指标。在化学工业中，催化剂的活性常用单位时间内单位重量（或单位表面积）的催化剂在指定条件下所得的产品量来表示。催化剂能使反应活化能降低，反应速率增大，大多数非催化反应的活化能平均值为 167 ～188kJ/mol，而催化反应的活化能平均值为 65 ～125kJ/mol。在氢化反应中，使用催化剂时，活化能大大降低。又如烯烃双键的氢化加成，在没有催化剂时很难进行；在催化剂作用下，反应速率加快，室温反应即可进行。

应当指出，催化剂只能加速热力学上允许的化学反应，提高达到平衡状态的速率，但不能改变化学平衡。催化剂加快反应速率是通过改变反应历程得以实现的，催化剂使反应沿着一条新途径进行，该途径由几个基元反应组成，每个基元反应的活化能都很小，通常加入催化剂可使反应活化能降低 40kJ/mol，可使反应速率增加万倍以上。

众所周知，反应的速度常数与平衡常数的关系为 $K = k_{正}/k_{逆}$；因此，催化剂对正反应的速度常数 $k_{正}$ 与逆反应的速度常数 $k_{逆}$ 产生同样的影响；所以正反应的优良催化剂，也应是逆反应的催化剂。例如，金属催化剂钯（Pd）、铂（Pt）、镍（Ni）等既可以用于催化加氢反应，也可用于催化脱氢反应。

3.8.1.2 催化剂的选择性

催化剂的选择性主要表现在两个方面：一是不同类型的化学反应，各有其适宜的催化剂。例如，加氢反应的催化剂有铂、钯、镍等；氧化反应的催化剂有五氧化二钒（V_2O_5）、二氧化锰（MnO_2）、三氧化钼（MoO_3）等；脱水反应的催化剂有氧化铝（Al_2O_3）、硅胶等。二是对于同样的反应物系统，应用不同的催化剂，可以获得不同的产物。例如，用乙醇为原料，使用不同的催化剂，在不同温度条件下，可以得到 25 种不同的产物，其中重要的反应如下所示：

$$C_2H_5OH \xrightarrow{Al_2O_3或ThO_2，350\sim360℃} H_2C{=}CH_2 + H_2O$$

$$C_2H_5OH \xrightarrow{Cu，200\sim250℃} CH_3CHO + H_2$$

$$C_2H_5OH \xrightarrow{H_2SO_4，140℃} CH_3CH_2OCH_2CH_3 + H_2O$$

$$C_2H_5OH \xrightarrow{ZnO-Cr_2O_3，400\sim500℃} H_2C{=}CH{-}CH{=}CH_2 + H_2$$

$$C_2H_5OH \xrightarrow{Cu} CH_3COOC_2H_5 + 2H_2$$

$$C_2H_5OH \xrightarrow{Na} CH_3CH_2CH_2CH_2OH + H_2O$$

$$C_2H_5OH \xrightarrow{CuO-CoO} CH_3COCH_3 + 3H_2 + CO$$

必须指出，以上反应都是热力学上可行的，各个催化剂在其特定条件下只是加速了某一反应，使之成为主要的反应途径。

3.8.1.3 催化剂的稳定性

影响催化剂的活性因素较多，主要有如下几点：

（1）温度。温度对催化剂活性影响较大，温度太低时，催化剂的活性小，反应速率很慢；随着温度升高，反应速率逐渐增大；但达到最大速度后，又开始降低。绝大多数催化剂都有活性温度范围，温度过高，易使催化剂烧结而破坏活性，最适宜的温度要通过实验确定。

（2）助催化剂（或促进剂）。在制备催化剂时，往往加入某种少量物质（一般少于催化剂量的 10%），这种物质对反应的影响很小，但能显著地提高催化剂的活性、稳定性或选择性。例如，在合成氨的铁催化剂中，加入 45%（质量分数，下同）Al_2O_3，1%～2% K_2O 和 1% CuO 等作为助催化剂，虽然 Al_2O_3 等本身对合成氨无催化作用，但是可显著提高铁催化剂的活性。又如在铂催化下，苯甲醛氢化生成苯甲醇的反应，加入微量三氯化铁可加速反应。

（3）载体（担体）。在大多数情况下，常常把催化剂负载于某种惰性物质上，这种惰性物质称为载体。常用的载体有石棉、活性炭、硅藻土、氧化铝、硅胶等。例如，对硝基乙苯用空气氧化制备对硝基苯乙酮，所用催化剂为硬脂酸钴，载体为碳酸钙。

使用载体可以使催化剂分散，增大有效面积，既可提高催化剂的活性，又可节约其用量，还可增加催化剂的机械强度，防止其活性组分在高温下发生熔结现象，延长其使用寿命。

（4）毒化剂。对于催化剂的活性有抑制作用的物质，叫作“催化毒物”或“催化抑制剂”。有些催化剂对于毒物非常敏感，微量的催化毒物即可使催化剂的活性减小甚至消失。

毒化现象，有的是由反应物中含有的杂物如硫、磷、砷、硫化氢、砷化氢、磷化氢以及一些含氧化合物如一氧化碳、二氧化碳、水等造成的；有的是由反应中的生成物或分解物所造成的。毒化现象有时表现为催化剂部分活性的消失，呈现出选择性催化作用。如噻吩对镍催化剂的影响，可使其对芳核的催化氢化能力消失，但保留其对侧链及烯烃的氢化作用。这种选择性毒化作用，生产上也可以加以利用。例如，被硫毒化后活性降低的钯，可用来还原酰卤基，使之停留在醛基阶段，即 Rosenmund 反应。

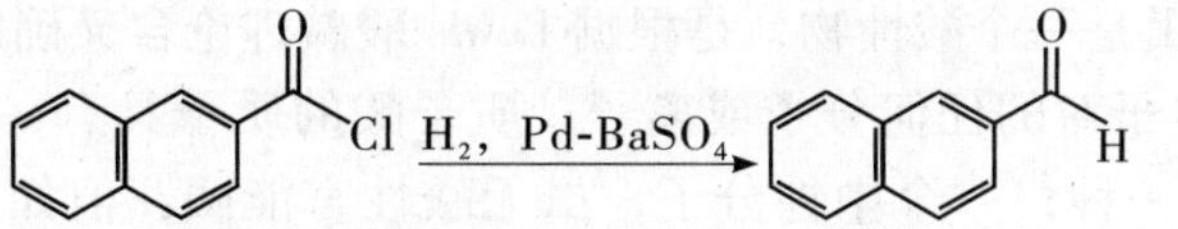

又如在维生素 A 的合成中，用醋酸铅处理的钯一碳催化剂，选择性地将羟基去氢维生素 A 醇（3－26）分子中的炔键还原成烯键，生成羟基维生素 A 醇（3－27），而不影响烯键。

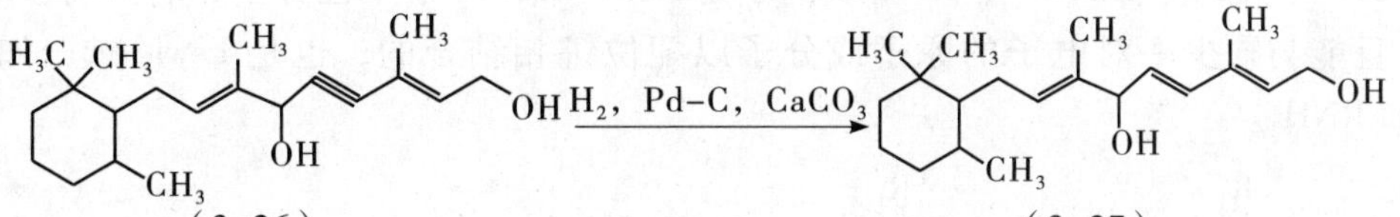

（3-26）　　　　（3-27）

3.8.2　酸碱催化剂

有机合成反应大多数在某种溶剂中进行，溶剂系统的酸碱性对反应的影响很大。对于有机溶剂的酸碱度，常用布朗斯台德（Bronsted）共轭酸碱理论和路易斯（Lewis）酸碱理论等广义的酸碱理论解释与说明。

通常情况下，催化反应将一个有机反应分成几步低活化能的步骤进行，因此，催化剂必须容易与一个反应物作用，形成中间络合物；这个中间络合物又必须是活泼的，容易与另一反应物发生作用，重新释放出催化剂。

对于许多极性分子间的反应，催化剂是容易给出质子或接受质子的物质。根据布朗斯台德共轭酸碱理论，凡是能给出质子的任何分子或离子都属于酸，凡是能接受质子的分子或离子都属于碱。布朗斯台德酸碱符合要求，因此成为良好的催化剂。如用布朗斯台德酸作催化剂，则反应物中必须有一个容易接受质子的原子或基团，先结合成为一个中间络合物，再进一步生成碳正离子或其他元素的正离子，或活化分子，最后得到产品。大多数含氧化合物如醇、醚、酮、酯、糖以及一些含氮化合物参与的反应，常常可以被酸所催化。

例如，酯化反应的历程，首先发生羧酸与催化剂（H^+）加成，生成碳正离子，然后与醇作用，最后从生成的络合物中释放出一分子水和质子，同时形成酯。

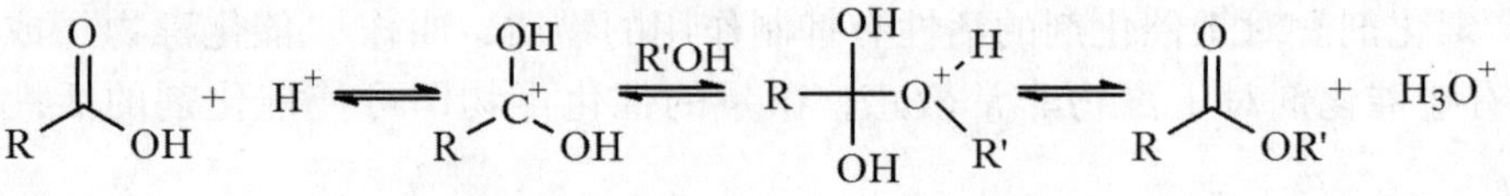

若没有质子催化，羰基碳原子的亲电能力弱，醇分子中的未共用电子对亲核能力也弱，二者无法形成加成物，酯化反应难于进行。

又如，在芳烃的烷基化反应中，卤代烷在 $AlCl_3$ 的作用下，形成碳正离子，向芳环亲电进攻，形成杂化的带正电荷的离子络合物，正电荷在苯核的三个碳原子之间得到分散，最后失去质子，得到烃基苯。若没有 Lewis 的催化，卤代烃的碳原子的亲电能力较低，不足以与芳环形成反应的中间络合物，烃化反应也就无法进行。

这里提及的 $AlCl_3$ 是一个酸性物，是根据 Lewis 酸碱理论含义确定的。Lewis 酸指含有空轨道能接受外来电子对的任何分子或离子。质子酸的质子具有 s 空轨道，可以接受电子，是 Lewis 酸中的一种；一个中性分子，虽无酸性官能团，但如其结构中有一个原子尚有未完全满足的价电子层，且能与另一个具有一对未共享电子的原子发生结合，形成配位键化合物的，也属于 Lewis 酸，如 AlX_3、BX_3、FeX_3、SnX_4、SbX_5、ZnX_2；还包括金属正离子如 K^+、Na^+、Ca^{2+}、Mg^{2+}、Al^{3+}、Fe^{3+} 等。凡是能提供电子的物质都是 Lewis 碱，OH^-、RO^-、$RCOO^-$、X^- 等负离子是 Lewis 碱；一个中性分子，若具有多余的电子对，且能与缺少一对电子的原子或分子以配位键相结合的，也是 Lewis 碱，如 H_2O、ROR' 和 RNH_2。

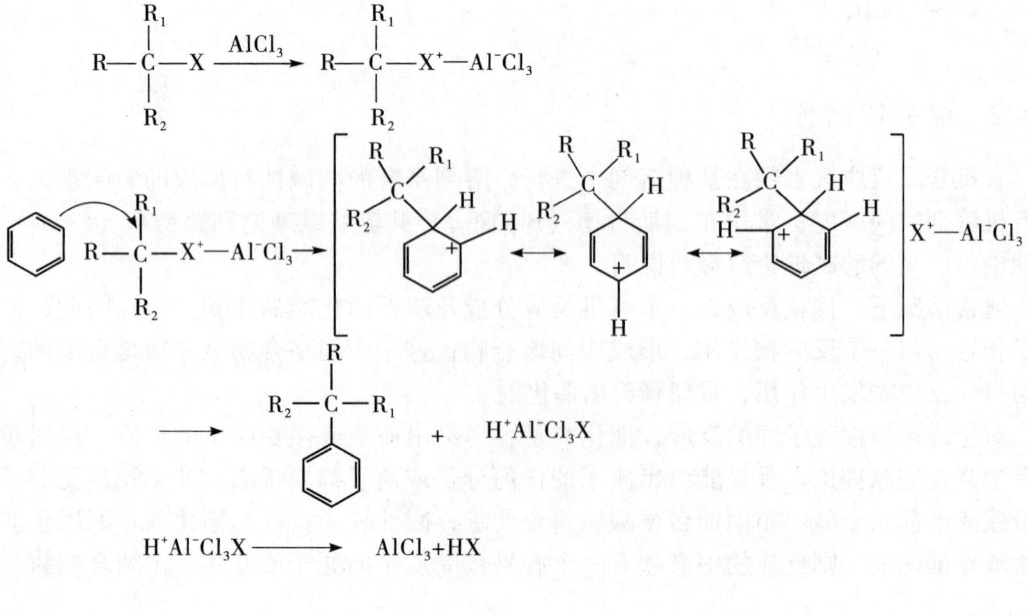

在碱催化的反应中，反应物具有将质子转移给碱的性质，以利于形成活性中间体，推动反应的进行。含有 C═O、COOR、CN 和 NO_2 等官能团的化合物，可给出 α – 碳原子上的氢原子，即 α – 氢原子。所以这些化合物常常用碱来催化生成碳负离子，利于反应的进行。

例如，含有 α – 氢原子的醛或酮类在碱的催化作用下，生成 β – 羟基醛或 β – 羟基酮。乙醛在稀碱溶液中，醛分子中的一个 α – 氢原子与氢氧根结合生成水，形成烯醇负离子，然后与另一醛分子结合生成 β – 羟基醛。

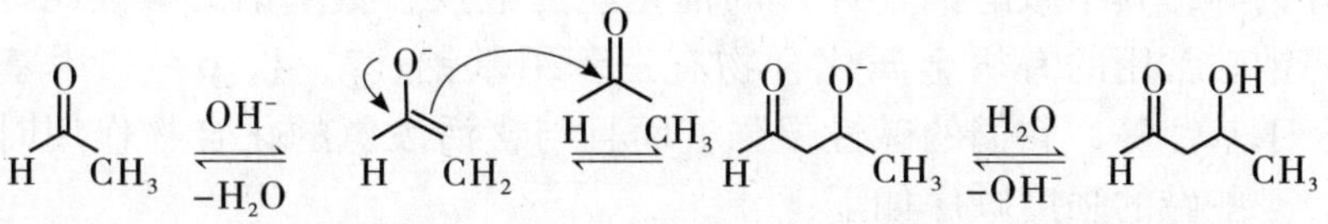

酸碱催化反应的速度常数与酸（碱）浓度有关。

$$k = k_H\ [H^+]\ 或\ k = k_{HA}\ [HA]$$

$$k = k_{OH}\ [OH^-]\ 或\ k = k_B\ [B]$$

式中，k_H 或 k_{HA} 为酸催化剂的催化常数；k_{OH} 或 k_B 为碱催化剂的催化常数。

将上式取对数，即可得到 k 与 pH 的关系式：

$$\lg k = \lg k_H - pH \qquad (3-15)$$

酸催化、碱催化和酸碱催化反应的 $\lg k$ 与 pH 的关系如图 3 – 5 所示。酸催化反应中 $\lg k$ 随 pH 的增大而减小；碱催化反应中 $\lg k$ 随 pH 的增大而增大，而酸碱催化中则出现转折及最小点。

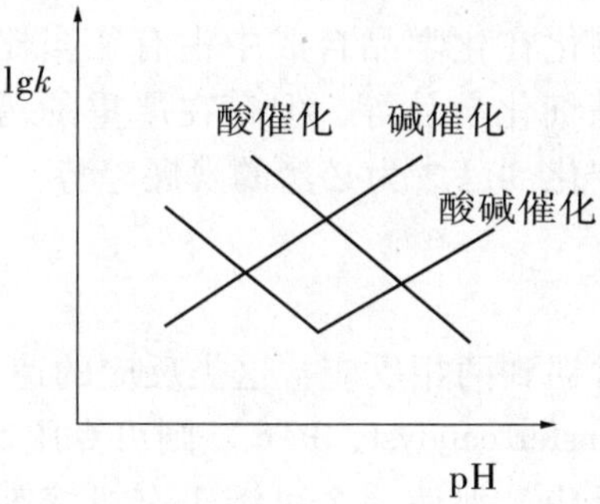

图 3 – 5　酸碱催化中速率常数与 pH 的关系

酸碱催化常数用来表示催化剂的催化能力，催化常数的大小取决于酸（碱）的电离常数。电离常数表示酸或碱释放或接受质子的能力，也就是说酸（碱）越强，催化常数越大，催化作用也越强。

根据各类反应的特点，可以选择不同的酸碱催化剂。常用的酸性催化剂有无机酸，如盐酸、氢溴酸、氢碘酸、硫酸、磷酸等；强酸弱碱盐类，如氯化铵、吡啶盐酸盐等；有机酸，如对甲苯磺酸、草酸、磺基水杨酸等。常用酸的强度顺序如下：

$$HI > HBr > HCl > ArSO_3H > RCOOH > H_2CO_3 > H_2S > ArSH > ArOH > RSH > ROH$$

氢卤酸中，盐酸的酸性最弱，所以醚键的断裂常需用氢溴酸或氢碘酸催化；硫酸也是常用的酸性催化剂，但浓硫酸常伴有脱水和氧化的副作用，故选用时应注意。对甲苯磺酸因性能较温和，副反应较少，常为工业生产所采用。

卤化物作为Lewis酸类催化剂，应用较多的有三氯化铝、二氯化锌、三氯化铁、四氯化锡、三氟化硼、四氯化钛等，这类催化剂常在无水条件下进行。

碱性催化剂的种类很多，常用的有金属氢氧化物、金属氧化物、强碱弱酸盐类、有机碱、醇钠、氨基钠和金属有机化合物等。常用的金属氢氧化物有氢氧化钠、氢氧化钾、氢氧化钙等。强碱弱酸盐有碳酸钠、碳酸钾、碳酸氢钠及醋酸钠等。常用的有机碱有吡啶、甲基吡啶、三甲基吡啶、三乙胺和N，N－二甲基苯胺等。常用的醇钠有甲醇钠、乙醇钠、叔丁醇钠等，其中叔醇钠（钾）的催化能力最强。氨基钠的碱性比醇钠强，催化能力也强于醇钠。常用的有机金属化合物有三苯甲基钠、2，4，6－三甲基苯钠、苯基钠、苯基锂、丁基锂等，它们的碱性更强，而且与含活泼氢的化合物作用时，反应往往是不可逆的。一些碱的强度顺序如下：

$$RO^- > RNH_2 > NH_3 > ArNH_2$$

为了便于将产品从反应物系统中分离出来，可采用强酸型阳离子交换树脂或强碱型阴离子交换树脂来代替酸或碱性催化剂，反应完成以后，很容易将离子交换树脂分离除去，得到产物。整个过程操作方便，并且易于实现连续化和自动化生产。

固体酸催化剂利用固体表面上存在的具有催化活性的酸性部位，称酸中心，它们多数为非过渡元素的氧化物或混合氧化物，其催化性能不同于含过渡元素的氧化物催化剂，这类催化剂广泛应用于离子型机理的催化反应。此外，还有润载型固体酸催化剂，是将液体酸附载于固体载体上而形成的，如固体磷酸催化剂。

固体酸催化剂是近年来发展起来的一类新型催化剂，用于酯化、烷基化、异构化等反应，可替代传统的硫酸催化剂，从而在源头上杜绝污染，因而成为发展势头最为强劲的一类新型催化剂。均相碱催化在化学品合成中占有相当比例，如环氧化物开环加成合成表面活性剂、酯交换制备精细化学品等，但存在严重的污染问题。近年来，以固体碱代替传统的氢氧化钠等液碱催化剂已成为必然的发展趋势。

3.8.3 相转移催化剂

在药物合成反应中，经常遇到两相反应，这类反应的速率慢、反应不完全、效率差，采用相转移催化剂（phase transfer catalyst，PTC）则可克服。PTC的作用是使一种反应物由一相转移到另一相中参加反应，促使一个可溶于有机溶剂的底物和一个不溶于此溶剂的离子型试剂之间发生反应，这类反应统称为相转移催化反应（phase transfer catalyzed reaction），具有很广泛的应用范围。从化学观点来看，有的化合物在一般条件下不能反应或易于分解，若采用相转移催化剂，反应可顺利进行，并且能提高反应的选择性和收率。从实用的观点看，相转移催化反应具有方法简单，后处理方便，所用试剂价格低廉等优点。

常用的相转移催化剂可分为鎓盐类、冠醚及非环多醚类等三大类。广泛采用的催化剂仅为数种胺、膦和醚类化合物，性质见表3－5，其中应用最早并且最常用的为鎓盐类。与冠醚类催化剂相比，鎓盐类催化剂适用于液—液和固—液体系，所有正离子；而冠醚类则具有明显的选择性。鎓盐价廉而冠醚昂贵，更重要的一点是鎓盐无毒，而冠醚有毒性。鎓盐在所有有机溶剂中可以以各种比例溶解，故人们通常喜欢选用鎓盐作为相转移催化剂。

表3-5　三类相转移催化剂性质比较

	催化活性	稳定性	制备难易	价格	回收	反应体系	无机离子	毒性
鎓盐类	中等，与结构有关	在120℃以下较稳定，碱性条件下不稳定	容易	中等	不困难，与反应条件有关	液—液，液—固	不重要	小
冠醚类	中等，与结构有关	基本稳定，强酸条件下不稳定	容易	较贵	蒸馏	液—固	重要	大
非环多醚类	中等，与结构及反应条件有关	基本稳定，强酸条件下不稳定	容易	较低	蒸馏	液—液，液—固	不重要	小

3.8.3.1　鎓盐类

鎓盐类相转移催化剂由中心原子、中心原子上的取代基和负离子3部分构成。中心原子一般为P、N、As、S等原子，催化活性顺序为：

$$RP^+ \gg RN^+ > RAs^+ > RS^+$$

负离子的影响可用催化剂在有机相中的萃取能力表示。Makosza发现，在苯、氯苯、邻二氯苯与水的混合体系中，相同季铵盐正离子时，不同负离子对萃取常数的影响顺序如下：

$$I^- > Br^- > CN^- > Cl^- > OH^- > F^- > SO_4^{2-}$$

最常用的鎓盐类催化剂有以下几种：

三乙基苄基氯化铵（TEBAC），又称为Mokosza催化剂。TEBAC在苯-水两相体系中没有催化作用，这可能是由于此催化剂在苯中溶解度小的缘故。TEBAC的主要特点是容易制备。

三辛基甲基氯化铵（trioctylmethyl ammonium chloride，TOMAC或TCMAC），又称为Starks催化剂（aliguat336）。根据Herriott-Picker的研究结果，TOMAC比TEBAC或四丁基硫酸氢铵催化剂更有效。

四丁基硫酸氢铵，它的硫酸氢离子亲水性强，容易转移到水相，因而不参与任何反应。当硫酸氢负离子被其他负离子所置换，则形成其他负离子的铵盐，因此在离子对提取烷基化作用中，多选用此催化剂。

3.8.3.2　冠醚类

冠醚类也称为非离子型相转移催化剂，化学结构特点是分子中具有（$Y-CH_2-CH_2-$）$_n$重复单位，式中的Y为氧、氮或其他杂原子；由于它们的形状似皇冠，故称冠醚。冠醚具有特殊的络合性能，能与碱金属形成络合物。冠醚的氧原子上的未共用电子对位于环的内侧，当适合于环的大小的金属正离子进入环内时，由于偶极形成，电负性大的氧原子和金属正离子借静电吸引而形成络合物。疏水性的亚甲基均匀地排列在环的外侧，使金属络合物仍能溶于非极性有机介质中，这样就使原来与金属正离子结合的负离子形成非溶剂化的负离子，即“裸负离子”（naked anion）。这种负离子存在于非极性溶剂中，具有较高的化学活性。冠醚类相转移催化剂特别适用于固—液相转移催化，可用于氧化、还原、取代反应等相转移催化反应。

常用的冠醚有 18 - 冠 - 6（3 - 28）、二苯基 - 18 - 冠 - 6（3 - 29）、二环己基 - 18 - 冠 - 6（3 - 30）等，结构如下：

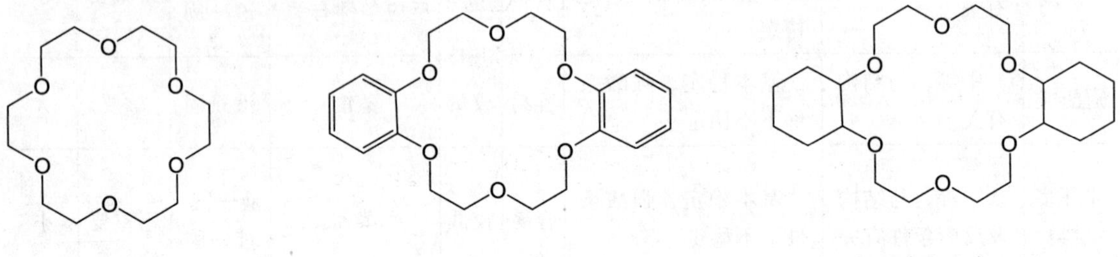

（3-28）　　（3-29）　　（3-30）

以 18 - 冠 - 6（3 - 28）应用最广，二苯基 - 18 - 冠 - 6（3 - 29）在有机溶剂中溶解度小，因而在应用上受到限制。由于冠醚价格昂贵且有毒，除在实验室应用外，迄今还没有应用到工业生产中。

冠醚为中性配位体，反应速率较高；能使很多固体试剂转入有机相，而实现固—液相转移催化反应。

3.8.3.3　非环多醚类

近年来，人们还研究了非环聚氧乙烯衍生物类相转移催化剂，又称为非环多醚或开链聚醚类相转移催化剂，这是一类非离子型表面活性剂。非环多醚为中性配体，具有价格低、稳定性好、合成方便等优点。主要类型如下：

聚乙二醇：$HO(CH_2CH_2O)_nH$

聚乙二醇脂肪醚：$C_{12}H_{25}O(CH_2CH_2O)_nH$

聚乙二醇烷基苯醚：$C_8H_7C_6H_4O(CH_2CH_2O)_nH$

非环多醚类可以折叠成螺旋形结构，与冠醚的固定结构不同，可折叠为不同大小，可以与不同直径的金属离子络合。催化效果与聚合度有关，聚合度增加催化效果提高，但总的来说催化效果比冠醚差。

例如，在开链聚乙二醇衍生物的催化下，溴苄与 KX 发生取代反应。

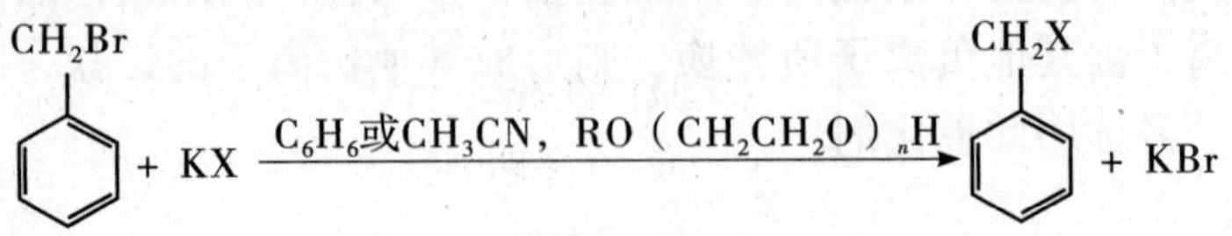

（X = SH，SCN，N_3，OAc，CN，F）

曾有报道，章鱼分子（octopus molecules，3 - 31）具有可折叠的多醚支链的六取代苯衍生物，这类化合物能定量地提取碱金属苦味酸盐，已用作相转移催化剂。

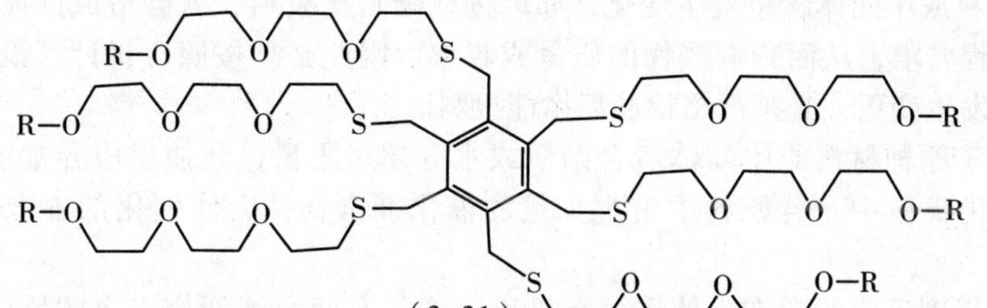

（3-31）

在无水碳酸钾及甲苯存在下，用聚乙二醇作为相转移催化剂，可在固—液两相体系中进行 Darzens 缩水甘油酸酯的缩合反应。

3.8.3.4　**胺类**

叔胺类也可用作相转移催化剂，多用于烷基化反应、卡宾的生成以及氰基化和硫氢化反应等。叔胺类化合物在反应过程中转变成季铵盐，具有催化效果。

在三乙胺催化下，苯甲酸钾与氯苄反应生产苯甲酸苄酯就是一个很好的例子。在叔胺催化的酯化反应中，加入碘化钠作为助催化剂，碘化钠与氯代烷作用得碘代烷，碘代烷与叔胺烷基化形成季铵盐，季铵盐一旦形成便发挥相转移催化剂的作用。

其他相转移催化剂还有多环穴醚催化剂、负离子催化剂和多功能催化剂等。相转移催化剂的化合物类型不断增多，将一般的相转移催化剂连接到固体载体上，如聚苯乙烯、硅胶、纤维素等，因固体的高分子载体不溶于溶剂或水中，这样使反应成为三相，即所谓“三相催化”（three phase catalysis）。三相催化是近年发展起来的一种新的合成技术，为有效地实现水溶性反应液、固相催化剂和不溶于水的有机相三相间的反应，提供了一个有效的手段。它的优点在于：固相催化剂可在反应结束后过滤除去，操作简单，可定量地回收利用，产物不会被催化剂污染，分离纯化简便。

3.9　药品质量控制

《中华人民共和国药典》是药品生产、检验、经营使用和管理共同遵循的法定依据。化学原料药质量优劣与生产过程中的各个环节都有密切关系，因此，在化学合成药物工艺条件研究时，必须切实注意原料、中间体的质量标准的制定和监控。在工艺研究中，反应终点控制的研究和生产过程中药品质量的管理是药品生产中密切相关的两个方面。

3.9.1　原辅材料和中间体的质量监控

原料、中间体的质量与下一步反应及产品质量密切相关，若对杂质含量不加以控制，不仅影响反应的正常进行和收率的高低，而且影响药品质量和疗效，甚至危害患者的健康和生命。因此，必须制定生产中采用的原料、中间体的质量标准，特别是其最低含量。药物生产中经常遇到下列几种情况，必须予以解决。

（1）原料或中间体含量发生变化，如果按原配料比投料，就会造成反应物的配比不符合操作规程要求，从而影响产物的质量或收率。因此必须按照含量计算投料量。若原辅材料来源发生变更，必须严格检验后才能投料。

（2）由于原辅材料或中间体所含杂质或水分超过限量，致使反应异常或影响收率。如在催化氢化反应中，若原料中带进少量的催化剂毒物，会使催化剂中毒而失去催化活性。

（3）由于副反应的存在，使许多有机反应往往有两个或两个以上的反应同时进行，生成的副产物混杂在主产物中，致使产品质量不合格，有时需要反复精制，才能达到质量标准。例如，在盐酸氯丙嗪（chloropromazine）（3－34）生产中，3－氯二苯胺在碘的催化下与升华硫作用，可以生成主产物2－氯吩噻嗪（3－32）和少量副产物4－氯吩噻嗪（3－33）。（3－32）和（3－33）都能与侧链N，N－二甲基氯代丙胺缩合，分别生成氯丙嗪（3－34）和4－氯吩噻嗪的衍生物，所得的产品必须反复精制才能合格，使缩合反应收率降低。

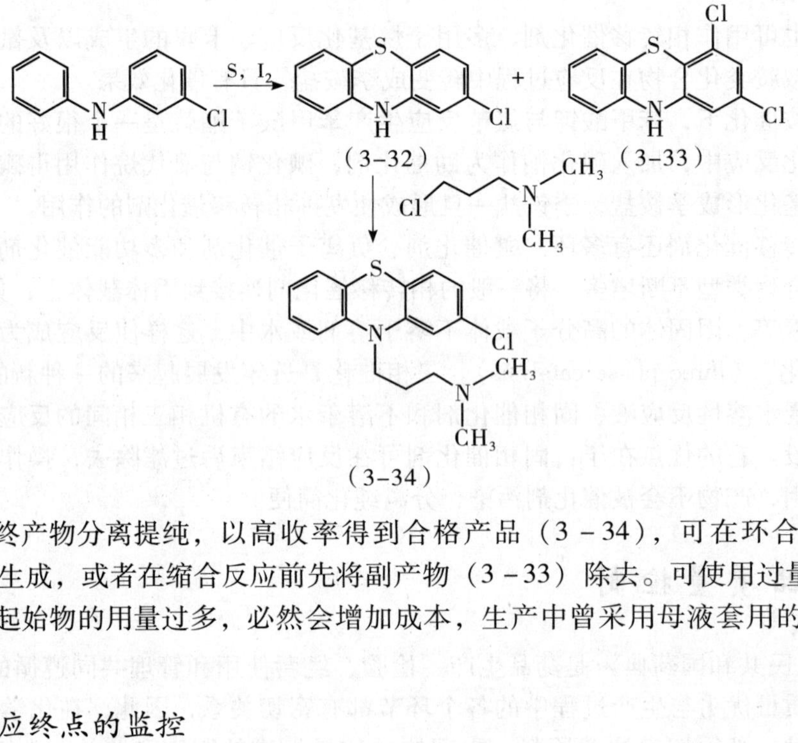

（3－32）（3－33）（3－34）

为避免终产物分离提纯，以高收率得到合格产品（3－34），可在环合反应中抑制（3－33）的生成，或者在缩合反应前先将副产物（3－33）除去。可使用过量的3－氯二苯胺，但是起始物的用量过多，必然会增加成本，生产中曾采用母液套用的办法来解决这个问题。

3.9.2 反应终点的监控

对于许多化学反应，反应完成后必须及时停止反应，并将产物立即从反应系统中分离出来。否则反应继续进行可能使反应产物分解破坏，副产物增多或发生其他复杂变化，使收率降低，产品质量下降。另一方面，若反应未达到终点，过早地停止反应，也会导致类似的不良效果。同时还必须注意，反应时间与生产周期和劳动生产率有关。因此，对于每一个反应都必须掌握好它的进程，控制好反应终点，保证产品质量。

反应终点的控制，主要是控制主反应的完成。测定反应系统中是否尚有未反应的原料（或试剂）存在；或其残存量是否达到规定的限度。在工艺研究中常用薄层层析、气相色谱和高效液相色谱等方法来监测反应，也可用简易快速的化学或物理方法，如测定显色、沉淀、酸碱度、相对密度、折光率等手段进行反应终点监测。

例如，由水杨酸制备阿司匹林的乙酰化反应，由氯乙酸钠制造氰乙酸钠的氰化反应，两个反应都是利用快速的化学测定法来确定反应终点的。前者测定反应系统中原料水杨酸的含量达到0.02%以下方可停止反应，后者是测定反应液中氰离子（CN^-）的含量在0.04%以下方为反应终点。又如重氮化反应，可利用淀粉－碘化钾试液（或试纸）来检查反应液中是否有过剩的亚硝酸存在以控制反应终点。也可根据化学反应现象、反应变化情况，以及反应产物的物理性质（如相对密度、溶解度、结晶形态和色泽等）来判定反应终点。在氯霉素合成中，成盐反应终点是根据对硝基溴代苯乙酮与成盐物在不同溶剂中的溶解度来判定的。在其缩合反应中，由于反应原料乙酰化物和缩合产物的结晶形态不同，可通过观察反应液中结晶的形态来确定反应终点。

催化氢化反应一般以吸氢量控制反应终点。当氢气吸收到理论量时，氢气压力不再下降或下降速度很慢时，即表示反应已到达终点或临近终点。通入氯气的氯化反应，常常以反应液的相对密度变化来控制其反应终点。

3.9.3 化学原料药的质量管理

药品质量必须符合国家药品标准，化学原料药生产企业必须设立独立的、与生产部门平行的质量检查机构，严格执行药品标准。原料药的生产车间与供应部门之间必须密切配合，共同制定原辅材料、中间体、半成品和成品等的质量标准并规定杂质的最高限度等；经常进行化学原料药质量的考察工作，不断改进生产工艺，完善车间操作规程，不断提高产品质量。在研究过程中必须认真考察下列各项内容。

（1）药品纯度。药品纯度及其化验方法，杂质限度及其检测方法是药品生产工艺研究的一项重要内容。通过这些研究可以发现杂质的出处，为提高药品质量创造条件。

（2）药品的稳定性。化学原料药容易受到外界物理和化学的因素影响，引起药物分子结构的变化。如某些药品在一定的湿度、温度和光照下，可发生水解、氧化、脱水等现象，造成药品失效或增加毒副作用。我国地域广大，各地温度和湿度相差很大，药品在储存、运输时也必须考虑药品稳定性问题。

（3）药品的生物有效性。有的药品因晶形不同而产生体内吸收、分布及其药代动力学变化过程的差异，即药物的生物有效性不同。例如，磺胺甲噁唑（sulfamethoxazole）的多晶现象和溶解度有关。应用不同晶型原料药生产的制剂，在生物利用度上会存在差别。

思考题

3-1 药物生产工艺主要有哪些研究内容？

3-2 不同药物反应类型动力学有何不同？

3-3 哪些情况下要调整反应物浓度和配料比？

3-4 溶剂极性是怎样定义的？

3-5 什么是溶剂化效应？

3-6 溶剂对药物反应有哪些影响？

3－7 重结晶溶剂要满足什么条件?

3－8 温度对反应速率有何影响? 怎样选择最合适的反应温度?

3－9 压力对反应有何影响?

3－10 催化剂有哪些特性?

3－11 什么是酸碱催化剂? 有什么特点?

3－12 什么是相转移催化?

3－13 相转移催化有哪些种类? 分别有什么特点?

3－14 如何进行反应终点的控制?

第4章　布洛芬的生产工艺

4.1　概述

布洛芬（ibuprofen，brufen）的化学名为2-(4-异丁基苯基)丙酸。分子式 $C_{13}H_{18}O_2$，相对分子质量206.28。化学结构如下：

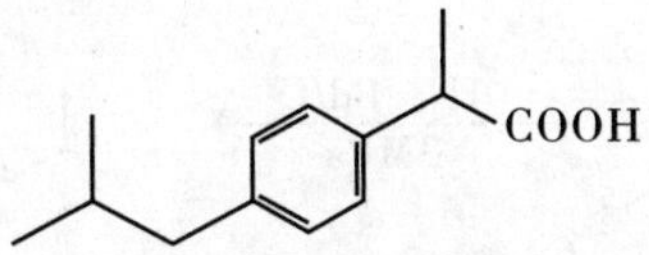

其性状为白色结晶性粉末，稍有特异臭味，微溶于水，易溶于甲醇和丙酮等有机溶剂及碱液中。熔点74.5～77.5℃。

布洛芬是一种非甾体消炎镇痛药，其消炎、镇痛和解热作用比阿司匹林大16～32倍。与一般消炎镇痛药相比，其作用强而副作用小，对肝、肾及造血系统无明显副作用。特别是对胃肠道的副作用小，这是布洛芬的优势。适用于治疗风湿性关节炎、类风湿性关节炎、骨关节炎、强直性脊椎炎、神经炎、咽喉炎和支气管炎等。

布洛芬是1967年由英国试制成功并首先生产的，此后日本、加拿大、联邦德国和美国等国家相继投产。1972年，国际风湿病学会推荐本品为优秀的风湿病药品之一。1975年后，我国有厂家开始试制生产。

4.2　布洛芬的合成路线

布洛芬可由异丁基苯、乙苯及其衍生物为原料，合成路线有多种，但各有优缺点。以下介绍几种合成方法。

4.2.1　以乙苯为原料

此方法以乙苯与异丁酰氯为原料经酰化、溴化、氰化、水解和还原制备布洛芬。原料较贵，工业化价值不大。

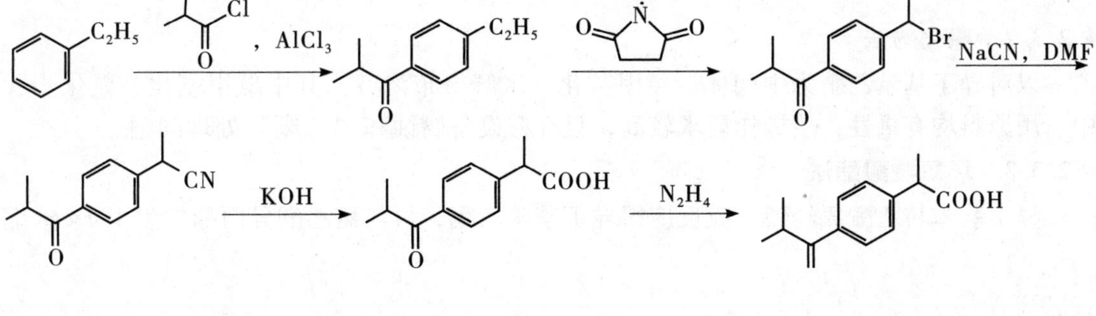

4.2.2 以异丁基苯衍生物为原料

4.2.2.1 异丁基苯乙酮途径

此方法以异丁基苯乙酮为原料，与氯仿在相转移催化剂存在下反应，产物再经氢解制得布洛芬。反应条件要求较高，副反应也较多。

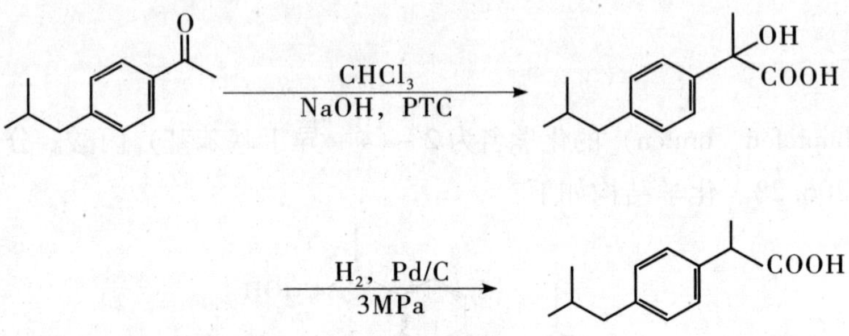

4.2.2.2 异丁基氯代乙苯途径

此方法以异丁基氯代乙苯为原料，经格氏反应合成布洛芬。收率较高，但需用格氏试剂，反应条件苛刻。存在的缺点为大多数原料须自制，所用试剂价格昂贵，乙醚易燃易爆不适合工业化生产。

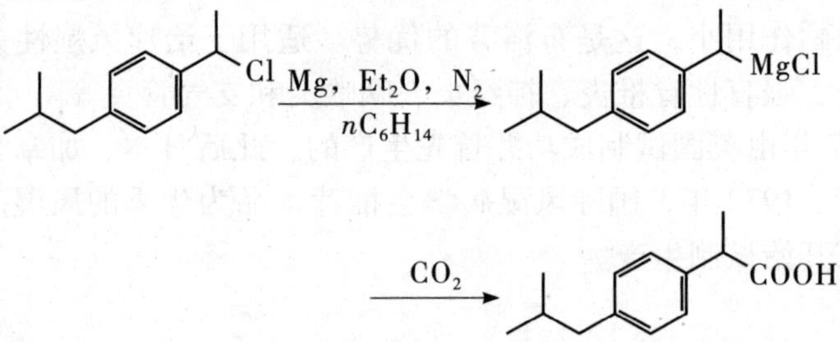

4.2.3 以异丁苯为原料

4.2.3.1 异丁苯与乳酸衍生物反应（一步法）

异丁苯与乳酸对甲苯磺酸酯在过量的 $AlCl_3$存在下，一步反应生成布洛芬。主要缺点是产物中有大量的异构体，产品质量差，收率低。

4.2.3.2 氰化物法

以对异丁基苯乙腈为中间体，经甲基化、水解得布洛芬。其中氯甲基化、氰化步骤中所用原料均有毒性，故操作要求较高，且存在设备腐蚀和“三废”处理问题。

4.2.3.3 环氧羧酸酯法

异丁基苯与乙酰氯经傅－克反应得异丁基苯乙酮，再与氯乙酸异丙酯发生 Darzens 缩

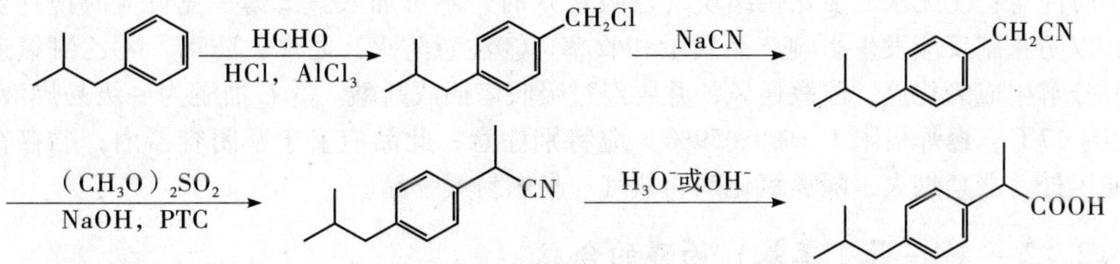

合，产物经水解、中和及脱羧反应制得异丁基苯丙醛。异丁基苯丙醛经氧化或经成肟、消除再水解成布洛芬。各步反应收率都比较高，其中醛肟法不存在氧化法的“三废”处理问题，更适合工业生产。这是目前国内采用的主要生产方法。

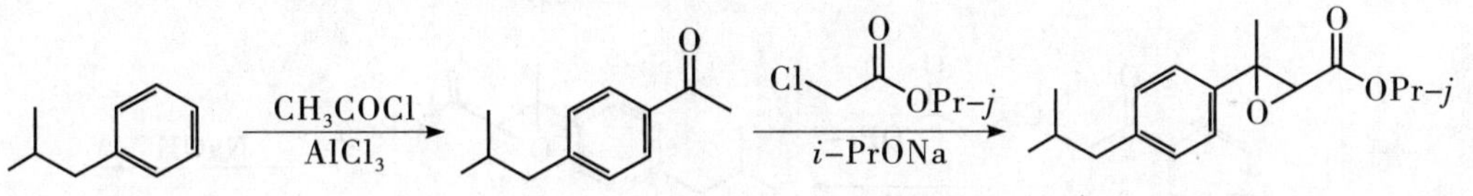

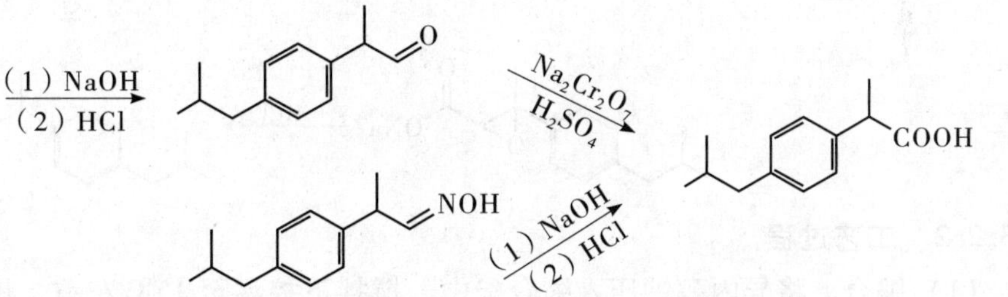

4.3　布洛芬的生产工艺

4.3.1　4-异丁基苯乙酮的合成

4.3.1.1　工艺原理

在三氯化铝的催化下，乙酰氯与异丁基苯发生傅-克酰基化反应。异丁基是体积较大的邻对位定位基，乙酰基主要进入其对位，生成 4-异丁基苯乙酮。反应需无水操作。

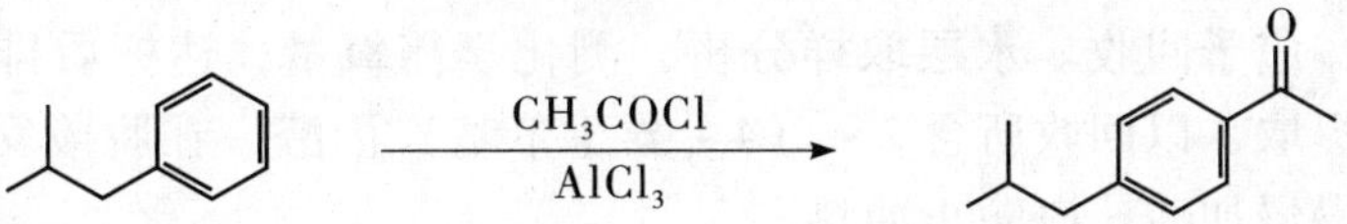

4.3.1.2　工艺过程

将计量好的石油醚、三氯化铝加入反应釜内，搅拌降温至 5℃以下，加入计量的异丁基苯，其间控制釜内温度低于 5℃。再加入计量的乙酰氯。搅拌反应 4h。将反应液在 10℃下压入水解釜中，滴加稀盐酸，保持釜内温度不超过 10℃，搅拌 0.5h 后，静置分层。有机层为粗酮，水洗至 pH = 6。减压蒸馏回收石油醚后，再收集 130℃/2kPa 馏分，即得 4-异丁基苯乙酮。收率 80%。

应注意：①无水三氯化铝结块（已吸水）时，不可加入。②傅－克反应时搅拌要适当，以防止副反应发生影响产品质量和收率。③注意防火、防爆、防毒。④乙酰氯遇水或醇分解生成氯化氢，注意通风，并要经过吸收塔回收盐酸。⑤石油醚为一级易燃液体，闪点 <17℃，爆炸极限 1.1%～59%。应特别注意，此品应盛于密闭容器内，贮存在阴凉通风处，严禁烟火，隔离氧化剂、氧气、易燃易爆物品。

4.3.2 2－（4－异丁苯基）丙醛的合成

4.3.2.1 工艺原理

第一步反应为 Darzenes 缩合，产物经水解、脱羧和重排得到 2－（4－异丁苯基）丙醛。

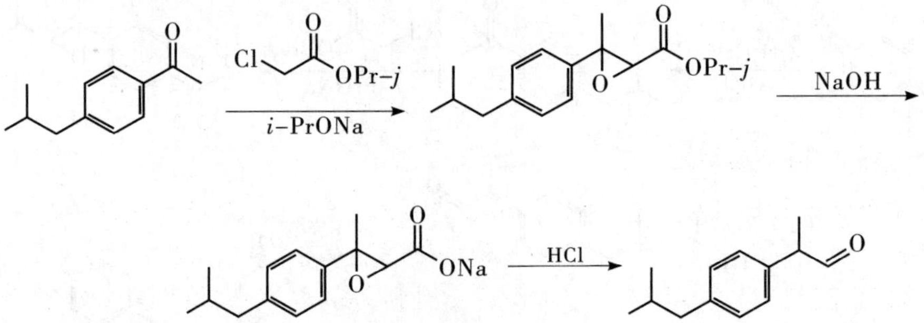

4.3.2.2 工艺过程

（1）缩合。将异丙醇钠压入缩合釜中，搅拌下控温至 15℃左右，将计量好的 4－异丁基苯乙酮与氯乙酸异丙酯的混合物慢慢滴入，于 20～25℃反应 6h 后，升温至 75℃，回流反应 1h。

（2）水解。冷水降温，压入水解釜，将计量的氢氧化钠溶液慢慢加入，控制釜内温度不超过 25℃，搅拌水解 4h 后，先常压再减压蒸醇。加入热水，于 70℃搅拌溶解 1h。

（3）酸化脱羧。将 3－（4－异丁苯基）－2，3－环氧丁酸钠压入脱羧釜中，慢慢滴加计量好的盐酸，控制釜内温度为 60℃，加毕，待物料温度升至 100℃以上，回流脱羧 3h 后降温，静置 2h 分层。有机层吸入蒸馏釜，减压蒸馏，收集（120～128）℃/2kPa 的馏分，即得2－（4－异丁苯基）丙醛。收率 77%～80%。

注意：2－（4－异丁苯基）丙醛不稳定，要及时转入下一步反应。脱羧液水层经静置后尚存少量油层，应予回收。水层取样分析，测化学需氧量，达标后排放。减压蒸馏所剩残渣，再进行提取，以回收所含 2－（4－异丁苯基）丙醛。在脱羧反应中，常产生大量泡沫，应注意慢慢加酸，以防止冲料。

4.3.3 布洛芬的合成

4.3.3.1 工艺原理

2－（4－异丁苯基）丙醛制布洛芬有两种方法，其一为氧化法，即用重铬酸钠氧化；其二为醛肟法，即先使羟胺与 2－（4－异丁苯基）丙醛反应，得中间体 2－（4－异丁苯基）丙醛肟，再经消除和水解等反应制得布洛芬。醛肟法由于不使用重铬酸钠，后处理更方便，还避免了环境污染等问题，此外，以水作溶剂，操作安全。

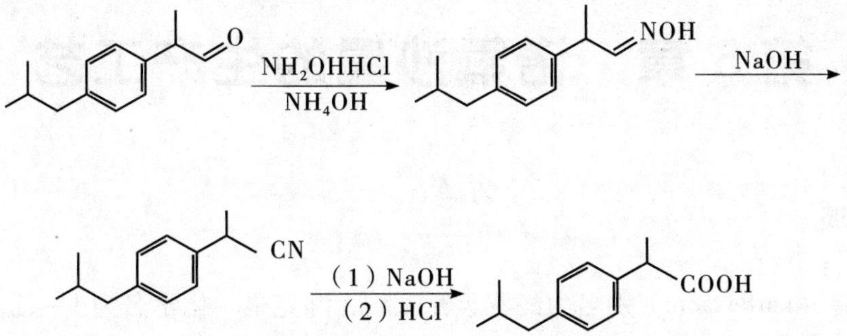

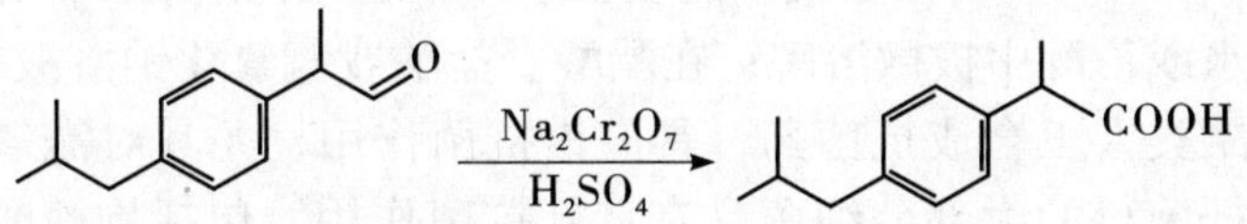

4.3.3.2　工艺过程（氧化法）

（1）将重铬酸钠溶于定量的水中，开真空吸入氧化剂配制釜，搅拌使之全溶，压入氧化反应釜。搅拌下降温，将计量好的浓硫酸慢慢滴入反应釜，滴毕继续降温，备用。

（2）待氧化反应液温度降至5℃以下，将计量好的丙酮和2－（4－异丁苯基）丙醛的混合液于搅拌下慢慢滴至反应釜中，保温25℃，加完继续反应1h，直至反应液呈棕红色，为终点。加入焦亚硫酸钠水溶液，使反应液呈蓝绿色。

（3）将上述反应液吸入丙酮回收釜中，蒸馏，直到蒸不出丙酮为止。残留物中加入定量的水和石油醚，搅拌0.5h后静置分层。水层用石油醚提取两次，油层水洗至无Cr^{3+}为止。

（4）石油醚中加入配制好的稀碱液，搅拌15min后静置0.5h，碱层分入钠盐贮罐。再将计量好的水加入石油醚层，搅拌15min后静置0.5h，水层并入钠盐贮罐。有机层吸入石油醚回收罐。

（5）水层物料加到酸化釜，保持温度35～45℃，滴加盐酸，调节pH为1～2（此时析出布洛芬油层），降温至5℃，复测，若pH仍为2～3，继续降温、固化、结晶、离心，即得粗制布洛芬。收率>90%。

（6）粗品再经溶解、脱色、结晶、离心和干燥，即得精品布洛芬。

思考题

4－1　布洛芬合成路线主要有哪些方法？其优缺点是什么？

4－2　工业生产布洛芬工艺的注意事项有哪些？

第5章　诺氟沙星的生产工艺

5.1　概述

诺氟沙星（norfloxacin）别名力醇罗、氟哌酸、淋克星，化学名为1－乙基－6－氟－1，4－二氢－4－氧代－7－（1－哌嗪基）－3－喹啉羧酸。本品为白色至浅黄色粉末；无臭，味微苦；熔点218～224℃；在空气中能吸收水分，遇光色渐变深。诺氟沙星在二甲基甲酰胺中略溶，在水或乙醇中极微溶解；在醋酸、盐酸或氢氧化钠溶液中易溶。

诺氟沙星为氟喹诺酮类人工合成抗菌药，具广谱抗菌作用，尤其对需氧革兰阴性杆菌的抗菌活性高，对肠杆菌科的大部分细菌具有良好抗菌作用，包括枸橼酸杆菌属、阴沟肠杆菌、产气肠杆菌等肠杆菌属、大肠埃希菌、克雷伯菌属、变形菌属、沙门菌属、志贺菌属、弧菌属、耶尔森菌等，是治疗肠炎、痢疾及泌尿系统感染的常用药。此外，诺氟沙星体外对多重耐药菌亦具抗菌活性，例如，对青霉素耐药的淋病奈瑟菌、流感嗜血杆菌和卡他莫拉菌亦有良好抗菌作用。诺氟沙星为杀菌剂，通过作用于细菌DNA螺旋酶的A亚单位，抑制DNA的合成和复制而导致细菌死亡。本品对未成年人骨骼形成有延缓作用，会影响发育，故禁止未成年人服用。

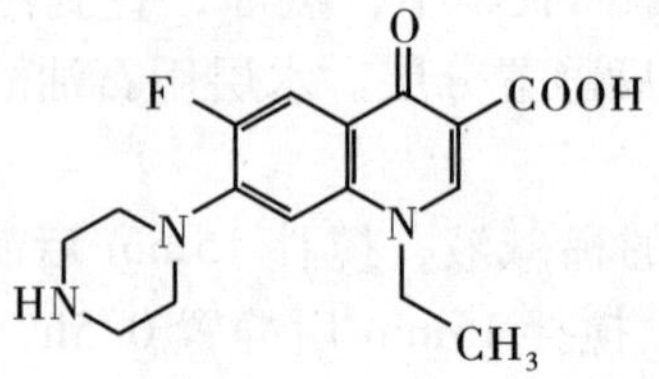

诺氟沙星

诺氟沙星是由日本杏林制药公司在1978年研制成功的第三代喹诺酮酸类药物，其药效可与第三代头孢菌素相媲美，至今已在60多个国家和地区批准上市。诺氟沙星的问世是喹诺酮类抗菌药的重要进展，随后又开发出衍生物，如氧氟沙星（ofloxin）、环丙沙星（ciprofloxacin）、洛美沙星（lomefloxacin），并且对此类药物的构效关系有了进一步的认识。其中，二氢吡啶酮部分是药效基本结构，而氟原子及哌嗪基也成为必不可少的取代基。

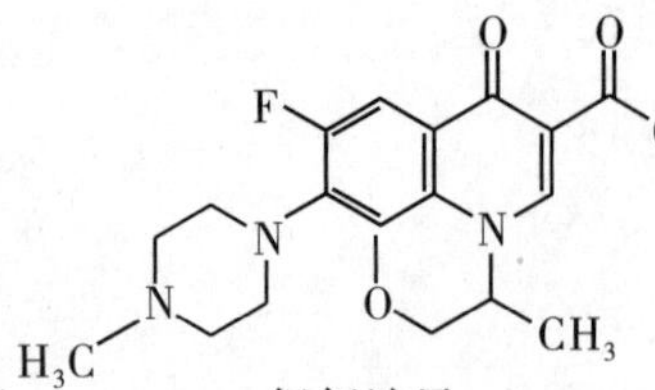

氧氟沙星

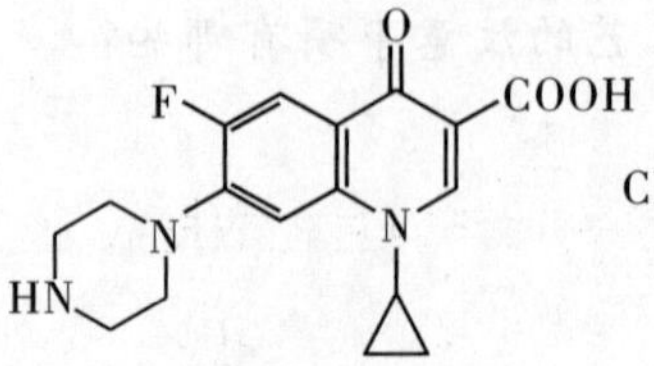

环丙沙星

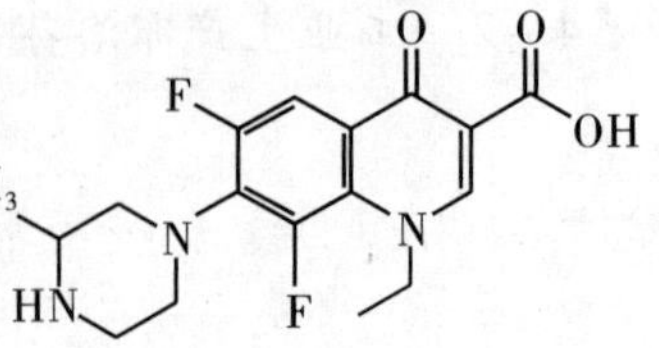

洛美沙星

5.2　合成路线及其选择

经过十几年的发展，诺氟沙星的合成方法有很多。剖析诺氟沙星的化学结构可以看出，喹诺酮酸环上1位的乙基，7位上的哌嗪基均是C—N键连接，因而乙基和哌嗪基都可以在成环后经亲核取代反应引入。它的合成可以从两个途径进行：一条是先环合成喹诺酮酯（酸）环，然后引入哌嗪基或形成哌嗪环及引入乙基；另一途径是先引入哌嗪基，后形成喹诺酮酸环，再引入乙基。

5.2.1　先喹诺酮酸（酯）环的合成路线

喹诺酮酸的化学结构可应用类型反应法来合成。1位上的乙基可采用卤乙烷（一般用溴乙烷）进行乙基化引入；对于7位上的哌嗪基，可先合成喹诺酮酸环上具有氯原子的化合物后，再置换氯原子引入哌嗪环的合成途径。

5.2.1.1　以3－氯－4－氟苯胺为原料

3－氯－4－氟苯胺与2－乙氧亚甲基丙二酸二乙酯（diethyl 2－（ethoxymethylene）malonate，EMME）反应，再经过Gould Jacobs反应合成喹诺酮酸酯。此法的优点在于原料易得，各步收率较高，成本较低，是我国目前主要采用的方法。缺点是：①环合反应温度较高；②由于喹诺酮酸酯的7位氯原子化学活性较差，与哌嗪缩合的收率较低，而且有副产物氯哌酸生成；③EMME的制备需减压蒸馏，工艺条件较苛刻。

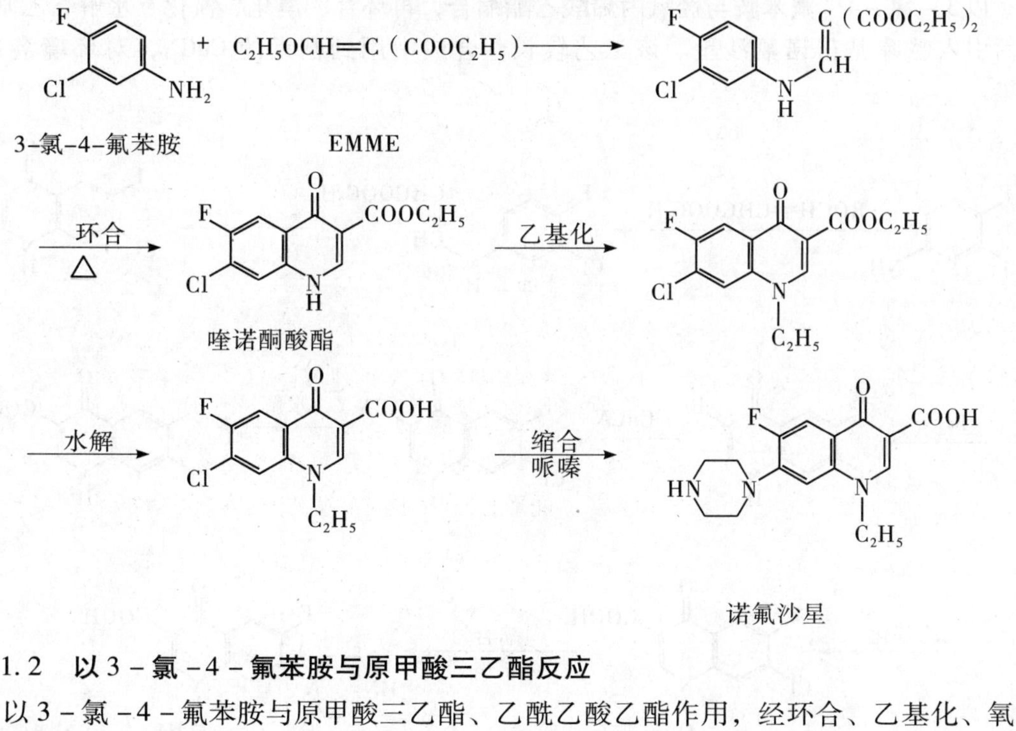

5.2.1.2　以3－氯－4－氟苯胺与原甲酸三乙酯反应

以3－氯－4－氟苯胺与原甲酸三乙酯、乙酰乙酸乙酯作用，经环合、乙基化、氧化与哌嗪缩合得诺氟沙星。该工艺用较为便宜的乙酰乙酸乙酯替代丙二酸二乙酯和原甲酸三乙酯在 Lewis 酸存在下环合，再乙基化后，用次氯酸钠把 3 位上乙酰基氧化成羧酸，最后与哌嗪缩合得诺氟沙星。环合制备喹诺酮酸酯需要 250 ～260℃高温，生产上采用电感应、电热棒、硅碳远红外辐射等加热，耗电量较大。

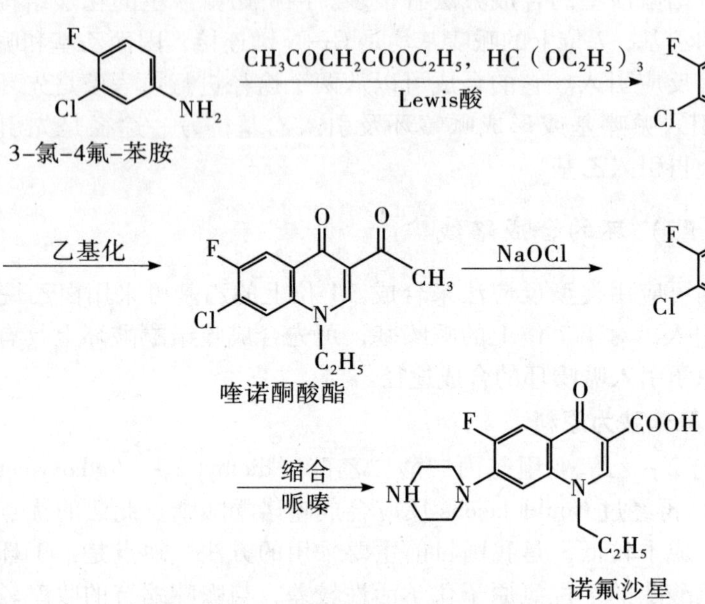

5.2.1.3 以 3 - 氯 - 4 - 氟苯胺与烃氧丙烯酸乙酯缩合反应

以 3 - 氯 - 4 - 氟苯胺与烃氧丙烯酸乙酯缩合，再环合、溴化、氰化、水解、乙基化，最后引入哌嗪基得诺氟沙星。该工艺较长，合成中用到剧毒的 CuCN，对环境会造成污染。

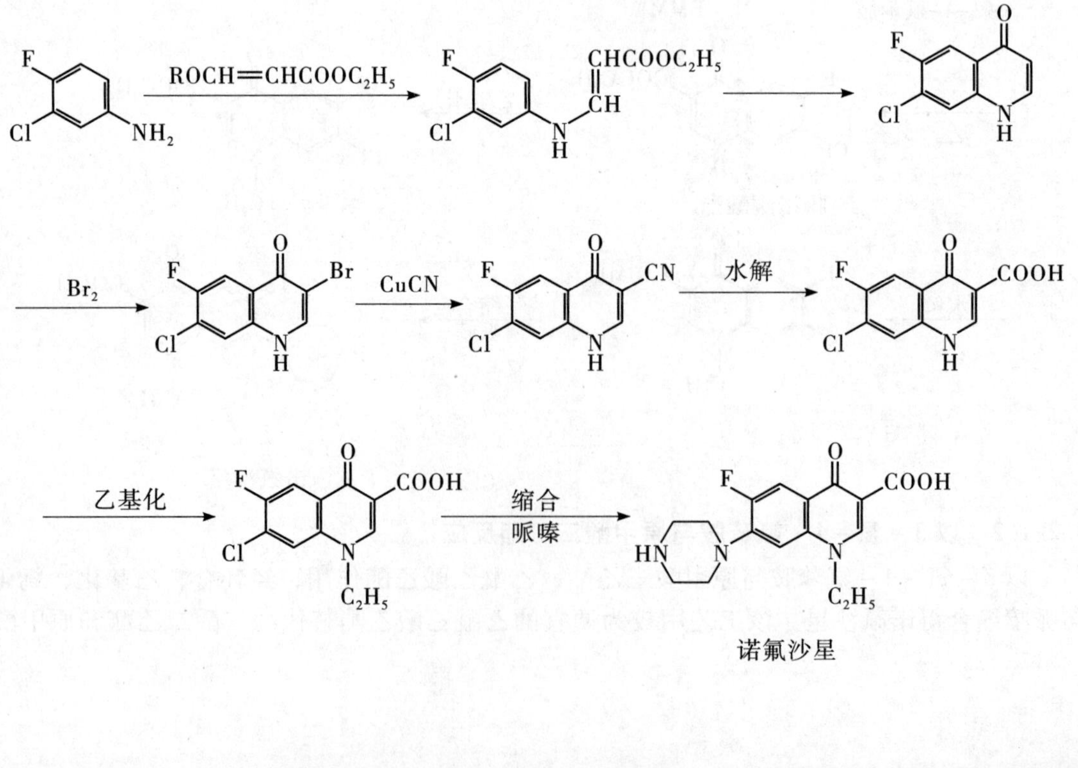

5.2.1.4　以 2－氨基－4－氯－5－氟苯甲酸酯为原料

以 2－氨基－4－氯－5－氟苯甲酸酯为原料，经 Deckmann 环合制成喹诺酮酸酯，再经乙基化、水解，与哌嗪缩合得诺氟沙星。

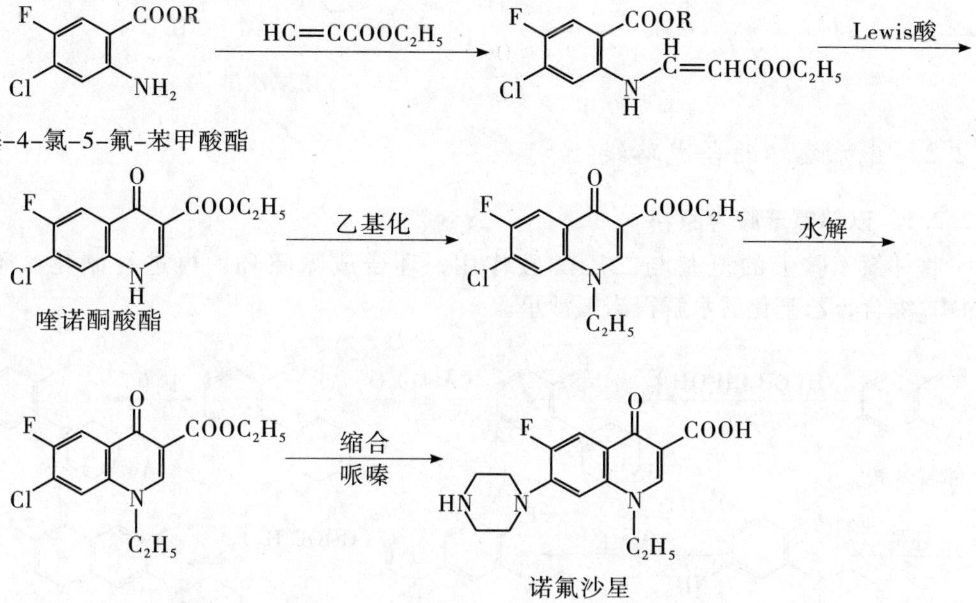

5.2.1.5　以 2，4－二氯氟苯为原料

通过 2，4－二氯氟苯与乙酰氯经 Friedel-Crafts 反应，引入乙酰基再氧化、氯化成 2，4－二氯－5－氟苯甲酰氯，再与 N－乙基－3－氨基丙烯酸酯缩合，经分子内亲核取代，环合成喹诺酮酸，再水解，与哌嗪缩合得诺氟沙星。

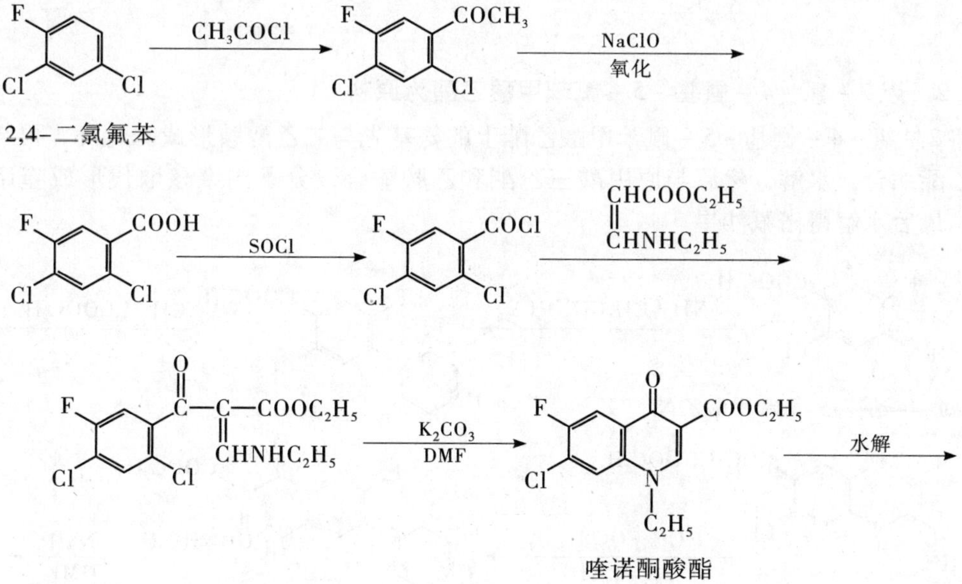

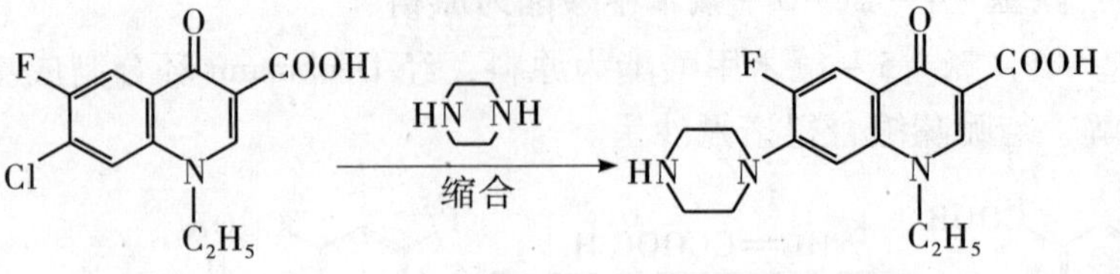

5.2.2 先哌嗪环的合成路线

5.2.2.1 以邻氟苯胺为原料

将邻氟苯胺上的氨基与二乙醇胺作用，环合成哌嗪环；再进行硝化、还原，与EMME缩合，乙基化后水解得诺氟沙星。

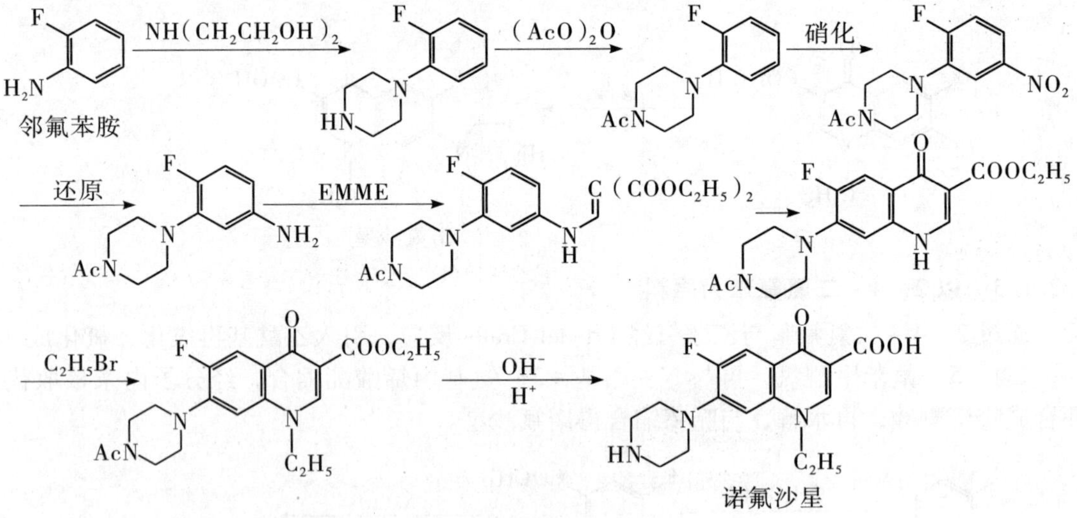

5.2.2.2 以2－氯－4－氨基－5－氟苯甲酸乙酯为原料

将2－氯－4－氨基－5－氟苯甲酸乙酯上的氨基先与二乙醇胺形成哌嗪环，再与丙二酸二乙酯缩合，水解，然后与原甲酸三乙酯和乙胺缩合，分子内亲核取代形成喹诺酮酸酯环，最后水解得诺氟沙星。

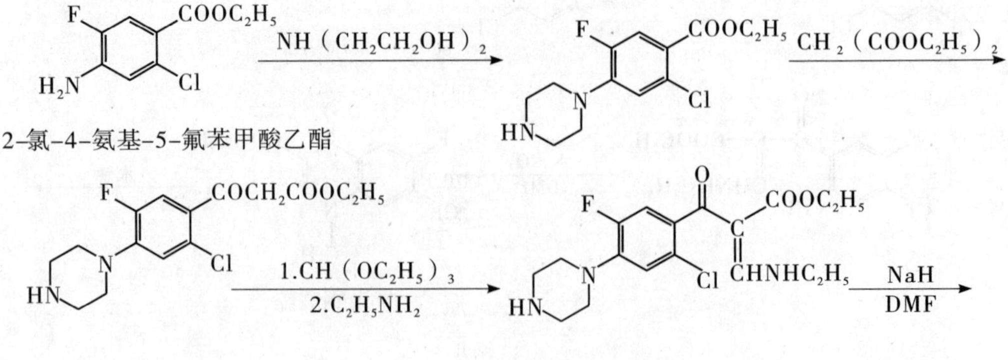

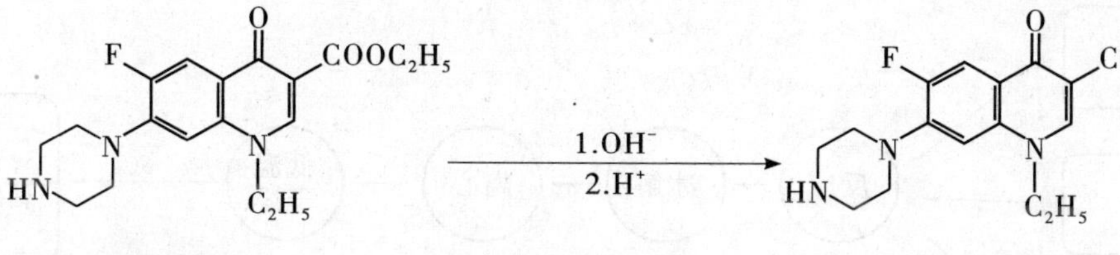

目前，先引入或先形成哌嗪的合成路线相比于先合成喹诺酮酸（酯）环再引入乙基和哌嗪基的合成路线，由于起始原料太贵、反应步骤较长、收率较低，无开发生产价值。目前我国生产的工艺路线均为3－氯－4－氟苯胺、乙氧亚甲基丙二酸二乙酯（EMME）工艺路线，小试验总收率达到70%以上。

5.3　3－氯－4－氟苯胺和原甲酸三乙酯的生产工艺原理及过程

5.3.1　以邻二氯苯为原料制备3－氯－4－氟苯胺

5.3.1.1　3，4－二氯硝基苯的制备

1. 工艺原理

邻二氯苯用混酸（$HNO_3 \cdot H_2SO_4$）硝化得3，4－二氯硝基苯。在苯环上进行的硝化反应属亲电取代，由硝酰离子（NO^{2+}）进攻氯原子的邻、对位。在这里，硫酸提供质子的能力强于硝酸而作为Lewis酸，而硝酸是Lewis碱，加入硫酸可增加硝酸形成硝酰离子（NO^{2+}）的程度。发烟硫酸的反应活性更强。

2. 工艺过程

将硫酸和硝酸按比例加入反应罐中，冷却到60℃以下，滴加邻二氯苯，滴完后，于60℃反应2h。冷却后，冰解，析出，离心过滤，用水洗涤至中性。低温干燥得黄色结晶，熔点39～41℃，纯度96%以上，收率达88%。

3. 反应条件及影响因素

3，4－二氯硝基苯的质量和收率与原料邻二氯苯的质量有关，如邻二氯苯中含有对二氯苯，则硝化会出现油状物，不仅收率降低，而且熔点低，产物颜色深，质量差。邻二氯苯可用冷冻法精制，将对二氯苯结晶滤除，再精馏得纯的邻二氯苯。混酸中硝酸的浓度对硝化收率有影响，可加入适量的发烟硝酸，以提高收率。

4. 工艺流程图

其工艺流程如图5－1所示。

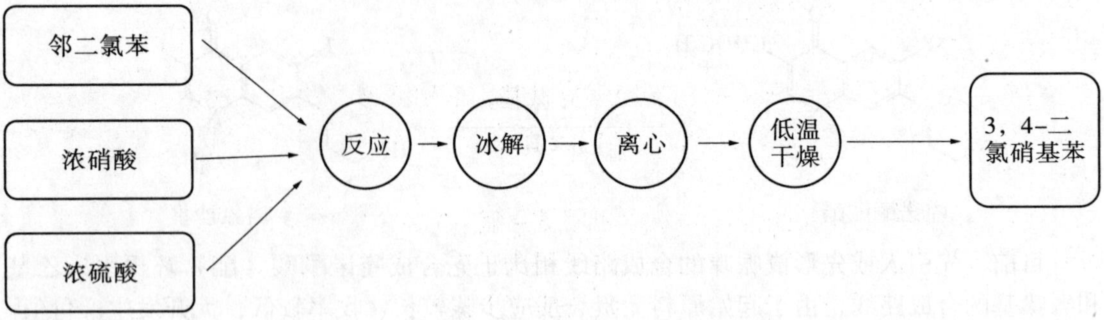

图5-1　3，4-二氯硝基苯的制备工艺流程图

5.3.1.2　3-氯-4-氟硝基苯的制备

1．工艺原理

3，4-二氯硝基苯在非质子极性溶剂（DMSO）中与氟化钾于180℃反应，然后水蒸气蒸馏，得3-氯-4-氟硝基苯。硝基为强吸电子集团，活化了对位上的氯原子，便于为氟原子所置换。

2．工艺过程

将3，4-二氯硝基苯、无水氟化钾和二甲基亚砜加入反应罐中，加热回流反应完毕后，再经水蒸气蒸馏，得类白色结晶3-氯-4-氟硝基苯，熔点41～43℃，纯度98%以上，收率82%。

3．反应条件及影响因素

氟代反应为亲核取代反应，生产上常用非极性的二甲基亚砜（DMSO）作溶剂，在180℃以上高温反应。若用沸点较低的二甲基甲酰胺作溶剂则收率明显降低。回流加热以1～2h为宜，时间太久会增加副产物。氟代反应需要严格控制水分，因为水的存在，高温反应能使3，4-二氯硝基苯水解形成二苯醚衍生物等副产物。

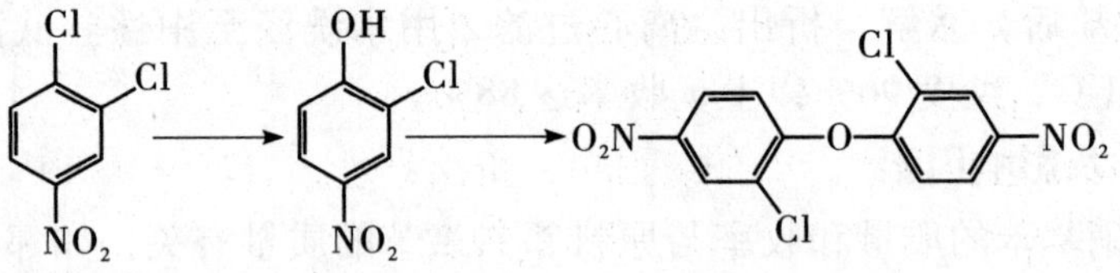

4．工艺流程图

其工艺流程如图5-2所示。

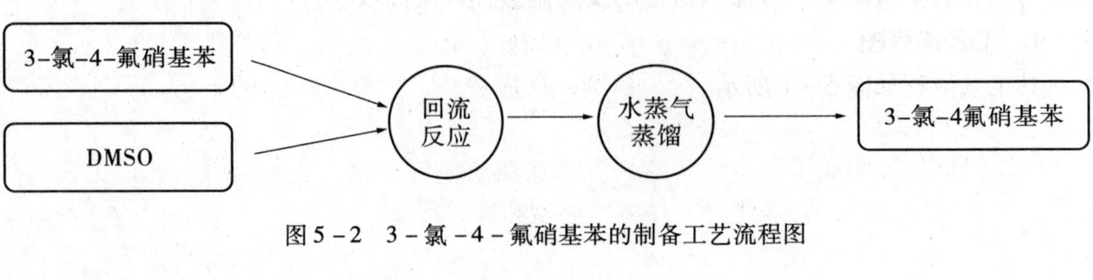

图5-2　3-氯-4-氟硝基苯的制备工艺流程图

5.3.1.3　3-氯-4-氟苯胺的制备

1. 工艺原理

将3-氯-4-氟硝基苯上的硝基还原成氨基，常用还原方法有铁酸还原、催化氢化还原等。目前国内生产均采用铁粉-氯化铵还原方法，收率达90%以上，纯度98.5%以上。

铁粉在电解质氯化铵酸性水溶液中可将3-氯-4-氟硝基苯上的硝基还原成氨基。铁粉是还原剂，这是在铁粉表面上进行电子得失的转移过程。铁粉是电子的供给者，电子从铁粉表面转移到硝基上产生阴离子游离基（Ⅰ）和（Ⅱ），在有质子供给的情况下，获得质子，生成3-氯-4-氟苯胺。水是质子的供给者。铁粉失去电子而被氧化成四氧化三铁（又称铁泥）。

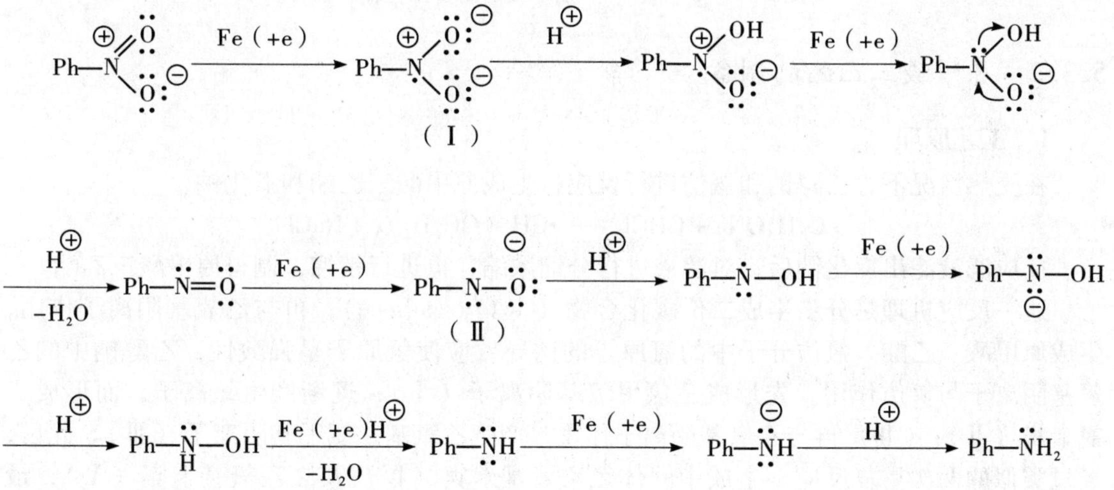

2. 工艺过程

配料为3-氯-4-氟硝基苯、铁粉（60目）、氯化铵、浓盐酸、水，它们的质量比为1∶1.13∶0.01∶0.32∶5。按比例将铁粉、氯化铵、浓盐酸、水加入反应罐中，搅拌，于100℃活化10min。降温至85℃，快速搅拌下分次加入3-氯-4-氟硝基苯，回流反应2h，然后将反应液进行蒸馏，冷却蒸出物，析出结晶，过滤。于30℃以下干燥得3-氯-4-氟苯胺，收率90%，熔点42～44℃，纯度98%以上。

3. 反应条件及影响因素

3-氯-4-氟硝基苯上的两个氯原子是吸电子基，使硝基氮原子的亲电性增强，易于还原。一般在用铁粉-氯化铵还原时，回流2h即可。由于工业用铁粉成分的差异，还原活性有显著不同。一般含硅的铸铁粉效果较好，化学纯铁粉、熟铁粉等效果较差。铁粉的颗粒大小对反应也有影响。铁粉愈细，反应愈快，但常给产品的分离、后处理带来困难，故一般采用60～100目铁粉。

铁粉置反应罐中加水及少量盐酸，微微加热使铁粉活化。反应液中铁粉比重大，易沉降，为使反应充分，必须注意搅拌器的类型和搅拌速度。

4. 工艺流程图

其工艺流程如图 5－3 所示。

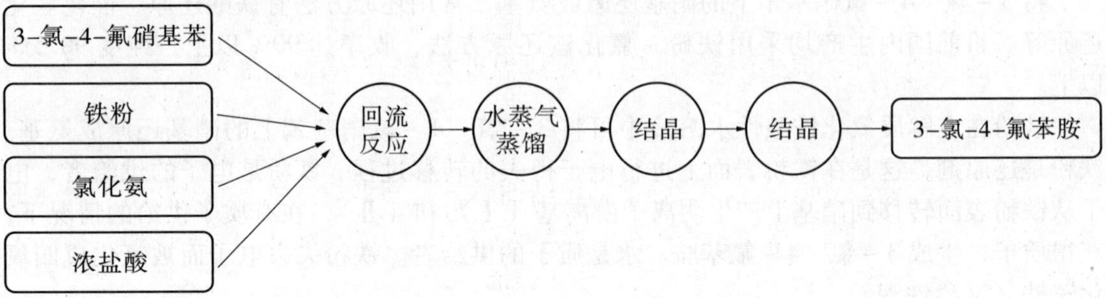

图 5－3　3－氯－4－氟苯胺的制备工艺流程图

5.3.2　原甲酸三乙酯的制备

1. 工艺原理

在受热情况下，乙醇钠和氯仿进行反应，生成原甲酸三乙酯和氯化钠。

$$C_2H_5ONa + CHCl_3 \longrightarrow CH(OC_2H_5)_3 + NaCl$$

反应滤液滤出氯化钠后，对滤液进行分馏浓缩，再进行精馏，制得原甲酸三乙酯。

这一反应机理是分步生成二价碳化合物（卡宾，carbene），再与乙氧基阴离子作用，生成原甲酸三乙酯。氯仿分子中的氯原子的诱导效应使氢原子呈强酸性。乙醇钠中的乙氧基阴离子与氯仿作用，先形成三氯甲氧基阴离子（Ⅰ）；逐渐产生氯离子，而形成二氯卡宾（Ⅱ）；（Ⅱ）再与乙氧基阴离子作用，产生乙氧基二氯甲基阴离子（Ⅲ）。此后，经过类似的两次重复反应，生成中间体氯乙氧基卡宾（Ⅳ）及二乙氧基卡宾（Ⅴ），最后制得原甲酸三乙酯。

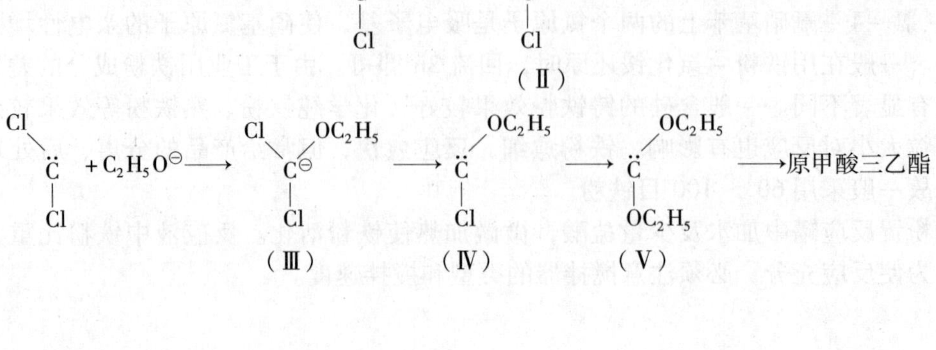

2. **工艺过程**

将乙醇钠溶液浓缩到一定体积后，降温，加入适量的原甲酸三乙酯浓缩时回收的初馏分（低沸物含氯仿及乙醇），抽入高位槽中供用。

将氯仿和原甲酸三乙酯精馏时的低沸物按规定比例加入反应罐中，在搅拌下加热到45℃，由高位槽滴加乙醇钠浓缩液，控制反应温度在55～60℃。加料时间需2～5h；加毕，反应液pH值为9～10。如果pH值>10，适当补加氯仿，再维持55～60℃反应0.5h，然后升温到70℃反应0.5h，反应完毕，冷却到35℃以下，pH值应为6.5～7.5，即达到反应终点。滤去生成的氯化钠，并用精馏时的低沸物洗涤滤出的氯化钠，合并滤液及洗液，抽入浓缩塔中进行蒸馏浓缩。收集馏出物。初馏分可供下批原甲酸三乙酯投料套用。当蒸馏釜内温达78～80℃时，停止蒸馏。

冷却蒸馏后的浓缩液至40℃，将浓缩液滤去氯化钠。滤液用常压蒸馏。80～100℃（内温）低沸馏分，主要为氯仿及乙醇；100～148℃中沸馏分，主要为原甲酸三乙酯和乙醇。再减压蒸馏收集原甲酸三乙酯。沸点148℃以上。低沸物可套用，中沸物可供精馏用。

3. **反应条件及影响因素**

根据化学反应，氯仿与乙醇钠的投料摩尔比为1∶3。为使化学反应完全，氯仿可稍多一点，使乙醇钠全部耗去。生产上采用理论量1∶3摩尔比投料，控制反应液pH值。如反应液pH值大于9，说明氯仿用量不足，应补加氯仿继续反应，当pH值达7.5～8.0时，反应即告完成。如反应液pH值为5～6，说明产物发生水解，有甲酸及甲酸钠生成，使收率降低。此时可加适量乙醇钠，调整pH值至7.5～8.0。否则，在减压蒸馏产物时，残留物呈浓稠状，后处理困难。如控制正常pH值，残留物为固体，易于取出。

卡宾遇水易分解成一氧化碳或甲酸，并逸出氯化氢，有碱时，更易分解。因此，对氯仿中的含水量和乙醇钠中游离碱含量，应加以控制。

$$:CCl_2 + H_2O \longrightarrow HCl + CO\uparrow$$

$$:CCl_2 + H_2O \longrightarrow HCl + HCOOH$$

卡宾反应为放热反应，若反应时温度控制不当则会有溢料危险。如反应温度过低，反应速度减缓。应控制在56℃左右为宜。反应后期可升温到70℃，使反应完全。

加料方式与收率也有密切关系。如将氯仿加入乙醇钠中，并套用初馏分，收率仅为46.6%；如将乙醇钠加入氯仿中，收率可提高10%，达到56.6%。若再注意加料速度，收率能达到68%～70%。这是因为氯仿滴入乙醇钠液中，反应在强碱性溶液中进行，生成的二氯卡宾能与乙醇钠及水作用，生成甲酸乙酯，使收率下降。

$$:CCl_2 + 2C_2H_5ONa + H_2O \longrightarrow HCOOC_2H_5 + 2NaCl + C_2H_5OH$$

$$HCCl_3 + 3C_2H_5ONa + H_2O \longrightarrow HCOOC_2H_5 + 3NaCl + 2C_2H_5OH$$

在后一种加料情况下，逐渐加入乙醇钠溶液，使反应液的碱性强度降低，副反应减少。同时，在高浓度的氯仿中，反应速度亦较快。

此外，搅拌的影响亦较重要，可保证反应液的碱性强度较低，副反应减少。

4. **工艺流程图**

其工艺流程如图5-4所示。

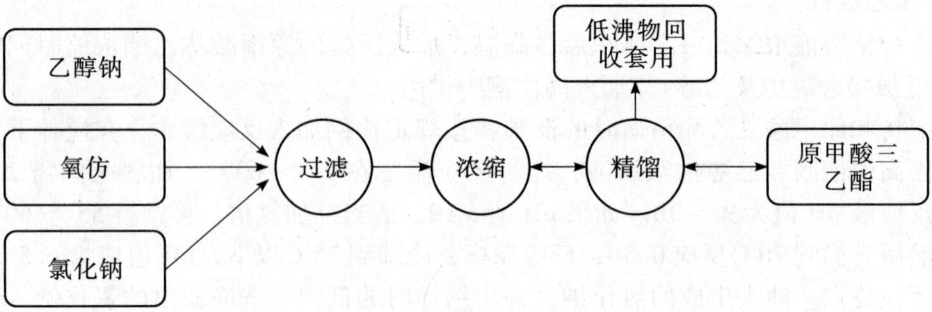

图 5－4 原甲酸三乙酯的制备工艺流程图

5.4 诺氟沙星的生产工艺原理及其过程

5.4.1 乙氧亚甲基丙二酸二乙酯的制备

1. 工艺原理

乙氧亚甲基丙二酸二乙酯（EMME）是由原甲酸三乙酯、丙二酸二乙酯和乙酸酐在无水氯化锌催化下反应生成。

$$HC(OC_2H_5)_3 + H_2C(COOC_2H_5)_2 \xrightarrow{ZnCl_2, Ac_2O} C_2H_5OCH{=}C(COOC_2H_5)_2 + C_2H_5OH$$

$$HC(OC_2H_5)_3 \xrightarrow{ZnCl_2, Ac_2O} \overset{\oplus}{HC}(OC_2H_5)_2$$

$$H_2C(COOC_2H_5)_2 \rightleftharpoons \overset{\ominus}{HC}(COOC_2H_5)_2 + \overset{\oplus}{H}$$

$$\overset{\oplus}{HC}(OC_2H_5)_2 + \overset{\ominus}{HC}(COOC_2H_5)_2 \longrightarrow (C_2H_5O)_2CH{-}CH(COOC_2H_5)_2 \xrightarrow{-C_2H_5OH} C_2H_5OCH{=}C(COOC_2H_5)_2$$

2. 反应过程

在干燥反应罐中加入原甲酸三乙酯，升温蒸去低沸物，在罐内温度不超过 130℃时，加入丙二酸二乙酯和无水氯化锌。在搅拌下滴加乙酸酐，回流，逐渐蒸出乙醇，使罐内温度达到 156℃，并在此温度反应 3h。反应结束，冷却到 100℃，减压回收原甲酸三乙酯，然后将反应物抽入精馏罐中，进行减压精馏，收集沸点（140 ～160）℃/1. 33kPa 馏分，含量 98% 以上，收率 50% ～65%。

3. 反应条件及影响因素

原甲酸三乙酯、丙二酸二乙酯、乙酸酐和乙氧基亚甲基丙二酸二乙酯等原料和产物均易水解，因此，必须控制水分，所用设备必须干燥。为保证反应完全，乙酸酐的滴加速度、用量必须充分注意。这些工艺条件对收率都有较大影响。

4. 工艺流程图

其工艺流程如图 5－5 所示。

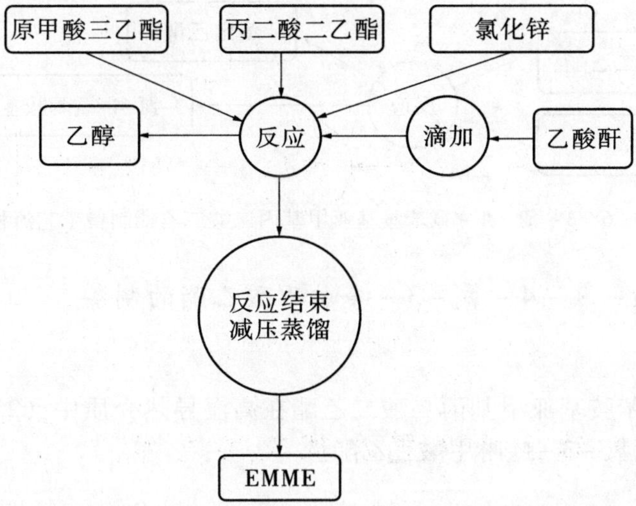

图5－5　乙氧亚甲基丙二酸二乙酯制备工艺流程图

5.4.2　3－氯－4－氟苯胺基亚甲基丙二酸二乙酯的制备

1. **工艺原理**

3－氯－4－氟苯胺与乙氧亚甲基丙二酸二乙酯（EMME）共热，脱去一分子乙醇，缩合而得3－氯－4－氟苯胺基亚甲基丙二酸二乙酯。

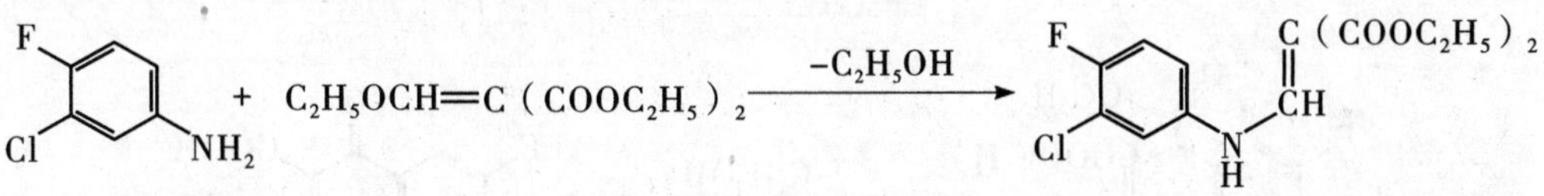

3-氯-4-氟苯胺　　3-氯-4-氟苯胺基亚甲基丙二酸二乙酯

EMME含有乙烯基醚的结构，双键化学性质比较活泼，可与氨基发生亲核加成，然后消除一分子乙醇便可得化合物3－氯－4－氟苯胺基亚甲基丙二酸二乙酯。

2. **工艺流程**

在干燥的反应罐中，加入3－氯－4－氟苯胺和EMME，开动搅拌器，升温蒸出生产的乙醇，并在130℃保温反应1.5h。反应毕，减压蒸馏除去生产的乙醇后，立即放出反应液，冷却后立即固化。

3. **反应条件及影响因素**

反应釜要洗净烘干，因EMME遇水易分解，因此，反应必须在干燥系统中进行。EMME的质量对下一步收率及质量有很大影响。

4. **工艺流程图**

其工艺流程如图5－6所示。

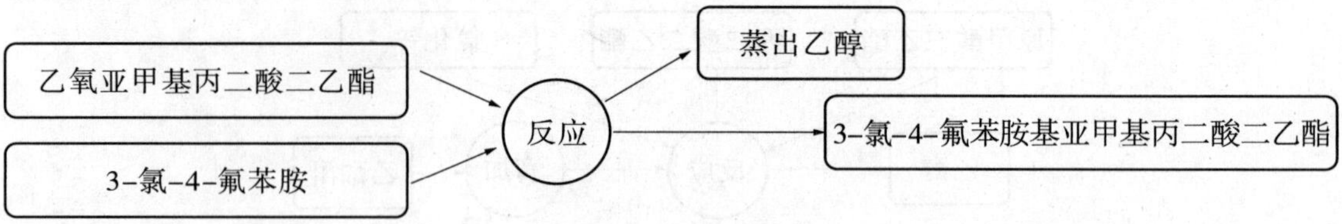

图 5-6 3-氯-4-氟苯胺基亚甲基丙二酸二乙酯制备工艺流程图

5.4.3 7-氯-6-氟-4-氧-3-喹啉甲酸乙酯的制备

1. **工艺原理**

3-氯-4-氟苯胺基亚甲基丙二酸二乙酯在高温导热介质中（250℃）脱醇环合得 7-氯-6-氟-4-氧-3-喹啉甲酸三乙酯。

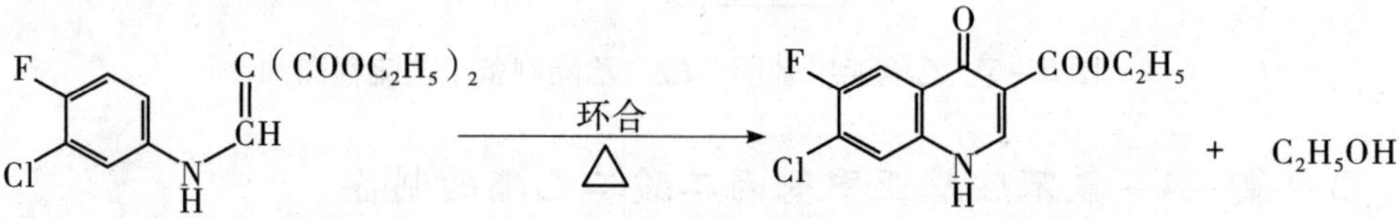

工业上用石蜡油、道生油（73.5%二苯醚和 26.5%联苯混合物）、二苯乙烷、二苯醚作为导热介质。它的环合机理被认为是苯环上的亲电取代反应，即苯胺的邻位碳原子与羰基加成。然后进行消除反应，脱去乙醇，即生成 7-氯-6-氟-4-氧-3-喹啉甲酸乙酯。

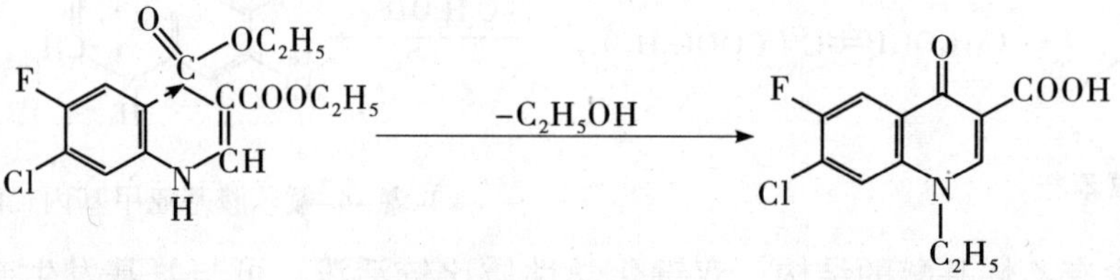

该反应为典型的 Gould-Jacobs 反应，考虑苯环上的取代基的定位效应及空间效应，3 位氯的对位远比邻位活泼，但亦不能忽略邻位的取代，因此，环合时可能同时产生两种产物。

7-氯-6-氟-4-氧-3-喹啉甲酸乙酯和反环物分子量相同，理化性质也近似，用一般结晶方法难以分离。工艺研究中常选择适当的导热介质来促进 7-氯化合物生成。

2. **工艺过程**

先将石蜡油预热到 250℃，加入 3-氯-4-氟-苯胺基亚甲基丙二酸二乙酯，升温到 250～260℃。反应 1h，蒸馏出生成的乙醇，冷却到 10℃，离心过滤，滤饼先用石油醚，再用丙酮洗涤，干燥后，熔点在 310℃以上，收率 79%。

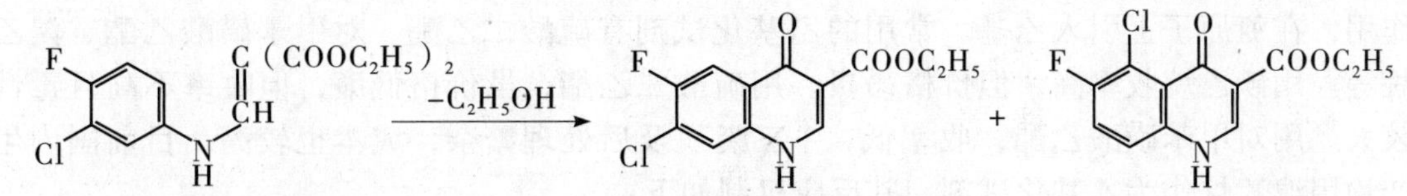

3-氯-4-氟-苯胺基亚甲基丙二酸二乙酯　　7-氯-6-氟-4-氧-3-喹啉甲酸乙酯　　反环物

3. 反应条件及影响因素

反应温度控制在250～260℃为宜，且升温要快，为避免温度超过260℃，可将导热介质预热到250℃，再缓缓加热。反应开始后，反应液变得黏稠，为避免局部过热，应快速搅拌，因为温度过高能致环合产物炭化。

另外，选用的导热介质不同，生成的环合物和副产物也各异。为减少反环物的生成，应注意以下几点。

（1）反应温度低有利于反环物的生成，有文献报道，在低温条件下反应可得到产物与反环物质量比为1∶1的混合物。因此反应温度应快速达到260℃，并保持反应在250～260℃。

（2）加大溶剂用量可以降低反环物的生成，表5－1是一组溶剂用量与产物比例的实验数据。从经济的角度来说，采用溶剂与反应物用量比3∶1时比较合适。

（3）以二苯醚或二苯砜为溶剂时，会减少反环物的生成，但价格昂贵，亦可用廉价的柴油代替石蜡油。

表5－1　溶剂用量与产物、反环物的比例对照表

溶剂与反应物的用量比/($mL \cdot g^{-1}$)	反应物与反环物的质量比	总收率/%
1∶1	81.6∶18.4	97.2
2∶1	85.5∶14.5	95.4
3∶1	94.7∶5.3	96.4

4. 工艺流程图

其工艺流程如图5－7所示。

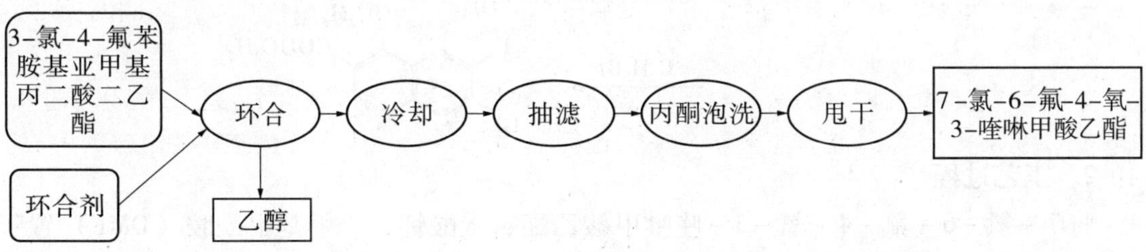

图5－7　7－氯－6－氟－4－氧－3－喹啉甲酸乙酯制备工艺流程图

5.4.4　1－乙基－7－氯－6－氟－4－氧－3－喹啉甲酸乙酯的制备

1. 工艺原理

7－氯－6－氟－4－氧－3－喹啉羧酸乙酯在无水碳酸钾、DMF条件下与乙基化试剂作用，在氮原子上引入乙基。常用的乙基化试剂有硫酸二乙酯、对甲苯磺酸乙酯、溴乙烷等。用碘乙烷收率高，但价格昂贵。用硫酸二乙酯，虽价格低廉，但收率不高且毒性较大。用对甲苯磺酸乙酯，收率低，“三废”及后处理繁杂，成本也较高。目前国内生产均用溴乙烷作为乙基化试剂。其反应机制如下：

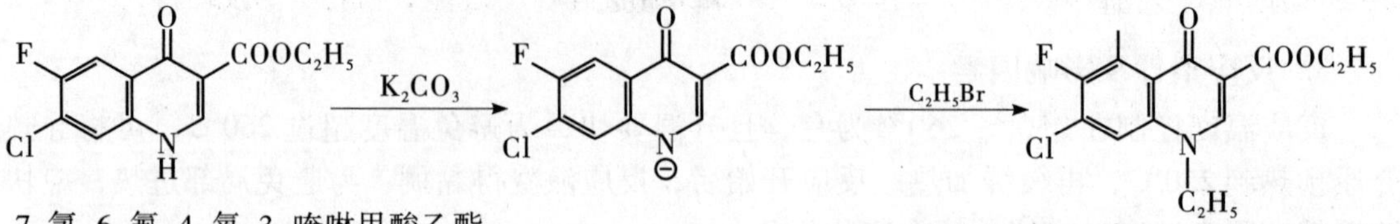

7-氯-6-氟-4-氧-3-喹啉甲酸乙酯　　1-乙基-7-氯-6-氟-4-氧-3-喹啉甲酸乙酯

乙基化时，如果反应条件控制不当，会有4位乙基化的4－O－乙基副产物生成，其生成量有时高达10%以上。

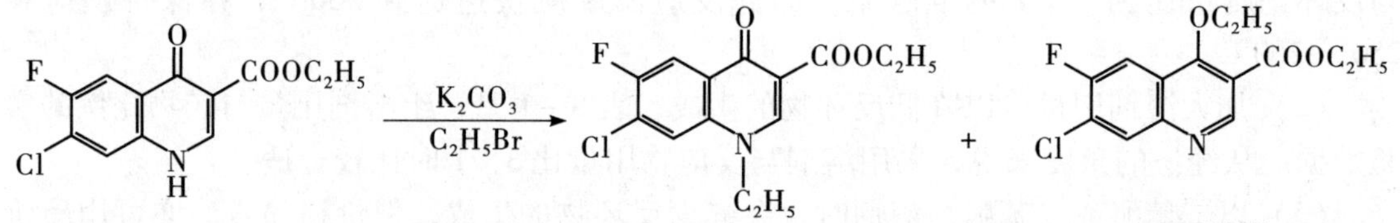

4-O-乙基副产物

从乙基化的反应机制推论，氮原子上的氢受4位羰基和3位酯基的影响，加入碳酸钾，可先生成钾盐，再与溴乙烷反应引入乙基。

4－O－乙基副产物的生成是先经酮式互变异构成烯醇式，烯醇羟基与碳酸钾成钾盐，再与溴乙烷作用。

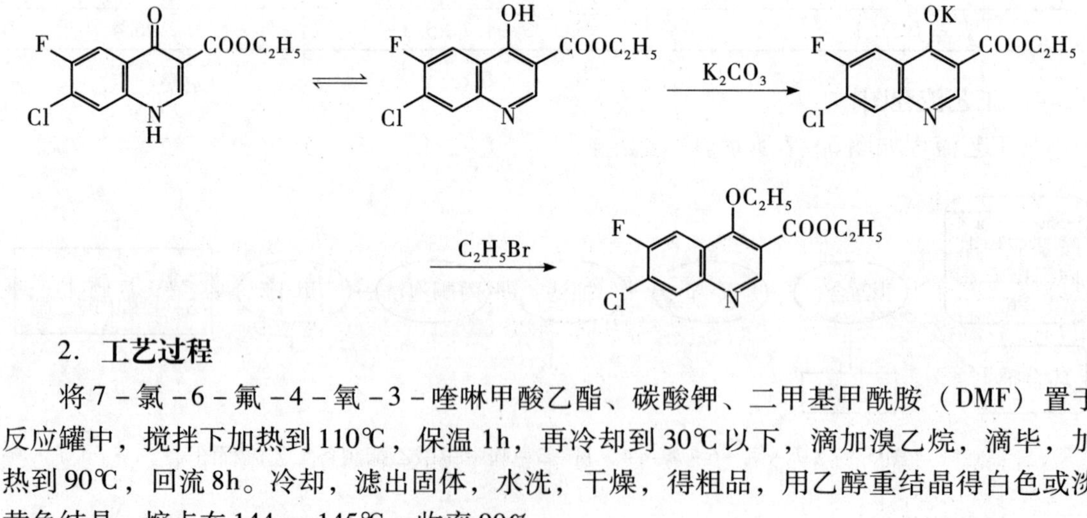

2. **工艺过程**

将7－氯－6－氟－4－氧－3－喹啉甲酸乙酯、碳酸钾、二甲基甲酰胺（DMF）置于反应罐中，搅拌下加热到110℃，保温1h，再冷却到30℃以下，滴加溴乙烷，滴毕，加热到90℃，回流8h。冷却，滤出固体，水洗，干燥，得粗品，用乙醇重结晶得白色或淡黄色结晶。熔点在144～145℃，收率90%。

3. **反应条件及影响因素**

选择适宜的乙基化试剂和控制反应条件是提高乙基化收率和产品质量的关键。溴化烷沸点低，因此，滴加时必须将罐内反应液降温到30℃以下，避免溴乙烷损失。

反应液加水时要降温至50℃左右，温度太高会导致酯键水解，温度过低会使产物结块，不易处理。

洗涤时要用大量的水冲洗，否则会有少量的DMF和K_2CO_3残留。

乙醇重结晶操作：取粗品，加入4倍量的乙醇，加热至沸，溶解，稍冷，加入活性炭，回流10min，趁热过滤，滤液冷却至10℃结晶析出，过滤，洗涤，干燥，得精品。

4. **工艺流程图**

其工艺流程如图5－8所示。

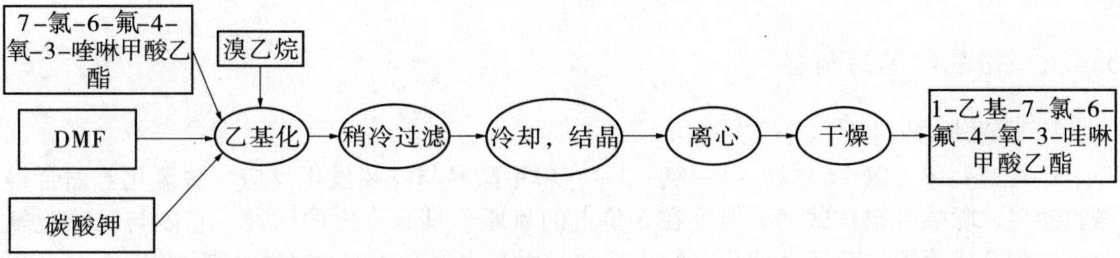

图5－8　1－乙基－7－氯－6－氟－4－氧－3－喹啉甲酸乙酯制备工艺流程图

5.4.5　1－乙基－7－氯－6－氟－4－氧－3－喹啉甲酸的制备

1. **工艺原理**

1－乙基－7－氯－4－氧－3－喹啉甲酸乙酯，在碱性溶液中水解，再酸化得到1－乙基－7－氯－6－氟－4－氧－3－喹啉甲酸。

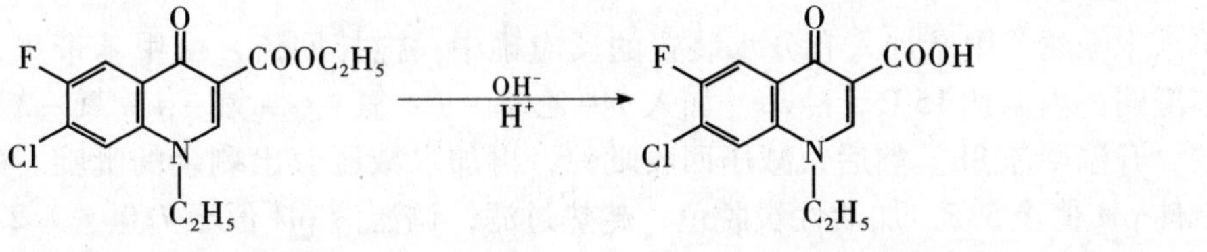

1－乙基－7－氯－4－氧代－3－喹啉甲酸乙酯　　1－乙基－7－氯－6－氟－4－氧－3－喹啉甲酸

2. **工艺过程**

将1－乙基－7－氯－6－氟－4－氧代－3－喹啉甲酸乙酯、氢氧化钠及纯净水置于反应罐中，搅拌下加热至95～100℃，保温2h，加水稀释，并用活性炭脱色，过滤；滤液用稀盐酸调整pH值至6.4左右，冷却析出到20℃左右，含量90%以上；再用DMF重结晶得精品，熔点278℃以上，收率75%。

3. **反应条件及影响因素**

中和时，要保持pH值在6.4为宜，防止呈碱性而影响收率。

4. **工艺流程图**

其工艺流程如图5－9所示。

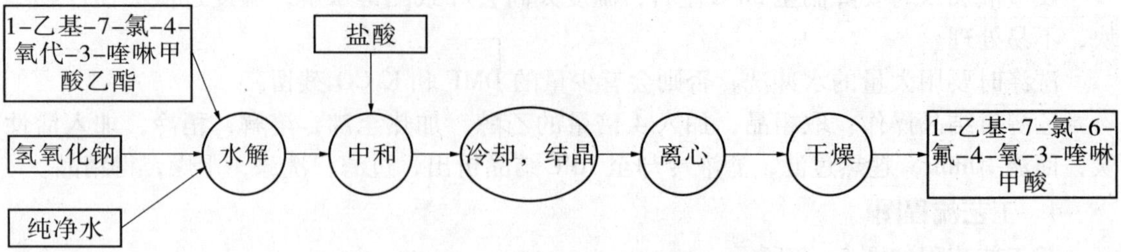

图 5-9　1-乙基-7-氯-6-氟-4-氧-3-喹啉甲酸制备工艺流程图

5.4.6　诺氟沙星的制备

1. 工艺原理

1-乙基-7-氯-6-氟-4-氧-3-喹啉甲酸易与哌嗪发生反应，脱氯化氢缩合得诺氟沙星，哌嗪是亲核试剂，但处在6位上的氟原子具有一定的活性，它能与哌嗪脱氟化氢，缩合成为无抗菌活性的化合物氯哌酸，生产中伴有25%左右的氯哌酸生成。

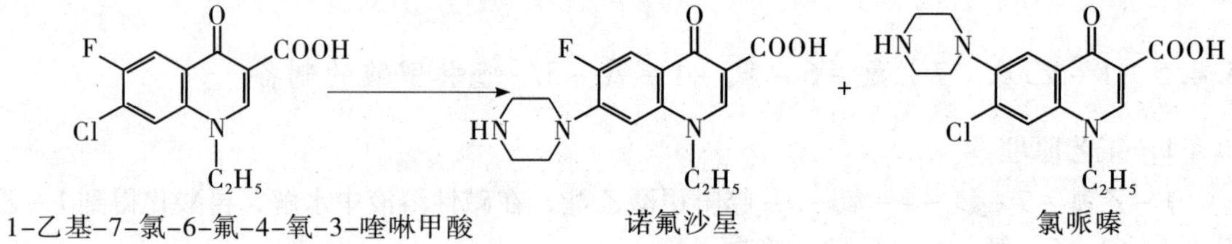

2. 工艺过程

将六水哌嗪、甲苯加入有分水装置的反应罐中，搅拌回流，由甲苯带水，直至蒸出得甲苯澄明，内温达15℃，冷却，加入1-乙基-7-氯-6-氟-4-氧-3-喹啉甲酸和吡啶，升温回流8h。然后，减压回收吡啶，再加水减压蒸出剩余的吡啶。残留物加稀乙酸，使pH值至5.5，加活性炭脱色，趁热过滤，调滤液pH值至7.0～7.2，冷却，过滤，得粗品。用水洗涤粗品，用乙醇重结晶得精品，收率53%。

3. 反应条件及影响因素

7位氯原子的活性是缩合哌嗪的关键，设法增强氯原子活性，不仅可以提高诺氟沙星的收率，同时可减少氯哌酸的生成，提高诺氟沙星的质量。有文献报道，可用硼化合物使3位羧基和4位羰基间形成有机配合物，以增强氯原子活性，可使缩合收率达到77.2%。

缩合反应须在无水条件下进行，应用无水哌嗪并用吡啶为缩合剂为宜。

4. 工艺流程图

其工艺流程如图5-10所示。

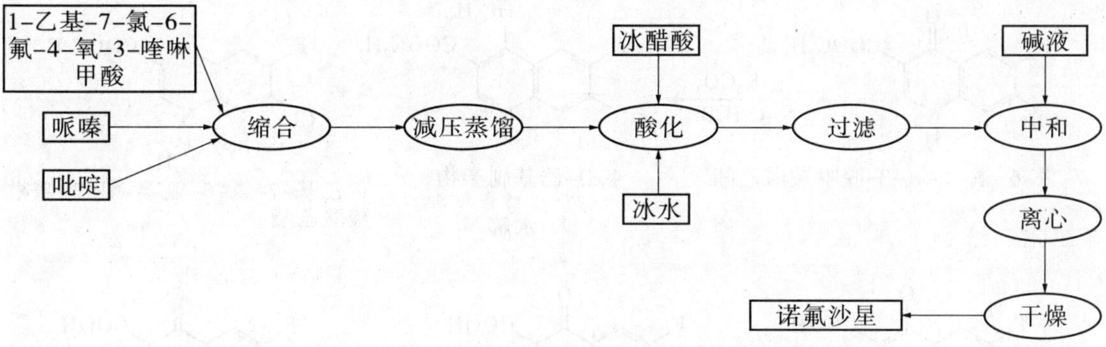

图 5－10　诺氟沙星制备工艺流程图

5.5　诺氟沙星生产工艺的改进

5.5.1　诺氟沙星生产工艺中存在的主要问题

目前，国内主要采用以3－氯－4－氟苯胺、原甲酸三乙酯、丙二酸二乙酯为起始原料，经缩合、环合、乙基化、水解和引入哌嗪的缩合反应等步骤获得诺氟沙星。其总收率在30%～40%，收率偏低，成本偏高，主要存在以下几方面的问题。

1. **环合反应副产物多，收率低**

环合反应的主产物是7－氯－6－氟－4－氧代－3－喹啉甲酸乙酯，其副产物是异构体，用重结晶法又难以分离。它们两者在不少溶剂系统中的 R_f 值亦几乎一致，其紫外、红外、质谱均无显著差别。用层析分离也极其费事。工业生产中要将中间体反复纯化也是不可取的。唯一的途径是控制环合反应条件和寻找适宜的环合导热介质等从根本上减少或消除副产物的生成。

2. **避免应用价格较贵的溴乙烷和4－O－乙基化产物的生成**

国内普遍采用溴乙烷作为乙基化试剂，价格仍偏贵，同时有4－O－乙基化副产物生成，带入难以分离的杂质。4－O－乙基化副产物水解后得7－氯－6－氟－4－氧代－3－喹啉甲酸，后者互变异构成7－氯－6－氟－4－羟基－3－喹啉甲酸，7－氯－6－氟－4－羟基－3－喹啉甲酸溶于碱成为难分离的杂质。7－氯－6－氟－4－氧代－3－喹啉甲酸与哌嗪缩合得到7－哌嗪基－6－氟－4－氧－3－喹啉酸。7－哌嗪基－6－氟－4－氧－3－喹啉酸稳定性差，极易脱羧，生成杂质7－哌嗪基－6－氟－4－氧喹啉。

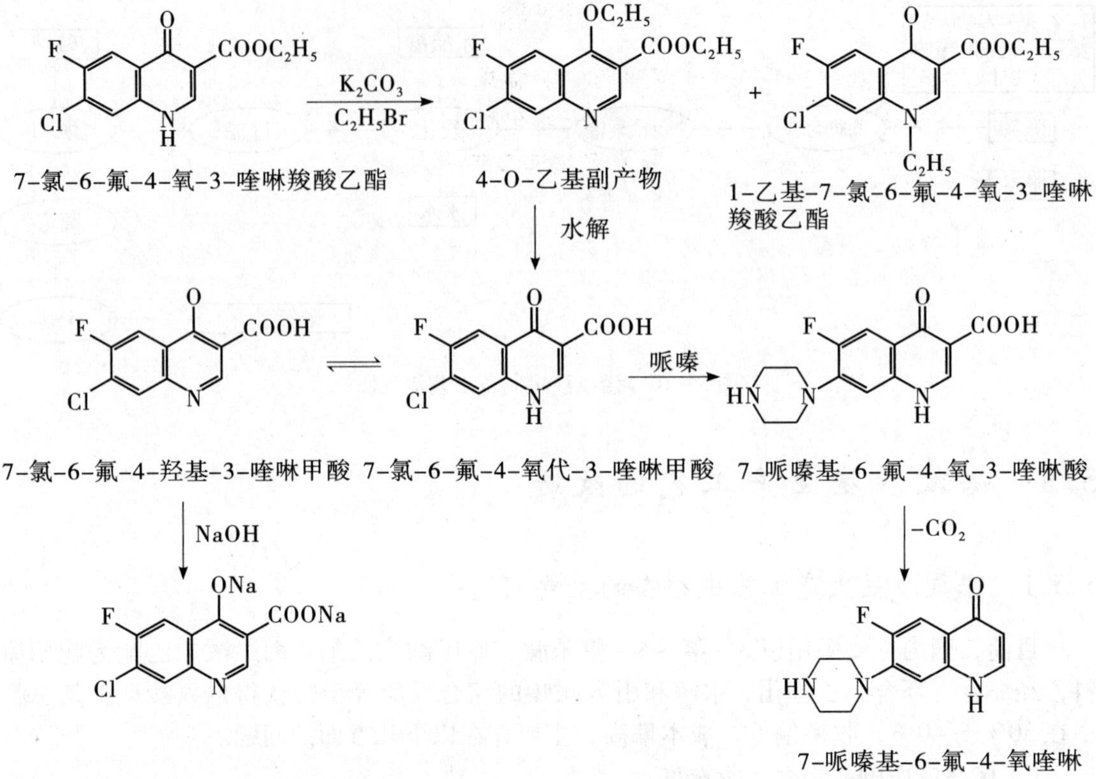

3. **与哌嗪缩合时产生副产物氯哌酸影响质量和收率**

诺氟沙星最后一步引入哌嗪基时，还有25%的氯哌酸生成，不仅降低诺氟沙星收率，也影响质量。如何减少或避免氯哌酸的生成，是提高诺氟沙星收率和质量的重要课题。

5.5.2 诺氟沙星生产工艺的改进

5.5.2.1 降低环合副产物

选择环合一步的适宜导热介质，使环合一步的副产物降到最低。文献报道，使用导热介质如用二苯醚、石蜡油、二苯乙烷、道生油等一般生成环合物副产物在6%～7%。应用烷烃作环合一步的导热介质，不仅价格较低，且可反复套用，流动性好。产物1－乙基－7－氯－6－氟－4－氧－3－喹啉甲酸乙酯的收率几乎达到定量水平。

5.5.2.2 提高缩合反应收率和产品质量

通过有机硼配合物，提高与哌嗪缩合反应的收率和诺氟沙星的质量。据报道，利用硼化合物与3－羧基和4－羰基形成有机配合物，使4位上氧原子的p电子跃迁到硼的空轨道上，然后通过共轭效应，促使7位碳原子上电子密度减少，而6位碳原子上电子密度相对增加，因而活化了7位氯原子，也钝化了6位氟原子。这样有利于哌嗪上氮原子对7位碳原子上的亲核进攻，而抑制了对6位碳原子的亲核进攻。

思考题

5－1　简述诺氟沙星的性质、抗菌机制和临床应用。

5－2　简述诺氟沙星的主要合成路线及其优缺点。

5－3　试述3－氯－4－氟苯胺和原甲酸三乙酯的生产工艺。

第 6 章　氯霉素的生产工艺

6.1　概述

氯霉素（chloramphenicol）的化学名为 *D*－苏式－（－）－N－［α－（羟基甲基）－β－羟基－对硝基苯乙基］－2，2－二氯乙酰胺。

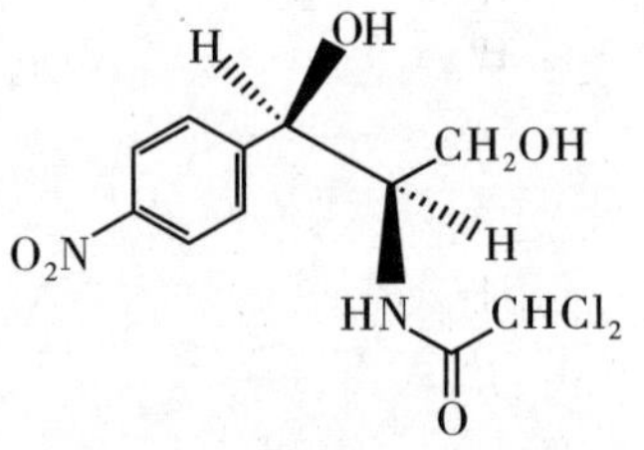

氯霉素

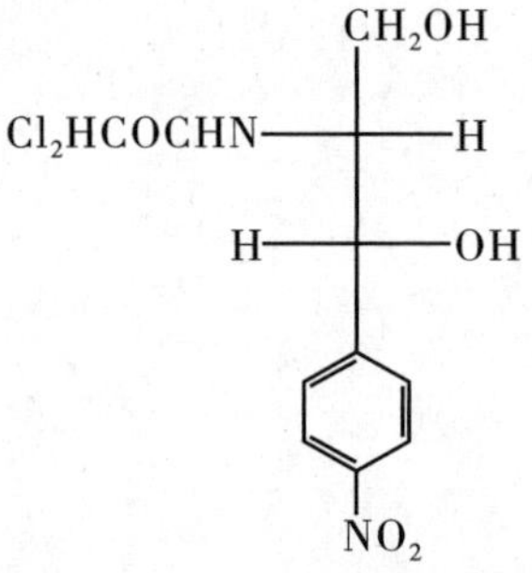

D－苏型

本品为白色或微带黄绿色的针状、长片状结晶或结晶性粉末，味苦，熔点 149 ～153℃。本品在甲醇、乙醇、丙酮或丙二醇中易溶，在水中微溶。

氯霉素是广谱抗生素，主要用于伤寒杆菌、痢疾杆菌、脑膜炎球菌、肺炎球菌等感染，对多种厌氧菌感染有效，亦可用于立克次体感染。本品可引起粒细胞缺乏症及再生障碍性贫血，长期应用可引起二重感染。新生儿、早产儿用量过大可发生灰色综合征，用药期间必须注意检查血象，如发现轻度粒细胞及血小板减少时，应立即停药。

氯霉素发现于 1947 年，是人类认识的第一个含硝基的天然药物。1948 年用于治疗斑疹伤寒及伤寒。由于氯霉素的疗效显著，结构较简单，所以发现后就进行了广泛而深入的研究，确定了结构，并根据其结构进行人工合成及大规模工业生产。

氯霉素的化学结构特点是分子中 $\overset{1}{C}$ 和 $\overset{2}{C}$ 是两个手性中心，因而它的光学异构体共有 4 种。这 4 种异构体为两对对映异构体，其中一对为 *D*－苏型（或称 1R，2R 型）和 *L*－苏型（或称 1S，2S 型）；另外一对为 *D*－赤型（或称 1R，2S 型）和 *L*－赤型（或称 1S，2R 型）。未经拆分的苏型消旋体即为合霉素，抗菌活性为氯霉素的一半，现已不再使用。药典收载的本品为 *D*－苏型，其他 3 种立体异构体均无疗效。

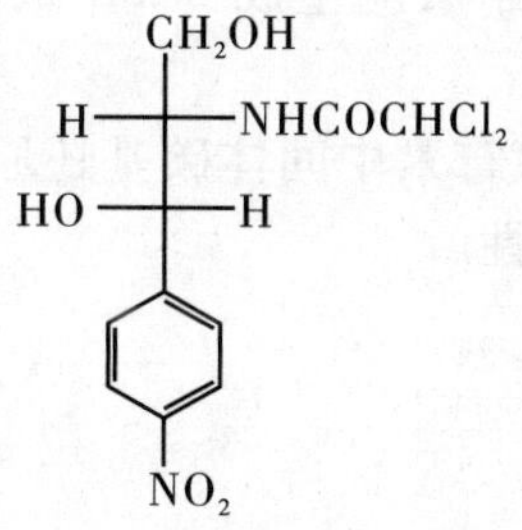

L－苏型

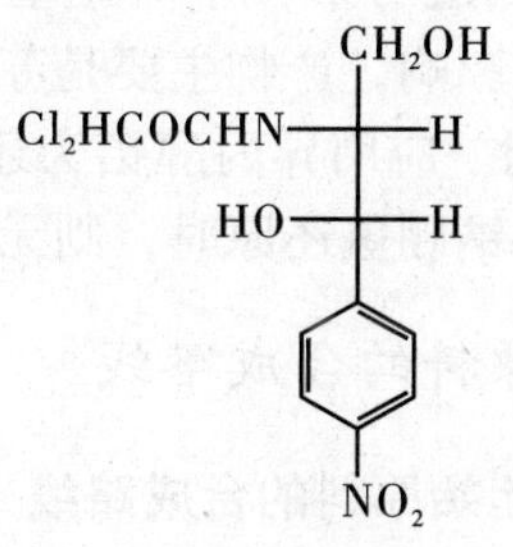

D－赤型

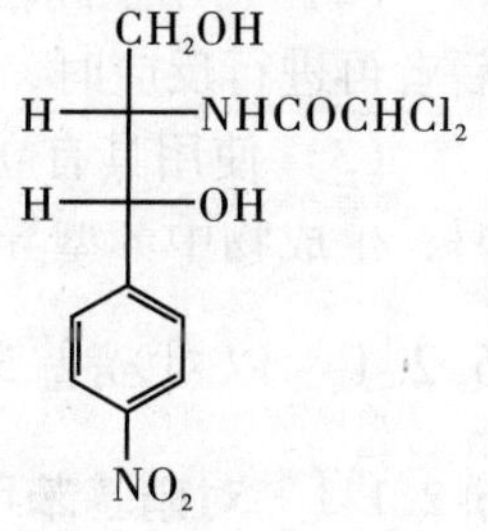

L－赤型

近年来，由于氯霉素本身的毒副作用以及其他抗生素迅速发展，氯霉素的临床应用受到一定的限制。但是，由于氯霉素的疗效确切，尤其对伤寒等疾病仍是目前临床的首选药物，所以该药仍是一个不可替代的抗生素品种。本品的片剂、胶囊、眼膏、滴眼液和滴耳液、棕榈氯霉素混悬液、颗粒剂、琥珀氯霉素注射液等均收载在2010年版的《中华人民共和国药典》（第二部）。

6.2 合成路线及其选择

从氯霉素的化学结构看，它的基本骨架是苯基丙烷，功能基除苯环上的硝基外，$\overset{1}{C}$及$\overset{3}{C}$上各有一个羟基，$\overset{2}{C}$上有一个二氯乙酰胺基。基本骨架的构成可以有多种组合方式，但综合各方面因素考虑，主要有下面两种：

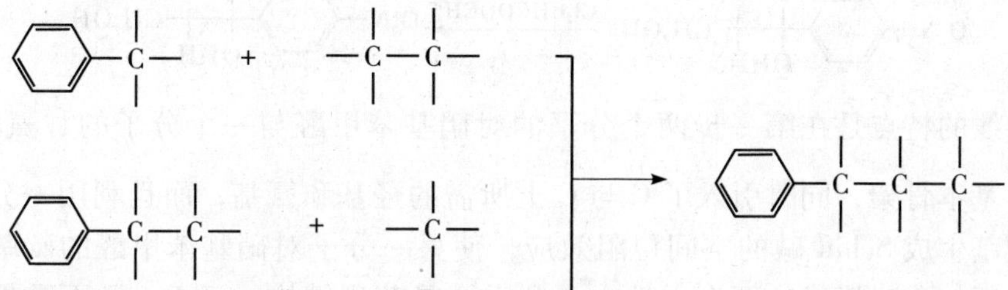

具有苯甲基结构的起始原料，可以是苯甲醛或对硝基苯甲醛；而具有苯乙基结构的，则可以是苯乙酮、对硝基苯乙酮、苯乙烯、对硝基苯乙烯等化合物。因为氯霉素有两个手性碳原子，若合成方法不当，可能产生等量的4个立体异构体。因此，从上述原料出发增加2个或1个碳原子构成基本骨架和引入所需官能团时，都必须考虑立体构型的问题。首先要选择合适的方法，使产物为所需的一对苏型异构体，然后对消旋体的拆分顺序和拆分方法进行研究。采用不对称合成的方法立体定向地合成所需的单一光学异构体是今后研究的方向。

要解决氯霉素立体构型的问题，应注意以下几点：

（1）采用刚性结构的原料或中间体。具有指定空间构型的刚体结构化合物进行反应时，不易产生差向异构体。如使用反式一溴代苯乙烯或反式桂皮醇为原料合成氯霉素时，产物为符合要求的苏型。

（2）利用空间位阻效应。如甘氨酸与第一个对硝基苯甲醛分子反应生成 Schiff 碱，后者再进行反应时，由于立体位阻的影响，产物主要是苏型异构体。

（3）使用具有立体选择性的试剂。应用异丙醇铝为还原剂使氯霉素中间体碳基还原时，生成物中苏型异构体占优势；用钠硼氢还原时，则无立体选择性。

6.2.1 以对硝基苯甲醛为起始原料的合成路线

6.2.1.1 对硝基苯甲醛与甘氨酸为起始原料的合成路线

对硝基苯甲醛与甘氨酸缩合的产物不仅具备了氯霉素的苯甲基结构基本骨架，苯环上的硝基，$\overset{1}{C}$ 上的羟基，$\overset{2}{C}$ 上的氨基也都具备。至于 $\overset{3}{C}$ 上的羟基，可由羧酸酯的还原得到。合成路线如下所示。

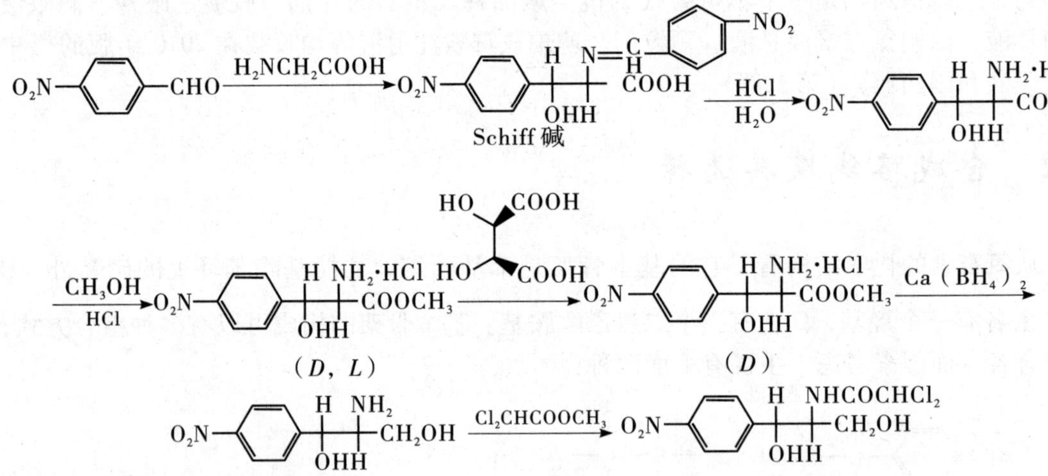

这条路线的特点是在第一步两个分子的对硝基苯甲醛与一个分子的甘氨酸缩合时，不仅形成了基本骨架，同时引入了 $\overset{1}{C}$ 与 $\overset{2}{C}$ 上所需的羟基和氨基，而且利用一分子对硝基苯甲醛与氨基生成 Schiff 碱的空间位阻效应，使另一分子对硝基苯甲醛的碳基与缩合物的次甲基进行加成时形成的两个手性中心几乎全是苏型结构，经 *D* - 酒石酸拆分得到单一异构体。这条路线的优点是合成步骤少，所需物料品种与设备少。我国曾经用过此法生产，但由于合成方法中存在的实际问题，现在已经不再使用此方法。此法的缺点是缩合时消耗过量的对硝基苯甲醛，若减少用量，则得到的产物全是不需要的赤型对映体，另外需要解决还原剂钙硼氢等原料的来源问题。

6.2.1.2 对硝基苯甲醛与乙醛缩合成对硝基肉桂醇的合成路线

对硝基苯甲醛与乙醛进行羟醛缩合得到对硝基肉桂醛后，采用选择性还原剂将醛还原成醇，然后从反式对硝基肉桂醇出发经加成、环氧化、*L* - 酒石酸铵拆分等步骤得到氯霉素。

本路线的特点是使用符合立体构型要求的反式对硝基肉桂醇为中间体，经溴水加成一次引入两个功能基，而且最终产物为符合要求的苏型。这条路线的合成步骤不多，各步收率不低，是一条有发展前途的合成路线。

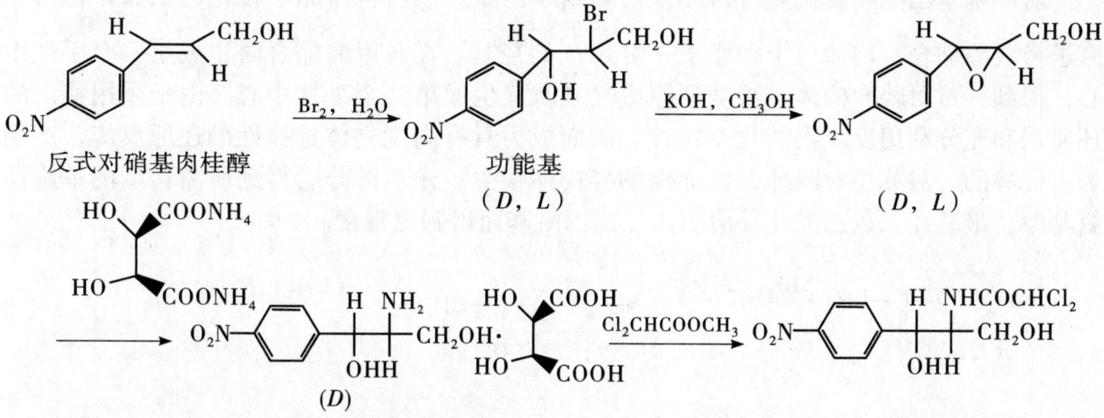

6.2.1.3 以苯甲醛为起始原料的合成路线

苯甲醛与乙醛反应后再经还原得到肉桂醇，然后经下列过程制得氯霉素。这条路线的特点是最后引入硝基，这是由于缩酮化物分子中酮基空间掩蔽效应的影响使硝基利于进入对位。故硝化产物中对位体的收率高达 88%，但硝化反应在低温下进行，需要制冷设备，这是其缺点。

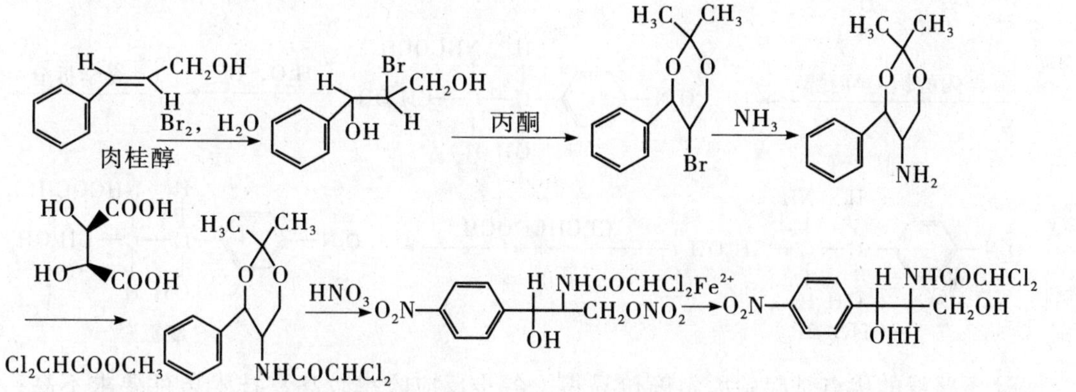

6.2.2 以乙苯为起始原料经对硝基苯乙酮的合成路线

6.2.2.1 以乙苯为起始原料的合成路线

这条路线最早是由 Long 和 Troutman 于 1949 年发现的，但这个方法在合成对硝基苯乙酮时存在很多问题，不适合工业化生产。我国药物化学家沈家祥等设计了以乙苯为起始原料，经硝化、氧化合成对硝基苯乙酮的方法，成功地解决了关键中间体的生产问题，并对这条氯霉素合成路线的整个工艺进行了系统的研究，为我国氯霉素的生产奠定了基础。其合成路线为：

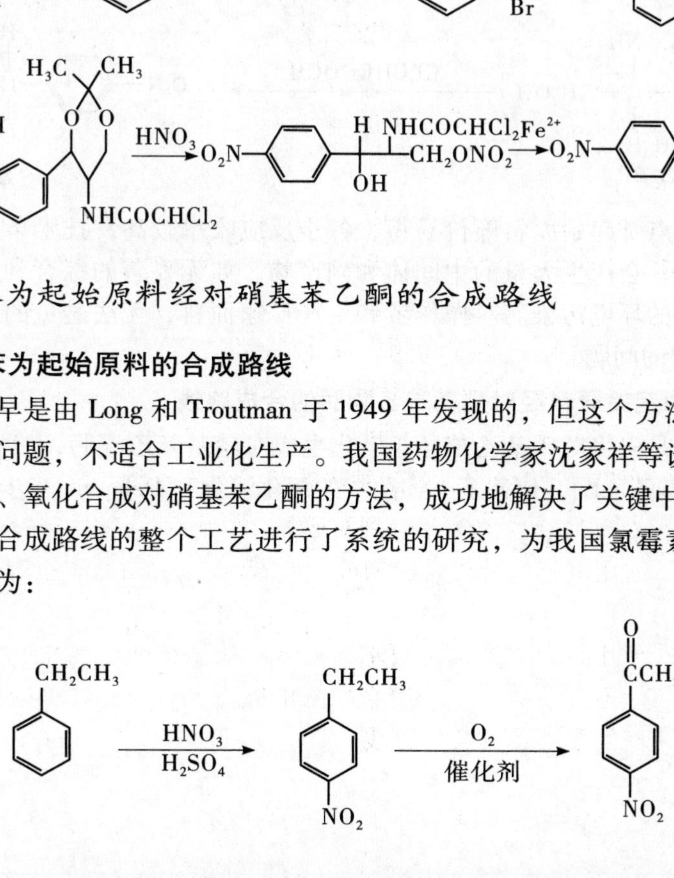

对硝基苯乙酮经溴代后可得溴代对硝基苯乙酮。然后将卤原子转化为伯胺，再与甲醛进行羟醛缩合，增加一个碳原子并引入 $\overset{3}{\mathrm{C}}$ 的羟基。在与甲醛缩合时生成第一个手性中心，得到一对对映异构体。羰基还原成羟基时又生成第二个手性中心。由于采用特定的还原剂和充分利用反应物的化学特性，因而成为具有高度立体选择性的还原反应，产物为占优势的一对苏型对映体，而赤型的异构体很少。光学拆分后得到所需构型的单旋体氨基醇，最后经二氯乙酰化反应引入二氯乙酰基而得到氯霉素。

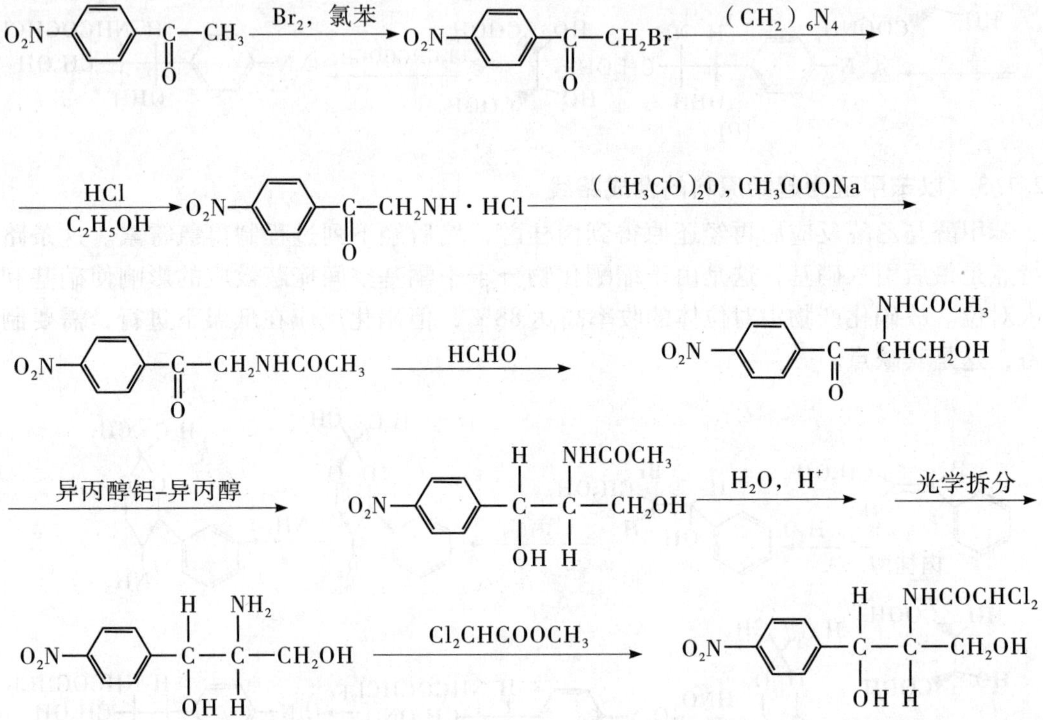

（1R，2R） 氯霉素

这条路线的优点是起始原料廉价易得，各步反应收率较高，技术条件要求不高；缺点是合成步骤较多，会产生大量的中间体和副产物。如无妥善的综合利用途径，必将增加生产负担和巨大的环境污染。对操作者和生产厂家而言，无法避免的就是解决劳动保护和“三废”治理的问题。

6.2.2.2 以乙苯为起始原料经对硝基苯乙酮肟的合成路线

这条合成路线是先将对硝基乙苯经亚硝化生成对硝基苯乙酮肟，然后经 Neber 转位，得到硝基 - α - 氨基苯乙酮，代替了上述路线的氧化溴化和 Delepine 三步反应。其余步骤与上述路线相同。

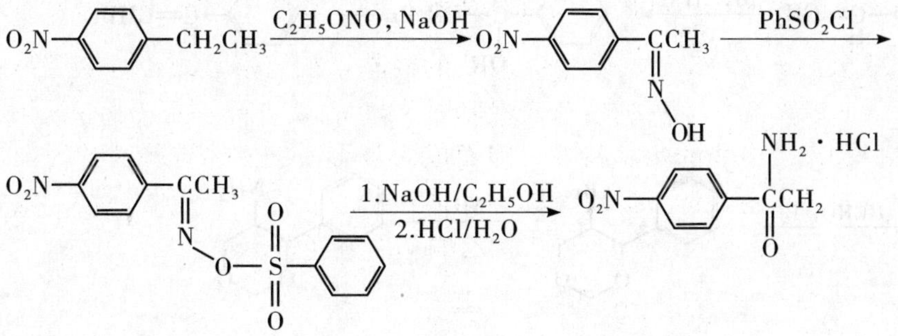

此路线的优点是硝基乙苯的异构体不需分离，成肟后对位体沉淀析出，而邻位体留在母液中，可省去分离步骤；缺点是工艺过程复杂，原料品种种类较多，而且邻位体的综合利用仍较困难。故与上述路线相比并没有显示出优越性。

6.2.3 以苯乙烯为起始原料的合成路线

6.2.3.1 从苯乙烯出发经α-羟基对硝基苯乙胺的合成路线

在氢氧化钠的甲醇溶液中，苯乙烯与氯气反应生成氯代甲醚化物，经硝化反应后，用氨处理得到α-羟基对硝基苯乙胺，再经酰化、氧化反应，得到乙酰胺基对硝基苯乙酮，以后各步与对硝基苯乙酮路线相同。

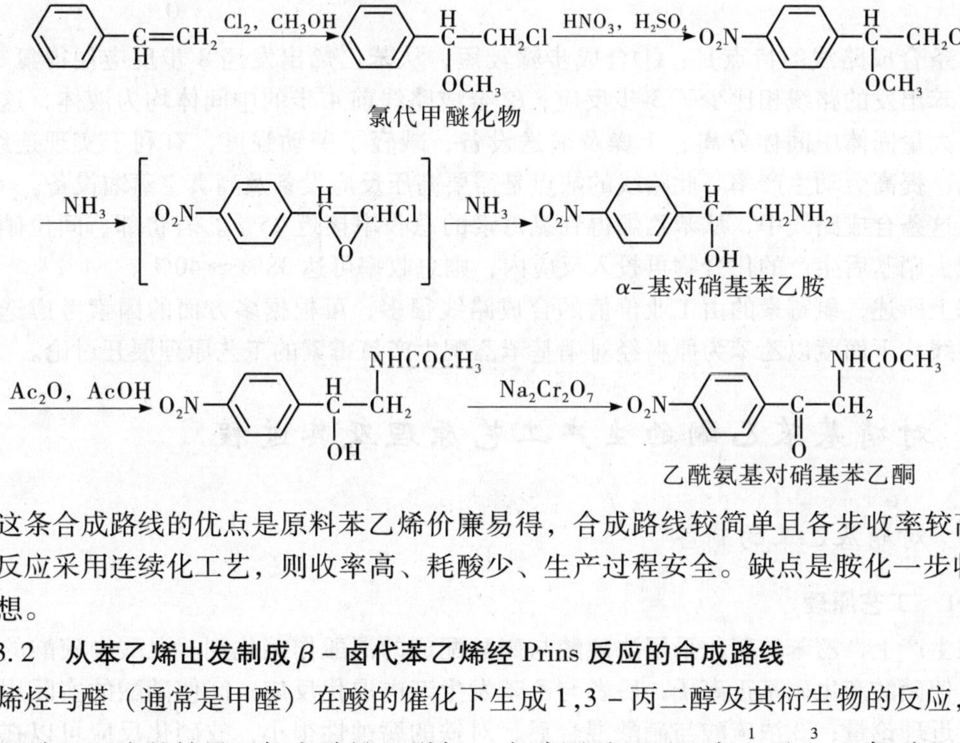

这条合成路线的优点是原料苯乙烯价廉易得，合成路线较简单且各步收率较高。若硝化反应采用连续化工艺，则收率高、耗酸少、生产过程安全。缺点是胺化一步收率不够理想。

6.2.3.2 从苯乙烯出发制成β-卤代苯乙烯经 Prins 反应的合成路线

烯烃与醛（通常是甲醛）在酸的催化下生成1,3-丙二醇及其衍生物的反应，称为 Prins 反应。反应的结果不仅在碳链上增加一个碳原子，而且在 $\overset{1}{C}$ 及 $\overset{3}{C}$ 上各引入一个羧基。其步骤如下：

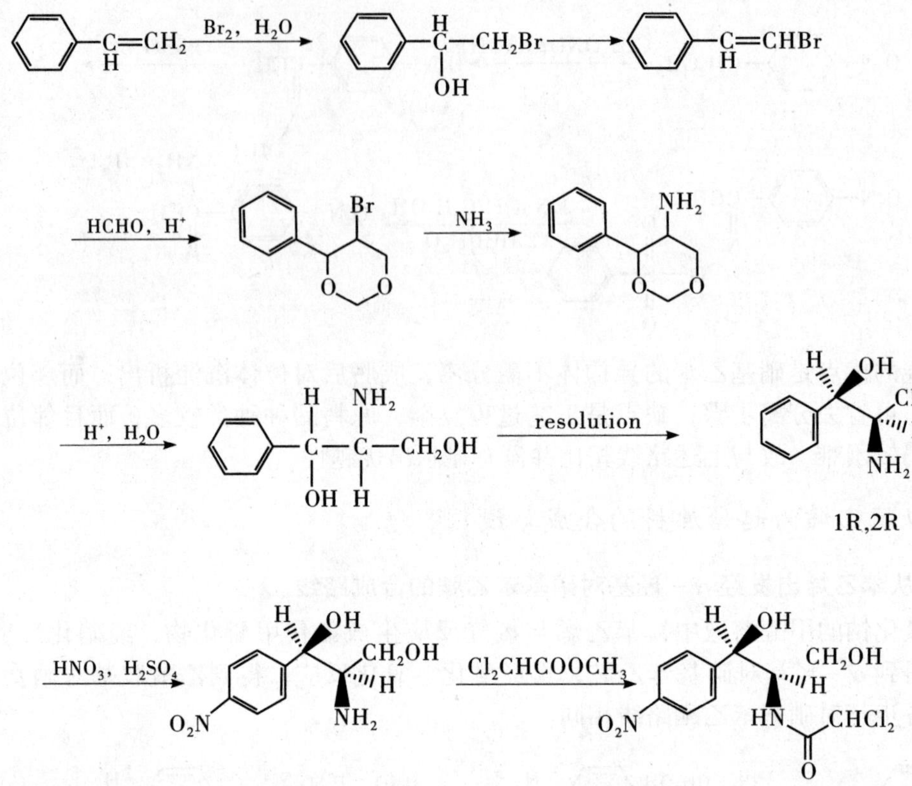

这条合成路线的特点是：①合成步骤较短，从苯乙烯出发经 8 步反应便得氯霉素，与从乙苯出发的路线相比少了 3 步反应；②合成路线前 4 步的中间体均为液体，这样就减少了大量固体中间体分离、干燥及输送设备，减轻了劳动强度，有利于实现连续化、自动化，提高劳动生产率。此路线的缺点是需要高压反应设备及高真空蒸馏设备。

在这条合成路线中，从苯乙烯得到氯霉素的总收率接近 25%。若将邻、间位硝基异构体脱去硝基后生产的化合物再投入反应内，则总收率可达 38%～40%。

综上所述，氯霉素的由工业价值的合成路线很多，可根据多方面的因素考虑选择合适的路线。下面就以乙苯为原料经对硝基苯乙酮生产氯霉素的工艺原理展开讨论。

6.3 对硝基苯乙酮的生产工艺原理及其过程

6.3.1 对硝基乙苯的制备

6.3.1.1 工艺原理

在生产上，乙苯的硝化采用浓硫酸与硝酸配成的混酸作硝化剂。混酸中硫酸的作用是：①使硝酸产生硝基正离子，后者与乙苯发生亲电取代反应；②使硝酸的实际用量减少到接近理论量；③浓硫酸与硝酸混合后，对铁的腐蚀性很小，故硝化反应可以在铁制反应器中进行。

乙苯分子中的乙基为供电子基团，它使邻位和对位的电子密度显著增加，故反应产物以邻位和对位的硝基乙苯为主，同时仍有少量的间硝基乙苯产生。

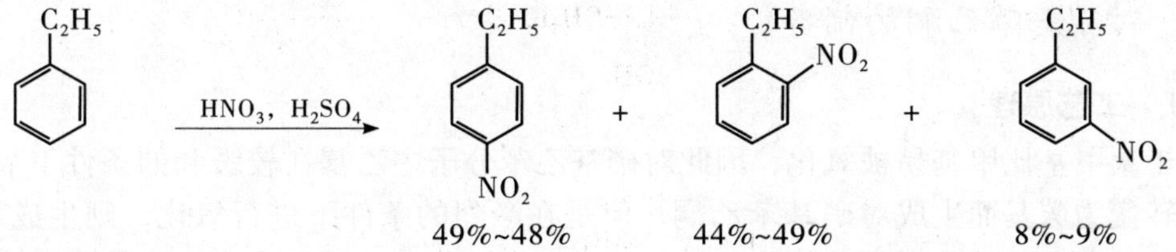

在硝化过程中，当局部的酸浓度偏低且有过量的水存在时，则硝基化合物生成后，即刻转变为异构体亚硝酸物，后者在反应温度升高时遇水分解成酚类。

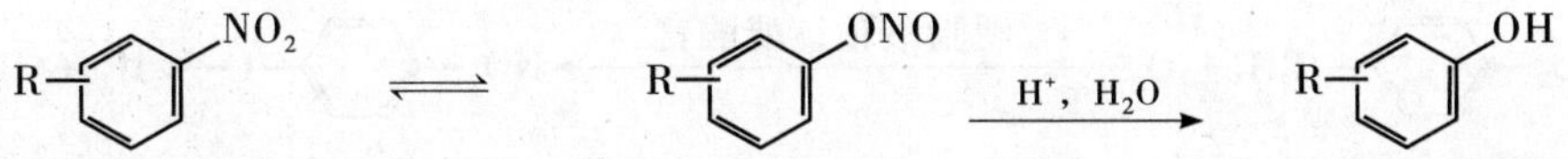

在乙苯硝化制备对硝基乙苯的过程中，还生成二硝基乙苯酚，后者在高温下能迅速分解，若不事先除去，在蒸馏硝基乙苯的末期就会发生爆炸事故。由于二硝基乙苯酚的盐在水中的溶解度不大，故在生产过程中必须注意保证把它全部洗去。二硝基乙苯酚为柠檬黄色，其钠盐为橘黄色，可根据产物颜色的变化来确定是否完全洗净除去。

6.3.1.2　工艺过程

在装有推进式搅拌的不锈钢（或搪玻璃）混酸罐内，先加入 92% 以上的硫酸，在搅拌及冷却下，以细流加入水，控制温度在 40 ～45℃。加完后，降温至 35℃，继续加入 99% 的硝酸，温度不超过 40℃，再冷却至 20℃。取样化验，要求配制的混酸中，硝酸含量约 32%，硫酸含量约 59%。

在安全问题上，需特别注意以下几点：①浓硝酸是强氧化剂，遇到纤维、木块等立即将其氧化，氧化产生的热量使硝酸剧烈分解引起爆炸。浓硫酸、浓硝酸均有强腐蚀性，应注意防护。②在配制混酸以及进行硝化反应时，因有大量稀释热或反应热放出，故中途不得停止搅拌及冷却。如发生停电事故，应立即停止加酸。③精馏完毕，不得在高温下解除真空放入空气，以免热的残渣（含多硝基化合物）氧化爆炸。

6.3.1.3　反应条件及影响因素

（1）温度对反应的影响。作为一般规律，温度升高，反应速度加快，这对反应是有利的。但在乙苯硝化反应中，若温度过高会生成大量副产物，严重时有发生爆炸的可能性。乙苯的硝化为激烈的放热反应，温度控制不当，会产生二硝基化合物，并有利于酚类的生成。所以在硝化过程中，要有良好的搅拌和冷却，及时把反应热除去，以控制一定的温度使反应正常进行。

（2）配料比对反应的影响。为避免产生二硝基乙苯，硝酸的用量不能过多，可接近理论量（乙苯与硝酸的摩尔比为 1∶1.05）。硫酸的脱水值（DVS 值）也不能过高（控制在 2.59，此值比苯硝化的 DVS 值大，但比甲苯硝化的 DVS 值小）。

（3）乙苯质量对反应的影响。应严格控制乙苯质量，乙苯的含量应高于 95%，其外观、水分等各项指标应符合质量标准。乙苯中若水分过多，颜色变化，则使硝化反应速度变慢，而且产品中对位体含量降低，致使硝化收率下降。

6.3.2 对硝基苯乙酮的制备

6.3.2.1 工艺原理

由于次甲基比甲基易被氧化，因此对硝基乙苯分子中乙基在较缓和的条件下氧化时，次甲基转变为羰基而生成对硝基苯乙酮；但是在激烈的条件下进行氧化，则生成对硝基苯甲酸。这两个反应并不是截然分开的，在对硝基乙苯氧化过程中，注意控制反应条件，尽量减少对硝基苯甲酸的生成。

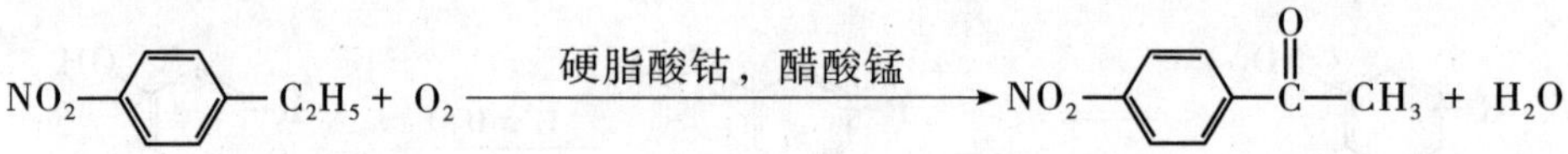

副反应：

本反应是对硝基乙苯在催化剂作用下与氧化剂（O_2）进行的游离基反应，反应分为3个阶段：

（1）开始阶段（亦称诱导期）。在这个阶段主要是生成一定数量的对硝基乙苯-α-游离基，而对硝基乙苯-α-游离基的生成需要能量，因此在反应初期需要加热。催化剂硬脂酸钴的作用是降低反应活化能，因此能缩短反应时间和降低反应温度。

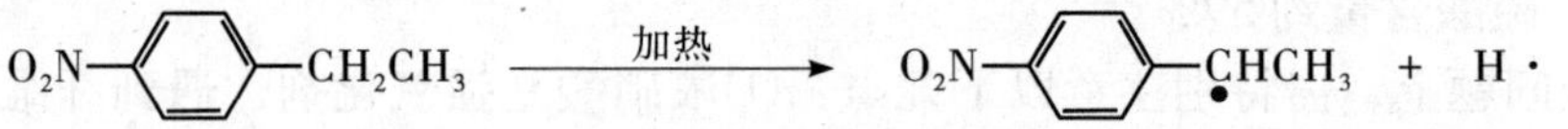

（6-25）

（2）连锁反应阶段。游离基与氧分子反应生成对硝基乙苯-α-过氧游离基，再与另一分子对硝基乙苯作用生成对硝基乙苯-α-过氧化物和游离基，后者重复上述反应，使连锁反应继续下去。生成的对硝基乙苯-α-过氧化物在催化剂作用下分解生成目的物——对硝基苯乙酮。

（3）连锁反应的中断。在反应系统中若游离基之间发生下列反应，则不能生成对硝基乙苯-α-游离基，结果使连锁反应中断。

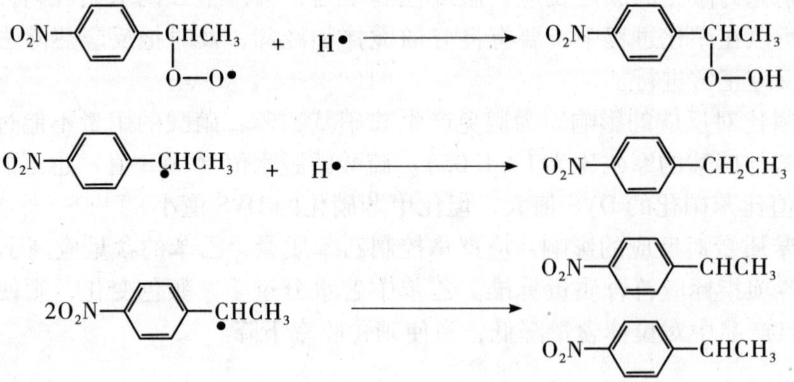

6.3.2.2　工艺过程

将对硝基乙苯加入氧化塔中，加入硬脂酸钴及醋酸锰催化剂（内含载体碳酸钙90%），其含量各为对硝基乙苯重量的十万分之五。从塔底往塔内通进压缩空气，使塔内压力达0.49MPa，并调节尾气压力使达2.9kPa左右。逐渐升温至150℃以激发反应，反应开始后，随即发生连锁反应并放热。这时适当地往反应塔夹层通水使反应温度平稳下降，维持在135℃进行反应。收集反应生成的水，并根据汽水分离器分出的冷凝水量判断反应进行的程度。当反应生成热量逐渐减少，生成水的数量和速度降到一定程度时，停止反应，待稍冷后，将物料放出。

反应物中含对硝基苯乙酮、对硝基苯甲酸、未反应的对硝基乙苯、微量过氧化物以及其他副产物等。在对硝基苯乙酮未析出之前，根据反应物的含酸量加入碳酸钠溶液，使对硝基苯甲酸转变为钠盐。然后充分冷却，使对硝基苯乙酮尽量析出。过滤，洗去对硝基苯甲酸钠盐后，干燥，便得对硝基苯乙酮。对硝基苯甲酸的钠盐溶液经酸化处理后，可得副产物对硝基苯甲酸。

分离出对硝基苯乙酮后所得的油状液体仍含有未反应的对硝基乙苯。用亚硫酸氢钠溶液分解除去过氧化物后，进行减压蒸馏，回收的对硝基乙苯可再用于氧化反应。

醋酸锰的制法：将 $CaCO_3$ 和10%的醋酸锰溶液混匀，发生吸附，过滤，干燥即得。硬脂酸钴的制法：硬脂酸钠醇溶液加入到硝酸钴溶液中，析出硬脂酸钴的沉淀，洗去 NO_3^-，干燥即得。醋酸锰催化剂是将10%的醋酸锰溶液与沉淀碳酸钙（醋酸锰与碳酸钙的重量比为1∶9）混合均匀，干燥即得。其中反应催化剂用量：硬脂酸钴和醋酸锰均为对硝基乙苯质量的十万分之五。

6.3.2.3　反应条件与影响因素

1. 催化剂的作用

大多数变价金属的盐类及其氧化物均有催化作用。它们既能促进游离基的生成，加速对硝基乙苯过氧化物的生成速度；又能促进其分解，得到所需的产物。铜盐和铁盐对过氧化物的分解作用过于猛烈，以至于会削弱连锁反应，故不宜采用，且反应中应注意防止微量铁的混入。乙酸锰的催化作用较为缓和，氧化收率有明显提高，同时用碳酸钙作为它的载体，可保护过氧化物不致分解过速，从而使反应平稳地持续下去。

催化剂乙酸锰的应用，使对硝基苯乙酮的生产有了很大改观。但是，随着生产的发展，发现乙酸锰也不是十分理想的催化剂。主要问题是收率不够高，反应周期长。目前已找到更好的催化剂硬脂酸钴。硬脂酸钴催化最突出的优点是反应温度比用乙酸锰催化低10℃，因而有利于安全生产。此外，反应时间比以前减少一半以上，缩短了反应周期；收率有所提高，而且催化剂的用量仅为以前的1/15。在改用空气氧化法后，则采用硬脂酸钴与醋酸锰碳酸钙的混合催化剂。

苯胺、酚类和铁盐等物质对对硝基乙苯的催化氧化反应有强烈的抑制作用，所以应该防止这类物质的混入。此外，进入反应系统的空气应经过空气过滤设备净化，否则可能会有机油随空气带入反应液。铅油、带色胶管等物质混入反应液中也都对反应有显著抑制作用，应多加注意。

2. 反应温度

对硝基乙苯的催化氧化反应是强烈的放热反应，只要开始供给一定的热就能激发连锁反应的进行，但是若不能及时地将产生的热量除去，则产生的游离基越来越多，温度急剧上升，就会发生爆炸事故。但如果冷却过度，又会造成连锁反应中断，使反应过早停止。因此，当反应激发后，必须适当降低反应温度，使反应维持在既不过分激烈而又能均匀出水的程度。

3. **反应压力**

用空气作氧化剂较氧气安全，所以生产上采用空气氧化法。根据反应方程式可以看出加压有利于反应进行，实际情况也是如此。当用空气常压氧化时，氧的浓度很低，反应进行得很慢，生产周期长。增大空气压力，提高了反应液中对硝基苯乙酮的含量，加快了反应速度，有利于反应的进行。但反应压力超过 0.49MPa 时，对硝基苯乙酮的含量增加不显著，故生产上采用 0.49MPa 压力的空气氧化方法。

4. **对硝基乙苯质量对氧化反应的影响**

对硝基乙苯是乙苯经硝化得到的。由于硝化反应副反应较多，若控制不当，会严重影响对硝基乙苯的质量。如果使用质量不好的对硝基乙苯进行氧化，会使对硝基苯乙酮得率降低，成品含量低、晶型碎、外观不好，所以要严格控制对硝基乙苯的质量，对不符合质量标准的，应返工处理。

6.4 对硝基 -α- 乙酰胺基 -β- 羟基苯丙酮的生产工艺原理及其过程

6.4.1 对硝基 -α- 溴代苯乙酮的制备

6.4.1.1 工艺原理

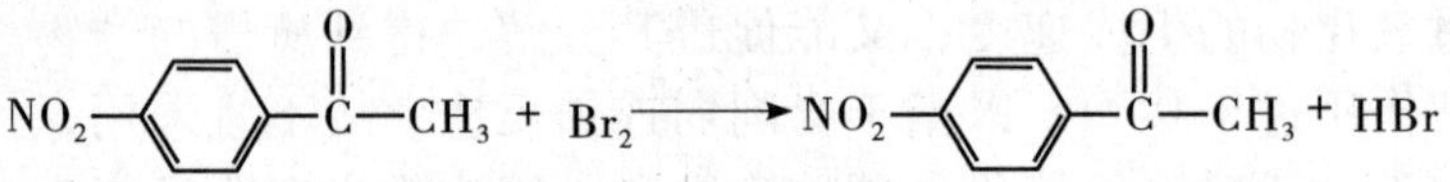

对硝基苯乙酮与溴作用生成对硝基 -α- 乙酰胺基 -β- 羟基苯丙酮的反应是离子型反应。溴对对硝基苯乙酮烯醇式的双键进行加成，再脱去溴化氢得到所需产物。

由于此反应是在烯醇化的形式下进行的，所以需要酮式结构不断地向烯醇型结构转变，溴化反应的速度取决于烯醇化的速度。溴代反应产生的溴化氢是烯醇化的催化剂。但由于开始反应时其含量少，只有经过一段时间产生了足够的溴化氢后，反应才能以稳定的速度进行。

若局部溴素过多，则能产生二溴化物，它不能与六次甲基四胺成盐。故在下一步成盐反应后二溴化物仍留于溶剂氯苯中。在生产上可反复套用溶剂氯苯。经研究发现，二溴化物在溴化氢的催化下能与对硝基苯乙酮进行反应，生成对硝基 -α- 溴代苯丙酮。

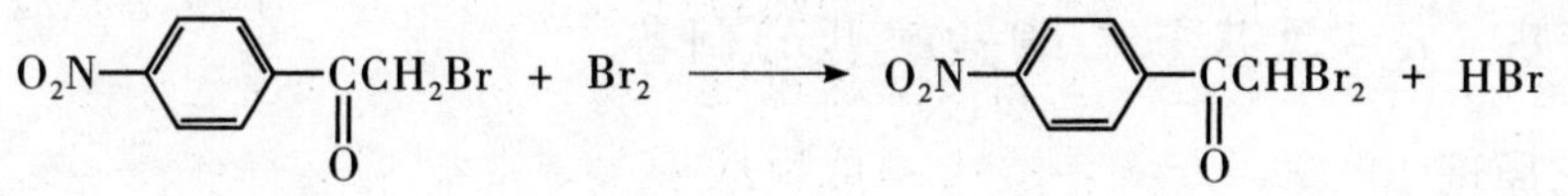

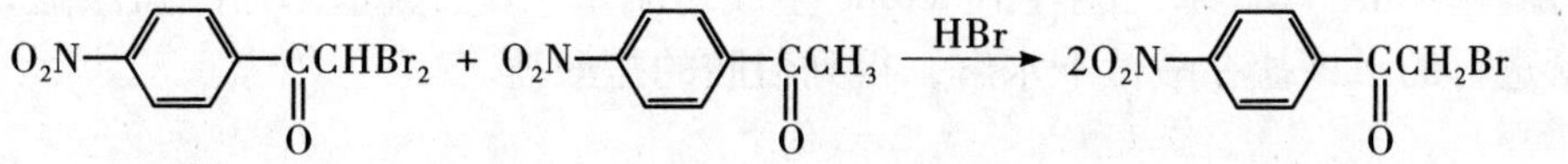

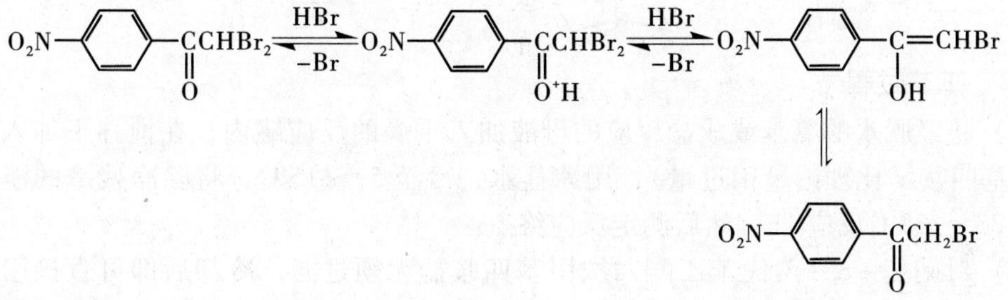

这里生成的溴又可参与对硝基苯乙酮的溴代反应。因为溴化氢是这个反应的催化剂，在溴代反应期间，应保证反应物中有一定浓度的溴化氢，不要把它全部抽走。

6.4.1.2　工艺过程

将对硝基苯乙酮及氯苯（含水量低于 0.2%，可反复套用）加入到溴代罐中，在搅拌下先加入少量的溴（占总质量的 2% ～ 3%）。当有大量溴化氢产生且红棕色的溴素消失时，表示反应开始。保持反应温度在 28 ～ 29℃，逐渐将其余的溴加入。溴的用量略大于理论量。反应产生的溴化氢用真空抽出，用水吸收制成氢溴酸回收。真空度不宜过大，只要使溴化氢不溢出便可。溴滴加完毕后，继续反应 1h，然后升温至 35 ～ 37℃。通压缩空气以尽量排走反应液中的溴化氢，否则影响下一步成盐反应。静置 0.5h 后，将澄清的反应液送至下一步成盐反应。罐底的残液可用氯苯洗涤，洗液可套用。

6.4.1.3　反应条件及影响因素

（1）对硝基苯乙酮溴代反应时，水分的存在对反应大为不利，因此必须严格控制溶剂的水分。

（2）本反应应避免与金属（铁）接触，因为金属离子的存在能引起芳香环上的溴代反应。

（3）对硝基苯乙酮质量的好坏对溴化反应的影响较大。如果使用质量不好的对硝基乙苯进行氧化，会使对硝基苯乙酮得率降低，成品含量低、晶型碎、外观不好，所以对硝基乙苯的质量要严格控制熔点、水分、含酸量、外观等几项指标，质量达不到标准的不能用。

6.4.2 对硝基-α-氨基苯乙酮盐酸盐的制备

6.4.2.1 工艺原理

伯卤代烷与六次甲基四胺成盐，再在酸性下水解得到伯胺，这个反应即为Delepine反应。对硝基-α-溴代苯乙酮经Delepine生成对硝基-α-氨基苯乙酮盐酸盐，这一反应是定量进行的。该盐在酸性下水解，得到伯胺的盐酸盐。

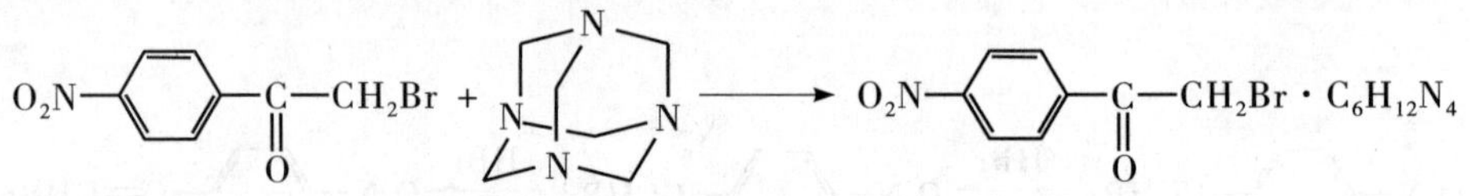

6.4.2.2 工艺过程

（1）将经脱水的氯苯或成盐反应的母液加入干燥的反应罐内，在搅拌下加入干燥的六次甲基四胺（比理论量稍过量），用冰盐水，冷至5～15℃，将除净残渣的溴化液抽入，在33～38℃反应1h，然后测定反应终点。

（2）对硝基-α-溴代苯乙酮六次甲基四胺盐无须过滤，冷却后即可直接用于下一步水解反应。

（3）将盐酸加入搪玻璃罐内，降温至7～9℃搅拌下加入对硝基-α-溴代苯乙酮六次甲基四胺盐，继续搅拌，至产物转变为颗粒状后，停止搅拌，静置，分出氯苯。然后加入甲醇和乙醇，搅拌升温，在32～34℃反应4h。3h后开始测酸含量，并使其保持在2.5%左右（确保反应在强酸性下行）。

（4）反应完毕。降温，分去酸水，加水洗去酸后，加入温水分离出二乙醇缩甲醛。再加入适量水搅拌冷至-3℃，离心分离，得到对硝基-α-氨基苯乙酮盐酸盐。

（5）分出的氯苯用水洗去酸，经干燥后，循环用于盐化及成盐反应。

6.4.2.3 反应条件及影响因素

1. 水和酸对成盐反应的影响

水和酸的存在能使六次甲基四胺分解生成甲醛。

$$(CH_2)_6N_4 + 4HBr + 6H_2O \longrightarrow 6HCHO + 4NH_4Br$$

对硝基-α-溴代苯乙酮六次甲基四胺盐与水发生Sommelet反应，生成对硝基苯乙酮醛，后者很易聚合变成胶状物。因此，溴化反应完毕后要尽量排走反应液中的溴化氢，放置一定时间，使氯苯中所含水分（已为溴化氢饱和）沉于罐底，并分去这部分溴化氢，而后才能进行成盐反应。加入的氯苯要严格控制水分，所用的六次甲基四胺也必须事先干燥。

2. 酸浓度对水的影响

对硝基-α-溴代苯乙酮六次甲基四胺盐转变为伯胺必须在强酸性下进行，并保证有足够的酸。反应进行是否完全，不仅与盐酸的用量有关，而且与盐酸的浓度有关。此外，反应消耗盐酸，随着反应的进行，酸浓度将下降，反应后盐酸浓度应保持在2%左右。如果反应在pH3.0～9.5之间进行，则伯卤烃将发生Sommelet反应而转变为醛。因为对硝基-α-氨基苯乙酮盐酸盐是强酸弱碱盐，在强酸性下才稳定。若盐酸浓度低于1.7%

时，由于溶液平衡的关系，一部分氨基被游离出来，然后进行双分子缩合，再与空气中的氧接触，进一步氧化成紫红色的吡嗪化合物。

因此，对硝基-α-氨基苯乙酮盐酸盐不能由对硝基-α-溴代苯乙酮用氨直接氨解或经 Gabriel 反应制得。

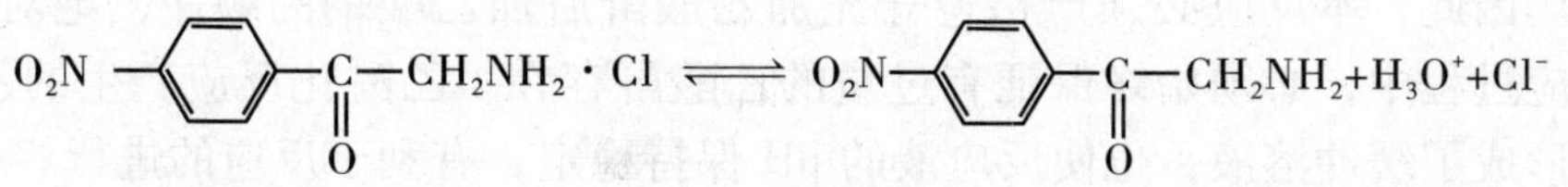

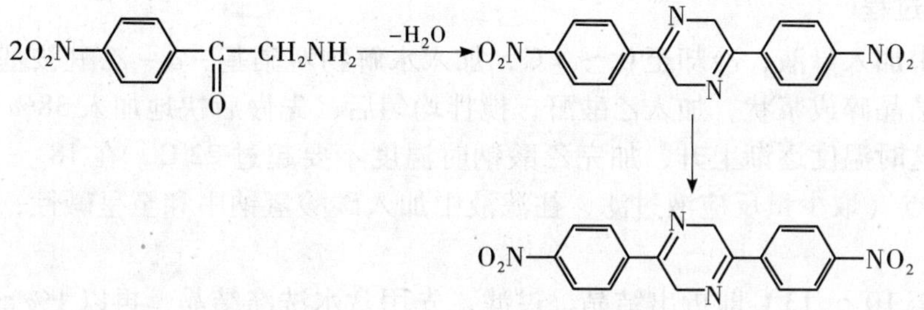

3．**成盐反应终点的控制**

成盐反应终点测定是根据两种原料和产物在氯仿和氯苯中溶解度不同的原理进行的，如表6-1所示。

表6-1　成盐反应原料和产物在氯仿和氯苯中的溶解度

物料	氯仿	氯苯
对硝基-α-溴代苯乙酮	溶解	溶解
六次甲基四胺	溶解	不溶
成盐物	不溶	不溶

表中的“不溶”是指溶解度很小。按此方法测定，到达终点时氯苯中所含未反应的对硝基-α-溴代苯乙酮的量应在0.5%以下。

取少许反应液，过滤（若未反应，滤液中有对硝基-α-溴代苯乙酮），往一份滤液中加入两份六次甲基四胺的氯仿溶液，加热振动，冷却后如不呈浑浊则表示终点已达到。

6.4.3　对硝基-α-乙酰胺基苯乙酮的制备

6.4.3.1　工艺原理

这是乙酸酐作为酰化剂对氨基进行乙酰化的反应。

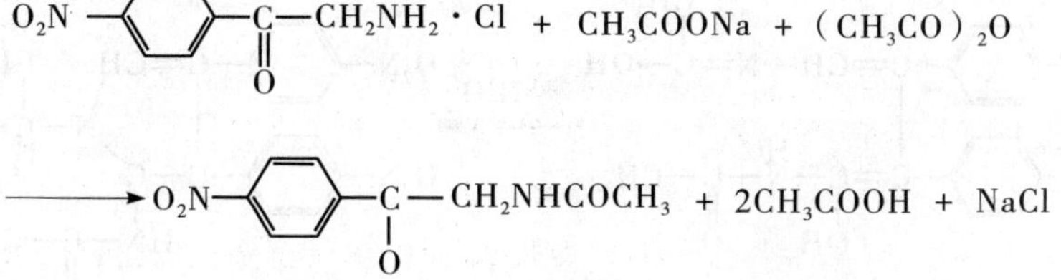

如前所述，游离的对硝基 - α - 氨基苯乙酮盐酸盐很容易发生分子间的脱水缩合而生成吡嗪类化合物。但是为了实现分子中氨基的乙酰化，必须将其从盐酸盐状态下游离出来。首先把水、乙酐与氨基物盐酸盐混悬，逐渐加入乙酸钠。当对硝基 - α - 氨基苯乙酮游离出来，在发生双分子缩合反应之前，立即被乙酸酐乙酰化，生成对硝基 - α - 乙酰胺基苯乙酮。因此，本反应必须严格遵守先加乙酸酐后加乙酸钠的顺序，绝对不能颠倒。在整个反应过程中，必须始终保证有过量的乙酸酐存在。乙酰化反应产生的乙酸与加入的乙酸钠形成了缓冲溶液，也使反应液的 pH 保持稳定，有利于反应的进行。

6.4.3.2 工艺过程

往反应罐中加入母液，冷却至 0 ～3℃，加入水解物对硝基 - α - 乙酰胺基苯乙酮并开始搅拌，将结晶碎成浆状，加入乙酸酐，搅拌均匀后，先慢后快地加入 38% ～40% 的乙酸钠溶液。这时温度逐渐上升，加完乙酸钠时温度不要超过 22℃，在 18 ～22℃ 反应 1h 测定反应终点（取少量反应液过滤，往滤液中加入碳酸氢钠中和至呈碱性，应不显红色）。

反应液冷至 10 ～13℃ 即析出结晶，过滤，先用常水洗涤结晶，再以 1% ～1.5% 碳酸氢钠溶液洗结晶至 pH =7，避光保存。滤液回收乙酸钠。

6.4.3.3 反应条件及影响因素

根据实验经验，反应液的 pH 控制在 3.5 ～4.5 之间。pH 过低，在酸的作用下反应产物对硝基 - α - 乙酰胺基苯乙酮会进一步环合为恶唑类化合物。

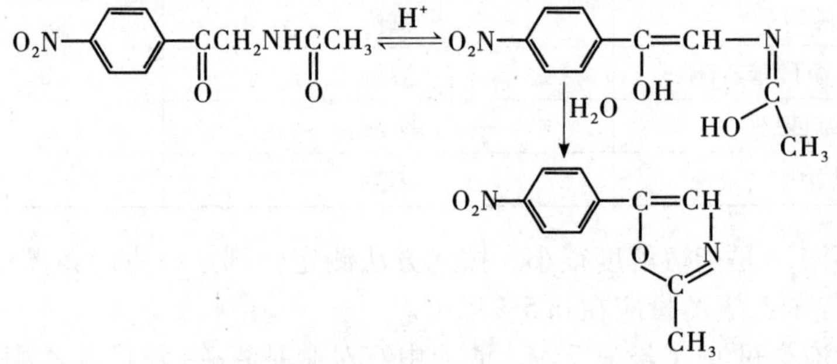

pH 过高时，则不仅游离的氨基酮变为吡嗪类化合物，而且乙酰化物也会发生双分子缩合生成吡咯化合物。

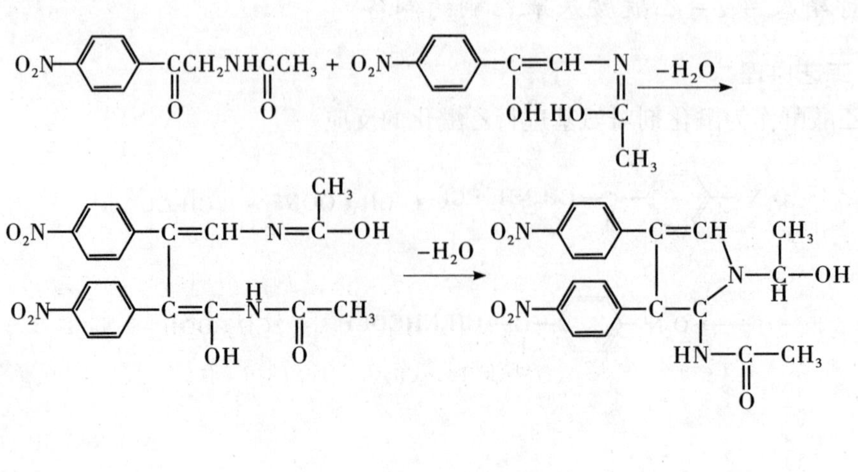

6.4.4　对硝基-α-乙酰氨基-β-羟基苯丙酮的制备

6.4.4.1　工艺原理

本反应是羟醛缩合反应。

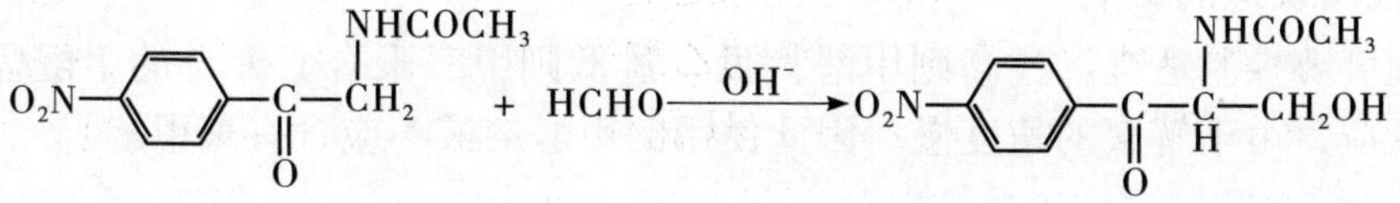

在碱催化剂的作用下，羰基α碳上的氢原子以质子的形式脱去，生成碳负离子。后者是强的亲核试剂，它向甲醛部分带正电的羰基碳原子进攻发生羟醛缩合反应，生成对硝基-α-乙酰胺基-β-羟基苯丙酮。

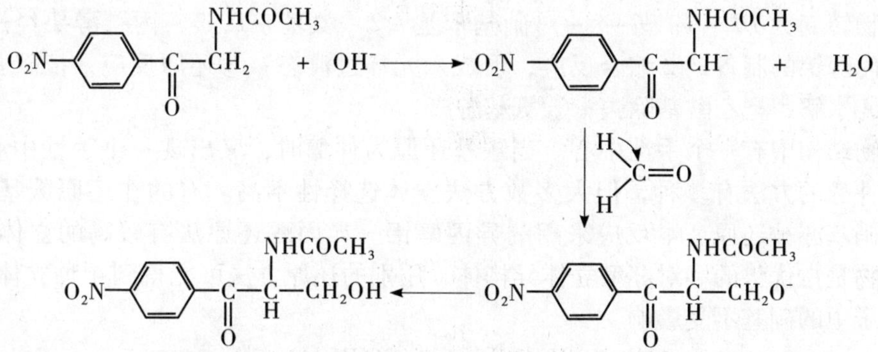

本反应的溶剂是醇水混合溶剂，醇浓度维持在90%～95%。虽然在整个反应过程中，反应物到产物是从一种固态变化到另一种固态，但在所采用的反应条件下，乙酰化物及氢氧根离子在溶液中均有一定的浓度。在这一步反应中形成了第一个手性中心，产物是外消旋混合物。

6.4.4.2　工艺过程

将乙酰化物加水调成糊状，测得的pH应为7。

将甲醇加入反应罐内，升温至28～33℃，加入甲醛溶液，随后加入乙酰化物及碳酸氢钠，测得的pH应为7.5。反应放热，温度逐渐上升。此时可不断地取反应液置于玻璃片上，用显微镜观察，可以看到乙酰化物的针状结晶不断减少，而缩合物的长方柱状结晶不断增多。经数次观察，确认针状结晶全部消失，即为反应终点。

反应完毕，降温至0～5℃，离心过滤，滤液回收醇，洗涤产物，干燥至含水量0.2%以下，可送至下一步还原反应。

6.4.4.3　反应条件与影响因素

1．酸碱度对反应的影响

酸碱度是羟醛缩合反应的主要影响因素。反应必须保持在弱碱性条件下进行，pH在7.5～8.0之间为佳。pH过低不发生反应；pH过高则发生双缩合的副反应，得到双羟基化产物。为避免上述副反应，使用弱碱碳酸氢钠作催化剂，同时甲醛的用量控制在仅稍超过理论量。

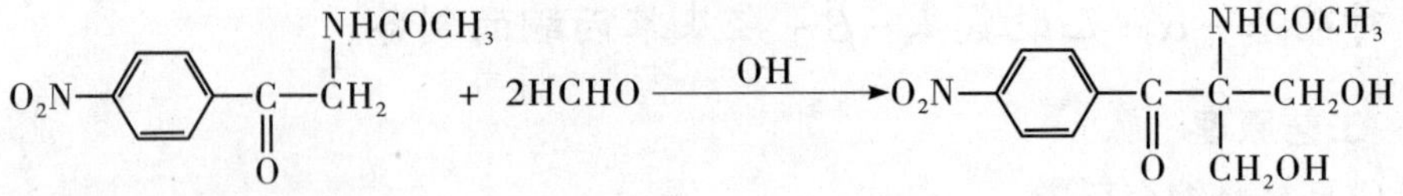

2. **温度对反应的影响**

反应温度要控制适当，过高则甲醛挥发，过低则甲醛聚合。聚合的甲醛需先解聚后才能参加反应，由于解聚的速度慢，因此使用的甲醛溶液不应含有聚甲醛。

6.4.5 氯霉素的生产工艺原理及其过程

6.4.5.1 *DL*－苏型－1－对硝基苯基－2－氨基－1，3－丙二醇的制备

1. **工艺原理**

缩合物转变为*DL*－苏型－1－对硝基苯基－2－氨基－1，3－丙二醇要经过5步反应：①异丙醇铝的制备；②缩合反应，形成六元环过渡态；③还原反应，把碳基还原成仲醇基；④水解，把乙酰基除去；⑤氨基游离。

缩合物结构中有一个手性中心。当羰基还原为仲醇时，又出现一个手性中心。将羰基还原成仲醇的方法有多种，但大多数方法立体选择性不高。有的在还原羰基的同时，分子中的硝基亦被还原。本反应采用的异丙醇铝—异丙醇还原法有较高的立体选择性，其反应产物是占优势的一对苏型立体异构体，用别的还原方法可能得到4种立体异构体。而且，分子中的硝基不受影响。

$$6Me_2CHOH + 2Al \longrightarrow Al(OCHMe_2)_3 + 3H_2$$

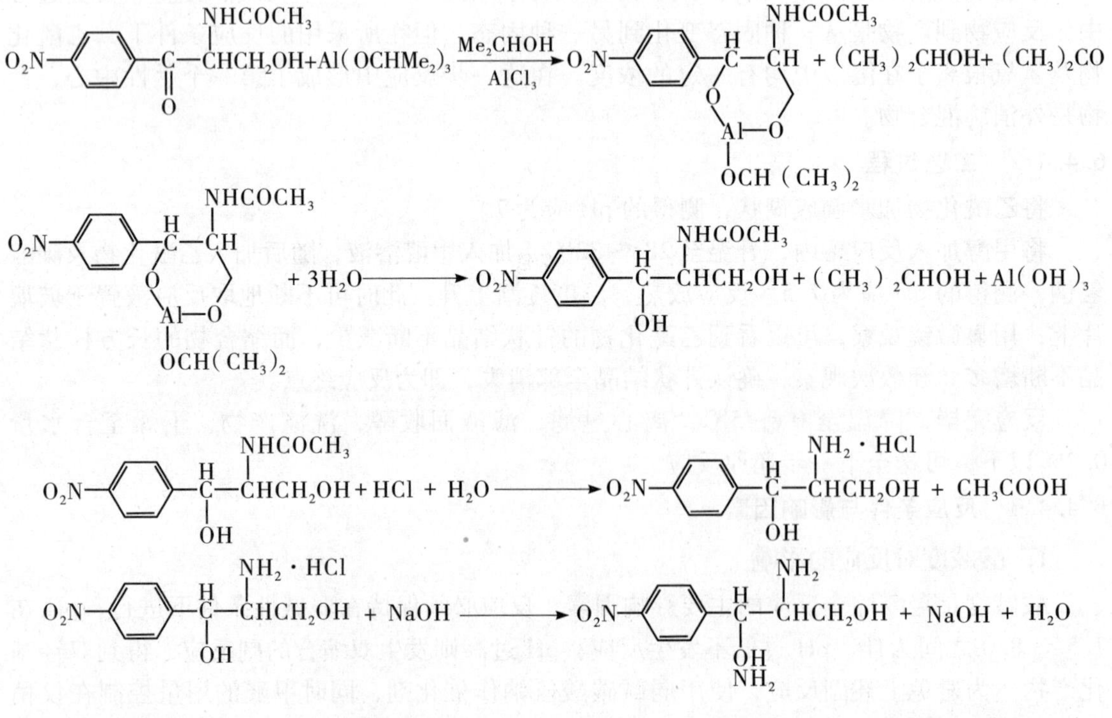

在进行异丙醇铝—异丙醇还原时，异丙醇铝的铝原子与羟基上的氧发生配位结合，

同时又与缩合物分子 $\overset{3}{C}$ 上的羟基发生脱异丙醇缩合，生成一种平面式六元环过渡态，这样就使得原本可以自由旋转的 $\overset{1}{C}\overset{2}{C}$ 键变成刚性结构。由于 $\overset{2}{C}$ 是手性碳，所连的两个基团（—H，—$NHCOCH_3$）大小差别较大，所以，当异丙氧基上的氢向 $\overset{1}{C}$ 转移时，主要发生在位阻较小的一侧，即从氢的一侧向 $\overset{1}{C}$ 转移，生成的产物主要是苏型。

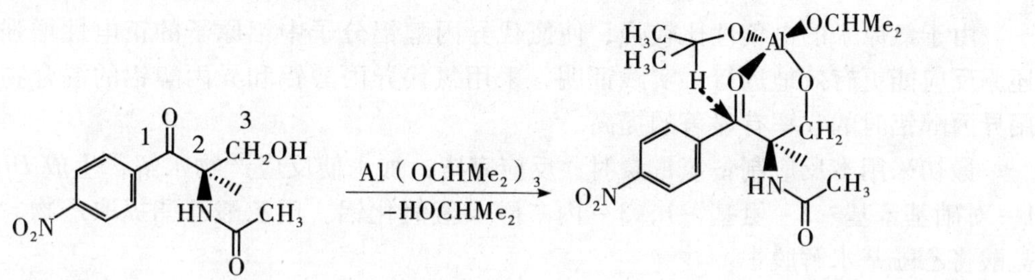

（缩合物）

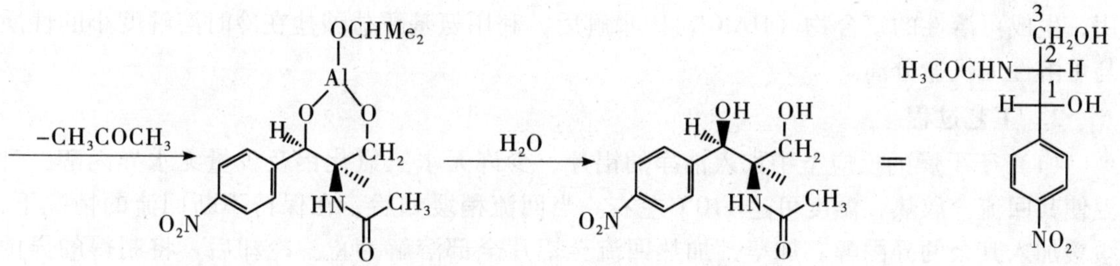

（1R，2R）

（平面式六元环过渡态）

上式仅表示两种缩合物的立体异构体之一在反应中发生的情况。假如 $\overset{2}{C}$ 上的氢是在环的前面而乙酰胺基在后面，那么氢则主要从前面进攻转移到 $\overset{1}{C}$ 上，因此反应物主要还是苏型。在还原反应中还有副反应产生，称为“红油”，其中包括一种恶唑环的化合物。

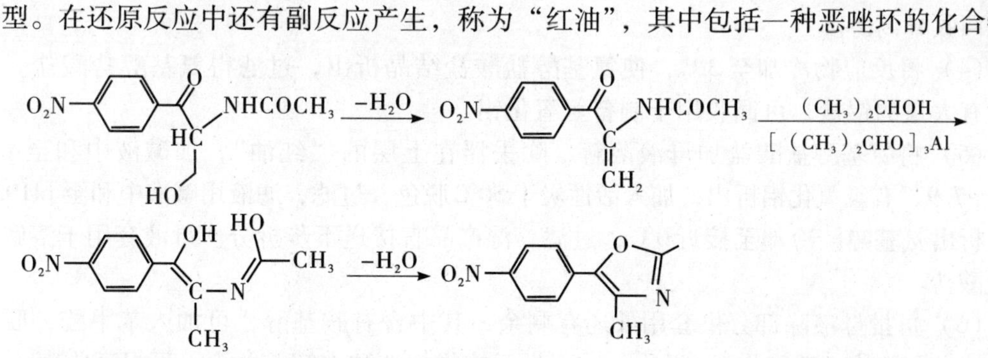

在第一次制备异丙醇铝—异丙醇溶液时，加入少量氯化高汞，使之与铝作用生成铝汞齐以利于迅速开始反应，否则反应开始缓慢。由于氯化高汞毒性较大，先改用三氯化铝代替氯化高汞进行催化反应，也能取得同样效果。

在制备异丙醇铝时，由于铝中含有其他杂质，所以反应物呈灰色混浊液。异丙醇铝纯品可由减压蒸馏得到（冷却后为白色固体）。实践证明，含一些杂质的异丙醇铝—异丙醇溶液，其还原效果反而比纯品为佳，故生产上省去了精制的步骤。但是必须使用新鲜制备的异丙醇铝—异丙醇溶液。

研究发现，在已制备好的异丙醇铝中加入一定量的三氯化铝时，后者能与异丙醇铝发生作用生成氯代异丙醇铝。

$$2\{(CH_3)_2CHO\}_3Al + AlCl_3 \longrightarrow 3\{(CH_3)_2CHO\}_2AlCl$$

由于氯原子的电负性比较强，使氯代异丙醇铝分子中铝原子的正电性增强，故使得还原反应能更有效地进行。实践证明，采用氯代异丙醇铝和异丙醇铝的混合物比单独使用异丙醇铝时的收率有显著的提高。

最初采用本反应制备氯霉素时，反应完毕，加水使反应产物水解，生成 *DL* - 苏型 - 1 - 对硝基苯基 - 2 - 氨基 - 1，3 - 丙二醇及氢氧化铝。用乙酸乙酯提取产物，然后再用盐酸将乙酰基水解脱去。

从氢氧化铝的凝胶中提取产物是很麻烦的操作。后经研究，可以在铝盐加水分解后，再加入盐酸直接将还原产物的乙酰基除去，使之变成氨基醇。此时，氢氧化铝与盐酸作用，生成可溶性的复合物（$HAlCl_4$）。水解后，利用氨基醇盐酸盐在冷时溶解度小的性质与可溶性无机盐分离。

2．工艺过程

（1）于干燥的反应釜中加入洁净的铝片、少许无水三氯化铝及少量无水异丙醇，升温使其回流。放热，温度可达 110℃左右。当回流稍缓和后，在保持不断回流的情况下，缓缓加入其余的异丙醇。加毕，加热回流至铝片全部溶解为止。冷却后，将制得的异丙醇铝—异丙醇溶液压至还原反应釜中。

（2）将上述溶液冷却至 35 ～37℃，加入无水三氯化铝，升温至 45℃左右反应 0.5h，使异丙醇铝转变为氯代异丙醇铝。之后，加入缩合物，于 90 ～92℃反应 4h。

（3）还原完毕，将反应物压至盛有水及少量盐酸的水解釜中。搅拌下蒸出异丙醇后，待稍冷后，加入亚胺物，再加入浓盐酸，升温至 79 ～80℃，反应 1h 左右。在此期间，减压回收异丙醇。

（4）将反应物冷却至 3℃，使氨基醇盐酸盐结晶析出，过滤得氨基醇盐酸盐。母液中含有大量的铝盐，可回收用于制备氢氧化铝。

（5）将氨基醇盐酸盐加母液溶解，除去浮在上层的“红油”，加碱液中和至 pH 为 7.8 ～7.9，有氢氧化铝析出，加入活性炭于 50℃脱色，过滤，滤液用碱液中和至 pH9.5 ～10，析出氨基醇。冷却至接近 0℃，过滤，湿产品直接送下步拆分。母液套用于溶解氨基醇盐酸盐。

（6）每批母液除部分供套用外还有剩余，其中含有胺基醇，可加入苯甲醛，脱水缩合生成 Schiff 碱（亚胺物），过滤，在下批反应物加盐酸水解前并入，可提高收率。

3．反应条件及影响因素

（1）水分对反应的影响。异丙醇铝的制备及 Meerwein - Ponndorf - Verley 还原反应必须在无水条件下进行，异丙醇的含水量应在 0.2%（质量分数）以下；使用含水量 0.5% 的异丙醇时，还原反应收率要比含水量为 0.1% 的低 8% ～9%，若水分高于 0.5% 则不发生反应。

（2）异丙醇用量对反应的影响。还原反应的实质是异丙醇分子中氢转移至羰基而生成醇，异丙醇被氧化成丙酮，是可逆反应（逆反应是 Oppenauer 氧化），所以异丙醇用量要过量。此外异丙醇还起溶剂作用。

（3）对硝基 - α - 乙酰氨基 - β - 羟基苯丙酮质量对反应的影响。对硝基 - α - 乙酰氨基 - β - 羟基苯丙酮质量，可从其熔点、水分、外观3项指标加以判断。熔点低、色泽差的物料会造成还原反应收率降低，产品质量不佳。水分应该控制在0.2%以下，若水分指标不合格，会使反应速度变慢，收率降低。对不合格的对硝基 - α - 乙酰氨基 - β - 羟基苯丙酮要返工处理，不能直接用于还原反应。

6.4.5.2　*DL* - 苏型 - 1 - 对硝基苯基 - 2 - 氨基 - 1，3 - 丙二醇（氨基醇）的拆分

1．工艺原理

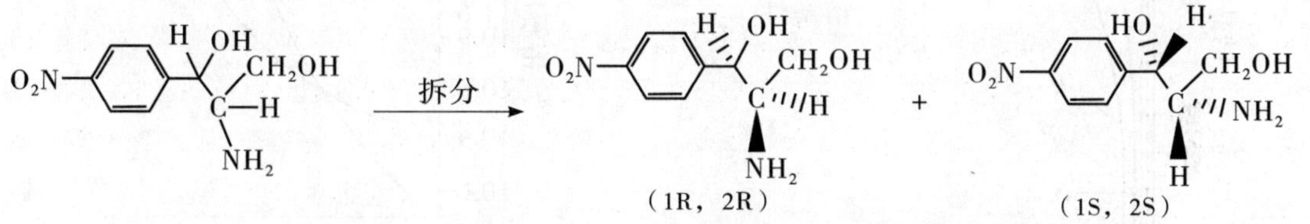

DL - 苏型 - 1 - 对硝基苯基2 - 氨基 - 1，3 - 丙二醇的拆分主要有两种方法：

（1）利用形成非对映体拆分法。就是使氨基醇消旋体与等摩尔的（+）—酒石酸形成非对映体的酸性酒石酸盐，并利用它们在甲醇溶剂中的溶解度的差异加以分离，然后再分别脱去拆分剂，便可以分别得到左旋体和右旋体。

这种方法的优点是拆分出来的旋光异构体的光学纯度高，而且操作方便、易于控制；缺点是生产成本较高。

（2）交叉诱导结晶拆分法。在氨基醇消旋体的饱和水溶液中加入其中任何一种较纯的单旋体结晶作为晶种，则结晶生长并析出同种单旋体的结晶，迅速过滤，得到单旋体。再往溶液中加入氨基醇消旋体形成适当的过饱和溶液，则另一种单旋体结晶析出，过滤后得到与第一次相反的单旋体，再向溶液中加入消旋体，又可析出与第一次拆分相同构型的单旋体，如此交叉循环拆分多次。

这种方法的优点是原料消耗较少，设备简单，成本较低；缺点是拆分所得的单旋体的光学纯度较低，工艺条件较复杂。

在此主要介绍一下交叉诱导结晶拆分法，应用诱导拆分的消旋体必须是两个对映体能够独立存在的消旋化合物，而不是以某种形式结合起来的外消旋化合物，而且消旋体的溶解度要较任何一个单旋体的大。这样，在单旋体结晶析出时，消旋体仍留在母液中，即达到拆分的目的。氨基醇消旋体符合这两个条件，消旋体的溶解度约是右旋体的两倍，这表示消旋体易形成稳定的过饱和溶液。如1%消旋体与0.5%左旋体的结晶析出温度为 *S* 点和 *P* 点，二者均为5℃；而0.9%的右消旋体的结晶析出温度为 *R* 点，约为15℃；故将溶液冷却至15℃时，则右旋体析出，且结晶生长。左旋体未到结晶析出的温度，还处在溶解状态，故结晶不析出。析出的单旋体中不含消旋体，从而达到拆分的目的。左旋体的析出也是如此。

为了解决氨基醇游离体在水中的溶解度较小、生产体积过大的问题，可以加入一定量的盐酸，使大部分氨基醇游离体成为盐酸盐，以增大其溶解度，缩小体积，有利于操作，值得注意的是盐酸存在下拆分的原理虽然一样，但氨基醇的溶解度却发生了变化。据测定，在3%盐酸中，氨基醇的溶解度如图6-1、图6-2所示，在29.5℃以上时，外消旋体氨基醇的溶解度大于单旋体氨基醇的溶解度；而在29.5℃以下时，外消旋体的溶解度小于单旋体，因此在3%盐酸中拆分，结晶的温度必须高于29.5℃。

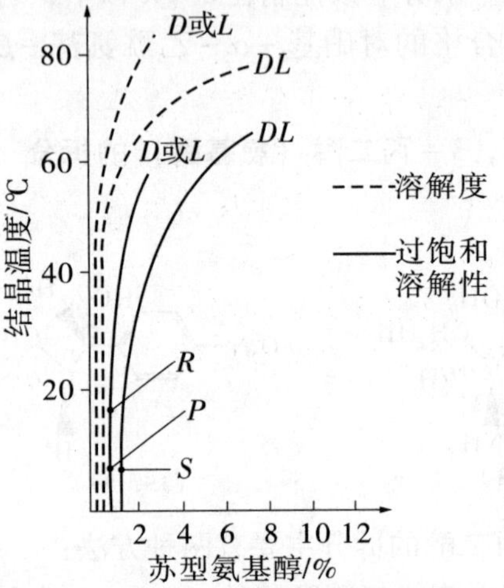

图6-1 氨基醇在水中的溶解度和过饱和溶解度曲线

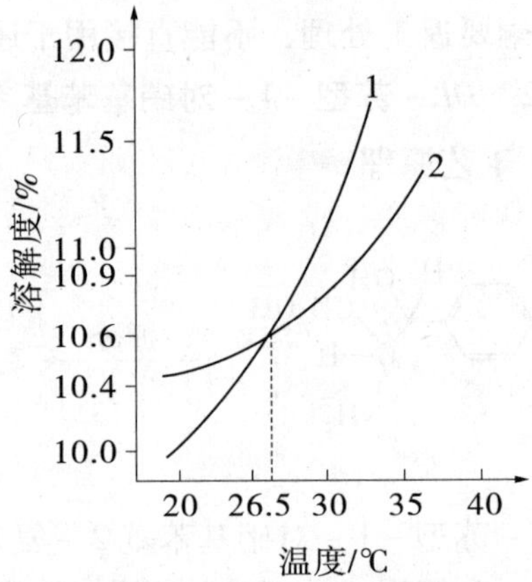

图6-2 氨基醇在3%盐酸中的溶解度

1—DL-氨基醇（消旋体）；2—D或L-氨基醇（单旋体）

2. 氨基醇拆分工艺流程

根据确定的比例将水、氨基醇盐酸盐及右旋氨基醇加入拆分罐内，升温至50～55℃，全溶。加入活性炭脱色，过滤。检验符合要求后再投入氨基醇消旋体，消旋体的量为右旋体的两倍，加压下搅拌加热升温至全溶，保温蒸发水分，然后逐渐冷却降温，使右旋体析出。冷却至35℃，停止抽真空及冷却，过滤，检测。此时母液为左旋体，再投入氨基醇消旋体，操作同上，得到左旋体，过滤后得右旋体母液。重复上述操作50～80次后检测拆分产品是否合格，如不合格则需重新配置母液。其工艺流程如图6-3所示。

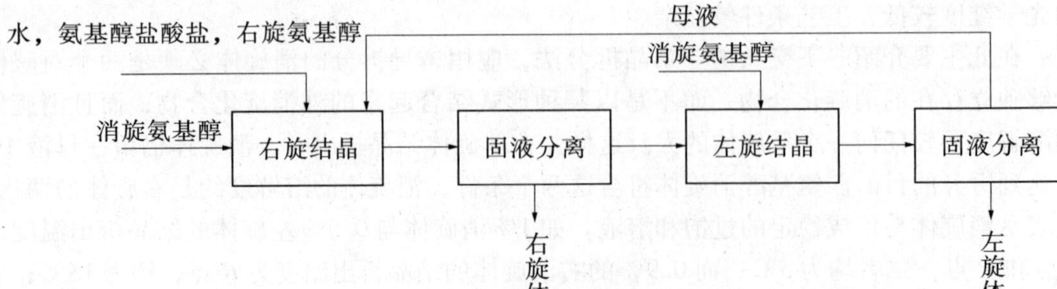

图6-3 氨基醇拆分工艺流程图

3．氨基醇拆分条件和影响因素

（1）氨基醇盐酸盐及其游离体的配比。游离的氨基醇在水中的溶解度较小，所以工业上采用使一部分氨基醇变为盐酸盐的方法。氨基醇与氯化氢的分子比一般控制在（1.0：0.9）～（1.0：0.85）的范围内即可拆分。盐酸盐所占的比例越大，则每次拆分出来的氨基醇越少，盐酸盐所占的比例越大，则拆分的体积越大。

（2）外消旋氨基醇与单旋体的配比。这一配比要视溶解度，以过饱和溶解度的实际情况而定，一般加入单旋体的量越多，诱导出的单旋体的量越少。

（3）氨基醇总量在溶液中的浓度。这一浓度需根据它们的溶解度、过饱和溶解度和析出温度等数据而定。浓度高，虽可以增大投料量，但易引起拆分质量的下降。

在实际生产中，每次拆分均需要测定以下3个数据：母液体积、总胺量和游离胺量、母液旋光度。这些数据是通过实验确定的，在每次拆分后均应力求保持恒定。如发生偏差，则本着“缺什么补什么，缺多少补多少”的原则予以调整。

（4）氨基醇质量对拆分的影响。氨基醇质量主要控制其熔点、水分、外观、铁离子等指标。氨基醇质量达不到要求，会造成拆分率下降，单旋体质量不佳。对达不到中间体质量控制要求的，应先精制处理。

6.4.6　氯霉素的制备

6.4.6.1　工艺原理

本反应是*D*－苏型－1－对硝基苯基－2－氨基－1，3－丙二醇的二氯乙酰化反应，也可看作二氯乙酸甲酯的氨解反应。

酰化反应的速率与胺及酰化剂的结构有关。*D*－苏型－1－对硝基苯基－2－氨基－1，3－丙二醇的分子结构较大，有一定的空间位阻，从而使其活性受到影响。在二氯乙酸甲酯的结构中，由于α－碳原子上有两个电负性强的氯原子存在，增强了羰基碳的正电性，提高了反应活性，故本反应能很快完成。

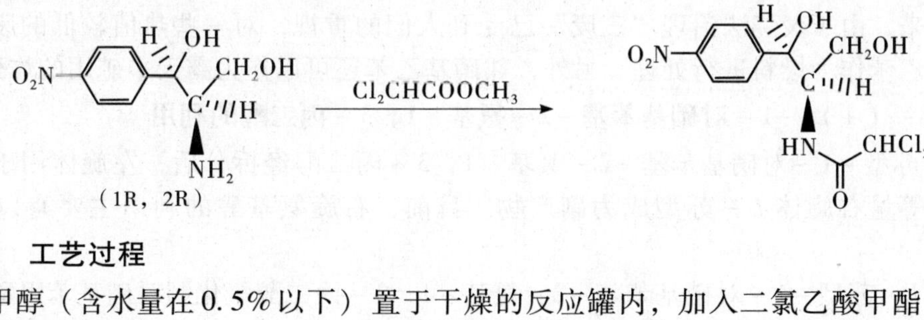

6.4.6.2　工艺过程

将甲醇（含水量在0.5%以下）置于干燥的反应罐内，加入二氯乙酸甲酯，在搅拌下加入左旋体氨基醇（含水量在0.3%以下），于90℃左右反应1h。加入活性炭脱色，过滤，在搅拌下往滤液中加入蒸馏水，使氯霉素析出。冷却至7℃过滤、洗涤、干燥，便得到氯霉素产品。反应如下所示：

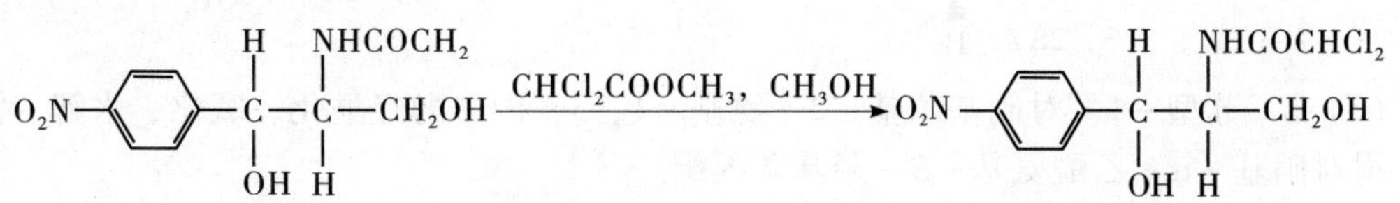

6.4.6.3 反应条件及影响因素

（1）水分对反应的影响。本反应需无水操作。有水存在时，二氯乙酸甲酯水解生成的二氯乙酸会与氨基醇成盐，影响反应的正常进行。

（2）配比对反应的影响。二氯乙酸甲酯的用量比理论量稍多，以保证反应完全。溶剂甲醇的用量应适量，过少影响产品质量，过多则影响反应收率。

（3）*D*－苏型－1－对硝基苯基－2－氨基－1，3－丙二醇的质量对反应的影响。生产上应控制其熔点、含水量、旋光度、铁离子、外观等指标。不合格的原料会造成氯霉素成品质量下降，含量降低，产品等级降格。对不合格的*D*－苏型－1－对硝基苯基－2－氨基－1，3－丙二醇不能直接投料，应先精制处理。

6.5 综合利用和“三废”处理

以乙苯为起始原料经对硝基苯乙酮生产氯霉素的合成路线，由于合成步骤长，原辅材料多，在生产过程中产生较多的副产物和“三废”，需对它们进行综合利用和“三废”治理。另外，对一些重要中间体在其他领域的应用，本节将做一些简要的介绍。

1．邻硝基乙苯的利用

邻硝基乙苯是氯霉素第一步反应的副产物。由于氯霉素的工艺路线比较长，产量较大，邻硝基乙苯的产量与主产物对硝基乙苯的产量几乎相等，因此，邻硝基乙苯的利用是一个大问题。过去曾将它作为生产糖精的原料，但是由于工艺路线长，成本较高，因此没有继续下去。目前部分用于生产除草剂——杀草安，其工艺路线如下所示：

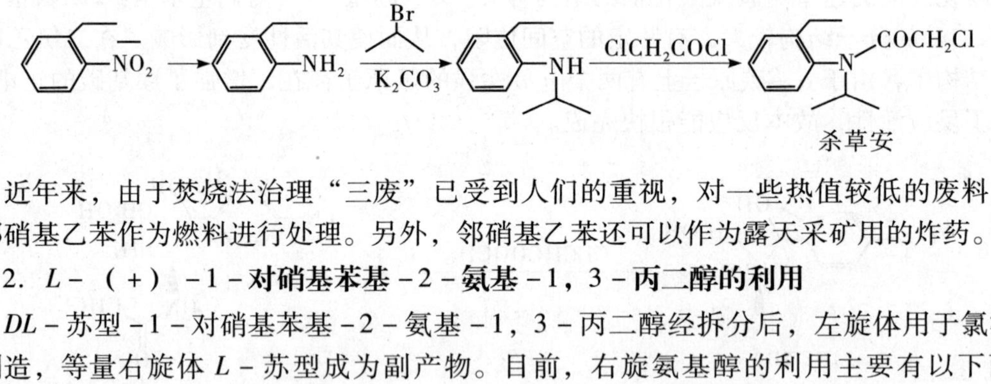

杀草安

近年来，由于焚烧法治理“三废”已受到人们的重视，对一些热值较低的废料，可以邻硝基乙苯作为燃料进行处理。另外，邻硝基乙苯还可以作为露天采矿用的炸药。

2．*L*－（＋）－1－对硝基苯基－2－氨基－1，3－丙二醇的利用

DL－苏型－1－对硝基苯基－2－氨基－1，3－丙二醇经拆分后，左旋体用于氯霉素的制造，等量右旋体*L*－苏型成为副产物。目前，右旋氨基醇的利用主要有以下两个方面。

（1）*L*－苏型－1－对硝基苯基－2－氨基－1，3－丙二醇氧化制对硝基苯甲酸。

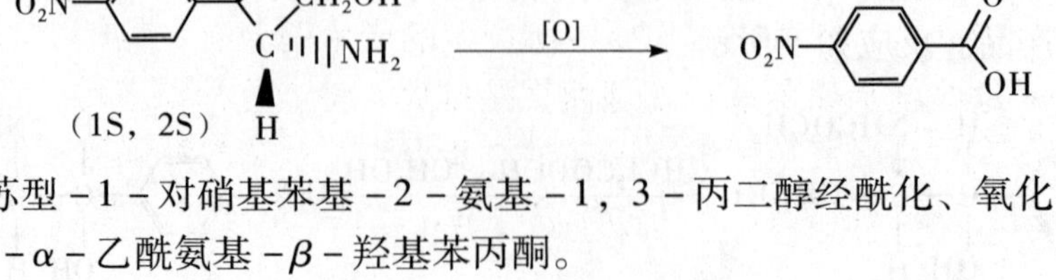

（1S，2S）

（2）*L*－苏型－1－对硝基苯基－2－氨基－1，3－丙二醇经酰化、氧化、水解、消旋化，得对硝基－α－乙酰氨基－β－羟基苯丙酮。

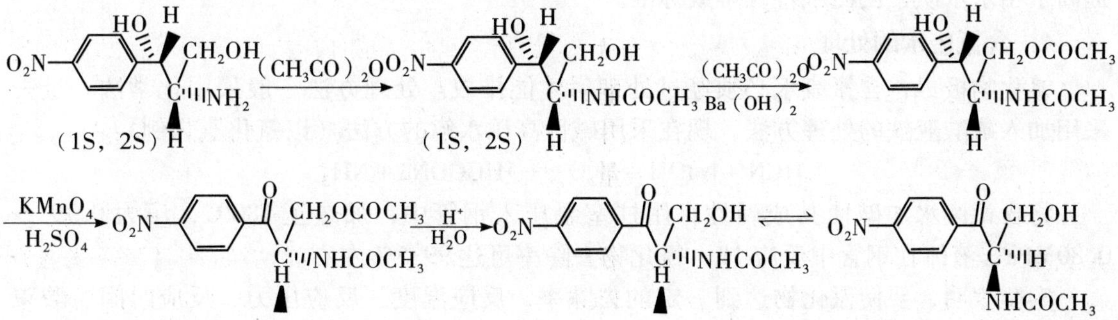

当旋光异构体的手性中心上连有氢原子而其相邻的碳原子为羰基时，在酸碱催化作用下，特别容易产生异构体。由于*L*－苏型－1－对硝基苯基－2－氨基－1，3－丙二醇分子中没有羰基，所以将*L*－苏型－1－对硝基苯基－2－氨基－1，3－丙二醇的仲醇氧化成酮才能符合消旋条件。在氧化之前，需要把氨基和伯醇基酰化进行保护。当与乙酸酐作用时，氨基最易酰化，伯醇次之，仲醇由于立体障碍最难酰化。但在过量醋酸和酸酐存在下，当伯醇被酰化时，仲醇也可能被部分酰化，生成多乙酰基化合物；此外，在酸性条件下，*L*－苏型－1－对硝基苯基－2－氨基－1，3－丙二醇的氨基乙酰化后，乙酰基还可能部分发生转移，生成酯类化合物。这两种情况都会影响下一步的氧化反应。

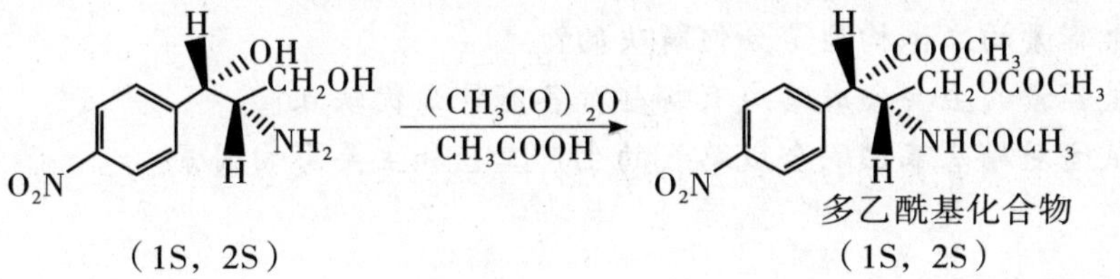

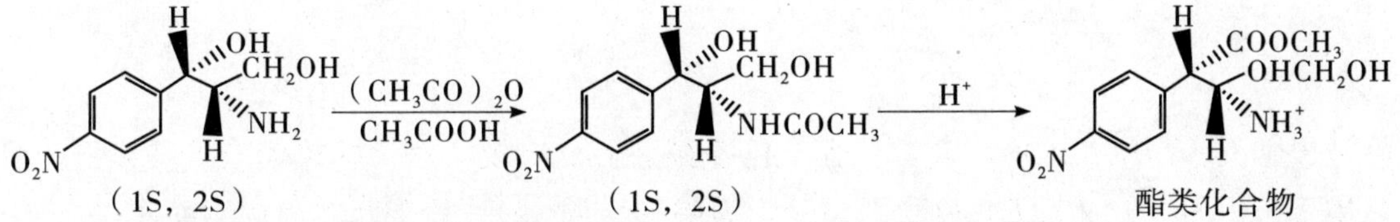

为了防止多乙酰基化合物的生成，通常加入一定量的氢氧化钡（在反应液中变成醋酸钡），这对氨基和伯醇的乙酰化反应是有利的。

由于高锰酸钾酸性氧化能力很强，故氧化反应必须控制在低温下进行，以防止和减少副反应的发生。

氧化完毕，需将伯醇基上的保护基水解脱去，否则在消旋化后下一步用异丙醇铝－异丙醇还原时，由于不能形成六元环化合物，以致不能定向得到苏型的氨基醇。

3．硝基化合物废水的处理

乙苯硝化及对硝基乙苯氧化两个反应所产生的废水中含有大量芳香硝基化合物及硝基酚类化合物。这些废水如不进行处理而直接排放，将严重污染环境。实验证明，采用生物氧化处理后，再用活性炭－生物膜法进一步处理，效果较好。因经生物氧化处理后的废水中尚残留一定量有机物，达不到排放标准，经活性炭－生物膜进一步氧化处理后，提高了出水水质，使出水符合排放标准。

4. 含氰废水的处理

氰化物极毒，含氰废水必须经过处理后才能排放。处理方法一般采用化学法。过去采用加入硫酸亚铁的处理方法，现在采用碱性高压水解的方法（以氰化氢为例）：

$$HCN + NaOH + H_2O \longrightarrow HCOONa + NH_3$$

将含氰废水加碱使其成碱性，用柱塞泵压入钢管中，加热至180℃，压力0.79～0.80MPa，液体在钢管中反应1h，氰化物去除率可达99.5%左右。

实验表明，要使氰化物达到一定的去除率，反应温度、反应压力、反应时间、酸碱度是影响上述反应的几个重要因素。这些因素又是相互制约的。例如，当蒸汽的压力较低，要达到同样的去除率所需的反应时间就要相应地延长些，这几个因素又与氰化物的浓度相关。

此外，钢管必须有一定的直径。管径过细，则生成的氨气流会严重干扰液体在管内的平稳流动，致使出水时断时续，压力忽升忽降，部分液体还没达到规定的反应时间便会流出管外，使氰化物去除率达不到规定要求。

思考题

6-1　氯霉素的性质、作用机制和临床应用是怎样的？

6-2　氯霉素的立体构型是如何解决的？

6-3　氯霉素的主要合成路线有哪些？各有什么优缺点？

6-4　试述对硝基苯乙酮合成路线的生产工艺和主要影响因素。

第7章 微生物发酵技术

7.1 概述

微生物制药是通过规模化培养微生物和代谢控制实现药物生产的技术，它开创了生物制药的先河。目前临床所用的微生物药物有60多种，半合成产品有200多种。微生物制药的关键技术是发酵，故又称为微生物发酵制药。发酵有初级代谢产物发酵和次级代谢发酵之分。前者产物有氨基酸、核苷酸、维生素、有机酸等，后者有抗生素等。发酵药物种类见表7－1。

表7－1 发酵药物种类

药物种类	名称
抗生素	青霉素、头孢菌素、链霉素、红霉素、四环素、林可霉素、红霉素、阿维菌素等
维生素	维生素A、B_2、B_{12}、C、D_2、K_2、Q_{10}、泛酸等
氨基酸	Arg、Glu、Gln、His、Ile、Leu、Lys、Orn、Phe、Pro、Thr、Try、Val等
核苷或核苷酸	肌苷、鸟苷、磷酸肌苷、磷酸黄苷、磷酸鸟苷、三磷酸腺苷、胞苷二磷酸胆碱等
酶或辅酶	消化酶（淀粉酶、蛋白酶、脂肪酶）、溶菌酶、链激素、尿激酶、沙雷菌肽酶、*L*－天冬酰胺酶、透明质酸酶、神经氨酸苷酶、辅酶A、黄素腺嘌呤二核苷酸（FAD）、烟酰胺腺嘌呤二核苷酸（NAD、辅酶I）等
其他	蛋白酶抑制剂、糖苷酶抑制剂、脂肪酸合成酶抑制剂、HMG－CoA还原酶抑制剂、腺苷脱氨酶抑制剂、醛糖还原酶抑制剂、免疫修饰剂、受体激活剂和拮抗剂等

7.2 制药微生物的性质

微生物分布广泛、种类众多，但不是所有的微生物都可制药，只有药物产生菌才可能进行工业化发酵培养制备药物。生产药物的天然微生物主要包括细菌、放线菌和丝状真菌三大类。细菌主要生产多肽抗生素、氨基酸和维生素，如芽孢杆菌（*Bacillus*）生产杆菌肽（bacitracin）；多黏芽孢杆菌（*Bacillus polymyxa*）生产黏菌肽（colistin）和多黏菌素（polymyxin）；黄色短杆菌（*Brevibacterium flavum*）生产谷氨酸；大小菌生产维生素C等。放线菌主要产生抗生素，以链霉菌属最多，诺卡菌属较少，主要抗生素包括氨基糖苷类、四环类、大环内酯类。真菌也主要产生抗生素，如青霉菌属产生青霉素和灰黄霉素、头孢菌属产生头孢菌素等。

7.2.1 制药微生物的生长特性

微生物对周围的环境非常敏感，其对营养物质的吸收、细胞内的代谢过程和产物的分泌都很快，因此只要条件适宜，其生长和繁殖速度快。细菌繁殖方式为无性二等分，放线菌主要通过无性孢子繁殖，霉菌则以无性孢子和有性孢子及菌丝繁殖。

微生物生长可分为3个阶段：一为菌体生长期，以生物量形成为主；二为产物合成期，以药物形成为主；三为菌体自溶期，菌体开始衰老死亡。

7.2.1.1 菌体生长期

又称发酵前期，指从接种至菌体达到一定临界浓度的时间，包括延滞期、对数生长期和减速期。由于菌体生长需要消耗碳源和氮源，造成溶氧量的下降，因此培养液的物质消耗和溶解氧成为限制菌体进一步生长的关键因素。培养液的物质浓度、菌体浓度、溶解氧和pH的变化可作为菌体生长状况的监控指标。当大量中间代谢产物积累时，菌体的生理状况发生改变，代谢途径由初级代谢为主转变为次级代谢为主，菌体生长阶段转变为产物合成阶段。

7.2.1.2 产物合成期

又称产物分泌期或发酵中期，主要进行代谢产物或目标产物的生物合成。该阶段菌体重量增加，但数目不增加，此时DNA含量达到恒定值，因此可通过DNA含量判断菌体是处于生长阶段还是产物合成阶段。微生物需要碳源、氮源和其他营养成分来合成产物，并对外界的变化敏感，容易影响到代谢过程，因此碳、氮、磷酸盐等物质必须控制在有效的浓度范围内。营养过剩会导致菌体生长过快，而产物的合成减少；营养不足则导致菌体生长量少，容易衰老，合成能力下降。除上述条件外，还需要监控pH、温度和溶解氧等参数的变化。

7.2.1.3 菌体自溶期

又称发酵后期。菌体衰老自溶导致氨基氮含量增加，pH上升，产物合成能力下降。此时需结束发酵，否则产物被破坏，且不利于进一步的过滤和提纯。

7.2.2 制药微生物的生长动力学

在菌体生长的不同时间取样测定细胞数目和生物量，对时间作图，可得到微生物的生长动力学曲线。生长速度 r 表示单位时间内菌体浓度或质量（X）的变化，反映了微生物的生长快慢；比生产速度（μ）为单位细胞生物量的生长速度，它反映了菌体活力的大小。

$$r = \frac{\mathrm{d}X}{\mathrm{d}t}, \mu = \frac{\mathrm{d}X}{X\mathrm{d}t} \tag{7-1}$$

菌体的生长动力学曲线呈S形，如图7-1所示。根据生物量的变化，可将菌体的生长阶段划分为5个阶段，即延滞期、对数生长期、减速期、静止期和衰亡期。

7.2.2.1 延滞期

延滞期指菌体的生物量没有明显增加的一段时间，是菌体对环境的适应过程。它的长短取决于遗传因素和环境因素，即菌种、菌龄和培养基对其均有影响。工业生产需要

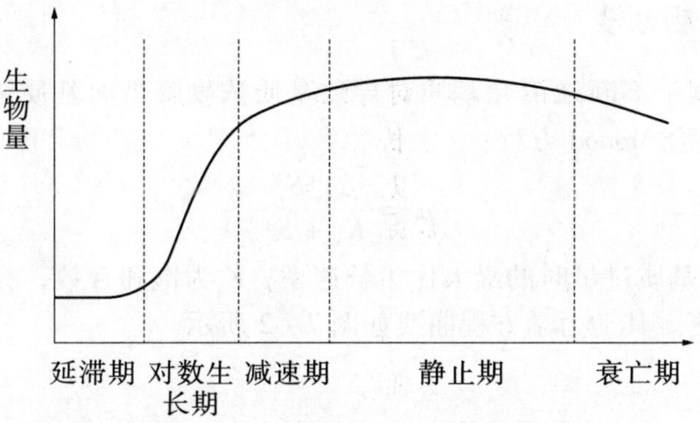

图 7－1　微生物生长的动力学曲线

缩短延滞期，常采用种子罐与发酵罐培养基接近、以对数期菌体为种子、加大接种量等方法进行放大培养和发酵生产。

7.2.2.2　**对数生长期**

对数生长期指菌体快速繁殖，生物量增加，呈现对数速度增长的过程。在对数生长期，菌体生长速率最大，并处于一个相对稳定的值。菌体生长呈现一级动力学关系：

$$\frac{\mathrm{d}X}{\mathrm{d}t} = kX, \quad k = \mu_{\max} \tag{7-2}$$

其中，X 为生物量，t 为时间，k 为比速率常数，为最大比速率。由该式可推导，生物量的倍增时间为：

$$t_{\mathrm{d}} = \frac{\ln 2}{k} = \frac{0.693}{\mu_{\max}} \tag{7-3}$$

不同生物的最大速度不同，倍增时间差异较大，一般在 0.5 ～5h。

7.2.2.3　**减速期**

减速期指菌体生长速率下降，但仍保持一定生长速率的阶段。这是由培养基基质浓度下降、有害物质的积累等不利因素造成的。该阶段仍符合一级动力学关系，但一般生物的减速期较短。

7.2.2.4　**静止期**

静止期指菌体净生长速率为 0 的一段时间。细胞分裂和死亡同步进行，生长速率与死亡速率相等。静止期细胞数量达到最大值，是目标产物生成的主要阶段。为了延长静止期，增加次级代谢产物的合成，可通过补料培养、增加营养物质提高产量。

7.2.2.5　**衰亡期**

衰亡期指菌体死亡速率大于生长速率的一段时间，其死亡速率符合一级动力学关系：

$$\frac{\mathrm{d}X}{\mathrm{d}t} = -k_{\mathrm{d}}X \tag{7-4}$$

其中，K_{d}为死亡速率常数。为了避免细胞自溶导致的分离纯化困难，对于分批发酵培养，大多数在衰亡期到来前结束发酵，进行放罐。

7.2.3 基质利用动力学

菌体在生长过程中不断地消耗基质，导致基质浓度降低。基质浓度（S）与比生长速率（μ）的关系符合 Monod 方程：

$$\mu = \frac{\mu_{\max} S}{K_s + S} \tag{7-5}$$

式中，$\mu_{\max}$为限制性基质过量时的最大比生长速率；K_s为饱和常数，相当于1/2最大比生长速率时的基质浓度。其动力学方程曲线如图7－2所示。

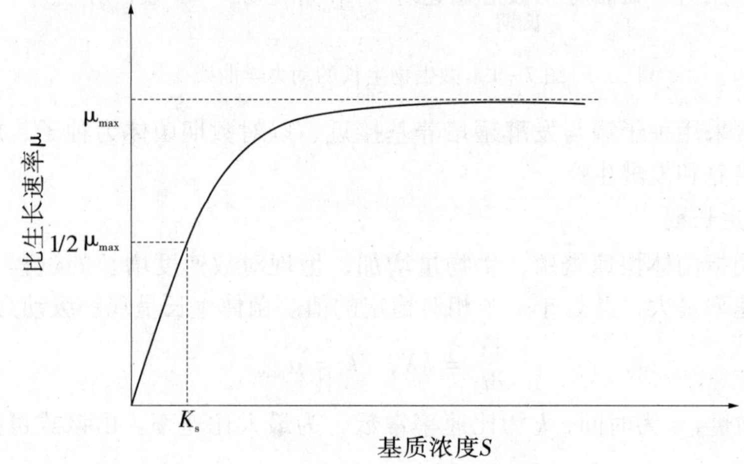

图7－2　基质利用的动力学曲线

由方程可知，当S很低时，$K_s \gg S$，可认为$K_s + S = K_s$，则$\mu = \mu_{\max} S/K_s$，表明基质浓度与比生长速率成正比；在S很高时，$K_s \ll S$，可认为$K_s + S = S$，则$\mu = \mu_{\max}$，表明菌体比生长速率与基质浓度无关，以最大比生长速率进行生长。K_s反映了菌体与基质的亲和力，其值越小，亲和力越大，即越能被菌体良好利用；而$\mu_{\max}$则反映了基质对菌体的生长效率，其值越大，表明菌体的生长能力越强。

7.2.4 生长与产物的关系模型

菌体生长和产物生成速度的变化可以用3种模型表示，即偶联型、半偶联型和非偶联型，如图7－3所示。

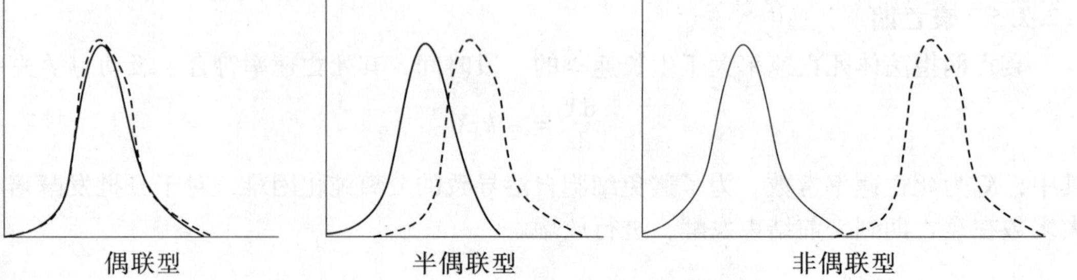

图7－3　菌体生长与产物的关系模型种类

7.2.4.1　偶联型

偶联型指微生物生长与产物生成速度相一致，产物生成与微生物生长、基质消耗、能源利用等直接相关。此种类型产物主要是初级代谢的产物，如乳酸、醋酸等。产物的生成速率（r_p）和比速率（q_p）分别为：

$$r_p = \frac{\mathrm{d}P}{\mathrm{d}t} = Y_p \frac{\mathrm{d}X}{\mathrm{d}t} = Y_p \mu X,\ q_p = \mu Y_p \tag{7-6}$$

式中，P 为产物生成量；Y_p为产物得率系数。

7.2.4.2　半偶联型

半偶联型指产物生成与基质消耗、微生物生长间存在间接关系，生长期和产物形成期有部分重叠，先出现菌体生长高峰，再出现产物形成高峰，如柠檬酸和某些氨基酸的发酵就属于此类型。产物的生成速率（r_p）和比速率（q_p）分别为：

$$r_p = \frac{\mathrm{d}P}{\mathrm{d}t} = \alpha\mu X + \beta X,\ q_p = \alpha\mu + \beta \tag{7-7}$$

式中，α 为生长期内产物得率系数；β 为产物生成速度常数。

7.2.4.3　非偶联型

非偶联型指微生物生长和产物形成处于不同的两个阶段，生长高峰与产物高峰互相独立。产物来自中间代谢途径，而不是分解代谢过程。如抗生素、生物碱、微生物毒素的产生都属于此类型。产物的生成速率（r_p）和比速率（q_p）分别为：

$$r_p = \frac{\mathrm{d}P}{\mathrm{d}t} = \beta X,\ q_p = \beta \tag{7-8}$$

7.2.5　代谢产物的特征

7.2.5.1　代谢产物种类

根据代谢产物在体内的作用，可将代谢产物分为初级代谢产物和次级代谢产物。前者是营养物质转变为细胞结构物质或生理活性物质，为细胞提供能量、合成中间体及其生物大分子，包括各种小分子前体、氨基酸、单糖、核苷酸和多糖、蛋白质、脂肪、核酸等。所有生物的初级代谢产物基本相同。

次级代谢产物存在于某些生物中，并在一定时期表达。它对正常的生长可能不必要，但对抵抗逆境、分解毒素、生殖等具有重要意义。对于丝状真菌和放线菌发酵体系，随着菌体的生长和繁殖，菌体形态和生理状态发生明显改变，初期和后期菌体的生理活性不同。

7.2.5.2　次级代谢产物的基本特征

次级代谢产物在结构、组成、形成时期、合成基因等方面均存在特殊性，其基本特征见表7-2。

表 7－2 次级代谢产物的特征

类 别	特 征
结 构	含有不常见的基团和化学键，如氨基糖、苯醌、香豆素、环氧化合物、生物碱、内酯、杂环、聚乙烯不饱和键、大环、环肽等
组 成	结构相似但活性差异大，由于不同酶的修饰
种属性	与种属分类学无关。分类学上相同的菌种能产生不同结构的抗生素，而不同的菌种能产生相同结构的抗生素。如霉菌和链霉菌均可产生头孢菌素 C
形成时期	于细胞生长后期形成，当生长受限时被启动，由生长期转向生产期。以初级代谢产物为前体，受初级代谢的调节
合成基因	多基因调控。合成基因以基因团簇的形式存在，包括抗性基因、调节基因、结构基因、修饰基因等

7.2.5.3 次级代谢产物的构建单位

次级代谢产物的基本结构单位（生源）直接或间接来源于次级代谢过程中的中间产物或初次代谢产物。构建单位的组成见表 7－3。

表 7－3 次级代谢产物的组成

类 别	组 成
聚酮体	多羰基聚合物。基本单位为醋酸、丙酸、丁酸和短链脂肪酸，以 CoA 形式聚合。形成四环素类、大环内酯类、蒽环类抗生素
糖 类	前体为葡萄糖，可合成氨基糖、糖胺、核糖、环多醇、氨基环多醇等。形成的抗生素为氨基糖苷类抗生素
特殊氨基酸	非蛋白质组成成分，如 *D*－氨基酸、N－甲基氨基酸等，为正常氨基酸通过异构、消旋、修饰形成。为肽类抗生素的构建单位，如杆菌肽、放线菌素 D、环孢菌素 A 等
莽草酸	芳香族氨基酸、肉桂酸、多酚化合物的前体。由葡萄糖代谢生成
甲羟戊酸	异戊二烯类、萜类化合物的前体。由醋酸代谢生成
非核酸嘌呤和嘧啶碱	核苷类抗生素的前体，由正常碱基通过化学修饰形成

7.2.5.4 次级代谢产物生物合成过程

（1）前体聚合：聚酮体形成以 CoA 形式聚合；氨基酸聚合以氨基酸活化为磷酸酯缩合，或按核糖体模板合成，或按硫模板或非核糖体机理缩合。

（2）结构修饰：糖基化、酰基化、甲基化、羟基化、氨基化、氧化还原等。如聚酮体链延长时，引入了氧原子、氯原子、甲基等，再以糖苷键与糖类物质连接，以酰胺键与氨基酸连接，形成各种抗生素。

（3）装配：按一定顺序组合。如青霉素前体为 α－氨基己二酸、半胱氨酸和缬氨酸，组成三肽后，环化成异青霉素 N，再与苯乙酸进行酰基转移反应，生成青霉素 G。

7.3 发酵制药过程

发酵是在人工控制的条件下，利用微生物生长繁殖和代谢产生药物的过程。发酵制药可分为3个主要阶段，即菌株选育（mutation and selection breeding）、发酵（fermentation）和分离纯化（isolation and purification）。其一般过程如图7-4所示。

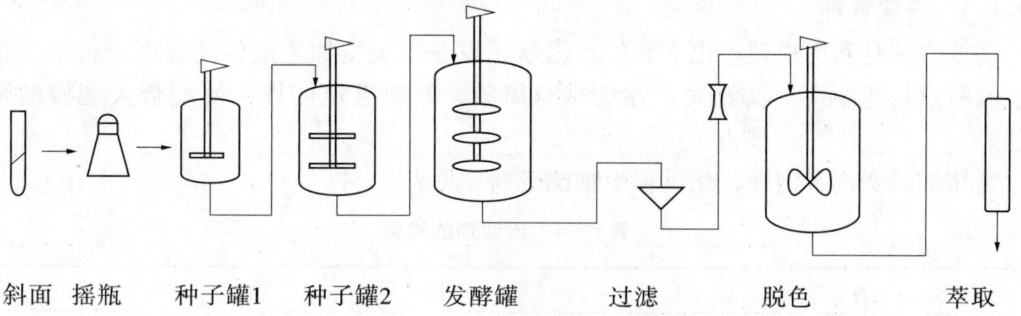

图7-4　发酵制药的基本过程

7.3.1　菌种选育

发酵生产药物要求高产优质的菌种，故菌种的选育尤其重要。通过从土壤、海洋等处分离获得不同的微生物，再经过自然选育，选择优良菌株。为了加快优良菌株的选育，采用物理、化学以及生物的方法进行诱变育种，已成为目前主要的菌种选育手段。

7.3.1.1　微生物菌种的来源与分离

表层土壤（0～10cm）和海洋水体（0～100m）是主要的微生物富聚区域。在此区域中采集样品，根据微生物的特性预处理，可获得不同的微生物。如通过较高温度（40～120℃）处理可分离获得不同种类的放线菌；通过化学试剂如SDS（十二烷基硫酸钠）、酵母膏、碳酸钙、氢氧化钠处理，可减少细菌，有利于放线菌分离；采用乙酸乙酯、氯仿、苯处理，则可除去真菌。

选择性培养分离的方法是选择合适的培养基，通过添加抑制剂，选择性培养和分离某些微生物。如加入抗真菌试剂和抗细菌的抗生素，可以富集放线菌，方法是采用稀释法和滤膜法。即用无菌水或缓冲液等稀释后，用0.22～0.45μm滤膜培养，细菌可在膜上生长，而放线菌可穿透膜进入培养基。

7.3.1.2　自然选育

生产过程中不经过人工处理，利用菌种的自然突变进行菌种的筛选过程，称为自然选育。自然突变是由于自然界存在的辐射、紫外线等引起的多因素低剂量诱变效应，或分子结构的互变异构效应导致的DNA碱基突变。这种突变表现为两种方向，一种是菌株的衰退和生产能力的下降；一种是有益于生产。因此为了不使高生产水平的菌株退化，生产菌株经过一定时间生产后必须纯化，保存优良的菌种。经过诱变的突变株会继续发生变异，而低产的菌株在传代中往往占据优势，也需要进行自然分离，因此自然选育是诱变育种和杂交育种中的一个不可缺少的环节。

自然育种常用的方法是单菌落分离，从中选出比较高产稳定的菌株，用于生产。基本过程为：菌种→单孢子或单细胞悬液→适当稀释→琼脂平板分离→挑单个菌落进行生产能力测定→选出优良菌株。

自然选育是一种简单易行的方法，可以达到纯化菌种、防止菌种衰退、稳定生产、提高产量的目的。但是最大缺点是效率低、进展慢，很难使生产水平大幅度提高。因此生产上常将自然育种和诱变育种交替使用，可以达到理想的效果。

7.3.1.3 诱变育种

诱变育种是利用物理、化学和生物因素诱发基因突变加速遗传变异而进行的育种方法。其特点是速度快、收效大、方法相对简单，但缺乏定向性，要配合大规模的筛选工作。

常用的诱变剂有物理、化学和生物诱变剂，见表7－4。

表7－4 诱变剂的种类

种类	因素
紫外线	250～270nm
电离辐射	快中子，X、β、γ、射线，激光、微波
碱基类似物	5－溴尿嘧啶，2－氨基嘌呤，8－氮鸟嘌呤
脱氮剂	亚硝酸、亚硫酸氢钠、羟胺
烷化剂	芥子气、氮芥、环氧乙烷、二环氧乙烷、硫酸二乙酯、甲基磺酸乙酯、乙烯亚胺、三乙烯三聚氰胺、丙酸内酯、重氮甲烷、二乙基亚硝酸胺
嵌入剂	吖啶染料、溴化乙啶
生物诱变剂	噬菌体、质粒、转座子

诱变育种过程包括诱变和筛选两个阶段。首先制定诱变方案，选择好出发菌株，交叉使用多种诱变剂，增大变异范围和正向变异频率。再确定筛选目标，进行筛选。

诱变育种的基本步骤与自然育种基本相同，只是将制备好的单细胞悬浮液经诱变剂处理后再涂布于平皿。筛选可采用传统的随机筛选，也可通过推理筛选，即根据生产菌的合成途径或遗传机制来设计筛选有效突变的方法。

7.3.1.4 杂交育种

杂交育种是将两个不同基因型的菌株通过接合（直接混合成异核体），使遗传物质重新组合，从中分离和筛选出具有新性状的菌株的过程。接合是将两种菌种混合培养，形成异核体，进而产生分孢子，可得到重组二倍体，获得新菌株。

7.3.1.5 原生质体融合

将双亲的微生物细胞壁用酶解脱壁，使之形成原生质体，然后在高渗条件下混合，并加入物理或化学助融条件，使双亲原生质体发生融合，在适宜条件下重新生成细胞壁，从而获得重组子。电融合、PEG（聚乙二醇）作用均可促进原生质融合。原生质融合的基因重组频率高于普通杂交方法，并实现了种间、属间的融合，为亲缘关系较远、性能差别较大的菌株实现杂交，开辟了一条有效的途径。

7.3.1.6　基因工程技术育种

基因工程技术育种是一种定向可控的育种方法，将外源基因整合至染色体中，使之获得新的性状，或者是通过基因表达调控，选择性地调节某些基因的表达，调控代谢过程，达到高产的目的。

7.3.1.7　基因组技术

基因组技术是一种分子改良方法，将一组来自不同种类生物、具有相关功能的基因片段，通过随机扩增和重组，形成新的基因。该技术可以与传统诱变和原生质融合技术相结合，大幅度提高微生物细胞的正向突变频率和速度，使人们能够在较短时间内获得高效的正向突变的菌株，是一种非常有效的方法。

7.3.2　菌种保存

菌种经过多次传代，会发生遗传性状的变异，导致退化和生产能力的降低，甚至死亡。因此微生物菌种要妥善保存，使之长期存活不退化。菌种保藏的原理是根据微生物的特点，创造条件使菌体的代谢处于不活泼、生长繁殖处于受抑的休眠状态。这些条件包括低温、干燥、缺氧和营养缺乏等。常用的保藏方法有以下几种：

1．斜面低温保存

将生成旺盛期的菌种置于4～8℃，湿度<70%保存，定期移植。细菌1个月移植一次，放线菌3个月移植一次，酵母4～6个月移植一次，丝状菌4个月移植一次。该方法操作简单，是最早使用，且目前仍然普遍使用的方法，缺点是保存时间短，易发生变异。

2．液体石蜡密封保存

将生长好的斜面菌种，加盖1cm厚的灭菌中性石蜡油封管，隔绝氧气，4℃下可保存一年。

3．砂土管保藏

黄砂和泥土按质量3：2或1：1的比例灭菌后与孢子混合，使之吸附在砂土上，真空干燥，低温保存，可达一年以上。对于分子孢子霉菌、放线菌和芽孢细菌，可保存5～10年。该方法只适用于形成孢子或芽孢的菌种，不适用于只有菌丝的真菌和无芽孢的细菌和酵母。砂土可用硅胶等代替。

4．冷冻干燥保藏

菌体加保护剂（脱脂乳或血清等）制成菌悬液在-45～35℃下预冻15min～2h，使细胞快速冻结而不受破坏，保持细胞的完整性，然后低温干燥，封瓶后避光保存，可保存5～10年，多达15年。此方法用于细菌、霉素、酵母及个别病毒，不适合动物细胞和原虫的保存。

5．液氮保存

加入冷冻保护剂（5%～10%甘油或DMSO）制成孢子或菌悬液，浓度>10^8个/mL，分装于小的安瓿或聚丙烯小管后密封。先降温至0℃，再以每分钟降1℃的速度，一直降到-35℃，然后放入液氮罐中或-80℃冰箱保存。液氮保存用于细菌、酵母和体外培养动物细胞，是目前最可靠的一种长期保存方法。

实验室获得高产菌株后，按 GMP 要求建立种子细胞库，实行有效的管理。目前，菌种库为主菌种库 MSB 或主细胞库 MCB，它们来源于原始菌种和细胞培养物，而生产时则使用工作菌种库 WSB 或工作细胞库 WCB，它们由主菌种库或主细胞库繁殖而来。目前我国的菌种保存机构有：中国典型培养物保藏中心（CCTCC）、中国普通微生物保藏管理中心（CGMCC）、中国医学微生物菌种保藏中心（ATCC）等。国外的有美国典型培养物中心（ATCC）、欧洲细胞培养物中心（ECACC）等。

7.3.3 微生物培养基的制备

培养基是供微生物生长繁殖和合成目标产物所需要的按一定比例人工配制的多种营养物质的混合物，同时保证了微生物生长所需要的环境条件如渗透压和 pH 等。

7.3.3.1 培养基的主要成分

培养基的主要成分见表 7-5。

表 7-5 培养基的主要成分

成 分	组 成
碳 源	糖类（G、蔗糖、淀粉等）、脂肪（豆油、棉籽油、猪油等）、醇类（甘油、乙醇、甘露醇等）
氮 源	黄豆饼粉、玉米浆、蛋白胨、鱼粉、尿素等有机氮，铵盐、氨水、硝酸盐等无机氮
无机盐	P、S、Fe、Mg、Ca、Cu 等
水	H_2O
生长因子	氨基酸、维生素、核苷酸等
前体和促进剂	前体物、氯化物、表面活性剂或抑制剂
消沫剂	油脂或高分子化合物，防止逃液和染菌

7.3.3.2 培养基的种类

培养基可根据组成、状态、用途等进行分类。按组成可分为成分明确的化学物质组成的合成培养基，成分不明确的天然物质组成的天然培养基，或在天然培养基基础上加入明确成分的半合成培养基。按用途可分为选择性培养基、鉴别性培养基、富营养培养基等。按物理性状可分为固体培养基、半液体培养基和液体培养基。在工业生产中，常按照其在发酵过程中的位置和作用进行分类。

（1）固体培养基：液体中添加了 1%～2% 琼脂粉，供菌体的生长繁殖或形成孢子。特点是营养丰富，菌体生长迅速，但不能引起变异。

（2）种子培养基：为液体，供孢子发芽和菌体生长繁殖，包括摇瓶和一级、二级种子罐培养基。营养成分完全，与发酵培养基主要成分接近。

（3）发酵培养基：有利于目标产物的发酵生产。是关键培养基，组成应丰富完整，营养成分浓度与黏度适中，不仅有满足菌体生长所需的物质，还含有特定的元素、前体、诱导物和促进剂等对产物合成有利的物质。

（4）补料培养基：发酵过程中添加的培养基，用于稳定工艺条件，延长发酵周期，提高目标物产量。

7.3.3.3　培养基的配制

培养基的配制要符合以下 4 个原则：①生物学原则，符合不同微生物生长和生产要求；②工艺原则，不影响通气和搅拌、分离和处理；③低成本原则，原料来源方便，质量稳定，质优价廉；④高效经济原则，安全环保、高质量高产率。

培养基的设计方法：

（1）确立起始培养基。根据文献资料或他人经验，初步确定成分。

（2）单因素实验。确定最适宜的培养基成分，找到适宜的浓度。

（3）多因素实验。采用均匀设计、正交实验等进行多因素实验设计，对各组分浓度优化，找到最佳配比。

（4）放大试验。从摇瓶开始，至小型发酵罐，至生产罐。

（5）最终确定培养基。综合考虑各种因素，如产量、纯度、成本等，确定合适的配方。

影响培养基质量的主要因素包括原料质量、水质、培养基黏度（影响通气、分离、灭菌等）。

7.3.3.4　灭菌工艺

制药工业发酵是纯种发酵，其他非生产菌的污染会给发酵带来严重后果。一是消耗营养物质，干扰发酵过程，改变培养条件，引起溶解氧和培养基黏度降低等；二是分泌有毒物质，抑制生产菌生产，或使目标产物失活，产量下降等；三是导致溶菌，影响后续分离。因此对生产和培养设备、培养基等都需要进行灭菌处理。有 3 种程度的抑菌方法：

（1）消毒。杀灭或清除病原微生物，达到无害化程度，只杀死营养体，不杀灭芽孢体，杀灭率 $>99.9\%$。

（2）杀菌。杀灭或清除所有微生物，杀灭率 $>99.9999\%$。

（3）灭菌。杀灭或清除物料或设备中所有生命物质，达到无活微生物存在，杀灭率 $>99.999999\%$。

常用的灭菌方法有：

（1）化学灭菌。用化学物质杀灭微生物，常用氧化剂类如 $KMnO_4$、H_2O_2，卤化物类如漂白粉、氯气，有机化物如 70% ～75% 的乙醇溶液、甲醛、戊二醛、环氧乙烷、2% 新洁尔灭（苯扎溴铵）、3% ～5% 石炭酸（苯酚）等，适合于皮肤、台面、地面等表面灭菌。

（2）辐射灭菌。紫外线灭菌，可破坏 DNA，适合于无菌室、工作台等地空气灭菌。

（3）干热灭菌。160℃ 2h 或 170℃ 1h 干热空气处理，用于干燥器具灭菌。

（4）高压蒸汽灭菌。115 ～121℃，1×10^5Pa，维持 15 ～30min。用于培养基和设备容器的灭菌。

（5）培养基过滤除菌。0.22μm 纤维素微孔滤膜，可以除去细菌，用于受热易分解成分灭菌。

培养基的灭菌操作方法有：

（1）分批灭菌。于发酵罐内直接蒸汽加热灭菌，维持温度和压力一定时间，再冷却至发酵温度，又称实罐灭菌。优点是不需要附属设备，操作简便。缺点是加热冷却时间长（3～5h，120℃保温时间30min），营养成分有损失。

（2）连续灭菌。发酵罐外经过一套灭菌设备（配料罐、加热塔、维持罐、冷却管）连续地加热灭菌，冷却后再送入发酵罐内，如图7－5所示。优点：高温快速，热能利用合理。缺点：设备多、压力高（>0.45MPa）、不适合黏度高的培养基。

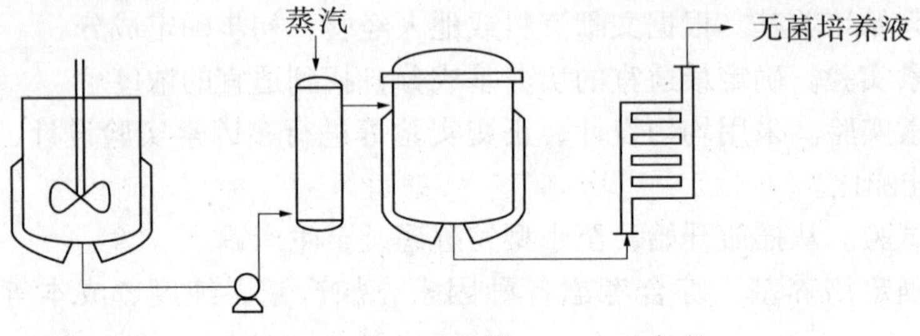

图7－5　连续灭菌流程

对于发酵所用空气要求洁净，因此需要进行空气过滤灭菌。发酵空气要符合的标准：空气流量0.1～0.2m^3/（m^3·min）（单位时间单位发酵液体积内通入的标准状态下的空气体积），压强0.2～0.4MPa，相对湿度<70%，温度比培养温度高10～30℃，洁净度100级。空气灭菌工艺过程如图7－6所示。

（1）提高空气的洁净度。采风塔安装在工厂的上风头，高度10m，设计流速8m/s。在空压机前安置粗过滤器（无纺布或泡沫塑料），除去一定灰尘，流速0.1～0.5m/s。

（2）除去空气中的油和水。经过压缩机使温度升至120～150℃，不能直接进入过滤器，需要分级冷却，通过旋风分离器和丝网除沫器分别除去5μm以上和以下的液滴。

（3）获得无菌空气。分离油水后的空气湿度可达100%，通过空气加热器降低湿度至60%以下，空气温度为30～35℃，再经过滤器灭菌后通入发酵罐。

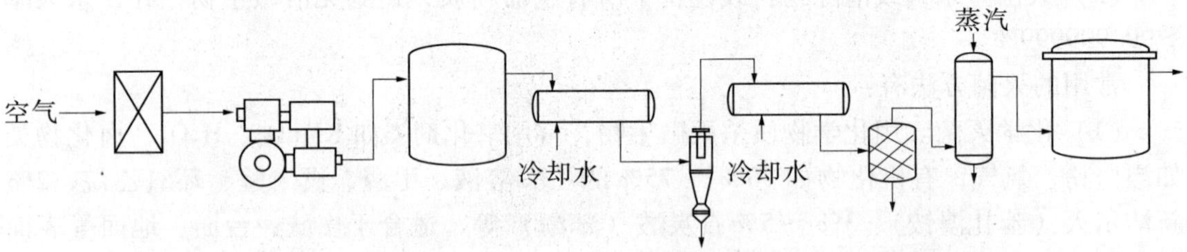

图7－6　空气灭菌流程图

7.3.4　发酵技术

7.3.4.1　种子制备

种子制备工艺包括实验室种子制备和生产车间种子制备，是种子逐级扩大培养、获得一定数量和质量纯种的过程。

1. **实验室菌种制备方法**

固体斜面或平板培养：将休眠的保存菌种接种培养，生成菌落或孢子，称为菌种活化。对于单细胞微生物，生长形成菌落；对于丝状菌，菌落的气生菌丝进一步分化生产孢子。

液体摇瓶培养：活化的菌种扩大培养。孢子发芽和菌丝生长速度慢的菌种要经历母瓶、子瓶二级培养。

2. **生产种子制备方法**

种子罐种子制备：使孢子发芽、生长并繁殖到一定数量和质量的菌体。种子培养主要是确定种子罐级数，即制备种子需逐级扩大培养的次数。种子罐级数的确定取决于菌种生长特性、菌体繁殖速度和发酵罐体积。一般可分为一、二、三级种子。

发酵级数：取决于种子罐级数。直接将孢子或菌体接入发酵罐，为一级发酵，适合于生长快速的菌种；通过一级种子罐扩大培养，现接入发酵罐，为二级发酵，适合于生长较快的菌种，如某些氨基酸的发酵；通过二级种子罐扩大培养，现接入发酵罐，为三级发酵，适合于生长较慢的菌种，如青霉素的发酵；通过三级种子罐扩大培养，现接入发酵罐，为四级发酵，适合于生长更慢的菌种，如链霉素的发酵。生产上尽量减少种子罐级数，减少污染的机会，通过改变种子罐的培养条件，可加速菌体的繁殖，相应减少种子罐级数。图7－7为工业化发酵罐。

图7－7　工业生产中的发酵罐

3. **种子质量控制**

培养基：原料和用量对种子质量影响较大。放线菌孢子采用琼脂斜面培养基；霉菌孢子采用天然农产品（大米、玉米、麦粒等）培养基；细菌采用碳少氮多的配方。

培养条件：对温度、湿度等有一定要求，如土霉素要求低于37℃培养，真菌要求湿度偏高，而放线菌偏低。

种龄与接种量：种龄指种子罐中菌体的培养时间。一般选生命力旺盛的对数生长期、菌体量未达到最高峰时接种较合适。接种量指接入的种子液体积和接种后的培养液体积之比，它取决于生产菌种的生长繁殖速度，根据不同菌种选择合适的接种量，一般为5%～20%。接种量增大可缩短延滞期，提早进入生产阶段，但过多会引起发酵系统的物理参数变化，黏度增加，溶氧不足，影响生产过程。

接种方式有单种法、双种法和倒种法等。单种法是一只种子罐接种一只发酵罐；双种法是两只种子罐接种一只发酵罐；倒种法是从发酵罐取出一定数量的发酵液，接种到另一只发酵罐。不同接种方法对不同菌种的效应并不相同，如卡那霉素生产双种法优于单种法，链霉素生产倒种法优于单种法，但四环素各方法差异不显著。

7.3.4.2 **发酵**

1. 微生物培养技术

（1）固体表面培养技术：用接种针或环、涂布器等将菌种点种、划线或涂布在固体培养基的表面进行培养。用于菌种分离、纯化、筛选和鉴定。容器可以是试管或培养皿，用琼脂粉为支持介质，把培养基制成斜面或平板，用棉塞封闭管口或用 Parafilm 封口膜封闭培养皿，倒置平板，在适宜温度下生长。

（2）液体深层培养技术：菌种接种到发酵罐中，使菌体细胞游离悬浮在液体培养基中进行生长和生产。需要通入无菌空气并进行搅拌，是传统的微生物发酵培养方法。

（3）固定化培养技术：菌体活细胞固定在固体介质上进行深层液体发酵培养，是一种具有潜力的培养方法。优点在于：可实现高浓度培养，比传统技术高出10倍以上；不需要多次扩大培养，缩短发酵周期；细胞可长期反复使用，稳定性好；有利于提高产量；发酵液中菌体少，有利于产物分离纯化。

（4）高密度培养技术：菌体浓度（干重）至少达50g/L以上的一种理想培养，是发酵工艺的目标和方向。根据 Riesnberg 理论计算，大肠杆菌最大菌体浓度可达400g/L，考虑其他因素，实际也可达160～200g/L。其优点是缩小发酵培养体积，增加产量，降低成本，提高生产效率。

2. 发酵培养的操作方式

（1）分批式（间歇式）操作：把菌体和培养液一次性装入发酵罐，发酵生产完成后一次性卸出。此方式的优点是操作简单，周期短，污染机会少，产品质量容易控制；缺点是发酵体系开始时基质浓度高，到后期，产物浓度高，对细胞生产和产物形成有抑制，不利于发酵反应的顺利进行。

（2）流加式操作：在分批式操作基础上，连续不断补料（常用碳源物质和氨水），但不取出培养液。优点是增加营养，减少产物的抑制，产物浓度较高。但只适合于理论研究，生产上因发酵罐体积限制，无法只加料而不卸出。

（3）半连续式操作：又称反复分批式操作，即菌体和培养液一起装入发酵罐，在菌体生长过程中，隔一定时间取出部分发酵培养物，再补充同数量的新培养基，如此反复4～5次。此方式的优点是延长了产物合成期，最大限度利用了设备；缺点是失去了部分生长旺盛的菌体和前体，易发生非生产菌突变。

（4）连续式操作：菌体和培养液一起装入发酵罐，在菌体生长过程中，不断加料和取出发酵液，发酵体积和菌体浓度不变，使菌体处于恒定状态。发酵处于稳态时，流出的生物量与生成量相同。此种状态下，菌体的生长速率为：

$$\frac{dX}{dt} = \mu X - DX, \quad D = \frac{F}{V} \tag{7-9}$$

式中，D 为稀释速率，F 为进料流速，V 为发酵液体积。稳态时$\frac{dX}{dt}=0$，因此 $\mu = D$，即稳态时菌体比生长速率与稀释速率相等。

该操作方法的优点是所需设备和投资较少，利于自动控制；减少了分批式培养的每次清洗、装料、灭菌、接种、放罐等操作时间，提高了产率和效率；不断收获产物，能提高菌体密度稳定产量。缺点是由于连续操作时间过程长，污染机会增多，菌体易发生变异和退化，有毒代谢产物积累等。

3. 发酵过程控制参数

主要包括物理参数、化学参数和生物参数。

①物理参数：温度、罐压、搅拌、通气量、黏度、流加速度。

②化学参数：pH、基质浓度、溶解氧、氧化还原电位、尾气、产物浓度。

③生物参数：菌丝形态、菌丝浓度。

各参数的作用及其检测方法见表7-6。

表7-6 发酵参数的作用及检测方法

参数名称	作　用	检测方法
菌体形态	菌种的真实性和污染	显微镜观察
菌体浓度/ ($g \cdot L^{-1}$)	菌体生长	称量，吸光度
细胞数目/ (个 · mL^{-1})	菌体生长	显微镜计数，比色
菌体中 ATP、ADP、AMP 含量（干重）/ ($mg \cdot g^{-1}$)	菌体能量代谢	定量分析
菌体中 $NADH_2$ 含量/ ($mg \cdot g^{-1}$)	菌体合成能力	荧光分析
呼吸强度/ ($g \cdot g^{-1} \cdot h^{-1}$)	比耗氧速率	间接计算
呼吸熵	代谢途径	间接计算
杂菌	污染	显微镜观察，划线培养
病毒	污染	电子显著镜，噬菌斑
温度	生长和代谢控制	温度传感器
罐压/MPa	维持正压，增加溶解氧	压力表
搅拌转速/ ($r \cdot min^{-1}$)	混合物料	转速计
搅拌功率/kW	控制搅拌	功率计
发酵液密度/ ($g \cdot cm^{-3}$)	发酵液性质	传感器
通气量/ ($m^3 \cdot h^{-1}$)	供氧	流量计
黏度/ ($Pa \cdot s$)	菌体状况	黏度计
液位/L	发酵液体积	传感器
浊度/%	菌体生长	传感器

续上表

参数名称	作　用	检测方法
体积传氧系数/kL	供氧	间接计算
流加速率/(kg · h^{-1})	流加物质量	传感器
泡沫	代谢过程	传感器
基质、中间体、前体浓度/(g · mL^{-1})	吸收、转化和利用	取样分析
无机盐/mol	无机盐变化	取样分析
酸碱度	代谢过程	pH 电极
氧化还原电位/mV	代谢过程	电位电极
溶解氧浓度/(mg · L^{-1})	供氧状况	复膜氧电极
摄氧率/(g · L^{-1} · h^{-1})	耗氧状况	间接计算
溶解 CO_2浓度	CO_2对发酵的影响	传感器，CO_2探头
尾气 CO_2浓度	菌体呼吸	传感器，红外吸收分析
尾气 O_2浓度	耗氧	传感器，O_2探头
产物浓度或效价/(g · mL^{-1}) 或 IU	产物合成和积累	取样分析

4. **发酵终点控制**

(1) 遵循高产量、低成本的原则。相关指标：发酵产率（单位发酵体积、单位时间内的产量 kg/(h · m^3))、转化率或得率（单位发酵基质底物生产的产物量 kg/kg)、发酵系数（单位发酵罐体积、单位发酵周期内的产量 kg/(m^3 · h))。

②考虑下游分离纯化工艺特点及其对发酵液的要求。

③考虑生物学、化学、物理参数的变化，按常规经验计划进行。

7.3.5　发酵产物的分离纯化

发酵产物的分离是指从发酵液中分离、精制有关产品的过程。由于发酵液中的目标产物的浓度往往都很低，如抗生素为1%～3%，酶为0.2%～0.5%，维生素 B_{12}甚至只有0.002%的含量，并且发酵液中还可能同时有性质类似的副产物和杂质的存在；而目标产物具有生物活性，在分离提纯过程中很容易失活；发酵液易受微生物污染而变质，使得发酵生产的下游加工过程的难度大大增加。发酵产物的分离纯化是发酵工业的重要组成部分，直接关系到产品的收率、质量及经济效益好坏。

发酵产品的多样性和特殊性导致了各式各样的分离方法和应用，图7-8为一般发酵生产的下游加工的工艺流程图。

7.3.5.1　**发酵液的预处理和过滤**

发酵液的预处理及过滤是产物提取的第一道工序。在发酵液过滤以前，一般对发酵液进行预处理。预处理的目的在于使发酵液中的蛋白质和某些杂质沉淀，以增加过滤速度，有利于后面提取工序的操作，并尽可能地使产物转入便于以后处理的相中（当发酵终了时，大多数产物存在液相中，但也有的产物存在于菌丝体内或两相同时存在）。常用

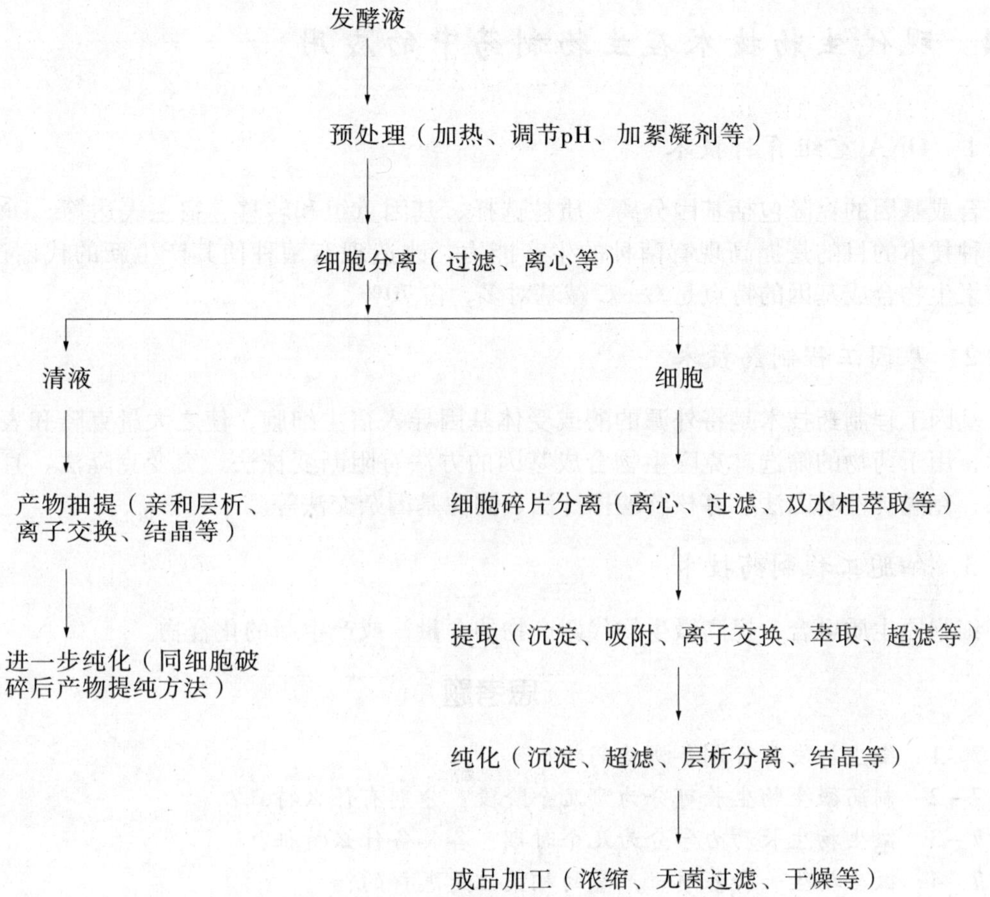

图 7－8　下游加工的工艺流程图

的预处理方法有酸化、加热、加絮凝剂等。

发酵液过滤的目的是使菌丝体从发酵液中分离出来，除少数目的产物如灰黄霉素、制霉菌素等非水溶性抗生素存在于菌丝体内，需从菌丝中提取外，一般过滤操作都是为了获得含有目标产物的澄清发酵滤液，供下步提取目的产物之用。

7.3.5.2　提取和精制

提取的目的是将发酵液中的目的产物进行初步浓缩和提纯。采用的方法一般有溶剂萃取法、沉淀法、离子交换法和吸附法等。

精制是将目的产物的提取液或中间体（粗制品）进一步加以纯化并精制成符合药品标准的各种微生物发酵药物的成品，在精制时仍可重复或交叉使用提取的基本方法。较多产品精制时，常采用树脂脱色或活性炭脱色及除去热原。此外，在精制过程中还可采用结晶及重结晶、晶体洗涤、蒸发浓缩、层析、无菌过滤、干燥等方法。

7.4 现代生物技术在生物制药中的应用

7.4.1 DNA 重组育种技术

合成基因的克隆包括基因分离、质粒选择、基因重组和转移、宿主表达等。DNA 重组育种技术的目的是提高现有菌种的生产能力，改造现有菌种使其产生新的代谢产物。抗生素生物合成基因的特点是 G—C 碱基对多，占 70%。

7.4.2 基因工程制药技术

基因工程制药技术是将外源的酶或受体基因导入宿主细胞，使之大量克隆和表达的技术，用于药物的筛选。克隆生物合成基因的方法有阻断变株法、突变克隆法、直接克隆法、克隆抗性基因法、寡核苷酸探针法、同源基因杂交法等。

7.4.3 细胞工程制药技术

细胞原生质融合，提高微生物代谢产物的含量，或产生新的化合物。

思考题

7-1 微生物发酵可制备哪些药物?

7-2 制药微生物生长可分为哪几个阶段? 分别有什么特点?

7-3 微生物生长动力学分为几个时期? 各具备什么特征?

7-4 微生物生长和基质、产量的相关性是怎样的?

7-5 微生物次级代谢产物有什么特征?

7-6 微生物次级代谢产物主要由哪些结构单元组成? 其合成有何规律?

7-7 试述微生物发酵制药的基本过程及特点。

7-8 微生物培养基有哪些种类? 如何配制?

7-9 常用的灭菌工艺有哪些?

7-10 微生物发酵培养技术和操作方式有哪些?

7-11 发酵过程主要控制哪些参数?

7-12 发酵产物如何处理?

第8章　抗生素类药物

抗生素（antibiotic）是生物在其生命活动中产生的，在低微浓度下能选择性地抑制他种生物机能的化学物质。主要是利用微生物发酵，通过生物合成生产的天然代谢产物。如将其再用化学、生物或生化方法进行分子结构改造，制成的各种衍生物，称为半合成抗生素。

抗生素的命名根据以下一般原则进行：①根据微生物的属名，如来源于青霉菌的抗生素为青霉素；②根据化学结构和性质命名，如具有四环素结构的抗生素为四环素类抗生素；③根据一些习惯性俗名、发现地名命名，如正定霉素、井冈霉素、金霉素和土霉素等。

抗生素剂量以活性质量或指定单位表示。前者为国际公认，以分子结构中活性部位的质量计算，用于分子结构清楚、构效关系明确的单一组分的纯净制品。如硫酸阿米卡星是以阿米卡星为活性成分通过分子质量换算。后者是以参照标准指定其活性单位，往往是不纯的制品。如青霉素单位是以50mL肉汤培养基中抑制标准葡萄球菌生长的最低青霉素量，1mg青霉素钠＝1670单位。

8.1　抗生素种类及来源

8.1.1　来源

抗生素主要来源于土壤微生物，包括各种细菌、真菌和放线菌。微生物的初级代谢产物属于能量代谢或分解代谢的产物如乙醇、有机酸、氨基酸等，与细胞生长密切相关；次级代谢产物是细胞分化过程中产生的，对细胞生长的作用不明显。土壤微生物中放线菌主要是链霉菌属，产物有氨基糖苷类、四环类、放线菌素类、大环内酯类；真菌产物主要是青霉素、头孢类；细菌产物是多肽类。

8.1.2　种类

抗生素有多种分类方法，根据化学结构、来源、机理等可分不同的类别，见表8－1。

表8－1　抗生素的简明分类

分类依据	类　别	举　例
生物来源	放线菌：链霉菌、诺卡菌、小单胞菌	链霉素、四环素、红霉素
	真菌：青霉菌、头孢菌、曲霉菌	青霉素、头孢菌素、桔霉素
	细菌：多黏杆菌、枯草杆菌、短芽孢杆菌	多黏菌素、杆菌肽、短杆菌肽
	动植物：蒜、鱼	蒜素、鱼素

续上表

分类依据	类　别	举　例
化学结构	β－内酰胺类	青霉素、头孢菌素
	氨基糖苷类	链霉素、新霉素、卡那霉素
	大环内酯类	红霉素
	四环类	金霉素、土霉素、四环素
	多肽类	多黏菌素、放线菌素、杆菌肽
	多烯类	制霉菌素、两性霉素
	蒽环类	柔红霉素、阿霉素、正定霉素
	核苷类	阿胞糖苷、嘌呤霉素、多抗霉素
	其他	灰黄霉素、林可霉素、磷霉素
作用机理	抑制细胞壁合成	青霉素、头孢菌素
	影响细胞膜的功能	多烯类抗生素
	抑制蛋白质的合成	四环素、链霉素
	抑制核酸合成	博莱霉素、丝裂霉素、柔毛霉素
	抑制细胞能量生产	抗霉素、短杆菌肽、寡霉素
作用对象	广谱抗菌	氨苄青霉素（氨苄西林）
	抗革兰阳性菌	青霉素、红霉素、新生霉素
	抗革兰阴性菌	多黏菌素、链霉素
	抗真菌	放线菌素、制霉菌素、灰黄霉素
	抗癌	放线菌素 D、博莱霉素、阿霉素（多柔比星）
	抗病毒与噬菌体	青霉素、四环素、艾霉素
	抗原虫	红霉素、四环素、抗滴虫霉素
生物合成途径	氨基酸或肽类衍生物	青霉素、环丝氨酸、杆菌肽、嘌呤霉素
	糖苷类衍生物	链霉素、卡那霉素、红霉素、碳霉素
	乙酸或丙酸衍生物	四环素、灰黄霉素、红霉素、制霉菌素
应用领域	人用抗生素	头孢菌素、羧苄青霉素、阿霉素
	农用抗生素	井冈霉素、阿维菌素、链霉素、多抗霉素
	食品保藏、物品防腐和霉变	金霉素、放线菌素、土霉素
生产工艺	微生物发酵	青霉素、链霉素、四环素、红霉素
	化学全合成	氯霉素、磷霉素
	半合成	氨苄青霉素、头孢菌素、利福平

作为医用条件的抗生素要求：耐药性低、对病原菌和宿主有差异毒力、最小抑菌浓度要低、抗菌谱广（对 G^+、G^-有效）。

8.2　抗生素的工业生产工艺和质量控制

8.2.1　抗生素生产工艺特点

理论产量难以物料衡算（因是次级代谢）、产量为生物学变量（差异大，与菌种和培养条件均相关）、有效成分浓度低且可能被污染。

8.2.2　一般生产过程

包括发酵和提取两个关键工艺。基本过程如下：

菌种→孢子制备→种子制备（接种量5%～10%）→发酵（接种量5%～20%）→发酵液预处理→提取精制→产品检验→成品包装。

8.2.2.1　菌种

从自然界分离的野生菌种生产能力低，只是生长速度快、繁殖力强，但次生代谢产物少，不能满足需求，故要经过人工选育。一个优良菌种应具备的条件：①生长繁殖快，发酵单位高；②遗传性能稳定，在一定条件下能保持持久的、高产量的抗生素生产能力；③培养条件粗放，发酵过程易于控制；④合成的代谢副产物少，生产抗生素的质量好。

8.2.2.2　孢子制备

孢子须经过纯种和生产性能的检验。生产上为了获得足够的孢子，常采用较大表面积的固体培养基进行扩大培养。

8.2.2.3　种子培养

目的是使孢子发芽、繁殖获得足够数量的菌丝，以便接种到发酵罐中。先从摇瓶开始，再接入种子罐。扩大培养级数取决于菌种的性质、生产规模的大小和生产工艺的特点。通常是二级培养。

8.2.2.4　发酵

目的是使微生物分泌大量的抗生素。培养4～5d，要求无菌空气、搅拌、一定温度和压力，定时取样进行生化分析和无菌检验。观察指标包括菌丝形态、残含糖量、氨基氮、溶解氧浓度、pH、抗生素含量和发酵液黏度。控制条件：罐温、通气量、搅拌速度、补料、加酸碱、消泡剂、某些专用前体、促进剂或抑制剂用量。

8.2.2.5　提取和精制

提取方法根据抗生素性质决定。

8.2.2.6　成品检验

根据药典要求，项目包括效价、毒性试验、无菌试验、热原质试验、水分测定、水溶液酸碱度及浑浊度测定、结晶颗粒的色泽及大小测定等。

8.2.3 抗生素的质量控制

抗生素的质量控制由4方面组成：性状描述、鉴别试验、一般项目检查、含量测定。

1. 性状描述

性状描述指对抗生素外观形态、颜色、气味等进行描述。

2. 鉴别试验

鉴别试验包括对抗生素本身鉴别（红外、色谱）和对抗生素成盐后的酸根或金属离子鉴别（滴定、比色）。

3. 一般检查项目

（1）酸碱度：既要符合临床使用的要求，又要使该抗生素处于最稳定状态。

（2）熔点：鉴别药物的物理常数，也是判断药物纯度的重要依据。但抗生素熔距一般都较宽。

（3）比旋度：是检查抗生素纯度的重要指标。不同组分有差异。

（4）溶液澄清度和颜色：是产品优劣的一个综合指标。药典规定与浊度标准液比较不得超过0.5号。

（5）干燥失重或水分：根据其化学本质和稳定性而定，并非越低越好，有些含结晶水。

（6）炽灼残渣及重金属：以判断其污染状况。

（7）异常毒性：药液经口服、静脉注射或腹腔注射实验动物（小白鼠），48h内观察其因非药品本身引起的毒性反应以死亡或存活为观察终点。剂量一般用70% LD_{50}。

（8）热原：药品污染能引起动物及人体温升高的物质，主要由细菌内毒素（脂多糖，为革兰氏菌胞壁外层特有结构）引起。检查时将药液以一定剂量静脉注射家兔，使其体温升高进行判断。

（9）降压物质：用猫颈动脉血压法检查，以组胺为对照。

（10）无菌试验：酶法或微孔滤膜法将抗生素与杂菌分离，检查制品中有无杂菌存在。

（11）杂质：非毒性杂质要小于5%（生产中伴生的或分解后形成的，难以完全去除但基本无毒）、毒性杂质必须严格控制。

（12）溶出度：药物从片剂或胶囊等固体制剂，在规定的介质中在一定条件下，溶出的速度和溶出程度。模拟在胃肠道崩解和溶出的体外试验，是制剂质量控制的一种手段。

（13）注射用的不溶性微粒：会引起血管肉芽肿、静脉炎及血栓，对心肌和肝脏等器官有损害。用显微计数和光阻法测定其含量。

4. 含量测定

含量测定包括生物检定（效价）和理化含量测定。效价为抗生素对敏感菌杀死或抑制的程度，检验方法有稀释法、管碟法（扩散法）和比浊法。理化测定（含量）一般用HPLC法。

8.2.4 生物药物质量检验程序与方法

1. 药物取样

基本原则是均匀合理；应考虑取样的科学性、真实性和代表性。

2. **鉴别**

依据生物药物的化学结构和理化性质，采用化学法、物理法、生物学方法进行某些特殊反应，或测试某些专属的物理常数，如紫外光谱、红外光谱等，来判断并确定生物药及其制剂的真伪。通常采用标准品或对照品在同一条件下进行对照试验。鉴定方法包括电泳迁移率、HPLC 峰型和保留时间、Western blot 免疫印迹（确定抗原性）、相对分子质量、等电点、肽图、光谱、氨基酸组成、免疫原性等。

3. **杂质检查（纯度）**

在不影响疗效和人体健康的前提下，可以允许药物在生产过程和贮藏过程中引入微量的杂质。残余蛋白应小于1/1000，采用高灵敏度免疫分析法，非蛋白类杂质如细菌、病毒、热原（过滤法）和 DNA 单位剂量应小于100pg（核酸杂交法）。

4. **安全性检查**

生物药物应保证无毒、无菌、无热原、无致敏原和降压物质等一般安全性要求。需检查的项目有异常毒性试验、无菌检查、热原检查、过敏试验、降压物质检查。

5. **含量（效价）测定**

采用化学分析方法或物理分析方法，测定药品的有效成分的含量是否符合标准。用百分含量、生物效价或酶活力单位表示。

6. **检验报告书写**

要求真实、不得涂改、提出处理意见，须有完整的原始记录。

8.2.5 生物药物常用的定量分析法

1. **酶法**

（1）酶活力测定法：目的是测定样品中某种酶的含量或活性。

（2）酶分析法：以酶为分析工具，测定样品中酶以外的其他物质的含量。

2. **电泳法**

在电解质溶液中，带电粒子或离子在电场作用下以不同速率向其所带电荷相反的方向迁移，基于溶质在电场中的迁移速率不同达到分离的目的。常用的有自由界面电泳、区带电泳、高效毛细管电泳。

3. **理化分析法**

理化分析法包括重量分析法、滴定分析法、分光光度法、HPLC 法等。

4. **生物检定法**

生物检定法是利用药物对生物体的作用以测定其效价和生物活性的方法。

8.3 β-内酰胺类抗生素

β-内酰胺类抗生素是一类结构上具有β-内酰胺环，具抗菌活性的天然或经化学改造的化合物的总称。它们具有毒性最低、品种最多、使用最广泛的特点。其性质见表8-2。

表 8－2 β－内酰胺类抗生素的性质

类别	特点
结构特点	母核：青霉素为 6－氨基青霉烷酸（6－APA），头孢菌素为 7－氨基头孢烷酸（7－ACA）
物理性质	白色或黄色无定形或结晶性固体，具旋光性，可成盐而易溶于水
特征红外光谱	1770～1815cm（高频振动）
化学性质	6－APA 环易打开
抗菌机制	抑制肽聚糖转肽酶和 D－丙氨酸羧肽酶的活性，抑制肽聚糖的合成，干扰细胞壁合成

8.3.1 青霉素

青霉素的基本结构是由β－内酰胺环和噻唑烷环骈联组成的 N－酰基－6－氨基青霉烷酸。当发酵培养基中不加侧链前体时，产生多种 N－酰基取代的青霉素混合物，见表 8－3。但只有青霉素 G 和青霉素 V 在临床上有用。它们具有相同的抗菌谱，但前者对酸不稳定，后者稳定可以口服。

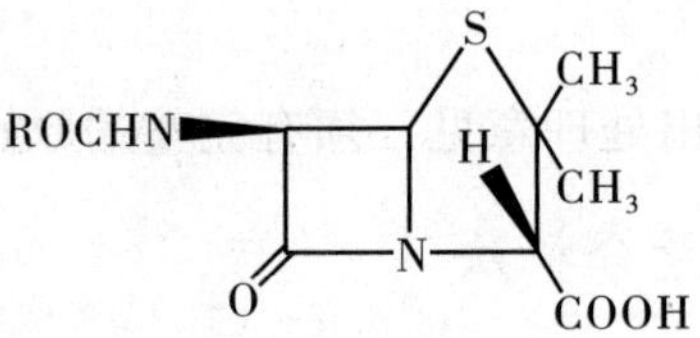

青霉素

表 8－3 青霉素种类

青霉素种类	侧链取代基（R）	相对分子质量	生物活性（U/mg 钠盐）
青霉素 G	$C_6H_5CH_2$—	334.38	1667
青霉素 X	(p) $HOC_6H_4CH_2$—	350.38	970
青霉素 F	$CH_3CH_2CH{=}CHCH_3$—	312.37	1625
青霉素 K	$CH_3(CH_2)_6$—	342.45	2300
双氢青霉素 F	$CH_3(CH_2)_4$—	312.40	1610
青霉素 V	$C_6H_5OCH_2$—	350.38	1595

8.3.1.1 青霉素的性质

青霉素的性质见表 8－4。

表 8－4 青霉素的性质

稳定性	与含水量和纯度有关。纯净的较稳定，有效期 3 年以上。热稳定。水溶液不稳定，易受 pH（6～6.5）和温度影响
溶解度	游离酸在水中溶解度小，易溶于有机溶剂，但其钾、盐钠易溶于水和甲醇

续上表

降解反应	遇酸、碱或加热易分解成青霉烯酸或分子重排成青霉咪唑酸。水解成青霉噻唑酸
紫外光谱	在252、257、264nm有吸收峰，而青霉烯酸在320nm有吸收峰，青霉噻唑酸在280nm有吸收峰，故该处吸收不能高
过敏反应	可能是降解产物引起

8.3.1.2　青霉素的发酵生产

生物合成平衡式：

$3.22Glu + 3NH_3 + SO_4^{2-}$ + 苯乙酸 + $3.84O_2$→青霉素G + 6 - 氢氧化吡啶 - 2 - 羟酸 + $5.34CO_2$

1. 菌种

最早的菌种为点青霉（2U/mL），现在的菌种为形成绿色孢子和黄色孢子的两种产黄青霉菌株，生产力85 000U/mL。

菌种保存：真空冷冻干燥，或用甘油或乳糖溶液为悬浮剂，-70℃保存孢子悬浮液或菌丝体（前者传代时易变异）。

2. 发酵生产

冷冻干燥孢子→琼脂培养→米基培养→种子培养（2级）→发酵生产（菌丝生长和产物合成两阶段，通过限制糖供给进行调控）。

（1）生产孢子的制备。将砂土保藏的孢子用甘油、葡萄糖、蛋白胨组成的培养基进行斜面培养，经传代活化。最适生长温度25～26℃，培养6～8d，形成单菌落。再传斜面，培养7d，生长形成绿色斜面孢子。孢子制成悬液，接入到优质小米或大米固体培养基上。在25℃，相对湿度50%，生长7d，制备米孢子。每批孢子必须进行严格摇瓶试验，测定效价及杂菌情况。

（2）种子罐培养。种子培养要求产生大量健壮的菌丝体，因此，培养基应加入比较丰富的易利用的碳源和有机氮源。

一级种子发酵为发芽罐，小罐。按接种量将米孢子接入小罐后，孢子萌发，形成菌丝。培养基成分包括葡萄糖、玉米浆、碳酸钙、玉米油、消沫剂等。通入无菌空气，通气比为1∶3（体积比），充分搅拌300～350r/min。在温度（27±1）℃，培养40～50h。菌体正常，菌丝浓度达40%以上。

二级种子发酵为繁殖罐，大量繁殖菌体。培养基成分包括玉米浆、葡萄糖等，通气比为1∶(1～1.5)，搅拌250～280r/min，在（25±1）℃下，培养12h。菌丝浓度40%以上，残糖1.0%左右，无杂菌，为合格种子。

（3）发酵罐培养。三级发酵罐为生产罐，培养基成分包括花生饼粉（高温）、麸质粉、玉米浆、葡萄糖、尿素、硫酸铵、硫酸钠、硫代硫酸钠、磷酸二氢钠、苯乙酰胺及消沫剂、碳酸钙等。接种量为12%～15%。青霉素的发酵对溶解氧要求极高，通气量偏大，通气比控制在0.7～1.8；150～200r/min；要求高功率搅拌，$100m^3$的发酵罐搅拌功率在200～300kW，罐压控制在0.04～0.05MPa，于25～26℃下培养，发酵周期在200h左右。前60h，pH为5.7～6.3，之后pH为6.3～6.6；前60h为26℃，之后为24℃。

（4）发酵过程控制。发酵培养控制青霉素发酵过程分为生长和产物合成两个阶段。

在生长期，菌丝快速生长；而在生产期，菌丝生长速度降低，大量分泌青霉素。研究结果表明，在生产阶段维持一定的最低比生长率，对于青霉素的持续合成十分必要。因此，在快速生长期末所达到的菌丝浓度应有一个限度，以确保生产期菌丝浓度有继续增加的余地；或者在生产期控制一个与所需比生长率相平衡的稀释率，以维持菌丝浓度保持在发酵罐传氧能力允许的范围内。发酵过程需连续流加葡萄糖、硫酸铵以及前体物质苯乙酸盐，补糖率是最关键的控制指标。

培养条件的控制如下：

①碳源。青霉素能利用多种碳源，如乳糖、蔗糖、葡萄糖、淀粉、天然油脂等。目前生产上主要使用淀粉经酶水解的葡萄糖液进行流加。通过加糖（补加葡萄糖）控制来促使青霉素的持续合成。

②氮源。可选用玉米浆、花生饼粉、精制棉籽饼粉或麸质粉，并补加无机氮源 $(NH_4)_2SO_4$、$NH_3 \cdot H_2O$、尿素，使发酵液氨氮控制在0.01%～0.05%。

③前体。因为生物合成含有苄基基团的青霉素G，需在发酵中加入前体如苯乙酸或苯乙酰胺。由于它们对青霉菌有一定毒性，故一次加入量不能大于发酵液总量的0.1%，并采用多次加入方式。

④无机盐。包括硫、磷、钙、镁、钾等盐类。铁离子对青霉菌有毒害作用，应严格控制发酵液中铁含量在30μg/mL以下。

⑤pH控制。一般控制在6.4～6.6，pH不能超过7.0，因为青霉素G在碱性条件下不稳定。用加葡萄糖来控制或加酸、碱控制pH。

⑥温度控制。一般前期为25～26℃，后期23℃。以减少后期发酵液中青霉素的降解破坏。

⑦通气和搅拌。青霉素发酵要求溶氧浓度大于30%饱和度，通气比一般为1∶0.8。但溶氧浓度过高则说明菌丝生长不良或加糖率过低，造成呼吸强度下降，同样影响生产能力的发挥。

⑧泡沫与消沫。在青霉素发酵过程中产生大量的泡沫，过去以天然油脂如豆油、玉米油等为消沫剂，目前主要用化学消沫剂“泡敌”来消沫。应当控制其用量并少量多次加入，尤其在发酵前期不宜多用。否则，会影响生产菌的呼吸代谢。

3. 提取和精制

要求 <10℃下操作，流程如下：

培养液→过滤→去蛋白→萃取→结晶→重结晶。

具体过程：在菌丝自溶前过滤（否则难过滤），滤液用硫酸调pH至4.5～5.0，加入0.07%溴代十五烷吡啶PPB，沉淀蛋白质，并加0.07%硅藻土作助滤剂过滤，用醋酸丁酯或戊酯萃取，用磷酸盐缓冲液、碳酸氢钠或碳酸钠溶液反萃取，在二次丁酯萃取液中加入醋酸钾乙醇溶液可使青霉素钾盐结晶析出。在钾盐水溶液中加入普鲁卡因，可得青霉素普鲁卡因盐结晶。将醋酸钾改为醋酸钠可得其钠盐。重结晶用0.5mol/L的NaOH萃取丁酯，加2.5倍丁醇，16～26℃减压蒸馏一定程度后即结晶。

4. 质量检定

按药典规定项目进行。

8.3.2　头孢菌素

头孢菌素 C 在化学与生物学性质上与青霉素有许多共同的特征，在化学结构上都具有 β - 内酰胺环，抗菌作用机制也是抑制细菌细胞壁的合成，因而对人体安全。

典型的天然头孢菌素为头孢菌素 C（CPC）和 7α - 甲氧头孢菌素 C。它们都具有广谱抗菌作用，且对青霉素酶稳定；后者还能耐受头孢菌素酶。由于天然物的抗菌活性不高，或抗菌谱不够理想，故经化学改造，找到了许多广谱、高效、耐酶的半合成头孢菌素，临床上应用更加广泛，如头孢力新（口服）、头孢克罗（口服）、头孢唑啉（注射）、头孢西丁（注射、耐 β - 内酰胺酶）、头孢他啶（注射、耐 β - 内酰胺酶，抗绿脓杆菌）等。

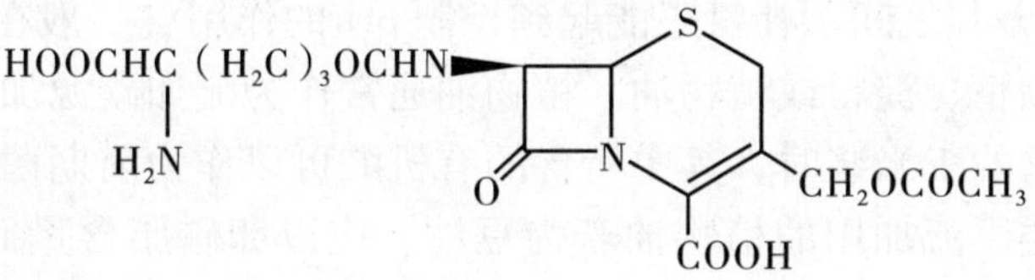

头孢菌素C

8.3.2.1　菌种选育与保存

发酵实现高产的首要条件之一是有优良菌株。顶头孢霉 M8650 是用于工业生产的原始亲株，全世界所有高产菌株差不多都是由它反复诱变、筛选得到的。为了提高产生正突变株的概率，可以定向筛选耐受毒性前体或产物的菌株、耐受前体类似物从而能过量生物合成中间体的菌株、耐受金属离子的菌株、营养缺陷回复突变株、对分解代谢阻遏脱敏的菌株等。例如，蛋氨酸的有毒类似物硒蛋氨酸，能与生物合成中间体或 β - 内酰胺环本身反应的金属离子 Hg^{2+}、Cu^{2+} 等，都可以作为这种诱变筛选的效应剂。

通过诱变在完全培养基上获得蛋氨酸营养缺陷株，然后转入加有各种含硫化合物（如硫酸盐）以代替蛋氨酸的基本培养基，可以筛选出不需要加入蛋氨酸的高产突变株，从而降低发酵成本。

原生质体融合也是高产菌株选育的一种有效方法。顶头孢霉菌的细胞壁对 β - 葡萄糖苷酸酶敏感，可以用这种酶进行破壁，形成原生质体。聚乙烯醇能促进原生质体的融合和重组细胞的再生。

由于扩环和羟化是头孢菌素 C 生物合成途径的限速阶段，因此可以用现代基因工程技术构建含克隆的扩环/羟化酶基因的质粒，将其转入工业生产菌株中，获得显著提高头孢菌素 C 生产能力的基因工程菌。

8.3.2.2　生物合成

已通过放射性标记化合物证实，头孢菌素 C 和青霉素相似，也是以 L - α - 氨基己二酸、L - 半胱氨酸和 L - 缬氨酸三种氨基酸作为前体经三肽中间体（LLD - ACV），经生物合成得到的。

首先由三肽中间体（LLD - ACV）生成异青霉素 N，然后经差向异构酶转化为青霉素 N，并通过扩环酶系生成脱乙酰氧头孢菌素 C（DOCPC），再羟化为脱乙酰头孢菌素 C

(DCPC)，最后在乙酰辅酶A的存在下，由乙酰基转移酶催化生成头孢菌素C。研究表明，LLD－ACV三肽至异青霉素N的环化和青霉素N至脱乙酰氧头孢菌素C的扩环是头孢菌素C生物合成中的两个关键阶段。发酵中产生的头孢菌素C，一部分由酯酶降解形成DCPC，这一酯酶的活性，随培养液中作为碳源的油酸甲酯的耗尽而增加，维持培养液中油酸甲酯的浓度在0.05%或稍低一些，可减少发酵产物中DCPC的含量，从而提高头孢菌素C的含量。

8.3.2.3 发酵调控

（1）培养基。玉米浆是一种优良的氮源，它能提供各种丰富的氨基酸、肽、蛋白质和微量元素，起始用量一般为2～6g/L。其他氮源有花生饼粉、硫酸铵、氨、尿素等。当基础培养基中的氮源消耗到一定程度时，要不断补入硫酸铵或氨，以维持发酵液中铵氮含量在0.5～0.7g/L之间。补氨还能起到控制pH的作用（一般在6～7之间）。碳源可以使用葡萄糖、糊精、淀粉或植物油。植物油通常作为流加碳源加入到基础培养基中。当培养基中含有丰富的玉米浆时，其中所含的有机酸可以作为前期菌丝生长的优良碳源，就没有必要加入糖类。流加用的植物油若为豆油，应以卵磷脂含量低者为好，为此可将新鲜豆油放置一段时间使卵磷脂大部分沉淀后再使用。除了碳、氮源外，通常还要添加无机盐以满足菌丝生长对无机盐的需要，特别是当采用含有机物少的稀薄培养基时。另外，对于某些不能利用硫酸根的菌株来说，还必须加入蛋氨酸。

（2）通气和搅拌。在发酵过程中应保证足够的供氧，给以良好的通气搅拌，以维持头孢菌素C合成关键——扩环和羟化的需要。据报道，溶氧浓度低于25%饱和度，头孢菌素C的产率将显著降低。溶氧的耗尽先是导致中间产物青霉素N的积累，随后整个β－内酰胺抗生素的生物合成都迅速减少。为了维持所需的溶氧浓度，一般要求搅拌输入功率为$4kW/m^3$（发酵液）以上。

（3）菌丝形态。在头孢菌素C发酵过程中，顶头孢霉菌呈现明显的形态分化。在发酵初期，细胞形态主要为放射形、表面光滑的细长菌丝，随着时间的延长，一些菌丝分化，膨胀并断裂为不规则的膨胀菌丝碎片，再演变为球形或椭圆形的单细胞节孢子，当这种膨胀的菌丝碎片在培养液中占优势时则开始大量合成头孢菌素C。研究表明，在菌株选育过程中，随着菌株生产能力的提高，形成节孢子的能力呈增加的趋势。

（4）发酵终点。发酵终点由产率、产物组成、成本、效益、过滤速度等综合因素来确定。头孢菌素C是不稳定的化合物，在发酵过程中，分子内的β－内酰胺环以$5\times10^3/h$的一级反应速率非酶降解，故随着发酵液中头孢菌素C浓度的提高，绝对降解量逐渐加大。同时，由于乙酰酯酶的存在，部分头孢菌素C被转化为脱乙酰头孢菌素C，而且后者比前者稳定，因而后者占发酵总产物的比例越来越高。β－内酰胺环降解后的产物及脱乙酰头孢菌素C含量的增加，将对头孢菌素C的回收造成不利的影响。另外，随着发酵时间的延长，由于菌丝形态的变化及自溶，发酵液将变得难于过滤。因此，应当根据以上各方面的情况，从生产的整体综合考虑，适时地把握发酵终点，以达到最大的生产效益。

8.3.2.4 头孢菌素C的分离纯化

目前主要采用多种分离纯化方法相结合的生产工艺，先用大孔网状吸附剂从发酵液中初步分离出头孢菌素C，然后经离子交换法纯化，最后采用络盐沉淀法进行结晶。

（1）预处理。发酵终止时，一般头孢菌素C游离酸含量为18～20mg/mL，还有5%～15%的DCPC及微量DOCPC。因此，先使发酵液冷却至15℃以下，再用硫酸酸化至pH2.5～3.0，放置一定时间，使DCPC内酯化而易于与头孢菌素C分离。然后用板框或真空鼓式过滤机过滤，并用水淋洗滤渣。收集、合并滤液和洗液于低温（10℃）下保存。

（2）大孔网状吸附剂的吸附与解吸。滤液在进入吸附柱之前一定要澄清，以免污染树脂。国外常用Amberlite XAD－2，XAD－4及Diaion HP－20等。国产大孔网状树脂有SKC－02、SIP－1300、312等，其性能与XAD－4相似。CPC的最适吸附pH为2.5～3.0，XAD－4的吸附容量为15～20g/L树脂。吸附完毕，需用2～4倍吸附体积去离子水洗涤，除去SO_4^{2-}等阴离子，以免干扰后工序离子交换树脂的纯化。然后用15%～25%乙醇、丙酮或异丙醇水溶液来解吸。收集解吸液，收率约为90%。

（3）离子交换树脂的纯化。头孢菌素C分子中氨基碱性较弱，不能用阳离子交换树脂处理。用强碱性树脂，吸附力强但解吸困难，故采用弱碱性阴离子交换树脂，常用Amberlite IRA－68、Amberlite IR－4B及国产医工－82、330等。吸附前预先用醋酸溶液处理树脂使其成醋酸型，再开始吸附，330树脂对CPC的交换容量为60～80g/L树脂。吸附完毕，用去离子水洗涤树脂，然后以1.5%～2.5%的醋酸钠（钾）水溶液解吸。解吸收率一般也有90%左右。

（4）沉淀结晶。头孢菌素C可与二价重金属离子Cu^{2+}、Zn^{2+}、Ni^{2+}、Co^{2+}、Fe^{2+}、Pb^{2+}等形成1∶1摩尔比的难溶性络盐微晶沉淀。将头孢菌素C浓度为30～50mg/mL的离子交换解吸液，放入结晶罐中冷却至5℃，加入醋酸锌搅拌使其溶解，然后再加入结晶液体积30%的乙醇或丙酮，即逐渐析出头孢菌素C锌盐微晶沉淀。结晶收率为85%～90%。此法简单，收率也好，但由于重金属盐的选择性较差，而且需在一定浓度下才能析出络盐结晶，因此只能用于经过纯化后的头孢菌素C水溶液。

8.4　氨基糖苷类抗生素

氨基糖苷类抗生素的化学结构都是以氨基环醇与氨基糖缩合而成的苷，故又称氨基糖苷－氨基环醇类抗生素。氨基糖苷类抗生素抗菌谱广，作用强，对革兰阳性和阴性菌都有抗菌作用。但最大缺点是对第八对脑神经、肾脏等组织的毒副作用强。链霉素是1944年发现的第一种氨基糖苷类抗生素，此后又陆续发现了新霉素、卡那霉素、庆大霉素、妥布霉素等。至今发现的已达百种以上。

8.4.1　链霉素的结构和性质

链霉素抗生素是由链霉胍、链霉糖、N－甲基－*L*－葡萄糖胺结构组成的糖苷，有多种结构，见表8－5。

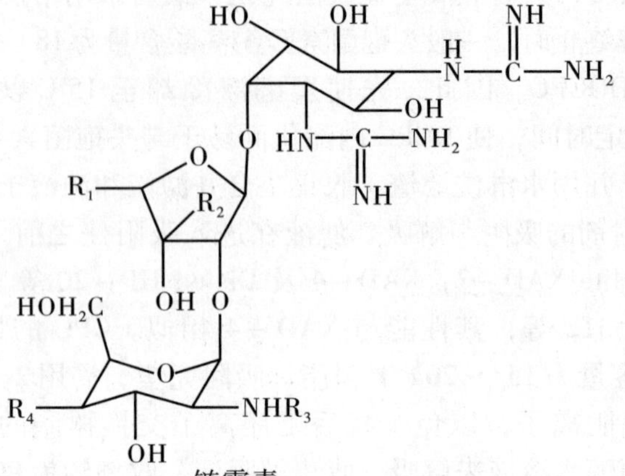

链霉素

表 8 – 5 链霉素的结构

组分	产生菌	R_1	R_2	R_3	R_4
链霉素	*Streptomyces griseus*	CH_3	CHO	CH_3	H
双氢链霉素	*Streptomyces humidus*	CH_3	CH_2OH	CH_3	H
羟基链霉素	*Streptomyces griseocarneus*	CH_2OH	CHO	CH_3	H
甘露糖链霉素	*Streptomyces griseus*	CH_3	CHO	CH_3	*D* – 甘露醇
甘露糖羟基链霉素	*Streptomyces griseus*	CH_2OH	CHO	CH_3	*D* – 甘露醇
N – 去甲基链霉素	*Streptomyces griseus*	CH_3	CHO	H	H

链霉素是一种有机碱，含有很多亲水基团，易溶于水，难溶于有机溶剂。链霉素与有机物、无机物形成盐类，临床使用的是硫酸盐形式。链霉素盐酸盐易溶于甲醇但难溶于乙醇，而链霉素硫酸盐难溶于甲醇。不同的盐类其状态不同，有些盐就不溶于水，可应用于分离纯化。链霉素呈白色粉末，大多数盐类是白色粉末或结晶，无臭，味微苦。链霉素的溶解度随 pH 变化而变化，在中性溶液中，以 3 价阳离子形式存在。链霉素的干燥粉末比较稳定，空气、光线对其影响不大。但链霉素及其盐类吸潮后，易于分解破坏。链霉素的水溶液比较稳定，但易受 pH 和温度的影响。

8.4.2 链霉素的发酵工艺过程

8.4.2.1 生产菌种特性

链霉素生产菌有灰色链霉菌（*Streptomyces griseus*）、比基尼链霉菌（*S. bikiniensis*）、灰肉链霉菌（*S. griseocarneus*）等。灰色链霉菌的气生菌丝和孢子呈白色，孢子柄直而短小，孢子数量多，呈椭圆球形。菌落呈梅花或馒头形，直径 3 ～4mm。基内菌丝透明，产生淡棕色色素。灰色链霉菌的生产能力对温度敏感，发酵过程应严格控制。

8.4.2.2 种子制备

链霉素采用 3 ～4 级发酵工艺进行生产，历经斜面种子、摇瓶种子、发酵罐种子和发酵培养等阶段。

冷冻保存的菌种接到含有葡萄糖、蛋白胨等的斜面培养基（pH中性至偏碱性）上，在27℃培养，获得斜面菌种。合格的斜面孢子菌种在4℃冷库中保存作为生产斜面菌种备用。斜面菌种接到摇瓶中，在27℃培养。培养基的成分包括黄豆饼粉、葡萄糖、硫酸铵、碳酸钙等。摇瓶种子可经过2次扩大繁殖，再接入种子罐。

根据发酵罐的体积和接种量，种子罐培养的级数为2～3级。接种量一般为10%。检查菌丝、发酵单位、无菌要求等，严格控制各级种子质量，确保种子合格。

链霉菌容易发生变异，失去相应的生长和生产特性，生产能力下降，菌落形态和代谢也发生变化。可冷冻干燥保存菌种，严格控制操作过程。生产菌种在0～4℃冷库中保存，原始斜面菌种在5d内使用，生产斜面菌种在3d内使用。斜面菌种传代3次，定期筛选。

8.4.2.3　发酵培养

发酵培养基的组成有葡萄糖、黄豆饼粉、硫酸铵、玉米浆、磷酸盐和碳酸钙等。葡萄糖是最适碳源，总量在10%以上，其他碳源发酵单位低。黄豆饼粉是最佳有机氮源，硫酸铵和尿素为常用辅助无机氮源，氨水也可使用。磷酸盐对链霉素生产影响较大，灰色链霉菌的适宜磷酸盐浓度范围为1.5～15mol/L。碳酸钙起中和代谢产物有机酸、调节pH作用，还能促进链霉素生成。添加微量1～2mg/L的Co^{2+}，0.25% NaCl维持菌体渗透压。控制Fe^{2+}浓度在20μg/mL，60μg/mL的高浓度会产生毒性。

链霉菌高度好氧，其临界氧浓度约为0.001mol/L，在100L发酵罐中，搅拌转速应在300～500r/min之间。加大通气和搅拌，供氧能力应该在临界氧浓度以上，以满足菌体的耗氧需求，保证高产量。

灰色链霉菌对温度敏感，不同温度下的生产能力差异较大，在25～29℃之内，温度升高，产量增加，30℃以上产量大大下降，可控制在28℃左右发酵。

链霉菌菌丝生长的适宜pH为6.5～7.0，而合成的适宜pH为6.8～7.3，低于6.5或高于7.5不利于合成。可采用pH自动控制系统，通入氨水，实现自动控制。

链霉菌发酵周期为7～8d，必须补料葡萄糖、硫酸铵和氨水。根据糖的消耗速率，确定补料的次数和补料量。放罐时的残糖控制在1%以下，可解除糖对甘露糖苷酶的分解阻遏作用，提高发酵产量。

8.4.2.4　链霉素的分离纯化工艺过程

分离与纯化采用离子交换原理，基本过程是发酵液预处理、离子交换吸附以及洗脱、精制和浓缩等工段。

（1）发酵液预处理。部分链霉素与链霉菌的菌体结合，用酸、碱或盐短时处理，使链霉素释放出来。常用草酸或磷酸作酸化处理。草酸调节pH至3左右，直接蒸汽加热70～75℃，维持2min，迅速冷却，使蛋白质变性凝固、过滤或离心分离。对酸性滤液碱化处理，进一步除去蛋白质。基于链霉素的稳定性和解离度及树脂的性能，应使原液在中性附近，即pH6.7～7.2，便于离子交换。滤液外观澄清，高价离子很少，在10℃以下保存，防止破坏。

（2）离子交换。链霉素在中性溶液中呈3价阳离子，所以可用阳离子交换树脂吸附分离。生产中用钠型羧酸树脂在pH6.7～7.2下，3～4串联多级吸附，减少链霉素的分离损失。解吸附的罐先用软水洗涤，再用7%左右硫酸3罐串联解吸。

(3) 精制。洗脱液中链霉素含量为75%～90%，含有链霉素降解产物等其他杂质，需要进一步除去。采用高交联的氢型树脂，金属离子扩散进入树脂内部与阳离子交换，而链霉素大离子不能，因此吸附速度不同，通过离子筛作用，除去小离子杂质。经过交换树脂后，交换液变酸，用弱碱羟型树脂中和，除去链霉素降解产物，得到精制液。

精制液用硫酸或氢氧化钡调节 pH 至4.3～5.0，加入活性炭，在常温下脱色，透光率在95%以上。脱色液进行真空浓缩干燥，在低温下快速浓缩。浓缩液用硫酸调节 pH 至2.5，加入活性炭进一步脱色。用氢氧化钡调节 pH 至5.5～6.0，加入活性炭脱色，得到成品浓缩液。

8.5 大环内酯类抗生素

大环内酯类抗生素是以一个大环内酯为母体，通过糖苷键与糖分子连接的一类化合物。根据环结构的不同，可分为多氧大环内酯、多烯大环内酯和蒽沙大环内酯。多氧大环内酯又有14、15、16元环3类。医疗上使用的大环内酯抗生素有14元环的红霉素、克拉霉素、罗红霉素等，15元环有阿奇霉素，16元环有吉他霉素、麦迪霉素、螺旋霉素等，对革兰阴性菌和阳性菌均有很好的抑制作用。多烯大环内酯抗生素则具有26～28元大环，有三烯（如三烯菌素）、四烯（如两性霉素）、五烯（如菲律宾菌素）、六烯（如制霉菌素）、七烯（如两性霉素B）等抗生素。它们对细胞几乎没有作用，但对致病真菌如酵母菌、霉菌和癣菌有抑制作用。

8.5.1 红霉素的结构与性质

红霉素是多组分的抗生素，其中红霉素A为有效组分，红霉素B和C为杂质。其结构见表8-6。

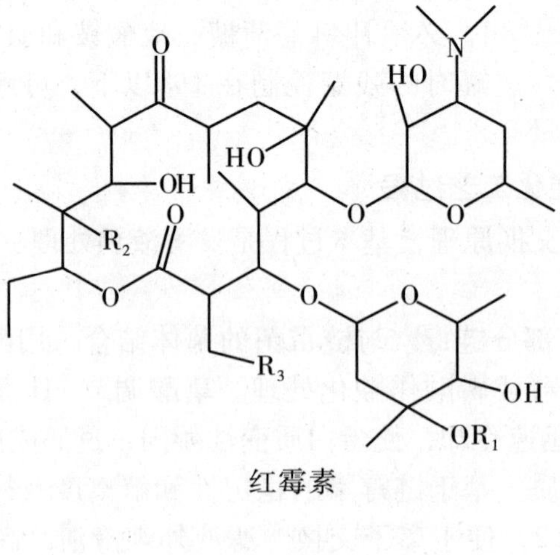

红霉素

表8-6　红霉素的结构

组　分	R_1	R_2	R_3
红霉素A	CH_3	OH	H
红霉素B	CH_3	H	H
红霉素C	H	OH	H
红霉素D	H	H	H
红霉素E	CH_3	OH	形成原酸酯
红霉素F	CH_3	OH	OH

红霉素易溶于醇类、丙酮、氯仿、乙酸乙酯、乙酸戊酯等有机溶剂，在水中溶解度随温度升高而下降，55℃下溶解度最低。红霉素在干燥状态和在pH6～8水中是稳定的。但红霉素对酸不稳定，糖苷键易水解，酸水解后生成脱水红霉素，进一步水解为红霉糖胺和红霉糖。红霉糖水解生成二甲氨基己糖和丙醛。

8.5.2　红霉素的发酵工艺过程

8.5.2.1　红霉素生产菌种

红霉素的生产菌种是红色糖多孢菌（*Saccharopolyspora erythrea*）。在固体培养基上，菌落呈草帽型，淡黄色变为褐红色，培养基中无色素。气生菌丝白色，孢子丝螺旋状，3～5圈。孢子白色至深米色，球形，孢子背面红色或红棕色。光线抑制孢子形成，要避光培养。灰色焦状菌落的生产能力差，应注意培养基的组成。

8.5.2.2　种子制备

红霉素采用3级发酵工艺进行生产，经历斜面种子、摇瓶种子、发酵罐种子和发酵培养等阶段。

斜面孢子培养基组成为淀粉1%、硫酸铵0.3%、氯化钠0.3%、玉米浆1.0%，碳酸钙0.25%，pH7.0～7.2。在37℃、相对湿度50%左右，避光培养7～10d。玉米浆会影响孢子的质量和外观，应该严格使用。每批斜面孢子的数量不低于1亿个，孢子色泽鲜艳，无黑点、外观符合要求，斜面孢子可于冰箱保存1～2个月。

斜面孢子制成悬液，接种到一级种子罐中。培养基组成包括淀粉、糊精、葡萄糖、黄豆饼粉、蛋白胨、硫酸铵、氯化钠、碳酸钙、硫酸镁、磷酸二氢钾等，pH7.0。在35℃下，通气比为1∶1.5，培养60～70h。然后接种到二级种子罐中，在33℃下，通气比为1∶1.5，种子罐在后期采用补料花生饼粉、蛋白胨、酵母粉和氨水等，增加基质，满足对营养成分消耗的需求。检查菌丝、发酵单位、无菌要求等，合格种子可进行发酵。

8.5.2.3　发酵培养

发酵培养基的组成包括淀粉、葡萄糖、黄豆饼粉、蛋白胨、硫酸铵、氯化钠、碳酸钙、硫酸镁、磷酸二氢钾等。最适碳源是蔗糖，其次是葡萄糖、淀粉，生产中用葡萄糖（80%）和淀粉（20%）混合碳源。黄豆饼粉是主要氮源，其次是蛋白胨、硫酸铵等。

丙醇是红霉素合成的前体，加入丙醇或丙酸、丙酸钠能显著提高红霉素产量。丙醇比丙酸毒性小，代谢较稳定，是适宜的流加前体。在pH6.5以上，菌体变浓时，开始流加，每隔24h补加1次，总量为0.7%～0.8%。

最初发酵12h，通气控制0.4m^3/(m^3·min)。12h后，增加通气量，控制在0.8～1.0m^3/(m^3·min)。在产物合成阶段，溶解氧浓度应在20%以上。

红霉素生产菌对温度较敏感，高温生长加快，但易衰老自溶，并增加红霉素C的含量。33℃培养40h黏度达到高峰。31℃培养，48h黏度达到高峰，但衰老较慢。因此，发酵过程温度控制在31℃，可维持较长发酵时间。

红霉素合成最适pH为6.7～6.9，低于6.5合成减少，高于7.2菌丝易自溶。pH保持6.6～7.2，菌丝生长良好，发酵产量稳定。在发酵后期，可滴加氨水，调节pH，增加氮源，提高产量和质量。

红霉素的发酵周期为150～160h，必须进行中间补料。还原糖控制在1.2%～1.6%，每隔6h加入葡萄糖，放罐前12～18h停止补料。

根据黏度大小，适时补料有机氮源。黏度对红霉素成品质量影响很大，黏度越高，红霉素C含量越高。黏度低时增加补氮源量，黏度高时减少补氮源量，适当补水。发酵后40h，每隔2h补花生饼粉、硫酸铵、酵母粉，放罐前24h停止补氮源。

8.5.3 红霉素的分离纯化工艺过程

红霉素的分离纯化主要采用萃取和大孔树脂吸附工艺。

8.5.3.1 溶剂萃取纯化工艺

红霉素是一种弱碱，溶于有机溶剂，在酸或中性pH下与酸形成盐，根据溶解度进行溶剂萃取分离制备。采用0.05%甲醛处理，3%硫酸锌沉淀蛋白质，使菌丝成团，加速过滤。用20% NaOH调节pH至7.6～8.2，以防止红霉素在酸性条件下被破坏，板框式压滤。也可用碱式氯化铝取代硫酸锌，以避免锌离子毒性增加滤渣处理的难度。

加入去乳化剂十二烷基苯磺酸钠，减轻溶剂萃取时的乳化现象和红霉素的损失。酸化和碱化的pH对萃取收率的影响很大。碱化时的高pH有利于萃取，但pH太高导致乳化作用严重。碱化时pH控制在10±0.5，酸化时pH控制在4.9±0.3。

滤液用乙酸乙酯（pH10）萃取，红霉素进入乙酸乙酯相（一级萃取）。对萃取液用乙酸-磷酸氢二钠为缓冲液调节pH至4.0，得到缓冲液萃取相（二级萃取）。当红霉素转入缓冲液后，用pH为10左右的乙酸丁酯进行萃取（三级萃取），提高温度，降低红霉素在水中的溶解度，可提高收率。

最后在-5℃、10%丙酮水溶液中静置24～36h结晶，离心，蒸馏水洗涤结晶，除去红霉素C，得到湿晶体。在70～80℃、96kPa下干燥20h，得到红霉素产品。

对于萃取液，还可采用乳酸盐沉淀法进一步提高效价。向萃取液中加入乳酸（pH6.0），搅拌均匀，形成红霉素乳酸盐湿晶体。用适量乙酸乙酯洗涤，55℃干燥得到干晶体。加入10%丙酮水溶液（pH6.0），溶解晶体，得到红霉素溶液。加入氨水进行碱转化（pH10），55℃下水解。对湿晶体水洗至pH7～8，55℃下干燥，得到红霉素成品。

8.5.3.2 大孔树脂吸附纯化工艺

红霉素在中性和酸性条件下呈阳离子状态，可用大孔离子交换树脂吸附分离制备。常用大孔树脂CAD-40或SIP-1300等为吸附剂，通过动态吸附，对滤洗液中的红霉素进行有效吸附。滤洗液通过双串联柱吸附，达到饱和吸附。用 40℃水快速洗涤树脂，再用等体积 pH10 的氨水通过树脂。用 2% 氨水混合的乙酸丁酯解析树脂，红霉素集中在最初的 1 ～2h 内。随后的分离采用乙酸丁酯萃取的溶剂工艺：乙酸丁酯解析液用 pH4. 7 ～5. 2 的乙酸缓冲液萃取，再用乙酸丁酯在 38 ～40℃下反萃取，在丙酮水溶液结晶，干燥得到红霉素成品。

8. 6　四环类抗生素

四环素是一类广谱抗生素，对很多革兰阳性菌和阴性菌都有抑制作用，对某些立克次体和病原虫也有一定抑制作用。

8. 6. 1　四环素抗生素的结构与性质

四环类抗生素是以四骈苯为母核的一类化合物，用于临床的有四环素、土霉素、金霉素、去甲金霉素等，见表 8 –7。

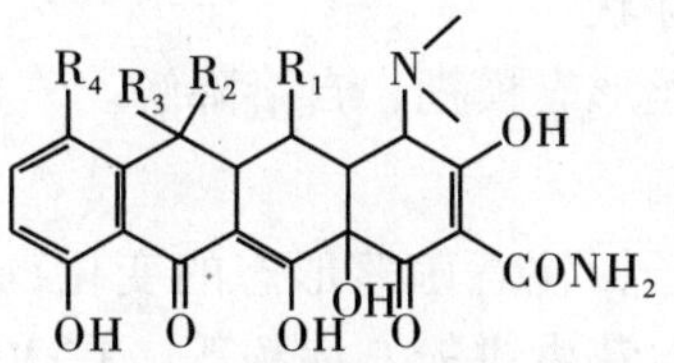

四环素

表 8 –7　四环素的结构

名称	化学名称	R_1	R_2	R_3	R_4
四环素	四环素	H	OH	CH_3	H
土霉素	5 – 羟基四环素	OH	OH	CH_3	H
金霉素	7 – 氯四环素	H	OH	CH_3	F
去甲金霉素	6 – 去甲基 –7 – 氯四环素	H	OH	H	Cl

虽然四环素固体很稳定，37℃储存时生物活性不降低，但会产生对人体有毒的脱水四环素，应该低温保存。四环素水溶液的稳定性随 pH 变化而不同，差异很大。四环素在弱酸性条件下稳定，在 pH4 时半衰期最长，为 1050h；pH5. 5 时为 888h；在 pH2 时，半衰期为 577h，此条件下 6 位叔羟基可脱落形成脱水四环素，活性很低。四环素在碱性条件下很不稳定，降解开环，形成无活性异构化合物。四环素在 pH7 时半衰期为 167h，pH10 时为 44h。四环素易被空气等氧化剂所氧化，碱溶液更易氧化，颜色加深形成黑色。四环素能与高价金属离子如 Fe^{3+}、Al^{3+}、Cu^{2+}、Co^{2+}、Mn^{2+}、Mg^{2+} 等形成螯合物，可用于四环素的分离提取。四环素还能与硼酸、磷酸、甲醇、氯化钙等形成复合物。四环素与尿素形成等摩尔复合物沉淀，不溶于水，而差向四环素、脱水四环素与尿素不能形成沉淀，可用于精制四环素。四环素尿素复合物在溶于有机溶剂时，分离形成四环素和尿素。

8.6.2 四环素的发酵工艺过程

8.6.2.1 生产菌种

四环素生产菌是金色链霉菌（*Strptomyces aureofaciens*），此外卡诺菌也能产生四环素。根据使用情况，四环素生产菌有两类，一类是用生产金霉素的菌种，采用加 NaBr 和抑氯剂等特定工艺条件，发酵生产四环素。另一类是采用只产生四环素的菌种进行发酵生产。金色链霉菌在固体培养基上分泌金黄色色素，气生菌丝无色素。孢子在气生菌丝上排列成链状、圆形或椭圆形，初期是白色，后期变为棕灰色至灰黑色。在发酵过程中，用亚甲蓝（美蓝）染色，判断菌丝生长状态，金色链霉菌的变化特征如下：

第 1 期：初生菌丝生长期。孢子发芽，分枝旺盛，亚甲蓝染色呈深蓝色，原生质充实，形成菌丝团。

第 2 期：次生菌丝或营养菌丝生长期。菌丝团散开，次生菌丝大量生成，交织成网状（网状菌丝），分枝明显，染色呈深蓝色。

第 3 期：产物分泌期。菌丝趋短，出现空胞，染色减弱，逐渐变浅蓝色。中后期，菌丝更短，分枝减少，呈短枝芽状。

第 4 期：菌丝自溶期。菌丝形态模糊，自溶降解。

8.6.2.2 种子制备

用麸皮斜面培养基制备孢子，注意菌落形态的变化，选择正常形态的菌落，进行扩繁。种子罐培养基采用蛋白胨、花生饼粉、淀粉等，在 30 ～32℃下，加强通气和搅拌，培养 24 ～27h，菌丝处于第 2 期末或第 3 期初，代谢旺盛，菌丝黏稠，培养液为黄色，pH6.0。

8.6.2.3 发酵培养工艺

发酵培养基采用花生饼粉、黄豆饼粉、硫酸铵、氯化铵、尿素等氮源，氨基态氮质量浓度在 100 ～200mg/L 适宜。碳源有淀粉、葡萄糖、糖蜜及油脂等。无机磷对发酵至关重要，是从生长转型到生产的关键影响因素。生长阶段需要高磷，580mg/L 磷有利于生长，而生产阶段需要低磷，130mg/L 磷有利于四环素的合成。因此，可以通过控制发酵过程中磷的变化从而实现对菌丝生长的控制。为了抑制氯进入四环素分子结构中，需要添加多种竞争性抑氯剂，起协同作用，如溴化钠，2－巯基苯并噻唑（M－促进剂）等，用量为 0.0001% ～0.05%。加入微量硫氰化苄（0.0001% ～0.0002%），有助于提高产量。

温度对发酵的影响表现在两方面，一方面影响产量，另一方面改变生物合成途径。一般采用 28 ～32℃为发酵温度。菌体生长的适宜 pH 为 6 ～6.8，而四环素合成的适宜 pH 为 5.8 ～6.0，可在不同阶段通过流加葡萄糖和氨水控制在适宜的范围内。

发酵过程对溶解氧敏感，应该采取措施，增加溶解氧水平。值得注意是 CO_2 对四环素有较大影响，四环素生物合成的适宜 CO_2 体积分数为 2% ～8%，CO_2 体积分数超过 15% 将抑制菌体生长。

8.6.3　四环素的分离纯化工艺过程

8.6.3.1　分离

用草酸或草酸与无机酸对发酵液进行酸化（pH1.5～2.0）处理，不仅可除去钙离子，草酸钙还能使蛋白质凝固沉淀，有利于过滤；同时，酸化使四环素溶解，进入液体。用0.2%黄血盐除去铁离子，加入0.25%硫酸锌除去蛋白质，0.2%硼砂助滤。发酵液经过板框过滤得到澄清滤液进行分离提取。

8.6.3.2　结晶

滤液用氨水调节pH至4.8，加入亚硫酸钠防止氧化，加入尿素降低晶体含水量，在5℃下搅拌2h，结晶析出粗品。过滤洗涤后，气流干燥，进风120～130℃，出风70～80℃，得到四环素成品。在分离提取过程中，产生差向四环素、脱水四环素和2－乙酰－2－去酰胺四环素等杂质，对成品质量影响大。在较低温度下操作，应尽可能缩短时间，减少差向异构化产物生成。

思考题

8－1　试述抗生素的种类、主要来源及特点。

8－2　试述抗生素的一般生产工艺。

8－3　如何对抗生素生产进行质量控制？

8－4　青霉素有哪些性质和特点？

8－5　试述青霉素的发酵生产工艺和条件。

8－6　试述头孢菌素的发酵生产工艺和分离方法。

8－7　试述链霉素的生产工艺过程。

8－8　试述红霉素的生产工艺过程。

8－9　试述四环霉素的生产工艺过程。

第 9 章　生化药品

9.1　概述

运用生理学和生化理论、方法及研究成果直接从生物体分离或用微生物合成，或用现代技术制备的一类用于预防、治疗、诊断疾病，有目的地调节人体生理机能的生化物质称为生化药品。这类物质是维持生命活动必需的生化成分，也是人体基本的生化成分，如氨基酸、多肽、蛋白质、多糖、核酸、脂肪、维生素、激素等。

9.1.1　生化药品分类

生化药品可分为氨基酸及其衍生物类（如乙酰半胱氨酸等）、多肽和蛋白质类（如血清白蛋白、丙种球蛋白、催产素、降钙素、细胞生长因子白细胞介素、红细胞生成素等）、酶类（消化酶、抗栓酶等）、核酸及其降解物和衍生物类（如 RNA、DNA、5 - Fu 等）、糖类（黏多糖）、脂类（脂肪酸、磷脂等）。

9.1.2　生化药品特点

①生物原材料的复杂性。来源于不同生物体、组织，同一组织也可产生不同的物质。

②生化物质种类多，有效成分含量低。如胰岛素仅占胰脏重量的万分之二。

③生物材料的种属特性。外源不一定有效，如猪脑垂体分泌的生长素对人体侏儒无效。

④药物活性与分子空间构象相关。

⑤对制备技术条件要求高。原料采集、保藏、产品生产等都有温度和无菌条件要求；操作条件需严格控制；有理化检测和生物活性检测；检测方法要求重现性好、有较高的灵敏度和专属性；生产、管理人员应具备一定的知识深度和相当的知识结构。

9.1.3　传统生化制药的一般工艺

传统生化制药的一般工艺流程为：生物材料的选取与预处理→提取有效活性部分→有效成分的分离纯化→制剂。

9.1.3.1　生物材料的选择

生物材料选择要满足以下条件：

（1）来源丰富，且能综合利用，如用猪心同时生产细胞色素 C 和辅酶 Q10 等；

（2）合适的生物品种，富含目的有效成分，如羊精囊富含前列腺素合成酶，可作其原料；

（3）合适的组织器官，避免相似杂质干扰，如胰脏含有磷酸单脂酶和磷酸二酯酶，而前列腺只含单脂酶，故提单脂酶以后者为佳；

（4）合适的生长发育阶段，如幼年的胸腺发达，适于胸腺素的提取；提取绒毛膜促性腺激素 HCG 则以孕期1～4个月的尿液为佳；

（5）合适的生理状态，如饱食后胰脏中胰岛素含量高。

9.1.3.2 生物材料的保存

（1）天然材料：保持新鲜，防止腐败、变质和微生物污染。天然材料的主要保存方法有速冻、冻干、有机溶剂脱水等。

（2）动物细胞：组织块保存（4℃，2周）、细胞悬液保存（4℃，3周）、单层细胞保存（37℃更换培养液可长期保存）、低温冷冻保持（－70℃或液氮，1年）。

影响生物材料保存质量的因素：细胞的冻存速度（1～5℃/min）、保护剂（甘油及二甲亚砜 DMSO）、冻结方法（单层细胞冻存）、复苏（40℃，40s 后接种）。

9.1.3.3 生物材料的预处理

1. 组织与细胞破碎

（1）物理法：磨切法（匀浆、磨碎）、压力法（高压冲击或迅速减压或渗透压破裂）、震荡法（超声波）、冻融法（－15℃冻融）。

（2）化学法：酸、碱、盐、有机溶剂或表面活性剂处理。

（3）生物法：组织自溶（自溶酶作用）、酶解法（溶菌酶处理）、噬菌体法（感染裂解细胞）。

2. 细胞器的分离

用差速离心法进行细胞器分离，再用免疫法分析某种特定物质的含量，或用标志酶分析特定酶类的浓度进行确定。如线粒体为琥珀酸脱氢酶、微粒体为 NADPH 细胞色素 C 还原酶、细胞膜为 Na、K－ATP 酶、细胞核为 DNA 合成酶。

3. 制备丙酮粉

用丙酮处理材料，使之脱水、脱脂，使细胞松散，增加生物材料的稳定性，有利于提取，又减小了体积，便于贮存和运输。

9.1.3.4 生物活性物质的提取

1. 影响因素

（1）温度：耐热的成分如多糖，用浸煮法（50～90℃），不耐热的用浸渍法（0～10℃）。

（2）酸碱度：避免过酸过碱和等电点附近，pH4～9，一般弱酸，多糖用弱碱。

（3）盐浓度：稀盐能增加蛋白质溶解度，故用0.1～0.15mol/L NaCl 溶液和醋酸盐缓冲液，0.02～0.05mol/L 磷酸盐缓冲液、焦磷酸钠缓冲液和柠檬酸缓冲液提取。

2. 活性物质的保护措施

采用缓冲系统；添加保护剂（如还原剂半胱氨酸、巯基乙醇、金属螯合剂 EDTA，保护酶的活性中心和活性基团）；抑制水解酶（添加酶抑制剂）；其他如避免高温、紫外线、强烈搅拌等。

3. 常用提取方法

（1）酸、碱、盐水溶液提取：如胰蛋白酶用稀硫酸提取，肝素用 pH9 的 3% NaCl

提取。

（2）表面活性剂提取：表面活性剂有分散、乳化和增溶的作用。离子型表面活性剂作用强，但易引起蛋白质变性，非离子型表面活性剂（高级醇醚衍生物）作用小。除去表面活性剂的方法有离子交换层析、Sephadex LH－50 层析。

（3）有机溶剂提取：固液提取，如用丙酮提取胆固醇、醇醚提取辅酶 Q、氯仿提取胆红素。乙醚、氯仿、苯是脂类化合物的良好溶剂。

（4）液液萃取，溶剂用量一般为生物材料的 2 ～5 倍，提取 2 ～3 次。

4．生物活性物质的浓缩方法

（1）盐析浓缩：添加中性盐如硫酸铵、硫酸钠等，使蛋白质沉淀。但需透析去盐。

（2）有机溶剂沉淀浓缩：加乙醇、丙酮等使其溶解度降低而析出。

（3）葡聚糖凝胶浓缩：用 G－25 吸水浓缩，加入量为溶液量的 1/5。水洗净乙醇脱水后凝胶可再利用。

（4）聚乙二醇浓缩：透析膜外用聚乙二醇吸水可浓缩数十倍。

（5）超滤浓缩：超滤膜浓缩。

（6）真空减压浓缩与薄膜浓缩：使液体成薄膜蒸发。

5．干燥

干燥方法有冷冻干燥、减压干燥、气流干燥、喷雾干燥、红外线干燥等。

9.1.3.5 生化物质的分离纯化

1．根据特点分离

生物材料组成复杂难分离，有些化合物含量极微，活性成分离开生物体后易变性失活，分离在溶液中进行增加了其不稳定性，常采用温和的逐级分离方法，操作时间长、工艺复杂，效率不高。

2．分离原理

分子形状和大小不同（如差速离心、膜分离、凝胶层析）；分子荷电性质差异（离子交换、电泳、等电聚焦）；分子极性大小及溶解度不同（溶剂提取、逆流分配、盐析）；物质吸附性质不同（选择性吸附或吸附层析）；生物分子与其配体的特异亲和性差异（亲和层析或沉淀法）。

3．分离纯化的程序

确定制备物的研究目的及建立相应的分析鉴定方法；通过文献了解制备物的理化性质，进行稳定性的预备试验；材料处理及抽提方法的选择；分离纯化方法的摸索；产物的均一性测定。

4．纯化方法的选择

早期不宜选择分辨能力较高的纯化方法；利用差异性采用不同方法交替；后期要防止生化物质变性。

5．分离方法评价

通过提纯倍数和回收率进行评价。

9.2　氨基酸药物

9.2.1　氨基酸的结构与性质

氨基酸是蛋白质的基本组成单位。其结构中羧酸分子的一个或一个以上的氢原子被氨基取代而生成的化合物。结构式为：

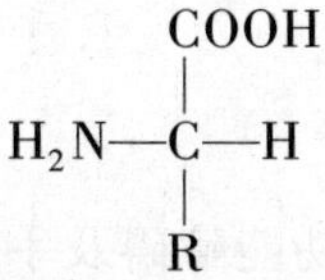

R为侧链基团，不同氨基酸的R不同。其结构存在两个特点：①酸性羧基和碱性氨基构成两性电解质；②如R不为H，则具有不对称碳原子，因而具有光学活性。除甘氨酸外，其他均具有*D*、*L*两种异构体。天然蛋白质水解得到的氨基酸几乎都是*L*型。通过比旋度可鉴定其纯度。

氨基酸为无色晶体，熔点很高，一般为200～300℃。溶于水，但在水中溶解度差异较大，精氨酸、赖氨酸溶解度最大，胱氨酸、酪氨酸最小。在乙醇中除脯氨酸外，其他均不溶解或很少溶解。能溶于强酸强碱中，不溶于乙醚、氯仿等非极性溶剂。

芳香族氨基酸有紫外吸收高峰，如Phe 259nm，Tyr 278nm，Trp 279nm，氨基、羧基及侧链可发生相应的化学反应，可用于鉴别、定性和定量分析。常见的氨基酸的性质如表9-1所示。

表9-1　常见氨基酸的性质

氨基酸	简写	熔点/℃	水中溶解度（25℃）	物理形状
甘氨酸	Gly	290	24.99	白色单斜晶
丙氨酸	Ala	297	16.51	菱形晶
缬氨酸	Val	292～295	8.85	六角形叶片水晶
亮氨酸	Leu	337	2.19	无水叶片状晶
异亮氨酸	Ile	284	4.12	菱形叶片或片状晶
丝氨酸	Ser	228	5.02	六角形或柱状晶
苏氨酸	Thr	253	1.59	斜方晶
半胱氨酸	Cys	178	—	晶粉
甲硫氨酸	Met	283	5.14	六角形片状晶
天冬氨酸	Asp	270	0.5	菱形叶片状晶
谷氨酸	Glu	249	0.84	四角形晶
赖氨酸	Lys	224～225	73.9	扁角形片状晶
精氨酸	Arg	238	85.56	柱片状晶
苯丙氨酸	Phe	284	2.96	叶片状晶

续上表

氨基酸	简写	熔点/℃	水中溶解度（25℃）	物理形状
酪氨酸	Tyr	344	0.046	丝状针晶
色氨酸	Trp	282	1.14	六角形叶片状晶
组氨酸	His	277	4.29	叶片状晶
脯氨酸	Pro	222	62.3	柱、针状晶

9.2.2 氨基酸类药物的作用

（1）补充必需营养：适合消化道功能障碍及手术后病人。

（2）治疗消化道疾病：Glu，Gln，乙酰谷酰胺铝保护胃黏膜。

（3）治疗肝病：Arg可促进氨的排泄，治疗高氨血症、肝机能障碍。

（4）治疗肿瘤：S－氨甲酰－Cys等代谢拮抗物可抗肿瘤。

（5）其他疾病：Glu促进脑代谢，Tyr为中枢抑制性递质，激活糖代谢，中枢降压，Asn可消除疲劳，Cys可抗辐射。

9.2.3 生产方法

9.2.3.1 蛋白水解法

蛋白水解法利用毛发、血粉、废蚕丝等蛋白原料，通过酸、碱或酶水解成多种氨基酸的混合物，经分离纯化获得各种氨基酸。有酸、碱、酶水解过程有水解、分离、精制、结晶步骤。目前His、Arg、Leu、Ser、Cys、Tyr采用此方法。

9.2.3.2 化学合成法

化学合成法利用有机合成和化学工程相结合的技术生产氨基酸的方法。优点是氨基酸品种不受限制。但合成得到的都是*DL*型外消旋体，需拆分才能获得*L*－氨基酸。故需同时考虑合成工艺条件、消旋体的拆分、*D*－异构体的分离。目前*DL*－Ala、Asn、Met、Ser、Trp、Phe采用此法。

9.2.3.3 酶法

酶法是应用完整的菌体或自微生物细胞提取的酶类制备氨基酸的方法。具有工艺简单、周期短、耗能低、专一性强、收率高等特点，适合消旋体的拆分。但合成底物和酶原限制了其应用。用该法生产的氨基酸有*L*－Asp、*L*－Ala、*L*－Ser、*L*－Thr。

9.2.3.4 直接发酵法

使用野生型菌株直接由糖和铵盐生产的如Glu、Ala、Val；使用营养缺陷型突变株直接由糖和铵盐生产的如Lys、Thr、Phe等；由氨基酸结构类似物抗性突变株生产如Lys、Phe等；使用营养缺陷型兼抗性突变株生产如Lys、Thr、Phe等。目前发酵法生产居多，Glu产量最高，Lys次之。

9.2.3.5 微生物合成法

以氨基酸的中间产物为原料，用微生物将其转化为相应的氨基酸，可以避免氨基酸生物合成途径中的反馈抑制作用。主要有 L－Trp、L－Ser。

9.2.4　赖氨酸的生产

赖氨酸的生物合成途径：

$$3C_6H_{12}O_6 + 4NH_3 + 4O_2 = 2C_6H_{14}N_2O_2 + 6CO_2 + 10H_2O$$

9.2.4.1　生产工艺

1. 直接发酵

一步发酵法：生产流程为菌种（黄色短杆菌、谷氨酸棒杆菌等）→种子培养→发酵→上柱交换→氨水洗脱→真空浓缩→调 pH 至 5 ～ 6→粗 Lys 盐酸盐→重结晶脱色→精制品。

两步发酵法：先用大肠杆菌的 Lys 缺陷型菌株（无脱羧酶）发酵生产，积累大量的二氨基庚二酸 DAP，再经产气杆菌或大肠杆菌酶法脱羧生产。

（1）菌种的培养。高丝氨酸缺陷型菌株 AS1.536 于 30 ～ 32℃活化 24h 后，先在 32℃进行斜面培养。斜面培养基成分（g/L）为：葡萄糖 5，牛肉膏 10，蛋白胨 5，琼脂 20，pH7。再进行种子培养，种子培养基成分（g/L）为：葡萄糖 20，玉米浆 20，硫酸镁 0.5，硫酸铵 4，磷酸氢二钾 1，碳酸钙 5，豆饼水解液 10，pH6.8 ～ 7.0，接种量 5%，32℃培养 17h。

（2）发酵。发酵培养基成分（g/L）为：葡萄糖 130，尿素 4，硫酸镁 0.4，硫酸铵 20，磷酸氢二钾 1，豆饼水解液 20。接种量 5%，每分钟通气比为 1：0.3（空气与发酵液体积比），32℃培养 38h。

（3）吸附、洗脱、浓缩结晶。发酵液加热至 80℃，搅拌 10min，冷却至 40℃，加硫酸调 pH 至 4 ～ 5（发酵液含酸量 2.5% 左右）。静置 2h 后上 732 树脂（NH_4^+型）柱（树脂用量与发酵液量之体积比为 1：3），流速为 1mL/min。当流出液 pH 逐渐升至 5.5 ～ 6 时，表明树脂饱和，一般吸附 2 ～ 3 次。饱和树脂用去离子水反复洗涤。除去菌体和杂质，直至流出液澄清，用 2 ～ 2.5mol/L 的氨水洗脱，流速为 400 ～ 800mL/min，从 pH8 开始收集，至 pH13 ～ 14 时洗脱结束。洗脱液除氨，真空浓缩，冷却，用浓盐酸调 pH 至 4.9。静置 3d，析出结晶，离心甩干得 L－赖氨酸盐酸盐粗品。

（4）脱色、浓缩、结晶、干燥。粗品用蒸馏水溶解，加 10% ～ 12% 活性炭脱色，过滤，滤液澄清略带微黄色，于 40 ～ 45℃、93kPa 下真空浓缩，至饱和为止，自然冷却结晶。滤取结晶，60℃干燥得 L－赖氨酸盐酸盐精品，收率 50% 以上。

2. Lys 酶法生产

（1）酶法转化。无色杆菌（含 D－氨基己内酰胺消旋酶）＋隐球酵母（含 L－氨基己内酰胺水解酶）联合培养，可使 DL－氨基己内酰胺转化成 L－Lys；或用 D－氨基己内酰胺消旋酶将 D－氨基己内酰胺消旋化生成 L－氨基己内酰胺，再用其水解酶水解而成。消旋酶来自于裂环无色杆菌。水解酶来自于隐球酵母。

无色杆菌消旋酶的活力可保持 30h，酵母水解酶的活力可保持 100h。除使用干燥菌体外，也可以直接用培养液、菌体抽出液进行反应，但用量要适当增加。

反应实例：10%、100mL（780mmol）的 DL－氨基己内酰胺（用 HCl 调 pH 至 8.0），

加入0.1g隐球酵母的丙酮干燥菌体及0.1g无色杆菌的冷冻干燥菌体，置于300mL的三角瓶中，在往复式摇瓶机上进行振荡培养，温度保持40℃，反应时间为24h。上清液中测不出氨基己内酰胺，*L*-赖氨酸的量为778.4mmol，转化率达到99.8%。加入少量活性炭，搅拌并煮沸3min，冷却至室温，过滤后用盐酸调pH至4.1，真空浓缩，60℃干燥，得到*L*-赖氨酸盐酸盐，纯度为99.5%。

（2）酶法拆分。利用酰化酶水解反应的专一性，只作用于乙酰-*L*-Lys。故用酰化酶作用乙酰-*DL*-Lys，得到*L*-Lys和乙酰-*D*-Lys，用有机溶剂乙醇等可溶解后者，而前者析出。

①酰化酶的制取：用米曲霉制备米曲。将米曲置于冰浴中，加4倍蒸馏水或去离子水混匀过滤，残渣用2倍水洗，合并两次滤液，室温离心（2500～3000r/min）30min，上清液调pH至5，加入硫酸铵至0.6饱和度，冰浴中放置2h，离心后弃去上清液，沉淀用水洗涤，得粗酶液。加入甲苯后置冰箱中备用，可保存1～2d。

将粗酶液于-2℃下加入60%（体积分数）的冷丙酮（1～2℃），经冷冻离心，收集沉淀，用少量水洗，对蒸馏水透析48h，冷冻干燥即得。

②酶法拆分操作：首先配制0.1～0.5mol/L浓度的N-乙酰-*DL*-赖氨酸的水溶液，用氢氧化钠调节pH至7.0，加一定量的米曲霉丙酮干粉，38℃保持24h以上，待水解反应基本完全，加入醋酸调pH至5.0，停止酶的作用并加入少量的活性炭，加热至70℃脱色，过滤，浓缩。

③*L*-赖氨酸的分离：酶水解后生成的*L*-赖氨酸不溶于有机溶剂，而N-乙酰-*D*-赖氢酸则能溶解。故加入有机溶剂，*L*-赖氨酸即析出，而常用的有机溶剂为乙醇、醋酸乙酯或磷酸三丁酯等。

④*D*-赖氨酸回收：母液中的乙酰-*D*-赖氢酸经真空浓缩干燥，再用6mol/L HCl水解，即得*D*-赖氮酸的二盐酸盐。

3. **水解法生产** Lys

动物蛋白质的Lys含量较高，一般从乳酪素或血粉中提取。用盐酸水解，进行真空浓缩，除去氯化氢，滤去不溶解的中性氨基酸（Leu），适当稀释后，用离子交换柱分离精制。

9.2.4.2 Lys 的提取与精制

1. **发酵液预处理**

发酵液含氨基酸、菌体、培养基残留物、色素等。去菌体方法有离心分离法（4500～6000r/min）和添加絮凝剂沉淀法（如聚丙烯酰胺）；去钙盐可用草酸或硫酸。

2. **提取与精制**

提取与精制的方法有沉淀法、有机溶剂抽提法、电渗析法、离子交换树脂吸附法，以后者居多。因赖氨酸pI=9.59，在pH2时可被强酸性阳离子交换树脂吸附，pH7～9时可被弱酸性阳离子交换树脂吸附（用铵型较好，只吸附碱性氨基酸，交换势为：Arg > Lys > His > Phe > Leu > Met）。工艺流程：发酵液→预处理→上柱吸附→水洗→氨水洗脱→真空浓缩去氨→调pH→冷却结晶→脱色→重结晶→干燥。

9.2.5　其他氨基酸水解法制备

9.2.5.1　亮氨酸的制备

亮氨酸（Leu）为人体必需氨基酸，广泛存在于蛋白质中，以玉米麸质及血粉中含量最丰富，其次在角甲、棉籽饼和鸡毛中含量也较多。亮氨酸可用蛋白质水解法或合成法制备。其流程如图9-1所示。

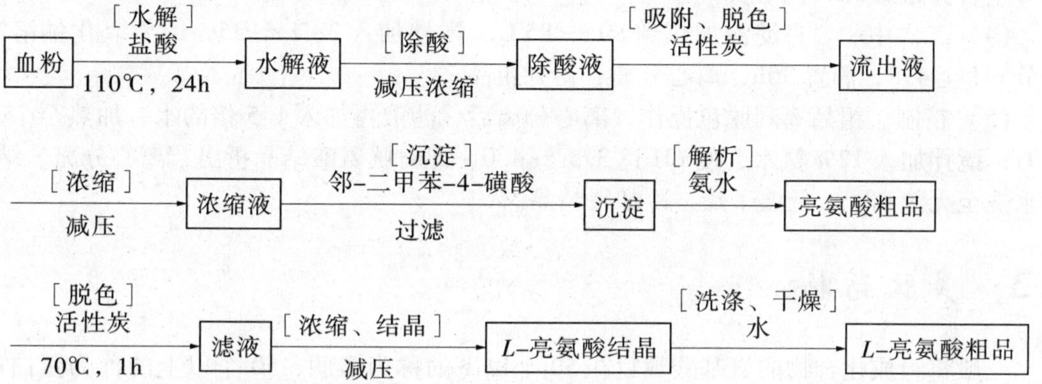

图9-1　亮氨酸制备工艺流程

（1）水解、除酸。取6mol/L盐酸500L于水解罐中，投入动物血粉100kg，于110～120℃回流水解24h，再于70～80℃减压浓缩至糊状，加水50L。稀释后再浓缩至糊状，如此除盐酸3次，冷却至室温，滤除残渣。

（2）吸附、脱色。滤液稀释1倍，以0.5L/min流速过颗粒活性炭柱（30cm×180cm），至流出液出现丙氨酸为止，用去离子水以同样流速洗脱，直至洗脱液pH为4.0为止，合并流出液和洗涤液。

（3）浓缩、沉淀、解析。流出液减压浓缩至原体积的1/3，搅拌下加入1/10体积量的邻二甲苯-4-磺酸，生成亮氨酸磺酸盐沉淀。沉淀用2倍体积去离子水搅拌洗涤2次，抽滤压干得亮氨酸磺酸盐。加2倍量去离子水，摇匀，用6mol/L氨水中和至pH6～8，70～80℃保温搅拌1h，冷却过滤，沉淀用2倍体积去离子水搅拌洗涤2次，过滤得亮氨酸粗品。

（4）精制。粗品用40倍体积去离子水加热溶解，加0.5%活性炭于70℃搅拌脱色1h，过滤，滤液浓缩至原体积的1/4，冷却析出白色片状亮氨酸结晶，过滤，结晶用少量去离子水洗涤，抽干，70～80℃烘干得亮氨酸精品。

9.2.5.2　胱氨酸的制备

胱氨酸存在于所有蛋白质中，尤以毛、发、蹄甲等角蛋白中含量最多。它由两分子半胱氨酸脱氢氧化而成。不溶于乙醇及其他有机溶剂，易溶于酸、碱溶液。胱氨酸的生产方法有发酵法、合成法和水解法。工业上以水解法为多。把人发、猪毛用强酸水解，从角朊分解成多种氨基酸，然而再从水解液中用各种方法将之分离出来。胱氨酸在人发和猪毛中的含量分别为12%和13%，收率可达7.5%～8%。

（1）水解。配制一定量8～8.5mol/L盐酸加热到75～80℃，投入盐酸质量50%～

55%的人发或猪毛，温度升到110℃计时，水解6h，用双缩脲法测定水解液，用1%硫酸铜溶液检验水解液无紫色出现为止。冷却，离心分离。

（2）中和。将滤液在搅拌下加入30%～35%的氢氧化钠溶液，调节pH至4.8，静置36h，离心分离得到胱氨酸粗品1。

（3）脱色。将粗品1放入缸中，加入其质量60%的10mol/L盐酸，再加入其质量2.5倍的水，加热至70℃左右，搅拌溶解0.5h，加入质量为粗品8%的活性炭，升温到80℃左右保温0.5h，离心分离。

（4）二次中和。将滤液加热到80～85℃，搅拌加入30%～35%的氢氧化钠溶液，调节pH至4.8，静置36h，离心分离，得到粗品2。

（5）精制。粗品2同脱色操作，离心分离后，滤液再加入1.5倍的水，加热至75～80℃，搅拌加入12%氨水，使pH达3.5～4.0，此时胱氨酸结晶析出，离心分离。结晶用水洗至无氯离子，低温干燥，冷却得精品。

9.3 多肽药物

一般将组成化合物的氨基酸数目在50个以下的称为多肽，50个以上的称为蛋白质。它们在血液中浓度很低，为10^{-12}～10^{-10}mol/L，但它们具有很强的生理活性。活性多肽主要从内分泌腺、组织器官、分泌细胞和体液中产生和获得。

9.3.1 多肽种类

（1）多肽激素。

①垂体激素：促皮质素ACTH、促黑色素MSH、脂肪水解激素LPH、催产素OT、加压素AVP等；

②下丘脑激素：促甲状腺释放激素TRH、生长素抑制激素GRIF，促性腺释放激素LHRH等；

③甲状腺激素：甲状旁腺激素PTH，降钙素CT等；

④胰岛素；

⑤肠胃激素：胃泌素，胆囊收缩素CCK，缓激肽、P物质；

⑥胸腺肽等。

（2）多肽类细胞生长调节因子：表皮生长因子EGF、转移因子TF、心钠素ANP。

（3）含有多肽成分的组织制剂：骨宁、氨肽素、蛇毒、胎盘提取物、花粉提取物等。

9.3.2 降钙素的制备

9.3.2.1 结构与性质

降钙素由32个氨基酸组成（含Pro），相对分子质量3500。溶于水和碱性液，不溶于有机溶剂，易被氧化，25℃避光可保存2年，水溶液只能保存7d。来源于猪甲状腺、鲑、鳗心脏或心包膜。

降钙素主要功能是降低血钙。还可抑制破骨细胞活力，故可抑制骨盐溶解吸收，阻止骨钙释出，可用于骨质疏松症、甲状腺机能亢进、成人高钙症。还可抑制胃酸分泌，治疗十二指肠溃疡。

9.3.2.2　**提取法**

（1）取猪甲状腺，绞碎，用丙酮脱脂制成脱脂甲状腺粉。

（2）取丙酮粉，加20倍0.1mol/L的HCl，60℃提取1h，加等体积水混匀，搅拌1h，离心，沉淀用水洗涤，合并上清液和洗液，再搅拌2h后离心，收集上清液。

（3）上清液中加入异戊醇、醋酸、水（体积比为20：32：48）的混合液，搅匀，加热到50℃，用硅藻土作助滤剂过滤，收集沉淀。

（4）将沉淀用0.3mol/L NaCl溶解，用10% HCl调pH至2.5，离心除去不溶物，收集离心液。

（5）溶液用10倍水稀释后，过CMC柱（5cm×50cm），用0.02mol/L醋酸缓冲液（pH4.5）平衡，收集含有降钙素的溶液，冻干。或用2mol/L氯化钠盐析制得降钙素粉。

9.3.2.3　**测定**

用0.1mol/L NaAc稀释的0.1%白蛋白溶解，取0.2mL按倍稀释，静注雄性大白鼠1h后取血，用原子吸收光谱测定血清钙值，对标准计算效价。猪甲状腺降钙素含量一般为200U/mg，鲑鱼2700U/mg。

9.3.3　胸腺肽的制备

9.3.3.1　**结构与性质**

胸腺肽由40～50个氨基酸组成，相对分子质量7000～9600，热稳定，80℃活性不降。来源于小牛或猪、羊胸腺。提取物为混合制剂。

胸腺肽可调节细胞免疫功能，有较好的抗衰老和抗病毒作用，对肿瘤也有很好的辅助治疗效果。还可用于再生障碍性贫血、急慢性病毒性肝炎等的治疗。

9.3.3.2　**提取工艺**

（1）提取。小牛胸腺绞碎，用1倍冷重蒸水10 000r/min高速捣碎1min后，于-20℃冰冻贮藏48h，得浸渍液。

（2）加热去杂蛋白。浸渍液加热到80℃保持5min，再降温到-20℃冷藏2～3d，融化后5000r/min离心40min取上清。

（3）超滤。将上清液过分子量截留值为10 000的超滤膜。

（4）干燥。超滤液加入3%甘露醇为赋形剂，冷冻干燥得胸腺肽。

9.3.3.3　**活力测定**

E-玫瑰花结升高百分率不低于10%，相对分子质量小于13 000。

9.3.4　促皮质激素的制备

9.3.4.1　**结构与性质**

促皮质激素（ACTH）系从腺垂体前叶中提取的一种含39个氨基酸残基的直链多肽，可被胃蛋白酶水解。相对分子质量4567（人）、4593（猪），易溶于水，能溶解于70%丙酮和乙醇中。pI6.6，在干燥和酸性条件下稳定，热稳定。

ACTH能维持肾上腺皮质功能正常，促进皮质激素合成和分泌。临床用于治疗胶原病（包括风湿性关节炎、红斑狼疮、干癣等），也用于过敏症（如严重哮喘、药物过敏、荨麻疹等）。还可用于诊断试剂，诊断垂体和肾上腺皮质功能。

9.3.4.2 **提取工艺**

（1）取猪垂体前叶干粉，加20倍0.5mol/L醋酸，用硫酸调pH至2.0～2.4，70～75℃热提10min，过滤得提取液。

（2）调提取液pH至3.1，加投料量20%的CMC（羧甲基纤维素），于3℃下搅拌吸附12h，过滤。用0.13mol/L HCl解吸，解吸液用717阴离子交换树脂处理，过滤，调节pH至3.1，冷藏。

（3）在洗脱液中加入CMC，1～5℃搅拌吸附12h，过滤，CMC用0.1mol/L醋酸、蒸馏水、0.01mol/L醋酸铵（pH6.7）分别洗涤，最后用0.15mol/LHCl解吸。解吸液分别用717阻截离子交换树脂及732阳离子交换树脂处理，pH调到3.0左右，冻干。效价在45U/mg以上。

9.3.4.3 **测定**

粗品用小白鼠胸腺萎缩法测定，精品用去垂体大白鼠肾上腺维生素C降低法测定。

9.4 蛋白质类药物

9.4.1 药物种类

（1）蛋白质类激素：包括①垂体蛋白质激素，如生长素GH，促甲状腺素TSH、催乳素PRL等；②促性腺素，如绒毛膜促性腺激素HCG等；③其他，如胰岛素等。

（2）血浆蛋白质：白蛋白、丙种球蛋白等。

（3）细胞生长调节因子：干扰素IDN，白细胞介素IL，肿瘤坏死因子TNF等。

（4）黏蛋白：胃膜素、硫酸糖肽等。

（5）胶原蛋白：明胶、阿胶。

（6）碱性蛋白：硫酸鱼精蛋白。

（7）蛋白酶抑制剂：胰、大豆蛋白酶抑制剂。

9.4.2 白蛋白及人血丙种球蛋白的制备

9.4.2.1 **结构与性质**

白蛋白又称清蛋白，是人血浆含量最多的蛋白质，约占总蛋白的55%。同种白蛋白制品无抗原性，主要用于维持血浆胶体渗透压，临床上用于失血性休克、严重烧伤、低蛋白血症等的治疗。

白蛋白为单链，含575个氨基酸残基，相对分子质量65 000，pI4.7，溶于水和半饱和的硫酸铵溶液。较耐热。白蛋白有5类，即IgG，IgA，IgM，IgD，IgE。

9.4.2.2 **制备工艺**

（1）络合。人血浆用碳酸钠调pH至8.6，加入等体积的2%利凡诺溶液络合，充分搅拌后静置2～4h，分离上清和沉淀。上清用硫酸铵盐析后，超滤得人血丙种球蛋白。

（2）解离。沉淀先用灭菌蒸馏水稀释，再用 0.5mol/LHCl 调 pH 至弱酸性，加 0.15%～0.2%氯化钠，不断搅拌进行解离。

（3）分离。充分解离后，65℃保温 1h，立即用自来水夹层循环冷却。

（4）分离。冷却后的解离液经离心分离。

（5）超滤。滤液经超滤浓缩。

（6）热处理。浓缩液在60℃保温处理10h。

（7）澄清和除菌。过滤并灭菌处理。

（8）分装。经含量检查及其他检查合格后，用自动定量灌注器分装得白蛋白成品。

9.4.2.3　质检

要求纯度95%以上。

9.4.3　干扰素的制备

9.4.3.1　传统提取方法

干扰素是由诱生剂诱导有关细胞所产生的一类高活性、多功能的诱性蛋白质。可分为α、β、γ干扰素，同一型别又分为若干亚型，具有抗病毒、抗肿瘤作用。除传统提取方法外，目前利用基因工程技术制备重组干扰素已经进入工业化生产阶段。

1．结构和性质

干扰素由 146 个氨基酸残基组成，相对分子质量 20 000 ～25 000，可被胃、胰、木瓜蛋白酶水解，但对 DNase、RNase 稳定。

2．制备

（1）分离灰黄层。将新鲜血液采入含 ACD 抗凝剂的塑料袋内，离心后分离出血浆，小心吸取灰黄层。每份血（400mL）可吸取 10 ～15mL，放置4℃冰箱过夜。

（2）氯化铵处理。每份灰黄层加入 30mL 缓冲盐水溶液，再加入为总体积9 倍量的冷的0.83%的氯化铵溶液，混匀，4℃放置10min，然后在4℃离心（8000r/min）20min。小心弃去溶血上清液，并加入适量的缓冲盐水，收集沉淀的细胞，制成悬液，再用9 倍量的0.83%氯化铵液重复处理1 次，溶解残存的红细胞。取沉淀的白细胞并悬于培养液中，置于冰浴，取样做活细胞计数，用预温的培养液稀释至每毫升含 10^7 个活细胞。培养液的基础成分为 Eagle's 培养基，其中含 4%～6%的人血浆蛋白，无磷酸盐，含 Tricine 3mg/mL 及适量抗生素。

（3）启动诱生。取稀释的细胞悬液，加入白细胞干扰素，使其最后浓度为 100 U/mL，置37℃水浴搅拌培养 2h（这一步根据情况或可省略）。

（4）正式诱生。启动后的白细胞加入仙台病毒（在 10d 龄鸡胚中培养 48 ～72h，收获尿囊液），使其最后浓度为每毫升 100 ～130 血凝单位，在 37℃搅拌培养过夜。

（5）收获。次日晨将培养物离心（2500r/min）30min，吸取上清液即得粗制干扰素。取样做无菌试验并测定效价。效价测定的材料要在 pH2 的条件下处理 24h 后再做检定。据报道，每份灰黄层约能制备 100 万单位的纯化干扰素。

（6）纯化。将粗制人白细胞干扰素加入硫氰化钾到 0.15mol/L，用 2mol/L 盐酸调节 pH 至 3.5，离心弃去上清液，得沉淀物 1。沉淀物 1 加入原体积 1/5 量的 94% 冷乙醇，离心弃沉淀，得上清液1。上清液1用盐酸调节pH至5.5，离心弃去沉淀，再调pH至5.8，离心，得上清液2和沉淀物2。沉淀物2加入为原体积1/50量的甘氨酸－盐酸缓冲液（pH2）溶解，检测，得IFN1。

上清液2调节pH至8，离心弃去上清液，沉淀物加原体积1/50量的0.1mol/L PBS（含0.5mol/L氰化钾，pH8）溶解，pH降至5.2，离心得上清液3和沉淀物3。沉淀物3加原体积1/2500量的pH8、0.1mol/L PBS溶解，调pH至7～7.5，对PBS（pH7.3）透析过夜，离心，收集上清液，检测，得IFN－B。

上清液3中加盐酸使pH降至3，离心，沉淀物加入原体积1/5000量的pH8，0.1mol/L PBS溶解，加NaOH调节pH7～7.5，对PBS（pH7.3）透析过夜，离心，收集上清液，检测，得IFN－A。

本法特点是一次纯化量大，回收率高于60%；经济，简便，易于普及，效价可达1.2×10^{6}U/mL、比活2.2×10^{8}U/mg蛋白。IFN－A中干扰素含量占回收干扰素的82%，比活也比较高。IFNl的比活较低（5×10^{4}U/mg蛋白），一般可作外用滴鼻剂或点眼剂等。

9.4.3.2 基因工程技术制备干扰素

1. 工程菌的构建：获得具有干扰素基因的细菌

诱生的白细胞或成纤维细胞→total RNA→以dT－纤维柱纯化Poly－A mRNA→5%～23%蔗糖密度梯度离心提取12SmRNA→逆转录成cDNA→末端DNA转移酶接上dT或dG→与pBR322质粒DNA（含四环素和氨苄抗性基因，经Pst酶切在β－内酰胺酶基因内加dA或dC）杂交→转化E. coli K12→扩增杂交质粒→选择抗四环素但对氨苄西林敏感的细菌克隆→翻译→筛选有活性的克隆，将cDNA克隆到表达载体中高效表达。

2. 利用基因工程技术生产干扰素

利用基因工程技术生产干扰素的生产工艺流程为：种子（人干扰素基因工程菌）→种子培养→发酵培养→粗提→纯化→检验→冻干→成品检验。

（1）提取。发酵结束后离心取沉淀菌体，超声破碎后用缓冲液提取，超滤膜浓缩，用Sephadex G－50层析柱分离。

（2）纯化。将提取的组分经DE－52柱纯化，用不同盐浓度分别洗脱，收集干扰素洗脱液。

（3）半成品检验。效价、蛋白质含量、比活度（前两者比值）、纯度、相对分子质量、残留外源DNA含量、IgG含量、抗生素活性、紫外光谱、肽图、等电点等。

（4）成品检验。性状、鉴别、水分、无菌、热源、效价、安全试验。

9.4.4 胰岛素的制备

胰岛素广泛存在于人和动物的胰脏中，正常人的胰脏约含有200万个胰岛，约占胰脏总质量的1.5%。胰岛由α、β和δ三种细胞组成，其中α细胞制造胰高血糖素和胰抗脂肝素，β细胞制造胰岛素，δ细胞制造生长激素抑制因子。胰岛素在β细胞中开始时是以活性很弱的前体胰岛素原存在的，进而分解为胰岛素进入血液循环。

9.4.4.1 结构与性质

胰岛素由51个氨基酸残基组成，有A和B两条链。A链含21个氨基酸残基，B链含30个氨基酸残基，两链之间由两个二硫键相连，在A链本身还有一个二硫键。胰岛素为白色结晶粉末。猪胰岛素相对分子质量为5733，牛为5764，人为5784，pI 5.30～5.35。在酸性环境下较稳定，不溶于水，易溶于稀酸、稀碱和80%以下的乙醇和丙酮中，不溶于乙醚。

9.4.4.2 生产工艺

（1）提取。冻胰块用刨胰机刨碎后，按胰脏质量加入2.3～2.6倍的86%～88%乙醇（质量分数，下同）和5%草酸，在10～15℃下搅拌提取3h，离心。滤渣再用1倍量（质量比）的68%～72%乙醇和0.4%草酸提取2h，同上法分离之。乙醇提取液合并。

（2）碱化、酸化。提取液在不断搅拌下加入浓氨水调pH至8.0～8.4（液温10～15℃），立即进行压滤，除去碱性蛋白，滤液应澄清，并及时用硫酸酸化至pH3.6～3.8，降温至5℃，静置不少于4h，使酸性蛋白充分沉淀。

（3）减压浓缩。吸上层清液至减压浓缩锅内，下层用帆布过滤，沉淀物弃去。滤液并入上清液，在30℃以下减压蒸去乙醇，浓缩至密度为1.04～1.06（为原体积的1/10～1/9）为止。

（4）去脂、盐析。浓缩液转入去脂锅内，于5min内加热至50℃，立即用冰盐水降温至5℃，静置3～4h，分离出下层清液（脂层可回收胰岛素）。用盐酸调pH至2.0～2.5，于20～25℃在搅拌下加入27%（质量分数）固体氯化钠，保温静置数小时。析出之盐析物即为胰岛素粗品。

（5）精制、除酸性蛋白。盐析物按干重计算，加入7倍量蒸馏水溶解，再加入3倍量的冷丙酮，用4mol/L的氨水调pH至4.2～4.3，然后补加丙酮，使溶液中水和丙酮的体积比为7：3。充分搅拌后，低温放置过夜，使溶液冷至5℃以下，次日在低温下离心分离，或使用过滤法将沉淀分离。

锌沉淀：在滤液中加入4mol/L氨水使pH为6.2～6.4，加入3.6%（体积分数）的醋酸锌溶液（此溶液质量分数为20%），再用4mol/L氨水调节pH至6.0，低温放置过夜，次日过滤，分离沉淀。

（6）结晶。将过滤的沉淀用冷丙酮洗涤，得干品（每千克胰脏得0.1～0.125g干品）再按干品重量每克加冰冷2%柠檬酸50mL、6.5%醋酸锌溶液2mL、丙酮16mL，并用冰水稀释至100mL，使充分溶解，冷到5℃以下，用4mol/L氨水调pH至8.0，迅速过滤。滤液立即用10%檬酸溶液调pH至6.0，补加丙酮，使整个溶液体系保持丙酮质量分数为16%。慢速搅拌3～5h使结晶析出。在显微镜下观察，外形为似正方形或扁斜形六面体结晶，再转入5℃左右低温放置3～4d，使结晶完全。离心收集结晶，并小心刷去上层灰黄色无定形沉淀，用蒸馏水或醋酸铵缓冲液洗涤，丙酮、乙醚脱水，离心后，在五氧化二磷真空干燥箱中干燥，即得结晶胰岛素，效价应在每毫克26U以上。

（7）回收。在上述各项操作中，应注意产品回收，从pH4.2的沉淀物中回收的胰岛素量最多，占整个回收量的近一半，约为正品的10%。从油脂盐析物中回收的胰岛最高也可达正品的5%。

9.5 酶类药物

酶是生物活性细胞产生的具有特殊催化功能的一类蛋白质。药物酶是用于预防、治疗和诊断的一类酶制剂。

9.5.1 酶类药物分类

主要有促消化酶（淀粉酶、胰酶、胃蛋白酶等）、消炎酶（溶菌酶、菠萝蛋白酶等）、抗栓酶（链激酶、尿激酶等）、抗肿瘤酶（天冬酰胺酶、谷氨酰胺酶等）、与呼吸代谢有关的酶（细胞色素 C、SOD 等）、解毒酶（青霉素酶、有机磷解毒酶等）。

酶类药物具有如下特点：①在生理 pH 下具有高活性和稳定性；②对其作用的底物具有较高的亲和力；③在血清中半衰期较长；④纯度高；⑤免疫原性较低或无免疫原性；⑥最好不需要外源辅助因子。

药用酶主要来源于动植物提取、微生物发酵。

9.5.2 提取和纯化

（1）破碎方法：包括机械法、冻融法、丙酮粉法、干燥法、超声波法、酶解法等。

（2）提取法：有水溶液提取法、有机溶剂提取法、表面活性剂法等。

（3）纯化法：有盐析法、选择性变性法、层析法、电泳法、超滤法，类同于蛋白质纯化方法。

9.5.3 胃蛋白酶的制备

胃蛋白酶以酶原方式存在于胃黏膜底部的主细胞中，为一种蛋白水解酶。药用胃蛋白酶可从猪、牛、羊等家畜胃黏膜中提取。

9.5.3.1 组成和性质

药用胃蛋白酶为多种蛋白水解酶的混合物，含有胃蛋白酶、组织蛋白酶和胶原酶，酶较稳定，在 100℃加热 10min 无明显失活，在酸性溶液中稳定，但在 2mol/L 以上盐酸中也会慢慢失活。胃蛋白酶相对分子质量为 34 500，pI1.0，酸性条件下可溶于 70% 乙醇。

9.5.3.2 生产工艺

（1）原料的选择和处理。胃蛋白酶主要存在于胃黏膜基底部，采集原料时剥取的黏膜直径大小与收率有关。一般剥取直径 10cm、深 2 ～3mm 的胃基底部黏膜最适宜。对冷冻胃黏膜用水淋解冻会使部分黏膜流失，影响收率，故自然解冻为好。

（2）自溶、过滤。在夹层锅内预先加水 100L 及盐酸（化学纯）3.6 ～4L，搅匀，加热至 50℃时，在搅拌下加入 200kg 猪胃黏膜，快速搅拌使酸度均匀，保持 45 ～48℃，消化 3 ～4h，得蛋白溶液。用纱布过滤除去未消化的组织蛋白，收集滤液。

（3）脱脂、去杂质。将滤液降温至 30℃以下，加入体积分数 15% ～20% 乙醚或氯仿，搅拌均匀后转入沉淀脱脂器内，静置 24 ～48h，使杂质沉淀，弃沉淀，得脱脂酶液。

（4）浓缩、干燥。取脱脂酶液，在40℃以下浓缩至原体积的1/4左右，真空干燥，球磨过80～100目筛，即得胃蛋白酶粉。

胃膜素和胃蛋白酶联产工艺：胃膜素也是从猪胃黏膜中提取的一种黏蛋白。在分离胃膜素的母液中，搅拌下加入冷丙酮，至相对密度0.91，即有淡黄色胃蛋白酶沉淀形成，静置过夜，去上清液，沉淀真空干燥，可得胃蛋白酶粉。

结晶胃蛋白酶的制备：将药用胃蛋白酶原粉溶于20%的乙醇中，加硫酸调pH至3.0，5℃静置20h后过滤，加硫酸镁至饱和，进行盐析。盐析物再在pH3.8～4的乙醇中溶解，过滤，滤液用硫酸调pH至1.8～2.0，即析出针状胃蛋白酶。针状沉淀再次溶于pH=4.0的20%乙醇中，过滤，滤液用硫酸调pH至1.8，在20℃放置，可得板状或针状结晶。

9.5.3.3　质量检验

按规定，每1g胃蛋白酶应至少能使凝固卵蛋白3000g完全消化，减重不超过4%，酶活力不得少于标示量。

9.5.4　胰蛋白酶制备

胰蛋白酶是自动物胰脏中提取的一种丝氨酸蛋白水解酶。临床用于消除各种炎症和水肿，并有解蛇毒作用。

9.5.4.1　组成与性质

胰蛋白酶在胰脏中以胰蛋白酶原形式存在，牛胰蛋白酶原由229个氨基酸组成，含6对二硫键。牛胰蛋白酶相对分子质量为24 000，是由223个氨基酸残基组成的单一肽链，pI10.8。猪与牛胰蛋白酶有41个氨基酸不同，性质类似。

胰蛋白酶易溶于水，不溶于氯仿、乙醇、乙醚等有机溶剂，酸性条件下稳定。

9.5.4.2　提取工艺

胰蛋白酶提取工艺见图9－2。

（1）提取、盐析。取1kg猪胰，去除脂肪及结缔组织，净重738g，绞碎，加pH4醋酸水溶液于4℃以下搅拌提取24h，纱布过滤，弃去残渣，得提取液2480mL，再加入固体（$(NH_4)_2SO_4$）1428g，达到75%饱和度，离心，得上清液3100mL，盐析沉淀物90g。

（2）核糖核酸酶A制备。取上清液加入（$(NH_4)_2SO_4$）固体372g，达到85%饱和度，离心得沉淀。再将沉淀溶于少量水后，调pH为6.0，然后加入到用0.01mol/L、pH6.0的磷酸缓冲液（PBS）平衡过的CM－Sepharose FF层析柱中，用平衡缓冲液洗涤1～2柱床体积后，再用0.01mol/L、pH6.0和0.1mol/L、pH7.5磷酸缓冲液共1000mL进行梯度洗脱，收集活性峰液100mL。取活性峰液5mL调pH为8.0，再加入到用0.05mol/L、pH8.0磷酸缓冲液平衡好的Sephacryl S－200柱中，用同样的缓冲液洗脱，收集活性峰75mL。经透析脱盐、冻干，即得核糖核酸酶A。比活力为71 000U/mg。

（3）胰蛋白酶制备。将上述75%饱和度的盐析沉淀90g，溶于10倍体积蒸馏水中，加入氯化钙粉末30g，调pH为8.0，加入5mg结晶胰蛋白酶，于4℃以下激活24h，过滤，除去$CaSO_4$沉淀，并调pH为7.8，加入P－氨基苯甲脒－Sepharose 6B进行批量吸附，用0.1mol/L Tris－0.05mol/L HCl、pH7.8的缓冲液边抽滤边洗涤，共用2倍树脂体

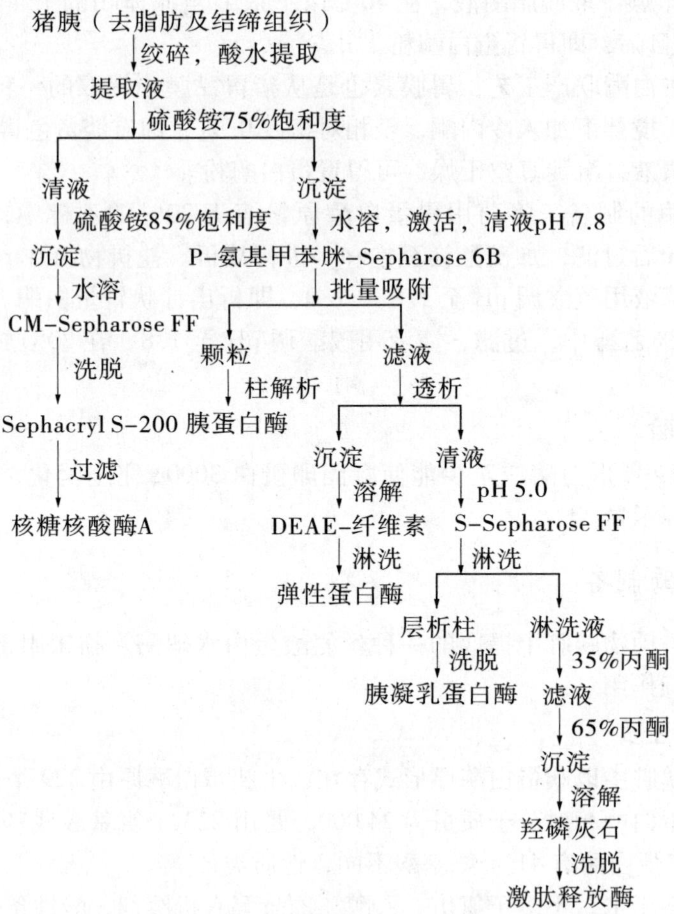

图 9－2　胰蛋白酶的提取工艺

积。收集未吸附的滤液留作分离其他酶。将抽滤成半干状树脂装柱，再用相同缓冲液平衡一个柱床体积，之后用 0.1mol/L 甲酸－0.05mol/L KCl、pH2.2 缓冲液洗脱，收集活性峰。透析，冻干，即得胰蛋白酶。比活力为 23 750U/mg，活性回收率 60%。

（4）弹性蛋白酶制备。取未被 P－氨基苯甲脒－Sepharose 6B 吸附的滤液 1.5L 对水透析，产生沉淀，离心，保留清液，沉淀用少量 0.02mol/L、pH8.8 的 Tris－HCl 缓冲液溶解，并调 pH 为 10.4，加入用上述缓冲液平衡好的 DEAE－纤维素柱上，再用同样的缓冲液洗涤。因弹性蛋白酶在此条件下不被吸附，收集活性峰。对水透析，冻干，即得弹性蛋白酶。比活力为 2010U/mg，回收率 10%。

（5）胰凝乳蛋白酶制备。将产生弹性蛋白酶沉淀的透析液经离心得清液，调 pH 为 5.0，加入到用 0.01mol/L、pH5.0 的枸橼酸缓冲液平衡的 S－Sepharose FF 柱上，用同样的缓冲液洗涤，收集洗涤液待制备激肽酶。用 0.01 ～0.05mol/L，pH5.0 枸橼酸缓冲液进行梯度洗脱，收集活性峰组分 16 ～20 管。再透析、冻干，即得胰凝乳蛋白酶。比活力为23 000U/mg，回收率 37%。

（6）激肽释放酶制备。取用 0.01mol/L、pH5.0 的枸橼酸缓冲液洗涤 S－Sepharose FF 柱的洗涤液，调 pH 为 4.5，加入丙酮，至体积比为 35%，4℃冰箱放置 2 ～4h，过滤，得滤液205mL，再加入NaAc和NaCl，使浓度分别达0.065mol/L和0.035mol/L，继续加入丙酮使体积比达65%，过滤，滤饼用少量水溶解，调pH为4.2，再次产生沉淀，过滤，滤饼用水溶解后调pH为6.8，透析脱盐后，加入到用0.01mol/L、pH6.8的磷酸缓冲液平衡的羟基磷灰石柱上，用0.01～0.2mol/L、pH6.8的磷酸缓冲液进行梯度洗脱，收集活性峰组分溶液。再透析脱盐，加入到同一个经过重新平衡的羟基磷灰石柱上，改用0.05～0.2mol/L、pH6.8磷酸缓冲液进行梯度洗脱。收集活性峰组分，经过透析，冻干，即得激肽释放酶。比活力为130U/mg，回收率26%。

9.5.4.3 检验

胰蛋白酶性状：白色或类白色结晶性粉末。澄清度：取胰蛋白酶10mg加蒸馏水或生理盐水1mL完全溶解；溶液应完全澄清。pH值：0.5%的胰蛋白酶水溶液，pH值应为5～7。干燥失重：真空干燥到恒重，减失重量不得超过8%。胰凝乳蛋白酶限度检查：不得超过5%。

9.5.5 尿激酶的制备

尿激酶是一种碱性蛋白酶，主要存在于人及哺乳动物的尿中。人尿平均含量5～6IU/mL。由于它能溶解纤维蛋白，故用于治疗各种血栓形成。并能溶解癌细胞周围的纤维蛋白，使得抗癌剂能更有效地进入癌细胞，提高抗癌效果，因而也是一种癌症辅助用药。

9.5.5.1 组成和性质

有多种相对分子质量，主要是31 300和54 700。专一性强，作用底物为血纤维蛋白原。pI8～9，溶液状态不稳定，冻干则可稳定数年。1% EDTA、人血白蛋白或明胶可防止酶的表面变性作用，0.005%鱼精及其盐与0.005% Chloexidine gluconate等对酶有良好的稳定作用。

9.5.5.2 生产工艺

生产工艺见图9-3。

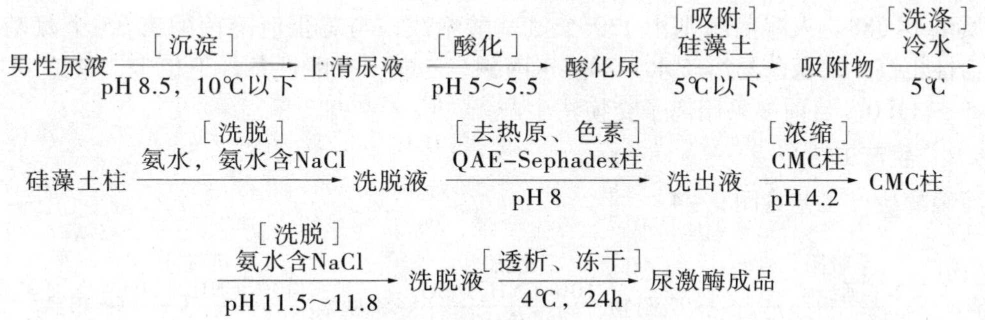

图9-3 尿激酶的提取工艺

（1）尿液收集。收集新鲜、健康的男性尿液，在8h内处理。尿液pH值控制在6.5以下，电导率相当于20～30mΩ^{-1}，细菌数1000个/mL以下，夏天加0.8%苯酚防腐。

（2）沉淀、酸化。将尿液冷至10℃以下，用3mol/L NaOH调节pH至8.5，静置1h，虹吸上清液。用3mol/L盐酸调pH至5.0～5.5，得酸化尿液。

（3）硅藻土吸附。取酸化尿液加入 10g/L 的硅藻土（硅藻土预先用 10 倍量 2mol/L 盐酸搅拌处理 1h，水洗至中性），于 5℃以下搅拌吸附 1h。

（4）洗脱硅藻土。吸附物用 5℃左右冷水洗涤，然后装柱（柱高径比 1∶1），先用 0.02% 氨水洗涤至洗出液由混变清，改用 0.02% 氨水加 1mol/L 氯化钠洗脱尿激酶，当洗脱液由清变混时开始收集，每吨尿约可收集 13L 洗脱液（100U/mL，3000U/mg）。

（5）除热原、去色素。上述洗脱液用饱和磷酸二氢钠调 pH 至 8，加氯化钠调电导率相当于 $22m\Omega^{-1}$，通过预先用 pH8 的磷酸缓冲液平衡过的 QAE－Sephadex 层析柱（用量 20 000～30 000U/mL QAE－Sephadex），经过 5h 流完，收集流出液。层析柱用 3 倍柱床体积的磷酸缓冲液洗涤，洗涤液与流出液合并。

（6）CMC 浓缩。上述收集液用 1mol/L 醋酸调 pH 至 4.2，以蒸馏水调电导率至相当于 $16\sim17m\Omega^{-1}$，通过预先用 0.1mol/L、pH4.2 的乙酸缓冲液（电导率 $17m\Omega^{-1}$）平衡过的 CMC 层析柱（用量 300 000U/mL CMC），约 12h 上样完毕。用 10 倍柱床体积量 pH4.2 的乙酸－乙酸钠缓冲液洗涤柱床后，改用 0.1% 氨水加 0.1mol/L 氯化钠，pH11.5～11.8，洗脱尿激酶，此时可见尿激酶洗脱液成丝状流出，部分收集洗脱液（30 000～40 000U/mL，13 000～20 000U/mg）。

（7）透析、冻干。洗脱液于 4℃对水透析 24h，一般换水 3～4 次，透析液离心去沉淀得离心液，抽样检验合格后稀释，除菌，加入适量赋形剂，分装，冻干即得成品尿激酶制剂。

9.5.6 溶菌酶的制备

溶菌酶又称胞壁质酶，广泛存在于动物组织和分泌液中，在鸡蛋清中含量较多。它是具有杀菌作用的天然抗感染物质，具有抗病毒、抗菌、抗炎，促进组织修复的作用，与抗生素有良好的协同作用。

9.5.6.1 组成和性质

溶菌酶是一种碱性球蛋白。鸡蛋清溶菌酶是由 129 个氨基酸组成的单一肽链，相对分子质量 14 388。人溶菌酶则由 130 个氨基酸组成，与鸡蛋清溶菌酶有 35 个氨基酸不同，活性也高。溶菌酶易溶于水，不溶于丙酮、乙醚，在酸性条件下稳定，最适 pH6.6，pI10.5～11.0。目前多采用离子交换法生产。

9.5.6.2 生产工艺

溶菌酶生产工艺见图 9－4。

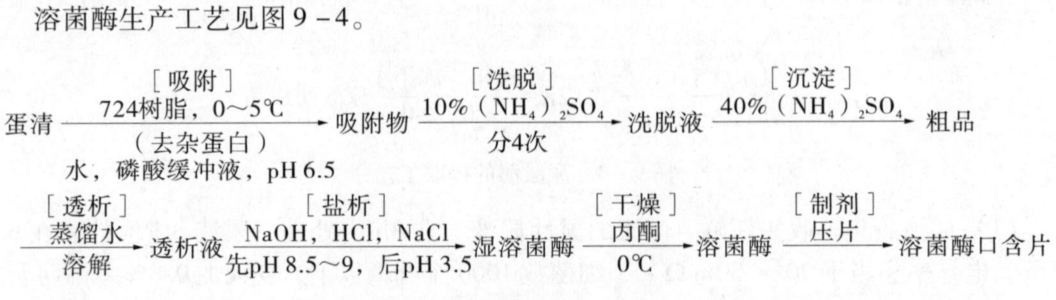

图 9－4 溶菌酶的制备工艺

（1）树脂的处理。用 1mol/L HCl 浸泡树脂 2h，用去离子水洗至中性，再用 1mol/L

NaOH 浸泡 2h，用去离子水洗至近中性，再用 0.15mol/L、pH6.5 的磷酸盐缓冲液浸泡过夜，过滤后备用。

（2）蛋清的预处理。取新鲜或冰冻蛋清（自然解冻）70kg，用 pH 试纸测 pH 为 8.0 左右，过铜筛，去除蛋清中的脐带、蛋壳碎片及其他杂质。

（3）吸附。将处理过的蛋清冷至 5～10℃，在搅拌下，加入处理好的 1kg（pH6.5）724 树脂，搅拌吸附 6h，低温静置过夜。

（4）去杂蛋白、洗脱、沉淀。把上层清液倾出，下层树脂用清水洗去附着的蛋白质，反复洗涤 4 次（注意防止树脂流失），最后将树脂抽滤去水分。另取 pH6.5、0.15mol/L 磷酸缓冲液 24L，分 3 次加入树脂中，搅拌约 15min，每次搅拌后减压抽滤去水分。再用 100g/L（10%）硫酸铵 18L，分 4 次洗脱溶菌酶，每次搅拌 30min，过滤抽干。合并洗脱液，按总体积加入 320g/L 固体硫酸铵使含量达到 400g/L，有白色沉淀产生，冷处放置过夜，虹吸上清，沉淀离心分离或抽滤，得粗品。

（5）透析。将粗品加蒸馏水 1.5kg 使之溶解，装入透析袋，冷库透析 24～36h，得透析液。

（6）盐析。向澄清透析液中慢慢滴加 1mol/L 氢氧化钠，同时不断搅拌，待 pH 上升到 8.5～9 时，若有白色沉淀，应立即离心除去，然后边搅拌边加 3mol/L 盐酸，使溶液 pH 达 3.5，按体积缓缓加入固体氯化钠（100mL 溶液加入 5g 固体氯化钠），即有白色沉淀析出，在 0～5℃冷库放置 48h，离心或过滤得溶菌酶沉淀。

（7）干燥。沉淀加入 10 倍量 0℃的无水丙酮，不断搅拌，使颗粒松细，冷处静置数小时，用漏斗滤去丙酮，沉淀用真空干燥，直到无丙酮臭味为止，即得口服或外用溶菌酶原料。收率按蛋清质量计算为 2.5%。

（8）制剂。取干燥粉碎的砂糖粉，加入总量 50g/L（5%）的滑石粉，通过 120 目筛，加 50g/L 淀粉浆适量，在混合机内搅拌均匀，制成软材，12 目筛制粒，70℃烘干，用 14 目筛整粒，水分控制在 2%～4% 为宜。再按计算量加入溶菌酶粉混合，加 1% 硬脂酸镁，过 16 目筛 2 次，压片，即得溶菌酶口含片，每片含溶菌酶 20mg。

9.6　糖类药物

9.6.1　概述

糖类化合物指具有多羟基醛或多羟基酮结构的一类化合物，可分为单糖、低聚糖（2～9 个单糖）、多糖（10 个以上）。糖类药物还包括糖类衍生物。结合型多糖有糖蛋白和脂多糖两种，具调节免疫、抗感染、促进生长、抗辐射、抗凝血、降血脂等作用。

动物来源的多糖以粘多糖为主，它是一类含有氨基己糖与糖醛酸的多糖，是动物体内的蛋白多糖分子中的糖链部分。在多糖类药物中有相当一部分是属于粘多糖，如肝素、硫酸软骨素、透明质酸等。

9.6.1.1　糖类药物的生产方法

单糖、低聚糖：水或乙醇提取、脱脂、脱蛋白、脱色、乙醚结晶或层析法纯化。

多糖：蛋白酶或浓碱、中性盐解离糖蛋白，水提取，浓缩后用乙醇或十六烷基三甲基溴化铵沉淀酸性多糖，离子交换色谱法纯化。

9.6.1.2 多糖的提取与纯化

1. 提取

（1）稀碱液提取：适于木聚糖等胶类，冷水浸润，0.5mol/L NaOH 提取（加硼砂可促进溶解），用盐酸中和后，乙醇沉淀。

（2）热水提取：冷水浸润，热水提取，沉降蛋白离心后，透析去盐，再用乙醇沉淀。

（3）粘多糖提取：酶解或碱解，再用水或盐提取。

2. 纯化

（1）乙醇沉淀法：加入醋酸盐（100mL 溶液加 5g 醋酸盐），再加乙醇 4 ～5 倍，沉淀后脱盐。

（2）分级沉淀法：不同浓度的有机溶剂沉淀分子大小不同。

（3）季铵盐络合法：CTAB 络合物在低离子强度水溶液中不溶。

（4）离子交换层析：阴离子交换树脂如 DEAE。

9.6.2 甘露醇的制备

甘露蜜树的甘露蜜和海藻类植物中富含甘露醇，海带中含 10%。它具有脱水作用，临床用于脑水肿或其他水肿，急性肾功能衰竭。它是一种渗透性利尿剂，能提高血液渗透压，降低颅内压和眼内压。

9.6.2.1 结构和性质

甘露醇为 *D*－己六醇，不潮解，易溶于水，微溶于低级醇和低级胺类，不溶于有机溶剂。较稳定，不易被空气中的氧所氧化。熔点为 166 ～169℃。

9.6.2.2 生产工艺

甘露醇的生产工艺见图 9－5。

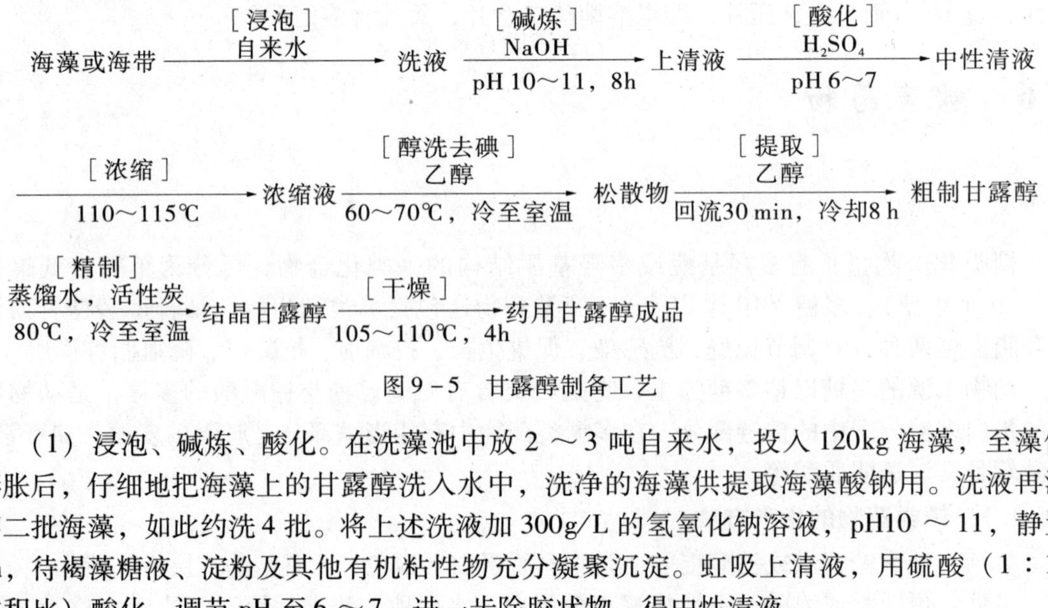

图 9－5 甘露醇制备工艺

（1）浸泡、碱炼、酸化。在洗藻池中放 2 ～3 吨自来水，投入 120kg 海藻，至藻体膨胀后，仔细地把海藻上的甘露醇洗入水中，洗净的海藻供提取海藻酸钠用。洗液再洗第二批海藻，如此约洗 4 批。将上述洗液加 300g/L 的氢氧化钠溶液，pH10 ～11，静置 8h，待褐藻糖液、淀粉及其他有机粘性物充分凝聚沉淀。虹吸上清液，用硫酸（1∶1，体积比）酸化，调节 pH 至 6 ～7，进一步除胶状物，得中性清液。

（2）浓缩、醇洗。用直火或蒸气加热至沸腾蒸发，温度 110 ～ 130℃。加入大量氯化钠进行盐析沉淀，不断将盐类与胶污物捞出，直至呈浓缩液，取小样倒地上，稍冷却应凝固，此时发料，含甘露醇 30%（质量分数，下同）以上，水分约含 10%。将浓缩液冷至 60 ～ 70℃趁热加 95% 乙醇（2∶1，体积比），不断搅拌，渐渐冷却至室温后，离心甩干除去胶质，得灰白色松散物。

（3）提取。称取松散物，装入备有回流冷凝器的提取锅内，加 8 倍量的 95% 乙醇（体积分数），搅拌，缓慢加热，沸腾回流 30min 出料，流水冷却 8h，放置一昼夜，离心甩干，得白色松散甘露醇粗品，含甘露醇 70% ～ 80%。同上操作，乙醇重结晶 1 次，得工业用甘露醇，含量 90% 以上，氯离子含量小于 0.5%。

（4）精制。取工业用甘露醇加蒸馏水加热溶解，再加入 1/10 ～ 1/8 的药用活性炭，不断搅拌，80℃保温半小时，趁热过滤，用少许水洗活性炭 2 次，合并洗滤液，浓缩至甘露醇达 70% 时，如有混浊，重新过滤。在搅拌下冷却至室温，结晶，抽滤，洗涤结晶，再抽滤至干，得结晶甘露醇。

（5）干燥上述结晶甘露醇，经检验 Cl^- 合格后（含量小于 0.007%），用蒸气在 105 ～ 110℃干燥，经常翻动，4h 取出，为药用甘露醇成品。含量 98% ～ 100%，熔点 166 ～ 169℃。

也可以用发酵法，如利用米曲霉液体深层发酵制取甘露醇，或者采用电解法，以葡萄糖为原料，经电解、脱盐、精制而得，转化率可达 98% 以上。

9.6.3　肝素的制备

肝素是一种天然抗凝剂，能抑制凝血酶原转变为凝血酶。临床上用于防止血栓形成。肝素广泛存在于动物组织中，但在体内与蛋白质呈结合状态存在，不具备抗凝活性。除去蛋白质后才有抗凝活性。

9.6.3.1　肝素的结构与性质

肝素是由糖醛酸和己糖胺及它们的衍生物组成的具有不同链长的多糖链混合物。主要有两个结构单位：五糖系列和三硫酸双糖的重复单位。肝素有吸湿性，钠盐易溶于水，不溶于乙醇、丙酮、二氧六环等有机溶剂。分子中含 5 个硫酸基和 2 个羧基，呈强酸性。

9.6.3.2　肝素的提取工艺

1．盐酸离子交换制备工艺

肝素的盐酸离子交换制备工艺如图 9－6 所示。

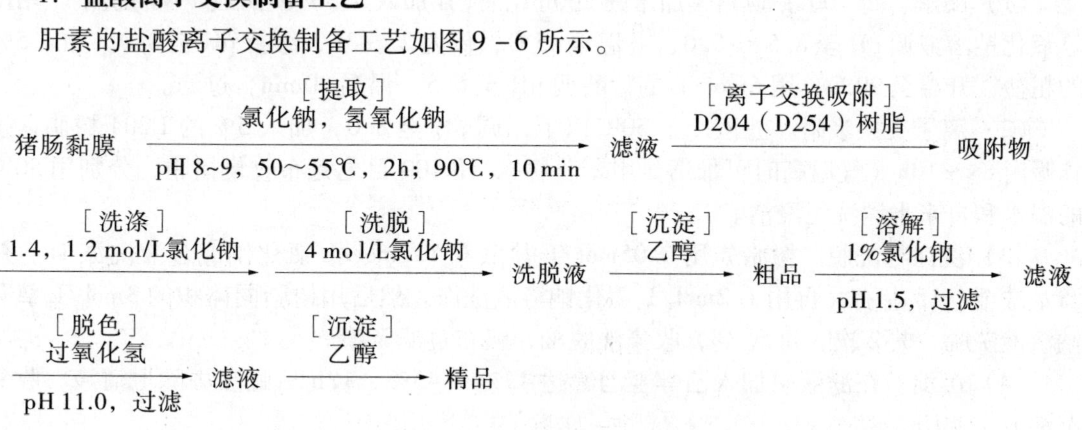

图 9－6　肝素的制备工艺一

（1）提取。取猪肠黏膜投入反应锅内，按其质量3%加入氯化钠，用氢氧化钠溶液调pH至8～9，升温至50～55℃，保温2h。继续升温至90℃，维持10min，立即冷却。

（2）离子交换吸附。提取液用双层纱布过滤，待冷至50℃时加入D204（或D254）树脂，树脂用量按5%～6%（质量分数），搅拌8h后静置过夜。

（3）洗涤。次日过滤收集树脂，先用50℃的温水冲洗树脂，再用冷水冲洗至上清液澄清。用2倍床体积的1.4mol/L氯化钠溶液搅拌洗涤1h，滤干，再用1倍量1.2mol/L氯化钠溶液搅拌洗涤1h，滤干。

（4）洗脱。树脂用4mol/L氯化钠溶液搅拌洗脱4h，滤干，再洗脱一次，每次用树脂同体积的氯化钠溶液。合并洗脱液，用帆布过滤。

（5）沉淀。将滤液加入等量95%乙醇，沉淀过夜。虹吸除去上清液，收集沉淀，脱水干燥得粗品。

（6）精制。粗品按质量分数10%溶解后，用盐酸调pH至1.5，过滤至清。随即用氢氧化钠调pH至11.0，按总量4%加入过氧化氢（质量分数为30%），25℃放置，开始时注意保持pH至11.0，氧化合格后，过滤，调pH至6.5，加入等量95%乙醇，沉淀过夜。次日虹吸除去上清液，沉淀脱水干燥后得精品。

2. 酶解－离子交换制备工艺

肝素的酶解－离子交换制备工艺如图9－7所示。

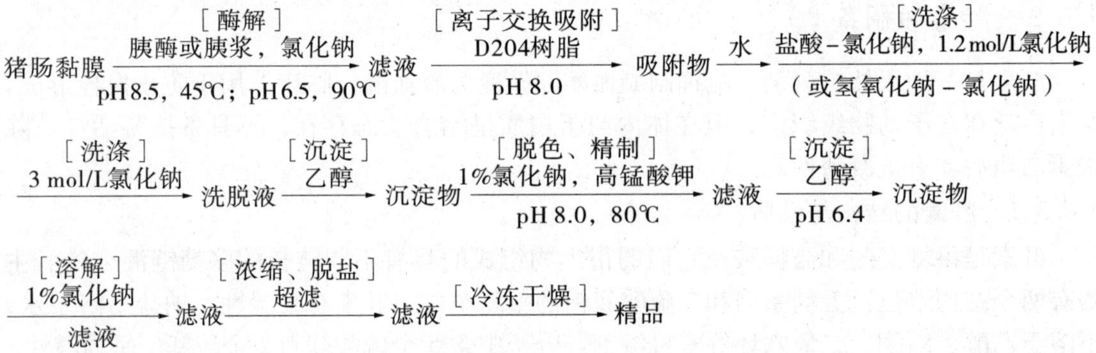

图9－7 肝素的制备工艺二

（1）酶解。每100kg肠黏膜加苯酚200mL，搅拌加入0.5%胰酶或1%的胰浆，用浓氢氧化钠溶液调pH至8.5～9.0，升温至45℃，保温2～3h，维持pH至8.0。加入5%的粗盐，升温至90℃，用6mol/L的盐酸调pH至6.5，保温20min，过滤。

（2）离子交换吸附。滤液冷至50℃以下，调pH至8.0，加入5%的D204树脂，搅拌吸附8～10h（气温高时可加适量甲苯防腐），用100目尼龙布收集树脂，分别用50℃的温水和自来水漂洗至澄清。

（3）洗涤与洗脱。树脂先用0.05mol/L盐酸和1.1mol/L氯化钠混合液洗涤1h，用清水洗至pH5左右，再用1.2mol/L氯化钠溶液洗涤。然后用树脂同体积的3mol/L氯化钠溶液洗脱，共2次，每次3h，收集洗脱液，帆布过滤至清。

（4）沉淀。在滤液中加入乙醇至乙醇达42%～45%，12h后虹吸去除上清液，收集沉淀。

（5）脱色、精制。将沉淀物（粗品）按10%左右浓度用1%氯化钠溶液溶解，按每1亿单位肝素钠加入高锰酸钾0.5mol左右，调pH至8.0，升温至80℃。搅拌2.5h后，以滑石粉为助滤剂过滤，收集滤液。

（6）沉淀。调滤液pH至6.4，用等体积95%乙醇沉淀12h以上，收集沉淀物，溶于1%氯化钠溶液中，板框过滤至清。

（7）超滤。滤液用分子量截留值为5000的膜进行超滤浓缩、脱盐。

（8）冷冻干燥。将超滤截留液置于冷冻干燥机内，在－20℃下冷冻干燥48h以上，得精品。

9.6.4　硫酸软骨素的制备

硫酸软骨素是从动物软骨组织中得到的酸性粘多糖。在软骨中与蛋白结合以蛋白多糖的形式存在。药用硫酸软骨素主要含A和C两种异构体。它可清除血液中的脂质和脂蛋白、胆固醇，防止动脉粥样硬化和冠心病，有缓和的抗凝血作用，还具有抗炎、加速伤口愈合和抗肿瘤等多种作用。

1．结构与性质

硫酸软骨素由*D*－葡萄糖醛酸与2－乙酰氨基－2－脱氧－硫酸－*D*－半乳糖组成。含50～70个双糖基本单位。相对分子质量10 000～50 000。白色粉末，无味，吸水性强，易溶于水而成黏度大的溶液，不溶于乙醇、丙酮和乙醚等有机溶剂。其盐类对热稳定，受热达80℃不被破坏。

2．稀碱提取法

（1）提取。将软骨洗净煮沸，除去脂肪和其他结缔组织，粉碎机粉碎后，加入4倍量的2%氢氧化钠溶液搅拌提取24h，用纱布过滤，滤渣再用2倍量的2%氢氧化钠溶液搅拌提取12h，过滤，合并两次提取液。

（2）酶解。将上述滤液置于消化罐中，搅拌下加入体积比为1∶1的盐酸调pH至8.5～9.0，并加热至50℃，加入适量胰酶酶解4～5h。

（3）吸附。用盐酸调pH至6.8～7.0，加入适量白土、1%活性炭搅拌吸附1h，过滤。

（4）沉淀。滤液调pH至6.0，加入90%以上的乙醇使醇含量为70%。静置，上清液澄清时，去上清液，下层沉淀脱水干燥得粗品。

（5）精制。将上述粗品按10%左右溶解，并加入1%氯化钠。加入1%的胰酶酶解3h，然后升温至100℃，过滤至清，滤液用盐酸调pH至2～3，过滤，用氢氧化钠调pH至6.5，然后用90%乙醇沉淀，无水乙醇脱水，真空干燥得精品。

3．浓碱提取制备工艺

（1）提取。取除去脂肪及结缔组织的冻软骨，绞碎，置于反应罐内，加入1倍量的40%氢氧化钠溶液，加热升温至40℃，保温搅拌提取2h，冷却，加入工业盐酸调pH至7.0～7.2，用双层纱布过滤，弃去滤渣。

（2）酶解。滤液调pH至8.5～9.0，加入适量胰酶，控制温度为50～55℃。酶解3h，然后加热至90℃，保温10min后过滤。

（3）沉淀。滤液调 pH 至 6.0，加入乙醇至 70%，得上清液澄清后，去上清液，收集沉淀，并用 70% 乙醇洗涤 2 ～3 次，然后用 95% 以上的乙醇脱水 2 ～3 次，70℃以下真空干燥得成品。

4. **酶解－树脂提取制备工艺**

将鲸鱼软骨绞碎，加 1mol/L 氢氧化钠溶液浸泡，40℃保温水解 2h 或加 pH7.5 的水浸泡，用蛋白酶在 55℃保温下水解 20h，再加盐酸中和至中性，过滤，调整滤液中氯化钠浓度达到 0.5mol/L。然后将溶液通过 Amberlite IRA－933 型离子交换树脂柱，吸附完毕，用 0.5mol/L 氯化钠液洗涤，再用 1.8mol/L 氯化钠液洗脱，流速 2L/h，洗脱液脱盐，乙醇沉淀，离心，收集沉淀，真空干燥，即得成品。

9.7 脂类药物

9.7.1 脂类药物概述

脂类包括脂肪、类脂及其衍生物。脂类药物指具特定生理药理效应的脂类，分为复合脂类和简单脂类，前者是脂肪酸的结合物如卵磷脂、脑磷脂；后者不含脂肪酸如甾体化合物、色素类和辅酶 Q 等。脂类药物有改善消化、消炎、降血脂、调节代谢、治疗神经衰弱等功效。

脂类药物生产方法有：直接从生物材料中提取（水解后用有机溶剂抽提、利用溶解度和吸附性差异精制）、化学合成或半合成法、生物转化法（发酵、细胞培养及酶工程法）。

9.7.2 卵磷脂的制备

卵磷脂广泛存在于动植物细胞中，脑、精液、肾上腺和红细胞中含量多，卵黄中含量高达 8%～10%，大豆中含量也较高。故其制备可用脑、卵黄、大豆为原料。

1. **结构与性质**

卵磷脂是一种甘油磷脂，磷酸的两个羟基分别与甘油的一个羟基及胆碱的 α 羟基形成磷酸二酯键。因甘油羟基有 α、β 位之分，故有 α－卵磷脂和 β－卵磷脂。自然界存在的卵磷脂均为 L－α－卵磷脂。

卵磷脂易溶于乙醚和乙醇，不溶于水，为两性电解质，pI6.7，可与蛋白质、多糖等多种物质结合，为较好的乳化剂。

2. **以脑干为原料的制备工艺**

以脑干为原料制备卵磷脂的工艺如图 9－8 所示。

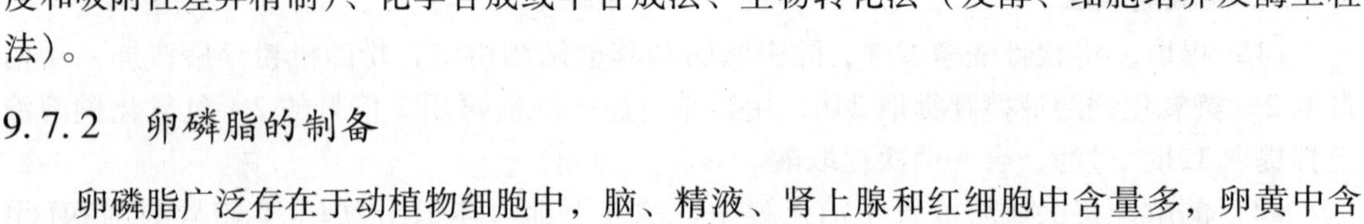

图 9－8 卵磷脂的制备工艺一

（1）提取与浓缩。取动物脑干，按每克脑干加 3mL 的比例加入丙酮，循环浸渍 20 ～24h，过滤的滤液待分离胆固醇。滤饼蒸去丙酮，按照每克滤饼加 2 ～3mL 乙醇的比例加入乙醇浸渍抽提 4 ～5 次，滤饼用于制备脑磷脂。合并滤液，真空浓缩，趁热放出浓缩液。

（2）沉淀与干燥。上述浓缩液冷却至室温，加入半倍体积乙醚，不断搅拌，放置 2h，令白色不溶物完全沉淀，过滤，取滤液于激烈搅拌下（按每克粗卵磷脂加入丙酮 1. 13mL 的比例）加入丙酮，析出沉淀，滤除溶剂，得膏状物，以丙酮洗涤两次，真空干燥后得卵磷脂成品。

3. **以蛋黄为原料的制备工艺**

以蛋黄为原料卵磷脂工艺如图 9 -9 所示。

蛋黄 $\xrightarrow{\text{乙醇}}$ 乙醇提取液 $\xrightarrow{\text{减压浓缩}}$ 浓缩液 $\xrightarrow{\text{石油醚}}$ 石油醚溶液 $\xrightarrow{\text{丙酮}}$ 沉淀物 $\xrightarrow{\text{减压干燥}}$

粗品卵磷脂 $\xrightarrow{\text{乙醇}}$ 乙醇溶液 $\xrightarrow{ZnCl_2}$ 淡黄色沉淀 $\xrightarrow{\text{丙酮}}$ 沉淀物 $\xrightarrow{\text{减压干燥}}$ 卵磷脂

图 9 -9　卵磷脂的制备工艺二

（1）蛋黄的收集。采用放置于冰箱保存的新鲜鸡蛋。打蛋时要注意保证蛋黄的完整性，分离蛋黄，备用。

（2）卵磷脂的提取。取 100g 鸡蛋卵黄于烧杯中，加入 200mL 95% 的乙醇溶液，置磁力搅拌器室温下搅拌 1h，3000r/min 离心分离 10min，将沉淀物再加入 95% 乙醇，重复以上步骤 3 次，收集上清液，45℃下减压蒸馏至近干，用少量石油醚溶解，得石油醚溶液，加入适量丙酮，分离出沉淀物，置搪瓷盘中摊平，厚度不宜超过 1. 5cm，40℃左右减压真空干燥 2 ～4h，得淡黄色的卵磷脂粗品。

（3）卵磷脂的纯化。将 2. 5g 粗卵磷脂溶于 27mL 无水乙醇中，加入相当于卵磷脂质量 10% 的 $ZnCl_2$ 的水溶液 3mL，室温下搅拌 0. 5h，得金属盐卵磷脂络合物沉淀，过滤，收集沉淀物。加入冰冷丙酮 50mL 洗涤沉淀物，搅拌 1h，过滤，收集沉淀物，置搪瓷盘中摊平，厚度不宜超过 1. 5cm，40℃左右减压真空干燥 2 ～4h，可得淡黄色蜡状的精制卵磷脂。

9. 7. 3　胆红素的制备

胆红素存在于人及多种动物的胆汁中，为胆结石的主要成分。是制备人工牛黄的原料。

1. **结构与性质**

胆红素为二次甲胆色素，由四个吡咯环通过亚甲基或次甲基连接成的线性分子，相对分子质量 584. 65。大多以葡萄糖醛酸结合成酯存在。药用则为游离型。溶于二氯甲烷、氯仿及苯等有机溶剂和稀碱溶液，微溶于乙醇，不溶于乙醚和水。其钠盐溶于水，不溶于有机溶剂。

2. **生产工艺**

胆红素的生产工艺如图 9 -10 所示。

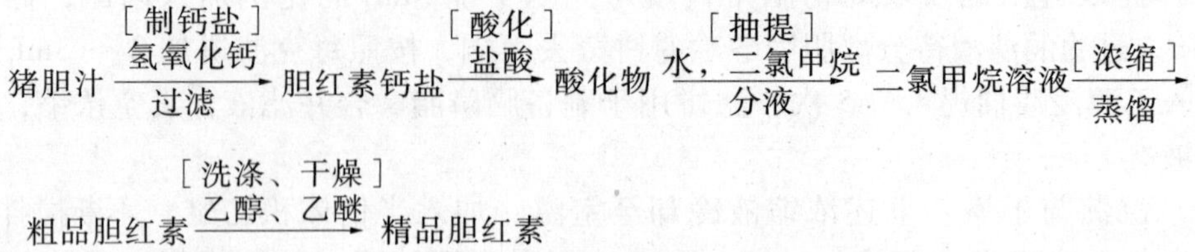

图 9－10　胆红素的制备工艺

（1）胆红素钙盐制备。取新鲜猪胆汁加等体积 2.5% 氢氧化钙乳液，搅拌均匀，煮沸 5min，捞取上层漂浮物即胆色素钙盐沥干，其余溶液趁热过滤，滤液用于制备猪胆酸，收集沉淀之钙盐，合并两次胆色素钙盐，用 90℃ 去离子水充分沥洗，滤干得胆色素钙盐。

（2）酸化与提取。将上述胆色素钙盐（以 1g 胆色素钙盐加入 5mL 与离子水的比例）投入离子水中，搅拌均匀，加 0.5%（质量分数）亚硫酸氢钠，搅拌下缓缓滴加 10% 盐酸调 pH 至 1 ～2，静置 20min，用尼龙布过滤沥干，再用去离子水洗至中性，得胶泥状酸化物。将其投入去离子水（1g 胶泥酸化物加入 5mL 去离子水）中，同时加二氯甲烷（夏季用氯仿，1g 胶泥状酸化物加入 5mL 二氯化甲烷或氯仿）和 0.1% 亚硫酸氢钠，激烈搅拌并用 10% 盐酸调 pH 至 1 ～2，静置分层，放出下层二氯甲烷溶液，用去离子水洗 3 次。分出下层有机相。

（3）蒸馏与精制上述胆红素溶液，回收二氯甲烷，残留物加胆汁量 1% 的乙醇，搅拌均匀，5℃ 放置 1h，倾出上层液，下层悬浮液过滤，收集胆红素粗品，用少量无水乙醇洗 2 ～3 次，乙醚洗 2 次，抽干，真空干燥得胆红素精品。

9.8　核酸类药物

核酸是以 3,5－磷酸二酯键连接而成的大分子，基本单位为核苷酸，由碱基、戊糖和磷酸组成。核酸类药物包括核酸、核苷酸、核苷、碱基及衍生物。核酸作为生物体合成原料，改善人体代谢，修复受损组织；其类似物具治疗病毒、肿瘤、产生干扰素、免疫抑制剂的作用。

9.8.1　生产方法

核酸类药物的生产方法有许多，包括提取法、水解法、化学合成法、酶合成法和微生物法。

9.8.1.1　直接提取法

该法类似于 RNA 和 DNA 的制备，可直接从生物材料中提取。此法的关键是去杂质，被提取物不管是呈溶液状态还是呈沉淀状态，都要尽量与杂质分开。为了制得精品，有时还需多次溶解、沉淀。从兔肌肉中提取 ATP 和从酵母或白地霉中提取辅酶 A 即是采用此法。

9.8.1.2　水解法

核苷酸、核苷和碱基都是 RNA 或 DNA 的降解产物，可通过相应的原料水解制得。

水解法又分酶水解法、碱水解法和酸水解法三种。

1. **酶水解法**

在酶的催化下水解称酶水解法。如用5′-磷酸二酯酶将RNA或DNA水解成5′-核苷酸，就可用来制备混合5′-（脱氧）核苷酸。酶的来源不同其特性也往往不同，因此酶需指明其来源，如牛胰核糖核酸酶（RNaseA），蛇毒磷酸二酯酶（VPDase），脾磷酸二酯酶（SPDase）等。桔青霉A. S. 3. 2788产生的5′-磷酸二酯酶的最佳催化条件是：

pH6.2～6.7，温度63～65℃，底物质量分数1%，酶液用量是底物质量的20%～30%，反应时间2h。

2. **碱水解法**

在稀碱条件下可将RNA水解成单核苷酸，产物为2′-核苷酸和3′-核苷酸混合物。这是因为水解过程中能产生一种中间环状物2′,3′-环状核苷酸，然后磷酸环打开所致。DNA的脱氧核糖2′位上无羟基，无法形成环状物，所以DNA在稀碱作用下虽会变性，却不能被水解成单核苷酸。

3. **酸水解法**

用1mol/L的盐酸溶液在100℃下加热1h，能把RNA水解成嘌呤碱和嘧啶碱核苷酸混合物。DNA的嘌呤碱也能被水解下来。在高压釜或封闭管中酸水解，可使嘧啶碱从核苷酸上释放下来。但此时胞嘧啶常常会脱氨基而形成尿嘧啶。

9.8.1.3　化学合成法

利用化学方法将易得到的原料逐步合成为产物，称化学合成法。腺嘌呤即可用次黄嘌呤或丙二酸二乙酯为原料合成，但此法多用于以自然结构的核酸类物质做原料，半合成为其结构改造物，常常与酶合成法同时使用。

9.8.1.4　酶合成法

利用酶系统和模拟生物体条件制备产物，如酶促磷酸化生产ATP等。

9.8.1.5　微生物发酵法

利用微生物的特殊代谢使某种代谢物积累，从而获得该产物的方法称发酵法。如微生物在正常代谢下肌苷酸是中间产物，不会积累，但当其突变为腺嘌呤营养缺陷型后，该中间物不能转化成AMP，于是在前面的代谢不断进行下，大量的肌苷酸就成为终产物而积累在发酵液中。事实上肌苷酸的制备正是采用了此法。

9.8.2　RNA的提取和制备

制备RNA的材料大多选取动物的肝、肾、脾等含核酸量丰富的组织。所要制备的RNA种类不同，选取的材料也各有不同。工业生产上，则主要采用啤酒酵母、面包酵母、酒精酵母、白地霉、青霉等真菌的菌体为原料。如酵母和白地霉，其RNA含量丰富，易于提取，而其DNA含量则较少，所以它们是制备RNA的好材料。

9.8.2.1　高RNA含量酵母菌体的筛选

培养酵母菌体提取RNA，收率较高，且容易提取。可以从自然界筛选并可用诱变育种的方法提高酵母的RNA含量。常用的诱变剂有紫外线、亚硝基胍等。

9.8.2.2 用工业废水培养高含量 RNA 酵母

使用工业废水培养高含量 RNA 酵母，不仅可减少环境污染，而且降低粮食消耗，如味精生产废水中的成分基本上可供酵母生长。

9.8.2.3 RNA 提取实例

啤酒酵母是提取 RNA 的好材料。取 100g 压榨啤酒酵母（含水分 70%），加入 230mL 水（含 3g 氢氧化钠），20℃以下缓慢搅拌 30min。用 6mol/L HCl 调 pH 至 7.0，搅拌 13min，离心得清液 255mL。冷至 10℃以下，用 6mol/L HCl 调 pH 至 2.5，置冷过夜，离心得 RNA 1.8g（纯度 80%）。

9.8.3 DNA 的提取与制备

制备 DNA 的材料一般用小牛胸腺或鱼精，这类组织的细胞体积较小，例如鱼精，整个细胞几乎全被细胞核占据，细胞质的含量极少，故这类组织的 DNA 含量高。

9.8.3.1 工业用 DNA 的来源

工业用 DNA 主要从冷冻鱼精中提取。鱼精中主要含有核蛋白、酶类以及多种微量元素。核蛋白的主要成分是脱氧核糖核酸（DNA）和碱性蛋白质（鱼精蛋白），其中 DNA 占大约 2/3。

9.8.3.2 具有生物活性 DNA 的制备

动物内脏（肝、脾、胸腺）加生理盐水（1g 内脏组织加 4mL 生理盐水）经组织捣碎机捣碎 1min，匀浆于 2500r/min 离心 30min，沉淀用同样体积的生理盐水洗涤 3 次，每次洗涤后离心，将沉淀悬浮于冷生理盐水（1g 沉淀加入 20mL 生理盐水）中，再捣碎 3min，加入 2 倍量 5% 十二烷基磺酸钠，并搅拌 2 ～ 3h，0℃ 2500r/min 离心，在上层液中加入等体积的冷乙醇，离心即可得纤维状 DNA，再用冷乙醇和丙酮洗涤，减压低温干燥得粗品 DNA。

9.9 其他生化药物

9.9.1 维生素类药物

维生素是维持代谢的小分子有机化物，体内不能合成，缺乏会引起某些疾病（糙皮病、脚气病、坏血病），严重者会导致死亡。维生素分为脂溶性和水溶性两类。前者有维生素 A、D、E、K、Q 和硫辛酸等，后者有维生素 B_1、B、B_6、B_{12}、C，以及烟酸、泛酸、叶酸、生物素等。

维生素生产方法有化学合成法（与酶促合成和酶拆分联合）、发酵法、直接从生物材料中提取（缓冲液或有机溶剂抽提）。

9.9.2 甾体类激素

甾体类激素含环戊烷多氢菲核结构，分为肾上腺皮质激素、性激素和蛋白同化激素三类。临床用于治疗慢性肾上腺皮质功能减退与低血钠、两性性机能不全与抗肿瘤、蛋白质合成与促进组织、骨、髓生长。

甾体类激素生产方法是化学合成与微生物转化相结合，早期原料是胆甾醇和胆酸，现原料为薯蓣皂苷。合成中某步反应采用微生物法。

思考题

9-1　生化药物有哪些种类？各具备什么特点？

9-2　试述生化药物制备的一般工艺。

9-3　氨基酸类药物的生产方法有哪几种？

9-4　举例说明氨基酸类药物的发酵生产工艺。

9-5　举例说明氨基酸类药物的水解法生产工艺。

9-6　简述胸腺肽的提取工艺。

9-7　试比较干扰素的提取和基因工程制备工艺。

9-8　试述胰岛素的提取工艺。

9-9　举例说明酶类药物的提取工艺。

9-10　举例说明糖类药物的提取工艺。

9-11　举例说明脂类药物的提取工艺。

9-12　举例说明核酸类药物的提取工艺。

第 10 章　生物制品

10.1　概述

生物制品指从微生物（细菌、噬菌体、立克次体、病毒等）及其代谢产物、原虫、动物毒素、人或动物的血液或组织等直接加工制成，或用现代生物技术方法制成，作为预防、治疗、诊断特定传染病或其他有关疾病的免疫制剂。包括各种疫苗、抗血清、抗毒素、类毒素、免疫调节剂（胸腺肽、免疫核酸等）、诊断试剂等。

10.1.1　生物制品种类

（1）预防类：疫苗、类毒素（白喉、破伤风、肉毒类毒素及葡萄球菌类毒素）、混合制剂（联合细菌、联合病毒、细菌和类毒素混合制剂）。

（2）治疗类：抗血清与抗毒素、血液制品（丙种球蛋白）、噬菌体、疫苗、抗体、基因治疗。

（3）诊断类：体内、体外诊断。

10.1.2　生物制品的免疫学基础

10.1.2.1　免疫分类

特异性免疫的获得方式有两种：自然获得和人工方法获得。前者主要指机体感染病原微生物后建立的特异性免疫；后者则是人为地给机体输入抗原或现成免疫效应物质，使机体获得免疫的方法。人工免疫又分为主动免疫和被动免疫。

（1）人工主动免疫：是人为给机体输入疫苗、类毒素等抗原性生物制品，使免疫系统因抗原的刺激而产生类似感染时所发生的免疫过程，从而产生特异性免疫力。这种免疫力出现较慢，常有 1 ～4 周诱导期，但维持较久，可从半年到数年，多用于有计划的特异性预防传染病。

（2）人工被动免疫：是人为将抗毒素、正常人免疫球蛋白等现成免疫效应物质输入机体，使机体立即获得特异性免疫力，以达到对某些疾病防治的目的。此种免疫方法生效快，但由于免疫力的产生不经过自身免疫系统，因此维持时间短（2 ～3 周），多用于治疗或紧急预防传染病。

10.1.2.2　免疫机制

人类免疫主要分为两大类，即体液免疫和细胞免疫。体液免疫是指通过形成抗体而产生免疫能力。抗体是由血液或体液中的 B 细胞产生，主要存在于体液中，它可以与入侵的外来抗原物相结合，使其失活。细胞免疫是指主要由各种淋巴细胞来执行的免疫功能，即 MHC － Ⅰ型和 MHC － Ⅱ型。MHC － Ⅰ型是指抗原经一系列复杂传递过程，由

MHC－Ⅰ型分子加工后，产生一些传递信号的小肽激活 CD8T 细胞，而 CD8T 细胞可以通过释放水解酶和其他化合物把受病原体感染或变异的细胞杀死。MHC－Ⅱ型是指外源抗原通过细胞内吞噬，经 MHC－Ⅱ型分子加工后，激活 CD4T 细胞。激活的 CD4T 细胞可辅助激活抗原专一性的 B 细胞，它能产生杀伤性 T 细胞（CTL 或 TC），并进一步激活更多种类的 T 细胞，从而杀死更多外来病原体。其作用机制如图 10－1 所示。

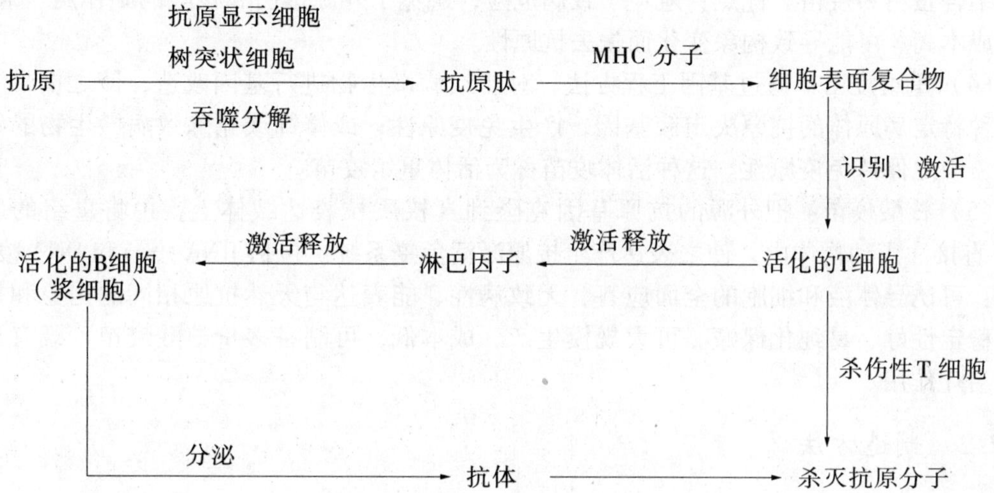

图 10－1　人类免疫机制

10.1.3　生物制品的质量检定

（1）理化性质检定。物理性状检查（外观、真空度及溶解速度、装量）、蛋白质含量测定、纯度检查及鉴别试验、相对分子量测定、防腐剂含量测定。

（2）安全试验。毒性试验、防腐剂试验、热原质试验、安全试验、有关安全的特殊试验。

（3）效力试验。浓度测定、活菌率或病毒滴度测定、动物保护率试验（保护指数：耐受动物攻击量相当于未免动物耐受量的倍数）、免疫抗体滴度测定、稳定性试验。

10.2　疫苗

10.2.1　定义和分类

疫苗定义为一切通过注射或黏膜途径接种，可以诱导机体产生针对特定致病原的特异性抗体和细胞免疫，从而使机体获得保护或消灭该致病原能力的生物制品。包括蛋白质、核酸、多糖、活载体和感染因子。疫苗发展经过 3 个阶段：

以牛痘及脊髓灰质炎疫苗为代表的减毒、灭活疫苗（天花、小儿麻痹症），为第一代疫苗，有潜在致病性；天然或重组成分为主的亚单位疫苗、合成肽疫苗、基因工程疫苗为第二代疫苗；表达特定抗原蛋白的核酸疫苗（HIV、HBV、流感病毒、结核病毒等）为第三代疫苗。

（1）灭活疫苗：用物理或化学方法将病原微生物杀死或灭活后制备的生物制品。如霍乱菌苗、百日咳菌苗等。缺点：需多次接种，注射量大。

（2）减毒活疫苗：用人工筛选或诱导变异的方法制备的使毒力高度减弱或基本无毒的活的生物制品。优点：维持时间较长，一次接种即可。缺点：有一定危险性。

（3）亚基疫苗：利用病原体的某一部分通过基因工程克隆而制备的疫苗。如以病毒外壳结合蛋白为疫苗。优点：避免了致病危险，避免了外源蛋白和核酸的副作用。缺点：纯化成本高、可能导致构象变化而失去抗原性。

（4）重组疫苗：通过基因工程方法，对非致病微生物进行基因改造，使之携带并表达某种特定病原体的抗原决定簇基因，产生免疫原性；或修饰或删除致病微生物的毒性基因，使之保持免疫原性。这种活体疫苗称为活体重组疫苗。

（5）核酸疫苗：把外源的抗原基因克隆到真核质粒表达载体上，再将重组的质粒DNA直接注入动物体内，使之表达产生抗原激活免疫系统。包括RNA疫苗和DNA疫苗。优点：可诱导体液和细胞的全面应答、无致病性、能表达与天然抗原相同的构象和抗原性、稳定性好、易纯化保藏、可大规模生产、成本低，可制备多价核酸疫苗，既有预防又有治疗作用。

10.2.2 制造方法

10.2.2.1 病毒类疫苗

1．毒种的选择和减毒

必须具有特定的抗原性，能使机体诱发特定免疫力；有典型的形态和感染特定组织并大量繁殖；不产生神经毒素或引起机体损害的其他毒素；经过动物多次传代以减毒。

2．病毒繁殖

所有动物病毒只能在活细胞中繁殖。若需大量繁殖，首先要寻找能受感染的活细胞。通常情况下，病毒可用下列几种方法繁殖。

（1）动物培养。将病毒接种动物的鼻腔、腹腔、脑腔或皮下，使之在相应的细胞内繁殖。接种动物的种类、年龄和接种途径依病毒的种类而异。例如，牛痘病毒可接种到牛的皮下、狂犬病毒可接种到羊的脑腔中进行繁殖。这种繁殖方法的缺点是动物饲养管理不便，还具有潜在病毒传播的危险，故在生产中已逐渐被淘汰，但有时还在实验室中用以分离和鉴别病毒。

（2）鸡胚培养。将病毒接种到7～14d龄鸡胚的尿囊腔、卵黄囊或绒毛尿囊膜等处，接种的部位因病毒种类的不同而异。鸡胚培养虽较动物培养简单，但亦有沙门菌、支原体和鸡白血病病毒等污染的危险。要排除这种污染，需要从鸡的隔离饲养开始，这就大大增加了鸡胚培养的成本，不易于大规模使用。目前，除了粘病毒（如流感病毒、麻疹病毒等）和痘病毒（如牛痘病毒等）外，其他病毒已很少用鸡胚进行培养。

（3）组织培养。从20世纪50年代开始，组织培养已广泛用于病毒培养。目前，差不多所有人类和动物的组织都能在试管中培养。

（4）细胞培养。用于疫苗生产的主要有原代细胞培养和传代细胞培养两种方法。前者是将动物组织进行一次培养而不再传代，常用的细胞有猴肾细胞、地鼠肾细胞和鸡胚细胞等。后者是用长期传代的细胞株，常用的有人胚肺二倍体细胞（如WI－38和MRC～S细胞株）、非洲绿猴肺细胞（如DBS－FRHL－2、DBS－FCL－1和DBS－FCL－2细胞株）等。这些细胞经过长期传代，有可能失去正常细胞的某些特性，染色体将成为异倍体或不成倍数，亦就是成为恶性细胞，故用它们生产疫苗时，传代的次数应控制在一定的范围内。

3. **疫苗灭活**

不同的疫苗，其灭活的方法不同，有的用甲醛溶液（如乙型脑炎疫苗），有的则用酚溶液（狂犬疫苗）。所用灭活剂的浓度与疫苗中所含的动物组织量有关。如含有大量动物组织的疫苗（鼠脑疫苗、鼠肺疫苗等），需用较高浓度的灭活剂，若用甲醛溶液，用量一般为0.2%～0.4%。如为细胞培养的疫苗（一般含细胞量少），灭活剂的浓度可低一些，若用甲醛溶液，一般为0.02%～0.05%。

灭活温度和时间，需视病毒的生物学性质和热稳定性质而定。有的可于37℃下灭活12d（如脊髓灰质炎灭活疫苗），有的仅需在18～20℃下灭活3d（如斑疹伤寒疫苗）。一般通过试验来确定最适宜的灭活温度和时间，以保证既破坏疫苗的毒力，又尽量减少疫苗免疫力损失。

4. **疫苗的纯化**

纯化的目的是去除存在的动物组织或细胞，降低疫苗接种后可能引起的不良反应。用细胞培养所获得的疫苗，动物组织量少，一般不需特殊的纯化，但在细胞培养的过程中，需用换液的方法除去培养基中的牛血清。用动物组织制成的疫苗，可经过乙醚纯化，或经透析、浓缩，或用超速离心提纯，亦可用三氯乙酸提取抗原。

5. **冻干**

疫苗的稳定性较差，一般在2～8℃下能保存12个月，但当温度升高后，效力很快降低。为使疫苗的稳定性提高，可用冻干的方法使之干燥。冷冻干燥后的疫苗的有效期往往可延长1倍或1倍以上。

冻干的要点是：将疫苗冷冻至共熔点以下；在真空状态下将水分直接由固态升华为气态；缓慢升温，不使疫苗在任何时间下有溶解情况发生；冻干好的疫苗在真空或充氮后密封保存，使其残余水分不超过3%。

10.2.2.2　细菌类疫苗和类毒素

1. **菌种选择**

菌种的选择应遵循以下原则：必须有特定的抗原，诱发特定的免疫力；有典型的形态、培养特性和生化特性；易在人工培养基中培养。

2. **培养基成分的选择**

除了一般的碳源、氮源、无机盐成分外，对于特殊类型的微生物，往往还需要某些特定的营养成分才能生长，例如，结核杆菌需以甘油作为碳源；有些分解糖类能力较差的梭状芽孢杆菌需以氨基酸作为能量及碳与氮的来源；又如百日咳杆菌生长需要谷氨酸和胱氨酸作为氮源。至于病毒，则需在细胞内寄生。

培养致病菌时，在培养基中除应含有一般碳源、氮源和无机盐成分外，往往还需添加某种生长因子。生长因子是某些细菌生长时所必需而自身不能合成需要摄自外界的一些微量的有机化合物。不同的细菌需要不同的生长因子。

3．培养条件的控制

（1）氧分压。各种细菌的生长与空气中的氧关系很大。习惯上人们按照对氧的需要将细菌分成需氧菌、厌氧菌和兼性厌氧菌三大类。在培养特定的细菌时，必须严格控制培养环境的氧分压。培养需氧菌时，需要有高氧分压的环境，而培养厌氧菌时，就需要降低并严格控制环境中的氧分压。

（2）温度。致病菌的最适培养温度，大都接近人体正常温度（35～37℃），但不同的病原菌，仍略有不同。故在制备菌苗时，应先找出菌种的最适培养温度，在生产中加以严格控制，以获得最大的产量和保持细菌的生物学特性和抗原性。

（3）pH 值。许多细菌能在一定的 pH 范围内生长。不过，培养环境的 pH 不同，细菌代谢可能不同，这是由于抑制或增进了细菌的某些酶的活性而引起的。因此在培养中应严格控制培养基的 pH，以使它们按预定的要求生长、繁殖和产生代谢产物。

（4）光。制备生物制品的细菌，一般都不是光合细菌，不需要光线的照射。因此培养不应在阳光或 X 射线下进行，以防止核糖核酸分子变异而改变细菌的生物学特性。

（5）渗透压。一般细菌的细胞壁较坚固，所以它们能在低渗环境下生存。高渗透压环境能使细菌收缩以致死亡。一些嗜盐菌的细胞壁则较脆弱，对它们则需要高浓度的盐来提高培养基的渗透压，防止细胞壁的破裂。

4．杀菌

制备死菌菌苗时，在制成原液后需要用物理或化学方法杀菌。各种菌苗所用的杀菌方法不相同，但杀菌的总目标是彻底杀死细菌而又不影响菌苗的防病效力。以伤寒菌苗为例，可用加热杀菌法、甲醛溶液杀菌、丙酮杀菌等方法杀死伤寒杆菌。

5．稀释、分装和冻干

经杀菌的菌液，一般用含防腐剂的缓冲生理盐水稀释至所需的浓度，然后在无菌条件下分装于适当的容器，封口后在 2～10℃保存，直至使用。有些菌苗，特别是活菌苗，亦可于分装后冷冻干燥，以延长它们的有效期。

10.3　乙肝疫苗的制备

乙肝病毒外壳由直径 22nm 的球状或棒状 HBsAg（乙肝表面抗原）构成，在 HBV 携带者血液中存在。目前不能在体外组织或细胞中复制，无法以传统技术制造疫苗。但可从血液中提纯 HBsAg，去除 HBV 和其他杂质制成亚单位疫苗，或通过基因工程方法制备重组疫苗。

10.3.1　血源乙肝疫苗的制备

血源乙肝疫苗制备的工艺流程为：

HBsAg 阳性血浆→硫酸铵沉淀→等密度梯度离心→去杂蛋白→甲醛灭活→分装血源。乙型肝炎原料采用无症状 HRsAg 携带者献血者的血浆。先使冷冻血浆融化，加入 $CaCl_2$ 脱去纤维蛋白，加入固体 $(NH_4)_2SO_4$ 或饱和 $(NH_4)_2SO_4$ 溶液至相应饱和程度以沉淀

HBsAg。将沉淀溶解后用超速离心机及其配套的制备型区带转头，以 KBr 为密度梯度介质，进行等密度区带超速离心 2 ～3 次，分步收集合并密度梯度离心液中 HBsAg 富集峰。用 Millipore 板式超滤器超滤脱去 KBr 并浓缩产物，仍用超速离心机及其配套的制备型区带转头，以蔗糖为介质进行速率区带超速离心 1 ～2 次，分步收集合并离心液中 HBsAg 富集峰。加入适量胃酶于 35 ～37℃保温 1 ～5h，超滤去除胃酶，加入尿素至终浓度为 4 ～8mol/L，37℃处理 3 ～5h，超滤去除尿素，再经除菌过滤。按 1∶4000（质量比）加入甲醛于 37℃保温 72 ～96h 即制得半成品，半成品吸附 Al（OH）$_3$佐剂，并加入防腐剂经分包装即为成品。

10.3.2 重组酵母乙肝疫苗的制备

重组酵母乙肝疫苗制备的工艺流程为：

HBsAg 基因组 DNA 插入酵母表达质粒载体，导入酵母细胞→酵母大罐发酵→细胞破碎、抗原回收→硅胶对抗原吸附→疏水层析→凝胶过滤→甲醛处理→氢氧化铝吸附→硫柳汞防腐→分装。

国内重组酿酒酵母乙肝疫苗生产菌种为 2150 - 2 - 3（PHBS56 - GAP 34 7133）株。该株系用基因工程术将编码 HBsAg 的基因插入大肠杆菌和酵母菌穿梭质粒 Pcl/1 中，再转化 2150 - 2 - 3 酿酒酵母后筛选出的 HBsAg 高表达株。

生产菌种经过三角瓶复苏培养、种子罐扩增培养和生产罐高密度增菌三级发酵后，收获得到的大量酵母细胞里积累了发酵过程中表达的 HBsAg，将收获的酵母细胞冷冻保存。酵母细胞融化后，用高压匀浆细胞破碎器破碎细胞。用微滤法滤除细胞碎片等大颗粒杂质，再用超滤法滤出小分子杂质。以硅胶吸附 HBsAg，用相应工艺处理溶液清洗硅胶后再洗脱 HBsAg，得到粗制 HBsAg。用疏水层析法进一步精制提纯 HBsAg，经硫氰酸盐处理后再行稀释和除菌过滤。加入甲醛，37℃保温适宜时间，Al（OH）$_3$佐剂吸附后，加入硫柳汞作为防腐剂，即为疫苗原液，原液与等量铝稀释剂混合得到半成品，经分包装即为成品。

10.4 核酸疫苗的制备

核酸疫苗（nucleic acid vaccine），也称基因疫苗（genetic vaccine），指被用作疫苗的带有编码外源蛋白抗原基因的真核表达质粒，包括 DNA 疫苗和 RNA 疫苗。它是利用基因重组技术将编码某种抗原蛋白的外源基因（DNA）与质粒重组后，导入动物细胞内，并通过宿主细胞的转录系统合成抗原蛋白，诱导宿主产生对该抗原蛋白的免疫应答，以达到预防和治疗疾病的目的。核酸疫苗能较安全地表达目的蛋白，是具有较大发展潜力的一类生物制品。

10.4.1 构建

抗原基因和载体（质粒和病毒）→两种限制性内切酶作用，DNA 两端形成黏性末端→定向连接→转化或转染宿主细胞→克隆筛选和鉴定→体外哺乳动物细胞中表达（COS 细胞）。即通过重组 DNA 技术，将抗原基因片段定向插入动物表达载体，转入宿主细胞后，筛选并获得重组克隆的过程。包括抗原基因和载体的制备、将目的基因与载体连接形成重组分子、重组 DNA 分子导入宿主细胞、含有重组子的筛选和鉴定 4 个步骤。

10.4.2 制备

工程菌扩增（含表达质粒，深层液体培养）→收集裂解细胞和质粒的抽提（煮沸法、SDS 法、去污剂法）→质粒 DNA 纯化（离心去细胞碎片、酚除蛋白、氯仿去脂类、RNA 酶降解 RNA，用氯化铯-溴化乙啶梯度离心、聚乙二醇沉淀、柱层析纯化）→质粒浓缩（乙醇沉淀）→核酸疫苗的质量监控。

10.4.2.1 工程菌的发酵

工程菌的发酵主要采用深层液体培养的方法。该方法由于其营养丰富，振荡培养过程中可以提供相对较多的氧气，使得工程菌生长状态较好，适合实验室规模的培养和扩增。具体方法如下：从固体培养基中挑取单菌落接种于 30mL LB 培养基（含适量相应抗生素）中，于 37% 空气摇床中振荡培养（200r/min）过夜；次日，将含相应抗生素 500mL LB 培养基放入 2L 的三角烧瓶中，加入 25mL 上述过夜菌，于 37% 振荡培养 2.5h，使细菌得以充分扩增；加入氯霉素溶液，使其终浓度为 1g/mL，于 37℃ 振荡培养 14h。氯霉素的加入，既抑制细菌的繁殖，又不影响质粒的复制，这样就能大大提高每个细菌中质粒的拷贝数，并可减少纯化过程中细菌裂解物的体积和黏稠度，能较大程度地简化质粒纯化过程，提高质粒提纯效率。

10.4.2.2 菌体细胞的收集和细菌裂解

可利用离心的方法完成菌体细胞的收集。细胞裂解，即使细菌的细胞壁和细胞膜破裂的过程。一般有煮沸法、SDS 碱裂解法、非离子型去垢剂法等。一般先加入溶菌酶作用一段时间，使细胞壁破裂后，再加入非离子型去垢剂或 SDS 碱性溶液等或作煮沸处理以便破膜，同时也可去除部分细胞碎片、蛋白质等杂质。这些方法各有特点：煮沸法和 SDS 碱裂解法比较剧烈，只适用于抽提小于 10kb 的质粒；而非离子型去垢剂法比较温和，可抽提相对分子质量较大的质粒。目前，以 SDS 碱裂解法的应用较为成熟和广泛。

10.4.2.3 质粒的初步抽提

可将质粒 DNA 与大部分细菌染色体 DNA、细胞碎片及一些 RNA、蛋白质分离，SDS 碱裂解法在裂解细胞的同时，也可使细菌的染色体 DNA 和质粒 DNA 变性。由于染色体 DNA 很长，较易断裂，因此，变性后就变成了线性的单链 DNA。而质粒 DNA 较小，且为双链环状，变性后仅氢键断裂，成为单链环状 DNA。当把溶液的 pH 调回中性时，环状的质粒 DNA 较易复性并溶于液相，而大分子的线性单链 DNA 在复性过程中则易互相缠绕，并与细胞碎片和蛋白结合形成白色沉淀，通过离心可轻易将质粒 DNA 初步抽提纯化。

10.4.2.4 质粒 DNA 的纯化

质粒进一步纯化的主要目的是去除残余的细胞碎片、蛋白质、脂类物质和 RNA，可以采取各种针对性的方法去除相应杂质。通过离心可去除各种细胞碎片，利用酚对蛋白质的强烈变性作用去除蛋白质，氯仿对去除脂质类物质有很好的作用，RNA 酶能特异降解 RNA 而对 DNA 无影响。此外，氯化铯-溴化乙啶梯度平衡离心以及柱层析方法可直接达到上述所有目的，聚乙二醇沉淀法可获得较纯的共价闭合环状双链质粒DNA。柱层析法是根据质粒DNA与细菌染色体DNA、RNA、蛋白质等杂质在相对分子质量、理化性质、带电程度等的方面不同，利用离子交换、分子筛等方法，从而将质粒DNA与其他杂质分开。利用该方法可一次处理较大量的样本且可获得纯度较高的质粒，适用于较大规模的质粒制备。目前也有商品化的质粒纯化试剂盒可用于质粒的小量制备。

10.4.2.5　质粒的浓缩

经纯化（尤其是柱层析纯化）后的质粒一般较稀，有必要对其进行进一步浓缩。目前，质粒DNA的乙醇沉淀是最有效且简便的浓缩方法。异丙醇也可使DNA沉淀，但由于其不易挥发，且易导致杂质的共沉淀，因此，在核酸疫苗制备的最后一步一般不宜使用。具体步骤：①在DNA溶液中加入1/10体积的盐离子溶液（3mol/L醋酸钠，pH5.2为最常用，2mol/L NaCl也可使用），混匀；②再加入2～2.5倍体积的无水乙醇，混匀后于0℃放置5～10min；③在4℃下高速离心（12 000*g*）15～20min；④去上清，用70%乙醇漂洗沉淀，于室温晾干；⑤将沉淀溶解于适当体积的PBS（pH7.4）溶液中。

10.4.3　核酸疫苗的质量控制

经扩增纯化后的核酸疫苗在免疫动物之前必须先从多方面对其质量进行检测，重要的有以下几项。

（1）浓度测定。核酸在260nm处有特定的吸收峰，因此核酸浓度与260nm的光吸收呈直线性正相关，可以用紫外分光光度计设定碱基吸收紫外线辐射的量，由260nm处的光吸收读数来计算样品中的核酸浓度，OD值接近1时大约相当于50μg/mL的双链DNA。

（2）纯度测定。核酸疫苗的纯度包括两方面的含义。首先是质粒DNA占总提取物的百分比，此即通常意义上的纯度。但是，由于质粒DNA具有3种构象，即闭合环状双链DNA、有切口（缺刻）的开环双链DNA和双链线性DNA，且这3种构象进入细胞的难易程度以及在细胞内的表达效率均有差别，其中，以闭合环状双链DNA为最好，开环DNA次之，线性DNA最差。因此，在质粒DNA中，闭合环状双链DNA总量的百分比是核酸疫苗纯度的另一方面指标。测定核酸疫苗纯度的方法有分光光度法、电泳法和高效液相色谱法3种。

（3）限制性内切酶图谱分析。质粒DNA的限制性内切酶图谱分析是确定核酸疫苗身份的重要手段之一。质粒DNA在扩增过程中的突变，很有可能影响质粒DNA限制性内切酶的识别位点或酶切片段的长度，因此可选用适当的限制性内切酶对扩增纯化的质粒DNA及正确的DNA进行酶切，并通过电泳，确定扩增后的质粒是否正确。

10.5　单克隆抗体

抗原是诱发机体产生抗体的外来物质。抗体是抗原刺激后由淋巴细胞分化增殖的浆细胞合成和分泌的能与抗原特异性结合并具有多方面免疫功能的球蛋白。由两条氢键和两条重链经二硫键连接而成，呈“Y”型，两支角为结合区域称可变区V，另一端为恒定区C，根据C区不同分5类：IgG，IgM，IgE，IgA，IgD。

抗体发展经历了三代，第一代为多克隆抗体，它是天然抗原经各种途径免疫动物，抽取血清，分离提取的抗体。多克隆抗体专一性不强，易发生非特异性反应导致假阳性；第二代为单克隆抗体，是指单个淋巴细胞针对某一抗原决定簇产生的单个抗体。由于B细胞不能在体外培养，故采用B细胞与骨髓瘤细胞的原生质融合，得到杂交瘤细胞，再培养产生。它具有特异性强、高亲和力、效价高等优点。但多为鼠源单抗，对人体有较强的免疫原性、半衰期短，分子量大难以进入细胞。第三代为基因工程抗体。利用基因工程技术对抗体基因进行改造，形成人源化、人鼠嵌合抗体、小分子抗体等，产生了基因水平对抗体结构改造的学科（抗体工程）。

10.5.1 鼠源单克隆抗体的制备

10.5.1.1 杂交瘤细胞系建立

小鼠→接种抗原（多次）→取小鼠脾脏匀浆→制成B细胞悬浮液→与同种小鼠的骨髓瘤细胞悬浮液混合（35%的聚乙二醇或仙台病毒介导）→HAT培养基筛选融合细胞

1. 制备亲本细胞

（1）淋巴细胞。用特异抗原，按照免疫程序，对纯系健康8周龄的BALB/c小白鼠进行免疫，分离B淋巴细胞。用RPMI - 1440或DMEM培养液洗涤脾脏后，将淋巴细胞轻轻挤压到培养液中，细胞计数，置于冰箱备用。一般每只小鼠收集到10^8个细胞，大鼠2×10^8个细胞。

（2）骨髓瘤细胞。骨髓瘤细胞应该在完全培养基中生长良好，有遗传标记，丧失了嘌呤或嘧啶核苷酸合成的补救途径，是核酸代谢旁路酶缺陷型，如次黄嘌呤—鸟嘌呤磷酸核糖转移酶激酶缺陷型（hypoxanthine guanine phosphoribosyltransferase，HGPRT）或胸腺嘧啶核苷激酶缺陷型（thymidine kinase，KT）。常用的小鼠骨髓瘤细胞系有X63 Ag8653，SP2/0 - Agl4，F0，NSI - Ag4 - 1。

两类亲本细胞的动物种系要一致或近源才能使杂交瘤在同种异体内生长。远源杂交瘤细胞系不稳定，分泌抗体能力也很差。

2. 原生质体融合

采用PEG 1000～4000为细胞融合诱导剂。取生长旺盛、形态良好、处于对数生长期的小鼠骨髓瘤细胞悬液与新鲜制备的BALB/c淋巴细胞悬液，在离心管中以1∶2～1∶10（体积比）的比例混合，1000r/min离心10min，弃上清。轻轻弹击管壁，使细胞松动，置于37℃水浴中。摇动离心管，在1min内逐滴加入1mL 50% PEG（pH7.2～7.4），继续摇动1～2min。在30s内沿管壁加入10mL DMEM或RPMI - 1440培养液，不能冲散细胞，转动离心管，使PEG稀释，终止其诱导作用。1000r/min离心1min，弃上清。分配到加有饲养细胞的96孔细胞培养板中，在HAT培养基中进行选择培养。

3. 杂交瘤筛选与克隆化

在两类细胞的融合混合物中存在4种细胞：未融合的单核亲本细胞、同型融合多核细胞、异型融合的双核和多核杂交瘤细胞。筛选的目标是获得异型融合的双核杂交瘤细胞。未融合的淋巴细胞在培养过程6～10d会自行死亡。异型融合的多核细胞由于其核分裂不正常，在培养过程中也会死亡，对杂交瘤细胞影响不大。但未融合的骨髓瘤细胞因其生长快而不利于杂交瘤细胞生长和分离，因此要对亲本细胞、培养基等进行选择和处理，设计合理的特异性选择系统，获得目标杂交瘤细胞系。

杂交瘤细胞在HAT培养液中持续培养10d，能生长并形成集落，其中仅少数是分泌预定抗原的特异性单克隆抗体的细胞，甚至培养孔中生长有多个细胞集落。当细胞集落在培养孔中生长到1/10～1/3底孔面积时，用快速方便、敏感性高、特异性强、稳定性好的方法筛选单克隆抗体，检测孔中上清液是否含有所需的单克隆抗体。对目标杂交瘤细胞，需及时有针对性地进行细胞克隆化。一般需要至少2次以上重复的克隆化过程，才能得到纯的杂交瘤细胞系。经反复克隆化培养获得抗体阳性杂交瘤细胞株后，应立即扩大培养，建立细胞库，进行冷冻保存。

10.5.1.2　鉴定

杂交瘤细胞培养基→加入预先包埋好目标抗原的培养板上→清洗→加入含连接酶的二抗（小鼠抗体的抗体）→底物显色→染色体鉴定、酶联免疫吸附（ELISA）测定亲和力、抗血清及双向免疫扩散法鉴定、SDS-PAGE纯度测定。

10.5.1.3　杂交瘤细胞的培养

单克隆抗体的生产包括体内培养和体外培养两种。

1. 体内培养工艺

体内（in vivo）培养是利用生物体作为反应器，主要在小鼠或大鼠的腹腔内，杂交瘤细胞生长并分泌单克隆抗体。由于杂交瘤细胞与骨髓瘤细胞同源，组织相容性一致，可在鼠体内形成腹腔肿瘤和诱生腹水，产生稳定效价的单克隆抗体。生产规模小，常用于诊断试剂和生物学研究中所需抗体的制备。

先给BALB/c小鼠或与BALB/c小鼠杂交的F1小鼠注射0.5mL异十八烷或液体石蜡使之致敏，8～10d后，向腹腔接种10^6～10^7杂交瘤细胞。2～4d后腹部胀大，1～2周时开始抽取腹水，隔日采集3～5mL抽取腹水，直至动物死亡。也可在最大腹水时处死动物，一次性抽取腹水。

还可用血清来生产单克隆抗体，将杂交瘤细胞皮下植入动物体内，一段时间后，出现肿瘤，采集血清制备单克隆抗体。一般血清中抗体的含量为1～10mg/mL，但血清非常有限。体内法所产生的抗体滴度比体外悬浮细胞培养高1000倍，每毫升腹水含单克隆抗体1～26mg，一只小鼠可得10mL腹水，而大鼠可得50mL腹水。另外一种体内生产抗体技术是转基因小鼠，是抗体定向分泌到乳腺，从乳汁中分离纯化制备。还有用转基因植物为生物反应器研究抗体的生产方法，这还有待于进一步研究试验。

2. 体外培养工艺

体外培养就是对杂交瘤细胞进行悬浮培养和微囊化培养等，小规模生产采用转瓶，大规模采用生物反应器。培养基多用无血清。转瓶培养时，先进行种子培养，逐级放大，但抗体浓度低，5～10μg/mL。用反应器培养时，细胞密度增加。杂交瘤细胞的悬浮培养产生的抗体滴度较低，一般为5～100μg/mL。微囊化是适合于抗体生产的技术，抗体被截留在微囊内，有利于分离纯化。细胞经过增殖期生长之后进入稳定期，细胞密度为6×10^7/mL，可生产抗体0.5～1g/L，微囊内抗体纯度约50%。

10.5.1.4　抗体的分离纯化

收集到腹水或培养液上清，离心去除细胞等杂质，对上清进一步分离和纯化。通过离子交换、凝胶过滤、亲和色谱等方法获得纯化的单克隆抗体。

(1) 离心。对于腹水，将红细胞、细胞碎片及其他脂类等分离除去，澄清溶液。对于培养液，离心除去杂交瘤细胞。加入硅胶及其他吸附剂，有利于分离。还可加入助滤剂，或切向流过滤。

(2) 沉淀。对于上清液，用硫酸铵沉淀，获得粗品。使用饱和浓度50%的硫酸铵，90%的单克隆抗体被沉淀出来，对单克隆抗体浓缩和分离非常有效。可采用辛酸－硫酸铵沉淀或硫酸铵－DEAE离子交换色谱获得单克隆抗体。还可使用超滤。

(3) 纯化。根据抗体的亚型选用离子交换、Protein A－Sephrose 4B和Protein G－Sepharose 4B亲和色谱、羟基磷灰石分离、疏水色谱。离子交换色谱后抗体滴度达99%，用凝胶过滤等进一步纯化，可用于制备相应的剂型。

10.5.2 基因工程抗体

10.5.2.1 人鼠嵌合抗体

将鼠抗体的可变区与人抗体的稳定区进行连接，过程如下：

从杂交瘤细胞中提取mRNA→逆转录cDNA→PCR分别扩增重链和轻链→限制性内切酶→重轻链克隆到同一噬菌体载体中→抗原结合筛选噬菌斑→转染宿主细胞，如CHO和骨髓瘤细胞SP2/0中。按照动物细胞培养工艺生产。

10.5.2.2 小分子抗体

小分子抗体为分子量较小的具有抗原结合功能的片段。通过克隆相应片段的基因，构建重组载体，再在宿主细胞中表达。

10.5.2.3 融合抗体

融合抗体是指将抗体与毒素融合形成免疫毒素，或与酶结合形成抗体酶，或与膜蛋白融合形成嵌合受体。

思考题

10－1 生物制品有哪些种类？如何评价其质量？

10－2 疫苗有哪些种类？其一般生产工艺是怎样的？

10－3 试述核酸疫苗的生产工艺。

10－4 试述单克隆抗体的生产工艺。

第 11 章　中药制药过程

中药是指在中医药理论的指导下应用的药物，按加工工艺分为中药材、中药饮片、中成药。中药主要起源于中国，除了植物药以外，动物药如蛇胆、熊胆、五步蛇、鹿茸、鹿角等；介壳类如珍珠、海蛤壳；矿物类如龙骨、磁石等都是用来治病的中药，少数中药源于外国，如西洋参。

中药制药工艺学是中药生产的重要组成部分，其研究均是在中医药理论的指导下完成的。中医药理论按“理、法、方、药”总原则来对症拟方。中药方剂大约出现过上万个，经时间及实践的淘汰，目前使用的方剂仍有上千个。

11.1　中药饮片制备工艺

中药制药工艺是指以中医药理论为指导，根据中药处方，运用现代工业化生产将中药材饮片制成一定规格制剂的技术过程。所谓饮片，是指将中药原料经过炮制加工，包括挑拣、切制、浸泡、蒸、炒、炙、锻等工艺，得到适于入药的药物。不同于传统饮片，现代饮片含义较广，不仅包括由前述工艺所得的药物，还包括在中医理论指导下，符合中医处方入药要求的，经炮制提取所得的含有效成分的浸膏、有效单体或有效部位。随着饮片含义的扩充，现代化的饮片将是中药制剂的发展方向。

11.1.1　中药材

中药材是指在中医药基础理论指导下，对天然来源的动、植、矿物通过采捕收集、加工干燥、包装贮藏等初加工制成一定规格的药材。

适宜的中药材的初加工又称产地加工，可以有效地保持药效，降低一些药材的毒性，防止药材霉烂变质，便于贮运。产地加工主要是清洗、除杂和干燥，以纯净药材，防止霉变。药材清洗主要包括喷淋、刷洗、淘洗等方法；除杂包括挑选、筛选、风选、漂洗等，主要是去除非药用部位。因刚采收的新鲜药材含水量高，富含营养物质，微生物极易从其伤口、皮孔、气孔等处侵入，滋生繁衍，致使药材霉烂；部分药材虽然没有霉烂，但也会因生热、腐败而变质，失去药用价值。因此，及时干燥是药材产地加工的关键，主要方法有接触干燥、气流干燥、真空干燥、沸腾干燥、喷雾干燥、微波干燥、冷冻干燥等。一些药材在干燥过程中必须进行揉搓，如山药、党参、麦冬、玉竹等。有些药材在干燥之前需进行蒸、煮、烫处理，如天麻、地黄、山药、何首乌、黄精等。多数根和根茎类及皮类药材在半干燥时应停止干燥，密闭堆积使之发热，内部水分向外蒸发时遇堆外低温凝结成水珠附于药材的表面，称为发汗，如玄参、丹参、板蓝根、大黄、黄芪、薄荷、厚朴、杜仲等。

中药材的产地加工明显区别于药品定义中药饮片的生产过程，中药材的产地加工品只是原药材不同的存在形式，并不具备药品的基本属性，其进入药品环节时，必须严格按照药品标准进行生产管理。为了保证中药用药的安全性和有效性，中药材质量的控制关键如下：

（1）选择道地产区，无污染和品质优良的道地药材（最好从建立 GAP 基地的供应商购进药材）。

（2）选择适当的采集、捕捉季节、生长年限，并采用适当的方法得到品质优良的药材。

（3）选择适当的加工方法，如切、洗、煮、蒸、干燥、分档等不同方式进行产地加工，保证规格、性状、干燥状态品质优良。

（4）选择适宜的包装、贮藏和养护，做好防虫、防潮、防霉变等，保持品质稳定。

11.1.2 中药饮片

11.1.2.1 中药饮片的定义

广义而言，凡是直接提供中医临床调配处方或中成药生产用的所有药物，统称为饮片。中药饮片是在中医药基础理论指导下，将中药材通过净选、切制和炮制三大工序，制成一定规格的成品。其中属于“把子货”的药材都得切制成一定形态的薄片（或颗粒）。所以经过加工炮制的中药材通称为“中药饮片”。为了适应中医处方调配、成药调配以及中医临床诊疗的需要，中药饮片的质量至关重要，只有保证中药饮片的质量才能保证中医用药的安全和有效。

11.1.2.2 中药饮片的分类

1. 传统饮片

传统饮片是指中药材通过净制、浸润、炮制、切制、干燥等工序加工后的成品。根据《中华人民共和国药典》（简称《中国药典》）和目前各省市饮片炮制规范中传统饮片的类型有薄片、厚片、直片（顺片）、斜片、丝、块、段或节等。

2. 包煎饮片

包煎饮片即将中药材通过炮制后，粉碎成 40 目左右的颗粒（籽类除外），然后按一般处方用量装成几种不同重量规格的布袋或纤维袋，供配方用。其可直接带包煎，因颗粒度小，表面积大，提高了有效成分的溶出率和溶出度，各批产品质量稳定，重现性好。亦有粉状制成袋泡茶包装形式直接用开水冲泡服用的。

3. 中药颗粒饮片

中药颗粒饮片即将单味中药饮片经提取、浓缩、干燥、制成颗粒，按一般处方用量装成几种不同重量规格的塑袋，供配方用。其产品质量均一、稳定、可控、体积小、溶出快，可直接冲服，便于贮存和运输。

11.1.2.3 中药饮片生产的主要工序

炮制主要包括净制、切制、炮炙三大工序。

1. 净制

净制是指药材分别通过挑选、风选、水选、筛选、剪切、刮削、剔除、刷擦、碾串及泡洗等方法，达到规定净度的质量标准，净选后的药材称为“净药材”。其目的是除去药材中的泥沙、杂质、残留的变质品等，并分离不同的药用部位。

2. **切制**

根据中药临床用药要求，将净药材切制成不同的形状和大小，使之便于调剂、炮炙、干燥和贮存，其中切制可分为鲜切或干切，但都需经水润软化。药材软化的原则是"少泡多润""药透水尽"，防止药材内在水溶药效成分的丢失。药材切制的方法有切、剪、刨、镑、劈、捣、制绒等。根据 2015 版《中国药典》的切制要求，不同的药材切制成规格的厚薄度、粒度，切制后的饮片加以干燥，以利保存、保证质量。

3. **炮炙**

炮炙是指取用净制或切制后的净药材、净片，根据中医药理论制定的炮制法则，采用规定的炮制工艺制成药物的过程。常用的炮炙方法有加热处理的：如炒制、烫制、煅制、制炭、蒸制、煮制、煨制等；加入特定辅料再经加热处理的：酒制、醋制、盐制、姜汁炙、蜜炙、药汁制等。此外，还有采用制霜、水飞等工艺处理的。

11.1.2.4　中药饮片的工序、设备与质量控制

中药材必须依法炮制才能达到中医临床用药的质量标准，并能适应中医处方和中成药制剂的用药和调配质量要求。一般生产经过备料、净制、浸润、切制、干燥、炮炙等工艺环节，最终使各种规格的饮片达到规定的纯净度、厚薄度和安全有效性的质量标准。近年来，我国中药炮制方面取得了很大进展，表 11－1 直观比较了中药饮片的生产、选用设备与质量控制的情况。

表 11－1　中药饮片的生产、设备与质量控制

<table>
<tr><th colspan="2">工序</th><th>主要设备</th><th>工艺监控点</th><th>监控主要内容</th></tr>
<tr><td colspan="2">准备原料药材</td><td></td><td>原药材</td><td>产地来源、采收季节、外观与内在成分要求；真、伪、优、劣，显微、理化检测</td></tr>
<tr><td rowspan="3">净制</td><td>净选</td><td>风选、筛选、挑选、磁选等设备（代替传统挑拣、剪切、刮削、刷、擦等）</td><td>中药材</td><td>去除杂质、异物、非药用部位</td></tr>
<tr><td rowspan="2">清洗</td><td rowspan="2">洗药机或（不锈钢）水池</td><td>淘洗</td><td>要求水质、流动水、洗净度（尽量避免内在成分流失）</td></tr>
<tr><td>漂洗</td><td>要求换水次数、时间、检查性状（尽量避免内在成分流失）</td></tr>
<tr><td colspan="2">浸润</td><td>旋转式全浸润罐、真空压力式润药机等（代替水池浸润）</td><td>浸润</td><td>掌握用水量、软硬度、均匀度、时间。要求药透水尽，软硬适度，劈开无干心，切制无碎片</td></tr>
<tr><td colspan="2">切制</td><td>各种功能的切片机</td><td>切丝、切片、切段等</td><td>长度、大小、片型、薄厚等</td></tr>
<tr><td colspan="2">干燥</td><td>循环式烘箱、隧道式蒸汽干燥箱、真空干燥箱、微波干燥箱等</td><td>干燥容器</td><td>温度、压力、强度、时间</td></tr>
</table>

续上表

工序		主要设备	工艺监控点	监控主要内容
炮制	蒸	不锈钢蒸锅、夹层加热罐等	加热、蒸、软化	加水或其他辅料量、时间、蒸汽压力、强度
	煮		煮沸腾状态	加水或其他辅料、时间、强度
	炖		微火加热沸腾状态	加水或其他辅料、时间、强度
	燀		反复热浸	浸煮时间、外观、杂质、强度
炮炙	炒	自动控温燃油炒药机、燃气炒药机、电炒药机	清炒	火力、温度、时间、强度
			加辅料（麸、砂、土等）炒	辅料量、温度、时间、强度
			炒炭	药材内外颜色、温度、时间、强度
	酒制	煨药机、焙药机	加酒	酒质量、加酒量、加热时间、强度
	醋制		加醋	醋质量、加醋量、加热时间、强度
	蜜炙		加蜜	蜂蜜处理、炼蜜质量、加蜜时间、数量、温度、强度
	盐制		加盐	盐质量、盐水浓度、用量、加热时间、强度
	姜炙		加生姜姜汁	生姜质量、姜汁用量、加热时间、强度
	制霜		制霜	含油量、松散粉末
	复制		浸煮	浸煮时间、次数、药材内外性状
	水飞	球磨机	研磨	检查异物、细度
	发酵	恒温培养箱、发酵罐	发酵	温湿度、辅料量、发酵强度、时间
	发芽		胚芽	温湿度、发芽率、芽长情况
	煅	电热可控式煅炉	明煅	时间、强度、含结晶水情况
			煅淬	料量、淬酥程度
			煅炭	时间、炭化强度
	烫		烫	辅料用量、温度、烫至程度

续上表

工序	主要设备	工艺监控点	监控主要内容
灭菌		饮片	具体品种性能、数量、微生物限度
粉碎	高效粉碎、超低温粉碎机	药粉	注意去除异物、掌握水分含量
	筛药机		筛目、筛网、细度

11.2　中药材和中药饮片的区别

中药材和中药饮片同属药品范畴，一直以来，二者无法定概念，人们通常都以“中药”冠之，从而导致二者名称混淆不清。中药材和中药饮片既有区别又有联系，对二者的界定只能视具体品种及不同情况而定。一般来说，药农采收的是药材，而饮片加工厂经过净选、切制等加工处理，即为中药饮片。医疗机构使用的，不管从何处采购，都应是中药饮片。

11.2.1　相同点

1．来源相同

中药材和中药饮片的科名、植（动）物名、学名、药用部位及采收季节和产地加工等都相同，所以二者来源相同。

2．部分中药材和中药饮片性状相同

性状包括药品的外观、质地、横断面、臭、味、溶解度及物理常数等，绝大多数细小种子、果实类药物的药材和生品饮片性状完全相同，其他如花类、树脂类等部位入药的一些药物也存在类似现象。因此，仅从性状这项不能完全区分二者。

3．鉴别反应相同

鉴别反应一般包括经验鉴别、显微鉴别和理化鉴别，中药材和中药饮片除部分品种因加工过程中淀粉粒糊化而使显微鉴别略有不同外，其他鉴别项则完全相同。

11.2.2　不同点

1．处方应付不同

同一药物的药材和饮片名称虽然相同，但临床处方应付不同，无特殊说明的，均付饮片。

2．加工方法不同

药材只需经过简单的产地加工，而中药饮片则是将原药材进行净选、切制和其他炮制等工艺而制成一定规格的炮制品。

3．监管方法不同

根据《中华人民共和国药品管理法》及《药品流通监督管理方法》（暂行）的有关

规定，生产中药饮片必须依法取得《药品生产许可证》，批发中药饮片必须是持有经营范围包括饮片的《药品经营许可证》的药品批发企业。因此，各有关药品生产、经营单位和医疗机构必须从具有合法资质的单位采购中药饮片，而在购进没有实施批准文号管理的中药材时，国家未进行资质规定。可见，中药饮片将被视同成药管理。

11.3 中成药制备工艺

中成药是指用一定的配方将中药加工或提取后制成具有一定规格，可以直接用于防病治病的一类药品。中成药有两种概念：狭义的中成药主要指由中药材按一定治病原则配方制成、随时可以取用的现成药品，如中成药中的各种丸剂、散剂、冲剂等等，这也是生活中人们常说的中成药；广义的中成药，除包括狭义中成药的概念外，还包括一切经过炮制加工而成的中草药药材。

中药制药工艺学研究内容包括利用现代化学方法提取中药有效成分；对中药方剂进行方药分析；综合应用现代科技方法筛选工艺技术条件，设计工艺路线，选择中药剂型；应用现代科学，研究更先进、更可行、更科学、更合理的制备工艺，使中药新药更安全、更可控、更有效及更稳定。此外，中药制药工艺的研究应尽可能采用新设备、新工艺、新辅料和新技术，以使中药制药的发展紧跟现代化发展的步伐，使中药制药发展水平与化学制药发展水平持平。现代化的中药制药工艺研究内容有所增加，包括制药设备的标准化、工艺规范化研究和中药制备过程的质量可控性研究。

中药制药工艺学的目的是要实现中药制药工业生产的最优化，使中药制药工业更好地发展。

将中药制药工艺学的内容进行简单的分类，可分为粉碎工艺、有效成分的提取工艺、分离纯化工艺和浓缩干燥工艺。涉及多个学科，包括中药学、生药学、药用植物学、天然药物化学、中药制药工程学等。

11.3.1 粉碎

在制备丸剂、散剂、片剂和颗粒剂时，都需要将原辅料进行适当的粉碎。因此粉碎是中药制剂的重要前处理工艺。粉碎过程是借助外力（如机械力）将固体物料制成碎块状或碎粉状的过程。根据不同剂型的不同粒度需要，将原辅料制成不同程度的碎块或碎粉。目前的粉碎正朝着微米级和纳米级的方向发展。常用的粉碎设备有流能磨、万能粉碎机和球磨机。常用的粉碎器械分类为：①介质搅拌磨；②气流粉碎机（分为扁平式、靶式、对喷式、流化床对喷式和循环管式）；③介质运动式磨机（分为球磨机、行星磨和振动磨）；④辊压式磨机（分为立式辊磨机和高压辊磨机）。

11.3.2 提取

提取是将中药材中的某类成分与原材料分离的过程。可以是用溶剂提取固体药材的某类成分，也可以是用溶剂提取液体药材的某类成分。此操作主要目的是获得中药材的有效成分。常用的传统提取方法有煎煮法、回流法、浸渍法、水蒸气蒸馏法和渗漉法。近年来的新技术有微波萃取技术、超声波萃取技术、超临界流体萃取技术和高速逆流色谱提取技术。还涌现了不少新方法，如酶提取法、加压逆流提取法、旋流提取法和半仿生提取法。提取的常用设备有球形煎煮罐、微波萃取罐、超临界流体萃取器、渗漉柱、多功能提取器和连续提取器等。

11.3.3　分离纯化

中药进行了提取工艺过后，需将提取部分和废弃部分分离，并采用适宜方法处理分离所得的提取部分，尽可能地除去无用成分、保留有用成分，此工艺就称为分离纯化工艺。通常将提取部分和废弃部分分离的工艺，称为分离。将对提取部分进行处理，从而提高提取部分的有效成分浓度的工艺，称为纯化。常用的分离方法有过滤分离法、离心分离法和重力沉降法。常用的纯化方法有透析法、絮凝沉淀法、盐析法、离子交换法、凝胶过滤法、硅胶吸附柱色谱法、聚酰胺吸附法等。

11.3.4　浓缩干燥

由于中药提取液中的中药有效成分浓度较低，直接应用不利于中药药效的释放，故浓缩工艺尤为重要。浓缩分为自然干燥和沸腾蒸发。前者是在未达到溶剂沸点的情况下，让溶剂自行气化，速度较慢，故在实验室操作时可使用，但在工业生产中较少使用。后者是在溶剂的沸点下，让溶剂气化，在此过程中，溶液处于沸腾状态，速度较快，故在工业生产上较常使用。有些中药需制成固态，所以在浓缩工艺之后还要再进行干燥工艺。干燥是对已浓缩好的中药提供热量，使物料的溶剂气化，并利用真空或气流将气化的蒸气带走的过程。干燥技术在中药制剂方面应用十分广泛，目前已有新设备投入使用，包括喷雾干燥、冷冻干燥、流化床干燥和远红外辐射干燥。

11.3.5　中药分离新技术

对任何一个产业而言，新技术都容易带来新变革，让产业步上一个新台阶，促进产业转型，大大加快产业发展速度。中药制药产业也不例外。近年来研发的新技术如微波提取法、超声波提取法、超临界流体萃取法酶法、分子蒸馏法等，都给中药制药工业发展的提速做出了重大贡献。下面简单介绍几项中药新技术。

11.3.5.1　微波提取技术

微波是一种频率在 300MHz ～ 300GHz 的电磁波。微波提取技术就是利用微波实现高效提取的技术。

微波萃取物质时，物质吸收的电能可转化为热能，此热能使物质性质改变。由于吸收微波能力的差异使得药物的部分区域萃取体系中的某些组分被选择性加热，造成被加热物质与未被加热的物质形成差异，从而使被萃取物质与其原有体系分离，进入吸收微波能力较差的溶剂中。从细胞层面上看，微波可穿过溶剂，直接进入溶质的内部。细胞内容物吸收微波，转化成热能，使细胞内容物温度迅速上升，导致细胞内压升高。当细胞内压超过细胞壁所能承受的压力，细胞就会破裂，使细胞内容物流出，细胞内容物所含有效成分也流出，溶解在溶剂里。微波提取过后，进行过滤，有效成分就在滤液中。

与普通加热提取法相比，微波提取法选择性高，可直接使被提取物质温度升高，容器和空气不吸收微波所以不被加热，溶剂对微波吸收能力较差所以温度升高不多。温度差异使得只有被提取物质容易溶出，从而提高选择性。微波提取法有效成分得率高，因为只有被萃取物质温度最高，所以进入溶剂的物质以被萃取物居多，从而溶剂中的有效成分含量较高。此外，微波提取法还具有溶剂耗量少和操作时间短的优点。微波提取技术具有强大的市场潜力，应用前景广阔。

微波提取技术已应用于一些中药的提取工艺。微波技术对于中药中黄酮的提取十分有效。对比微波提取和水煎煮提取罗布麻黄酮类化合物，结果得出微波 10min 提取率，高于水煎煮 60min 提取率。对比微波提取和水煎煮提取紫花地丁黄酮类化合物，结果得出微波 5min 所得提取率，高于水煎煮 60min 所得提取率。虽然不同提取方法提取率有明显差异，但提取物质的成分及各成分的比例是基本一致的。微波提取技术除了在提取黄酮类化合物方面有明显优越性，在提取生物碱类、皂苷类、蒽醌类、多糖、挥发油和色素等成分时，也有明显效果。

11.3.5.2 超声提取技术

超声波是频率大于 20kHz 的电磁波，在人的听觉阈以外。超声波可在介质中传播。超声提取技术是利用超声波辐射的巨大压强产生空化效应、热效应和机械效应等效应，加速有效成分溶出，再通过机械搅拌，使得有效成分更快更多地溶出。其中空化效应是超声提取技术的关键因素。所谓空化效应，是指当超声作用于提取物时，溶液中的微小气泡或空腔在声波负压半周期体积迅速增大，在接下来的声波正压周期气泡体积又被绝热压缩，气泡体积迅速减小直至完全没有。空化时，微小气泡的破裂在瞬间完成，其破裂产生的巨大压力使细胞壁产生破裂，同时整个生物体也产生破裂。与其他提取方法相比，超声提取的破裂在瞬间完成，大大缩短了破裂时间，使细胞内容物更好更快地流出、扩散和溶解。同时由于空化效应造成的是压力变化，仅引起物理条件改变，对被提取物质的化学性质和生物活性影响不大。

空化作用可使传质表面积增大。在微小气泡破裂时，产生一系列动力学过程，在破裂的瞬间产生强烈冲击波，使固体表面凹蚀、粉碎和剥离，形成了新的、面积更大的传质表面。空化作用可使传质边界层变薄。空化作用产生的湍动效应，使传质边界层变薄，界面两侧的浓度梯度减小，传质速度加快。空化作用可产生微扰效应。此微扰效应可强化微孔扩散，强化涡流扩散，提高浸提速率。

超声提取法的优点为浸提过程所需时间短，空化效应大大加速了有效物质的溶出。一般超声提取一次仅需 20 ～30min，远短于水煎煮的时间 1 ～2h，常温浸渍或渗漉的时间 1 ～2d。超声提取的另一个优点是浸提温度低。超声提取法不需加热，虽然提取过程中温度有所升高，但只是超声带来的热效应，可节约能源。此外，超声提取法还具有提取得率高、能耗少等优点。但超声提取法有一定的噪音，在工业生产时需做相应的防噪音措施。

由于超声提取法不需要加热，因此适用于提取物不耐热的中药。对于山楂总黄酮的提取，采用超声提取法和热提取法所得提取率相近，但由于超声提取法不需加热、提取时间短，可节约能源、节省时间，所以仍然优于热提取法。此外，超声提取法在白芍提取芍药苷、大黄提取大黄蒽醌和香椿叶提取总黄酮的实验中，均显现出明显优势。

根据大多数文献的记录，使用超声提取法时，使用的设备为超声波清洗器，这种设备对小量的试验较方便。但在实际操作中，对超声设备的性能要求较高，需要可调范围广的超声设备，所以现在已经研发了新的超声提取设备，如北京弘祥隆生物技术开发有限公司和中国科学院过程工程研究所共同开发的循环超声提取设备，已在国内几十家单位投入使用。

11.3.5.3　超临界流体萃取技术

所谓超临界流体，即处于其临界温度和临界压力以上的单一相态物质。在超临界状态下，超临界流体具有接近于液体的高密度和接近于气体的低黏度，从而使超临界流体既可以像液体一样拥有高的溶解度，又可以像气体一样具有高的传质速率。超临界流体的溶解能力与其密度相关。在临界点附近，当温度不变时，可以通过改变压力来改变超临界流体的密度，从而改变超临界流体的溶解度，将之前溶解的溶质分步分离出来。CO_2的临界温度接近室温，为 31.06℃，临界压力较适中，为 7.39MPa，临界密度较高，为 0.448g/cm^3，而且 CO_2无毒、廉价、不易燃、不易爆、性质稳定，所以多采用 CO_2作为溶剂。

在超临界状态下，CO_2具有气液两种相态的特点，可溶解药材中的某些成分。溶解过后通过改变溶剂物理性质使不同极性的溶质分步溶解出来，达到分离的目的。超临界提取法因其实验过程接近室温，尤其适用于芳香性物质和光敏、热敏性物质，还适用于提取低沸点、低极性和低分子量的物质。此法还可以加入夹带剂，使选择性提高。此外，还具有无溶剂残留的特点。

超临界提取法比较适用于分子量较小的亲脂性物质，而分子量较大的、极性较大的物质就需要添加夹带剂，并在更高压力下萃取。研究表明，此法适用于含挥发油、酮类、酚类、苷类、酯类、生物碱类、萜类成分的中药提取。有人从黄山药中提取薯蓣皂苷、从甘草中提取甘草次酸的实验均表明，用超临界提取法收率比传统方法要高。

超临界提取法应用前景广阔，不仅可以单独使用，还可与其他提取方法结合，提高提取率的同时提高选择性。但是，超临界提取技术的基础仍十分薄弱，而且设备投资较大，为其发展带来了一定的限制。

11.3.5.4　分子蒸馏技术

分子蒸馏是利用不同分子的平均自由程差异，在远远低于其沸点、高真空度的情况下进行分离精制的连续蒸馏过程技术，又称短程蒸馏。

此法优点在于可利用多级分子蒸馏同时分离多种物质，可有选择性地蒸出目的产物。适用于热敏性、高沸点、蒸馏温度低和易氧化药物。但是此法与超声提取法一样，初期设备投入经费较大，技术要求高，而且只能进行单纯的分离，不能进行提取，所以其发展具有一定的局限性。

11.3.5.5　膜分离技术

膜，是两相之间的一个选择性屏障。膜分离技术是利用膜的分隔特性，集浓缩、澄清、分级、纯化和富集等目的为一体的技术。目前已开发并已应用的膜分离技术有超滤、纳滤、微滤、反渗析和电渗析等。

此技术的优点在于可同时进行分离、提纯和浓缩等工艺，并且不需进行化学处理和使用有机溶剂。不同于超临界萃取和分子蒸馏，膜分离所需设备简单、操作方便，并且耗能少、流程短。

使用微膜过滤银杏水解液时，可除去常规方法不易除去的脂类物质，又不会造成溶解在溶液中的可溶性固形物的缺失。使用超滤技术从黄芩粗粉中提取黄芩苷，收率和纯度均高于传统方法。

11.3.5.6 大孔吸附树脂分离技术

大孔吸附树脂分离工艺是继离子交换树脂分离工艺以后发展起来的。不同于离子交换树脂，大孔吸附树脂的表面及内部具有与被吸附分子大小相对应的孔隙，故可像分子筛一般选择性地吸附所需物质。大孔树脂是一种高分子聚合物，本身具有氢键或范德华力，对特定结构的化合物可以进行选择性吸附，达到分离纯化的目的。所以吸附作用和筛选作用是大孔吸附树脂进行分离和纯化的关键。

大孔吸附树脂具有理化性质稳定、再生周期长和可再生的特点，不溶于酸、碱和有机溶剂，不受无机盐和低分子溶剂影响。

大孔吸附树脂可纯化黄芪总皂苷、富集薯蓣皂苷、纯化银杏叶浸提液中的黄酮苷和纯化秦艽的浸提成分。大孔吸附树脂吸附过后，需用洗脱剂进行洗脱，将吸附的物质溶解出来。

思考题

11-1 简述中药材、中药饮片和中成药的差异性。

11-2 简述中药饮片的生产工艺。

11-3 简述中药制药的一般过程。

11-4 中药提取分离技术有哪些？各有什么特点？

第12章 中药炮制

药材经过采收、产地加工、药材加工、生药加工后仍然含有一定的泥沙、杂质，其形状不规则，有的甚至含有较大的毒性，不能直接入药，因此必须再经过炮制加工。炮制加工也叫做中药炮制，在古代有“炮炙”“炮制”“修治”等多种称谓。

炮、炙的最早含义是指用火烧、火烤加工肉食的两种方法。这种方法后来被应用于药材加工，成为用火加工药材的重要方法。由于用火加工药材的方法应用最多，也最为重要，因此人们将炮、炙二字连用，成为整个炮制的总称。1977 年版的《中华人民共和国药典》在“炮制通则”下分“净制”“切制”“炮炙”三类，此后的 1985 版、1990 版、1995 版、2000 版、2005 版、2010 版和 2015 版药典仍沿用该分类法。“炮制”一词便成为药材加工的总称，而“炮炙”则代表除净制、切制以外的其他方法。

12.1 中药炮制的目的

中药炮制的目的是为了提高饮片的质量，保证用药的安全有效。但由于药材品种繁多，炮制方法各异，各个药物的炮制目的又有一定的区别，总结这些差异，可以清楚地认识到中药炮制的重要性和必要性。

（1）去除泥沙、杂质和非药用部位，保证品质的纯净和用量的准确。一般药材在采收、运输、贮藏的过程中，常带有泥沙、杂质或非药用部分，贮藏过程中可能发生虫蛀、霉变等其他变质，因此在使用前，必须经过严格的挑选、洗涮或分离，并达到一定的净度，以保证用药的安全性和用量的准确性。

（2）分开不同的药用部分，保证用药的准确。有些植物药材，虽同出一体，但由于部位不同，具有不同的功效，应分开入药，以保证用药的准确。例如，麻黄茎发汗解表，麻黄根收敛止汗。

（3）消除或降低药物的毒性和副作用，保证用药的安全性。有些药材具有一定的毒性，生用不安全，但是经过炮制可以有效地消除或降低其毒性。如乌头经过水浸、蒸煮，马钱子用砂炒，巴豆去油，半夏、天南星、白附子用姜制等，其毒性都能显著降低。

（4）转变或缓和药物的性能，适应辨证用药的需要。药材经过炮制，药物的性能会发生转变。如黑大豆性味甘平，具有补肾健脾、解毒的功效，但其功力较弱，临床使用较少。当使用青蒿、桑叶煎汁作辅料加工成淡豆豉，其性变为辛凉，具有辛凉解表的功效，用于外感风热；当使用紫苏、麻黄煎汁作为辅料加工成淡豆豉，其性变为辛温，具有辛温解表的功效，用于外感风寒。通过不同的炮制工艺，改变药材的性能，产生新的功效，从而扩大治疗的范围。缓和药物的性能主要集中在寒性、燥性的药材上，通过缓和其寒性使之不伤阳、缓和其燥性使之不伤津，这些药性缓和的药材可以用于体弱及老幼患者，或者突出它的另一种功效以适应辨证用药的需要。

（5）引药归经或改变药物作用趋势。中医对疾病的部位通常以经络、脏腑来归纳，对药物作用的趋向用升降浮沉来表示。药物通过炮制，可以引药归经或者改变作用趋向，使药物直接到达病变部位，如醋制引药入肝，盐制引药下行入肾，能够帮助药物更好地治疗肝经、肾经疾病。通过改变炮制辅料，也可以改变药物作用趋向，如黄柏性寒而沉，主治下焦湿热，多用于湿热下注所致的小便黄浊、赤白带下、足膝酸软，经过酒制后，借酒的升提作用使药性上行，可清上焦头目湿热。

（6）增强作用，提高疗效。不少辅料都有一定的药理作用，用它们炮制药物，能发挥协同作用，从而提高疗效，如醋制延胡索可以增强活血止痛的功效；土炒山药、白术可以增强健胃消食的功效等。

（7）利于贮藏，保存药性。炮制工艺能使有效成分分解酶失活，从而有利于有效成分的保存，同时，药物经过加热处理后，可以进一步变干燥，并杀灭虫卵和霉菌，有利于贮藏。

（8）矫臭、矫味，利于服用。动物类或矿物质类等具有异味的药物，服用后往往会引起恶心呕吐，通过炮制可以改善不良气味，利于服用，例如清炒鸡内金、砂炒穿山甲等。

（9）改变形状质地，便于配方制剂。形长体大的药材不便于调剂，质地坚硬的药材不易粉碎和煎出有效成分，因此，根据药材的形状、质地进行炮制处理，使其符合要求，例如紫苏、藿香切断；葛根切块；鹿茸切薄片；龟甲砂炒醋淬；蟾酥酒制等。

（10）制成中药饮片，提高其商品价值。药材经过净制、切制、炮炙后，不仅能达到其药用目的，而且形态多样，色彩鲜明，全面提高了其内在和外观质量，符合消费者需求。

上述中药炮制的目的，各有差异，但又紧密相关。一种药物的炮制方法可以达到多个目的，但其最终的目标都是为了提高饮片质量，满足用药的安全、有效和方便。

12.2 中药炮制的方法

中药炮制不是简单的挑选切炒，而是包括净制、切制（含水制）、火制、水火共制、其他制法等五大类六十多种方法的整套炮制技术。明代陈嘉谟首先提出炮制法分为水制、火制、水火共制三类。水制有渍、泡、洗三法；火制有煅、炮、炙、炒四法；水火共制有蒸、煮两法。《中华人民共和国药典》“炮制通则”将炮制法分为净制、切制、炮炙三类，其中炮炙类包括全部加热处理方法和制霜法、水飞法，这种分类法突出了炮制程序和传统特色，其分类见表12-1所示。

表12-1 炮制方法一览表

净制	挑选、筛选、风选、漂洗、切除、刮、刷、撞、挖、抽		
切制	水制（软化）	常水软化	淋法、洗法、泡法、润法
	切制（加工）	特殊软化	湿热软化法、干燥软化法、酒处理软化法

续上表

净制				挑选、筛选、风选、漂洗、切除、刮、刷、撞、挖、抽
炮炙	火制	炒制	清炒法	炒黄、炒焦、炒炭
			加辅料法	米炒、土炒、砂炒、滑石粉炒、蛤粉炒
		炙制		酒炙、醋炙、盐炙、蜜炙、姜汁炙、油炙
		煅制		明煅、煅淬、密闭煅
		煨制		直接煨、面裹煨、纸裹煨
	水火共制	蒸制		清蒸、酒蒸、醋蒸、黑豆汁蒸
		煮制		水煮、酒煮、醋煮、甘草汁煮、萝卜煮
		焯制		古同“熏”，用火烧灼
其他制法		复制法		加一种或几种辅料按规定程序反复炮制
		发酵法		经过益生菌发酵
		发芽法		使果实或种子萌发幼芽
		制霜法		结晶制霜，去油制霜
		提净法		经溶解、过滤、除净杂质后进行重结晶
		水飞法		与水共研成极细粉末
		烘焙法		用文火直接或间接加热
		干蒸法		加热空气蒸烤

12.2.1　炒制

将净选或切制后的药物，置于加热容器内用不同的火力连续加热，并不断搅拌翻动至一定程度的炮制方法，称为炒法。根据加不加辅料，中药炒法可分清炒和加辅料炒两大类；根据用药要求，结合药物性质，由于炒制的时间不同，中药炒法可分为炒黄、烧焦、烧炭等；由于所加辅料的差异，又可分为米炒、土炒等。

12.2.1.1　清炒法

清炒法是指不加辅料的炒法，根据炒制过程的火力大小又分炒黄、炒焦、炒炭三种。

（1）炒黄。将药物置于加热容器内，用文火或中火炒至表面呈黄色，或较原色加深，或发泡鼓起，或种皮爆裂并透出固有的气味，取出，放凉。其主要目的是增强疗效，炒黄多为种子类药物，如炒莲子肉可增强止泻涩精的作用；缓和药性、降低毒性，如炒牵牛子可降低毒性、缓和泻下作用；炒后质脆，易于煎出有效成分，如胡芦巴、王不留行等炒制可破坏酶类、保存甙类等有效成分。

（2）炒焦。将药物置于加热容器内，用中火或武火加热，不断搅拌翻动，炒至药物表面呈焦黄色或焦褐色，并有焦香气味，烧焦的药物可喷少许的清水，再炒或晒干，其主要目的是增强疗效或缓和药性。此类药物多数具有健胃消食的功效，炒制后可以增强其作用，缓和药性，如山楂炒焦不仅减弱了酸味，减少对胃的刺激，还可增强消胀、止泻、止痢的功效。

（3）炒炭。将药物置于加热容器内，用武火或中火加热，不断搅拌翻动，炒至表面呈焦黑色，内部呈焦黄色或焦褐色，体质酥脆为度，其目的是使药物的药效增强或者产生收敛、止血等作用。炒炭应注意“存性”，灰化后即无效，例如大蓟炒炭可增强止血作用；干姜或炮姜，药性苦温而涩，炒炭使其辛散温中作用减弱，增加温经止血作用。

12.2.1.2 **加辅料炒法**

加辅料炒法是指将某种辅料放入锅内加热至规定程度，并投入药物共同拌炒的方法，根据所加辅料的不同，可分为麸炒、米炒、土炒、砂炒、蛤粉炒、滑石粉炒等。

（1）麸炒。将药物与麦麸同炒，先将锅烧热，撒入麦麸不断翻炒直至微冒烟，加入药物，迅速翻动，炒至药材表面呈微黄色或比原色较深为度，一般每100kg净药用麦麸10kg。其主要目的是增强疗效，如白术、山药麸炒后其补脾益气的作用增强；缓和药性，如枳实麸炒后可缓和其破气作用，免伤正气；矫味矫臭，如麸炒僵蚕，可除其腥臭味。

（2）米炒。将药物与米同炒，先将大米或糯米放于锅内，炒至冒烟时，投入药物共同搅拌至米呈焦黄色或焦褐色，药物挂火色为度，若药物颜色较深者可借米来观察炒制程度，一般每100kg净药用米15～20kg。其主要目的是增强药物健脾止泻的作用，如米炒党参；降低药物的毒性、矫正不良气味。

（3）土炒。将药物与灶心土同炒，先将赤石脂或净黄土细粉放入锅内，加热至松泡、干燥变色时，加入药材同炒，以药材表面挂土并透出香气为度，取出筛去土，放凉，一般每100kg净药用灶心土25～30kg。其主要目的是增强健脾止泻的作用，如土炒山药、白术。

（4）砂炒。将药物与砂同炒，先将经过净洗或炼制的河砂置于锅内，用武火加热至滑利、翻动灵活时投入药材，不断翻动至药材酥脆或鼓起，外表呈黄色或颜色较深时取出，筛去砂即可。砂的用量以能掩盖所加药物为度，用过的油砂可以重复使用，但最好不要用于不同的药材，特别是炒过毒性药物的油砂不可再炒其他的药物。其主要目的是利于调剂和制剂，如狗脊、穿山甲等质地坚硬的药材，砂炒后变得松软酥脆，易于调剂、煎煮和粉碎，可降低毒性。

（5）滑石粉炒。将药物与滑石粉同炒，其主要目的是使药材松泡酥脆，便于煎煮和粉碎，便于制剂和调剂，如滑石粉炒象皮、黄狗肾；降低毒性及矫正不良气味。

12.2.2 炙制

将净选或切制后的药物与一定量的液体辅料拌炒，使辅料逐渐渗入药物组织内部的炮制方法，称为炙制。根据所加辅料的不同，炙法又分为酒炙、醋炙、盐炙、姜炙、蜜炙、油炙等法。

（1）酒炙法。将净选或切制后的药物与一定量的酒拌匀，待酒被吸干后，置于锅内用文火烘干；或者先将净药放于容器内，加热炒至一定程度时，再喷洒一定量的酒炒干，一般每100kg净药用黄酒10～20kg。酒炙的目的是酒能行药势，可改变药性，引药上行，如黄连主清胃肠湿火郁结，酒炙后可清上焦火热；酒能行血脉，如川芎、牛膝等活血化瘀药多用酒剂，有协同作用，可提高疗效。

（2）醋炙法。将净选或切制后的药物与一定量的醋拌匀，待醋被吸干后，置于锅内用文火炒至一定程度，取出放凉；或者先将净药捣碎放于容器内，炒至表面熔化发亮或表面颜色改变，再喷洒一定量的醋炒至微干，出锅后继续翻动，摊开放凉，一般每100kg净药用醋20～30kg。醋炙的目的是引药入肝，增强活血化瘀及舒肝止痛的作用，如乳香、没药、延胡索、五灵脂等活血化瘀止痛药及柴胡、香附、青皮等疏肝解郁止痛药多用醋炒；降低毒性，如甘遂、大戟、芫花等峻下、毒性强烈的药物均用醋炙；同时醋炙还有矫臭矫味的作用，如五灵脂、乳香、没药用醋炙即有矫味的用意，以便于服用。

（3）盐炙法。将一定量的食盐加适量的水溶化，与净药拌匀，放置闷润，待盐水被吸尽后，用文火烘干，取出放凉；或先将净药置于锅内，炒至一定的程度，再喷洒盐水，用文火烘干，取出放凉，一般每100kg净药用食盐2kg。盐炙的目的是引药下行入肾，增强疗效，如杜仲、巴戟天、补骨脂等盐炙可增加补肾作用，小茴香、橘核、荔枝核等盐炙可增强疗疝止痛的作用，知母、黄柏等盐炙可增强滋阴降火的作用。

（4）姜炙法。姜炙法分为姜汁炒和姜汁煮两种，将药物与一定量的生姜汁拌匀，放置闷润，待姜汁吸尽后，放入锅内，用文火炒至一定程度；或者将干姜切片煎汤，加入药物煮约2h，待姜汤基本吸尽，将药物取出切片，干燥。一般每100kg净药用生姜10kg或干姜3kg。姜炙的目的是制其寒性，增强止呕作用，如姜炙黄连、姜炙竹茹、姜炙厚朴可缓和刺激咽喉的副作用，增强温中化湿的作用。

（5）蜜炙法。取一定量的炼蜜加适量的开水稀释，与药物拌匀，放置闷润，使蜜逐渐渗入药材内部，然后置于锅内用文火炒至颜色加深、不黏手时取出摊凉，凉后及时收贮；或者先将净药置于锅内，用文火炒至表面颜色加深时，再加入一定量的炼蜜，迅速翻动使药物与蜜拌匀，炒至不黏手时取出摊凉，凉后及时收贮。其中蜂蜜加热炼熟后称炼蜜，蜜炙的目的是增强疗效，如蜜炙百部、款冬花、紫菀等可以增强润肺止咳的作用，蜜炙黄芪、甘草等可以增强补中益气的作用；蜜炙麻黄可缓和发汗作用，增强润肺止咳的作用；蜜炙还可矫味，缓和刺激胃而引起呕吐的副作用，如蜜炙马兜铃。

（6）油炙法。油炙主要分为三种：①油炒。先将羊脂切碎，后置于锅内加热，炼油去渣，然后取药材与羊油脂拌匀，用文火炒至油被吸尽，药物表面呈油亮时取出，摊开晾干，此法主要用于羊脂炙淫羊藿；②油炸。取植物油于锅内，加热至沸腾时，倾入药物，用文火炸至一定程度取出，沥去油，研碎，药物经过油炸后利于粉碎，且能降低某些药物的毒性；③油脂涂酥烘烤。将动物骨类锯成短节，放在炉火上烤热，用酥油涂布，加热烘烤，待酥油渗入骨内后，再涂再烤，如此反复操作，直至骨质酥脆为度。

12.2.3　煅制

煅制是一种将药物直接放于无烟炉火中或适当的耐火容器内煅烧的炮制方法，可分为明煅法、煅淬法和闷煅法。

（1）明煅法。将质地坚硬的矿物药于炉火上煅至红透为度；含结晶水的矿物药、动物的贝壳类药物，装入耐火容器内煅透直至质地疏松为度。其目的是使药物疏松或失去结晶水，便于粉碎及煎煮，如白矾、石决明等；还可增强药物收敛作用，如牡蛎、赤石脂等。

（2）煅淬法。将药物按明煅法煅烧至红透，趁热投入一定量的淬液或冷水中，骤然冷却，使之酥脆为度，如不酥可反复煅淬至酥。煅淬的目的是改变药物的理化性质，增强疗效，减少副作用，除去不纯成分，并使药物酥脆而易于粉碎，利于煎出有效成分，如醋淬自然铜、醋淬代赭石、水淬炉甘石等。

（3）闷煅法。将药物置于密闭锅中，加热煅烧至煅透为度，放凉，取出，在高温缺氧条件下煅烧成炭，又称密闭煅、暗煅、扣锅煅。其目的是增强止血作用，如血余炭、灯心炭等；还可降低毒副作用，如煅干漆等。

12.2.4 蒸制

蒸制是指净药润透或加辅料润透后，置于适宜的容器内，加热蒸透，取出，晾干、晒干或烘干，如地黄蒸至变黑。常用蒸制的药材有地黄、首乌、女贞子、大黄等。

12.2.5 煮制

煮制是指将药物加水或辅料放入锅中共煮至液体完全被吸尽或切开无白心，取出，干燥，如川乌、草乌经煮制后毒性降低等。用醋煮的药材有延胡索、香附、商陆等；常用药汁煮的药物有黄连、吴茱萸、白附子、半夏、天南星等；常用水煮的药物有川乌、草乌、附子等；常用豆腐煮的药物有硫黄、藤黄等。

12.2.6 煨制

煨制是指将药物包裹上一层吸附油质的辅料（湿润的面粉或滑石粉、纸浆等），再埋入加热的滑石粉中煨烫或直接拌炒至一定程度，筛去滑石粉，剥去包裹层，切片或捣碎。常用煨制的药物有木香、草果等。

12.2.7 其他制法

（1）制霜法。将药材研成细末或捣烂如泥，用粗纸包裹压榨，或用机器榨去油至药材呈松散的粉末状，或析出细小的结晶，因最后药材形态与寒霜相似，故名“霜”。药物制霜是为了降低毒性、缓和药性、消除毒副作用、增强疗效，如巴豆霜、西瓜霜的制备。

（2）提净法。将某些矿物类药捣细，用水或适当的试液进行溶解、过滤、重结晶处理，以除去杂质，使药物纯净。

（3）水飞法。将药物放入研钵内，加水研成糊状，再加多量的水搅拌，倾出其混悬液，如此反复操作，最后将研钵内残渣弃去，合并混悬液静置，倾去上面的清水，将沉淀物干燥，即得极细粉末。

（4）发酵法。将药物采用不同的方法进行加工处理后，置于适宜的温度、湿度环境中，在霉菌和酶的催化分解作用下，使药物发泡、生衣，如六神曲的制备。

（5）发芽法。将成熟的果实及种子用清水适当浸泡后，在一定的温度和湿度条件下，使其萌发幼芽，待芽长约1cm时，取出干燥，如麦芽。

（6）复制法。将净选后的药物与一种辅料或数种辅料相加，按规定程序，反复炮炙到各药规定的程度，如半夏制成清半夏、姜半夏、法半夏。

（7）干馏法。将药物置于适宜容器内，加热灼烤，使其产生液汁，在下口收集液状物。

（8）烘焙法。烘法是指将药物置于近火或利用烘箱、干燥室等设备，使所含水分徐徐蒸发的方法。焙法是指将药物置于金属容器或锅内，用文火加热较短时间，并不断翻动，焙至药物颜色加深，质地酥脆为度的方法。

12.3 炮制对药物成分的影响

中药材一般来源于植物、动物和矿物，其成分十分复杂。由于中药中植物药居多，因此本部分内容主要介绍植物药材的化学成分在炮制后的变化。

植物药材中所含的化学成分通常有生物碱、苷、挥发油、鞣质、有机酸、脂肪油、树脂、蛋白质、氨基酸、无机盐、糖类和色素等，其中大部分具有生物活性。药材在经过水浸、加热及酒、醋、药汁等炮制处理后，其所含的化学成分会发生一些变化，如有的成分被溶解出来，有的成分被分解或转化为新的成分，有的成分浸出率会提高或降低，这对药物的功效发挥和毒性强弱有直接的联系。因此，研究炮制前后药材化学成分的变化，有助于阐述炮制原理和炮制工艺的改进。炮制后饮片质量的优劣，可用指标成分含量作为质量标准，但很多中药材的成分至今还未完全研究清楚。

12.3.1 炮制对药材中生物碱的影响

生物碱是一类含氮的有机物，大多数具有类似碱的性质，有较强的生理活性，多数生物碱为有效成分，少数为毒性成分，是药材中一类重要的化学成分。含生物碱的植物药材主要有黄连、黄柏、麻黄、马钱子、吴茱萸、乌头、附子、延胡索、苦参、槟榔、钩藤、贝母、防己、山豆根、罂粟壳、川芎、益母草等。

游离生物碱一般不溶或难溶于水，能溶于乙醇等有机溶剂，生物碱与酸结合成盐后易溶于水和乙醇，因此含生物碱的药材经过酒制、醋制后能提高生物碱的溶出率，从而提高药物的疗效。生物碱一般不耐高温及长时间的加热、煎煮，否则易发生生物碱分解、水解等反应。下面简要介绍常用炮制操作对药材中生物碱的影响，如表12－2所示。

表12－2 常用炮制操作对药材中生物碱的影响

炮制方式	主要影响	示例
净制	净制对生物碱本身并不造成影响，但是分开不同的药用部分，符合生物碱往往集中于植物某一部位或某一器官的规律，因而能保证用药的准确性，提高疗效	麻黄分开根和茎，莲子分开心与肉
水制	浸泡的时间过长，不仅会使水溶性的生物碱溶解流失，也会使大多数以盐的形式存在的生物碱流失，因此生物碱为有效成分的药材应少泡多润或不用水处理；生物碱为毒性成分的药材应控制恰当的水制时间	常用的水溶性生物碱药材包括麻黄、黄连、黄柏、苦参、山豆根等，水制时应特别注意

续上表

炮制方式	主要影响	示例
加热	加热时间过长或者温度过高能使生物碱发生分解、水解，因此生物碱为有效成分的药材，一般适宜生用；需要加热炒制或蒸煮的，应掌握好火候，温度不宜过高，加热时间不宜过长；生物碱为毒性成分的材料则可利用生物碱加热会分解或水解的特点，降低毒性物质含量，从而达到减毒的目的	马钱子、乌头等所含的生物碱具有较强的毒性，同时也是有效成分，因此在加热过程中应控制好适当的火候，在降低毒性的同时保持药材的疗效
醋制	醋中的乙酸能与游离的生物碱生成醋酸盐，显著地提高生物碱在水中的溶解度，增强疗效	延胡索醋制后得到的总生物碱含量是生品煎出量的2倍左右
酒制	黄酒中含有10%～15%的乙醇，白酒中含有50%～70%的乙醇，是一种良好的有机溶剂，不论是游离生物碱还是以盐类形式存在的生物碱都能溶解，可增强生物碱的溶出率	

12.3.2 炮制对药材中苷的影响

苷是一类由糖和非糖物质组成的复杂化合物，非糖部分称为苷元，在自然界分布极其广泛，以植物的果实、树皮和根部分布较多。

苷类一般易溶于乙醇，因此用酒作为炮制辅料可提高含苷类药物的溶解度，增强其疗效。由于苷类成分易溶于水，故在中药炮制过程中用水处理时尽量少泡多润，避免苷类物质溶解在水中流失或水解。常见的药材有大黄、甘草、秦皮等。

含苷类成分的药物往往在不同的细胞中含有相应的分解酶，在一定的温度和湿度下可被相应的酶所水解，从而使有效成分减少，降低疗效。如槐花、苦杏仁、黄芪等含苷药物采收后若长期放置，相应的酶会将其中所含的苷类分解成芦丁、苦杏仁苷、黄芪苷，从而使这些药物失效。花类药材所含的花色苷也可因酶的作用而变色，所以含苷类药物常用炒、蒸、烘或暴晒的方法破坏或抑制酶的活性，以保证药物有效成分免受酶解，保存药效。

苷类成分在酸性条件下易水解，不但降低了苷的含量，也增加了成分的复杂性，因此，在炮制过程中，除特殊要求外，一般少用或不用醋处理。在生产过程中，有机酸会被水或醇溶出，使水显酸性，促进苷的水解，应加以注意。

12.3.3 炮制对药材中挥发油的影响

挥发油由药材经过水蒸气蒸馏所得，是与水不相混溶的挥发性油状液体的总称，大多数具有芳香气味，所以也被称为“芳香油”。挥发油在植物界分布亦广，有的植物全株含挥发油，如薄荷、荆芥等；有的在局部含量丰富，如玫瑰的花瓣、茴香的果实、白豆蔻的种子、桉树的叶、桂树的树皮、檀香的树干、当归的根等。常用的含挥发油的药材有陈皮、青皮、枳实、紫苏、藿香、佩兰、薄荷、桂枝、川芎、白芷、羌活、独活、苍术、白术、木香、菊花、厚朴、鱼腥草、生姜、砂仁、高良姜等。

虽然挥发油不溶于水，但水制时间过长或软化时带水堆积，仍可使香气散失。这主要是因为药材经过长时间浸泡后，细胞膨胀，使得油室或油细胞破裂，挥发油溢出水面散失；带水堆积生热使挥发油变质；含水量高使饮片干燥时间延长等。因此，含挥发油药材淘洗速度要快，宜用“抢水洗”或淋洗，不宜久浸泡，以免挥发油损失。

加热能促进挥发油挥发甚至变质，故挥发油为有效成分时应尽量避免火制。某些挥发油有副作用或者辨证使用为不需要的成分时，可通过加热处理来降低或消除其含量，如苍术麸炒。某些药材实验表明，醋炙、酒炙、盐炙、米泔水制及麸炒药材时，其挥发油会减少10%～15%，煨制或土炒时减少20%，烧焦时减少40%，烧炭时减少80%。

某些挥发油的药材经过加热炮制后，性质改变，药理作用也出现显著差异，如肉豆蔻的挥发油经过煨制后增强了对家兔离体肠管收缩的抑制作用，起到涩肠止泻的作用。含挥发油的药材在干燥时不宜暴晒，适宜阴干或在60℃以下低温烘干，储存时应密闭避光。

12.3.4　炮制对药材中鞣质的影响

鞣质又称单宁、鞣酸，是一类复杂的多元酚类化合物，在药材中广泛分布，但是药材中含少量鞣质一般没有治疗作用，多为无效成分。含鞣质较多且有治疗作用的药材有大黄、五倍子、诃子、虎杖、儿茶、槐花、地榆、侧柏叶、仙鹤草、石榴皮、贯众、茶叶、槟榔等。鞣质多为无色无定型粉末，具有涩味和收敛性，能和蛋白质结合生成不溶于水的化合物，鞣质可溶于水和乙醇，易溶于热水，并形成胶体溶液，能与三价铁结合生成不溶于水的蓝黑色鞣酸铁沉淀，因此忌用铁器煎药。

由于鞣质易溶于水，故水制时应少泡多润，减少损失，切片后不宜长时间在日光下暴晒，以免氧化变质变色。鞣质一般具有耐高温的特性，经高温处理后一般变化不大，如大黄经酒炙、酒蒸、烧炭后，有致腹泻作用的蒽醌苷的含量明显减少，但鞣质含量变化不大，故可使大黄致腹泻作用减弱，而收敛作用相对增加。研究发现，有些鞣质也不耐高温，如地榆炒后鞣质含量降低，相比之下，槐花烧炭后鞣质含量反而大量增加，因此对个别不耐热鞣质应注意控制火候。

12.3.5　炮制对药材中有机酸的影响

有机酸是一类含羧基的化合物，在植物中广泛分布，通常情况下，游离的有机酸较少，主要与钾、钠、钙、镁等阳离子或生物碱结合成盐。含有机酸较多且为有效成分的药材有乌梅、山楂、五味子、山茱萸、木瓜、女贞子、茵陈、金银花、青木香、当归、地龙、阿魏等。由于药材中的有机酸常以盐的形式存在，多溶于水，因此水制过程中应少泡多润，以减少有机酸类成分的损失。但在植物中存在着的可溶性的草酸盐，往往是毒性成分，如百花酢浆草，动物食用后会变得虚弱，甚至死亡，因此炮制时应除去。

加热炮制可使有机酸破坏，对有强热刺激性的有机酸或含有机酸过多的药材，采用加热炮制会使其发生部分分解或升华，从而降低有机酸的含量以适应药物疗效和要求。例如，炭炒乌梅、山楂，其有机酸可以明显减少，避免过酸损齿伤筋；斑蝥酸酐（斑蝥素）是剧毒成分，米炒到84℃时升华加剧，从而降低药材毒性。但是，大多数有机酸都是有效成分，炮制药物时应尽量避免火制或控制火候。酒对有机酸及其盐有助溶的作用，但应掌握火候，防止过热使有机酸破坏。

12.3.6 炮制对药材中脂肪油的影响

脂肪油又称油脂，主要分布在植物的种子中，通常具有润肠通便或致泻等作用，但巴豆油、蓖麻油等对肠壁具有强烈的刺激作用，能引起剧烈的腹泻，甚至中毒。

油脂通常在常温下不溶于水，在冷乙醇中难溶，加热至290～300℃时，会分解产生丙烯醛等刺激性气体，油脂无挥发性。种子类药材常用炒黄（炒爆）法炮制，可增加香气或降低毒副作用，保证用药的安全有效。土炒可利用土的吸附作用降低油脂的含量，但如果温度过高可使油脂分解产生特异性气味，其药用价值也会随之丧失。对于作用过猛或有毒副作用的油脂，常用制霜法直接除去，如柏子仁去油制霜可降低或消除滑肠作用；千金子去油制霜以降低毒性，使药力缓和。

12.3.7 炮制对药材中树脂的影响

树脂是结构复杂的多种成分组成的混合物，与挥发油混存的称油树脂，如松香脂；与树胶混存的称胶树脂，如阿魏；与有机酸混存的称香树脂，如安息香。树脂主要存在于植物的树脂道中，在植物受伤后分泌出来，先为稠状液体，暴露于空气后逐渐干燥，变为半透明的固体或半固体，具有防腐、消炎、镇静、镇痛、解痉、活血止血、利尿等功效。树脂类的药材有乳香、没药、血竭、阿魏、安息香、芦荟、苏合香、藤黄、松香等，松节、甘遂、牵牛子、五味子等亦含有少量树脂。

树脂为非结晶形的固体或半固体，不溶于冷水，在热水中可溶，呈胶体溶液，亦能溶于乙醇。树脂不耐热，受热先软化而后熔融成为液体，温度过高可变性，降低疗效。水制对树脂无明显的影响，火制会使树脂受到破坏，酒制对树脂有助溶作用，因此炒牵牛子、醋制甘遂可降低毒性，但应注意控制火候，防止树脂破坏过多，疗效降低。藤黄树脂具有大毒，经过豆腐或清水长时间煮制，可降低毒性。

12.3.8 炮制对药材中的蛋白质、多肽、氨基酸的影响

蛋白质、多肽、氨基酸等物质纯品多数为无色结晶。氨基酸易溶于水和稀乙醇，多肽一般可溶于水，在热水中不凝固，蛋白质大多数能溶于冷水，不溶于乙醇，三者均不耐热，受热时，氨基酸、多肽可有不同程度破坏，煮沸时蛋白质则凝固失去活性且不再溶于水。此外，蛋白质在强酸、强碱作用下变性。在蛋白质的水溶液中加入食盐或乙醇浓溶液，开始时蛋白质沉淀析出，但并不变性，加水后又可以重新溶于水中。因此，氨基酸、多肽、蛋白质为有效成分的药材，应避免长时间浸泡，以免过多流失、变质而降低疗效。

蛋白质不耐热，火制能使毒性蛋白和苷的分解酶凝固变性，如炒白扁豆、蓖麻子能消除或降低毒性；炒苦杏仁，沸水煮或蒸黄芪，炒芥子可破坏酶保苷。蛋白质为有效成分的药材则不宜火制，如牛黄、雷丸、天花粉、蜂毒等宜生用；神曲、谷芽、麦芽、鸡内金等含消化酶的药材常有炒黄或烧焦、砂炒等用法，但这些方法没有考虑到对其有效成分消化酶的破坏。

动物药材龟甲、鳖甲、穿山甲等所含的蛋白质为特殊胶原蛋白，能耐高温和长时间煎煮，并不受醋制的影响，但砂炒时也应控制温度和时间，避免焦化、炭化而降低或丧失疗效。研究表明，龟甲、鳖甲、穿山甲经砂炒醋淬后，蛋白质的水煎出量远高于生品。

12.3.9　炮制对药材中无机成分的影响

无机成分主要存在于矿物、动物骨骼化石和介壳类药材中，植物中也含有一些无机成分，如钾、钙、镁的无机盐，不过多数钾、钙、镁金属离子是与有机酸结合成盐的形式存在。在各类药材中，普遍含有多种微量元素，具有十分重要的生理活性，如铜、铬、锰、铁、碘、氟等，炮制对微量元素有何影响目前还不完全清楚。

动物骨骼化石和介壳类药材所含的无机成分主要是钙的碳酸盐。药物的无机成分多数是无机盐及氧化物，个别是单质，如硫黄、汞等。部分矿物药是含结晶水的无机酸盐，如石膏、白矾、硼砂、胆矾等。矿物药成分复杂，性质各异，炮制方法简单，主要有水飞、煮提、煅、淬等制法。

水飞不仅可以得到纯净、细腻的矿物药粉末，还可以减少水溶性毒性成分的含量，降低药材毒性，如朱砂中夹杂的可溶性汞盐和雄黄中夹杂的三氧化二砷（砒霜）。

火煅体质坚硬的动物骨骼化石、介壳及某些药材时，可使药材质地变得酥脆，易于粉碎和有效成分煎出。自然铜、磁石煅后经醋淬，还可生成易溶、易吸收的醋酸铁，提高疗效。炉甘石的主要成分为碳酸锌，煅后生成氧化锌，具有消炎、止血和生肌的作用。含结晶的矿物药，煅后失去部分结晶水，效用也会发生变化。煅制矿物质药材应控制火候，以免太过或不及，煅炉石温度必须达到300℃，碳酸锌才会发生分解；矿物药中的朱砂（主要含 HgS）、雄黄（主要含 AsS_2）则不能火制，以防产生游离汞和砒霜等剧毒成分。

由于药材中的成分复杂，可能出现 A 成分的某种炮制法合理，然而对 B 成分又不恰当的现象，因此炮制工艺必须以药物疗效为基准进行综合考虑。目前，炮制过程对同一药材内部成分之间的影响及微量元素的变化尚不完全清楚，要真正弄清楚炮制对药材化学成分的影响还需要多学科的配合研究。

12.4　炮制设备

12.4.1　炒药机

目前，炒药使用机械包括滚筒式炒药机和中药微机程控炒药机等。利用机器炒制药材可翻动均匀，色泽等质量容易控制，节省人力，适合工业化生产使用。

12.4.1.1　滚筒式炒药机

滚筒式炒药机由炒药滚筒、动力系统及热源等部件组成，有的还附带加料装置和出料装置，如图 12－1 所示。药材通过桶口加入，盖好桶盖板，为了散热通常在盖板上留有散热孔，加热后，开动滚筒，借助动力装置滚筒顺时针转动，使筒壁均匀受热。当药材炒到规定程度时，打开盖板，按动电钮，使滚筒反向旋转，即可使药材由出料口倾出。滚筒式炒药机的热源一般为电或煤气。

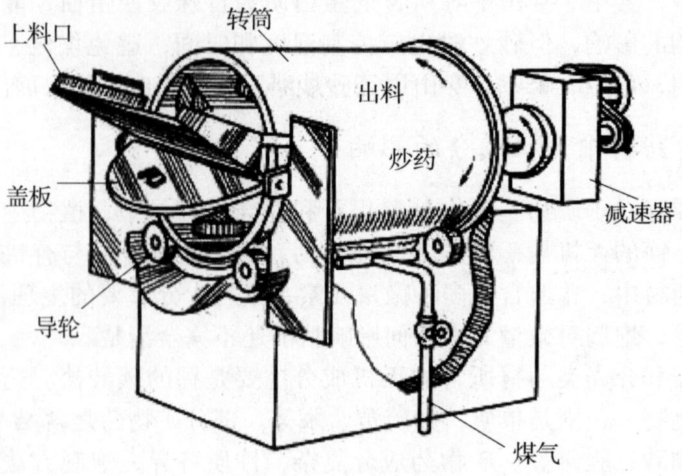

图 12－1　滚筒式炒药机示意图

滚筒式炒药机的温度可根据不同的药材及不同的炒制方法进行调节，此设备的应用范围较广，以炒炭、炒焦、麸炒、土炒及烫制各种药材最为常用。

12.4.1.2　**中药微机程控炒药机**

中药微机程控炒药机主要由炒制机主体、操作控制台和微机系统三大部分组成，炒制机主体主要由进料斗、进料门、炒药锅、烘烤加热器、底锅加热器、热电偶组、药物搅拌器、液体辅料泵、液体辅料喷管、观察取样孔、负压排烟风道、出料门、出料斗、灭火供水泵、喷水灭火管、电动机、减速箱等组成。微机程控炒药机既可以手工炒药也可以自动操作，该机采用烘烤与锅底双给热方式炒制，能使药材上下均匀受热，缩短炒制时间。

12.4.2　蒸制设备

目前工业化生产蒸制设备普遍使用不同型号的蒸罐，主要由罐体、上药滑车、药盘、蒸汽管、压力表、温度表、放气阀等部件组成。蒸罐安装在底座上，罐上装有可开启、密闭的门，操作时将净制的药材或用辅料浸润的药材装在药盘里，将药盘分层放在可滑动的药车上，再把药车推到蒸罐内密封。

12.4.3　煮制设备

煮制的传统操作在锅中进行，锅多为铜或铁制成。由于锅煮药材的火力、温度很难控制，且加工量不大，因此仅用于少量药材的加工使用。目前工业化生产多用夹层罐进行煮制。

夹层罐由内胆与外壳构成的罐体和蒸汽阀、压力表、温度表、安全阀、减压阀、排液管等部分组成，罐体由不锈钢或搪瓷材料制成。操作时，先将水或液体辅料加入夹层罐内，开通蒸汽阀，使罐内水或液体辅料受热至所需温度或沸腾，投入药材，加热到规定程度。不同的药材煮制要求的温度不同，操作时可调节进气阀门及加入蒸汽压力来控制。

12.4.4 煅药设备

目前使用的煅药机有平炉煅药炉和高温反射炉。

1. 平炉煅药炉

平炉煅药炉主要由炉体、煅药池、炉盖及鼓风机等部分组成。煅药池由耐火砖砌成，炉盖用于保温，不需保温时可以取下。平炉煅药炉是专门为煅明矾和硼砂所制，这两味药含结晶水较多，煅制的主要目的是为了脱结晶水。操作时，先将药材粉碎倒入煅药池内，均匀铺平，装药量约占药池容量的2/3，然后点火，使药池内的药物均匀受热，至药材枯松为度。

平炉煅药炉加热的温度可人为控制，在煅制时如需要保温可在煅药池上盖上炉盖，也可以开启鼓风机加大火力，提高速度。平炉煅药炉代替了传统的铁锅煅制，提高了煅制药材的质量，但其使用范围有一定的局限性。

2. 高温反射炉

高温反射炉主要由炉体、火焰反射管、煅药室、鼓风机及除尘引风装置等部分组成。整个设备由耐火砖砌成并密封，以防热量散失。为了获得足够的热量，保证煅制后色泽均匀一致，炉内使用优质无烟煤。操作时，先点燃炉火，加入足够的煤，待烟冒尽后将炉体封严；开启鼓风机，强制炉内的火焰通过火焰反射管，喷射到煅药室内装放的药材上煅烧。为了保证煅制温度，防止火焰外喷，在煅药室表面设有炉盖板，当药材煅至需要的程度时，即可铲出；煅制时，为了防止灰尘飞扬，在煅药室的上方装有除尘引风设备。

高温反射炉煅制药材的效率高，使用范围广，非含水矿物药、贝壳类及化石类药均适用，并且煅药室的温度可控，最高温度可达1000℃以上，但是含结晶水的矿物药及在煅制时易燃烧灰化的药材不可用此设备煅制。

思考题

12－1 试述中药炮制的主要目的。

12－2 炮制的基本方法有哪些？各有什么优势？

第 13 章　提取、分离纯化和浓缩干燥

中药药效多样，不同成分有不同的药效，按其作用效果主要分为有效成分、辅助成分、无效成分和组织物质。其中，有效成分是指可以发挥药效的主要物质，如生物碱类、蛋白质类、多糖类、皂甙类、有机酸类、挥发油类等。但由于一种中药的有效成分很复杂，所以一般能得到的有效成分，其实是几种成分的混合物，故多称为“有效部位”而非“有效成分”，如总黄酮、总苷、总香豆素、总挥发油、总生物碱等。辅助成分是指本身没有特殊的药效，但是与有效物质一起使用的时候，可以缓和或增强其药效、增加有效物质的稳定性、帮助有效物质浸出等。例如，就泻下作用和不良反应而言，服用大黄流浸膏比单独服用大黄蒽醌苷作用要缓和，不良反应少，因大黄中的鞣质可以缓和大黄的泻下作用。无效成分就是指不起药效和没有生物活性的物质，虽然不起药效，但是有的无效成分会影响提取工艺、成品外观、成品稳定性等。然而，物质在不同的情况下有可能成为无效成分，如蛋白质、淀粉、糖类、树脂、果胶、鞣质、粘液质等。组织物质是指一些不溶性物质，来自于原料药物的细胞或其他物质，如石细胞、纤维素和栓皮等。

由于中药药材成分的复杂性和药效的多样性，通过提取、分离纯化和浓缩干燥等工艺可以更加有效地提取有效成分或有效部位，最低限度减少有害物质的浸出，减少药物的使用量，提高有效成分的稳定性，从而保证临床用药的安全性和有效性。

13.1　中药提取

13.1.1　中药提取原理

中药材的有效成分大多数都存在于细胞的原生质层中。在中药有效成分的提取过程中，最关键的问题是如何将有效成分从细胞壁一侧的原生质中转移到另一侧的提取溶剂中；或者是将细胞壁破碎，使细胞内的有效成分顺利地进入溶剂。常规做法是利用细胞膜的通透性将细胞内的有效成分浸出，而更多的做法是破坏细胞壁、细胞膜，使其成分释放至溶剂中。通常，破坏细胞膜和细胞壁的方法有风干、破碎、加热和化学处理（如一元醇的处理等）及加酶等方法。

提取工艺过程分为三阶段：浸润、溶解和扩散。

13.1.1.1　浸润

浸润是第一阶段。溶剂与植物表面接触时，受到毛细管力和细胞吸水力的影响，进入细胞内。当植物的表面被溶剂润湿后，颗粒间的孔隙和细胞壁胶粒组成的网孔，都可以看成是毛细管系统。在毛细管力的作用下，润湿表面的液体膜，沿着毛细管壁，被吸入到细胞内。毛细管力越大，溶剂进入细胞的速度就越快。细胞的吸水力是溶剂进入

细胞内的又一动力，它取决于细胞内的渗透压。干燥的植物原料吸收提取溶剂的速度最快。

13.1.1.2　**溶解**

溶解是第二阶段。当溶剂进入植物细胞后，小部分胶质物质由于胶溶作用被溶解进入溶剂后，其部分溶解的化学成分同时进入溶剂中；大部分胶质物质膨胀成凝胶，留在细胞内。植物细胞内的各种化学成分以吸附状态存在于细胞内。当溶剂对某些化学成分有更大的吸附力时，才能使其输入溶剂中被提取出来。因此，选择适当的提取溶剂，或在溶剂中加入酸、碱或表面活性剂等物质，可帮助细胞内化学成分克服植物组织内的吸附，有利于提取过程的进行。

13.1.1.3　**扩散**

扩散是第三阶段。当溶剂在细胞中溶解了大量的可溶性化学成分后，细胞内形成了高浓度的溶液，并具有较高的渗透压。而细胞外仍为纯的溶剂，或浓度较低的溶液，渗透压也较低，细胞内外之间便产生了渗透压差和浓度差。由于渗透压的作用，细胞内高浓度的溶液不断地向细胞外扩散，而细胞外低浓度的溶液或溶剂，则不断地向细胞内部渗入，直至内外溶液的浓度趋于平衡。

13.1.1.4　**提取的影响因素**

在细胞内外化学溶液的浓度从不平衡到平衡的过程中，扩散起着十分重要的作用。被提取物质的理化性质、粉碎度（决定扩散面和厚度）、干燥度、时间、温度、溶液的浓度差以及溶剂等，都有可能影响提取过程的速度和提取量。

1. **被提取物质的理化性质**

被提取物质的理化性质包括原料结构和原料的化学成分。在原料结构方面，提取溶剂通过多孔的细胞壁进行提取时，溶剂和以分子状态分散于溶媒中的化学成分，很容易通过细胞膜，如果细胞壁木质化，则扩散速度较慢。在原料化学性质方面，由于扩散系数与扩散物质的分子半径成反比，因此在提取过程中，原料中可溶性化学成分分子的半径大小不同，其扩散速度也必然不同。在溶解度相同的情况下，分子小的化学成分先溶解，先扩散；大分子成分则后溶解，后扩散。扩散的条件还在于其溶解度的大小。易溶性的化学成分，即使分子较大，也能较先扩散。

2. **药材粉碎度**

在原料的粉碎度方面，根据菲克定律（扩散物质的量与扩散系数、扩散面积、浓度差和扩散时间成正比，与植物层的厚度成反比），植物原料粉碎得越细，扩散面积就越大，扩散速度也就越快。因此，通过提高原料粉碎度可以改善提取的效果。然而，若粉碎过细，大量细胞被破坏，许多可溶性的高分子化合物即杂质，就会很容易进入提取溶剂中，增加了提取液的黏度，从而妨碍了溶剂进入细胞继续进行提取。杂质过多也会给过滤带来困难。而且，在提取工艺中，原料粉碎过细容易产生堵塞，甚至会造成溶剂在渗滤柱内出现部分流畅、部分不流畅的现象，影响提取效果。因此，选择原料粉碎度，既要考虑提取方法，也要考虑溶剂的性质等其他条件。例如当水为溶剂时，原料可以粗些；当浓醇为溶剂时，原料可以细些；原料含粘液质多时，原料可以粗些；原料含粘液质少时，则可以粉碎细些。

3. **药材干燥度**

在原料的干燥程度方面，原料的干燥程度直接影响着细胞的吸水力，原料越干燥，则细胞的吸水力越大，对溶剂的吸收就越快，提取速度也就越快。反之，原料越湿，则细胞的吸水力越小，提取速度也就越慢。新鲜植物原料的原生质层没有被破坏，故它只选择性地允许一些物质透过，几乎不允许溶解于细胞内化学成分的渗出，从而影响提取效果。如果在提取之前，将新鲜植物原料适当地干燥（最好是自然晒干），则有助于提高提取效果。

4. **提取时间**

一般来说，提取量与提取时间成正比。在一定条件下，时间越长则提取出的物质越多。但是，时间过长，扩散系数小、粒子大的胶质物质也可被提取出来。因此，提取时间不能无限地增长，长时间的提取，既会消耗大量的热量，又会造成有效成分破坏；同时，杂质过多，也会影响质量。

5. **提取温度**

一般温度越高，溶解和扩散物质的量就越多。然而，许多药物在高温中容易被破坏，其挥发性成分在高温中易扩散，这都会造成有效成分的损失。同时，大分子的无效成分及胶体等杂质，在高温下溶解度增加，给接下来的精制造成了困难。因此，如何控制最适温度，达到既能加快提取速度，又不影响药物质量的目标，这需要通过实验来解决。

6. **溶液浓度差**

菲克定律指出：提取量与溶液的浓度差成正比。浓度差越大，提取量越多；当浓度差等于零时，则提取过程完全停止。因此，可以利用经常更换新溶剂的措施，来保持较高的浓度差，也可以在提取过程中进行搅拌。搅拌能够促进高浓度的提取液尽快地离开植物细胞，以新的溶剂或低浓度提取液与植物原料接触，使植物内外保持较高的浓度差，从而提高了提取速度。

7. **溶剂**

溶剂的性质不同，对各种化学成分的溶解性能不同，提取出的化学成分也不一样。因此，选择合适的提取溶剂，与提取效果关系密切。理想的提取溶剂应符合四个基本条件：性质稳定，不应与有效成分发生化学反应；能最大量地提取中草药的有效成分，而不提取或极少量地提取杂质；使用方便，操作安全；廉价易得，或可以回收。

常用的浸出溶剂有水和乙醇。水作为最常用的浸出溶剂之一，是一种极性溶剂，对于极性物质有不同的溶解性能。易溶于水的物质有苷、生物碱盐、苦味质、有机酸及其部分的糖、盐、鞣质、树胶、色素、蛋白质以及酶等，这些物质都能被水所浸出。微溶于水的物质有挥发油，此类物质可以被水部分地浸出。不溶于水的物质如树脂、脂肪、组织、淀粉、纤维等，无法用水浸出。另外，某些药材用水浸出前，要用合适的非极性溶剂进行脱脂，从而保证浸出效果。

水为溶剂时，其优点是溶解力和穿透力强，但仍存在一些缺点：某些有效成分在水中容易因发生水解反应而失效；水提取液不具有防腐性，溶液易发霉变质，不宜长期保存；大部分有效物质挥发油和游离生物碱等不溶于水，不适合用水作提取溶剂；某些淀粉、粘液质、果胶等多糖类物质含量较多的分子大量进入水中，导致过滤困难，影响下一步的分离纯化工艺。

乙醇也是常用的浸出溶剂，其使用率仅次于水。乙醇作为一种半极性溶剂，其溶解性能介于极性和非极性之间，因此乙醇可以同时溶解某些水溶性成分和非极性溶剂才能溶解的成分，但各成分的溶解度有所不同。乙醇能溶解的物质很多，包括苷、生物碱及其盐、苦味质、糖、色素、鞣质及有机酸、树脂、醇、挥发油、芳烃、内酯和芝麻油等。有些非极性较强的物质如脂肪油也可被乙醇溶解，但溶解量不大。乙醇还有一个突出的特点，即可以通过与水溶液混溶，得到不同浓度的乙醇溶液，又因其极性不同，故可以选择性地提取相应极性的物质。因此，可以通过调节乙醇浓度来扩大其提取范围。乙醇浓度越低，游离生物碱、挥发油、树脂等的溶解度就越低。乙醇含量低于50%时，适宜浸提苦味质、蒽醌苷类化合物等；乙醇含量处于50%～70%之间时，适宜浸提苷类和生物碱；乙醇含量高于90%时，适于浸提有机酸、挥发油、树脂、内酯、叶绿素等。此外，乙醇在一定浓度范围内还能防腐、延缓水解。乙醇含量为20%时，可以使溶剂不霉变；乙醇含量为40%时，可以延缓苷类、酯类和盐类的水解。

乙醇作为溶剂时，其优点很多：化学性质稳定，价格较便宜，相比其他有机溶剂毒性较小；其提取液不易发霉，具有防腐性，可保存时间较长；可设置回收瓶回收乙醇，反复使用。虽然乙醇优点很多，但仍有一些缺点，如需要回收设备且成本较高、使用不够安全、沸点较低、易挥发、易燃等。

除了水和乙醇这两种较常用的溶剂外，还有其他溶剂，如非极性溶剂氯仿、石油醚和乙醚，脱脂脱水溶剂丙酮，以及甘油、丙二醇和脂肪油等。

氯仿可与乙醇和乙醚以任意比例混溶，但在水中只能微溶，氯仿的饱和水溶液有防腐作用。氯仿可以溶解苷、游离生物碱、挥发油、脂肪油、油树脂和树脂。限制氯仿使用的最大问题，在于氯仿有强烈的伤肝作用，且氯仿价格较贵，多用于有效成分的提纯和精制。

石油醚可与非极性溶剂混溶。石油醚可溶解脂肪油、蜡和少数生物碱。除了这些物质，石油醚对药物中的其他成分几乎不溶，所以石油醚可以作为脱脂剂。石油醚沸点范围较广，为35～80℃。石油醚易燃，具有强烈的挥发性。

乙醚可溶于水，但最大只能以1∶12的醚水比溶解。与其他非极性溶剂和乙醇都能以任意比例混溶。脂肪、脂肪油、挥发油、油树脂、树脂、游离生物碱和蜡质都能溶解在乙醚中。乙醚具有麻醉作用，易挥发，易燃。

丙酮可作脱脂剂，但由于丙酮可与水以任意比例混溶，所以丙酮也可以作脱水剂。丙酮多用于新鲜脏器的脱脂或脱水。丙酮也可防腐，但其易燃、易挥发，而且具有毒性。

甘油不能和氯仿、乙醚、脂肪混溶，但能与水和乙醇混溶。大多数盐类、固体碱、鞣质、树胶、淀粉、可溶性碳水化合物等均可溶解在甘油内。高浓度的甘油具有防腐性。由于甘油黏度较大，所以很少直接用于浸提药材。但是若将甘油加入到少量的水或醇溶剂中，可以增加溶质的浸出和稳定性。

丙二醇黏度较甘油小，其他性质与甘油的基本相似。毒性与刺激性都很小，可溶解多种药物，如维生素A、维生素D、性激素、局麻药和生物碱。丙二醇与水以1∶1的比例混合可以阻止药物水解。

8. **助剂**

通常为了获得更好的浸提效果，加入溶剂的同时会加入少量浸提辅助剂。所谓浸提辅助剂，是指加入溶剂中的某些物质，这些物质能起增加浸出成分浓度，提高浸出效能，增加品质稳定性以及减少或除去某些杂质等作用。常用的浸出辅助剂有酸、碱、表面活性剂和甘油。

常用的酸有盐酸、硫酸、酒石酸、醋酸和枸橼酸等。加入酸后，可以提高部分生物碱的稳定性，促进生物碱的浸出，除去不溶性杂质，使有机酸游离，便于用有机溶剂浸出。作为辅助剂，酸的用量并不多，往往在最初的少量浸提溶剂中一次性加入酸即可。

碱作为浸提辅助剂的应用远没有酸广泛。加碱的目的是增加有效成分的稳定性和溶解度。最常用的碱是氨水。氨水是挥发性弱碱，容易控制用量，对成分的破坏作用较小。加入氨水可以防止酸性溶液水解而产生的沉淀和浑浊，可以使某些成分浸出更完全。其他碱还有碳酸钙、氢氧化钙和碳酸钠等。碳酸钙是不溶性碱化剂，使用较安全，可除去有机酸、鞣质、色素和树脂等杂质，在浸提皂苷和生物碱的时候较常用。氢氧化钙在水中微溶，碱性较碳酸钙强，其作用与碳酸钙相似。碳酸钠碱性较强，应用范围不广，只限用于某些稳定的有效成分的浸提。

表面活性剂能显著降低药材与溶剂间的界面张力，使润湿角变小，使药材表面更容易润湿，从而促进药物有效成分的提取，提高浸提溶剂的浸出效能。表面活性剂分为三种类型，不同类型的表面活性剂起不同的作用。阳离子型表面活性剂的盐酸盐有助于生物碱的浸提；阴离子型表面活性剂不利于生物碱的浸提，但对生物碱有沉淀作用；非离子型表面活性剂毒性较小或无毒，而且对药物的有效成分一般不起作用，所以较常用。不同类型的表面活性剂作用不同，不同的浸提方法也会影响表面活性剂的作用。例如用70%的乙醇提取颠茄草时，若采用渗漉法，加入0.2%的吐温－20效果较0.2%的吐温－80好；若是采用振荡法，则0.2%的吐温－80效果较0.2%的吐温－20好。虽然表面活性剂在提高浸提效能方面效果很好，但是加入表面活性剂以后，会导致浸提液杂质增多，而且目前关于表面活性剂对生产工艺、药剂的疗效和性质影响的研究尚不足，还需要进一步探究。

13.1.2 浸提方法

13.1.2.1 溶剂浸出法

溶剂浸出法有三种：传统煎煮法、浸渍法和渗漉法。

1. **煎煮法**

煎煮法是以水为溶剂的传统煎煮法。此法是将经前处理过的原料药物加适量的水加热煮沸2～3次，使药物的有效成分被充分煎出，收集各次煎出液，分离异物或过滤沉淀，减压低温浓缩至所需浓度后，再按规定制成制剂。

传统煎煮法适用于有效成分能溶于水且对湿热环境较稳定的药物。它除了用于汤剂的制备之外，还可以用于制备一部分丸剂、散剂、冲剂、片剂和注射剂或者提取某些有效成分。然而用水煎煮时，浸提所得的成分比较复杂。除了有效成分，杂质往往也浸提较多，尚有少量脂溶性物质溶出，对接下来的精制不利。但由于煎煮法符合中医用药习惯，因而对于有效成分尚未清楚的中草药或者方剂进行剂型改革时，通常也采用煎煮法浸提。

煎煮法的基本步骤如下：药材浸泡 30 ～60min 后直接蒸气加热，接着间接加热（夹套加热），然后油水分离器分离（含挥发油时），接着气液分离器分离，然后过滤，再浸提，最后合并滤液。操作前先加少量水浸泡再用水煎煮。加水量以煮沸后能覆盖药面为度。加热温度沸前要高，沸后要低，只需要保持微沸。煎煮时间和次数根据药材坚硬度、粉碎度和数量而定，一般要求第一次煎煮至药材透心为度，以后煎煮至药材气味单薄或基本上无味。一般煎煮两次即可，必要时可再煎煮一次。大量煎煮时，药材要装得松紧均匀，便于充分煎出，质轻药材要用重物压住，避免浮起。煎出液中常常混悬一些泥屑杂质，可通过沉降法、过滤法除去。

传统的煎煮设备为砂锅、铜锅、铜罐等，中药生产过去多采用敞口倾斜式夹层锅，为了强化提取，有的在提取器上加盖，或者增加搅拌器、加热蛇管、泵等。为了出渣方便，有的装置了假底。目前在医院药房较常采用的加压提取器，一般只需要 20min 左右就可以完成提取了，而且可以自动真空包装，大大方便了病人提取药物。

现在较新式的煎煮设备为多功能中药提取罐，整个过程都是在密闭的可循环系统内完的，可进行常温常压浸提，也可以进行高温高压浸提或者低温低压浸提。多功能中药提取罐还适用于醇提和挥发油的浸提。此提取罐采用气压自动排渣，安全可靠，操作方便；生产效率高，提取时间短；设置集中控制台，可控制各项操作，大大减轻劳动强度，利于流水线的生产。此罐底有气动锥底结构，然而有些经提取过后的药渣在锥底口会发生严重的“架桥”阻塞现象，不利于排渣。目前借鉴国际上的设计，将罐底设计为微倒锥形，底口大，可以借助药渣自身重量顺利排出。多功能中药提取罐的示意图如图 13 -1 所示。

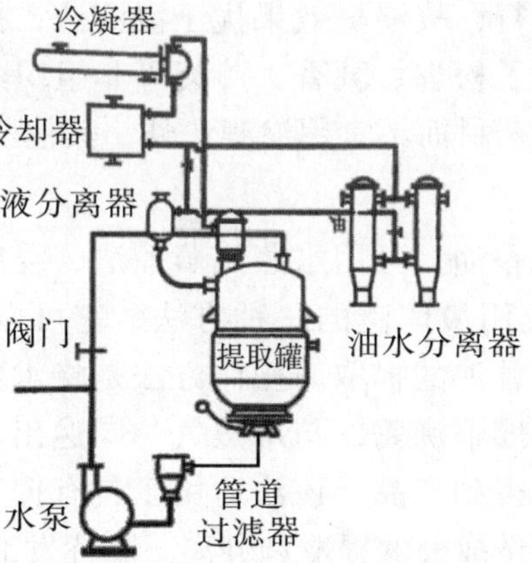

图 13 -1　多功能中药提取罐示意图

2. 浸渍法

浸渍法是一种简便常用的浸提方法。除了有特殊规定以外，浸渍法通常在常温下进行，制得的产品在不低于浸渍温度条件下能较好地保持其澄清度。浸渍法适宜于黏性药物、无组织结构的药材、新鲜及易于膨胀的药材的浸提。浸渍法比较简单易行。由于浸提效率低，故对贵重的和有效成分含量低的药材的浸取，或者制备浓度较高的制剂量，应该采用重浸渍法或者渗漉法为宜。浸渍法有传统浸渍法和《中国药典》法两种。

传统浸渍法常用于药酒、酊剂的制备。该法可在常温或者适当加温下进行，浸渍时间不等，常温浸渍可长达数月，加温浸渍也需要数日。浸取溶剂用量没有统一的规定，可以采用定量浸取，也可以采用适量溶剂浸提，然后稀释至一定量。习惯上，大多会结合处方药材的性质、当地气温条件和长期生产的实践经验，对具体品种采用略有不同的浸提条件和方法。

2015 年版《中国药典》记录的方法是取适当粉碎的药材，置于有盖容器中，加入规定量的溶剂密盖、搅拌或振摇，浸渍 3 ～ 5h 或规定时间，使有效成分浸出，倾取上清液、过滤、压榨残渣、收集压缩液和滤液合并，静置 72h，滤过即得。本法的浸提是在定量的浸提溶剂下进行的，因此浸提液的浓度代表着一定量的药物，故对浸提液不应该进行稀释或者浓缩，制备时应该适当掌握好浸提溶剂的使用量。

在浸渍过程中，浓度差是影响扩散的重要因素，为加速扩散可采取搅拌或者使溶剂循环流动等措施。当扩散达到平衡时，药渣中会吸附一部分浸液，为回收药渣中的浸液，需压榨药渣，特别是在用较少的溶剂浸取较多的药材时，压榨药渣、取其浸液对提高浸取量更为重要。浸渍的时间不是统一的，应该根据具体情况而定。当浸出的含量达到稳定时，不需要延长时间，否则会浪费时间，降低功效。为了提高浸渍效果，减少成分损失，可采用多次浸渍法。

3. **渗漉法**

渗漉法是往药材粗粉中连续不断地添加浸提溶剂使其渗过药粉，下端出口连续流出浸提液的一种浸提方法。渗漉时，溶剂渗入药材的细胞中溶解了大量的可溶性物质之后，因浓度增加、密度增大而向下移动，上层的浸取溶剂或稀浸液置换位置，造成良好的浓度差，使扩散较好地自然进行，故浸提效果优于浸渍法，提取也较完全，而且省去了分离浸提液的时间和操作。除了松香、乳香、芦荟等非组织药材因遇溶剂软化成团堵塞孔隙，使溶剂无法均匀地通过药材而不宜用渗漉法外，其他药材都可以用此法浸提。

13.1.2.2 水蒸气蒸馏法

挥发油即芳香油和非芳香油，可用水蒸气蒸馏法、浸出法、压榨法等提取。水蒸气蒸馏法是加工植物芳香油应用最广泛的一种方法，它可以应用于根、茎、枝、叶、果、种子以及部分花类药材中芳香油的提取。操作方法是将水蒸气直接通入，使被分离物质能在远低于其正常沸点的温度下沸腾，与水蒸气一同逸出，冷凝后分成水油两层，再用澄清或离心分离法将水除去得到产品。该法适用于具有挥发性、能随水蒸气蒸馏而不被破坏、难溶或不溶于水的化学成分的提取和分离。除挥发油外，麻黄碱、烟碱、槟榔碱、牡丹碱也可用本法提取。水蒸气蒸馏法分为三种：水中蒸馏法、水上蒸馏法和水汽蒸馏法。

1. **水中蒸馏法**

水中蒸馏法是把药物完全浸在水中，使它与沸水直接接触，使芳香油随沸水的蒸气蒸馏出来。此法适宜于细粉状的药物及遇热易于结团的中药材，如桃仁、杏仁和芳香植物如橙花、玫瑰花等。加热方法有直接用火加热、蒸气蛇管加热、蒸气夹层加热等。但是，含有胶质、黏质或淀粉质太多的药材，如姜黄、橘皮、生姜等不适宜采用本法。这一方法的优点是设备构造简单，最适用于蒸气不易于通过的粉末状药物。因药物与沸水密切接触，油细胞的细胞壁膨胀，芳香油因扩散作用容易蒸出；其最大缺点为易生焦臭气味。这种方法除了可用于桃仁、杏仁等几种原料外，利少弊多。

2. **水上蒸馏法**

水上蒸馏法是将中药材放在一个多孔的隔板上，下面放水与药材相隔 10cm 左右，用蒸气夹层或蒸气蛇管加热，使水沸腾，蒸气通过药物并将挥发油蒸出。此法最适合草本植物类和叶类药物的挥发油的蒸馏。此法要求药物的大小、长短、形态较均匀。种子类、根类药材应该先粉碎，但是不宜太细，太细则蒸气不易通过，即使通过也容易生成直通孔道，导致挥发油蒸出不完全。此法原料与水不直接接触，挥发油被破坏或水解的情况较少。水上蒸馏是一种典型的低压饱和水汽蒸馏，因此它最大的缺点在于不易蒸出高沸点成分，故必须用大量的蒸气和极长的时间，这个缺点使其应用受到很大限制。这种方法也可配合加压或减压，减压水上蒸馏有时能得到极好的效果。水上蒸馏只适用于一定类型的原料，不如水气（直接蒸气）蒸馏应用广泛。

3. **水气蒸馏法**

水气蒸馏法也称高压蒸汽蒸馏法。它与水上蒸馏法的不同之处在于：它使用较高压力的蒸汽（一般为 0.4 ～0.6MPa），因此蒸汽温度较高，可以增加蒸馏速度，蒸汽量可以随需要用进气阀任意调节，控制蒸馏速度。但是蒸汽温度较高、药物水分不足会使得油细胞壁的膨胀和油的扩散作用不完全，所以应该补充药物的水分；一般在蒸馏罐底部除喷入高压蒸汽外，还要另外加装蒸汽蛇管，用来加热油水分离后的水，同时达到增加高压蒸汽湿度和收回溶解于水中芳香油的目的。

目前绝大部分植物的芳香油均用此法蒸馏，但高压蒸汽可以导致某些成分的分解，所以在蒸馏之初最好先用低压蒸汽，待大部分成分蒸出后再以高压蒸汽将余留的高沸点挥发油蒸出。每种中药材的性质不同，需要有不同的药材处理方法和蒸馏方法。

在由油水分离器流出的蒸馏水中，溶解着或悬浮着一些挥发油，其多少决定于挥发油各成分的溶解度及比重。整个馏出物即油与水的混合冷凝液，其分出的水显然是在分离时的温度下的饱和水溶液。油中较易溶解于水的成分在水中有较高的比例，所以水中所含的油与水上所浮的油有不同的成分，前者称为“水油”，后者称为“主油”或“直接油”。水溶的成分大部分是含氧化合物，较不含氧化合物如萜或半萜的比重为大，故“水油”的比重常常大于“主油”。但因蒸馏水中所含的油并非全部溶解，亦有悬浮乳化部分，故上述比重之差有时候不甚显著。蒸馏水呈乳白色即含油的特征。

在中药生产中这种分出主油以后的水，可注入另一蒸馏器内重新蒸馏，这个过程称为“复馏”，所用的设备称为复馏设备。蒸馏水的重新蒸馏最好用球形罐，以蒸气夹层或密闭气管加热，这样的间接加热可以防止蒸汽进入罐内使水量聚积而妨碍油分的气化。大多数的蒸馏水只需蒸出总水量的 10% ～15% 即可将溶解在水中或悬浮的油大部分蒸出，剩余的水可以弃去。但有时须蒸出 50% 以上，因此一部分油又溶入水中。为了减少复馏的时间，增加油的得量，复馏器中的水常加食盐变饱和以降低挥发油的水溶性，使油能较快地蒸出而水的比率少。此法特别适合于水溶性大且沸点较高的油分。

水蒸气蒸馏设备分为间歇式和连续式。间歇式只适用于小规模生产，不能满足产区集中、原料种植面积大的生产需要。连续式蒸馏设备如图 13－2 所示，原料在原料厂切碎以后，由加料运输机 6 将原料送入加料斗 7 中，经加料螺旋输送器 2 送入蒸馏器内，通蒸气进行蒸馏。馏出物经过冷凝器 5 冷凝后放入油水分离器，料渣从卸料螺旋输送器 4 卸出运走，分出的油即为成品。连续式蒸气蒸馏设备的主要优点是：操作过程机械化、自动化，减轻了工人的劳动强度，缩短了 1/5 ～1/3 工时；增加了挥发油产量；使加工原料的水消耗量减少到 1/5 ～1/4；挥发油品质高、纯净，几乎不需过滤；改善了工人劳动条件；节省了设备修理和大修费用。

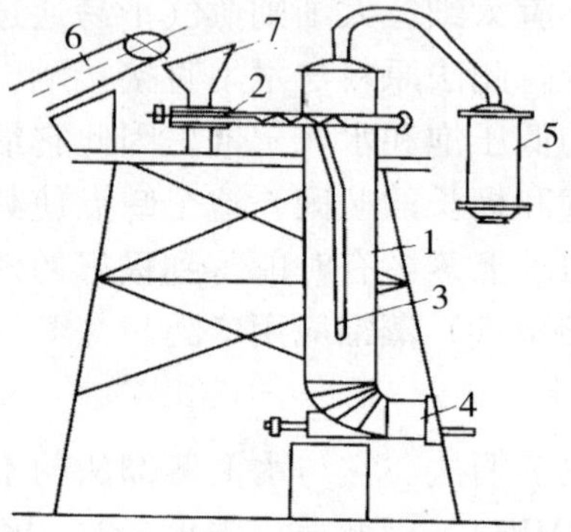

1—壳体；2—加料螺旋输送器；3—蒸气管；4—卸料螺旋输送器；
5—冷凝器；6—加料运输机；7—加料斗

图 13－2　连续式蒸汽蒸馏设备

13.1.2.3　压榨法

压榨法又称榨取法。压榨是用加压方法分离液体和固体的一种方法，它是天然产物的重要提取手段之一。压榨法在药物提取生产中也是常见的，例如月见草油就是以压榨法从月见草的种子中得到的，又如药用蓖麻油、巴豆油、亚麻仁油也都是以压榨法制取的。

在中药材谷芽、麦芽、神曲中所含的主要有效成分为淀粉酶，这类化合物可以用湿压榨法制取。从中药鲜瓜蒌根、天花粉所提取的引产药物天花粉蛋白也是用压榨法制得的。中药材中以水溶性酶、氨基酸、蛋白质等为主要有效成分的药物都可以用这种方法制取。含水分高的新鲜中药材，如山药、秋梨、桑葚、生姜、大蒜、沙棘等，都可以用榨汁的方式制备其有效成分提取物。例如，秋梨膏就是用压榨法从藕和秋梨榨汁，与其他中药的水煎剂合并浓缩制成的。有许多中药的有效成分对热很不稳定，这类药物用加热浸出、浓缩所制备的提取物的质量不好，而用湿冷压榨法制备比较理想。

压榨法的缺点是脂溶性物质的收率较低，如用于榨取芳香油和脂肪油时其收率不如浸出法高，故在芳香油的制备方面使用压榨法的已经很少。但是有些芳香油用浸出法和蒸馏法所制得的产品气味不如压榨法所得的油气味好，如中药青皮、陈皮和柑橘、橙、柚、柠檬等果实以压榨法制得的芳香油远较蒸馏法的气味好，所以压榨法尚不能完全被其他方法所取代。为了提高其收率可以用压榨法与浸出法或蒸馏法相结合的办法解决。用压榨法榨取水溶性物质可以得到较高的收率，而且可以使得到的产品成分不受破坏，因此压榨法是制备新鲜中药中对热不稳定的有效成分的可靠方法。

根据所提取药物的性质是水溶性还是脂溶性，压榨法有所不同。

1．水溶性物质的压榨法

水溶性物质的压榨法适用于刚采收的新鲜中药材或者含水分高的根茎类、瓜果类药材的加工。榨取的对象为水溶性强的化合物，如含水溶性蛋白质、氨基酸、酶、多糖和多种维生素的根茎汁或果汁类混合物。这种压榨法又分为干压榨法和湿压榨法。干压榨法是在压榨过程中不加水或不加稀释压榨液，只用压力压到不再出汁为止，用这种方法只能榨出部分汁，不能把所有的有效成分都榨取出来，所以它的收率较低。目前这种方法已经不常用。湿压榨法是在压榨过程中不断加水或稀汁，直到把全部汁或有效成分都榨取出来，这种方法已被广泛采用。压榨过程为：取新鲜中药材，除杂，洗涤（必要时消毒），然后组织破碎（使用打浆机、磨浆机或用胶体磨），压榨，澄清，最后过滤。需压榨生产的中药材多为小批量生产，一般选用小型设备，如处理多汁的瓜果类药材可以选用小型果汁压榨机，处理其他类型的中药材时可以选用差动式压榨机。如果生产规模较大，可以采用大型设备，如蔗糖的大型生产中可以用三辊压榨机，果汁生产可用水平式螺旋压榨机。通过压榨机压榨之后所得残渣，尚含有大量水溶性成分，需要加入少量的水反复多次地压榨，直到残渣中的水溶性成分完全被压榨出来为止。

2．脂溶性物质的压榨法

药用油脂的压榨过程为：取药材除杂，剥壳去皮，湿润，蒸炒 2h。油脂存在于细胞的原生质中，经过轧坯、蒸炒后，油脂在油料中都处于凝聚状态。压榨出油的过程就是借助机械的外力作用，使油脂从榨料中挤压出来的过程，一般属于物理变化过程，如物料变形、油坯分离、摩擦发热和水分蒸发等。影响榨油效果的主要因素是榨料的性质，要求其内外结构一致，以利于机械作用的一致；榨料中完整的细胞越少越好；榨料颗粒大小应适当，密度越大越好；榨料中的油脂黏度与表面张力尽量要低。确保榨料流动性的条件是必须有一定的温度，且榨料有最大的可塑性。影响榨料可塑性的因素有：①水分与可塑性关系较大，一般水分增加，可塑性增加，当达到某一点时出油最佳，一旦超此限度就会产生激烈的“挤出”现象，如略低于最优限度时可塑性会突然降低，不利于出油；②榨料加温可以提高可塑性，温度过高会使某些物质分解和焦化；③蛋白质过度变性会降低可塑性，蛋白质不变性会影响出油率。

压榨取油除了榨料本身的结构以外，还与时间、压力、温度、料层厚度、设备结构和排油阻力有关。选择榨油设备，一般要满足下列要求：施于榨料有足够的压力，能按照排油规律变化调节；进料均匀一致，压榨连续可靠，饼薄而油路开畅，这样就能减少排油阻力，调节油面积，适应不同的油料，且有温度调节器，设备运行可靠，可节约能源。

目前压榨分轻榨、中榨及重榨三种。轻榨是预榨，即对高油分油料预先榨取部分油脂的一种方法；中榨主要用作高油分油料的预先取油；重榨在于一次压榨取油。

挥发油的压榨方法适用于果实类中药材中芳香性成分的榨取，如陈皮、橙和柚的果实中芳香油的榨取，榨出的芳香油能保持原有的香味，质量远较用水蒸气蒸馏的好。压榨法根据所用的工具可分为两种：挫榨法和机械压榨法。

挫榨法是利用机械的刮磨、撞击、研磨等方法，使果皮油渗出，经挫榨器的漏斗收集于容器。最常见的有用针刺法的磨橘机，它的操作过程是：选取大小相似的柑橘类果实，用清水洗去污泥，然后逐个放进一具有尖锐直刺的磨盘中，经过快速地旋转滚动，将果皮表面的油泡刺破；同时喷入清水把芳香油冲洗出来，再经过高速离心把油水分离，从而获得芳香油。此法操作简单、效率高，取出芳香油后的果实仍可食用。

机械压榨法是把新鲜的果实或果皮置于压榨机中压榨。如果是果实，则榨得的是芳香油和果汁的混合物，尚需要用高温脱油器或离心机把芳香油分离出来，用高温脱油制出的芳香油质量较低劣。如果用果皮则可榨得芳香油及少量水分，经过静置或者过滤以后可以把水分除去。机械压榨法所用的设备种类很多，形式不一。

13.1.2.4 浸提新技术

近年来，随着中药制药技术的发展，很多新技术逐渐应用到了浸提工艺中，下面简单介绍一下。在前面已介绍的中药新技术在此处不再赘述。

1. 酶法提取

酶法提取的基本原理是选用合适的酶，将中草药中的杂质（如果胶、淀粉、蛋白质等）分解除去，最大限度地提取中草药有效成分。酶法提取要求酶有极高的活性、高度的专一性和温和的反应条件。酶法提取的效果主要取决于酶的种类、用量、酶解时间、温度、酸碱度、物料细度、搅拌强度等多种因素。

2. 半仿生提取

半仿生提取法是从生物药剂学角度，模拟口服给药及药物经胃肠道转运的过程，为经消化道给药的中药制剂设计的一种新的提取工艺。具体做法：将提取液的酸碱度加以生理模仿，先将药材用酸水提取，再以碱水提取，最后将提取液滤过、浓缩，制成制剂。

3. 亚临界水萃取

常温常压下水是极性很大的溶剂，随着温度的升高，水的极性会降低，对中极性和非极性有机物的溶解能力也会增加。在适当的压力下，将水加热到100℃以上、临界温度374℃以下的高温，水仍然保持在液体状态，但它的极性会随温度的变化而改变，这种水称为亚临界水。亚临界水与常温常压下的水在性质上有较大差别，更类似于有机溶剂。当温度为250℃、压力为10.0MPa时，水的极性与甲醇相当。

4. 双水相萃取技术

将两种不同的水溶性聚合物的水溶液混合，当聚合物达到一定浓度，体系会分成互不相溶的两相，形成双水相体系。双水相体系的形成主要是由于高聚物之间的不相溶性即高聚物分子的空间阻碍作用，相互无法渗透，不能形成均一相，从而具有分离倾向。基于物质在双水相体系中的选择性分配，不同物质在特定的体系中有着不同的分配系数，当物质进入双水相体系后，会在上相和下相间进行选择性分配，表现出一定的分配系数，从而达到分离纯化的目的。

5. 反胶团萃取

表面活性剂分子溶于非极性溶剂中会自发形成聚集体，其中表面活性剂的极性头朝内，而非极性头朝外与有机溶液接触。胶团内可溶解少量水形成微型水池，蛋白质、核酸、氨基酸等物质会溶解在其中，又由于胶团的屏蔽作用，这些生物物质不与有机溶液直接接触，可以保护生物物质的活性，从而实现生物物质的溶解和分离。

6. **液动分级逆流技术**

液动分级逆流提取的特点是将初次提取溶液作为下一次提取的溶剂，液体的流向与物料走向相反，因此可节约溶剂，提高效率。

13.2　中药分离纯化

中药进行了提取工序后，需将提取部分和废弃部分分离，并采用适宜方法处理分离所得的提取部分，尽可能地除去无用成分、保留有用成分，此工艺过程称为分离纯化。通常将把提取部分和废弃部分分离的工艺，称为分离。对提取部分进行处理，从而提高提取部分有效成分浓度的工艺，称为纯化。常用的分离方法有过滤分离法、离心分离法和重力沉降法等，而常用的纯化方法有透析法、絮凝沉淀法、盐析法、离子交换法、凝胶滤过法、硅胶吸附柱色谱法和聚酰胺吸附法等。分离纯化的新技术有膜分离技术、大孔吸附树脂技术、分子蒸馏技术和高效逆流色谱技术等。

13.2.1　分离方法

13.2.1.1　过滤分离法

过滤是借助多孔性过滤器材将混悬液中的不溶性固体分离出来的操作。利用过滤可以除去中药浸提液中的杂质，有效成分损失少，不会影响药效，而且操作简便。下面简单介绍一下过滤用的滤材和滤器。

滤材是多孔性物质，铺贴在滤器上一起使用。常用的滤材有滤纸、脱脂棉和织物类。滤纸有很多种，根据滤孔大小可分为粗号、中号、细号；根据滤速快慢可分为快速、中速、慢速；根据用途可分为定性滤纸和定量滤纸。脱脂棉是较为方便经济的滤材，一般长纤维的脱脂棉可以用来粗滤，适用于近中性的溶液。织物类滤材通常用于滤除较大的颗粒或者滤过较黏稠的液体。织物类滤材种类较多，包括棉织物（纱布、粗布、帆布、漂白布等）、麻、毛织物、丝织物（绸、绢等）和人造纤维（尼龙布、涤纶布等）。棉、麻织物一般用于中性溶液或者近中性的过滤，但是对于强酸、强碱溶液的过滤并不适用。毛织物和某些人造纤维适用于腐蚀性强的溶液。绸、绢纤维长而牢固，质密且不易脱纤维，适合于沉淀物较细的液体过滤。绸、绢类滤材可以与其他滤材合用，例如可以与脱脂棉、滤纸等合用，以防止纤维进入药液；还可以与垂熔滤器或者多孔滤棒合用，将绸、绢包扎在多孔滤棒或者垂熔滤器上，使粗滤和精滤结合起来。部分织物类滤材需要进行前处理，通过酸洗、碱洗等步骤以除浆和脱脂。具体前处理方法为：用 2% 的碳酸钠溶液煮沸 10 ～30min，水洗去碱液，再用 1% 碳酸溶液煮沸 10 ～ 30min，水洗去酸液，最后用注射用水洗至中性，才可以使用。

除了以上三类滤材，还有其他滤材如石棉及棉板和垂熔玻璃板。其中垂熔玻璃板是一种多孔性滤板，可耐强酸，但不耐碱，常把它熔接在玻璃漏斗里，制作成垂熔玻璃漏斗。垂熔玻璃板过滤效果好，常用于精滤操作。

滤器是和滤材结合使用并用于过滤操作的器材，常用的滤器有玻璃漏斗、搪瓷漏斗、布氏漏斗（陶瓷制）、塑料漏斗、垂熔玻璃滤器（包括漏斗与滤球）和滤棒等。其中后两种用于精滤，前几种用于粗滤。这些漏斗根据大小不同有不同的规格，在使用时应该根据药液的性质以及沉淀物的多少来选择。

根据过滤的压力不同，可以将过滤方法分为常压过滤、加压过滤和减压过滤。

常压过滤法是指药液在滤器中滤前压力等于滤后压力的方法。常压过滤法常用于粗滤，滤材多为滤纸、纱布、绢布和尼龙布等。如果用于精滤，可以使用垂熔玻璃滤斗等滤器。

加压过滤法是指过滤时不断增加滤液上面的压力，使得药液在滤器中的滤前压力大于滤后压力的方法。其中高位加压过滤法是将待滤液放在高位，借助重力作用使得药液沿着管道流入连接的滤器中。在工业大量生产时，可以采用板框过滤机和泵等装置进行加压过滤。

减压过滤法也称抽滤，是指过滤时不断减低滤液下面的压力，使得药液在滤器中的滤前压力大于滤后压力的方法。

不论是什么过滤方法，在过滤过程中都应该注意：①如果药液的杂质太多，应该先粗滤再精滤，否则大量的杂质沉淀在滤板上，会影响过滤的速度和质量。如果不想将所有药液先后进行粗滤和精滤，可以先将药液静置，使杂质沉积在容器的底部以后，再取上清液进行精滤。剩下的底部药液，就先粗滤再精滤。②如果想提高过滤速度，可以考虑将药液稀释。但是药液稀释过后会增加药液体积，延长过滤时间。所以在过滤速度和过滤时间之间要进行衡量，不能过度稀释药液。③通过粗滤、吸附、沉淀、加热灭菌、冷藏等多种手段将杂质尽可能地除干净以后，要用垂熔玻璃滤器进行精滤。④过滤时要处理好垂熔玻璃滤器，不然会直接影响过滤效果。⑤由于垂熔玻璃漏斗过滤了一段时间以后，滤板的滤孔会被部分杂质堵住，所以要事先准备几个已经处理好的垂熔玻璃漏斗，方便交换使用。如果只有一个垂熔玻璃漏斗，当过滤速度减慢时，及时采用清洁液抽滤快速处理几次，再用常水、蒸馏水洗去清洁液后，可继续使用垂熔玻璃漏斗。

13.2.1.2 沉降法

在药液较稀的情况下，可以利用惯性力（包括离心力）、重力、超声作用和静电力作用，使药液中的药渣碎片、粗颗粒和泥沙等这些杂质沉淀下来，从而与药液分开。这里主要介绍两种沉降法：离心分离法和重力沉降法。

所谓离心分离法，就是借助离心力作用，使固体和液体分离，效果较重力沉降法更快、更彻底。如果制剂加工处理液体的量较大，可采用篮式离心机和三足离心机，立管式离心机则不太适宜。由于离心机分离速度较快，因而药液不至于被微生物污染。某些易燃或者有毒的溶剂，如中药的乙醇浸出液、轻汽油浸出液等，可以利用密闭的离心澄清机来分离，防止发生爆炸、燃烧和中毒等。

所谓重力沉降法，就是大体积粒子在重力的作用下自行沉降，从而达到澄清的目的。在中成药的生产中，重力沉降法也称为“静置除杂法”，由于这种方法是利用重力的作用，因此适宜处理经短时间放置就能使浸出液澄清的药液，即粘度不大的中药浸出液。大部分的中药煎煮液或者热浸液都可以采用这种方法除去较大的微粒杂质。使用重力沉降法时，药液温度应该尽量低，最好使用柱状容器便于沉降后的分离。若静置时间较长、环境温度较高，可以加入适量的防腐剂，防止微生物滋生使药液变质。

13.2.1.3　水提醇沉法

水提醇沉法是以水浸提法提取中药有效成分，再以乙醇沉淀去除杂质的方法。其基本原理是利用中药中的大多数成分，如生物碱盐、有机酸、苷类、多糖等易溶于水和醇的特点，用水将其提出，并将提取液浓缩，加入适量的乙醇和稀乙醇反复数次沉降，除去其中不溶解的物质，最后得到澄清的液体。加入乙醇时，应使药液含醇量逐步提高，防止一次加入过量的乙醇，使其有效成分一起被沉出。通常，当含醇量达到 50%～60% 时即可除去淀粉等杂质；当含醇量达 75% 时，可除去蛋白质等杂质；当含醇量达到 80% 时，几乎可除去全部蛋白质和无机盐类杂质、多糖，从而保留了既溶于醇、又溶于水的生物碱、氨基酸、苷、有机酸等有效成分。药液经上述步骤处理后，大部分蛋白质、粘液质、淀粉、脂溶性色素、油脂、树脂等杂质均被除去。同时某些水中难溶性成分，如多种苷元、内酯、香豆精、芳香酸等水提取液中的含量本来就不高，经过几次处理后，较大部分会被沉淀而去除。但药液中的水溶性色素、鞣质、树脂等却往往不容易除去，此时可以利用中药某些成分在水中溶解度与 pH 有关的性质，用酸碱调节提取液中的 pH 至一定范围，除去一部分杂质以达到精制的目的。如对含有黄酮、内酯、有机酸、生物碱、蛋白质等成分的中药，可利用调节 pH 接近蛋白质、氨基酸的等电点的方法除去沉淀，帮助黄酮、内酯、有机酸等成盐、溶解。

13.2.1.4　醇提水沉法

此法的基本原理及操作大致与水提醇沉法相同。其不同之处是先用乙醇提可减少生药中粘液质、蛋白质、淀粉等杂质的浸出，故对这类杂质较多的药物使用醇提水沉法较为适宜。不同浓度的乙醇可以提得不同的成分，见表 13－1。

表 13－1　不同浓度乙醇提取的中药成分

乙醇的浓度/%	浸出的中药成分
90	挥发油、树脂、油脂
70～80	生物碱盐及部分生物碱
60～70	苷类
45	鞣质
20～35	水溶性成分

13.2.2　纯化方法

经过提取工艺以后，还需要进一步的纯化精制，以去除杂质。尤其是注射剂对纯净度的要求很高，所以纯化工艺必不可少。纯化方法主要有透析法、盐析法、离子交换法、凝胶滤过法、硅胶吸附柱色谱法和聚酰胺吸附法等。

13.2.2.1　透析法

所谓透析法，就是利用透析膜的特殊性质，将提取液中的有效成分和杂质分离的一种方法。透析法的关键物质透析膜，是一种具有细孔的天然的或人造的薄膜，这种细孔孔径很小，只能通过低分子化合物或者能在溶液中解离成离子的物质，不能通过高分子化合物。由于中药的有效成分大多是低分子化合物，而杂质大多是高分子化合物，所以采用透析法可以对中药进行有效除杂。

常用的中药水煎液可以不经过乙醇处理，通过直接透析得到较纯的提取液，所制成的针剂澄清度和稳定性都比较理想。如果液体量大，操作就会耗费较多时间，因此不适合大量生产。要想加快透析速度，可以采用透析膜外装置两个电极的方法进行透析。

常用的透析膜有水棉胶膜、动物膀胱、玻璃纸膜、羊皮纸膜（硫酸纸膜）、赛璐玢膜、蛋白胶膜和再生纤维膜等。水棉膜用乙醚或者无水乙醇溶解，敷在平面玻璃板上，干燥后放入水中就可以使用。动物膀胱的原材料是猪、牛等的膀胱，处理时先用水洗净，再用乙醚脱脂就可以了。羊皮纸膜的制备方法是选用质地优良的滤纸，浸入50%硫酸液中，15s ～1min内取出，敷在平面玻璃板上，再用水洗净就可以使用了。蛋白胶膜的制备方法是将20%的明胶溶液涂于绸布上，阴干之后放入水中，加入甲醛液使膜凝固就可以使用了。再生纤维膜的制备方法是采用市面上出售的玻璃纸（不能使用包装纸）敷在平面玻璃上，然后用605氯化锌溶液浸泡10min，倒去浸液，然后用稀盐酸洗，最后用水洗净就可以使用了。

透析工艺的操作方法：将透析膜扎成口袋形状，外面用尼龙网袋加以保护，悬在装有蒸馏水的容器里（铝锅、铝桶和搪瓷桶等），然后把药液缓缓地倒入透析膜的口袋里，升高温度使其沸腾，如果蒸馏水被蒸发掉，要及时添加，从而保持一定的液面水平。而且要经常更换透析袋外的水，从而保持膜内外有较大的浓度差，使有效成分尽可能地全部透析出来。透析过程中还要采用定性检查方法，以检查药液中的有效成分，从而决定什么时候停止透析。

要使透析效果更好，可以在药液中加入适量的明胶溶液，使蛋白质分子与鞣质结合成较大的分子，或者在透析中经常搅拌。

电透析的原理：在电流作用下，带正电荷的有效成分（如生物碱等）会向阴极方向移动；带负电荷的有效成分（如有机酸等杂质）将会向阳极方向移动；而中性成分和高分子化合物，则留在电透析器的中间。利用这种原理，可以将有效成分和杂质分离。

在进行透析操作时，首先要将中药乙醇的提取液（85%以上）放入到中间室中，旁边的两室放入95%的乙醇，然后再通电透析。电透析结束以后，要将三个室的溶液分别放出来，并且进行定性检查，再根据需要进行合并或者舍弃，其中中间室主要是高分子化合物的杂质，可以弃去；或者在已经肯定药液中不含有机盐的时候，就可以直接把水煎液的浓缩液放进透析器的中间室里，两边再放进蒸馏水，最后通电透析。

13.2.2.2 盐析法

所谓盐析法，是指在水提取液中加入氯化钠等无机盐类，使溶液呈饱和或者半饱和状态，到了一定的浓度的时候，其中的有效成分如生物碱、苷类或者挥发油等在水中的溶解度会降低，然后被沉淀出来。盐析法目前仅应用在一个领域——挥发性成分的提取纯化。

13.2.2.3 离子交换法

离子交换法属于色谱法。色谱法又称层析法，按分离机制可以分为：吸附色谱法、分配色谱法、空间排阻色谱法、离子交换色谱法、亲和色谱法、化学键合相色谱法和毛细管电色谱法等。

离子交换色谱法是利用离子交换剂而进行的分离纯化方法。离子交换剂是一种不溶性的高分子化合物，其分子中具有解离性离子交换基团。当一定量的水溶液通过交换柱的时候，可以与存在于溶液中的阳离子或者阴离子物质起交换作用，并且这种交换作用是可逆的。离子交换树脂可以分为阳离子交换树脂和阴离子交换树脂。阳离子交换树脂分为强酸型（如—SO_3H）和弱酸型（如—COOH 和—PO_3H），阴离子交换树脂分为强碱型（—N—（CH_3）$_3$X、—N—（CH_3）$_2$X 和 C_2H_4OH）和弱碱型（NR_2、NHR、NH_2）。根据离子交换的原理可以采用不同型号的离子交换树脂，将植物所含的在水中有一定溶解度的酸、碱与两性成分分开。当两种以上的成分被“吸附”在离子交换剂上，需用洗脱剂洗脱时，它们的被洗脱能力取决于各物质洗脱反应的平衡常数，利用物质“吸附”及“脱吸附”能力的不同进行分离，即为离子交换色谱。目前大部分采用合成粒子交换剂，一种是单体在聚合前本身就含有交换基团；另一种是首先形成聚合物，然后再引进交换基团。而使用最多的离子交换剂是离子交换树脂，另外还有在纤维素或者多聚糖上进行人工改造，引入交换基所形成的离子交换剂，但它们大多数用于植物大分子蛋白质、酶、核酸和多糖体的分离精制。

影响离子交换的因素较多，包括对交换离子的选择性、被交换物质在溶液中的浓度、溶液的酸碱度、溶剂和温度的影响。

13.2.2.4　凝胶滤过法

凝胶滤过法就是凝胶色谱法，其使用的固定相是具有许多孔隙的网状结构固体，称为凝胶，具有分子筛的性质。凝胶滤过法是 20 世纪 60 年代发展起来的一种分离技术。由于被分离的物质粒径大小不一，所以有的物质可以进入凝胶，而有的不可以。凝胶中的孔隙大小与分子的粒径大小有相同数量级。所以，当混合物通过凝胶的时候，比孔隙大的分子不能进入凝胶，而比孔隙小的分子就可以进入凝胶，导致两种分子的移动速度有差别。大分子不被阻挡而随溶液走在前面，小分子扩散进入孔隙，得以滞留。因此小分子的移动速度落后于大分子，产生分离。

凝胶分离法的原理可以用下式表示：

$$V_k = V_0 + kV_i \tag{13-1}$$

式中，V_k为保留体积；

V_0为柱床内存在于凝胶外面的水相体积，也称为外水体积；

V_i为凝胶颗粒内部所含的水相体积，也称为内水体积；

k 为分配系数。

当 $k=0$ 时，$V_k=V_0$，此时溶质分子很大，无法扩散进入凝胶内部，被完全排阻于凝胶颗粒之外，所以洗脱体积 V_k就等于“空隙体积”。

当 $k=1$ 时，$V_k=V_0+V_i$，此时溶质分子很小，可以自由进入凝胶颗粒内部，并且对凝胶的“外水”和“内水”亲和力相等，所以洗脱体积 V_k就等于“空隙体积”与“内水体积”之和。

一般情况下，k 是常数（$0<k<1$），此时洗脱体积 V_k大于 V_0，小于（V_0+V_i），因此大分子首先被洗脱。如果按照物质分子的大小进行分离，则 k 值应该小于 1。然而实际情况是 k 值常常大于 1，所以洗脱体积就大于 V_0+V_i，这说明凝胶不完全是惰性的，溶质与凝胶之间具有特殊的吸附力，而这种吸附力来自于分子间的氢键或者离子交换作用。

凝胶可分为亲水性凝胶和疏水性凝胶。常用的亲水性凝胶是葡聚糖凝胶，亦称为交链葡聚糖凝胶，是由葡聚糖（右旋糖酐）和甘油基通过醚桥（—O—CH_2—CHOH—CH_2—O—）相交联而成的多孔性网状结构。交联结构会直接影响凝胶网状结构中孔隙的大小，交联度越大，网状结构遇水时的膨胀程度也就越大。凝胶交联度的不同，所能分离的分子大小也不同。亲水性凝胶还有聚丙烯酰胺凝胶，此种凝胶是由丙烯酰胺和交联剂 N，N′－亚甲基二丙烯酰胺共聚得到的，其商品名称为“Bio－gel”；还有琼脂糖凝胶，此种凝胶是由 *D*－半乳糖和 3,6－脱水 *L*－半乳糖相结合的链状多糖，其商品名称为“Sepharose”。这两种凝胶都适用于较大的分子化合物的分离。

而疏水性凝胶，是由于交联葡聚糖分子上引入了一个基团，增大了亲脂性，从而成为疏水性的凝胶。例如，在 Sephadex G－25 上引入羟丙基基团成为醚链的结合状态：R—O—（CH_2）$_3$OH，即葡聚糖凝胶 LH－20，使它在具有亲水性能的同时，还能膨胀，大大扩大了它的应用范围，适用于难溶于水的亲脂性成分与水溶性成分的分离。表 13－2 列出了葡聚糖凝胶 LH－20 在不同溶剂中的浸泡膨胀体积。

表 13－2　葡聚糖凝胶 LH－20 在各种溶剂中的床体积

溶剂	吸溶剂量/（$mL \cdot g^{-1}$）	床体积/（$mL \cdot g^{-1}$）
水	2.1	4.0～4.5
甲醇	1.9	4.0～4.5
乙醇	1.8	3.5～4.5
氯仿	1.6	3.0～3.5
氯仿（含1%乙醇）	1.8	3.5～4.5
丙酮	0.8	2.4～2.6
甲苯	0.2	1.5～1.6
正丁醇	1.6	3.0～3.5
乙酸乙酯	0.4	1.6～1.8
四氢呋喃	1.4	3.0～3.5
二氧六环	1.4	3.0～3.5
二甲基甲酰胺	2.2	4.0～4.5

13.2.2.5　硅胶吸附柱色谱法

此法使用的色谱硅胶是一种多孔性物质，可以用通式 $SiO_2 \cdot xH_2O$ 表示。它具有多孔性的硅氧环的交键结构，由于其骨架表面具有很多游离、键合和键合－活性状态的硅醇基团，它能够通过氢键与极性或者不饱和分子相互作用，而且能吸附多量的水分。

当加热活化（100～110℃）时，硅胶表面因为氢键所吸附的水分是可逆的而被除去。但是当温度升高到500℃时，硅胶表面的硅醇基进一步脱水缩合，转变为硅氧烷键，即硅氧环和稠环氧环烷，从而失去了氢键吸附水分的活性，导致其不再具有吸附剂的性质，就算再用水分处理，也不能恢复其吸附活性。加热到了1100℃的时候，结合水的水分将全部丧失。由于硅胶的吸附能力和硅胶的羟基数量有关，所以活化的时候不适宜在较高的温度下进行，一般在170℃以上，就可以有少量的结合水除去。硅胶的吸附性能取决于硅胶中硅羟基的数目，然后是含水量。水分越多，硅胶的吸附性就越差。如果吸水量超过 12%，硅胶的吸附能力就非常弱了，不能用作吸附色谱，只可以用作分配色谱的载体。硅胶的表面结构、表面积、微孔体积和微孔半径都直接影响着色谱分离的效果。而另一方面，由于硅胶色谱具有较弱的非特性吸附，能够吸附极性、非极性不饱和与饱和的分子，所以硅胶具有吸附色谱与分配色谱的双重性。硅胶是一种弱酸，它表面的硅醇基能够释放弱酸型的氢离子，解离常数为 10^{-6} ～ 10^{-8}，是一种弱酸型阳离子交换剂，当遇到比较强的碱性化合物时，就会因离子交换的作用而吸附碱性化合物。

硅胶表面的硅羟基能够与各种醇，如氰乙醇、聚乙二醇、正辛醇等，在一定温度下加热脱水生成单分子键合固定相（Si—O—C 型），与十八烷基三氯硅烷生成烷基化学键合相（—Si—O—Si—C 型）。另外用 $SOCl_2$ 将硅胶表面氯化，并与各种有机胺反应，可生成各种不同极性基团的化学键合相，这有助于大大提高分离选择性，普遍应用于高效液相色谱中。

色谱硅胶是中性无色颗粒，然而在制备过程中硅胶会接触强酸，所以常常带有酸性。因此在使用之前应该检查水浸液的酸度，pH 高于 5 的时候才可以使用；否则应该用水洗到中性，再在 110℃的时候活化 24h。特殊情况下，硅胶必须用 6mol/L 盐酸和氯仿等有机溶剂预先洗涤，以除去其中所含有的铁离子和有机脂溶性杂质。硅胶在水、甲醇等极性溶剂中有一定的溶解性，大约为 0.01%，而由于硅胶溶液在 pH 大于 9 的时候溶解度急剧上升，所以在选择溶剂的时候应该注意 pH 的控制，不然就会将流分中溶解的硅胶误认为是植物的成分。

为了改良吸附性能，提高分离效果，硅胶色谱有时候可以加入复合试剂。通常用硝酸银处理硅胶，对不饱和烃类的分离能起良好作用。改良吸附剂的制备一般是将 1% ～10% 复合制剂的水溶液或者丙酮溶液和硅胶混匀，等到稍干后，在 100℃的条件下干燥就可以了。

硅胶色谱分离法的使用范围很广，可以用于非极性化合物，也可以用于极性化合物，比如萜类、芳香油、生物碱、甾体、蒽醌类、强心苷，酚性、酸性化合物，脂肪酸、磷脂类、氨基酸和一系列合成产物的分离。

色谱柱的制备与加样十分重要。硅胶的装柱一般采用湿法，即将硅胶混悬在装柱溶剂中不停搅拌，等到柱内溶剂空气泡去除以后，连同溶剂一起倒入色谱柱中，同时要注意色谱柱中硅胶段的直径和长度之比的控制，一般这个比值范围为 1∶20 ～1∶30。如果硅胶的颗粒比较细，粒度分布范围比较小，就可以采用短柱（1∶5），采用这种短柱的好处是可以在增大截面积的同时增加样品的载量。硅胶最好一次性倒入，不然由于不同粒度的硅胶沉降速度不一样，会使硅胶柱有明显的分段现象，从而影响分离效果。另外，还可以采用干法装柱，即将所需硅胶一次性倒入柱内，然后蹾紧到硅胶的高度不再改变为止。

当采用分配色谱的时候，应该预先选定固定相溶剂比如水、缓冲液或者极性溶剂加入到硅胶中，一般比例在 1∶0.5 ～1∶1 较为适中，搅拌混合均匀倒入预先选定的流动相溶剂中并激烈搅拌，使得两相互相饱和达到平衡。色谱柱中事先放入用固定相溶剂剧烈振摇饱和后的流动相，将上述吸着固定相的硅胶按湿法装柱，不断地轻敲管壁，使其均匀紧密。另外也可以将硅胶加入到固定相饱和流动相之中，按照湿法装柱，然后用固定相饱和的流动相通过硅胶柱，使其达到色谱时稳定的平衡条件。

样品上柱可以采用两种方式，如果样品能够溶于流动相，就可以用少量流动相溶解，从柱顶加入，尽可能地保留加样色带狭，再进行展开；如果样品难溶于流动相，就可以溶于适当的溶剂，拌在干燥硅胶上，等到溶剂挥发完后，加入适量的流动相，拌匀再上柱，并在上面覆盖一薄层纯净的砂，然后再用流动相展开。

色谱溶剂的选择，对组分分离关系很大。一般没有明确的可循规律，通常是根据物质的极性采用相应的极性溶剂来洗脱。在实际中，吸附色谱多采用从低极性逐步递增极性的梯度洗脱方式，溶剂的洗脱能力随着介电常数的增高而增大。

常常借助硅胶薄层色谱的结果来摸索分离条件，基本上可以用于柱色谱。两者的不同之处在于样品与硅胶的用量比例，所以柱色谱所用的溶剂通常比薄层色谱展开剂极性偏小。再者，可以参阅已有资料分离同类型物质的时候所用溶剂系统条件。如果采用分配色谱，就可以先用纸色谱方法探索分离条件。

色谱硅胶可以再生，再生的方法为用乙醇或者甲醇洗涤，去除溶剂，烘干活化处理以后就可以使用了。必要的时候要用0.5%氢氧化钠水溶液浸泡洗涤，过滤，水洗，再以5%～10%盐酸浸泡洗涤，然后用蒸馏水洗至中性，110℃活化，然后过筛就可以了。

13.2.2.6 聚酰胺吸附法

聚酰胺（polyamide）是通过酰胺基聚合而形成的一类高分子化合物。分子中含有丰富的酰胺基，可以和酚类、醌类、酸类和硝基化合物等以氢键结合，从而被吸附，然后与不能形成氢键的化合物分离。

化合物分子中酚羟基数目越多，吸附能力就越强；芳香核、共轭双键多的吸附能力也大。但是容易形成分子内氢键的化合物，会使化合物的吸附能力减小。从聚酰胺柱上洗脱被吸附的化合物是通过一种溶剂分子取代酚性化合物来完成的，也就是说是以一种新的氢键代替原有氢键的脱吸附完成的。通常脱吸附剂是在水中递增甲醇或者乙醇的含量的。例如黄酮体苷元和苷的分离，当用稀醇作为洗脱剂时，黄酮体苷比苷元先洗脱下来；而非极性溶剂洗脱的效果恰好相反，即黄酮体苷元比苷先洗脱下来，这表明聚酰胺具有“双重色谱”的性能，因为聚酰胺分子中既有非极性的脂链，又有极性的酰胺基团。当用含水的极性溶剂作为流动相时，聚酰胺作为极性固定相，其色谱行为类似反相分配色谱，所以黄酮体苷比苷元容易洗脱。当用非极性氯仿-甲醇为流动相的时候，聚酰胺则作为极性固定相，其色谱行为类似正相分配色谱，故苷元比苷容易洗脱，所以聚酰胺色谱除了上述化合物以外，还可以用于分离萜类、生物碱、甾体和糖类。

色谱中常用的聚酰胺是由己内酰胺聚合而成的尼龙-6和由己二酸与己二胺聚合而成的尼龙-66，既亲水又亲脂，性能比较好，可以分离水溶性物质，也可以分离脂溶性物质。它可以溶于浓盐酸、甲酸，微溶于苯酚、乙酸等溶剂，而不溶于水、甲醇、乙醇、乙醚、丙酮、氯仿和苯等常用有机溶剂，对碱比较稳定，对酸的稳定性较差，尤其是无机酸，在温度高的条件下更为敏感。

在制备色谱柱时采用的是湿法装柱，即将颗粒状的聚酰胺混悬在水中，在用非极性溶剂系统色谱的时候，就用组分中低极性的溶剂装柱。一般每100mL聚酰胺可以上样1.5～2.5g，实际上样比例要看具体而定。样品先用洗脱剂溶解，浓度为20%～30%。如果不溶解于洗脱剂，则可以选用易挥发的有机溶剂来溶解，拌入干粉中后，将溶剂减压蒸去，然后湿法装入柱顶。洗脱剂通常采用水，递增乙醇直至浓乙醇溶液或者氯仿、氯仿－甲醇，递增甲醇到纯甲醇洗脱。如果仍然有物质还未洗脱下来，可以采用稀氨水或者稀甲酰胺溶液洗脱，分段收集。使用过的聚酰胺一般是用 5% 的 NaOH 溶液洗涤，然后水洗，再用 10% 醋酸溶液来洗涤，最后用蒸馏水洗涤至中性。

聚酰胺还可以用作聚酰胺薄膜色谱，即将聚酰胺溶于甲酸中，然后涂布在涤纶片基上制成膜片，等到甲酸挥发干燥以后就可以使用了。这既可以用作聚酰胺柱色谱探索分离条件，又可以用于检查柱色谱各流分的成分和纯度，常用展层溶剂系统见表 13－3。

表 13－3　聚酰胺薄膜色谱常用溶剂系统

化合物类别	展层溶剂
酚类	丙酮－水（1：1）；苯－甲醇－乙酸（45：8：4）；环己烷－乙酸（93：7）；10% 乙酸
醌类	10% 乙酸；正己烷－苯－乙酸（4：1：0.5）；石油醚－苯－乙酸（10：10：5）
糖类	乙酸乙酯－甲醇（8：1）；正丁醇－丙酮－水－乙酸（6：2：1：1）
生物碱	环己烷－乙酸乙酯－正丙醇－二甲基胺（30：2.5：0.9：0.1）；水－乙醇－二甲基胺（88：12：0.1）
甾体苷	甲醇－水－甲酸（60：35：5）；乙酸乙酯－甲醇－水－甲酸（50：20：25：5）
甾体、萜类	己烷－丙酮（4：1）；氯仿－丙酮（4：1）
黄酮体苷	甲醇－乙酸－水（90：5：5）；甲醇－水（4：1）；乙醇－水（1：1）；丙酮－水（1：1）；异丙醇－水（3：2）；30%～60% 乙酸；乙酸乙酯－95% 乙醇（6：4）；氯仿－甲醇（7：3）；正丁醇－乙醇－水（1：4：5）；氯仿－甲醇－丁酮（64：25：10）
黄酮体苷元	氯仿－甲醇（94：6/96：4）；氯仿－甲醇－丁酮（12：2：1）；苯－甲醇－丁酮（90：6：4/84：8：8）；氯仿－甲醇－甲酸（60：38：2）；氯仿－甲醇－吡啶（70：22：8）；氯仿－甲醇－苯酚（64：28：8）
氨基酸衍生物	苯－乙醇（8：2/9：1）；50% 乙酸；甲酸－水（1.5：100/1：1）；乙酸乙酯－甲醇－乙酸（20：1：1）；0.05mol/L 磷酸钠－乙醇

如果在各种溶剂系统中加入少量的酸或碱，可以克服色谱中“拖尾”的现象，使斑点清晰。

13.2.3　分离纯化新技术

随着研究的发展，分离纯化的新技术逐渐产生并得以应用。下面简单介绍几项分离纯化新技术。

（1）膜分离技术。即以压力为推动力，根据体系中分子的大小和性状，通过膜的筛分作用，在分子水平上进行分离，可分离分子量为 10^3～10^6 道尔顿的物质，起到精制、富集及浓缩的作用。目前，膜分离主要用于浓缩、分级、大分子溶液的净化等。

（2）大孔吸附树脂技术。大孔吸附树酯是由不含离子交换基团的许多微观小球组成的多孔球状交联聚合物，是由有机单体加交联剂、致孔剂、分散剂等添加剂聚合而成的。

其理化性质稳定，不溶于酸、碱及有机溶媒，不受无机盐类及强离子低分子化合物存在的影响。它具有的吸附性是由于范德华力或产生氢键的结果，具有的筛选性则是由其本身的多孔结构所决定的。

（3）分子蒸馏技术。由于物质挥发度不同，根据分子运动理论，液体混合物的分子受热后运动会加剧，当接收到足够的能量时，就会成为气体分子从液面逸出，随着液面上方气体分子的增加，有一部分气体就会返回液面，在外界温度保持恒定的情况下，最终达到分子运动的动态平衡。不同种类分子的有效直径不同，故其平均自由度不同，逸出液面后与其他分子碰撞的飞行距离亦不同。

（4）高效逆流色谱技术。高效逆流色谱技术是一类不用任何固态载体或支撑体的液-液分配色谱，利用在高速旋转状态产生的二维离心力场的作用，使两种互不相溶的溶剂快速有效地对流或分割，从而使样品能够在短时间内进行成千上万次萃取，并根据样品中的物质分配系数的不同而进行分离的方法。

13.3 浓缩

13.3.1 概述

浓缩是利用蒸发原理，将溶液加热后，使溶液中一部分溶剂气化并除去，从而提高溶液的浓度的一种方法，也是中药浸出制剂生产过程中的重要的单元操作。中药提取液品种繁多、组成复杂，浸提液中某些指标成分会在浓缩过程中损失而直接影响浸膏的质量。然而，决定浸膏质量的主要因素是蒸发温度和受热时间，尤其是后者的影响更为显著，因此，正确选择浓缩工艺和设备十分重要。

浓缩有许多方法，按照不同的根据，可以分为以下不同的类别。

（1）按照蒸发操作过程的压力不同，可以将蒸发过程分为常压浓缩和减压浓缩。液体在正常大气压下蒸发，称为常压蒸发；将液体置于密闭容器，然后将液面以上空间的部分气体抽出，使溶液沸点降低，液体沸腾，则称为减压蒸发。常压浓缩适用于被蒸发液体中的有效成分具耐热性、不易被破坏的情况；减压浓缩适用于提取物含热敏性物质，遇到高温易变性的情况。

（2）根据浓缩过程中的进出料液方式的不同，又可以分为间歇浓缩和连续浓缩两种。间歇浓缩是浓缩液分批进料或者出料的操作方式，在浓缩过程中，蒸发器内溶液的浓度和沸点随着时间和温度的改变而改变，属于非稳态的操作过程，适用于小规模、多品种的浓缩生产；而连续浓缩则为浓缩液连续大量的进料和出料的操作方式，适用于大规模的生产过程。

（3）根据溶液蒸发过程中产生的二次蒸汽是否进行循环使用，可以将浓缩过程分为单效浓缩和多效浓缩。单效浓缩，即蒸发过程中产生的二次蒸汽直接排出，不再循环使用的过程。多效浓缩即浓缩过程前一效产生的二次蒸汽引至下一效蒸发器作为加热蒸汽，将多个蒸发器串联，使得加热蒸汽循环利用的过程。

（4）根据浓缩过程是否循环，可以将浓缩分为循环型浓缩和单程型浓缩。循环型浓缩蒸发器的代表是外热式蒸发器，其特点是溶液在蒸发器内做循环流动，根据产生循环流动的原理不同又分为自然循环和强制循环。单程型浓缩的特点是药液沿着加热管管壁呈膜状流动，经过加热室一次就达到了浓度要求，溶液在加热室中停留的时间很短，因此它适用于热敏性药液的蒸发，其代表有降膜式蒸发器、升膜式蒸发器、离心式薄膜蒸发器、刮板式薄膜蒸发器等。

13.3.2　煎煮浓缩

煎煮浓缩是利用蒸发的原理，使一部分溶剂汽化达到浓缩的目的。蒸发的时候，溶剂分子从外界吸收能量，克服液体分子间的引力和外界阻力从而溢出液面。根据道尔顿定律，蒸发量可以由下式求出：

$$D = KF\ (P_a - \Phi P_b) \tag{13-2}$$

式中，D 为单位时间蒸发的液体量，kg/h；

K 为蒸发速度系数；

F 为蒸发面积；

P_a 为冷却液体在平均温度（即液体初温与终温的平均值）时的饱和蒸汽压；

Φ 为空气实际水蒸气含量与同温饱和状态下水蒸气含量的比；

P_b 为被冷却液体在周围空气的温度时的饱和蒸汽压。

其中，蒸发速度系数 K［kg/（$m^2 \cdot h \cdot kP_a$）］由以下公式决定：

$$K = 0.022g + 0.0174W \tag{13-3}$$

式中，W 为空气的流动速度，m/s。

从式 13－2 可以看出，液体的蒸发量与蒸发面积、空气流动速度和蒸汽压差成正比。所以，为了提高蒸发效果，缩短浓缩时间，应该采用以下 4 项措施：①尽量采用蒸发面积大的容器。蒸发时，将蒸发液体加以振荡或者搅拌，可以加大液体的暴露面积，也能防止液面形成结膜，影响蒸发效果；②减轻液体表面压力，增加饱和蒸汽压差，可以使蒸发加快。因此，条件允许时应尽量用减压装置；③采用通风设备，加快液面空气流动速度；④温度越高，水蒸气分子运动速度越大，蒸发就越快，所以应该尽量在沸腾条件下蒸发。

煎煮浓缩法操作简单，设备不复杂，不需要严格控制，而且蒸发的时候便于搅拌，所以煎煮浓缩法是最常用的方法。然而煎煮浓缩法浓缩的时候温度较高，浓缩时间又比较长，只适用于有效成分遇热稳定的原料。煎煮浓缩可以分为常压浓缩和减压浓缩。

13.3.3　薄膜浓缩

薄膜浓缩是利用液体形成薄膜，从而蒸发，具有极大的表面积，受热较快且均匀，能够较好地避免药物的过热现象，总的受热时间也有所缩短，所以膜式蒸发器适用于蒸发处理热敏性物料，现在已经成为国内外广泛应用的、较为先进的蒸发器械。

薄膜浓缩可以分为升膜式蒸发器、降膜式蒸发器、刮板式薄膜蒸发器和离心薄膜蒸发器。

13.3.3.1　升膜式蒸发器

升膜式蒸发器将欲蒸发的药液经过预热过后，自预热器上部流出，进入列管蒸发器，被蒸汽加热过后，立即沸腾汽化，形成大量泡沫，而且二次蒸汽使得药液上升形成薄膜状，可以沿管壁以很快的速度向上流动，溶液在成膜状上升的过程中，以泡沫的内外表面为蒸发面迅速蒸发。升膜式蒸发器加热室的管适于不易结焦溶液的蒸发。但是升膜式蒸发器加热管太长，蒸发量过大或者操作不当可能产生局部干壁现象，中药浸出液经过此器蒸发过后，可以浓缩到比重为 1.05 ～1.10。这种蒸发器也称为竖式长管蒸发器、Kestner 型或者热虹吸式蒸发器。其结构中，加热管由一组垂直长管束组成。常用的加热管直径有 25mm、50mm 两种，管长和管径之比的范围为 100 ～300。由于二次蒸汽在罐内流速很大，常压时为 20 ～30m/s，减压下为 80 ～200m/s，高速的二次蒸汽有良好的破沫作用，因此适用于易产生泡沫的药液蒸发。原料液经过预热后由蒸发器底部进入，加热蒸汽走壳层。溶液受热沸腾后迅速汽化，所生成的二次蒸汽在罐内高速上升，将料液粘贴在管内壁拉拽成薄膜并且快速上升，但因其要克服其本身重力与液膜运动的摩擦阻力，故适用于黏度较小的药液（药液黏度一般小于 5×10^{-2} Pa·s），对于高黏度、有结晶析出或者容易结垢的药液则不大合适。升膜式一般为单流型（即一次通过蒸发室，完成浓缩目的），当要求很大的浓缩度时，也可以设计成循环型，使料液循环到要求浓度过后再出料。

13.3.3.2 降膜式蒸发器

降膜式蒸发器和升膜式蒸发器的区别在于降膜式蒸发器原料液由加热室的顶部加入，并且借助料液重力作用成膜。为了使每根管内都能不断地、均匀地布液，加热管上部的管板设有料液分布器。料液在下降过程中被蒸发增浓，气液混合物流至底部进入分离器，完成液（即浓缩液）由分离器底部排出。降膜式成膜的原因是由于重力作用及液体对管壁的亲润力，使得液体成膜状沿管壁下流，而不是取决于二次蒸汽速度，因此适用于蒸发量较小的场合，故一些两效蒸发设备，常常在第一效采用升膜式，第二效采用降膜式。二次蒸汽与浓缩液并流而下，液膜流下不必克服重力，反而可利用重力作用，有利于黏性较大（如 0.05 ～0.1Pa·s）的溶液。其加热管的长径比范围为 100 ～250。它也是单流型蒸发器，如果用泵也可以成为循环式蒸发器，浓缩比可达到 1/5 ～1/10。降膜式蒸发器具有浓缩比大、适用黏度范围大、传热效果好、蒸汽和冷却水的耗量小、处理量大等优点。其缺点是需要在每根加热管上装分布器，而且管数的垂直度安装要求高，否则下降料液分布不均匀，此外必须有足够的料液，以确保整个管内壁处于安全润湿状态。

13.3.3.3 板式薄膜蒸发器

刮板式薄膜蒸发器是利用旋转的刮板将料液分散成均匀的薄膜以进行物料浓缩的一种新型设备，其浓缩比浓度大，可以达到 5 : 1，一般为 6 : 1 ～10 : 1，如果和升膜式蒸发器串联使用，可以获得高黏度的浓缩液，所以适用于制备高黏度浓缩液和热敏性物料的浓缩。其缺点是结构复杂，消耗能源功率大，浓缩量不能太大。

13.3.3.4 离心薄膜蒸发器

离心薄膜蒸发器是利用高速旋转形成的离心力，将液体分散成均匀薄膜，从而进行物料浓缩的一种新型高效蒸发设备。离心薄膜蒸发器综合了离心分离和薄膜蒸发两种工程原理，在强有力的离心作用下，具有液膜厚度薄（0.1mm）、传热系数高、设备体积小、浓缩比高（15 ～20 倍）、物料受热时间短（仅为 1s）、浓缩时不易起泡和结垢等优点，适用于蜂蜜及冲剂等中药提取液的浓缩。

离心薄膜蒸发器常用的三种规格为 CT 6、CT 9、CT 12，其锥形碟片数分别为 6、9、12，传热面积分别为 $2.4m^2$、$7.1m^2$ 和 $14m^2$。碟片的周边速度可以超过 20m/s，其离心力为重力的 100 倍以上。在传热面上的料液液膜很薄（约为 0.1mm），停留时间仅为1s左右，在减压条件下料液温度约为 50℃。这种蒸发器特别适用于热敏性物料的浓缩，其蒸发强度也高于其他常用的蒸发器，例如 CT6 型最大蒸发强度可达到 330kg/（m^2·h）以上；LZ26 型离心薄膜蒸发器的传热面积只有 $26m^2$，但是其清水蒸发强度竟可达到 900kg/h。

13.3.4　多效浓缩

在中药的浸取过程中，要使用大量的水（或者乙醇等）从中药材中提取有效物质，浸提液还要经过蒸发浓缩蒸走大量溶剂水（或者乙醇等）才能制得中间原料浸膏，供各种中药制剂的生产。大量水或者乙醇的蒸发需要消耗大量的加热蒸汽，这是中药提取工艺中能量消耗最大的过程。减少加热蒸汽消耗量最重要的途径有两种：一是减少提取过程中的溶剂量，如采用逆流萃取的工艺，提取液最终浓度的提高大大节约了溶剂水的用量，而且使所需的水蒸发量也显著减少；二是开发二次蒸汽的剩余热焓量的利用。单效蒸发每蒸发 1kg 水需要约 1.1kg 蒸汽，在多效蒸发中，将前一次的二次蒸汽作为一效的加热蒸汽，理论上讲仅第一效蒸发器需要消耗蒸汽，二次蒸汽可以无限地利用下去，所以可显著节能。节能量见表 13－6。

表 13－6　多效蒸发器的节能量

效数	单效	双效	三效	四效	五效
理论（D/W_{min} *）	1	0.5	0.33	0.25	0.2
实际（D/W_{min}）	1.1	0.57	0.4	0.3	0.27
再增加一效可节约蒸汽量/%	93	30	25	10	7

* D/W_{min} 为蒸汽消耗量与最小蒸发量的比值。

由于前面讨论过的温度差损失，与一次蒸汽相比，二次蒸汽的压力、温度总要低一些，效数愈多，即蒸汽反复利用愈多，所产生出的二次蒸汽的压力、温度也将愈低，因此二次蒸汽的利用次数总是有限度的；从另一方面来讲，蒸汽每增加一次利用必增加一台蒸发器，设备投资费用也将随效数的增加而增加。多效蒸发效数的确定是一个过程最优化的选择。

根据加热蒸汽与料液的流向，多效蒸发的操作流程可以有三种形式，分别是顺流（并流）加料流程、逆流加料流程和平流加料流程。

13.3.4.1　顺流加料流程

顺流也称并流，即溶液和蒸汽的流向相同。原料液进入第一效，浓缩后由底部排出，依次流入第二效和第三效被连续地浓缩，完成液由第三效底部排出。加热蒸汽通入第一效加热室的壳层，蒸发处的二次蒸汽则送至冷凝器，被全部冷凝，冷凝后面连接真空装置。顺流法的优点：①由于后一效蒸发室的压力要比前一效的低，所以溶液在效间输送可以利用各效间的压力差，而不必另外用泵；②因后一效溶液的沸点也较前一效的低，故前一效溶液进入后一效时，会因过热而闪蒸，可产生较多的二次蒸汽；③由于辅助设备少，装置紧凑，管路短，所以温度差、损失小；④装置的操作简便，工艺条件稳定，设备维修工作减少。缺点：由于后一效溶液的浓度较前一效的高，且温度又较低，所以沿着溶液流动方向，其浓度逐渐增高，黏度也增高，致使传热系数逐渐下降，因而此法不宜用于处理黏度随温度、浓度变化大的溶液。

13. 3. 4. 2 逆流加料流程

逆流加料溶液和蒸汽的流向相反，原料液由第三效进入，用泵依次输送至前一效，完成液由第一效底部排出。而加热蒸汽的流向仍然是由第一效流至第三效。逆流法的优点：①随着逐效溶液浓度的不断提高，温度也相应升高，因此各效溶液的黏度较为接近，使得各效的传热系数也大致相同；②由于浓缩液的排出温度较高，利用其热可以进一步减压闪蒸增浓生产较高浓度的完成液。缺点：①辅助设备较多，各效间需要设备料液泵和预热器，有动力消耗；②操作较复杂、工艺条件不易稳定。此法适用于处理黏度随温度和浓度变化较大的溶液，不宜用于处理热敏性的溶液。

13. 3. 4. 3 平流加料流程

在平流加料流程中，相同的原料液分别加入每一效之中，相同的完成液也分别自各效中排出，而蒸气的流向仍然是由第一效流至第三效。此种流程适用于处理蒸发过程中伴有结晶析出的溶液，也可以用于同时浓缩两种以上的不同水溶液，但后一效的操作压力、温度均比前一效要低。

13. 4 干燥

干燥是往已浓缩好的中药中提供热量，使物料的溶剂汽化，并利用真空或气流将汽化的蒸汽带走的过程。固体物料的干燥过程涉及传热和传质两个单元操作，首先是对固体物料加热使湿分气化的传热过程，然后是汽化的湿分（水）蒸气分压较大而扩散到气相中的传质过程，同时，水分从物料内部不断地扩散到物料表面，这是一种物料内部的传质过程。因此，干燥的特点是传热和传质过程同时进行，两个过程相互影响又相互制约。干燥技术在中药制剂方面的应用十分广泛，目前已有新设备投入使用，包括喷雾干燥、冷冻干燥、流化床干燥和远红外辐射干燥等。

13. 4. 1 干燥类型

干燥的方法很多，根据不同的方法，可以进行不同的分类。按照操作压力的不同可以分为常压干燥和真空干燥。真空干燥适用于处理热敏性、易氧化或者要求产品含湿量很低的物料。按照操作方式的不同可以分为连续式干燥和间歇式干燥。连续式干燥的特点是生产能力大、产品质量均匀稳定、过程容易控制；间歇干燥则适用于小批量、多品种或者需要较长干燥时间的物料。按照热能传给湿物料的方式，可以分为对流干燥、传导干燥、辐射干燥和介电加热干燥，以及由其中的两种或者三种方式组合的联合干燥。

13. 4. 2 箱式干燥

箱式干燥又称室式干燥，一般小型的设备称烘箱，大型的称烘房，是一种常用的对流干燥方式，操作时多采用强制气流的方法，为常压间歇操作，可用于干燥多种不同形态的物料。

箱式干燥的设备按照气体流动方式可以分为平行流式、穿流式；根据处理量不同可分为搁板式和小车式等。

13.4.2.1　平行流式箱式干燥器

平行流式箱式干燥器整体为一个箱形结构，周围设有保温层，用来防止热量损失；前面是门，用来装卸物料。大型箱式干燥器中，料盘放于小车上，小车可以方便地推进推出。箱内装有风扇、空气加热器、热风整流板、送风口、排风口等。热风的流动方向与物料平行，从物料表面掠过，把湿分带走而干燥。干燥器内的风速在 0.5 ～3m/s 间选取，根据物料的粒度而定，以物料不被气流带走为宜。物料堆积厚度为 20 ～25mm。平行流式箱式干燥器适用于干燥后期容易产生粉尘或者泥状物料、少量多品种的粒状或者粉状湿物料。

13.4.2.2　穿流式箱式干燥器

穿流式箱式干燥器的结构与平流式相同，堆放物料的搁板或者容器的底由金属网或者多孔板构成，使热风能够均匀地穿流通过物料层。物料以易使气流穿流的颗粒状、片状、短纤维状等为主，泥状物料做成直径为 5 ～10mm 的圆柱形也可以使用。物料层厚度通常为 45 ～65mm。通过物料层的风速为 0.6 ～1.2m/s，床层压降取决于物料的形状，堆积厚度一般为 20 ～50mm。穿流式由于热风穿过料层，故其干燥速率为平行流式的 3 ～10 倍，干燥时间比较短，但动力消耗大。正常进行的关键是使气流均匀穿过料层。

箱式干燥的优点是构造简单、设备投资少、适应性强、物料破损及粉尘少，可适用于大多数物料的干燥。缺点是装卸物料的劳动强度大、设备的利用率低、热利用率及产品质量不易均匀，适用于小规模、多品种、要求干燥条件变动大及干燥时间长等干燥操作。

箱式干燥器在制药生产中仍然有大量的应用，但是干燥过程中产生的大量粉尘，容易造成药品的交叉污染，因此对排出的废气进行除尘是十分必要的。此外，在经常更换品种的制剂车间，干燥不同物料的干燥箱之间如何隔离、更换物料时如何清洗等问题，都应该认真处理。

13.4.2.3　箱式真空干燥器

箱式干燥器也可以在真空下操作，干燥箱是密封的。真空干燥是在密封的容器中抽去空气减压进行干燥的一种方法，一般真空度为 3.3 ～6.6kPa。其特点是适用于处理热敏易氧化、易燃烧的物料，或者用于需要回收蒸汽及防止污染的场合；干燥温度低，干燥速率快；减少了物料与空气的接触机会，避免污染或氧化变质；产品呈松脆的海绵状。操作时用真空泵抽出由物料中蒸出的水汽或者其他蒸汽。其缺点是生产能力小、间歇操作、劳动强度大。

13.4.3　气流干燥

采用气体在罐内流动来输送粉粒状固体的方法称为气力输送。在气力输送状态下进行的干燥方法称为气流干燥，气流干燥法是将泥状、粉粒状或者块状的湿物料送入热气流中与之并流，从而得到分散成粉粒状的干燥产品。气流式干燥器是连续式常压干燥器的一种。

13.4.3.1 **气流干燥装置**

根据湿物料的加入方式，干燥装置可以分为带粉碎机型、分散型和直接加入型等。

带粉碎机型气流干燥装置如图13－3所示。其主体是一根直立的圆筒，湿物料从料斗加入螺旋输送混合器中，与一定量的干燥物料混合后进入气流干燥底部的粉碎机。从预热器来的热空气也同时送入粉碎机，半粉粒状的固体吹入气流干燥器中。由于热气体做高速运动，故物料颗粒分散并悬浮在气流中。热气流与物料间进行传热、传质，使物料得以干燥，并随气流进入旋风分离器，经过分离后由底部排出，再借固体流动分配器的作用，定时排出，可作为产品或者进入螺旋输送混合器供循环使用。废气由旋风分离器上部经过风机而排出。

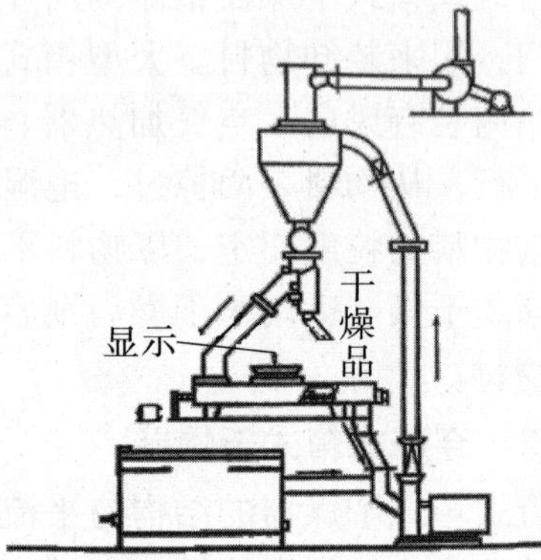

图13－3 带粉碎机型气流干燥装置

按照加入干燥箱内湿物料的不同分散特性，气流干燥器可以不配置湿物料分散器，也可以按需要配置分散器或者粉碎机。直接加入型气流干燥装置是将湿物料直接加入加速管的热气流中并使之成为分散形式的装置。在管中热风以30～40m/s的速度流动，利用热气流与物料冲击，使物料分散，故适用于易分散的粉粒状物料。混入易破碎块状物的物料，可通过分散器将其加入热气流中。

13.4.3.2 **气流干燥器的主要特点**

（1）由于物料在气流中呈悬浮状态，颗粒在气流中高度分散，气固二相的接触表面积大大增加，再加上采用10～20m/s以上的较高气速，气固两相间有较大的相对速度，因此对流面积传热系数 α ［W/（m^2·℃）］和对流体积传热系数 α_a ［W/（m^3·℃）］很大，就一般使用的管长来说，气流干燥器的 α_a 的平均值在2300～7000W/（m^3·℃），比转筒干燥器传热系数大20～30倍。同时，由于颗粒的高度分散，颗粒中所含的湿分大多变为表面附着的湿分，因此物料的临界湿含量将大为降低。

（2）由于气固相间在气流干燥器中是并流操作，这样就可以使用高温的热介质进行干燥，物料的湿含量愈大，干燥介质的温度愈高。高温干燥介质的应用，不但能提高气固相间的传热、传质速率，而且在干燥等量物料时，可以降低干燥介质的用量，从而使干燥设备体积变小，更有效地利用热能，大大提高热效率。

（3）在气流干燥器中，常用风速为10～20m/s，干燥直管长一般为10～20m，因此湿物料的干燥时间仅为0.5～2s。由于干燥时间极短，而且又是并流操作，湿物料即使在高温介质中其料温仍然很低，故可以用来干燥某些对热敏感的物料。

（4）气流干燥器的结构简单，造价低，活动部件少，易于制造和维修，操作稳定且便于控制；干燥处理量大，适用性广，可以使用各种粉粒状物料，粒径最大可以达到

10mm，湿含量可以在10%～40%之间。

气流干燥器的主要缺点是干燥管太长，整个系统的流体阻力很大，因此动力消耗大。因为气体流速较高，粒子有一定的磨损，对晶体有一定要求的物料不宜采用，对管壁粘附性很强的物料、需干燥至临界湿含量以下的物料均不适用，此外对除尘系统的要求也较高。

13.4.4 流化干燥

流化干燥又称为沸腾干燥，是流态化原理在干燥中的应用。

13.4.4.1 固体流态化原理

在一个柱形容器内均匀放入一定量的固体颗粒，气体或者液体穿过颗粒，工业上称为床。若气体从下部进入，通过分布板进入床层，当气体速度较低时，似穿流式干燥器，固体颗粒不发生运动，这时的床层高度为静止高度（固定床）。气速增大，颗粒开始松动，床层略有膨胀，而且颗粒也会在一定区间变换位置，在一定的范围内，流体的流速和压降在对数坐标上呈直线关系上升。当气速继续增加，床层压降保持不变，颗粒悬浮在上升的气流中，此时形成的床层称为流化床，也称为沸腾床，此时的气流速度称为临界流化速度。当颗粒床层膨胀到一定高度时，因床层孔隙率增大，气速下降，颗粒又重新落下而不致被气流带走。当气速增加到一定值，固体颗粒开始被吹出容器，这时颗粒散满整个容器，不再存在一个颗粒层的界面，此时的气速称为带出气速或者极限气速。所以流化床的适宜气速在临界流化速和带出气速之间。

13.4.4.2 流化干燥的主要特点

（1）颗粒与热介质在湍流喷射下进行充分混合和分散，故气固相间传热、传质系数及相应的表面积均较大，其体积传热系数 α_a 一般在2300～7000W/（m^3·℃）范围内。

（2）气固相间激烈地混合和分散及两者间快速地传热，使床层内物料温度均一且易于调节，为得到干燥、均一的产品提供了良好的外部条件。

（3）物料在床层内的平均停留时间在数分钟至数小时之间，可以任意调节，故对难干燥或者要求干燥产品含湿量低的过程特别适用。

（4）因其体积传热系数大，故处理能力大。因流化床具有相似于流体的状态和作用，所以操作方便，物料输送简单。

（5）结构简单，造价低廉，可动部件少，操作维修方便。与气流干燥相比，它的气流阻力较低，物料磨损较轻，气固分离较易，热效率较高。

（6）这类干燥器适用于处理粉粒状物料，物料粒径一般在30～60μm为宜。粒径小于30μm时，气体通过分布板后易产生局部沟流；大于60μm时，需要较高的气体速度，这会使流体阻力增加，且物料磨损较为严重，不适用易黏结或者结块的物料。

13.4.5 喷雾干燥

喷雾干燥是指用单独一次工序，将溶液、乳浊液、悬浮液或者膏糊液物料变成粉体、颗粒、空心球或者团粒。其形式取决于物料的物理特性以及喷雾干燥设备和流程操作。热空气与料液接触方式有并流式、逆流式和混流式三种。

喷雾干燥装置如图13-4所示，主要包括空气加热系统、干燥系统（包括塔身和雾化器）、干粉收集及气固分离系统。图中，空气进入加热器后，用水蒸气或者电间接加热（也可以直接加热）以预热空气温度。热空气进入干燥塔与喷嘴喷出的雾滴相接触，雾滴中的水分迅速蒸发，生成粉状或者颗粒状成品。废气和干粉在旋风分离器中得到分离，成品从旋风分离器底部放出，更细的成品则需要通过布袋除尘器进一步分离，最后废气从风机排出。热风进入塔内时，经过导向板使其均匀分布于塔中，干燥效果较好。风机安装在流程末端，使整个系统应在负压下操作，以免车间粉尘飞扬。

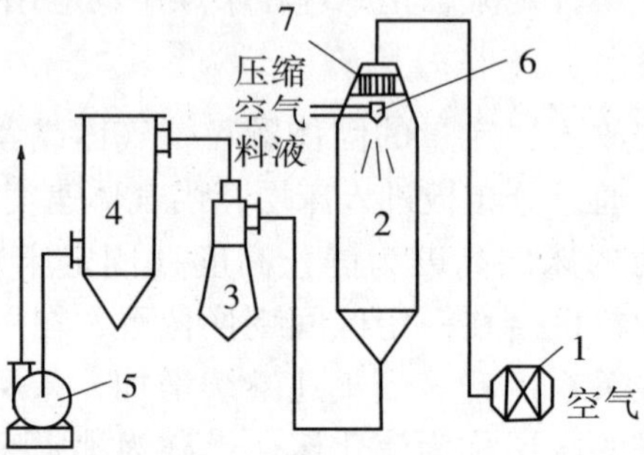

1—加热器；2—干燥器；3—旋风分离器；4—袋滤器；5—风机；6—喷嘴；7—导向板

图13-4 喷雾干燥流程示意

13.4.5.1 气液两相并流的喷雾干燥

气液两相并流的喷雾干燥流向如图13-5（a）所示，应用广泛，特别适用于热敏性物料。空气进口和液体雾化都在塔顶部分，沿塔向下流动。气液两相在塔的上部接触，料液水分迅速蒸发，大量吸收空气热量，从而使热风的温度下降。流到塔的下部时，物料已经干燥为粉末，但空气温度也下降。空塔气速一般保持在0.2～0.5m/s。这种流向使用喷嘴雾化器和离心转盘雾化器，但由于雾化器和空气分布器均安装在塔顶，故对于喷嘴位置和空气分布器的调节较为方便。

另一类是气液两相向上并流的喷雾干燥，如图13-5（b）所示，气体从塔底进入，喷嘴也安装在塔的下部，向上喷出，这种流向与由上向下的并流操作在原理上并无不同，其较大颗粒不会被气流带走，所得产品的粒度比较均匀。喷嘴位置在塔的下部，以便检修、清洗和调整。

13.4.5.2 气液两相先逆流后并流的喷雾干燥

如图13-5（c）所示，雾化器安装在塔的中上部，向上喷雾，与塔顶流入的热空气相接触，料液水分迅速蒸发。这种流向也适用于热敏性物料，并且有并流的优点。但因逆流时传热、传质的推动较大，以及停留时间较长，因而可以降低塔的高度。操作时，应注意防止在颗粒返回区产生粘壁现象。这种气液流向又称为混流式。

13.4.5.3 气液两相逆流的喷雾干燥

如图13-5（d）所示，雾化器安装在塔顶，热空气从塔底进来，塔顶喷出的雾滴与塔底上来的较湿空气相接触，因此干燥推动力较小，水分蒸发速度较并流式慢。在塔底，最热的干燥空气与较干的颗粒接触，因此能耐受高温、含水量低和松密度较高的非热敏性物料用逆流系统最合适。此外，在逆流系统中，全过程的平均温度差和分压差较大，停留时间较长，有利于传热和传质，热的利用率也较高。

并流、逆流和混流喷雾干燥器的应用，要根据所处理料液的性质采用不同的工艺布置，主要有开放式循环、闭式循环、半闭式循环和自惰式循环系统四种形式。此外，还有二级喷雾干燥系统和流化床喷雾造粒系统等。

开放式喷雾干燥系统是应用最广泛的一种，其特点是用热空气作为干燥介质，只经过干燥室一次即可携带水汽排放至大气中。闭式循环喷雾干燥系统是在料液中含有机溶剂或易燃、易爆性溶剂时，应用惰性气体作为干燥介质，在封闭系统中进行喷雾干燥操作。半闭式循环的喷雾干燥系统介于开放式和闭式循环之间。自惰式循环系统是用明火直接加热，使干燥介质空气的含氧量降低到6%以下，这样可以自制惰性气体，避免爆炸或着火。二级干燥系统是将喷雾干燥和流化床干燥相结合的系统。流化床喷雾造粒干燥是在含有细粉核的流化床中，用埋在床层内的喷嘴使料液或黏合剂溶液雾化，并与流化的粉末相接触，在固—液界面间的界面能作用下，液体在粒子间交联架桥而产生凝聚现象，同时由吹上来的热风使其干燥，最终获得多孔颗粒产品。

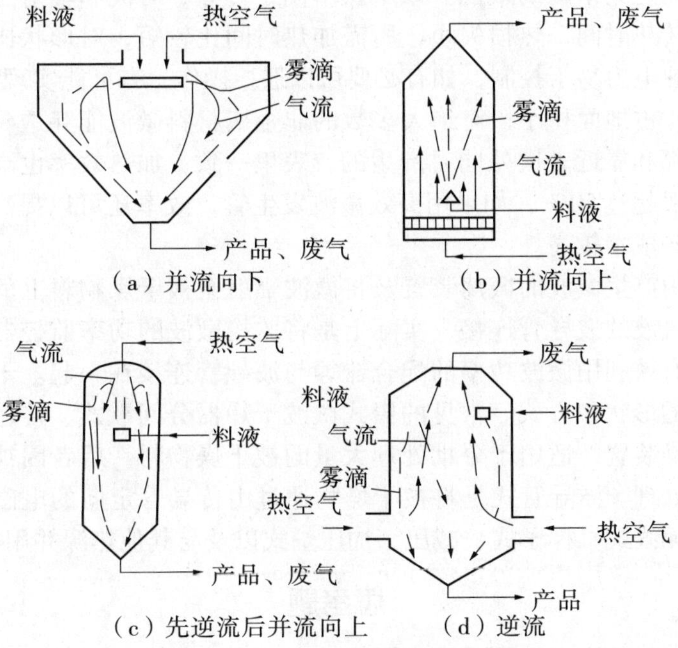

图 13－5　空气与料液在干燥器内的流动

13.4.6　其他干燥方法

冷冻干燥使被干燥的液体在极低的温度下冷冻成固体，然后在低温、低压下利用水的升华性能，使冰升华汽化除去后达到干燥的目的。冷冻干燥法适用于绝大多数生物产品的干燥和浓缩，可以最大限度地保证生物产品的活性。冷冻干燥的干燥过程包括升华和解吸两个不同的步骤。

辐射干燥是利用湿物料对一定波长电磁波的吸收并产生热量将水分气化的干燥过程。按频率的高低，有红外线、远红外线、微波、高频加热等方法，这些方法在工业上均有应用。

例如远红外线干燥器采用远红外线，根据远红外线辐射强度与距离的平方成反比的定律，通过远红外线辐射元件与被干燥物体之间距离的自由调节，使被干燥物体所受到的远红外能量的强弱得以适当的控制。同时，通过调节电压来控制辐射元件的温度，调节所辐射的远红外线波长，使之适合被干燥物体吸收。此外，在干燥室内又有适量的热风循环，进一步提高了干燥效率。

微波干燥是介电加热干燥的一种，介电加热干燥是将物料置于高频电场内，由于高频电场的交变作用，使物料加热从而达到干燥的目的。电场频率小于 3×10^9 Hz 的称为高频加热；频率在 3×10^9 Hz 以上的超高频加热称为微波加热，目前微波加热所用的频率为 9.15×10^9 Hz 和 2.45×10^9 Hz 两种，后者在一定条件下兼有灭菌功能。

微波是指波长 1×10^{-3}～1m 之间的电磁波。湿物料中的水分子在微波电场的作用下，会被极化并沿着电场微波方向整齐排列。由于微波是一种高频交变电场，水分子会随着电场方向的胶体变化而不断地迅速移动，并产生剧烈的碰撞和摩擦，部分微波能就转化为热能，从而达到干燥的效能。该干燥不同于传导、对流和辐射三种干燥，不需要经过传热途径和传热时间，热损失小，所需加热时间比较短，对形状比较复杂的物料均匀加热性好，加热电力易于控制，如有必要可以遥控操作，有可能实现加热工序自动化；干燥器体积较小，占地面积小；对绝大多数的非金属材料微波能穿透到相当的深度，热是从加热物体内部和靠近表层处同时产生的，表里一致；加热效率也高，用交流电转换成热能的效率一般超过50%，如果用高效微波发生管，效率还可以提高；此外还有杀菌作用。缺点是运转成本较高。

微波干燥器由产生微波的振荡装置及将微波辐射至被干燥物料上的干燥室组成，两装置间用传送电磁波的波导管连接，实际上是将监控微波的功率监控器和保护振荡装置的隔离器，以及有效利用微波功率的配合器等与波导管连接在一起。干燥室有适合于各种被干燥物形态的形状和方式。常见的箱式微波干燥器分间歇式、传送带式两种。前者是大型的微波干燥装置，适用于分批处理大量的被干燥物料。后者因被干燥物料用传送带输送，可连续处理。波导管式是将被干燥物通过由传导管定向的电磁波进行干燥的方式。此外，还有无线式、梯子式、减压、加压炉式以及与其他热源并用等方式。

思考题

13-1 中药提取的原理是什么？

13-2 中药提取的常用方法有哪些？各有什么特点？

13-3 试述浸提的新技术。

13-4 常用的分离纯化的方法有哪些？分别有什么特点？

13-5 分离纯化的新技术有哪些？

13-6 浓缩有哪几种类型？各有什么特点？

13-7 干燥有哪几种类型？各有什么特点？

第14章　当归炮制生产工艺

14.1　概述

当归（*angelica sinensis*）别名干归、秦哪、西当归、岷当归、金当归、当归身、涵归尾、当归曲、土当归等，是一种多年生草本，主产分布在甘肃东南部，以岷县产量多、质量好，其次为云南、四川、陕西、湖北等省，均为人工栽培。其根可入药，是最常用的中药之一。当归味甘、辛，性温，归肝、心、脾经；具有补血活血、调经止痛、润肠通便、抗癌、抗衰老、增强免疫等功效；主要用于血虚萎黄、眩晕心悸、月经不调、经闭、痛经、虚寒腹痛、肠燥便秘、风湿痹痛、跌仆损伤、痈疽疮疡等。

14.2　当归饮片的种类和常用的炮制方法

当归饮片的品种包括：全当归、当归头、当归身、当归尾、酒当归、土当归、焦当归。当归为圆形或类圆形薄片，表面黄白色或浅黄色，平坦，有裂隙，中部有一浅棕色的环纹并有较多棕色的油点，周围灰棕色或灰褐色，有裂缺，质柔韧，香气浓郁，味甘辛，微苦；酒当归表面色泽较深，偶见焦斑，略有酒香气味；土炒当归表面挂土黄色，具有土香气；焦当归表面黑褐色，断面灰棕色，质枯脆，气味减弱并带涩味。其中常用的炮制方法如下：

（1）当归（全当归）：取原药材，除去杂质，洗净，稍润，切薄片，晒干或低温干燥，筛去碎屑。

（2）当归头：取净当归，洗净，稍润，将当归根头部分切下4～6片（薄片），晒干或低温干燥或取当归根头部分，纵向切薄片，筛去碎屑。

（3）当归身：取原药材，除去杂质，洗净，润透，去须根，取当归身（主根）部分，切薄片，晒或低温干燥，筛去碎屑。

（4）当归尾：取原药材，除去杂质，洗净，润透，取须根部分，切片，晒干或低温干燥。

（5）酒当归：取当归片，加入定量黄酒拌匀，稍闷润，待酒被吸尽后，置于炒制容器内，用文火加热，炒至深黄色，取出，晾凉，其中每100kg当归片一般用黄酒10kg。

（6）土当归：将土粉置于炒制容器内，用中火加热，炒至灵活状态，倒入当归片，炒至当归片上粘满细土粉时（俗称挂土），取出，筛去土粉，摊凉，其中每100kg当归片一般用土粉30kg。

（7）焦当归：取当归片，置于炒制容器内，用中火加热，炒至外表微黑色，取出，晾凉。

14.3 炮制对当归性质的影响

当归含有挥发性成分、有机酸类、糖类及尿嘧啶、腺嘌呤、胆碱、维生素、微量元素等组分，具有广泛的药理活性。

14.3.1 炮制对当归化学成分的影响

研究表明，当归头、当归身和当归尾具有不同的药理活性，但其挥发油含量、比重、折光率、含糖量、旋光度以及水分、灰度均无明显差异。其主要的差异在于微量元素的含量，其中当归头中的Ca、Cu、Zn含量最高，为当归身、当归尾中的1.5～6.8倍；当归尾中的K、Fe含量高，为当归头、当归身的1.5～2.0倍；阿魏酸含量以当归尾最高，当归身次之，当归头最低，这也印证了当归尾破血的传统观点。

当归炮制前后水溶液中阿魏酸的含量测定表明，随着炮制温度升高，阿魏酸的含量降低。当归酒炙后水溶物增多，但阿魏酸几乎无变化，收敛成分鞣质减少；其土炒后浸出颜色由浅黄色变为棕色，鞣质为生品的1.4倍，水、醇浸出物及阿魏酸稍有降低；制炭后鞣质的含量为生品的2倍，其他成分降低。

无机元素测定表明，当归酒炙后，铜镍含量增加，铅含量降至原生药的20%；土炒后，铁、镍、铜、锰、锌的含量显著提高，铅含量降低为原药的16.7%；当归炭中的钙、镍含量增加，铅含量降至原含量的25%，其他元素的含量也显著下降。

当归及其炮制品中还原性糖和水溶性糖的含量由高到低依次为：酒炒当归>生当归>清炒当归>土炒当归>当归炭。通过利用单糖和多糖在80%的乙醇溶液中的溶解度差异，估算出水溶性粗多糖的含量由高到低依次为：酒炒当归>生当归>土炒当归>清炒当归>当归炭。

14.3.2 炮制对当归药理活性的影响

按照传统的当归用药习惯，止血用当归头，补血用当归身，破血用当归尾，补血活血用全当归。其中，当归生品具有质润、补血、调经、润肠通便的功效，适用于血虚体亏、面色无华、神疲体倦、妊娠冲任血虚、腹中疼痛，或血气凝滞、少腹疼痛、产后恶露不尽、心腹作痛、血虚便秘等症状；酒炙当归，能增强其活血补血调经的作用，适用于血瘀经闭、痛经、月经不调及风湿痹痛等；土炒当归，既能补血，又不致滑肠，适用于血虚便溏、腹中时痛及中焦虚寒腹痛等方面；当归炒炭后，以止血和血为主，可用于崩中漏下、月经过多及血虚出血等方面。

14.4 当归饮片生产工艺

14.4.1 当归饮片生产工艺流程图

当归饮片生产工艺流程如图14－1所示。

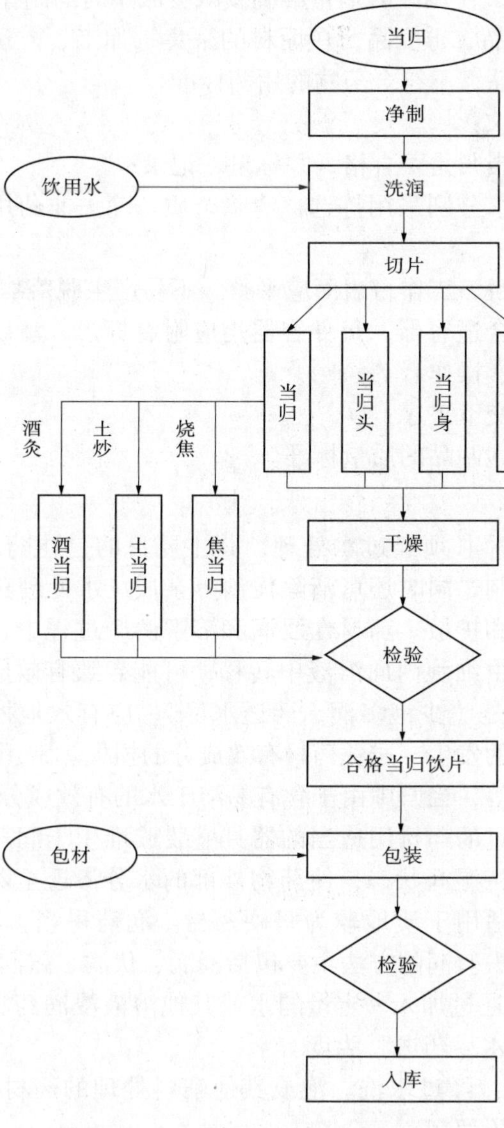

图 14－1　当归饮片生产工艺流程图

14.4.2　当归饮片生产操作过程及工艺技术参数

14.4.2.1　净选

净制是中药炮制的第一道工序，是药材制成饮片或制剂前的基础工作。净制是在切制、炮炙或调配、制剂前选取药物规定的药用部分，除去非药用部位、杂质及霉变品、虫蛀品、灰屑等，使其达到药用纯度标准的方法。净选加工主要包括清除杂质、分离和清除非药用部分，其主要目的如下：

（1）分离药用部分，使作用不同的部位区分开来，能够更好地发挥药效，如将当归的头部、身部和尾部进行分类。

（2）进行分档，便于在水处理和加热过程中分别处理，使其均匀一致。

（3）除去非药用部位，使调配时剂量准确或减少服用时的副作用。

（4）除去杂质及虫蛀品、霉变品，在原料的采集、加工、贮运过程中容易混入泥沙等杂质以及虫蛀品和霉变品，不符合药物的用药标准。

当归净选过程工艺要求：

①检查净选的中药材当归是否合格，并称量、记录；

②净选操作必须按要求分别采用拣选，清除杂质，除去非药用部分，使药材符合净选质量标准要求；

③拣选药材应设工作台，工作台表面应平整，不易产生脱落物；

④净选后将药材装入合适容器，每件容器均应附有标志，注明药材名称、编号、炮制批号、数量、生产日期、操作者等；

⑤经质量检验合格后交下工序；

⑥净度要符合中药材炮制品的质量标准。

14.4.2.2 **洗润**

干燥的药材切制成饮片必须经过水处理，其主要目的是让药材吸收一定量的水分，使药材质地变软，便于切制，同时还可清除泥沙等杂质。水处理药材的物理过程主要包括三个阶段：浸润、溶解和扩散。药材在浸润和溶解两个过程中，质地由硬变软；在扩散过程中，有效成分开始由细胞内向溶液中转移，可能导致有效成分的流失。因此，水处理软化药材的主要原则是"少泡多润，药透水尽"，应有效地控制浸润的用水量、时间和温度，防止扩散现象的发生，避免药材有效成分的损失。常用的水处理方法有淋法、洗法、炮法、漂法、润法等，当归中由于含有易溶于水的有效成分，因此采用润法。

润法是把泡、洗、淋过的药材用适当的器具盛装或堆积于润药台上，以湿物遮盖或者继续喷洒适量清水，保持湿润状态，使药物外部的水分渗透至药物组织内部，达到内外湿度一致，利于切制，适用于质地较为坚硬药材。润药得当，既可以保证药材质量，又可以减少有效成分的损失。润的方法主要包括浸润、伏润、露润等。

（1）浸润。浸润是指通过加入一定量的水或其他溶液浸润药材，经常翻动使水分缓缓渗透到药材内部，以"水尽药透"为度。

（2）伏润，又称闷润。经过水洗、泡或其他辅料处理的药材，在密闭条件下闷润，使药材内外软硬一致，利于切制。

（3）露润，又称吸潮回润。露润是指将药材摊放在垫有篾席的湿润土地上，使其自然吸潮回润。

当归洗润过程工艺要求：

①清洗药材用水应符合国家饮用水标准；

②药材洗涤应使用流动水，用过的水不得用于洗涤其他药材，不同的药材不宜在一起洗涤；

③洗涤时应注意掌握时间，勿使药材在水中浸泡过久，以免损失药效；

④洗涤后的药材应及时转下道工序进行炮制；

⑤需浸润的药材应按其大小、粗细、软硬程度来选择浸润方法，并根据操作时的季节、气候条件来操作，将质量严格控制在工艺参数范围内；

⑥控制好浸润药材的用水量及时间，做到药透水尽，不得出现药材伤水腐败、霉变、

产生异味等变质现象；

⑦浸润药材符合切制要求后应及时切制；

⑧本步所得中间产品的质量要符合中药材炮制品质量标准。

14.4.2.3　**切片**

广义而言，凡是直接提供中医临床调配处方或中成药生产用的药物，统称为饮片。饮片切制是指将净选后的药物进行软化，并切成一定规格的片、丝、块、段等的炮制工艺。饮片切制的目的在于：

（1）便于有效成分煎出。饮片切制按照药材质地的不同而采取“质坚宜薄、质松宜厚”的切制原则，便于药物有效成分的煎出；同时由于饮片与溶媒的接触面积增大，可提高有效成分的煎出率，有利于避免药材细粉在煎煮过程中出现糊化、粘锅等现象，显示出饮片“细而不粉”的特点。

（2）便于炮制。药材切制成饮片后，便于炮炙时控制火候，使药物受热均匀，而且也有利于各种辅料的均匀接触和吸收，提高炮制效果。

（3）利于调配和制剂。药材切制成饮片后，体积适中，便于配方；在制备液体剂型时，药材切制后能增加浸出效果；制备固体剂型时，由于切制品便于粉碎，可使处方中的药物比例相对稳定。

（4）便于鉴别。对于性状相似的药材，切制成一定规格的片型，显露其组织结构的特征，有利于区别不同的药材，防止混淆。

（5）利于贮存。药材切制后，含水量下降，可减少霉变、虫蛀等因素的影响，有利于贮存。

1. 常见的饮片片型及规格

药材的自然状况和不同需求直接关系到饮片的药效，对决定饮片类型具有重要意义。饮片的切制可分为传统手工切制和机器切制，其中手工切片的特点是可灵活切制各种规格和形状的饮片，而机器切片多为横片、斜片、段、丝等形状。常见的饮片类型和规格包括：

（1）极薄片：厚度为 0.5mm 以下，对于木质类及动物骨、角质类药材，入药时可根据需要，分别制成极薄片，如羚羊角、鹿角、松节、苏木、降香等。

（2）薄片：厚度为 1 ～2mm，适宜质地致密坚硬、切薄片时不易破碎的药材，如白芍、乌药、槟榔、当归、木通、天麻等。

（3）厚片：厚度为 2 ～4mm，适宜质地松泡、黏性大、切薄片时易破碎的药材，如茯苓、山药、天花粉、泽泻、丹参、升麻等。

（4）斜片：厚度为 2 ～4mm，适宜长条形而纤维性强的药材，倾斜度小的称为瓜子片（如桂枝、桑枝等），倾斜度稍大而体粗者称为马蹄片（如大黄等），倾斜度更大而药材较细者称为柳叶片（如甘草、黄芪、川牛膝、银柴胡、鸡血藤、木香等）。

（5）直片（顺片）：厚度为 2 ～4mm，适宜性状肥大、组织致密、色泽鲜艳和需要突出其鉴别特征的药材（如大黄、天花粉、白术、附子、何首乌、防己、升麻等）。

（6）丝（包括细丝和宽丝）：细丝 2 ～3mm，宽丝 5 ～10mm，适宜皮类、叶类和较薄的果皮类药材，如黄柏、厚朴、桑白皮、青皮、合欢皮、陈皮等多切细丝；荷叶、枇杷叶、冬瓜皮等多切宽丝。

（7）段（咀、节）：长为10～15mm，长段又称“节”，短段称为“咀”，适宜全草类和形态细长、内含成分易于煎出的药材，如薄荷、荆芥、益母草、党参、青蒿、佩兰、怀牛膝、沙参、白茅根、藿香、木贼、石斛、芦根、麻黄、忍冬藤、谷精草、大蓟、小蓟等。

（8）块：体积为8～12mm^3的立方块，有些药材在煎熬时易糊化，需要切成不等的块状，如阿胶丁等。

中药饮片片型规格丰富多样，全国各地还有其他各具特色的饮片类型，主要包括：①圆片，又称顶头片，如白芍、白芷等；②骨牌片，将长方形片状药材先切成长段再纵向切成骨牌片，如杜仲、黄柏等；③肚片，多用于树皮类药材，如厚朴、肉桂等；④蝴蝶片，适用于不规格块根或菌类药材，如白术、川穹；⑤马蹄片，如大黄；⑥腰子片，如马钱子；⑦凤眼片，如枳壳；⑧剪片，用剪刀将硬皮类药材剪成小块片，如陈皮等。

2．饮片类型的选择原则

饮片类型的选择原则如下：

（1）质地致密、坚实者，适宜切薄片，如乌药、槟榔、当归、白芍、木通等。

（2）质地松泡、粉性大者，适宜切厚片，如山药、天花粉、茯苓、甘草、黄芪、南沙参等。

（3）为了突出鉴别特征，或为了饮片外形的美观，或为了方便切制操作，视不同情况可选择直片、斜片等，如大黄、何首乌、山药、黄芪、桂枝、桑枝等。

（4）凡药材形态细长，内含成分又易煎出的，可切制成一定长度的段，如木贼、荆芥、薄荷、麻黄、益母草等。

（5）皮类药材和宽大的叶类药材，可切制成一定宽度的丝，如陈皮、黄柏、荷叶、枇杷叶等。

（6）为了便于对药材进行炮炙（如酒蒸），切制时可选择一定规格的块和片，如大黄、何首乌等。

饮片类型会直接影响到药物疗效，饮片的厚薄、长短及粒度的大小、粗细与煎出物都有密切的关系。通过对饮片类型的质量标准进行深入研究，来量化、优化经验加工切制方法是中药饮片切制发展的必然趋势。

3．饮片的切制方法

饮片的切制在不影响药效，便于调配、制剂的前提下，目前正由采用手工生产逐渐向机械化生产过渡。但由于机器切制还不能满足某些饮片类型的切制要求，故在某些环节手工切制仍在使用。

1）机器切制

如今，全国各地生产的切药机种类较多，功率各异，如剁刀式切药机、旋转式切药机、多功能中药切药机、多功能斜片切药机等，其基本特点是生产能力大、速度快、节约成本、生产效率高。但目前看来，更新和改进现有的切药机，使之能生产多种饮片类型及适用于各种药材是亟待解决的问题。常用的几种主要的切药机的功能如下：

（1）剁刀式切药机：结构简单，适应性强，一般根、茎、全草类药材均可切制，不宜用于颗粒状药材的切制。

（2）旋转式切药机：主要由动力、推进、切片和调节四部分组成，其特点是可以进行颗粒类药物的切制，但不适用于全草类药物切制。

（3）多功能切药机：主要适用于根茎、块状及果实类中药材，圆片、直片以及多种规格斜形饮片的加工切制。其结构特点是：体积小，重量轻，效率高，噪音低，操作维修方便；药材切制过程无机械输送；根据药物形状、直径选择不同的进药口，以保证饮片质量。

2）手工切制

全国各地手工切制用的切药刀，虽不甚相同，但其切制方法相似。操作时，将软化好的药材整理成把（称为“把活”）或单个（称为“个活”）并置于刀床，用手或一特别的压板向刀口推进，然后按下刀片，即切成饮片。饮片的厚薄、长短由推进距离控制，其中有些个别药材如槟榔，可用“蟹爪钳”夹紧向前推进；某些贵重药材还可采用特殊的工具加工切制，如鹿茸加工壶就是专门用来加工鹿茸的。手工切制主要适用于机器不好切的药材，如太软、太黏及粉质药材和少量特殊药材，操作起来方便、灵活，不受药材形状的限制，切制的饮片均匀、美观，损耗率低，类型和规格齐全，但主要缺点是劳动效率低。手工切药刀主要包括：

（1）切药刀（铡刀）：主要由刀片、刀床（刀桥）、压板、装药斗、控药棍等部件组成。操作时，人坐在刀凳上，左手握住药材向刀口推送，同时右手拿刀柄向下按压，即可切出饮片。主要用于切横薄片及草类药材，如桂枝、白芍、荆芥等。

（2）片刀（类似菜刀）：多用于切厚片、直片、斜片等，如浙贝母、白术、甘草、黄芪、苍术等。

3）其他切制

对于木质及动物骨、角类药材用上述工具较难切制，可根据不同情况选择适宜的工具进行操作。

（1）镑。镑片所用的工具是镑刀。操作时，将软化的药材用钳子夹住，另一只手持镑刀一端，来回镑成极薄的饮片。此法适用于动物角类药材，如羚羊角、水牛角等。

（2）刨。木质或角质坚硬类药材，如檀香、松节、苏木、牛角等，适用于刨切制。操作时，将药材固定，用刨刀刨成薄片即可。

（3）锉。有些药材常用其粉末入药，但由于用量较小，一般不事先准备，而是随处方加工，如水牛角、羚羊角等，调配时，用钢锉刀将其锉为粉末或者再加工继续研成粉末。

（4）劈。本法主要是利用斧类工具将动物骨骼类或木质类药材劈成块或厚片，如降香、松节等。

除上述方法外，还可采用擂、研、捣、打、磨等方法粉碎坚硬的矿物及果实种子类药材，如擂朱砂、捣碎栀子等。常用的工具有铁或铜制的“冲钵”、碾槽，石制的“臼”和瓷制的研钵等。

当归切片过程工艺要求：

①饮片切制为薄片，厚度要求为 1 ～2mm；

②本步所得中间产品质量要符合中药材炮制品质量标准。

14.4.2.4 酒炙

将净选或切制后的药物加入一定量的酒拌炒的方法称为酒炙法。酒味甘、辛，性大热，气味芳香，能升能散，宜行药势，具有活血通络、祛风散寒、矫臭去腥的作用，故酒炙法多用于活血散瘀、祛风通络药物。

1. 酒炙法的主要目的

（1）改变药性，引药上行。临床上常用的一些苦寒药，其药性本沉降下行，多用于清中、下焦湿热。酒炙后不但能缓和寒性，避免伤脾胃阳气，还能借酒之升提力引药上行，清上焦邪热。

（2）增强活血通络作用。酒炙能改变药物组织的物理状态，有利于成分的浸润、溶解、置换、扩散与溶出，即可产生某些“助溶”作用，提高有效成分的溶出率。临床上常用的一些活血祛瘀通络类药物多用酒炙，一方面使酒与药物发挥协同作用，另一方面使药物有效成分易于煎出而增强疗效。

（3）矫臭去腥。一些具有腥气的动物类药物，经酒炙后可除去或减弱腥臭味。

2. 酒炙的操作方法

（1）先拌酒后炒药。将净制或切制后的药物与一定量的酒拌匀，稍闷润，待酒被吸尽后，置于炒制容器内，用文火炒干，取出晾凉，此法适用于质地坚实的根及根茎类药物。

（2）先炒药后加酒。先将净制或切制后的药物置于炒制容器内，加热至一定程度后，再喷洒一定量的酒炒干，取出晾凉，此法多用于质地疏松的药物。

酒炙法在操作时一般多采用第一种方法，因为第二种方法不易使酒渗入药物内部，加热翻炒时，酒易迅速挥发，所以一般少用，只有个别药物应用此法。

当归酒炙过程工艺要求：

①在加入一定量的酒拌匀闷润过程中，容器上面应加盖，以免酒迅速挥发；

②当归在加热炒制时，火力不宜过大，勤加翻动，炒至近干，颜色加深时即可取出，晾凉；

③本步所得中间产品质量要符合中药材炮制品质量标准。

14.4.2.5 土炒

将净选或切制后的药物与灶心土拌炒的方法称为土炒。土炒的主要目的在于灶心土味辛性温，能温中燥湿，止呕、止泻等。明代《本草蒙筌》记载，“陈壁土制，窃真气骤补中焦”，故常用来增强药物补脾止泻的功效。

土炒的具体操作方法：将灶心土研成细粉置于锅内，用中火加热炒至土呈灵活状态，投入净选当归，翻炒至药材表面均匀挂上一层土粉并透出香气时，取出，筛去土粉，放凉。土的用量一般为每100kg当归用土粉25～30kg。

当归土炒过程工艺要求：

①在灶心土呈灵活状态并投入当归后，要适当调节火力，防止药物烫焦；

②炒制当归的灶心土可连续使用，若土色变深应及时更换；

③本步所得中间产品质量要符合中药材炮制品质量标准。

14.4.2.6 烧焦

烧焦是将净选或切制后的药材置于炒制容器内，用中火或武火加热，炒至药材表面呈现焦黄色或者焦褐色，药材内部颜色加深并伴随着焦香气味的过程。烧焦的主要目的是增强药物的消食健脾的功效或减少药物的刺激性。

当归烧焦过程工艺要求：

①投入当归后，要适当调节火力，防止药物炭化；

②本步所得中间产品的质量要符合中药材炮制品质量标准。

14. 4. 2. 7　饮片的干燥

药材切成饮片后，为保存药效、便于贮存，必须及时干燥，否则会影响质量。由于各种药物的性质不同，干燥的方法也不尽相同，主要分为自然干燥和人工干燥。干燥方法是否适当是保证药物质量的关键。

1. 自然干燥

自然干燥是指把切制好的饮片置于日光下晒干或阴凉通风处阴干，必要时采用烘焙至干的方法。《神农本草经》中就有“阴干暴干，采造时月，生熟，土地所出，真伪新陈，并有各法”的记载。晒干法和阴干法都不需要特殊设备，但易受气候的影响，饮片亦不太卫生，烘焙法可以有效地弥补上述缺点。

一般的饮片均用晒干法，而对于气味芳香、含挥发性成分较多、色泽鲜艳和受日光照射后易变色、走油等类药物，不宜曝晒，通常采用阴干法。药材饮片干燥时应保持饮片的形、色、气、味俱全，以充分发挥其疗效。不同性质的药物有不同的干燥方法，可归纳为以下几种。

1）黏性类

黏性类药物如天冬、玉竹等含有黏性糖质类药材，易吸潮，如用小火烘焙，因原汁不断外渗，会降低质量，故宜用明火烘焙，促使外皮迅速硬结，使内部原汁不向外渗。烘焙时颜色随着时间演变，过久、过干会使颜色变枯黄，原汁走失，影响质量，故一般烘焙至九成即可。掌握干燥的程度，以手摸之感觉烫不粘手为度。干燥时要勤翻动，防止焦枯，如有烈日可晒至九成干即可。

2）芳香类

对于芳香类药物如荆芥、薄荷、香薷、木香等来说，保持香味极其重要，因为香味与质量有密切的关系，香味浓就意味着质量好。因此，此类药物多采用阴干法，切后宜薄摊于阴凉通风干燥处。如果阳光不太强烈也可晒干，但不宜烈日曝晒，否则温度过高会使香气挥发，颜色也会随之变黑；如果遇阴雨连绵天气，药材快要发霉时，宜用微火烘焙，避免用猛火高温干燥，导致香散色变，降低药物的效能。

3）粉质类

粉质类药物主要是指含有淀粉质较多的药物，如山药、浙贝母等，这些药材潮片极易发滑、发黏、发霉、发馊、发臭而变质，适宜采用晒干法或烘焙法。由于该类饮片其质甚脆，容易破碎，潮片更甚，故在日晒操作中要轻翻防碎。如果天气不好，要用微火烘焙，防止切片受损，但火力不宜过大，以免烘至药物外色焦黄。

4）油质类

油质类药材如当归、怀牛膝、川芎等，这类药物极易起油，如烘焙，油质就会溢出表面，色也随之变黄，火力过旺，更会导致失油后干枯，从而影响质量，故宜采用日晒法。如果遇阴雨不能日晒，只能用微火烘焙，以防焦黑。

5）色泽类

色泽类药材如桔梗、浙贝母、泽泻、黄芪等，这类药材的色泽很重要，含水量不宜过多，否则不易干燥。根据色泽不同，可分别采用日晒法和烘焙法，如白色类的桔梗、浙贝母宜用日晒，越晒越白；黄色类的泽泻、黄芪，若日晒则会毁色，故宜用小火烘焙，可保持黄色，增加香味，但不能用旺火，以防焦黄。

此外，根须类和根皮类药材可采用日晒法和烘焙法，如白薇、厚朴、黄柏等；草叶类药物要薄摊暴晒，勤翻动，不适宜用烘焙法，以防燃烧，如仙鹤草、泽兰、竹叶、地丁草等。

干燥方式很大程度上决定了药材的质量。由于温度和时间的变化会对药物的化学成分产生不同的影响，在确定适宜的干燥方法时，要把有效成分的含量、药性等多种因素综合起来考虑，尽可能取其各方面的优势，才能获得质优效高的药材。

2. **人工干燥**

人工干燥是利用一定的干燥设备，对饮片进行干燥。本法的优点是不受气候影响，比自然干燥卫生，并能缩短干燥时间。近年来，人们在生产实践中设计和制造了多种干燥设备，如直火热风式、蒸汽式、电热式、远红外线式、微波式，其干燥能力和效果均有大幅度的提高，这些干燥设备正在推广和不断完善，可以大量生产。常用的干燥机及其特点如表 14－1 所示。

人工干燥的温度应根据药材的性质灵活改变。一般药材以不超过 80℃为宜，其中含芳香油等挥发性成分的药材以不超过 50℃为宜。干燥后的饮片需放凉后再贮存，否则，余热会使饮片回潮，易发生霉变，其含水量应控制在 8%～12%为宜。

表 14－1 常用的干燥机及其特点

型号	工作原理	主要特点
翻板式干燥机	饮片经上料输送带送入干燥室内，由若干翻板构成的帘式输送带往复传动至干燥。干燥饮片沿出料口经振动输送带进入立式送料器，上输入出料漏斗，下承麻袋装药	该干燥机结构简单，易于安装和维护，适合大规模生产
热风式干燥机	此设备燃烧室内以煤作热源，热风从热风管内输入室内。由于鼓风机作用，使热风对流，温度均匀，余热从热风管出口排出。待干燥之药物通常以筛、匾盛装，分层置于铁架中，由轨道送入，待饮片干燥后，停止鼓风，敞开铁门，将铁架拉出，收集干燥饮片	该干燥机的温度一般在 80～120℃，干饮片控制在 80℃左右，并应视药物质地和性质而定；该设备结构简单，易于安置，可以大量生产
红外线辐射装置设备	其原理是将电能转变为远红外线辐射能，使被干燥药物的分子吸收后产生共振，引起分子、原子的振动和转动，导致药物变热，并使大量水分变成气态而扩散，最终达到干燥灭菌的目的	该设备干燥速度快，药材质量好，具有较高的杀菌、杀虫及灭卵能力，可节省能源，便于自动化生产，减轻劳动强度，尤其适用于中药粉末及芳香性药物的干燥灭菌，并能较好地保留药材中的挥发油成分

续上表

型号	工作原理	主要特点
微波干燥技术	中药药材及炮制品中的极性水分子和脂肪能不同程度地吸收微波能量，在交流电场中，因电场时间的变化，极性分子发生旋转振动，使分子间互相摩擦而生热，从而达到干燥灭菌的目的	该类设备适用于中药原药材、炮制品及中成药之水丸、浓缩丸、散剂、小颗粒等的干燥灭菌，具有速度快、时间短、加热均匀、产品质量好、热效率高等优点。此外，干燥过程对药材中所含的挥发性物质及芳香性成分损失较少。微波干燥既不受燃料废气污染的影响，又能杀灭微生物及霉菌，具有消毒作用，可以防止发霉和虫蛀
太阳能集热器干燥技术	利用太阳能集热器将吸收太阳的辐射转变为热能传递到干燥物中，从而达到干燥的目的	该类设备适用于低温烘干，具有节省能源、减少环境污染、烘干质量好的特点，避免了尘土和昆虫传菌污染及自然干燥后药物出现的杂色和阴面发黑的现象，提高了外观质量

当归饮片干燥过程工艺要求：

①根据当归的炮制工艺要求选用不同的干燥方法，但不得露天干燥；

②干燥温度不超过 60℃，药材厚度为 1.5 ～2cm，干燥至水分小于 10%；

③净药材饮片经质量检验合格后方可交下一工序；

④本步所得中间产品质量要符合中药材炮制品质量标准。

14.4.2.8　饮片的包装

饮片的包装是指对饮片进行盛放、包扎并加以必要说明的过程。饮片包装的作用主要有：①便于饮片的存取、运输和销售；②有利于饮片的经营和监督检查；③有利于饮片的美观、清洁、卫生，防止再污染；④有利于促进饮片生产的现代化和标准化；⑤有利于中药临床调配使用；⑥有利于中药饮片的国际化。

目前，我国大多数饮片生产都无统一的包装标准，包装材料一般多为麻袋、化纤袋、蒲包、竹筐、木箱等。该类包装的主要缺点是：不能保持药材的洁净度，致使饮片污染严重，容易粘上麻纤维和灰尘，含糖类和淀粉类的药材容易霉变和虫蛀；无准确的计量观念；调配、携带、服用不方便。饮片包装的规范化应向保管、运输、携带、调配均方便，能很好保持洁净度和易于调配、准确计量的方向发展。通过在包装上注明药材的产地、质量等级以及现在片型的饮片相当于传统饮片的重量比例等内容，便于临床用药调配和消费者使用。饮片包装具体可采用如下方法：

（1）对于根茎类，种子、果实类，花类，动物类药材饮片，全部采用小包装加大包装的方法。小包装用无毒聚乙烯塑料透明袋，一般每袋装 0.5kg、1.5kg、2kg。放入饮片检验合格证后封口，装入大包装（可用大铁盒或硬纸箱）中。大小包装外面都应注明饮片的品名、规格、数量、生产批号、厂名。必须注意的是，对于水制、火制或水火共制的饮片需待凉透后方可包装，否则会出现结霜和霉变等现象。

（2）对于全草类和叶类药材饮片可用无毒聚丙烯塑料编织袋包装，固定装量为 10 ～ 15kg/件。封口时同样要放入检验合格证，并在外面印上饮片的品名、数量、规格、生产批号和品名。

（3）对于矿物类和外形带钩刺药材饮片应用双层或多层无毒聚丙烯塑料编织袋包装，以防泄漏。

（4）对于贵重、剧毒的药材饮片宜用小玻璃瓶、小纸盒分装到一日量或一次量的最小包装，并贴上完整的使用说明标签。

中药饮片作为一种特殊商品，产品的包装设计也相当重要。随着中药的国际化发展，饮片包装还开拓了包装的 ENA 条形码（国际物品编码协会制定的世界通用条码），记录药材名、炮制方法、生物学区别（如同药名的不同品种、野生或人工栽培等）以及商品等级与包装单重等信息，通过光电读码可便于进行配方、计价等自动化管理，也可在计算机上直接了解该饮片的炮制规格、性味、归经、组方、配伍等信息，这将为中药饮片走向世界创造条件。

当归饮片干燥过程工艺要求：

①当归饮片分装规格：每袋装 1kg、2kg、5kg，且装量不得少于标示量；

②包装前应检查包装材料有无破损，内部是否清洁、干燥，必要时要采用适当的方法进行清洁或消毒；

③包装前要对包装材料及标签的文字和图案进行核对；

④本步所得产品质量要符合要求。

14.5 当归饮片质量标准

14.5.1 当归饮片中间品质量标准

1）来源

本品为伞形科植物当归的干燥根。秋末采挖，除去须根及泥沙，待水分稍蒸发后，捆成小把，上棚，用烟火慢慢熏干。

2）外观

本品不得有虫蛀、霉变等现象。

3）净制

本品含药屑杂质不得超过 2%。

4）浸润

本品内外湿度应一致，未浸润或水分过大的不得超过 5%。

5）切制

本品呈类圆形或不规则薄片，异形片或厚度不在 1 ～2mm 的不得超过 10%。

6）干燥

本品所含水分不得超过 12%。

7）当归饮片性状

①生当归：呈类圆形或不规则薄片，大小不一。外表面黄棕色至棕褐色；切面黄白色或淡黄棕色，皮部厚，有裂隙，并有多个棕色点状分泌腔，形成层环黄棕色，木部色较淡。质柔韧，有浓郁香气，味甘、辛、微苦。

②当归头：呈类圆形薄片，直径 2 ～4cm。外表面深黄色，切面有的中心有圆孔，具放射状纹理。

③当归身：呈长方形薄片，切面黄白色，有椭圆形纹理，两边颜色较深。

④当归尾：呈类圆形小片，直径为 0.5 ～1cm。外表皮为棕褐色，切面黄白色，中心淡黄色，形成层环浅棕色。

⑤油当归：形如当归片，表面渗出黄油脂。

⑥酒当归：形如当归片，表面色泽加深；切面有浅棕色环纹，略有焦斑。质柔韧，味甘、微苦，有酒香气。

⑦土当归：形如当归片，表面深黄色，有香气。

⑧焦当归：形如当归片，表面为黑褐色。

14.5.2　当归饮片质量标准

1）来源

本品为伞形科植物当归的干燥根。秋末采挖，除去须根及泥沙，待水分稍蒸发后，捆成小把，上棚，用烟火慢慢熏干。

2）性状

本品呈圆柱形，下部有支根 3 ～5 条或更多，长 15 ～25cm。表面为黄棕色至棕褐色，具纵皱纹及横长皮孔。根头（归头）直径 1.5 ～4cm，具环纹，上端圆钝，有紫色或黄绿色的茎及叶鞘的残基；主根（归身）表面凹凸不平；支根（归尾）直径 0.3 ～1cm，上粗下细，多扭曲，有少数须根痕。质柔韧，断面呈黄白色或淡黄棕色，皮部厚，有裂隙及多个棕色点状分泌腔，木部色较淡，形成层环黄棕色。有浓郁的香气，味甘、辛、微苦。其中，柴性大、干枯无油或断面呈绿褐色者不可供药用。

3）鉴别

本品横切面：木栓层为数列细胞，皮层窄，有少数油室。韧皮部宽广，多裂隙，油室及油管类圆形，直径 25 ～160μm，外侧较大，向内渐小，周围分泌细胞 6 ～9 个，形成层成环。木质部射线宽 3 ～5 列细胞；导管单个散在或 2 ～3 个相聚，呈放射状排列；薄壁细胞含淀粉粒，粉末呈淡黄棕色。韧皮薄壁细胞呈纺锤形，壁略厚，表面有极微细的斜向交错纹理，有时可见非薄的横隔。梯纹及网纹导管多见，直径约 80μm，有时可见油室碎片。

4）检查

当归饮片检查采用 2015 版《中国药典》的标准，要求其水分含量不得超过 10%，总灰分不得超过 7.0%，酸不溶性灰分不得超过 2.0%，醇溶性浸出物的含量不得低于 45.0%，挥发油的含量不得少于 0.4%（mL/g），阿魏酸（$C_{10}H_{10}O_4$）不得少于 0.05%。

5）贮藏

本品应置于阴凉干燥处，注意防蛀、防潮。

思考题

14－1　当归饮片的种类及特点是什么？

14－2　当归的常用炮制方法有哪些？

14－3　炮制对当归化学成分的影响怎样？

14－4　炮制对当归药理活性的影响是什么？

14－5　怎样鉴别当归饮片？

第15章　葛根浸提物的生产工艺设计

15.1　药材葛根所含的主要化学成分

本品为豆科植物野葛或者甘葛藤的干燥根。秋、冬两季采挖，野葛一般趁鲜切成厚片或者小块，干燥。甘葛藤习称“粉葛”，除去外皮，用硫黄熏过后，稍稍干燥，截段或者纵切成两半，干燥。葛根性甘、辛、凉，归脾、胃经，具有解肌退热、生津止渴、透发斑疹的功效。

葛根中主要含有异黄酮类化合物（大豆苷、大豆苷元、葛根素等），此外还有三萜类皂醇、香豆素类物质等，总黄酮含量可以达到12%。

（1）葛根素（葛根黄素，puerarin）。分子式 $C_{21}H_{20}O_9$，相对分子质量为416.37，白色针状结晶（甲醇－醋酸），熔点187℃（分解）。室温下葛根素在水中的溶解度是0.462g/100mL。药材中的含量为0.4%～3.5%。

（2）大豆苷（大豆黄酮苷，daidzin）。针状结晶，熔点215～217℃（分解），易溶于乙醇。

（3）大豆苷元（大豆黄素，daidzein）。分子式 $C_{15}H_{10}O_4$，相对分子质量254.25，黄色棱柱状结晶（稀乙醇），熔点315～316℃（分解），可溶于乙醚、乙醇。

15.2　葛根制备工艺过程

1. 粗加工与炮制

去除药材纤维，将葛根制成饮片可以提高药材中活性成分的含量，炮制品的总黄酮、葛根素浸出率也要大于生品。

2. 浸提溶剂与方法

葛根中的主要成分是黄酮类化合物，都以苷的形式存在于药材之中，但同时又有如大豆苷元那样的游离苷元存在，用水将它们浸出比较困难，而用乙醇或者含乙醇量较高的乙醇－水（≥70%）作为提取葛根总黄酮的溶剂较适用于工业化生产（也可以用甲醇为浸提溶剂），水作为溶剂时无论浸出率以及经后面的纯化工艺所得活性成分含量均偏低。葛根中含大量淀粉，浸提时应该考虑浸提温度较高时淀粉的糊化对浸提过程的影响。

3. 葛根总黄酮苷的分离与纯化

（1）铅盐沉淀法。黄酮的化学结构中含有的酚羟基可以与饱和碱式醋酸铅水溶液反应生成黄－红色沉淀，利用这一性质可以将70%的乙醇浸提液回收乙醇后的浓缩水液过滤，后加入饱和碱式醋酸铅水溶液，使葛根总黄酮与其充分沉淀，然后将沉淀物滤出低温干燥。为除去残留的铅，可将沉淀物溶于乙醇溶液中，并通入 H_2S 使铅充分沉淀（黑色)，滤去沉淀后的滤液加氨水调 pH 至6.5 ～7，减压浓缩或者喷雾干燥后即得到葛根总黄酮产品。

(2) 黄酮苷的酸水解。葛根总黄酮用盐酸水解苷中的糖键可以得到葛根素和大豆苷元，水解液用氯仿萃取，在氯仿层中含大豆苷元，而萃余的水层中则含葛根素，葛根总黄酮粗品中的酸性成分和脂溶性成分则不溶于酸性水解液，以沉淀的形式在氯仿萃取前除去。

(3) 大孔树脂吸附分离。葛根浸提的粗浸膏用水溶解后，用大孔树脂吸附，用水洗去糖类、蛋白质、鞣质等水溶性杂质，然后用稀乙醇溶液洗脱，洗脱液回收乙醇浓缩后用正丁醇萃取，萃取液回收正丁醇后可得葛根素。

15.3 制备过程

15.3.1 浸提方法的比较

表 15-1 为不同提取方法提取葛根素的效果比较。提取方法有以下几种：①乙醇回流法：葛根粉碎，加入 80% 的乙醇溶液回流浸提 3 次，第 1 次 80% 的乙醇溶液 8 倍量、回流 4h，第 2、3 次各 6 倍量 3h，合并浸提液，浓缩，干燥；②乙醇冷浸法：葛根粉碎，加 80% 的乙醇溶液冷浸提 2 次，每次 24h，浸提液合并，浓缩，干燥；③水提醇沉法：葛根粉碎，加水回流浸提 3 次，第 1 次加水 8 倍量、回流 4h，第 2、3 次各 6 倍量 3h，合并浸提液，浓缩，加浓乙醇至含量为 85%，放置沉淀，过滤，滤液浓缩、干燥；④大孔树脂吸附分离法：三种浸提方法的浸提物分别上 D101 大孔树脂柱吸附，用水洗树脂除去水溶性杂质，50% 的乙醇溶液洗脱，洗脱液回收乙醇，浓缩、干燥。实验结果表明 80% 的乙醇溶液回流法的提取效果（葛根的浸提得率、大孔树脂吸附法纯化后的葛根素含量）最好。但是鉴于葛根原料往往含有大量淀粉等杂质，此时考虑冷浸提或者渗漉也是合理的。

表 15-1 不同提取方法提取葛根素的效果

项目	乙醇回流	乙醇冷浸	水提醇沉
出膏率/%	18.0	13.5	12.5
干膏中葛根素含量/%	19.1	17.5	13.8
生药葛根素提取率/%	3.4	2.4	1.7
大孔树脂纯化后葛根素含量/%	29.1	26.9	25.7

15.3.2 浸提溶剂的比较

选用水、甲醇、95% 的乙醇溶液作为浸提溶剂进行比较。粉碎过 10 目的葛根粉末分别用上述溶剂进行 2 次回流浸提，第一次为 4 倍量溶剂、1.5h，第二次为 2 倍量溶剂、1h，合并浸提液，浓缩得粗提浸膏，分别测定原料药材、浸提后药渣中的葛根素含量，计算浸提得率，见表 15-2。

表 15－2　不同溶剂对葛根中葛根素浸提效果的比较

浸提溶剂	原料药材中葛根素含量/%	浸提后药渣中葛根素含量/%	提取率/%
水	3.7	0.54	85.4
甲醇	3.7	0.37	90.0
95%的乙醇溶液	3.7	0.45	87.9

将所得浸提物用水溶解，滤去不溶物，滤液上大孔吸附树脂柱，吸附后用蒸馏水洗去糖类、蛋白质、鞣质等水溶性杂质至洗液近无色，再用 70% 的乙醇溶液洗脱，洗脱液回收乙醇至无醇味，浓缩至相对密度 1.2，用正丁醇萃取 4 次，萃取液合并，回收正丁醇，浓缩至干，再用适当溶剂反复重结晶，得葛根素制品。当用相当于粗浸提物 7 倍量的树脂吸附、12 倍量 70% 的乙醇溶液洗脱时，葛根素的提取率可以达到 90% 以上。

15.3.3　葛根的微波辅助浸提的工艺优化

以 95% 的乙醇溶液为浸提溶剂，每次投入 120g 葛根，浸泡一定时间后进行微波辅助浸提，按 5 因素、5 水平均匀设计实验，见表 15－3，将所得浸提液减压浓缩，干燥后得到干浸膏，测量其中的葛根总黄酮及葛根素含量，将实验数据做回归方程计算得到最优因素水平组合：微波功率 255W、微波辐射时间 15min、乙醇用量 9 倍、葛根粒度 40 目、浸泡时间 1h，以此条件组合进行了 3 批验证试验，其结果（产品得率、总黄酮含量、葛根素含量）均为最高。

表 15－3　微波辅助浸提葛根总黄酮的均匀设计与试验结果

实验号	因素					产品得率/%	总黄酮含量/%	葛根素含量/%
	A 微波功率/W	B 辐射时间/min	C 乙醇用量/倍	D 葛根粒度/目	E 浸泡时间/h			
1	4（680）	3（15）	5（15）	2（20）	3（1.5）	15.56	35.58	15.16
2	2（340）	1（5）	5	4（60）	5（2.5）	18.34	42.68	17.85
3	1（170）	4（20）	5	5（80）	2（1）	21.03	40.80	19.10
4	5（850）	2（10）	4（13）	2	4（2）	15.01	37.02	15.83
5	3（510）	5（25）	4	3（40）	1（0.5）	19.02	38.17	16.82
6	1	2	4	5	4	19.86	42.32	19.02
7	5	5	3（11）	1(未粉碎)	1	11.95	34.53	17.03
8	3	3	3	3	3	17.18	39.01	16.02
9	1	1	3	5	5	17.68	42.18	19.30
10	5	4	2（9）	1	2	10.92	34.66	16.86
11	3	1	2	3	5	18.25	38.92	16.54
12	2	4	2	4	2	18.70	39.90	16.68
13	5	2	1（7）	1	4	10.84	34.02	16.72

续上表

实验号	因素					产品得率/%	总黄酮含量/%	葛根素含量/%
	A 微波功率/W	B 辐射时间/min	C 乙醇用量/倍	D 葛根粒度/目	E 浸泡时间/h			
14	4	5	1	2	1	14.95	36.83	16.36
15	2	3	1	4	3	18.46	38.96	16.25

表 15-4 为传统工艺与微波工艺提取葛根素的比较，从表中所列指标看，微波萃取均显现出优越性。

表 15-4　传统工艺与微波工艺提取葛根素的比较

方法	乙醇用量/L	萃取时间/min	干浸膏得率/%	总黄酮含量/%	葛根素含量/%
传统提取	2400	270	18.58	35.16	14.80
微波萃取	700	10	13.66	44.35	18.82

另有报道，将 80 目葛根粉在 95% 的乙醇溶液中微波处理 5min 和 20min，或者将其在 95% 的乙醇溶液中回流浸提 1h，将两者在 45℃下干燥，在透射电子显微镜下发现葛根细胞中其液泡的膜被全部或者部分破坏，因而有利于细胞中成分的浸出（液泡是植物细胞中重要的细胞器，内部含有其新陈代谢产生的各种物质的混合液）。

15.3.4　酶解法辅助浸提

葛根饮片（约 1mm）用 3 倍水浸泡，调节 pH，加 0.5% 纤维素酶，40℃恒温 1.5h，再用 5 倍量 95% 的乙醇溶液回流提取，对比加酶与不加酶的情况，加酶下葛根总黄酮的收率提高了 13%。

15.3.5　葛根总黄酮的大孔树脂吸附分离

（1）大孔树脂的预处理。取 40 ～ 60 目大孔树脂，在乙醇中浸泡 72h，湿法装柱，95% 的乙醇溶液清洗，洗液检查其 250nm 下的吸光度为零，使用前应用乙醇浸泡 12h，蒸馏水洗至无醇味。

（2）吸附。葛根粗粉适量，70% 的乙醇溶液回流提取 2 次，每次 1h，合并提取液，减压回收乙醇，浓缩至一定体积备用。

静态吸附速率曲线：实验用提取液葛根总黄酮含量为 0.542mg/mL，置振荡器中，25℃、6h 后达到动态平衡，吸附量为 43mg 总黄酮/g 树脂。在此基础上，在 30℃、40℃、50℃下振荡 10h，求得吸附等温线。pH 为 3 ～5 时对葛根总黄酮有较高的吸附量，约 38mg 总黄酮/mL 树脂。

（3）洗脱。不同洗脱剂对解吸率的影响见表 15-5，选择 70% 以上的乙醇溶液作为洗脱剂比较合理。

表 15－5　不同洗脱剂的解吸率

解吸剂	解吸率/%
30% 乙醇	53.18
50% 乙醇	85.18
70% 乙醇	91.18
90% 乙醇	94.26
pH8 碱水	20.18
pH10 碱水	24.78

葛根提取物浓缩液的总黄酮质量分数为 49.3%，吸附完成后用适当的清洗液清洗至洗脱液无色，用 70% 的乙醇溶液洗脱，洗脱液减压浓缩回收乙醇，减压干燥，得固体，总黄酮的质量分数分别为 84.7%、85.2%、82.4%。

15.3.6　葛根、山楂叶的分别浸提与混合浸提

称取葛根 30g、山楂叶 30g 及葛根与山楂叶各 30g 混合物，分别加入 7 倍量体积的 70% 的乙醇溶液回流 3 次，回流浸提时间分别为 2h、2h、1h，浸提液过滤，回收至无醇味，加 3 倍药材量的水，静置 24h，滤去叶绿素沉淀，浓缩，浓缩液过 D101 大孔树脂柱，1500mL 蒸馏水洗去水溶性杂质，再用 70% 的乙醇溶液 1000mL 洗脱，洗脱液回收乙醇，浓缩、干燥得总黄酮粗品。葛根、山楂分别单独浸提或者混合浸提的实验结果见表 15－6，表明当两种药材混合浸提时，总黄酮得率、葛根素含量均比单独浸提时要高。

表 15－6　葛根、山楂分别单独浸提或混合浸提的实验结果

被浸提药材	药材			总黄酮粗品			
	葛根总黄酮含量/%	葛根素含量/%	山楂叶总黄酮含量/%	得率/%	葛根总黄酮含量/%	葛根素含量/%	山楂叶总黄酮含量/%
葛根 30g	3.94	1.43	—	6.67	59.02	21.51	—
山楂 30g	—	—	5.76	6.67	—	—	86.31
葛根、山楂各 30g 混合	—	—	—	7.50	66.52	24.42	95.26

浸提后干浸膏用大孔树脂法、正丁醇萃取法、碱溶酸沉－乙酸乙酯萃取法处理，结果见表 15－7，以大孔树脂分离法为最好，虽然总黄酮粗品的得率不高，但成分的含量相对最高。本表中葛根总黄酮、山楂叶总黄酮的含量测定使用紫外分光光度法（分别以葛根素、芦丁计算），而葛根素含量则用高效液相色谱法测定，因此表中数据只做每一项的纵向比较，不宜横向比较。

表 15－7 葛根、山楂混合浸提浓缩液不同纯化方法的比较

葛根、山楂混合浸提浓缩液的纯化方法	总黄酮粗品的得率/%	总黄酮粗品		
		葛根总黄酮含量/%	葛根素含量/%	山楂叶总黄酮含量/%
大孔树脂分离法	8.4	91.58	58.04	77.02
正丁醇萃取法	11.40	66.72	28.24	59.72
碱溶酸沉—乙酸乙酯萃取法	3.60	21.92	3.60	20.11
浸提浓缩液未经纯化	22.40	37.34	20.06	43.10

15.4 国内主要葛根生产品种及其生产工艺举例

15.4.1 葛根总黄酮

经粉碎的葛根粗粉，置于逆流渗漉柱中，以70%的乙醇溶液逆流渗漉浸出，逆流浸出时，渗漉液所浸出的成分有较高的浓度，浸出液减压回收乙醇，经浓缩后的水溶液过滤除去不溶物，沉淀用水洗涤以回收附于沉淀中的黄酮化合物，洗涤液合并于滤液中，向滤液加入饱和碱性醋酸铅水溶液至沉淀完全析出为止，过滤，向滤液中加入氢氧化铵调pH至6.5～7，减压浓缩或喷雾干燥得葛根总黄酮粗品，可作愈风宁心片的原料药。

15.4.2 葛根芩连丸

本品收载于《中国药典》(2015年版)，其制造方法如下：①黄芩、黄连分别用50%的乙醇溶液浸泡24h，然后进行渗漉，所收集的渗漉液适当浓缩后备用；②葛根先水煎30min，然后加入炙甘草、黄芩与黄连经渗漉后的药渣，共煎2次，每次1.5h，合并煎液，滤过，滤液适度浓缩备用；③将①、②项所得品浓缩合并，继续浓缩成稠膏，减压干燥，粉碎成细粉，乙醇润湿下泛丸，得300g，过筛，60℃下干燥；④本品的处方是葛根1000g、黄芩375g、炙甘草250g（共2000g），成丸后每袋装1g，其中含葛根以葛根素（$C_{21}H_{20}O_9$）计≥4.5mg。

15.5 葛根浸提物工业化生产工艺路线的设计

设计葛根浸提物工业化生产的工艺流程要遵循充分利用葛根原料，产出多种规格浸提物，制订葛根浸提物相关质量标准的目标。要实现上述目标，浸提物的生产工艺是决定因素，由传统与现代中药制药单元所组成的葛根浸提物生产工艺必须体现以上目标。现代中药制药装备是实现生产工艺的重要手段，在葛根浸提物生产工艺设计过程中还要充分贯彻最优化的工程思想。

15.5.1 葛根中总黄酮的浸提

(1) 溶剂。如表15－2所述，水、甲醇、95%的乙醇溶液作为浸提溶剂时比较成熟

可行，从浸提效果或工业生产上的合理性看，可以优先考虑 70% 的乙醇溶液。

（2）浸提方法。葛根含淀粉较多，用 70% 的乙醇溶液或者乙醇冷浸比较合适，但是单机多次冷浸提的溶剂用量较大，可以考虑在渗漉柱中进行，一般使用的溶剂量约在葛根药材体积的 5 倍左右，渗漉操作比较稳定，所用的操作时间以天计（1 天至数天）。热回流浸提法也有使用，其浸出速度较冷浸提为高，但葛根中所含的淀粉等物质可能会因高温糊化从而影响到浸提操作。

（3）辅助浸提。辅助浸提已有微波、超声、酶解三种辅助浸提方法。微波辅助浸提在乙醇用量、萃取时间、总黄酮含量、葛根素含量方面均比常规回流浸提优越，但能否用于大规模生产还取决于其工业装备的开发情况；酶解法相对于不加酶时总黄酮收率有明显提高，其工业化生产设备不难解决，在开展进一步实验并进行中试放大验证后，有希望用于工业规模生产之中。

15. 5. 2 葛根总黄酮粗浸提物的制备

葛根总黄酮粗浸提物仍然以老工艺为基础，即用 75% 的乙醇溶液渗漉，渗漉液回收乙醇并且减压浓缩至相对密度 1. 4 以上的稠浸膏，或者进一步干燥成干浸膏。

（1）对葛根原料药材中葛根总黄酮含量进行控制。原料药材的质量对所生产浸提物的质量有重要影响，因此在葛根粗浸提物生产工艺规程中必须对原料葛根中的总黄酮含量加以控制；但是作为植物性药材资源，其成分的含量会因为种质、土壤、水、气候、田间管理、采收时间等诸多因素的影响而有差异，故规定药材中葛根黄酮含量的下限比较合理，如再低于这一下限，葛根粗浸提物中总黄酮收率、含量都会大大下降，而生产成本的剧增可能会使企业的正常生产面临困难。当使用低于工艺规程所要求含量的葛根生产时，调整生产工艺以与之相适应也是必需的。

（2）增加葛根总黄酮浸出量。要将药材中的葛根总黄酮尽量多地浸出，在冷浸中渗漉的方法要好于浸渍法；先将葛根的植物细胞壁用酶法破解可以大大增加葛根总黄酮的浸出，从而有利于粗浸提物中葛根总黄酮含量的提高。

（3）葛根粗浸提物的质量标准。在葛根粗浸提物生产工艺规程中规定其总黄酮的含量范围十分重要，这也是目前控制药材成分浸提物质量的大趋势。葛根粗浸提物制定了总黄酮含量的质量标准后，对以其为原料的葛根总黄酮、葛根素与大豆苷的精制品以及各种质量规格的成药、保健食品等终端产品生产质量的提高会有很大好处。从目前的水平看，可以将粗浸提物中的葛根总黄酮含量定为 35% ～40% 。

15. 5. 3 葛根总黄酮、葛根素与大豆苷的精制品

（1）葛根总黄酮精制品。从粗浸提物到精制品，其含量上的提高主要依靠使用分离纯化工艺，根据目前的研究情况，大孔树脂吸附分离法较为可行。例如用 70% 的乙醇溶液洗脱，可以分离得到的药材所含总黄酮为 84. 58% 。

（2）葛根素与大豆苷的分离纯化。葛根总黄酮中含葛根素、大豆苷元、大豆苷、葛根素的衍生物，其中葛根素在酸性状态下很难水解，而葛根素衍生物、大豆苷则在酸性条件下分别水解成葛根素和大豆苷元，在水解后两者存在于水解液中，其他酸性成分与脂溶性成分则以沉淀形式与之分离，过滤后的滤液用氯仿萃取大豆苷元，葛根素则留在

水解液中得到分离，具体工艺工程如图 15 - 1 所示。156g 葛根总黄酮（相当于 1000g 葛根原药材），在盐酸浓度为 6% 时水解 3h（468mL 盐酸溶液），滤过，滤液用氯仿萃取 2 次，每次用氯仿 250mL，氯仿液减压回收氯仿，浓缩后得到浓缩物，用 50% 的乙醇溶液重结晶 3 次得到大豆苷灰白色结晶 0.5g；氯仿萃取后的水层加水稀释至原体积的 1 倍，放置 4 天，析出葛根素粗品，用醋酸 - 甲醇（1∶1）重结晶 2 次，得葛根素产品 1.2g。相对于葛根药材的收率分别为 0.05%、0.12%，相对于葛根总黄酮粗品的收率为 0.32%、0.77%。

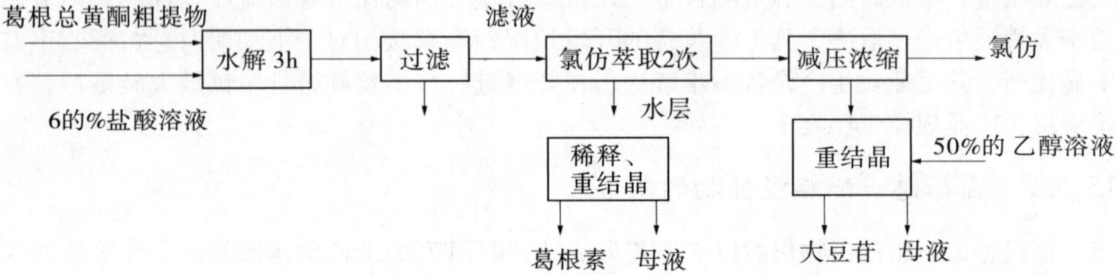

图 15 - 1 葛根总黄酮经水解制葛根素及大豆苷

（3）葛根总黄酮的色谱分离。如图 15 - 2 所示，葛根总黄酮溶于用水饱和的正丁醇之中，上氧化铝色谱柱，吸附后用以水饱和的正丁醇展开，在紫外光下显 10 个色层，用正丁醇 - 吡啶洗脱前 3 层，用正丁醇 - 醋酸洗后 7 层，可在各段洗脱液中分别得到大豆苷元、大豆苷、葛根素。

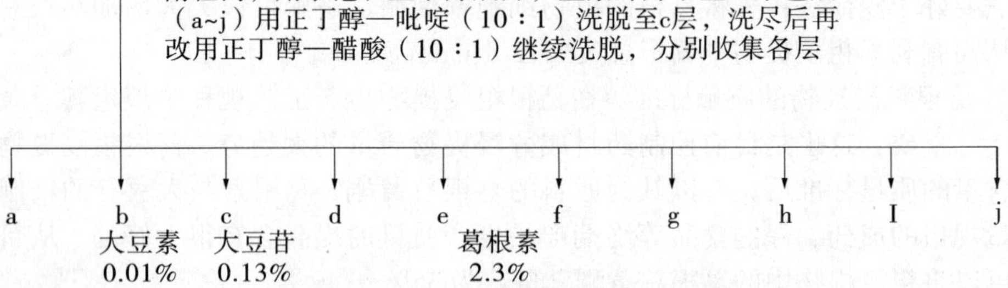

图 15 - 2 葛根总黄酮的氧化铝柱色谱分离

思考题

15 - 1 葛根主要含有哪些功效成分？

15 - 2 试述葛根黄酮的分离和纯化方法。

15 - 3 目前葛根生产工艺中存在的主要问题和解决方法有哪些？

第 16 章　制剂工艺概论

药物制剂从出现至今已有几千年的发展历史。我国早在夏禹时代就制成了至今仍常用的剂型——药酒。在《黄帝内经》中有汤剂、丸剂、散剂及膏剂等剂型的记载；汉代张仲景的《伤寒论》和《金匮要略》中又增加了栓剂、洗剂、软膏剂和糖浆剂等剂型。公元 15 世纪，著名医药学家李时珍编著的《本草纲目》，收载剂型 40 余种，充分体现了中华民族在药剂学发展过程中做出的巨大贡献。国外药剂学的最早记录是公元前 1552 年，《伊伯氏纸草本》记载了散剂、丸剂、硬膏剂和软膏剂等许多剂型以及药物的处方和制法等。Galen（公元 131—201 年）被西方各国公认为药剂学的鼻祖，在其著作中记载了浸膏剂、溶液剂、酒剂等人称“Galen 制剂”的剂型，后世在此基础上发展起来的现代药剂学已有 150 余年的历史。

18 世纪西方的工业革命也为药剂学的发展带来新的契机和进步。片剂、胶囊剂、橡胶硬膏剂等近代制剂的相继出现是药剂学发展的一个重要标志。1847 年德国药师莫尔总结药剂学发展成果出版的《药剂工艺学》成为史上第一本药剂学教科书。到 20 世纪 40 年代末，药剂学的主要内容仍然只是剂型的一般概念、制剂的成型工艺和经验、使用方法及色香味的调配要求等。

而随着工业药剂学、生物药剂学、物理药剂学、药物动力学、药用高分子材料学等分支学科的形成，药剂学在进入 20 世纪后才逐渐成为一门独立的学科，并且开始从经验探索阶段进入在现代理论指导下应用现代技术开展剂型研究、制造工艺研究和应用研究的阶段，药物制剂工艺学也从传统意义上的药物剂型（dosage-forms）发展为标志着现代药物制剂工艺学特点的药物传递系统（drug delivery system，DDS）。

16.1　药物制剂工艺学的研究内容

药物制剂工艺学是研究药物剂型及制剂的设计和制备技术的一门学科，研究、设计和开发药物新剂型、新制剂是药剂学研究的核心内容。从中国古代的汤、酒、炙、条、膏、丹、丸、散和欧洲的“Galen 制剂”到现代的片剂、注射剂、胶囊剂、栓剂、软膏剂和液体药剂等剂型以及正在积极发展的药物传递系统（DDS），每一个剂型的出现都包含着科学技术的进步、生产设备和技术的改进或者创新，以及新型材料的应用。即使是那些古老的剂型，在现代科学技术的推动作用下，其内在质量及外观等方面都有了较大的改善。

16.1.1　常规药物剂型和制剂

在临床用药中，占主导地位并且在将来很长时期内仍会发挥极其重要作用的剂型要数片剂、注射剂、胶囊剂和软膏剂。这些剂型是制剂的基本形式，各种速效和短效的药物制剂都需要通过这些形式给药，而且，目前迅速发展的药物传递系统，最终也需要使用这些剂型。

16.1.2 药物传递系统

药物传递系统（DDS）是指人们在防治疾病的过程中所采用的各种治疗药物的不同给药形式。随着科学的进步，剂型的发展已远远超越其原有的内涵，因此需要用 DDS 这类术语加以表述，即原由药物与辅料制成的各种剂型已满足不了临床治疗的需要，现有的将药物制成输注系统供临床使用，有的则采用钛合金制成给药器植入体内应用等，使临床用药更理想化。在现代药剂学中，最受瞩目的传递系统如缓释给药系统（sustained release drug delivery system，SR-DDS）、控释给药系统（controlled release drug delivery system，CD-DDS）、靶向给药系统（targeting drug delivery system，T-DDS）、透皮给药系统（transdermal drug delivery system）、黏膜给药系统（mucosa drug delivery system）以及植入给药系统（implantable drug delivery system）等都有丰富的科学内涵和技术基础，这些系统在近 20 年间得到了迅速的发展，在临床治疗中发挥着越来越重要的作用。不过，药物传递系统并不能完全取代常规的药物制剂，因此必须同时注重两者的发展和提高。

16.1.3 药用新辅料、新设备、新工艺和新技术

辅料、设备和制备技术构成一个理想剂型和优良制剂的三大支柱。

一方面，新技术、新工艺如速效制剂、缓控释制剂或靶向制剂，都必须选择优良的新型辅料。具有代表性的新型药物辅料如甲壳胺（chitosan），可作为粉末直接压片，具有优良的特性，因为具有独特的聚合阳离子以及良好的凝胶性和成膜性，甲壳胺在控释给药系统研究中得到了广泛的应用。泊洛沙姆 407（P407）是一种非离子型表面活性剂，主要用作药物的缓释辅料。另一方面，新辅料也为新剂型和新制剂的开发奠定了基础，如乙基纤维素为胶乳水分散体，成膜性好，经调制可直接进行喷雾包衣制成缓释制剂；卡波姆与皮肤之间的黏合效果好，能吸收组织渗透液且有利于分泌物的排除，可作为一种优良基质，为经皮给药系统和缓控释制剂带来了巨大发展空间。为了适应现代药物剂型和制剂的发展，辅料将继续向高安全性、多功能性、高适应性、高效性等方面发展。

新设备也带来了新工艺和新技术。采用悬浮式一步制粒机可以将药物的混合、制粒、干燥在一个密闭容器中一步完成，和全自动高速压片机配合使用能大大提高生产效率和产品质量；挤出滚圆机可集混合、挤压过筛、切割滚圆和干燥于一体，一步制得微丸；冷冻干燥设备可以在低温下除去药物中的水分，为性质不稳定的药物如生物制品新剂型的研究和制备提供了有效的途径，对溶解后的药物和辅料进行冷冻干燥也是制备口腔溶解片不可缺少的关键环节，这种方法制备的片剂呈多孔状态，仅靠少量唾液就能将制剂迅速溶化，药物也能很快通过黏膜被人体吸收；喷雾干燥设备不但能够除去水分，还能将药物和载体材料一起制备成微球，这种喷雾干燥法制备微球的技术与传统的乳化－交联相比，所制备的载药微球收率高，载药量大，是最具有工业化前景的微球制备技术。又如固体分散技术、球形结晶技术、环糊精包合技术等，不仅提高了许多难溶性药物的溶出度和吸收度，而且这一技术与控释技术的结合，也成功用于制备一些难溶性药物的缓释和控释制剂，既保证了其溶解性能的稳定，又保证了药物缓慢释放。

16.1.4　剂型与制剂设计理论与方法

随着科学技术的进步，多学科结合为药剂学的发展起了重大的推动作用。在药动学中采用大量的数学原理及方法已为人们所熟知。在药物剂型设计中应用各种数学方法可减少工作的盲目性，提高工作效率，取得理想结果。在药剂实验研究中已普遍应用了均匀设计、正交设计等数学方法。随着计算机的普及，采集专家经验，建立制剂设计专家系统，实现剂型和制剂处方设计的计算机人工智能化是一个值得探索的工作。这些前导性的工作必将为药剂学剂型和制剂的设计开创一个新的局面。

16.2　药物制剂工艺及剂型设计

16.2.1　药物剂型和制剂工艺的意义

随着药剂学及相关学科的发展，过去认为只有药物的化学结构决定药效的观点已逐渐改变，药物制成制剂不再仅仅是赋予药物一定的外形，药效的产生不仅与药物的化学结构相关，同时还受到各种剂型因素、生物因素的影响，这些因素甚至会起到关键性的影响，因此一个好的工艺及剂型设计对药效的良好发挥起到重要作用。药物剂型和制剂工艺的意义主要体现在以下几个方面。

1. 改变药物的作用性质

有些药物在剂型和给药途径不同的时候会有不同的药理效果，例如硫酸镁口服溶液剂，由于具有一定的渗透压，可使肠内保持大量水分，机械地刺激肠蠕动，因而可用作泻药，同时又具有刺激十二指肠黏膜反射性引起胆汁排空的利胆作用；但 10% 的硫酸镁注射液，却能抑制大脑中枢神经，有镇静、解痉之功效。

2. 改变药物的吸收速率和生物利用度

剂型的不同有可能会影响药物从制剂中溶出的速度，从而影响药物吸收速率和生物利用度。药物含量相等的一些药物制剂，由于药物晶型、粒度差异、剂型不同甚至处方组成或制备工艺不同，其生物利用度常大相径庭。例如吲哚美辛片剂溶出速率慢，吸收延迟，每日所需剂量为 200 ～300mg，且刺激性大，如今已被淘汰；后采用胶囊剂，改善了药物的溶出速率，促进了药物吸收，剂量减少至 75 ～100mg，副作用大大降低。又如澳大利亚将原来的填充剂硫酸钙改用乳糖替代，从而发生了苯妥英钠胶囊导致病人中毒的事件，因为乳糖易吸收、溶解快，药物吸收大幅度增加，使得血药浓度过高，最终造成中毒事件。

3. 实现靶向作用

随着现代药物制剂新工艺、新技术的蓬勃发展，现不断涌现出一些新型的分散系统如脂质体、微乳、微囊、微球、纳米囊等，这些新型分散系统具有被动靶向肝、脾、肾等网状内皮系统的作用，使靶向部位药物浓度较高，其他组织浓度较低，从而增强药物作用专一性，降低毒副作用。

16.2.2 剂型设计的基本原则

16.2.2.1 安全性

理想的制剂设计应在保证疗效的基础上使用最低的剂量，并保证药物发生作用后能迅速被清除而无残留，以在最大程度上避免对人体的刺激和毒副作用。如紫杉醇注射剂，若以聚氧乙烯蓖麻油为增溶剂则对人体刺激性大，设计成紫杉醇酯质体制剂后，可避免使用增溶剂，降低了刺激性，用药安全性得以提高。吸收迅速的药物，在体内的药力作用强，但产生的毒副作用也大。对于治疗指数较小的药物，可设计成缓释、控释制剂，使血药浓度更为平缓和持久，减小峰谷浓度的波动，从而保证用药安全性。

16.2.2.2 有效性

有效性是药品发挥作用的前提。剂型因素往往限制着药物疗效的发挥，这既与给药途径有关，也与剂型及剂量有关。生理活性很高的药物，如果制剂设计不当，有可能在体内无效，例如硝酸甘油存在显著的首过效应，口服生物利用度低下，制成舌下、透皮制剂可有效提高药物的生物利用度，减少用药次数，提高药效。难溶性药物可通过加入增溶剂、助溶剂或潜溶剂，制成固体分散体、乳剂，或进行微粉化等以增加药物溶解度和溶出速率，促进吸收，提高生物利用度。因此药物制剂的设计可从药物本身的特点和治疗目的出发，设计最优的起效时间和药效持续周期，并采用合适的制剂方法克服其弱点，增强药物的有效性。

16.2.2.3 质量可控性

制剂设计必须做到质量可控，是药品有效性和安全性的重要保证，也是新药审批的基本要求之一。药品质量可控性体现在制剂质量的可预知性和重现性。2005 年，以美国 FDA 为代表的发达国家的药政监管部门开始积极倡导和推行一种在电子、汽车等其他制造业被广泛采用的产品开发和质量控制理念——质量源于设计（quality by design，QbD）理念，希望从剂型和制剂的设计开始，就考虑确保质量的要求。

16.2.2.4 稳定性

药物制剂的设计应保证药物具有最优的稳定性，包括药物在物理、化学、生物等方面的稳定性，这也是药物有效性和安全性的前提和保障。

16.2.2.5 顺应性

顺应性是指病人或医护人员对所用药物的接受程度。顺应性的范畴包括制剂的给药方法、给药频次、外观、大小、形状、色泽、嗅味等多个方面。采用最便捷的给药途径，减少给药频次，并在处方设计中尽量避免在用药中可能给病人带来的不适或痛苦。

16.2.3 合理的制剂工艺及剂型设计

16.2.3.1 处方前工作

对具备药理活性的候选化合物的化学、物理、生物学性质等进行一系列研究，全面了解化合物的理化性质以及药理学、药动学等必要的参数，即进行处方前研究工作，为后期研究稳定且具有适宜生物学特性的剂型提供依据，这是进行剂型、制剂设计的研究基础。

处方前工作的主要内容包括：①获取化合物的相关理化参数，如熔点、沸点、溶解度、分配系数、解离常数、多晶型等；②测定与处方相关的物理性质以及化合物与辅料之间的相互作用；③掌握药物的生物学性质，包括药物的膜通透性，药物在体内的吸收、分布、代谢、排泄等过程的动态变化规律。

16.2.3.2 药物理化性质的测定

（1）溶解度。溶解度在一定程度上决定了药物能否成功制成注射液或溶液剂。常用平衡溶解度法测定，影响因素有温度、pH、同离子效应、溶剂介电常数等。一般情况下，pH为1～7、温度为37℃时，药物溶解度小于1%会影响药物的吸收。对于难溶性药物，不易制成溶液剂，也不适合制成注射给药剂型；但在给予一定条件时，也可以制成溶液剂，包括注射剂，但必须注意药物的重新析出，防止由此带来的不良反应。

（2）电离常数p*K*a。药物的p*K*a可使研究人员应用已知的变化解决溶解度问题或选用合适的盐，以提高制剂稳定性。p*K*a可采用滴定法、电导法、分光光度法、溶解度法等方法测定，可根据Handerson－Hasselbalch公式计得。

（3）油水分配系数P。油水分配系数P是分子亲脂特性的度量，代表药物分配在油相和水相中的比例，在药剂学研究中主要用于预见药物对机体组织的渗透或吸收的难易程度。测定方法为：配置药物饱和水溶液V_1（mL），加入V_2（mL）的正辛醇，混合使药物在两相达到平衡，测定油相中的药物浓度C_o，根据式$P = C_o/C_w$计算分配系数（C_w代表水相中药物的质量浓度）。

（4）多晶型。多晶型（polymorphism）是药物的重要物理性质之一，即一种物质存在着一种以上的晶型。多晶型物质的化学成分相同，但其结晶内部的物理晶格结构不同、分子和分子之间的排列形态及方式不同，因而产生了大小不等的晶格能，在宏观上表现为不同的熔点、密度、溶解度、溶出速率以及化学稳定性等。

（5）粉体学性质。粒子形状、大小及分布、密度、表面积、孔隙率、流动性、可压性、润湿性、附着性、吸湿性等都属于粉体学性质范畴，它们对药物制剂的影响表现在均匀性、流动性、溶出度、稳定性和药物吸收等方面。

16.2.3.3 药物的稳定性与剂型设计

药物的稳定性数据对制剂处方、制备工艺、辅料及稳定剂的选用、包装设计等都具有重要的意义。例如，在溶液中不稳定的药物不适宜制成液体制剂，多晶型的药物在制备工艺中要注意晶型的转变等。稳定性的研究方法有影响因素试验（强光、高温、高湿）、加速试验（温度40℃、相对湿度75%）和恒温加速试验（适用于液体药物制剂）等。

16.2.3.4 制剂的配伍研究

对于固体制剂，药物与辅料之间的相互作用可用热分析法、薄层色谱法、高效液相色谱法、X射线粉末衍射等方法进行测定；对于液体制剂，可先获取pH反应速度图，考察酸碱度对药物的影响，选择最稳定的pH及缓冲体系；除此之外还要考察金属离子、氧气、附加剂等的影响。

16.2.3.5 药物的生物学性质

药物的生物学性质包括生物膜的通透性，在生理环境下的稳定性，药物的吸收、分布、代谢、消除等药代动力学性质，药物的毒副作用及治疗窗等。原料药生物学性质对制剂研究有重要的指导作用。对于口服吸收较差的药物，通过选择适当的制剂技术和处方，可以改善药物的吸收；如药代动力学研究结果提示口服吸收极差的药物，可考虑选择注射剂等剂型。

16.2.4 确定给药途径及制剂

不同的药物制剂，通过不同的给药途径作用于人体后，药物的吸收和作用机制以及药效等都可能大不相同。进行药物剂型设计时，给药途径和剂型的确定通常要综合药物的理化性质、临床治疗需要等各方面因素的影响。

16.2.4.1 根据药物理化性质与生物学性质确定给药途径和剂型

易溶于水的药物可制成各种剂型，难溶性药物不宜制成溶液剂、注射剂。对存在明显首过效应的药物，应考虑制成非口服给药途径的制剂。稳定性较差的药物不宜制成溶液剂，可考虑制成相对稳定的固体剂型，例如在胃液中不稳定的药物，一般不宜开发为胃溶制剂。对一些稳定性差、宜在固态下贮藏的药物，在溶液状态下易降解或产生聚合物，临床使用会发生安全性方面的问题，不适宜开发成注射液、输液剂等溶液剂型。

16.2.4.2 结合临床需要确定给药途径和剂型

剂型的选择要考虑临床治疗的需要，如用于出血、休克、中毒等急救治疗的药物，通常选择将其制成起效迅速的注射剂型；用于控制哮喘急性发作的药物，宜选择制成吸入剂。

（1）口服给药。口腔给药以全身治疗为目的，主要吸收部位在胃肠道，具有方便服药、患者顺应性好等优点，但起效较慢，药物吸收易受实物以及患者生理条件的影响而产生较大波动。口服剂型设计要求：胃肠道内吸收良好，固体制剂应具有良好的崩解性、分散性、溶出性和溶解性；避免胃肠道的刺激作用；克服肝脏的首过效应；外观、大小、形态等具有良好的顺应性。

（2）注射给药。注射给药即通过皮下、肌肉和血管给药，起效快速，生物利用度高，疗效确切，适用于急救或快速给药，但患者顺应性差。在胃肠道内容易降解以及口服吸收非常困难的药物，首选注射给药。注射剂设计要求：药物应稳定，否则应制成冻干或无菌粉末；无菌、无热原、刺激性小。

（3）皮肤或黏膜给药。药物透过表皮层进入皮下毛细血管，通过体循环作用于患处。经皮给药制剂设计要求：制剂应与皮肤有良好的亲和性、铺展性和黏着性；无明显刺激性，不影响皮肤的正常功能；不同部位应设计成不同剂型。

（4）肺部吸入给药。肺泡与外界进行物质交换，肺部给药具有吸收表面积大，吸收部位血流丰富，能避免肝脏的首过效应，酶活性较低，上皮屏障较薄及膜通透性高等优点，尤其适用于蛋白质和多肽药物的给药。肺部吸入制剂设计要求：药物能在肺部维持有效的沉积药量，粒径适中，防聚集。

16.2.5 临床用药的顺应性

临床用药的顺应性也是剂型选择的重要因素。缓控释制剂不仅能提高生物利用度，而且由于给药次数减少，可减小波动系数，平稳血药浓度，降低毒副作用，提高患者的顺应性。对于老年人、儿童及吞咽困难的患者，选择口服溶液、泡腾片、分散片等剂型则有更高的顺应性。

另外，剂型的选择还要考虑制剂工业化生产的可行性及生产成本。一些抗菌药物在剂型选择时应考虑到尽量减少耐药菌的产生，延长药物临床应用周期等。

16.3 处方设计及工艺优化

药物制剂的处方和工艺研究的目的不仅仅是为了确定一个特定产品的处方和工艺流程，更是为了系统地确定影响药品质量的各种处方和工艺因素，从而获得完整的数据，科学地制定出能确保产品质量的设计空间。

16.3.1 处方设计

处方设计是在前期对药物和辅料进行有关研究的基础上，根据剂型的特点及临床应用需要，制定几种基本合理的处方，开展筛选和优化的过程。除了各种剂型的基本处方组成外，还需要考虑药物、辅料的性质，如片剂的处方组成通常为稀释剂、黏合剂、崩解剂、润滑剂等。对于难溶性药物，可考虑使用适量的改善药物溶出度的辅料。对于某些稳定性差的药物，处方中可考虑使用适量的抗氧化剂、金属离子络合剂等。

16.3.2 制剂工艺优化

制剂工艺的优化主要包括制剂基本性能评价、稳定性评价、临床前评价和临床评价。经过制剂基本性能及稳定性评价初步确定的处方，为后续相关的体内外研究提供了基础。但是，制剂处方的合理性最终需要根据临床前研究和临床研究（生物等效性研究、药代动力学研究等）的结果进行判定。对研究过程中发现影响制剂质量、稳定性的重要因素，如原料药或辅料的某些指标等，应进行控制，以保证药品质量和药效。

1. **制剂基本性能评价**

根据剂型的特点，选择影响制剂质量的相关项目进行制剂的基本性能考察。可采用经典的比较法，分别研究不同处方对制剂质量的影响，注意，应尽可能阐明对药品处方有显著性影响的因素，如原料药的粒度、晶型，辅料的流动性、分子量及制剂的pH等。

2. **稳定性评价**

可选择两个以上的制剂基本项目考察合格的处方样品进行影响因素考察。根据外观、pH、药物溶出或释放行为、有关物质及含量等制剂关键项目考察结果，筛选出相对满意的处方。上述影响因素的实验结果尚不能全面反映所选处方制剂的稳定性，该处方制剂还需通过加速实验及长期留样稳定性研究来进行评价。对于某些制剂，还需根据具体情况进行相关研究。例如，制剂给药时拟使用专用溶剂的，或使用前需要用其他溶剂溶解、稀释的（如注射用粉针），还需要考虑对制剂与输液等稀释溶剂的配伍变化并进行研究，主要考察制剂的物理及化学稳定性，如药物吸附、沉淀、变色、含量下降、杂质增加等。主要剂型及其基本评价项目见表16-1。

表 16－1 主要剂型及其基本评价项目

剂型	质量评价项目
片剂	性状、硬度、脆碎度、崩解时限、水分、溶出度或释放度、含量均匀度（小规格）、有关物质、含量
胶囊	性状、内容物的流动性和堆密度、水分、溶出度或释放度、含量均匀度（小规格）、有关物质、含量
颗粒剂	性状、粒度、流动性、溶出度或释放度、溶化性、干燥失重、有关物质、含量
注射剂	性状、溶液的颜色与澄清度、澄明度、pH、不溶性微粒、渗透压、有关物质、含量、无菌、细菌内毒素或热源、刺激性等
滴眼剂	溶液型：性状、可见异物、pH、渗透压、有关物质、含量 混悬型：性状、沉降体积比、粒度、渗透压、再分散性（多剂量产品）、pH、有关物质、含量
半固体口服制剂	软膏剂、乳膏剂、糊剂：性状、粒度（混悬型）、稠度或黏度、有关物质、含量
液体制剂	溶液型：性状、溶液的颜色、澄清度、pH、有关物质、含量 混悬型：性状、沉降体积比、粒度、pH、再分散性、干燥失重（干混悬剂）、有关物质、含量
贴剂	性状、剥脱力、黏附强度、透皮速率、释放度、含量均匀性、有关物质、含量
凝胶剂	性状、pH、粒度（混悬型）、黏度、有关物质、含量
栓剂	性状、融变时限、溶出度或释放度、有关物质、含量

3. **临床前评价及临床评价**

根据临床前研究和临床研究结果，对处方做出最终评价，这是制剂处方筛选和优化的重要环节。例如，对于难溶性药物口服固体制剂，药物粒度改变对生物利用度可能有较大影响，处方中药物粒度范围的最终确定主要依据有关临床前和临床研究结果；而对于缓释、控释制剂、经皮给药制剂等，药代动力学研究结果是处方研究的重要依据。

16.3.3 处方调整与确定

一般通过制剂基本性能评价、稳定性评价和临床前评价，基本可以确定制剂的处方。在完成有关临床研究和主要稳定性试验后，必要时可根据研究结果对制剂处方进行调整，但要通过实验证明这种变化的合理性，其基本研究思路和方法可参考上述处方研究内容进行，如体外比较性研究（如溶出曲线比较）和稳定性考察等，甚至还需要考虑进行有关临床研究，如生物等效性试验等。

思考题

16－1 药物制剂工艺学的研究内容是什么？

16－2 药物剂型设计的原则是什么？

16－3 如何进行制剂工艺设计？

16－4 如何进行处方设计和工艺优化？

第 17 章　片剂的制备工艺

17.1　片剂的概念、特点和质量要求

片剂（tablets）是药物与辅料均匀混合后通过适当的工艺压制而成的片状固体制剂，由于该剂型服用方便、质量稳定、易于大规模生产，因此片剂是应用最为广泛的重要剂型之一。特别是近几十年以来，国内外药学工作者对片剂的成型理论、崩解溶出机理以及各种新型辅料进行了大量的研究，片剂的生产技术和加工设备也得到了很大的发展，全粉末直接压片、流化喷雾制粒、全自动高速压片机、全自动程序控制高效包衣机等新技术、新工艺和新设备已经广泛地应用于国内外的片剂生产实践，使片剂的品种不断增多，质量也得到了很大的提高。

片剂是将药物粉末（或颗粒）加压而制得的一种密度较高、体积较小的固体制剂，生产的机械化、自动化程度较高，因而产品的性状稳定，剂量准确，片剂成本及售价都较低；其运输、贮存、携带及应用也都比较方便；还可以根据不同需要制成速效、长效、口含等不同的类型，如分散片、控释片、肠溶片、泡腾片及口含片等，也可以将两种或两种以上的药物制成复方片剂，从而满足临床医疗或预防的需要。

根据《中国药典》（2015 年版）规定，片剂的质量要求主要有以下几个方面：硬度适中；色泽均匀，外观光洁；符合质量差异的要求，含量准确；符合崩解度或溶出度的要求；小剂量的药物或作用比较剧烈的药物，应符合含量均匀度的要求；符合有关卫生学的要求。

17.2　片剂的常用辅料

片剂由主药和辅料（excipients 或 adjuvants）构成。主药是片剂发挥疗效的成分，辅料也叫赋形剂，是片剂中除了主药以外的其他材料的通称。辅料本身没有药理活性，但可以影响主药的稳定性和疗效的发挥。例如，维生素 C 片中加入的柠檬酸可提高药物的稳定性；纤维素类包衣材料能使药物与外界的空气和水分隔绝，防止药物受潮后水解或氧化分解。此外，水溶性辅料可以和水难溶性药物形成固体分散体，从而改变溶出度和吸收特性，提高其生物利用度。

一般辅料在片剂配方中所占的比例与药物的剂量规格有关。辅料的选择要通过处方研究来合理确定，特别是治疗窗较窄的药物和准备制成缓控释制剂的药物，首先要通过动物实验来确定片剂中主药和辅料的比例，否则，药物释放过快会引起药物中毒。

根据辅料在片剂中所起的不同作用，如填充作用、黏合作用、崩解作用和润滑作用，有时还起到着色作用、矫味作用以及美观作用等，常将辅料分成如下四大类：填充剂、黏合剂、崩解剂和润滑剂。除了上述四大辅料以外，片剂中还可加入一些着色剂、矫味

剂等辅料以改善口味和外观，但无论加入何种辅料，都应符合药用的要求，不能与主药发生反应，也不应妨碍主药的溶出和吸收。目前已知乳糖能降低戊巴比妥、螺内酯的吸收，淀粉能延缓水杨酸钠的吸收，碳酸钙能影响四环素类药物的吸收等。因此，应当根据主药的理化性质和生物学性质，结合具体的生产工艺，通过体内外实验，选用适当的辅料。

17.2.1 填充剂

填充剂（fillers）又叫稀释剂（diluents），主要是用来填充片剂的质量或体积，从而便于压片，是片剂中最常用的辅料。生产上需要片剂有一定的体积和质量，质量小的药物就需要靠稀释剂来增加片剂的质量。工业化生产中片剂的直径一般应达到5.5mm，重量一般不低于70mg。对于片剂中一些油性成分或加入的液体状润滑剂来说，填充剂此时也兼有吸收剂的作用。

水分是影响药物稳定性的因素之一，因此在片剂的制备过程中必须考虑辅料的引湿性和引湿程度。填充剂中的水分以结合水和非结合水的形式存在，结合水紧密结合在分子中，不容易释放出来，而非结合水往往随周围湿度和温度的变化而变化。例如，硫酸钙二水物（$CaSO_4 \cdot 2H_2O$）中含有两分子的结合水，温度在80℃以下时不容易释放出来，也不吸收外界水分，因此本身无引湿性，适合作为维生素类和其他对水敏感的药物的辅料。可见，含有紧密结合水而又不容易吸湿的辅料往往比其他无水辅料更具优越性。

常用的填充剂有淀粉类、糖类、纤维素类和无机盐类等。

1. **淀粉**

作为药用辅料的淀粉主要来自玉米和马铃薯，其含水量虽为12%～15%，但其性质非常稳定，与大多数药物都不起作用，价格也比较便宜，吸湿性小，外观色泽好，在实际生产中，常与可压性较好的糖粉、糊精混合使用，这是因为淀粉本身的可压性较差，若单独使用，会使压出的药片过于松散。淀粉干燥后可以作为崩解剂使用。

可压性淀粉，也叫做预胶化淀粉或改性淀粉，由玉米淀粉部分水解而成，是一种新型的药用多功能辅料。本品的流动性优于普通淀粉，可以作为填充剂、干燥黏合剂和崩解剂使用。

糖类混合物由淀粉水解后经喷雾干燥而得，含有90%～92%的右旋糖酐和3%～5%的麦芽糖等，分为无水和含水两种，都具有良好的可压性，可用于单独压片，可压性仅次于微晶纤维素。使用本品时首先应和适量的药物细粉混合，使药物黏附在辅料表面，达到均匀混合的目的。

糊精是淀粉的水解产物，为白色或微带淡黄色的粉末，微溶于冷水，在沸水中形成糊状物，具有较强的黏性，常和淀粉、糖粉一起使用。当处方中含有糊精时，用润湿剂就可以制备颗粒，不需再加入黏合剂。

2. **糖粉**

糖粉是指结晶性蔗糖经低温干燥粉碎后制成的白色粉末，其优点在于黏合力强，可用来增加片剂的硬度，使片剂的表面光滑、美观；其缺点在于吸湿性较强，长期贮存会使片剂的硬度过大，崩解或溶出发生困难，除用于制口含片或可溶性片剂外，一般不单独使用，常与糊精、淀粉配合使用。

蔗糖－糊精混合物，其中有97%是蔗糖，3%是糊精，在干燥状态下具有良好的流动性，当环境的相对湿度超过50%时才需要加入助流剂。可压性与含水量有密切的关系，其含水量超过0.8%就会失去流动性，多数药物的最适含水量为0.4%。本品贮存期间色泽稳定，如果片剂中含本品过多，贮存期间片剂的硬度会略有增加。

3. **乳糖**

乳糖是一种优良的片剂填充剂，从牛乳清中提取制得。本品为白色、无结晶性粉末，味微甜，能溶于水，在空气中稳定，不容易吸湿，常温下含有1分子结晶水，加热到120℃就成为无水物。本品可压性好，压成的药片光洁美观，有良好的药物溶出速率，片剂在空气中不易吸潮变质，贮存期间药物的崩解度不受影响。另外，乳糖和胺类药物有配伍反应，能和胺类药物如异烟肼、苯丙胺等发生反应并生成棕红色物质。如果处方中有酒石酸盐、枸橼酸盐或醋酸盐时，在碱性润滑剂的影响下能加速变色反应，应特别注意。为了粉末直接压片的需要，出现了如下几种乳糖制品。

喷雾干燥乳糖，具有良好的流动性，含水量5%，绝大多数为结晶水，吸附在表面的游离水仅为0.6%，吸湿性很小。本品主要用于粉末直接压片，作为填充剂占处方量的25%左右，所制备的片剂外观光洁，但是喷雾干燥乳糖的可压性较小，需要和微晶纤维素类辅料配合使用。

球粒状乳糖，为α－乳糖的微粒晶体和无定形物的混合物，由于其可压性和流动性良好，主要代替喷雾干燥乳糖作为填充剂用于粉末的直接压片，所得片剂的硬度比使用喷雾干燥乳糖要高2～3倍，但在湿度较高的环境中，其中的无定形物能转化为含结合水的α－乳糖结晶，使它的可压性降低到喷雾干燥乳糖的水平甚至更差，因此本品在贮存期间应当做好防潮防护。

无水乳糖，无结合水，流动性好，可以用于粉末的直接压片，由于其含有大量的细粉，15%～30%能够通过200目筛，当本品在处方中所占的比例较大时，需要另外加入助流剂来增加颗粒的流动性。在相对湿度较高的环境中，无水乳糖能吸收水分形成含水乳糖，体积也相应增大。无水乳糖更适用于对水敏感的药物制剂的制备。

4. **微晶纤维素**

微晶纤维素（microcrystalline cellulose，MCC）是纤维素部分水解而制得的聚合度较小的结晶性纤维素，具有良好的可压性，有较强的结合力，压成的片剂有较大硬度，可作为粉末直接压片的“干黏合剂”使用。由于纤维素在加压过程中会发生塑性变形，加上毛细管的作用，水分子很容易被吸收，粒子间的结合力被破坏，从而导致片剂的崩解。

5. **甘露醇**

本品稳定性好，无引湿性，多用于维生素类、制酸剂类和咀嚼片剂的制备，能够改善这类制剂的口感。用甘露醇做辅料得到的颗粒流动性较差，需要加助流剂。本品可以和蔗糖、乳糖等辅料混合使用，作为直接压片的辅料。

6. **山梨醇**

本品为结晶性粉末，无臭，容易吸湿，有爽口的甜味，甜度为蔗糖的60%～70%。本品的亚稳态含有1个结晶水，稳态品含有半个结晶水。

速溶山梨醇由山梨醇浓缩液经过特殊喷雾干燥而得，与普通山梨醇不同，本品为疏松堆积、随机无定向、交织或丝状结晶的凝聚体。速溶山梨醇具有优良的可压性，直接压片时需要的压力比用乳糖和微晶纤维素要小得多。由于本品具有良好的口感，是舌下片和口腔崩解片的首选辅料。

17.2.2 润湿剂和黏合剂

某些药物粉末本身就具有黏性，只需加入适当的液体就可将其本身固有的黏性诱发出来，这时所加入的液体就称为润湿剂（moistening agents）；某些药物粉末本身不具有黏性或黏性较小，需要加入淀粉浆等黏性物质才能使其黏合起来，这时所加入的黏性物质就称为黏合剂（adhesives）。因为它们所起的主要作用实际上都是使药物粉末结合起来，所以也可以将湿润剂和黏合剂总称为结合剂（binders）。

1. 蒸馏水

蒸馏水是一种润湿剂。应用时，物料对水的吸收往往较快，因此较易发生湿润不均匀的现象，通常用低浓度的淀粉浆或乙醇代替来克服上述不足。

2. 乙醇

乙醇也是一种润湿剂，可用于遇水易分解的药物，也可用于遇水黏性大的药物。随着乙醇浓度的增大，湿润后药物本身的黏性降低，因此，乙醇的浓度要视原辅料的性质而定，一般为30%～70%。中药浸膏片常用乙醇作湿润剂，但应注意操作要迅速，以免乙醇挥发而产生强黏性的团块。

3. 淀粉浆

最初多用淀粉浆或淀粉与糊精或糖粉的混合浆作黏合剂，但这类黏合剂制备的颗粒较硬，容易导致崩解时间延长。

而预胶化淀粉为玉米淀粉部分糊化而得，可以干加作为干燥黏合剂，也可以加水制备成预胶化淀粉浆来使用，黏合力比普通淀粉浆高，所得的片剂崩解速度较快。

4. 聚乙烯吡咯烷酮

聚乙烯吡咯烷酮（PVP）为白色、乳白色或黄色粉末，有特殊的臭味，有吸湿性，性质稳定，能溶于水和乙醇，并形成黏稠液体，是一种很好的黏合剂。一些对湿和热敏感的药物可以用PVP的乙醇溶液做黏合剂制颗粒。PVP也是一种成膜性很好的材料，容易氧化和吸收水分后容易变质的药物如维生素C，用PVP做黏合剂可以在所压制的片剂表面形成一层薄膜，可提高药物对湿热的稳定性。

5. 羧甲基纤维素钠

羧甲基纤维素钠（CMC-Na）是纤维素的羧甲基醚化物，不溶于乙醇、氯仿等有机溶剂；溶于水时，最初粒子表面膨化，然后水分慢慢地浸透到内部，形成透明的胶体溶液。常用其5%～10%的水溶液作黏合剂，其黏性较强，多用于可压性较差的药物，但应注意是否会造成片剂硬度过大或崩解超限的问题。CMC-Na能螯合微量金属离子，延缓含金属离子的片剂在贮存期间的变色。

6. 甲基纤维素和乙基纤维素

甲基纤维素（methylcellulose，MC）和乙基纤维素（ethylcellulose，EC）分别是纤维

素的甲基和乙基醚化物，含甲氧基 21% ～ 33% 或乙氧基 44% ～ 51%。其中，MC 具有良好的水溶性，可形成黏稠的胶体溶液作为黏合剂使用，但应注意，当蔗糖或电解质达一定浓度时本品会析出沉淀。EC 为白色至微黄色粉末，不溶于水，在乙醇等有机溶剂中的溶解度较大，根据其浓度的不同会产生不同强度的黏性，可用其乙醇溶液作为对水敏感的药物的黏合剂，但应注意，本品的黏性较强且在胃肠液中不溶解，会对片剂的崩解及药物的释放产生阻滞作用，目前常利用 EC 的这一特性，将其用于缓控释制剂中（骨架型或膜控释型）。EC 还是良好的成膜材料，2% ～ 10% 的 EC 乙醇溶液作为黏合剂所制备的维生素 C 片剂能起到很好的防潮和抗氧化效果。

7. **羟丙基纤维素**

羟丙基纤维素（hydroxypropylcellulose，HPC）是纤维素的羟丙基醚化物，含 53.4% ～ 77.5% 羟丙基（其羟丙基含量为 7% ～ 19% 的低取代物，称为低取代羟丙基纤维素，即 L－HPC），其性状为白色粉末，易溶于冷水，加热至 50℃时会发生胶化或溶胀现象；可溶于甲醇、乙醇、异丙醇和丙二醇中。本品既可作湿法制粒的黏合剂，也可作为粉末直接压片的黏合剂。

8. **羟丙甲基纤维素**

羟丙甲基纤维素（hydroxypropylmethyl cellulose，HPMC）是一种最常用的薄膜衣材料，常用其 2% ～ 5% 的黏性水溶液作为黏合剂。制备 HPMC 水溶液时，最好先将 HPMC 加入到占总体积 1/5 ～ 1/3 的热水（80 ～ 90℃）中，充分分散、水化、冷却后不断搅拌，再加冷水至总体积。

9. **其他黏合剂**

5% ～ 20% 的明胶溶液和 50% ～ 70% 的蔗糖溶液可用于制备可压性很差的药物，但要注意这些黏合剂的黏性很大，制成的片剂较硬，稍过量就会造成片剂的崩解超限。

17.2.3　崩解剂

崩解剂（disintegrants）是使片剂在胃肠液中迅速裂碎成细小颗粒的物质，除了缓控释片以及某些特殊用途的片剂以外，一般的片剂中都应加入崩解剂。理想的崩解剂不仅可以使片剂崩解成小颗粒，还可以使小颗粒崩解成细粉。对于分散片和口腔崩解片，崩解剂在其中所起的作用尤为重要。同一种崩解剂，加入方式的不同所起的崩解效果也不一样。崩解剂的加入方法有三种：一是在制备颗粒前将崩解剂和其他主辅料混合，俗称内加法，此法适合遇水后崩解效能不会降低的崩解剂；二是在压片前将崩解剂和干颗粒混合，使崩解剂包围在颗粒外面，俗称外加法；三是内加法和外加法混合使用。从崩解效果来看，第三种方法最优，所制备的片剂服用后不仅能迅速崩解成颗粒，而且大颗粒也能再崩解成小颗粒，其中的药物能迅速释放出来。

崩解剂能否很好地发挥效能与处方中其他材料的性质也有很大关系，处方中其他主料和辅料均为水溶性时，加入水溶性崩解剂才能起到良好的崩解效果。崩解剂产生作用的机理通常认为有三点：一是毛细管作用，辅料中具有一定的空隙，水分通过辅料中的空隙依靠毛细管扩散到片剂的内部，促使片剂崩解；二是膨胀作用，辅料依靠自身的膨胀作用来使片剂崩解，水溶性较差的药物加入该辅料所制成的片剂在水中具有良好的崩解性；三是产气作用，崩解剂由有机酸（柠檬酸、酒石酸）和无机盐（碳酸氢钠）组成，当遇到水后，酸和盐发生反应产生二氧化碳气体，使片剂在很短时间内迅速崩解。

1. 干淀粉

干淀粉是一种最为经典的崩解剂，其含水量在8%以下，吸水性较强且有一定的膨胀性，较适用于水不溶性或微溶性药物的片剂，但对易溶性药物的崩解作用较差，这是因为易溶性药物遇水溶解产生浓度差，片剂外面的水不易通过溶液层面透入到片剂的内部，阻碍了片剂内部淀粉的吸水膨胀。因此常用混加法来加入干淀粉，外加量占崩解剂总量的25%～50%，内加量占崩解剂总量的75%～50%（崩解剂总量一般为片重的5%～20%）。

2. 羧甲基淀粉钠

羧甲基淀粉钠（CMS－Na）是一种白色无定形的粉末，其吸水膨胀作用非常显著，吸水后可膨胀至原体积的300倍，是一种性能优良的崩解剂，价格也较低，用量一般为1%～6%。

3. 低取代羟丙基纤维素

低取代羟丙基纤维素（L－HPC）是国内近年来应用较多的一种崩解剂，因其具有很大的表面积和孔隙度，所以有很好的吸水速度和吸水量，其吸水膨胀率在500%～700%（取代基占10%～15%时），崩解后的颗粒也较细小，有利于药物的溶出。一般用量为片重的2%～5%。

4. 交联聚乙烯吡咯烷酮

交联聚乙烯吡咯烷酮（cross－linked polyvinyl pyrrolidone，简称交联PVP）是白色、流动性良好的粉末；在水、有机溶剂及强酸、强碱溶液中均不溶解，但在水中可迅速溶胀且不会出现高黏度的凝胶层，因而其崩解性能十分优越。

5. 交联羧甲基纤维素钠

交联羧甲基纤维素钠（croscarmellose sodium，CCNa）是交联化的纤维素羧甲基醚（大约有70%的羧基为钠盐型），由于交联键的存在，故不溶于水，但能吸收数倍本身质量的水而膨胀，所以具有较好的崩解作用；当与羧甲基淀粉钠合用时，崩解效果更好，但与干淀粉合用时崩解作用会降低。

6. 泡腾崩解剂

泡腾崩解剂（effervescent disintegrants）是一种专用于泡腾片的特殊崩解剂，最常用的是由枸橼酸与碳酸氢钠组成的混合物。遇水时，上述两种物质连续不断地反应并产生二氧化碳气体，使片剂在几分钟之内迅速崩解。含有这种崩解剂的片剂，应妥善包装，避免因受潮造成崩解剂失效。

17.2.4 润滑剂

润滑剂（lubricants）是一个广义的概念，是助流剂（glidants）、抗黏剂（antiadherent）和润滑剂（狭义）的总称。

助流剂是降低颗粒之间的摩擦力从而改善粉末流动性的物质。在向冲模内填充颗粒时，为了降低颗粒与颗粒之间的引力，使颗粒均匀填充到冲模中，需要加入助流剂。其作用机理有以下几个方面：黏附在颗粒表面，改善颗粒的表面性质，使颗粒更为光滑，降低了颗粒和颗粒之间的摩擦力；降低颗粒表面的静电引力；减弱颗粒和颗粒之间的范德华力；能优先吸附颗粒中的气体。

抗黏剂是防止原辅料黏着于冲模表面的物质，用于防止压片时黏冲现象的出现。微粉硅胶有很大的比表面积，具有良好的助流和抗黏附效果。

润滑剂是降低药片与冲模孔壁之间摩擦力的物质。润滑剂的作用机理有两种，一是液动润滑，如某些矿物油，它们介于移动的粉粒之间，可起到减少摩擦的作用，这类润滑剂在使用时不能直接加入到颗粒当中，需要先溶解在适量的溶剂（如乙醇）中，再通过雾化和颗粒混合，或先和淀粉类稀释剂混合，再与颗粒混合，以避免在片剂表面出现油斑点；二是界面润滑，硬脂酸镁就属于此类润滑剂。润滑剂的加入量一般不超过颗粒重量的1%，加入硬脂酸镁后混合的时间也需要严格掌握，混合时间过长会影响片剂的崩解和药物的溶出，过多的润滑剂还会影响颗粒之间的结合，降低片剂的硬度。

因此，一种理想的润滑剂应该兼具助流、抗黏和润滑三种作用，但在目前现有的润滑剂中，尚无这种理想的润滑剂，它们往往在某一个或某两个方面有较好的性能，其他作用则相对较差。按照习惯的分类方法，一般具有上述任何一种作用的辅料都可称为润滑剂。

1. **硬脂酸**

本品为针形块状物，可溶于乙醇、氯仿等有机溶剂，微溶于水。在作为润滑剂使用时必须先过 80 ～100 目筛达到一定的细度，再和颗粒混合。本品与碱性物质能起反应，应注意药物配伍问题。

2. **硬脂酸镁**

硬脂酸镁为疏水性润滑剂，有很好的附着性，易与颗粒混匀，压片后片面光滑美观，应用最广。用量一般为片重的0.1%～1%，用量过大或者混合时间过长时会影响片剂的硬度和崩解（或溶出）。另外，本品具有弱碱性，不宜用于乙酰水杨酸等酸性药物的片剂中。

3. **微粉硅胶**

本品为优良的片剂助流剂，可用作粉末直接压片的助流剂，为轻质白色无水粉末，无臭无味，比表面积大，常用量为片重的0.1%～0.3%，但因其价格较贵，在国内的应用尚不广泛。

4. **滑石粉**

滑石粉主要作为助流剂和硬脂酸镁一起使用，它可将颗粒表面的凹陷处填满补平，减低颗粒表面的粗糙性，从而达到降低颗粒间的摩擦力、改善颗粒流动性的目的，常用量为片重的1%～2%。与硬脂酸镁不同，加入滑石粉不会影响到片剂的崩解，但是加入过多会影响片剂的硬度。

5. **聚乙二醇4000 和聚乙二醇6000**

两者均为乳白色结晶性片状物，作为润滑剂使用时应先粉碎成细粉后再和颗粒混合，可以达到良好的润滑效果。

17.2.5　吸附剂

吸附剂是粉末状的物料，在吸收一定量水或油性成分后仍呈粉末状，常用的吸附剂有二氧化硅。其特点是在吸收自身重量50%的水分以后仍能保持良好的流动性。另外，吸附剂在片剂中使用还能改变药物的稳定性。

1. **微粉硅胶**

微粉硅胶具有很大的比表面积，可以作为助流剂使用，此外，本品具有较强的吸湿作用，能吸附油类和浸膏类药物。所制备的颗粒具有很好的流动性和可压性，可广泛应用于维生素E和浸膏类片剂的制备。

2. **白陶土**

白陶土也叫高岭土，经过粉碎而成的微细晶体矿物。本品为白色或类白色粉末，有特殊的黏土味道，在水和稀酸中不溶解，主要作为片剂的吸收剂和填充剂使用。

3. **轻体氧化镁**

本品为白色粉末，质轻，常用作油类和浸膏类药物的吸附剂，在空气中能吸附水分和CO_2变成坚硬的块状物。

17.3 片剂的制备工艺

片剂制备工艺要根据药物的特性和临床用药的需要来选择，辅料的选择和制备工艺对片剂的质量起着至关重要的作用，决定着药物从片剂中的溶出量和释放特性、释放部位等。传统的片剂制备工艺包括粉碎、过筛、混合、制粒、干燥、整粒、压片和包装。特殊情况下，有些流动性好的物料不需要制粒，可采用粉末直接压片；有些结晶好的药物可在加入适量润滑剂后直接进行压片。

17.3.1 粉碎、过筛和混合

17.3.1.1 粉碎

粉碎是将大块物料破碎成较小的颗粒或粉末的操作过程，其主要目的是减少粒径、增加比表面积。粉碎对药品质量的影响很大，细粉有利于固体药物的溶解和吸收，提高难溶性药物的生物利用度；有利于固体制剂中各成分的混合均匀，混合度与各成分的粒径有关；有利于提高固体药物在液体、半固体、气体中的分散性，提高制剂质量与药效等。

17.3.1.2 筛分

筛分是将粒子群按粒子的大小、相对密度、带电性以及磁性等粉体学性质进行分离的方法。筛分法是借助筛网孔径大小将物料进行分离，其操作简单、经济且分级精度较高，是医药工业中应用最为广泛的粒子分级操作方法。筛分的目的主要就是为了获得较均匀的粒子群，这对药品质量以及制剂生产的顺利进行有重要的意义，如颗粒剂、散剂等制剂的粒度在药典中都有规定；在后续的混合、制粒、压片等单元操作中对混合度、粒子的流动性、充填性、片重差异、片剂的硬度、裂片等具有显著影响。

筛分用的药筛按其制作方法分为两种，一种是冲眼筛，又称模压筛，是在金属板上冲出圆形的筛孔而制成的，其筛孔坚固，不易变形，多用于高速旋转粉碎机的筛板及药丸等粗颗粒的筛分。另一种为编织筛，由具有一定机械强度的金属丝（如不锈钢、铜丝、铁丝等）或其他非金属丝（如丝、尼龙丝、绢丝等）编织而成。编织筛的优点是单位面积上的筛孔多、筛分效率高，可用于细粉的筛选。用非金属丝制成的筛网具有一定的弹性，且较为耐用。尼龙丝对一般药物较稳定，在制剂生产中应用较多，但编织筛的线容易移动，会使筛孔变形，分离质量下降。

为了便于区别物料粉碎粒子的大小，《中国药典》把固体粉末分为六级，还规定了各个剂型所需要的粒度。粉末分级如下：

①最粗粉：能全部通过一号筛（10 目），但混有能通过三号筛（50 目）不超过 20% 的粉末；

②粗粉：能全部通过二号筛（24 目），但混有能通过四号筛（65 目）不超过 40% 的粉末；

③中粉：能全部通过四号筛，但混有能通过五号筛（80 目）不超过 60% 的粉末；

④细粉：能全部通过五号筛，并含能通过六号筛（100 目）不超过 95% 的粉末；

⑤最细粉：能全部通过六号筛，并含能通过七号筛（120 目）不超过 95% 的粉末；

⑥极细粉：能全部通过八号筛（150 目），并含能通过九号筛（200 目）不超过 95% 的粉末。

医药工业中常用的筛分设备的操作要点是将欲分离的物料放在筛网面上，采用几种方法使粒子运动，并与筛网面接触，小于筛孔的粒子漏到筛下。制剂工程中常采用不同的筛网运动方式使粒子运动，根据筛面的运动方式分为旋转筛、摇动筛、旋动筛以及振荡筛等。旋动即使筛面在偏心轴的带动下进行水平旋转运动；振荡即使筛面在电磁或机械力的作用下进行上下往复运动。为了使物料充分运动，常同时采用几种运动方式。

17.3.1.3　混合

把两种以上组分的物质均匀混合的操作统称为混合，其中包括固—固、固—液、液—液等组分的混合，混合操作以含量均匀一致为目的。但混合的物相不同、目的不同，所采用的操作方法也不同。本节主要介绍固体的混合，即固—固粒子的混合。

在制剂生产过程中混合结果会影响制剂的外观质量及内在质量，如在片剂生产中，混合不好会出现斑点，崩解时限、强度不合格，影响疗效等问题。特别是含量非常低的毒性药物、长期连续服用的药物、有效血药浓度范围和中毒浓度接近的药物，主药的含量不均匀对生物利用度及治疗效果会带来极大的影响，甚至带来危险，因此合理的混合操作是保证制剂产品质量的重要措施之一。

混合的机制通常认为有以下三种：一是对流混合，即固体粒子群在机械转动的作用下，产生较大的位移时进行的总体混合；二是剪切混合，即由于粒子群内部力的作用结果，产生滑动面，破坏粒子群的凝聚状态而进行的局部混合；三是扩散混合，即相邻粒子间产生无规则运动时相互交换位置所进行的局部混合，当颗粒在倾斜的滑动面上滚下来时会发生扩散混合。上述的三种混合方式在实际的操作过程中并不是独立进行的，而是相互联系的，只不过所表现的程度因混合器的类型、粉体性质、操作条件等的不同存在差异而已。一般来说，混合的开始阶段以对流与剪切为主导作用，随后扩散的作用增加。必须注意的是，不同粒径的自由流动粉体以剪切和扩散机理混合时常伴随分离，从而影响混合程度。

实验室常用的混合方法有搅拌混合、研磨混合、过筛混合。对于有毒药品、贵重药品或各组分混合比例相差悬殊的情况，应采用“等量递增”的原则进行混合。在大批量生产中的混合过程中，多采用使容器旋转或搅拌的方法使物料发生整体和局部的移动，从而达到混合目的。固体的混合设备主要分为两大类，即容器旋转型和容器固定型。

1. 容器旋转型混合机

容器旋转型混合机是指靠容器本身的旋转作用带动物料上下运动而使物料混合的设备。

（1）水平圆筒形混合机。水平圆筒形混合机是指筒体在轴向旋转时带动物料向上运动，并在重力作用下使物料在往下滑落的反复运动中进行混合的设备。总体混合主要以对流、剪切混合为主，而轴向混合以扩散混合为主。该混合机的混合度较低，但结构简单、成本低。

（2）V 形混合机。V 形混合机是由两个圆筒呈 V 形交叉结合而成，圆筒直径与长度之比为 0.8 ～0.9。物料在圆筒内旋转时被分成两部分，后又重新汇合在一起，这样反复循环，在较短时间内即能混合均匀。该混合机以对流混合为主，混合速度快，在旋转混合机中，它的混合效果最好，应用非常广泛。

（3）双锥形混合机。双锥形混合机是指短圆筒两端各与一个锥形圆筒结合组成的设备，其旋转轴与容器中心线垂直。混合机内的物料的运动状态与混合效果类似于 V 形混合机。

2. 容器固定型混合机

容器固定型混合机是指物料在容器内靠叶片、螺带或气流的搅拌作用进行混合的设备。搅拌槽形混合机是常用的容器固定型混合机，由断面为 U 形的固定混合槽和内装螺旋状二重带式搅拌桨组成，搅拌桨可使物料在不停地向上下、左右、内外的各个方向运动的过程中达到均匀混合。混合时以剪切混合为主，混合时间较长，但混合度与 V 形混合机类似。混合槽可以水平转动，以便卸料，这种混合机也适用于造粒前的制软材操作。

17.3.2 制粒、干燥和压片

用于压片的物料应具有良好的可压性和良好的流动性，这是片剂制备的两个重要前提条件。可压性实际上就是指物料在受压过程中可塑性的大小，压性好即易于成型，在适当的压力下，即可压成符合硬度要求的片剂；反之，则需选用可压性较好的辅料来调整或改善原物料的可压性，才能压成合格的片剂。除了可压性的要求外，在片剂的生产中还要求物料具有良好的流动性，否则，物料将难以顺利、稳定地流入压片机的模孔，从而造成片剂重量差异过大及含量不均匀的问题。为了满足这两个前提条件，产生了不同的制备方法。例如，某些药物呈立方体结晶，具有良好的流动性和可压性，经干燥即可直接压片；而另一些药物呈鳞片状结晶，可压性及流动性都很差，需加入适当辅料及黏合剂，制成流动性和可压性都较好的颗粒后再压片，一般称其为湿法制粒压片，这也是国内采用的最广泛的一种片剂制备方法。

17.3.2.1 制粒和干燥

1. 湿法制粒

1）制软材

将处方量的主药和辅料粉碎并混合均匀后置于混合机内，加入适量的润湿剂或黏合剂，搅拌均匀，制成松、软、黏、湿度适宜的软材。黏合剂的用量与原料的理化性质及黏合剂本身的黏度皆有关。一般情况下，黏合剂的用量多、时间长，将使制得的颗粒密度较大或硬度较大。在国内目前的生产实际中，多凭借生产操作者的经验来掌握软材的干湿程度，即“轻握成团，轻压即散”。近年来已有人采用仪表测量混合机内颗粒的动量扭矩，并自动控制软材制备的终点，从而保证了软材的质量，加强了生产的科学性。

2）制粒

制粒最普遍的办法就是将软材用手工或机械的方法挤压通过筛网，例如用摇摆式颗粒机，将软材置于颗粒机上部的加料斗中，加料斗下部装有绕轴往复转动的滚轴，滚轴下装有筛网。开机后，这些滚轴连续不断地进行往复转动，将软材挤压搓过筛网而制成湿颗粒。通常将软材通过筛网一次即可制得颗粒，有时也可使软材两次或三次通过筛网，这样既可使颗粒更为均匀，且细粉较少，又可减少黏合剂的用量，缩短下一步的干燥时间。当采用这种多次过筛制粒的方法时，第一次应该用较粗的筛网，然后再用较细的筛网。颗粒的质量一般和所加入的黏合剂的量以及搅拌混合时间有关。在一定程度上，制备颗粒时也可以通过控制添料量和选择筛网的类型来调整颗粒的硬度。但是，这种制备颗粒的方法需要凭借经验的地方很多，难以通过固定的参数进行科学控制，因此生产中的产品质量波动较大。

高速搅拌制粒是近年来发展较快的另一种湿法制粒方法。这种方法是使物料的混合、制粒在密闭的不锈钢容器内一次完成，机内设有双速搅拌桨和双速切刀，搅拌桨使物料充分地混合，并按一定的方向翻腾；然后加入黏合剂溶液，在连续不断地搅拌下，黏合剂被分散、渗透到粉末状的物料之中，这些粉末再相互黏结起来，形成稍大一些的颗粒；最后经过高速旋转的切碎和粉碎作用，即可形成大小适宜的、近似球形的颗粒。这种颗粒粒度均匀，流动性很好，能够满足高速压片机的要求，从而提高片剂的质量和压片效率，减轻工人的劳动强度，缩短工时，黏合剂的用量也比通常的方法少 20% ～ 25%。与流化床沸腾制粒法相比，本法制得的颗粒密度稍大并且没有粉尘飞扬的缺点，自然也不存在细粉的回收问题。此设备需要和干燥设备配套使用，干燥设备可以是烘干箱或流化床干燥机。

除了上述传统的过筛制粒的方法以外，近 20 年来已有许多新的制粒方法和设备应用于生产实践，其中最典型的就是流化床沸腾制粒法，亦称“一步制粒法”，此法集传统的混合、制软材、制粒、干燥等单元操作于一体。与湿法制粒相比此法无需整粒，制成的颗粒可以进行压片，具有操作时间短、物料损失少以及生产效率高的优点，得到的产品粒度分布均匀，流动性、压缩成形性好，且更适用于热敏性物料的制粒。此法生产效率较高，既简化了工序和设备，又节省了厂房和人力，国内已有不少药厂采用了这种较为先进的制粒方法。这里以 GFL 系列沸腾制粒干燥机为例，简要介绍这种方法的工作原理及设备情况，如图 17 – 1 所示。

流化室呈倒锥形，底部装有筛网，用于盛放物料并将热空气均匀分配。空气经净化加热至 60℃左右后，由引风机从干燥机下部吸入，传过料斗的分布板，使物料粉末粒子在干燥机内吹起呈现环形流化状态；润湿剂或黏合剂溶液经喷嘴雾化后，将若干粒子集聚成一定大小的颗粒。由于热空气对物料的不断干燥，使团粒水分蒸发，黏合剂溶液凝固。此过程不断重复，最终形成理想的、均匀的多孔球状颗粒。此法的缺点是动力消耗大，另外，当处方中含有密度差别较大的多种组分时，可能会造成片剂的重量差异较大或含量不均匀。

与流化床沸腾制粒相类似的另一种较为先进的制粒方法是喷雾干燥制粒法。该法是将待制粒的药物、辅料与黏合剂溶液混合，制成固体量约为50%～60%的混合浆状物，用泵输送至离心式雾化器的高压喷嘴，在喷雾干燥器的热空气流中雾化成大小适宜的液滴，热空气流将其迅速干燥，从而得到细小的、近似球形的颗粒，并落入干燥器的底部。此法进一步简化了操作，成粒过程只需几秒至几十秒，速度较快，效率较高。一般需配合离心式雾化器使用，并由其转速等控制液滴（颗粒）的大小。

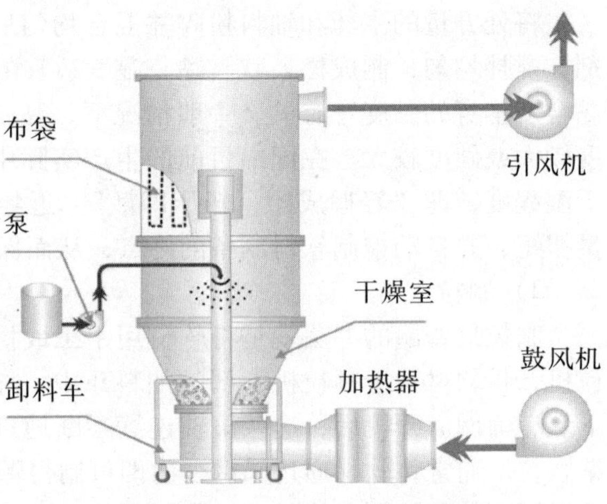

图 17－1　GFL 系列沸腾制粒干燥机

3）湿颗粒的干燥

干燥是利用热能去除湿物料中的水分或其他溶剂的操作过程，在制剂的生产中需要干燥的物料多数为湿法制粒所得的颗粒，但也有固体原料药以及中药浸膏等。

干燥方法，可按不同的情况进行分类：①按操作方式，可分为连续式干燥和间歇式干燥；②按操作压力，可分为真空干燥和常压干燥；③按热量传递方式，可分为传导干燥、对流干燥、辐射干燥和介电加热干燥等。

4）整粒和混合

在湿颗粒的干燥过程中，某些颗粒可能发生粘连，甚至结块。因此，整粒的过程就是对干燥后的颗粒给予适当的整理，使粘连、结块的颗粒散开，得到大小均匀一致的颗粒。一般采用过筛整粒，所用筛网要比制粒时的筛网稍细一些，但如果干颗粒呈疏松状态，则宜选用稍粗一些的筛网整粒，因为此时如果选用细筛，颗粒易被破坏，产生较多的细粉，不利于下一步的压片。

整粒完成后，向颗粒中加入润滑剂，崩解剂也在此时加入，然后置于混合筒内进行“总混”。如果处方中有挥发性的油类物质，可先从干颗粒内筛出适量细粉，吸收挥发油，然后再与干颗粒混匀；如果处方中主药的剂量很少或对湿、热很不稳定，则可采用“空白颗粒法”，即先制成不含药的空白干颗粒，然后将溶于乙醇的主药喷洒在干颗粒上，密封贮放数小时后再压成片。

2. 干法制粒

某些药物的可压性及流动性皆不好，应该采用制粒的办法加以改善，如果这些药物对湿、热较敏感，不够稳定时则可改用干法制粒，即将药物粉末和必要的辅料混合均匀后，用适宜的设备将其压成固体（块状、片状或颗粒状），然后再粉碎成适当大小的干颗粒。通常是采用液压机将药物与辅料的混合物压成薄片状固体；也可采用特制的、具有较大压力的压片机先压成大型片子（亦称为“压大片法”），再破碎成小的颗粒后压片。

3. **粉末直接压片技术**

将药物粉末直接压成片剂的方法是近年来片剂制备工艺中一项引人注目的新工艺，它有许多突出的优点，如避开制粒过程、省时节能、工艺简便、工序减少、适用于在湿热条件下不稳定的药物等。某些流动性和可压性均好的结晶性药物，只需适当粉碎、筛分和干燥，再加入适量的崩解剂、润滑剂即可压成片剂，如氯化钾、氯化钠、硫酸亚铁等。但因为绝大多数药物粉末不具有良好的可压性和流动性，需加入辅料来弥补这些不足，因而要求所用的辅料具有相当好的可压性和流动性，并且在与一定量的药物混合后，仍能保持这种较好的性能。目前已有许多用于粉末直接压片的药用辅料，如各种型号的微晶纤维素、喷雾干燥乳糖、磷酸氢钙二水合物、可压性淀粉、微粉硅胶等。

17.3.2.2　压片

1. **片重的计算**

（1）按主药含量计算片重。药物制成干颗粒时，由于经过了一系列的操作过程，原料药必将有所损耗，所以应对颗粒中主药的实际含量进行测定，然后按照下面的公式计算片重：

$$片重 = \frac{每片含主药量(标示量)}{颗粒中主药的百分含量(实测值)}$$

例如，某片剂中主药每片含量为 0.2g，测得颗粒中主药的百分含量为 50%，则每片颗粒的质量应为 0.2g/0.5 = 0.4g，即片重应为 0.4g，若以片重的重量差异限度为 5% 计算，木品的片重上下限为 0.38 ～0.42g。

（2）按干颗粒总质量计算片重。在药厂中，已考虑到原料的损耗，因而增加了投料量，则片重的计算可按以下公式计算（成分复杂、没有含量测定方法的中草药片剂只能按此公式计算）

$$片重 = \frac{干颗粒重量 + 压片前加入的辅料量}{预定的应压片数}$$

2. **压片机**

实验室常用的压片机为单冲型，该机结构简单、清洗方便，每次用量少，是实验室制备用的主要压片设备，如图 17-2 所示。调节下冲的高度可以改变片重大小，调节上冲高度可以改变上下冲之间的距离，从而调节压片的压力。

多冲旋转式压片机是在目前生产中广泛被使用的压片机，有 16 冲、19 冲、33 冲、55 冲等多种型号，生产效率较高，上、下冲同时加压，压力分布均匀，饲粉方式合理，机械噪音很小。

图 17-3 为 ZP-33B 旋转式压片机工作原理示意图，该机上下各有 33 个冲头，分别在不同的轨道中运行，由于轨道中呈波浪形交替凸起和凹陷，这样，冲头之间的距离在运行过程中随着轨道的形

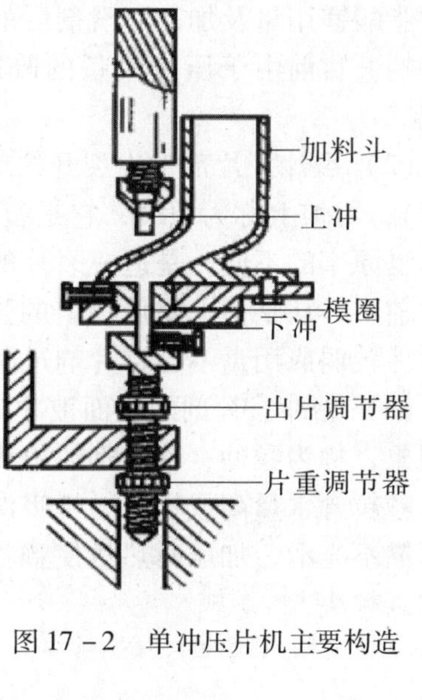

图 17-2　单冲压片机主要构造

状不断变化，当上下冲都处于凸起的轨道上面时，两冲之间的距离最短，对填充的物料施加的压力最大。随着上下冲在轨道中继续滑动，两冲之间的距离开始加大，将被压结实的片松开，当下冲头和转盘处于同一水平位置时，将压制好的片推出，在挡板的作用下，将片推出压片机进入收片筒。下冲的高度决定片重，上冲的高度决定压片时物料所受的压力。

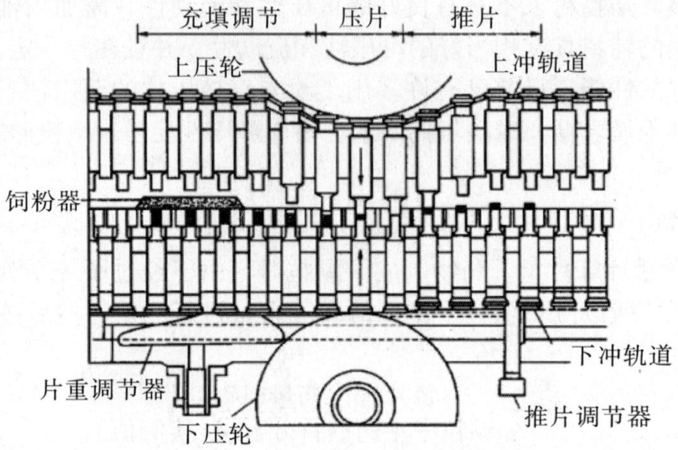

图 17－3　多种旋转式压片机工作过程

3. **压片过程常见问题和解决方法**

（1）松片。片剂硬度不够，稍加触动即散碎的现象称为松片。一般情况下，当片剂的硬度低于 1kg 时就可感到明显的松片。松片的出现原因和处方组成、颗粒含水量、润滑剂用量以及压力都有密切关系，当处方中含有较多的可压性好的辅料如可压性淀粉、乳糖、微晶纤维素时，就不容易出现松片。此外，制颗粒时用黏度大的黏合剂也可以防止松片的出现。颗粒的含水量和片的硬度也有很大关系，当含水量太低就会容易形成松片，但是，颗粒的含水量也不能过高，否则会出现黏冲，也会导致裂片。疏水性润滑剂如硬脂酸镁用量及加入润滑剂后的混合时间也会影响片剂的硬度。至于压力对片剂硬度的影响，目前由于压片设备的改进，使用带预压的压片机可以有效地防止松片现象的出现。

（2）裂片。片剂发生裂开的现象叫做裂片，如果裂开的位置发生在药片的顶部（或底部），习惯上称为顶裂，它是裂片的一种常见形式。压力分布的不均匀以及由此带来的弹性复原率的不同，是造成裂片的主要原因。解决裂片问题的关键是换用弹性小、塑性大的辅料，从整体上降低物料的弹性复原率。另外，颗粒中细粉太多、颗粒过干、黏合剂黏性较弱或用量不足、片剂过厚以及加压过快也可造成裂片。

（3）黏冲。片剂的表面被冲头黏去一薄层或一小部分，造成片面粗糙不平或有凹痕的现象，称为黏冲；若片剂的边缘粗糙或有缺痕，称为黏模。造成黏冲或黏模的主要原因有颗粒含水量高或物料易于吸湿、润滑剂选用不当或用量不足以及冲头表面锈蚀或刻字粗糙不光滑、加压时热量使颗粒中熔点低的药物溶化等，应根据实际情况，确定原因并加以解决。

17. 3. 3　片剂的常见问题及解决办法

17. 3. 3. 1　片重差异超限

片重差异超限，即片剂的质量超出药典规定的片重差异允许范围，产生原因及解决办法如下：

（1）颗粒流动性不好，流入模孔的颗粒量时多时少，导致片重差异过大，应重新制粒或加入较好的助流剂如微粉硅胶等，改善颗粒流动性。

（2）颗粒内的细粉太多或颗粒的大小相差悬殊，导致流入模孔内的物料时重时轻，应除去过多的细粉或重新制粒。

（3）加料斗内的颗粒时多时少，造成加料的质量波动，这也会导致片重差异超限，应保持加料斗内始终有 1/3 量以上的颗粒。

（4）冲头与模孔吻合性不好，如下冲外周与模孔壁之间漏下较多药粉，使下冲发生“涩冲”现象，必然导致物料填充不足，对此应更换冲头、模圈。

17. 3. 3. 2　崩解迟缓

除了缓控释等特殊片剂以外，一般的口服片剂都应在胃肠道内迅速崩解，因此，《中国药典》规定了崩解度检查的具体方法，并根据国内的实际生产状况，对普通口服片剂、包衣片剂以及肠溶衣片剂规定了不同的崩解时限。若某一品种超出了这一限度，即称为崩解超限或崩解迟缓。

（1）原辅料的可压性。可压性强的原辅料被压缩时易发生塑性变形，片剂的孔隙率及孔隙径皆较小，因而水分透入的数量和距离都比较小，片剂的崩解较慢。实验证明，在某些片剂中加入淀粉，可增大其孔隙率，使片剂的吸水性显著增强，有利于片剂的快速崩解，这是因为淀粉的可压性较差从而增大了孔隙率。但不能由此推断出淀粉越多越好的结论，因为淀粉过多、可压性过差，也会使片剂难以成型。

（2）颗粒的硬度。颗粒（或物料）的硬度较小时，易因受压而破碎，所以压成的片剂孔隙率和孔隙径皆较小，因而水分透入的数量和距离也都比较小，片剂的崩解较慢；反之，则崩解较快。但也不能使颗粒的硬度过大，否则将会造成压片困难或形成麻面等不良现象。

（3）压片力。在一般情况下，压力较大时，片剂的孔隙率及孔隙径较小，透入水的数量和距离均较小，片剂崩解较慢。因此，压片力应适中，否则片剂过硬则难以崩解。但是，也有些片剂的崩解时间随压力的增大而缩短，如非那西汀片剂中以淀粉为崩解剂，当压力较小时，片剂的孔隙率较大，崩解剂吸水后有充分的膨胀余地，难以发挥出崩解作用，而适当增大压力时，孔隙率较小，崩解剂吸水后没有充分的膨胀余地，可充分地发挥出崩解作用，因此崩解较快。

（4）表面活性剂。当接触角大于 90°时，水分不能透入到片剂的孔隙中，即片剂不能被水所湿润，所以难以崩解，这就要求药物及辅料具有较小的接触角。如果接触角较大，如疏水性药物阿司匹林，则需加入适量的表面活性剂，改善其湿润性，降低其接触角，从而加快片剂的崩解。但是，这里需要注意：表面活性剂会降低表面张力，水的透入距离将会减少，所以对于易被水湿润的药物，如果加入表面活性剂，将会不必要地降低液体的表面张力，不利于水分的透入，因此，不能认为任何片剂加入表面活性剂都可以加速其崩解。

（5）润滑剂。片剂中常用的疏水性润滑剂也可能严重地影响片剂的湿润性，使接触角增大，水分难以透入，造成崩解迟缓。例如，硬脂酸镁的接触角为121°，当它与颗粒混合时，将吸附于颗粒的表面，使片剂的疏水性显著增强，使水分不易透入，崩解变慢，尤其是当硬脂酸镁的用量较大时，这种现象更为明显。同样，疏水性润滑剂与颗粒的混合时间较长、混合强度较大时，颗粒表面被疏水性润滑剂覆盖得比较完全，片剂的孔隙壁将具有较强的疏水性，使崩解时间明显延长。因此，在生产实践中，应对润滑剂的品种、用量、混合强度、混合时间进行严格的控制，以免造成片剂的崩解迟缓。

（6）黏合剂。黏合力越大，片剂崩解时间越长。一般而言，黏合剂的黏度强弱顺序为：动物胶（如明胶）>树胶（如阿拉伯胶）>糖浆>淀粉浆。在具体的生产实践中，必须把片剂的成型与片剂的崩解综合考虑，选用适当的黏合剂以及适当的用量。

（7）崩解剂。就目前国内现有的崩解剂品种而言，一般认为低取代羟丙基纤维素（L-HPC）和羧甲基淀粉钠（CMS-Na）的崩解效果较好，这与干淀粉作为崩解剂普遍应用的实际状况并不矛盾，因为在崩解度能够符合《中国药典》要求的情况下，干淀粉价廉、易得，仍不失为一种良好的崩解剂。另外，崩解剂加入的方法不同，也会产生不同的崩解效果。

（8）片剂贮存条件。片剂经过贮存后，崩解时间往往会延长，这主要与贮存环境的温度、湿度有关，即片剂缓缓吸湿，使崩解剂无法发挥其崩解作用，片剂的崩解因此变得比较迟缓。所以片剂成品在贮存过程中应当严密包装，注重防湿防潮。

17.3.3.3 溶出超限

片剂在规定的时间内未能溶出规定量的药物，即为溶出超限或溶出度不合格，这将使片剂难以发挥其应有的疗效。对于难溶性药物而言，虽然崩解度合格却并不一定能保证药物快速而完全地溶出，也就不能保证具有可靠的疗效。药物从固体剂型中的溶出速度与溶出速度常数、溶出质点暴露于介质的表面积、药物的溶解度成正比，故可采取以下方法来改善药物的溶出速度（上述能够促使崩解加快的因素一般也能加快溶出，但对于难溶性药物来说，这种溶出加快的幅度不会很大）：

（1）药物微粉化。可采用药物微粉化的方法来增加表面积，从而加快药物的溶出速度。

（2）制成固体分散物。将难溶性药物制成固体分散物，使药物以分子或离子形式分散在易溶性的高分子载体中，这是改善溶出速度的有效方法。例如，用吲哚美辛与PEG6000（1∶9）制成固体分散物后，再加入适宜辅料进行压片，其溶出速度可得到很大的改善。

17.3.3.4 片剂含量不均匀

所有造成片重差异过大的因素，皆可造成片剂中药物含量的不均匀。此外，对于小剂量的药物来说，混合不均匀和可溶性成分的迁移是片剂含量均匀度不合格的两个主要原因。

（1）混合不均匀。造成片剂含量不均匀的情况有以下几种：

①主药量与辅料量相差悬殊时，一般不易混匀，此时应该采用逐级稀释法进行混合或者将少量的药物先溶于适宜的溶剂中再均匀地喷洒到大量的辅料或颗粒中，以确保混合均匀，一般称为溶剂分散法。

②主药粒子大小与辅料粒子大小相差悬殊，极易造成混合不均匀，所以应将主药和辅料进行粉碎，使各成分的粒子都比较小且较一致，以确保混合均匀。

③粒子的形态如果比较复杂或表面比较粗糙，粒子间的摩擦力就较大，一旦混匀后不易再分离；如果粒子的表面光滑，则易在混合后的加工过程中发生分离，难以保持均匀的状态。

④当采用溶剂分散法将小剂量药物分散于空白颗粒时，由于大颗粒的孔隙率较高，小颗粒的孔隙率较低，所以吸收的药物溶液量有较大差异。在随后的加工过程中由于振动等原因，大小颗粒分层，小颗粒沉于底部，造成片重差异过大以及含量均匀度不合格。

（2）可溶性成分在颗粒之间的迁移，这是造成片剂含量不均匀的重要原因之一。在干燥前，水分均匀地分布于湿粒中。在干燥过程中，颗粒表面的水分发生汽化，颗粒内外形成了湿度差，颗粒内部的水分将不断地扩散到外表面；水溶性成分在颗粒内部是以溶液的形式存在的，当内部的水分向外表面扩散时，这种水溶性成分也被转移到颗粒的外表面，这就是所谓的迁移过程。在干燥结束时，水溶性成分就遗留在颗粒的外表面，造成颗粒内外可溶性成分含量不均，外表面可溶性成分含量较高，内部可溶性成分含量较低。当片剂中含有可溶性色素时，这种现象表现得最为直观：颗粒干燥后，大部分色素迁移到颗粒的外表面，压成的片剂表面会形成很多“色斑”。上述这种颗粒内部可溶性成分的迁移，在一般的干燥方法中是很难避免的，而采用微波加热干燥时，颗粒内外受热均匀一致，可使这种迁移减到最少。

上述颗粒内部的可溶性成分迁移所造成的主要问题是片剂表面产生色斑或花斑，对片剂的含量均匀度影响不大。但是，如果在颗粒之间发生可溶性成分迁移，将大大影响片剂的含量均匀度。尤其是在采用箱式干燥时，这种颗粒之间的可溶性成分迁移现象最为明显：颗粒在盘中铺成薄层，底部颗粒中的水分将向上扩散到上层颗粒的表面进行汽化，这就将底层颗粒中的可溶性成分迁移到上层颗粒之中，使上层颗粒中的可溶性成分含量增大，从而造成片剂的含量不均匀。因此当采用箱式干燥时，应经常翻动颗粒，以减少颗粒间的迁移，但这也不能彻底解决可溶性成分在颗粒之间迁移的问题。

采用流化床干燥法时，由于湿颗粒各自处于流化运动状态，且不会紧密接触，所以一般不会发生颗粒间可溶性成分的迁移，有利于提高片剂的含量均匀度。但也仍有可能出现色斑或花斑，因为颗粒内部的迁移仍是不可避免的。另外，采用流化床干燥法时还应注意：由于颗粒处于不断运动的状态，颗粒与颗粒之间有较大的摩擦、撞击，这会使细粉增加，而颗粒表面水溶性成分含量较高，所以这些被磨下的细粉中的水溶性成分含量也较高，不能轻易地弃去，可在投料时就把这种损耗考虑进去，防止片剂中药物的含量偏低。

17.3.4 中药片剂的制备

从根本上说，中药片剂的制备与化学药物片剂的制备没有本质上的区别，但由于中药成分比较复杂，常常含有大量的无效成分如纤维素、淀粉、糖类、胶质等，所以中药片剂的制备具有一定的特殊性。首先，原料要经过一定的处理；其次，要根据原料的性状采用不同工艺来制粒压片。

17.3.4.1 原料的处理

根据原料药材的不同应采用不同的处理方法。

(1) 用量极少的贵重药材和有毒药材（如牛黄、麝香、雄黄等）、含淀粉较多的药材（如淮山药、天花粉等）、含有少量芳香挥发性成分的药材（如冰片、木香、砂仁等）及某些矿物药材（如石青等）均应粉碎成细粉，过100目以上筛，备用。

(2) 含较多挥发性成分的药材（如荆芥、薄荷、紫苏叶、连翘等），应采用蒸馏等方法提取挥发性成分（多为挥发油），必要时可将残渣再煎煮，制成稠膏。

(3) 有效成分已知者，可根据有效成分的特性，采用特定的方法和溶剂提取有效成分，如黄芩苷、小檗碱、异绿原酸等。

(4) 含醇溶性成分的药材，如生物碱、黄酮苷等，可用不同浓度的乙醇以渗漉法、浸渍法或回流提取法提取，并制成稠膏（如颠茄浸膏、刺五加浸膏等）。

(5) 含纤维较多、黏性较大或质地坚硬的药材以及方剂中可入汤煎药的药材，均采用水煎煮浓缩成稠膏备用（如大腹皮、丝瓜络、夏枯草、淡竹叶、熟地、桂圆肉、磁石、石决明等）。也可用水煎煮浓缩后，再用醇沉法除去部分醇不溶性杂质，然后浓缩成稠膏或干燥成干浸膏备用。

17.3.4.2 工艺特点

中药材经过处理之后，得到的是纤维性粉末、浸膏或挥发油等，一般以它们为原料，采用湿法制粒压片来制备这些中药片剂。

(1) 当以纤维性粉末为原料制粒压片时，因其弹性较大而容易发生松片现象，对此可采用的措施是：首先在制粒时加入黏性较大的黏合剂，再在压片过程中采用较大的压力或采用二次压片的方法。

(2) 当以浸膏为原料制粒压片时，因药物本身黏性较强，容易造成硬度过大或崩解迟缓的问题，对此可采用的措施是：在制粒时一般采用较高浓度的乙醇作为湿润剂，从而降低物料（软材）的黏性，使之易于制粒并使成品颗粒不会过硬过紧；在压片过程中，也不宜使用太大的压力。另外，由于浸膏易吸潮，所以压片时应在较低湿度的环境中进行，包装时也应注意防潮。

(3) 当以挥发油为主要的原料制粒压片时，一般应采用空白颗粒法，即将挥发油用足够的吸收剂（空白颗粒等）吸收后，制成包合物或微囊，混合均匀后压片。

17.3.5 片剂的分类与制备举例

17.3.5.1 包衣片

包衣片是在片芯上喷涂一层衣膜材料所制成的片剂。对于一些有特殊味道的药物，包衣可以起到掩盖不良味道的效果；包衣可以提高某些对湿、热、光等外界环境敏感的药物的稳定性；包衣可使药物到达特定的部位释放，如小肠、结肠，防止胃中酸性环境对药物的破坏；包衣可以改变药物的释放模式，达到速效和长效结合的效果；包衣还可使片剂更加美观。

按照所用材料，可将包衣分为包糖衣和包薄膜衣。前者是在片芯外面包裹一层滑石粉和糖浆的混合物，后者是将高分子材料的溶液通过喷雾方式包裹在片芯外面。鉴于糖衣片包制时间长，片剂增重大，目前已经基本上被薄膜衣所取代。因此，这里着重介绍薄膜衣包衣技术和其使用的材料。

（1）羟丙基甲基纤维素（HPMC）。本品有多种规格，可分为速溶型和热溶型，速溶型遇冷水迅速分散，约2min后液体的黏度慢慢变大；热溶型遇冷水成团，遇热水即溶解分散，室温时溶液黏度变大。目前速溶型高黏度3500～5600在医药工业应用较广，是包衣效果较好的材料，其特点是成膜性好，既可溶于水，也能溶于有机溶剂或混合溶剂，衣膜在热、光、空气及一定的湿度下都比较稳定。

（2）羟丙基纤维素（HPC）。在实际生产中常用的是其2%的水溶液，为了防止包衣过程中的粘连现象，常在包衣液中加入适当比例的滑石粉。

（3）羟乙基甲基纤维素（HEMC）。与HPMC相类似，本品可以溶解在水性介质（胃液和肠液）中，但在有机溶剂中不溶解。

（4）聚乙烯吡咯烷酮（PVP）。本品能溶于水和多种有机溶剂，由于PVP具有较强的吸湿性，因此，用其作包衣材料时需要和其他材料一起使用，同时要加入润滑剂如PEG6000等，防止包衣过程中的粘连。

（5）乙基纤维素（EC）。EC能溶于乙醇和多种有机溶剂，可直接将EC配成乙醇溶液，再加入适当的增塑剂和润滑剂后进行包衣。和水性包衣液相比，用有机溶剂配制的包衣液在工业化生产中存在更多的安全隐患，对操作者健康的影响重大。为了在克服有机溶剂的弊端的同时利用EC作为包衣材料的优势，目前已经有乙基纤维素的水分散体上市，这是一种白色胶体状液体，含有30%的固体物质，在包括EC和其他添加剂使用时可以直接进行喷雾包衣，从而免除了有机溶剂的使用。

（6）丙烯酸树脂（Eudragit E100）。本品能溶于乙醇和丙酮，成膜性能好，所包膜的片剂外观十分漂亮，具有防潮作用。本品属于胃溶型包衣材料，常使用12.5%溶液进行包衣。

（7）丙烯酸乙酯-甲基丙烯酸甲酯共聚物水分散体（Eudragit E30D）。本品是30%聚合物的水分散体，可以用于片剂、丸剂的包衣。本品的包衣膜在胃液中不溶解。

（8）甲基丙烯酸-甲基丙烯酸甲酯共聚物（*L*型）（Eudragit L100）。本品是白色流动性粉末，不溶于酸和水，能溶于乙醇、丙酮等有机溶剂，用本品的有机溶剂配制的溶液包衣后会在碱性环境中溶解，可以作为肠溶衣膜的材料。

（9）甲基丙烯酸-甲基丙烯酸甲酯共聚物（50：50）水分散体（Eudragit L30D）。本品为丙烯酸的水分散体或乳液，用此液进行包衣时要求片芯具有一定的硬度，否则和水接触后片芯容易变粗糙，影响包衣效果。水分散体应当在5～30℃条件下贮存，否则会集聚，影响质量。

片剂的包衣技术和工艺包衣过程在包衣锅内进行，传统的包衣锅也可以包制薄膜衣，但是，由于包衣液中有大量的水分或有机溶剂需要除去，这种包衣锅的包衣效果相对较差。现在包薄膜衣常用的设备有流化床包衣机和高效自动包衣机。该机分加热、喷雾包衣和压缩气体部分，加热部分一般通过蒸汽来加热散热片，当气体通过散热片时变成热空气再进入包衣锅内，使包衣液中的溶剂蒸发除去；喷雾部分由多喷头喷枪和包衣锅构成，在压缩空气的作用下，通过蠕动泵进入喷枪的包衣液被雾化，均匀地喷洒在流动的片床表面；动力部分由压缩气体和抽真空设备组成，通过压缩气体可以使包衣液雾化，抽真空可以在包衣锅内形成负压，将包衣液中的溶剂雾化后产生的气体带走。

质量检查：包衣片外观应当光滑或光亮，色泽一致。薄膜包衣后的片剂应当不影响片剂的崩解和溶出度。

【例】 保肾片薄膜包衣的生产工艺研究

［设备与材料］BGB－10B 型高效包衣机，保肾片片芯，胃溶型欧巴代。

［实验方法］将包衣锅及芯料预热至50℃左右，将合格的片芯置于包衣锅内，按一定的速度喷雾包衣液，热风干燥，连续喷雾至片面完整光洁，色泽均匀，停止喷雾。用热风继续干燥 10min 后，再用冷风吹干，即可。

［技术说明］通过正交实验，确定了薄膜包衣的最佳工艺条件：包衣至片芯增重约4%，片床温度50℃，包衣材料浓度8%。采用上述优选工艺进行生产，薄膜包衣的合格率可达96%以上，且崩解时限等质量标准均符合要求。

17.3.5.2 分散片

分散片遇水以后能够依靠其中的高效崩解剂使片剂迅速崩解，其服用方法一般是加水成混悬液口服，也可以直接口服，或在口中咀嚼服用。为了改善分散片的口感，常在处方中加入适量的甜味剂、芳香剂和着色剂。从速释制剂的要求讲，难溶性药物和生物利用度低的药物更适合制备成分散片。

1. 分散片的特点

分散片有以下几个特点：

（1）崩解迅速、起效快。分散片置于水中后会迅速崩解成细小颗粒，即得到均匀的混悬液，因为其中的辅料多为水不溶性的且遇水后迅速膨胀使片剂崩解，故生物利用度较高。

（2）服用方便。普通的片剂或其他的口服制剂需要整片服用，小孩或老年患者往往吞咽较为困难。分散片可以先放置在水中，利用其迅速崩解的特点制成混悬液，然后再口服，这种制剂的给药方式非常适合吞咽困难的患者。

（3）工艺简单。和泡腾片相比，制成的片剂在贮存期间性质更稳定。

2. 分散片的常用辅料

分散片的辅料是决定本剂型质量的关键因素，分散片之所以能够迅速分散在介质中，是因为其中的崩解剂性能优越。

（1）羧甲基淀粉钠（CMS－Na）。本品是一种高效的崩解剂，遇水以后体积迅速膨胀，可以达到原来体积的 3 倍，并依靠着这强大的膨胀作用将片剂崩解成细小的颗粒。在使用本品做崩解剂时，可以选择外加法和内加法相结合的方法，所崩解成的颗粒均匀细小。

（2）交联聚乙烯吡咯烷酮（PVP）。本品在水中不溶解，遇水后网状结构迅速膨胀，由于本品不会因为水化作用形成凝胶，所以不影响水分进入片内，崩解效果显著。

（3）微晶纤维素（MCC）。本品吸水速度快，兼有黏合和崩解的效果。

（4）低取代羟丙基纤维素（L－HPC）。本品吸水后的膨胀效果好，但是吸水速度慢，和吸收速度快的 MCC 联合使用效果较好。

3. **分散片的制备技术**

分散片的制备方法和普通片剂相似，为了促进药物的溶解和确保分散均匀，需要将药物和辅料粉碎和过筛，最好经过微粉化处理。在制备工艺上尽可能采用直接压片技术，避免崩解剂遇水后失去作用或作用降低。

4. **分散片的质量评价**

根据《中国药典》规定，分散片按照片剂和胶囊崩解时限的检测方法进行测定，在21℃水中，崩解时间不能超过 3min。另外，分散片分散均匀性的检查方法参照药典：取分散片 2 片，置于 100mL19 ～21℃的水中振摇 3min，应当全部通过 2 号筛。在水中分散以后能够形成较均匀的混悬液。

【例】阿奇霉素分散片的工艺研究

[优化处方和工艺] 称取阿奇霉素（效价 966.6U/mg）14.25kg、糖精钠 0.17kg、聚乙烯吡咯烷酮 0.25kg、羟丙基纤维素 1.71kg、微晶纤维素 4.25kg 及乳糖 1.0kg，混合均匀后加入 2250mL 乙醇制软材，过 40 目筛制粒，75℃干燥 2h，40 目筛整理，加入羧甲基淀粉钠 0.75kg、硬脂酸镁 0.87kg 及交联聚乙烯吡咯烷酮 1.0kg，混合均匀后压片，片厚 5.33mm，片重 0.46g（每片含阿奇霉素 0.21g）。

17.3.5.3　口腔速崩片

口腔速崩片中含有快速崩解剂，在口腔内即可迅速崩解、分散或者溶解在唾液中，不需要水或者仅需要少量水就可以服用。这类制剂适合于急救时使用，药物的治疗指数应比较高，中毒剂量和有效剂量的比值要大。口腔速崩片中稀释剂的流动性和可压性要好，崩解剂的崩解性能要高，常用的辅料有微晶纤维素、低取代羟丙基纤维素、交联聚乙烯吡咯烷酮和处理琼脂（TAG）等。处理琼脂的操作方法是将吸水膨胀的琼脂进行干燥，随着水分的蒸发，形成多孔网状结构，当再次遇水后，水分能快速渗入膨胀，从而使片剂迅速吸收崩解。

口腔速崩片的制备技术有以下几种。

（1）冷冻干燥法。速崩片多采用冷冻干燥工艺，制备的片剂中有较多孔，水分可以迅速深入到片的内部，使药物迅速溶解释放。也有直接压片制备速溶片的报道，制药时选好优良的崩解剂也可以起到速崩和速溶的目的。

（2）喷雾干燥法。采用喷雾干燥工艺制备速崩片时，第一步是制备多孔性颗粒作为片剂的支持骨架，骨架中聚合物所带的静电荷与增溶剂和膨胀剂的静电荷相同，将骨架成分与上述辅料进行喷雾干燥，挥发除去乙醇等溶剂，制成多孔性颗粒，加入药物及黏合剂、填充剂、矫味剂等后直接压片，也可以在最后再包一层薄膜衣。这种速崩片遇唾液后，水分可迅速进入片剂内芯，由于颗粒中同性静电荷的排斥，故可立即崩解，一般 20s 左右就可崩解成细小颗粒。

（3）直接压片法。直接压片需要使用崩解性能优良的崩解剂，如交联 PVP、交联 CMC－Na 等。

口腔速崩片的制备工艺相对简单，工业化生产难度较小，但口感问题一直是影响其广泛使用的重要原因，主要是服用时有沙砾感，通过特殊的口服速释技术可解决上述问题，具体操作是先将药物与天然或合成的高分子聚合物明胶、纤维素、丙烯酸聚合物或乙烯共聚物等包裹成微米级的小颗粒，从而改善药物的不良味道。

大多数常用的重要制剂，特别是应用到呼吸系统、心脑血管系统等的制剂，其目标都是更快速高效地发挥疗效。液体制剂、注射剂虽然作用较快，但有生产成本相对较高、稳定性差、贮运不便以及安全性低等问题。选择速释固体制剂制备技术制备的救心速释片崩解时限小于1min，有效成分溶出的 t_{50} 低于3min。

【例】小剂量阿司匹林口腔崩解片的制备

［处方］阿司匹林50mg，甘露醇105mg，微晶纤维素80mg，交联聚维酮20mg，碳酸氢钠20mg，枸橼酸20mg，硬脂酸镁2mg，微粉硅胶1mg，橘子香精2mg，甜菊糖适量。

［制法］现将微晶纤维素在80℃条件下烘干4h，碳酸氢钠与枸橼酸过100目筛，然后将上述辅料及阿司匹林按照处方比例混合，加入硬脂酸镁和微粉硅胶以后，再混合10min，压片，制备片重为300mg的口腔崩解片。

［注解］本制备的口腔崩解片硬度均值为7.4kg（$n=6$），经崩解度检查，体外崩解时间均值为25s（$n=6$），口腔内崩解时间不超过40s。

17.3.5.4 口腔溶解片

1. 口腔溶解片的特点

（1）药物在口腔中的吸收效果与药物的分子量、药物的脂溶性和粒子化程度有关，分子量小、脂溶性大的药物容易通过口腔黏膜吸收。如果药物口服以后在胃肠道中容易失去活性，或者首过效应比较大，那么通过口腔黏膜吸收是比较理想的给药途径。

（2）口腔速溶片在口腔内可迅速溶解在唾液中，药物和辅料的水溶性良好，这种制剂口感好，没有沙砾感。

（3）由于口腔溶解片能在口腔中迅速溶解，药物可以立即吸收，故其生物利用度较普通片剂要高。

2. 口腔溶解片的辅料

（1）聚合物。如明胶、糊精和各种海藻酸盐，这些基本辅料使片剂具有一定的强度、刚性和非晶型结构。

（2）多糖。如山梨醇、甘露醇等，这类辅料可使片剂具有一定的结晶结构和部分硬度，使成品最佳化。

（3）防塌陷剂。如甘氨酸等，这类辅料可防止冻干生产过程或贮藏中单剂量包装内的产品收缩。

（4）絮凝剂。包括黄原胶和阿拉伯树胶等在内的各种胶，这类辅料有助于使药物颗粒均匀地分布于制备时所使用的载体溶液中。

（5）渗透促进剂。如十二烷基硫酸钠等，这类辅料有利于药物在口腔、咽喉和食管黏膜的渗透和吸收。

（6）pH调节剂。如柠檬酸或氢氧化钠，这类辅料可将产品的pH值调至理想，使化学稳定性和药物离子化程度达到最佳，从而使制剂到达胃部之前药物吸收量达到最大化。

（7）芳香剂和甜味剂。这类辅料使制剂的口感变好，能提高病人的顺应性。另外，为使产品更容易区分可加入着色剂，还可采用微囊包衣掩盖药物的苦味。

3. **口腔溶解片制备技术**

口溶片口感佳，患者服用依从性好，但是片剂的机械强度一般较低，工业化生产难度很大，成本相对较高。口腔溶解片的制备技术有以下几种。

(1) 闪流技术（flash flow）。采用闪热（flash heat）及闪切（flash shear）技术，将葡萄糖、蔗糖等载体物质制成棒状剪切骨架结构，此时载体物质以无定形状态存在，而在结晶引发剂和助流剂的作用下可以使剪切骨架形成流动性较好、适于直接压片的微小颗粒，再以较小的压力进行压片，达到口腔速溶的目的。

(2) 冷冻干燥技术。将药物与水溶性基质如多糖、明胶、多肽等以及混悬剂、润湿剂和着色剂在搅拌后定量分装于模具中，冷冻干燥后得到高孔隙率的固体制剂，即速溶片剂。真空干燥法是为了解决冷冻干燥速溶片硬度不够以及冷冻干燥过程中的回融问题所提出来的。在初次干燥时去掉非结合水，用很低的气压将温度保持在平衡冷冻点以下、崩塌温度以上，使非结合水由固态经液态再转为气态，从而得到比冷冻干燥法制得的产品孔隙率小而密度大的速溶片。这种速溶片硬度较大，不易脆碎，溶解时间略长。

(3) 固体溶液法。将明胶、果胶、豆纤维等混合物及氨基乙酸等作为骨架，加入药物、抗氧剂、防腐剂、矫味剂等，并溶解于一种特定的溶剂中，然后降低温度至这种溶剂成为固态，此时加入第二种可以和第一种溶剂互溶但不与骨架互溶的溶剂，将第一种溶剂置换出来。

(4) 口腔溶解片的质量检查。口腔溶解片和口腔崩解片的主要区别在于其溶解性能，将1片口腔溶解片放入37℃的2mL水中，1min即能形成透明溶液。

【例】 氢氯噻嗪冻干速溶片

［处方］ 氢氯噻嗪25mg，麦芽糖－糊精复合物DE38 80mg，PEG6000 80mg，黄单胞菌胶2mg。

［制备］ 将12.5g氢氯噻嗪悬浮在400mL溶液中，该溶液含有20%麦芽糖－糊精复合物DE38、PEG6000和黄单胞菌胶。取0.8g悬浮液置于PVP泡罩中冷却干燥，即可得到成品。

17.3.6 片剂的质量检查和包装

17.3.6.1 片剂的质量检查

(1) 外观性状。片剂的外观性状应完整光洁，色泽均匀，无杂斑，无异物，并在规定的有效期内保持不变，因为良好的外观可增强患者对药物的信任，故应严格控制。

(2) 片重差异。片剂应符合现行药典对片重差异限度的要求，当片剂的平均质量<0.30g时，片重差异限度为±7.5%；当片剂的平均质量≥0.30g时，片重差异限度为±5.0%。

(3) 崩解度。除《中国药典》规定进行“溶出度或释放度”检查的片剂以及某些特殊的片剂（如口含片、咀嚼片等）以外，一般的口服片剂需做崩解度检查，压制片的崩解时限为15min；浸膏片、糖衣片、薄膜衣片的崩解时限均为60min，肠溶衣片在人工胃液中2h不得有裂缝、崩解或软化，在人工肠液中1h应全部溶解或崩解并通过筛网。

(4) 溶出度或释放度。根据《中国药典》的有关规定，溶出度检查适用于一般的片剂，而释放度检查适用于缓（控）释制剂。其主要原因在于：崩解度检查并不能完全正确地反映主药的溶出速度和溶出程度以及机体的吸收情况。要想真实地了解机体的吸收情况，最可靠、最根本的办法是对该制剂进行体内血药浓度的测定，考察其生物利用度。但这种测定耗时长、费用大，比较复杂，实际上也不可能直接作为片剂质量控制的常规检查方法，所以通常采用溶出度或释放度试验代替体内试验。

（5）含量均匀度。含量均匀度是指小剂量药物在每个片剂中的含量是否偏离标示量以及偏离的程度，必须逐片检查才能得出正确的结论。

17.3.6.2 片剂的包装与贮存

包装与贮存的目的是使制剂在到达患者手中时，依然保持着原有的物理、化学和生物学等方面的性质。片剂的包装与贮存应当做到密封防潮以及使用方便等。

1. 多剂量包装

几十片甚至几百片片剂包装在一个容器中为多剂量包装，容器多为玻璃瓶和塑料瓶，也有用软性薄膜、纸塑复合膜、金属箔复合膜等制成的药袋。

（1）玻璃瓶。玻璃瓶的优点是密封性好，不透水汽和空气，材质为化学惰性，不易变质，价格低廉，有色玻璃瓶有一定的避光作用；缺点是质量较大、容易破损等。

（2）塑料瓶。塑料瓶是应用越来越广泛的一类包装容器，其优点是质地轻，不易破碎，容易制成各种形状，外观精美等，但其缺点也较明显，如密封隔离性能不如玻璃制品，在过高的温度及湿度下可能会发生变形等。

聚氯乙烯（PVC）是一种较好的包装材料，它本身并无毒性，但若终产品中残留氯乙烯单体则有一定的毒性。我国目前生产的硬质 PVC、热塑薄膜都严格控制了氯乙烯单体残余量（1mg/kg 以下），完全可以作为无毒的药用包装材料使用，所以硬质 PVC 目前已广泛用作片剂（胶囊）的药瓶、药盒以及水泡眼吸塑薄膜；而软质 PVC 则是输液袋的主要材料，也广泛用于药品及食品的薄膜包装，其优点是透明、柔软、质轻、韧性好。

2. 单剂量包装

单剂量包装主要分为泡罩式（亦称水泡眼）包装和窄条式包装两种形式，二者均将片剂单个包装，使每个药片均处于密封状态，提高了对产品的保护作用，也可杜绝交叉污染，使患者用起来更为方便，外观亦显得贵重、美观。

泡罩式包装的底层材料为无毒铝箔与聚氯乙烯的复合薄膜，水泡眼的材料为硬质 PVC，经红外加热器加热后在成型滚筒上形成水泡眼，片剂进入水泡眼后，即可热封成泡罩式的包装。

窄条式包装是由铝塑复合膜和双纸塑料复合膜两层膜片经黏合或热压而形成的带状包装，与泡罩式包装比较，成本较低、工序简便。

采用上述方法包装的片剂可贮存较长时间，但应注意有些片剂久贮后，其中的黏合剂会发生固化现象，使片剂的硬度变大，以致影响崩解度或溶出度；另外由于受热、光照、受潮、发霉等原因，可能使某些片剂的有效成分发生降解，以致影响片剂的实际含量。因此，久贮后的片剂，必须重新检查崩解度、溶出度和含量，以保证用药的安全有效。

17.3.7　片剂的处方设计及举例

通过以下实例，可以更清楚地了解片剂的制备过程，更深刻地认识各种辅料在片剂中的作用，全面掌握处方设计与片剂制备的方法。

1. 性质稳定、易成型药物的片剂处方设计

【例】 复方磺胺甲基异恶唑片

［处方］磺胺甲基异恶唑（SMZ）400g，三甲氧苄胺嘧啶（TMP）80g，淀粉40g，10%淀粉浆24g，干淀粉23g（4%左右），硬脂酸镁3g（0.5%左右），制成1000片（每片含SMZ0.4g）。

［制法］将SMZ、TMP过80目筛，与淀粉混匀，加淀粉浆制成软材，以14目筛制粒后，置70～80℃干燥后于12目筛整粒，加入干淀粉及硬脂酸镁混匀后，压片，即得。

［注解］这是最普通的湿法制粒压片实例，处方中SMZ为主药，TMP为抗菌增效剂，常与磺胺类药物联合应用，从而使药物对革兰氏阴性杆菌（如痢疾杆菌、大肠杆菌等）有更强的抑菌作用。淀粉主要作为填充剂，同时也兼有内加崩解剂的作用；干淀粉为外加崩解剂；淀粉浆为黏合剂；硬脂酸镁为润滑剂。

2. 不稳定药物的片剂处方设计

【例】 复方乙酰水杨酸片

［处方］阿司匹林（乙酰水杨酸）218g，扑热息痛（对乙酰氨基酚）136g，咖啡因33.4g，淀粉216g，淀粉浆（15%～17%）85g，滑石粉25g（5%），轻质液体石蜡2.5g，酒石酸2.7g，制成1000片。

［制法］将咖啡因、对乙酰氨基酚与1/3量的淀粉混匀，加淀粉浆15%～17%制软材10～15min，过14目或16目尼龙筛制湿颗粒，于70℃干燥，干颗粒过12目尼龙筛整粒，然后将此颗粒与乙酰水杨酸混合均匀，最后加剩余的淀粉（预先在100～105℃干燥）及吸附有轻质液体石蜡的滑石粉，共同混匀后，再过12目尼龙筛，颗粒经含量测定合格后，用12mm冲压片，即得。

［注解］处方中的轻质液体石蜡质量为滑石粉的10%，可使滑石粉更易于黏附在颗粒的表面上，在压片振动时不易脱落。车间的湿度亦不宜过高，以免阿司匹林发生水解。淀粉的剩余部分作为崩解剂加入，但注意要混合均匀。在本品中加其他辅料时应注意的问题如下：

①乙酰水杨酸遇水易水解成水杨酸和醋酸，其中水杨酸对胃黏膜有较强的刺激性，长期应用会导致胃溃疡。因此，在本品中加入量为乙酰水杨酸量的1%的酒石酸，可在湿法制粒过程中有效地减少乙酰水杨酸的水解。

②本品中三种主药在混合制粒及干燥时易产生低共熔现象，所以应采用分别制粒的方法，并避免乙酸水杨酸与水直接接触，从而保证制剂的稳定性。

③乙酸水杨酸的水解受金属离子的催化，因此必须采用尼龙筛网制粒，且不得使用硬脂酸镁，故可采用5%的滑石粉作为润滑剂。

④乙酰水杨酸的可压性极差，因而采用了较高浓度的淀粉浆（15%～17%）作为黏合剂。

⑤乙酰水杨酸具有一定的疏水性，必要时可加入适宜的表面活性剂，如吐温－80等，加快其崩解和溶出。

⑥为了防止乙酰水杨酸与咖啡因等颗粒混合不匀，可采用液压法或重压法将乙酰水杨酸制成干颗粒，然后再与咖啡因等颗粒混合。总之，当遇到像乙酰水杨酸这样理化性质不稳定的药物时，要从多方面综合考虑其处方组成和制备方法，从而保证用药的安全性、稳定性和有效性。

3. 小剂量药物的片剂处方设计

【例】 硝酸甘油片

［处方］ 乳糖 88.8g，糖粉 38.0g，10% 硝酸甘油乙醇溶液 0.6g（硝酸甘油量），17% 淀粉浆适量，硬脂酸镁 1.0g，制成 1000 片（每片含硝酸甘油 0.5mg）。

［制法］ 首先制备空白颗粒，然后将硝酸甘油制成 10% 的乙醇溶液（按 120% 投料）并拌于空白颗粒的细粉中（30 目以下），过 10 目筛两次后，于 40℃ 以下干燥 50 ～ 60min，再与事先制成的空白颗粒及硬脂酸镁混匀，压片，即得。

［注解］ 这是一种通过舌下吸收治疗心绞痛的小剂量药物的片剂，不宜加入不溶性的辅料；为防止混合不匀造成含量均匀度不合格，采用主药先溶于乙醇再喷入空白颗粒中的方法。在制备过程中还要注意防止振动、受热和吸入，以免造成爆炸以及操作者的剧烈头痛。另外，本品属于急救药，片剂不宜过硬，以免影响其在舌下的速溶性。

4. 中药片剂处方设计

【例】 当归浸膏片

［处方］ 当归浸膏 212g，淀粉 40g，轻质氧化镁 60g，硬脂酸镁 7g，滑石粉 80g，制成 1000 片。

［制法］ 取当归浸膏加热至 60 ～ 70℃，搅拌使之熔化，将轻质氧化镁、滑石粉（60g）及淀粉依次加入混匀，分铺于烘盘上，于 60℃ 以下干燥至含水量为 3% 以下。然后将烘干的片（块）状物粉碎成 14 目以下的颗粒，最后加入硬脂酸镁、滑石粉（20g）混匀，过 12 目筛整粒，压片、质检、包糖衣。

［注解］ 当归浸膏中含有较多糖类物质，吸湿性较大，加入适量滑石粉可以克服操作上的困难；当归浸膏中含有挥发油成分，加入轻质氧化镁吸收后有利于压片；本品的物料易造成黏冲，可加入适量的滑石粉克服，并控制在相对湿度 70% 以下压片。

思考题

17－1 片剂常用的辅料有哪些？

17－2 试述片剂制备的一般工艺。

17－3 干法制粒和湿法制粒有何不同？

17－4 压片过程常见的问题和解决方法是什么？

17－5 包衣的目的是什么？有哪些包衣材料？

第 18 章　注射剂的生产工艺

18.1　注射剂的概念、特点及质量要求

注射剂（injection）是指药物与适宜的溶剂或分散介质制成的供注入体内的溶液、乳状液或混悬液，以及供临用前配制或稀释成溶液或混悬液的粉末或浓溶液的无菌制剂。注射剂在临床应用十分广泛，是最重要的剂型之一，因为它具备许多优点：①起效迅速，作用可靠，药物直接进入组织或血液，适于危重病人的急用；②适用于不宜口服的药物，包括易被胃肠液破坏或难以吸收、首过效应明显、对消化道刺激性大的药物；③适用于不能口服给药的患者，如昏迷或不能吞咽的病人；④可产生局部定位、靶向和长效作用等。但是注射剂也存在着一些缺点，如患者使用不便、注射疼痛、制造工艺复杂、对生产的环境和设备要求较高、注射后其生理作用难以逆转等，因此必须严格控制质量。

注射剂的质量要求：注射剂应含量准确，附加剂应符合药典要求，澄明、无菌、无热原、无异物，注射剂的渗透压和 pH 值要和血液接近。因此，在制备过程以及在原辅料的选择时，要防止各种形式的污染。

18.2　注射剂的溶剂

溶剂是注射剂最主要的赋形剂，适用于注射剂的溶剂系统仅限于对人体无毒、对组织无或很少有刺激的溶剂。注射用水是首选的注射溶剂，只有当注射用水不能满足注射剂中药物的性质以及临床要求时，才考虑选用非水溶剂来作为注射剂的赋形剂。

18.2.1　注射用水

18.2.1.1　与注射用水相关的概念和质量要求

一般将纯化水、注射用水、灭菌注射用水统称为制药用水。纯化水为原水经蒸馏法、离子交换法、反渗透法或其他适宜方法制得的供药用的水，不含任何附加剂，可作为配制普通药物制剂的溶剂或试验用水。注射用水为纯化水经蒸馏所得的无热原水，可作为配制注射剂用的溶剂。灭菌注射用水为注射用水经灭菌所得的水，主要用于注射用灭菌粉末的溶剂或注射液的稀释剂。

注射用水的质量要求比纯化水更高，详细指标见表 18 – 1。

表 18－1 各国药典对注射用水的质量要求

检验项目	《中国药典》2010 版	《欧洲药典》EP7.0	《美国药典》USP31
来源	本品为纯化水经蒸馏所得	本品为符合法定标准的饮用水或纯化水经适当方法蒸馏所得	由符合美国环保署、欧共体、日本法定要求或 WHO 饮用水指南的饮用水为原水，经蒸馏或蒸馏法去除化学物质及微生物，运用水平相当或更优的纯化工艺制得
性质	无色澄明，无臭无味	无色澄明，无臭无味	—
pH 值	5.0～7.0	—	—
氨	≤0.2μg/mL	—	—
硝酸盐	≤0.06μg/mL	≤0.2μg/mL	—
亚硝酸盐	≤0.02μg/mL	—	—
重金属	≤0.1μg/mL	≤0.1μg/mL	—
不挥发物	≤0.01μg/mL	—	—
总有机碳	≤0.5μg/L	≤0.5μg/L	≤0.5μg/L
电导率	1.1μS/cm（20℃）	1.1μS/cm（20℃）	1.1μS/cm（20℃）
细菌内毒素	≤0.25EU/mL	≤0.25EU/mL	≤0.25EU/mL
微生物限度	≤10CFU/100mL	≤10CFU/100mL	≤10CFU/100mL

18.2.1.2 注射用水的制备

注射用水不但是注射剂生产的基本原料，而且瓶子、胶塞和薄膜的最后清洗都要用到注射用水，其质量直接影响注射剂的质量。《中国药典》中注射用水的质量标准是注射用水的最低标准，人们常常发现有的注射用水全部符合现行药典标准，但在生产某些注射剂如复方氨基酸输液时，往往难以达到制剂要求。因此，一些先进的企业对注射用水都有内部质量控制标准，其内控标准均高于药典标准。目前，一般注射用水的制备工艺流程如图 18－1 所示。

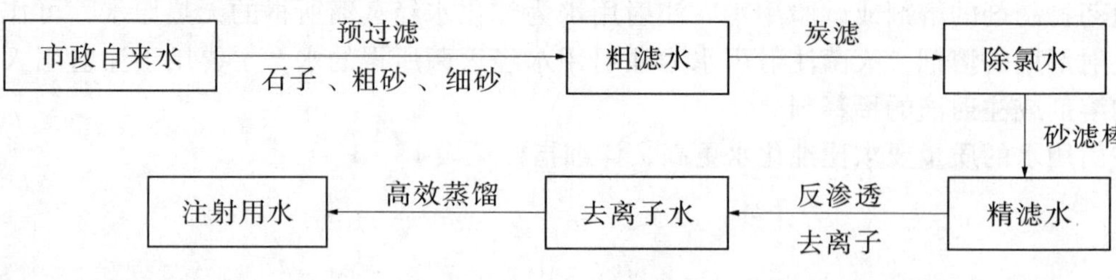

图 18－1 注射用水的制备工艺流程

原水，即自来水，用于制备注射用水前，通常需要进行净化处理，以除去水中悬浮的固体杂质及大部分离子，这样可减轻制备过程中杂质和水垢对设备的损害和负担，同时还可以提高注射用水的质量。原水通过吸附滤过、离子交换、电渗析、反渗透等方法制得纯化水后，方可用于注射用水的制备。目前我国药典规定的制备注射用水的方法为蒸馏法，而美国药典规定的法定方法还有反渗透法。

1. **蒸馏法**

该法是制备注射用水最经典的方法，也是一种优良的净水方法。蒸馏水器目前有多种样式，包括塔式与亭式蒸馏水器、列管式降（升）膜多效蒸馏水器、内（外）螺旋蒸馏水器和气压式蒸馏水器。

2. **反渗透法**

反渗透法是 20 世纪 60 年代发展起来的技术，国内目前主要将其用于原水处理，若装置合理也能达到注射用水的质量要求，而且比较经济，所以《美国药典》（第 23 版）已经收载了此法作为制备注射用水的法定方法之一。其流程为：自来水→预处理→弱酸床→反渗透→脱气→混床→紫外线杀菌→超滤→微孔滤膜→注射用水。

目前反渗透法已在许多药厂得到运用，典型的注射用水生产流程为：自来水→多介质滤器→膜滤→反渗透装置→阳离子树脂床→阴离子树脂床→混合树脂→膜滤→UV 杀菌→贮水桶→多效蒸馏水机或气压式蒸馏水机→热贮水器（80℃）→注射用水。

18.2.1.3　注射用水的收集和保存

在接收注射用水的时候应弃去一部分的初滤液，检查合格后才可进行收集。收集时要注意防止空气中灰尘及其他污染物的落入，最好采用带有无菌滤过装置的密闭收集系统。注射用水应在 80℃以上或灭菌后密封保存。

18.2.1.4　注射用水的检查

在生产过程中，注射用水一般要检查以下几个主要项目：pH、氨、氯化物、细菌内毒素、重金属等。热源一般需定期检查，具体方法参照《中国药典》。

18.2.2　注射用油

注射用油的质量要求应符合《中国药典》的相关规定。其中酸值、碘值、皂化值是评定注射用油的重要指标。酸值说明油中游离脂肪酸的多少，酸值高表明油脂中游离脂肪酸多。碘值表示油脂中不饱和键的多少，碘值过高则表明不饱和键多，油易被氧化酸败，产生特异的刺激性臭味，且易与氧化性药物相互作用；过低则表明含矿物油、蜡或固醇类杂质较多。皂化值表示油中游离脂肪酸和结合成酯的脂肪酸的总量的多少，皂化值过高表明脂肪酸的相对分子质量较小，亲水性较大，甚至失去油脂的特性；过低表明油脂中脂肪酸分子较大或含有不皂化物（如固醇等）杂质较多，注射困难，吸收也较差。考虑到在油脂氧化过程中，有生成过氧化物的可能性，故最好对注射用油中的过氧化物加以控制。凡不符合《中国药典》规定的油，均须加以精制，才能供注射用。

注射用油应贮于避光、密闭、洁净的容器中，还可考虑加入没食子酸丙酯、生育酚等抗氧化剂。

18.2.3 其他注射用溶剂

对于不溶或难溶于水或在溶液中不稳定的药物，常用非水溶剂制备注射液。常用的有乙醇、甘油、丙二醇、聚乙二醇、苯甲酸苄酯、二甲基乙酰胺等。此外还有油酸乙酯、N-（β-羟基乙基）乳酰胺、肉豆蔻异丙基酯、乳酸乙酯等。

（1）乙醇。乙醇可与水、甘油以任意比例混溶，注射给药毒性较小。采用乙醇为注射溶剂时其浓度可高达50%，供肌肉注射和静脉注射，但当其浓度超过10%时，肌注有疼痛感。静注时应防止溶血的发生。

（2）甘油。甘油可与水、乙醇以任意比例混溶。甘油对很多药物都有较大的溶解度，但由于黏度、刺激性等原因不能单独作为注射溶剂，常与乙醇、丙二醇、水等组成复合溶剂使用。常用浓度一般为10%～50%。

（3）丙二醇。注射用的丙二醇为1，2-丙二醇，与水、乙醇、甘油相混溶，能溶解多种水不溶的药物，可供肌肉注射和静脉注射。丙二醇在一般条件下较为稳定，但在高温下（250℃）可被氧化成丙二醛、乳酸、丙酮和醋酸。常用浓度为10%～50%。

（4）聚乙二醇（polyethylene glycols，PEG）。供注射用的聚乙二醇的平均相对分子质量为300、400，记为PEG300、PEG400，能与水、乙醇混合，为无色黏稠液体，化学性质稳定，不水解。PEG300的最大注射用浓度为30%。

（5）二甲基乙酰胺（dimethylacetamide，DMA）。DNA能与水、乙醇任意混合，极易溶于有机溶剂和矿物油中，为澄明的中性液体。连续使用时应注意其慢性毒性，常用浓度为0.01%。

18.3 注射剂的附加剂

除了主药外，为了保证注射剂的安全、有效和稳定，可添加适当的附加剂。所用的附加剂应不影响药物的疗效，避免对检验产生干扰，使用浓度不得引起毒性反应或过度的刺激。多剂量包装的注射液可适当添加抑菌剂，用量应能抑制注射液中微生物的生长，加有抑菌剂的注射液应用适宜的方法灭菌。静脉输液与脑池内、硬膜外、椎管内用的注射液均不得加抑菌剂，另有规定的除外。一次注射量超过15mL的注射液，不得添加抑菌剂。常用的附加剂有增溶剂、助溶剂、表面活性剂、抗氧剂、络合剂、惰性气体、防腐剂、pH调节剂、等渗调节剂等，见表18-2。

表18-2 注射剂常用的附加剂及用量范围（质量分数）

附加剂		浓度/%	附加剂		浓度/%
增溶剂、润湿剂或乳化剂	聚氧乙烯蓖麻油	1～65	缓冲剂	醋酸，醋酸钠	0.18，0.8
	聚山梨酯-20	0.01		枸橼酸，枸橼酸钠	0.5，4.0
	聚山梨酯-40	0.05		乳酸	0.1
	聚山梨酯-80	0.04～4.0		磷酸氢二钠，磷酸二氢钠	1.7，0.71
	聚维酮	0.2～1.0		酒石酸，酒石酸钠	0.65，1.2
	聚乙二醇-40+蓖麻油	7.0～11.5		碳酸氢钠，碳酸钠	0.005，0.06

续上表

附加剂		浓度/%	附加剂		浓度/%
增溶剂、润湿剂或乳化剂	卵磷脂	0.5～2.0	助悬剂	明胶	2.0
	脱氧胆酸钠	0.21		甲基纤维素	0.03～1.05
	普郎尼克 F-68	0.2		羧甲基纤维素	0.05～0.75
	泊洛沙姆-188	0.2		果胶	0.2
稳定剂	肌酐	0.5～0.8	抗氧剂	亚硫酸钠	0.1～0.2
	甘氨酸	1.5～2.25		亚硫酸氢钠	0.1～0.2
	菸酰胺	1.25～2.5		焦亚硫酸钠	0.1～0.2
	辛酸钠	0.4		硫代硫酸钠	0.1
抑菌剂	苯甲醇	1～2		二丁基羟基甲苯	0.005～0.02
	苯酚	0.25～0.5		丁基羟基茴香醚	0.005～0.02
	对羟基苯甲酸丁酯、甲酯	0.01～0.015	填充剂	乳糖	1～8
	三氯叔丁醇	0.25～0.5		甘露醇	1～10
	硫柳汞	0.001～0.01		山梨醇	1～10
止痛剂	盐酸普鲁卡因	1.0		甘氨酸	1～2
	利多卡因	0.5～1.0	保护剂	乳糖	2～5
等渗调节剂	氯化钠	0.5～0.9		蔗糖	2～5
	葡萄糖	4～5		麦芽糖	2～5
螯合剂	乙二胺四乙酸二钠	0.01～0.05		人造血蛋白	0.5～2

18.4　热原

18.4.1　热原的含义及组成

热原（pyrogens）是微生物的代谢产物，大多数细菌都能产生热原，包括霉菌和病毒，但致热能力最强的是革兰氏阴性杆菌所产生的热原。含有热原的输液注射入人体约半小时以后，就可使人体出现发冷、发热、寒颤、身痛、出汗、恶心呕吐等症状，有时体温可升至40℃，严重时可出现昏迷、虚脱，如抢救不及时，可能有生命危险。

热原是微生物产生的内毒素，存在于细菌的细胞膜和固体膜之间。内毒素是由磷脂、脂多糖和蛋白质组成的复合物，其中脂多糖是内毒素的主要成分，具有特别强的热原活性，所以，一般可以认为热原就是内毒素，即脂多糖。脂多糖的化学组成因菌种不同而不同，相对分子质量一般在一百万左右。

18.4.2　热原的性质

（1）耐热性。热原即使在100℃下也不会被破坏，在180℃条件下加热3～4h，

250℃条件下加热30～45min或650℃条件下加热1min才可使热原彻底破坏。

（2）滤过性。热原体积小，直径为1～5nm，一般滤器均不能截留。

（3）水溶性。热原能溶于水中。

（4）不挥发性。热原本身不挥发，但是在蒸馏过程中可随蒸汽进入蒸馏水中。

（5）其他。热原能被强酸强碱破坏，也能被强氧化剂如高锰酸钾或过氧化氢所钝化，超声波也能破坏热原。

18.4.3 热原污染途径

热原的污染可由两方面造成，一是制备过程中的污染，二是使用过程中的污染。制备过程中：①溶剂带入，蒸馏装置结构的不合理或注射用溶剂贮存时间过久都会被热原污染，因此，要用新蒸馏的注射用水来配制注射液；②原料带入，容易滋生微生物的药物如葡萄糖及用生物方法制造的药品如右旋糖酐、水解蛋白或抗生素等常因致热物质未除尽而产生热原反应；③注射剂制备相关的设备、管道、器具等都有可能受到热原的污染，生产环境卫生条件差也会引起热原污染；④输液器带入，曾是出现热原反应的主要原因，但自从广泛使用一次性输液器以来这个问题已基本解决；⑤灭菌后带入，包装瓶的铝盖扎口等不严致使贮藏中受微生物污染而带入热原。

18.4.4 热原的除去方法

（1）高温法。注射用的针筒或其他玻璃器皿，在洗涤干燥后，于250℃加热30min以上，可以破坏热原。

（2）酸碱法。玻璃容器、用具使用重铬酸钾硫酸清洗液或稀氢氧化钠处理，可将热原破坏。

（3）吸附法。常用的吸附剂是活性炭，常用量为0.1%～0.5%。活性炭对热原有较强的吸附作用，同时有助于脱色，所以在注射剂中使用较广。此外还可将活性炭与白陶土合用来除去热原。

（4）反渗透法。通过三醋酸纤维膜或聚酰胺膜除去热原是近年发展起来的新方法。

（5）凝胶滤过法。采用葡聚糖凝胶等具有三维网状结构的高分子聚合物，利用分子筛除去热原。

（6）超滤法。超滤膜孔径为3×10^{-3}mm，可拦截热原。

18.4.5 热原的检查方法

（1）家兔法。家兔法是各国药典收载的方法，属于体内检查法。使用该法检查热原是基于家兔对热原的反应与人是一致的，做法为将一定剂量的供试品静脉注入家兔体内，然后在规定时间内测定家兔体温升高情况以判断供试品所含热原限度是否符合规定。详细操作方法及结果的判定见《中国药典》。

（2）细菌内毒素法。细菌内毒素法是热原的体外检查方法。该法检查热原的原理是利用鲎试剂与细菌内毒素产生的凝胶反应来判断内毒素的限量是否符合规定。鲎试剂来源于鲎的变形细胞溶解物，含有凝固酶原、凝固蛋白原及钙离子。该法的灵敏度比家兔法高10倍（此法的最低检测量为0.0001μg，家兔法为0.001μg）。此外细菌内毒素法操作简单迅速，试验费用少，因此特别适用于生产过程中对热原的控制，但其对革兰氏阴性菌以外的内毒素不够灵敏，尚不能完全取代家兔法。另外，细菌内毒素法适用于某些不能用家兔法检测的品种，如放射性制剂及肿瘤的抑制剂。

18.5 注射剂生产车间的设计要求及生产管理

18.5.1 注射剂生产车间的设计

18.5.1.1 位置选择

注射剂的生产须选择洁净的生产环境，根据《中国药典》的要求注射剂的车间应选择环境安静、空气比较洁净的地方，不宜选择临近马路等尘土飞扬的地方。车间周围应开阔宽敞，光线充足，无泥土外露，有草坪，不种花。如有楼房，因低层易受污染，配滤室宜在楼上。

18.5.1.2 房间布局

注射剂车间一般配备洗涤室、配滤室、灌封室、灭菌室和质检室等；各个工序之间应相互衔接，单向流动，无交叉现象；人流、物流应严格分开，在人进入物流区域进行操作的入口应设置缓冲间，配备供操作人员沐浴、更衣、风淋等卫生措施。

18.5.2 注射剂的生产管理

（1）生产工艺规程。生产工艺规程包括品名、剂型、处方、生产工艺的操作要求、物料、中间产品、成品的质量标准、技术参数及贮存事项、成品容器、包装材料的要求等。必须制定注射剂产品的操作规程，来规范整个生产过程，保证终产品的质量。

（2）生产记录。注射剂的每个生产工序都必须有详细的生产记录，以提供产品的生产历史以及与质量相关的情况。生产记录必须字迹清晰，内容真实，数据完整，并保存至药品有效期后一年备查。

（3）洁净室的管理。洁净室是注射剂车间的核心和注射剂生产的关键部位。进入洁净室的人员应经沐浴、更衣、风淋后才能进入。洁净室人员所穿的工作服应根据洁净度级别在颜色和式样上有所区别，无菌服应上下连体，头发要彻底清洗且不得外露。进入洁净室的人员要尽量避免不必要的讲话和动作。洁净室应每周进行彻底的消毒，每日用消毒清洁剂对门窗、墙面、地面、室内用具及设备外壁进行清洁，并开启紫外灯进行消毒。洁净室还应按规定要求进行监测，监测的主要项目有温度、湿度、风速、空气压力、微粒数及菌落数等。通过监测以保证各项指标符合要求，保证产品的质量。

18.5.3 空气净化技术

空气净化（air purification）技术是以制造洁净空气为主要目的的空气调节措施。制药行业中的空气净化需要生物洁净，即在除掉空气中的各种尘埃的同时还要除掉各种微生物等。空气净化措施与环境的空气状态以及生产对空气的要求密切相关。

18.5.3.1 洁净度标准

《中国药典》（2010版）将药品生产洁净室（区）的空气洁净度划分为四个级别，

见表18－3、表18－4。A级：高风险操作区，如灌装区、放置胶塞桶和与无菌制剂直接接触的敞口包装容器的区域及无菌装配或连接操作的区域，应当用单向流操作台（罩）维持该区的环境状态。单向流系统在其工作区域必须均匀送风，且应当有数据证明单向流的状态并经过验证。在密闭的隔离操作器或手套箱内，可使用较低的风速。B级：指无菌配制和灌装等高风险操作的区域，A级洁净区所处的背景区域。C级和D级：指无菌药品生产过程中重要程度较低操作步骤的洁净区。

表18－3 洁净室（区）空气悬浮粒子的标准级别

洁净度级别	悬浮粒子最大允许数/m^3				近似对应《中国药典》（1998版）
	静态		动态		
	≥0.5μm	≥5μm	≥0.5μm	≥5μm	
A级	3520（ISO5）	20	3520（ISO5）	20	100级
B级	3520（ISO5）	29	352000（ISO7）	2900	100级
C级	352000（ISO7）	2900	3520000（ISO8）	29000	10000级
D级	3520000（ISO8）	29000	不作规定	不作规定	100000级

表18－4 洁净区微生物监测的动态标准

洁净度级别	浮游菌 cfu/m^3	沉降菌（φ 90mm） cfu/4小时	表面微生物	
			接触（φ 55mm），cfu/碟	5指手套，cfu/手套
A级	<1	<1	<1	<1
B级	10	5	5	5
C级	100	50	25	—
D级	200	100	50	—

新版《中国药典》在净化空调方面有新要求，与1998版相比，2010年《中国药典》在净化空调方面主要有以下几点差别：①将无菌制剂的生产环境分为A、B、C、D四级，同时对动态和静态分别提出要求；②对A级区单向流的流形要求进行验证，对风速的要求提高到0.36～0.54m/s；③B级区要求静态粒子数检测达到ISO5级，而动态的粒子数达到ISO7级，且要求从动态到静态水平的自净时间为15～20min；④不同级别间的压差要求不小于10Pa；⑤对A级区、B级区环境（粒子数和菌落数）的监测提出很高要求；⑥由于对参数要求和过程追溯的要求，需要较高的自控水平；⑦取消一般制剂的30万级，改为ISO8级；⑧要求净化空调系统连续运行；⑨对原料药的生产过程要求用于生产非最终灭菌产品的吹灌封设备自身应装有A级空气风淋装置，人员着装应当符合A/B级洁净区的式样，该设备至少应当安装在洁净区环境中。在静态条件下，此环境的悬浮粒子和微生物均应当达到标准，在动态条件下，此环境的微生物应当达到标准。用于生产最终灭菌产品的灌封设备至少应安装在D级洁净区环境中。

18.5.3.2 洁净区的设计要求

制剂生产厂房的内部布置必须根据药品的种类、剂型以及生产工序、生产要求等合理划分，可分为一般生产区、控制区和洁净区。

一般生产区（general region）是指没有洁净度要求的车间或生产岗位，如仓储、公用系统（含制水、空调、冷冻）及生产大楼办公区域。控制区（control region）即输送舒适性空调的区域，如制剂外包区，灯检间，工艺室及二、三层洁净区外围走廊。洁净区（clean region）是指对洁净度要求的工作区，包括A/B级、C级、D级洁净区。

1. 洁净区的布局

洁净区一般由洁净室、空气闸、风淋室、亚污染区、厕所、淋浴室、更衣室等组成。各个部位的布局必须在符合生产工艺要求的前提下，明确人、物流以及空气流的流向，以保证洁净室的洁净度。操作人员进入洁净室的流程为：外更衣室→脱衣室→淋浴室（水洗）→风淋室→更衣室→风淋室→无菌走廊→无菌室。

洁净室布置的基本原则为：①洁净室内设备布置尽量紧凑，以减少洁净室的面积；②洁净室内不安排窗户或窗户与洁净室之间隔以封闭式外走廊；③洁净室的门要求密闭，人、物流进出口处安装有气闸；④同级别洁净室尽可能安排在一起；⑤不同级别的洁净室由低级向高级安排，彼此相连的房间之间应设隔门，以洁净级别设计相应压差，一般10Pa左右，门的开启方向朝着洁净级别高的房间；⑥洁净室应保持正压，洁净室之间按洁净度等级的高低依次相连，并有相应的压差以防止低级洁净室的空气逆流到高级洁净室。空气洁净级别不同的相邻房间之间的净压差应大于5Pa，洁净室（区）与室外大气的净压差应大于10Pa，门的开启方向朝着洁净度级别高的房间；⑦按GMP规定照光度应为3000～6000lx，噪音≤75db；⑧无菌区紫外光灯，一般安装在无菌工作区之上侧或入口处；⑨除工艺对温、湿度有特殊要求外，洁净室的温度宜保持在18～26℃，相对湿度45%～65%。

2. 洁净室内部结构的要求

洁净室对墙壁与地面总的要求是：便于清扫、防湿、防霉、不易开裂、不易燃烧、导电性好、经济等。

（1）地板。地面对洁净度的影响较大，在洁净室的内部结构中，地板是关键。工作人员在地面上活动因而发尘量较大，一般发尘量取值为4.5×10^5粒/（cm^3·min）。地板选用有弹性而光滑的材料为好，缺乏弹性的地板材料易产生缺口而容易积尘；地板和壁面接触的墙角最好做成曲面，以便清扫。常用地面材料有水磨石、铝、塑料、环氧树脂、聚氨酯、聚氧乙烯等。

（2）墙。墙面的发尘量较少，对于大面积墙，常采用高密度块材砌成后表面贴瓷砖或涂上漆类以形成坚实的表面，光滑无隙。常用涂料有聚氨基甲酸乙酯、过氧化乙烯漆、乳胶漆、普通瓷漆等。对小面积的洁净室可用塑料板、铝板等作隔墙。

（3）顶棚。各种管道，如水管、风管、高效滤器和照明设施（包括紫外灯）都可装嵌在天花板吊顶内。天花板采用镶板、混凝土等，最好能用隔音板包于塑料薄膜内，以减少噪音。

3. 洁净室对人、物的净化要求

即使洁净室的设计和施工很完善，维护和管理不当也同样会使洁净度达不到要求。

（1）对操作人员的要求。在洁净室内人是粉尘和细菌的主要污染源。人的皮肤和头发中剥落下来的皮屑，呼吸和说话时吐出的唾液，衣服中脱落下来的纤维等都是污染的物质，特别是人的一举一动更会使污染加剧。为了减少人为产生的发尘量，操作人员进入洁净室之前必须水洗，更衣鞋帽，空气吹淋（风淋）；工作服必须用专用服，尽量盖罩住全身，减少皮肤外露，衣料采用发尘少、难于吸附、不易脱落的紧密的尼龙、涤纶等织物。

（2）对物料的要求。使用的原料、仪器、设备等在进入洁净室前均需清洁处理。按一次通过方式，边灭菌边送入无菌室内。如安瓿等，在生产流水线上经过洗涤和灭菌后，用传递带通过洁净区隔墙上开的空洞陆续进入无菌室。由于洁净室内保持正压，或空洞上方设有气幕，或设置紫外灭菌等，可防止尘埃进入洁净室。又如灭菌柜安装在贯通无菌室的墙壁上，一段开门于生产区，另一端开门于无菌室，把物料从一般生产区装入，经灭菌后从另一端无菌室开门取出。

4. 洁净室的气流组织

由高效滤过器送出来的洁净空气进入洁净室后，其流向的安排直接影响着室内的洁净度。气流形式有层流式和乱流式。

（1）层流（laminar flow）。层流是指空气流线呈平行，又称平行流或单相流。由于层流的流线为单一方向且相互平行，各流线间的尘粒不易从一个流线扩散到另一流线上去。制药滤过器送风口和工作面之间不存在发尘源，在工作面上始终能够得到洁净的空气。层流常用于A/B级的洁净区。层流分为垂直层流与水平层流。垂直层流（vertical laminar flow）以高效滤过器为送风口布满顶棚，地板全部做成回风口，使气流自上而下地流动。实现层流必须有足够的气速，以克服空气对流。水平层流（horizontal laminar flow）以高效滤过器为送风口分布于一侧壁面，对应壁面为回风墙，气流以水平方向流动。为克服尘粒沉降，端面风速不小于0.36m/s。

（2）乱流。乱流的气流具有不规则的运动轨迹，习惯上也称紊流。这种流动的送风口占洁净室端面很小一部分，送入的洁净空气很快扩散到全室，含尘空气被洁净空气稀释后降低了粉尘的浓度，以达到空气净化的目的。因此，室内洁净度与送风、回风的布置形式以及换气次数有关。洁净室可有多种送、回风形式，根据洁净等级和生产需要而定。

5. 洁净室的送风与回风形式

（1）送风形式。送风形式对气流组织影响较大，常见的有侧送风与顶部送风。侧送风是将送风口安装于送风管或墙上，向房间横向送入气流。这类送风口形式较多。其中双层百叶送风口和三层百叶送风口可应用于洁净度较高的空调房间。顶部送风是将散流器装设于房间的顶部送风口，气源从风口向四周以辐射状射出，与室内空气充分混合。

（2）回风形式。回风对气流组织的影响不大，一般安装于墙下，以调节回风量和防止杂物被吸入。回风口的形式有金属网络、百叶和各种形式的栅格等。

18.5.3.3 洁净室的空气净化系统

1. 各级滤过器的组合

污染空气中所含尘粒的粒度范围非常广，不宜只用一个滤过器同时除去所有粒度范围的尘粒，因此在洁净技术中通常使用三级滤过，即粗效滤过、中效滤过、高效滤过。

滤过器的组合方式旨在使空气由粗效到高效逐步净化。组合的滤过器级别不同，可得到不同的净化效果。对 D 级的空气净化处理，末级滤过器应采用中效滤过器；对洁净度为 C 级的空气净化处理，末级可采用高效或亚高效滤过器；洁净度为 A/B 级的空气净化系统称高效空气净化系统，此时末级滤过器必须是高效滤过器。

2. **局部净化**

因为洁净室的造价很高，而且室内操作人员无法彻底消除人为的污染，所以经常采用局部净化环境的措施解决这一问题。A/B 级洁净度的局部工作区域安装在 C 级的洁净室内，以确保洁净要求。以水平或垂直单向流的方式，可使局部区域达到高洁净度。洁净操作台、超净工作台、生物安全柜、无菌小室等设施都是使局部区域达到高洁净度的具体措施。

超净工作台工作原理是使通过高效滤过器的洁净空气在操作台内形成低速层流气流，直接覆盖整个操作台面，以获得局部的洁净，洁净度可达到 A 级。超净工作台的送风方式有水平层流和垂直层流两种，而水平层流型的应用则更为广泛。超净工作台的优点是设备费用少、可移动，且对操作人员的要求相对较少。

18.6 注射剂的分类和制备

18.6.1 小体积注射剂的生产工艺

注射剂的制备过程包括容器的处理、配液、滤过、灌封、灭菌、检漏、质检及最后的印字、包装到成品等。

18.6.1.1 注射剂的容器及处理方法

安瓿的容积通常为 1mL、2mL、5mL、10mL 和 20mL，分为有颈安瓿和粉末安瓿。安瓿多由无色透明玻璃制成，琥珀色的安瓿可以滤过紫外线，适合于对光敏感的药物，但此种安瓿中含有痕量的氧化铁，能被铁离子催化分解的药物不适合用琥珀色玻璃瓶分装。目前国内普遍使用易折安瓿，此种安瓿上有刻痕，使用时不用锉刀也很容易折断。

安瓿的洗涤主要采用加压喷射气水洗涤法，此法特别适合大安瓿的洗涤。在操作时，利用已过滤的蒸馏水和过滤的压缩空气由针头对安瓿内部交替清洗，一般进行 4 ～8 次。此法清洗安瓿时，注射用水和对空气的过滤很重要，应防止在过滤过程中被压缩机中的油污染，导致出现“油瓶”。最后一次洗涤所使用的水应当是用微孔滤膜过滤的水，以保证安瓿内部的清洁。也有只采用洁净空气吹洗的方法，安瓿在玻璃厂生产时就严密包装，不使污染，故只用清洁空气吹洗即可。清洗干净的安瓿要进行加热干燥和灭菌。还有一种密封安瓿，使用时在净化空气下用火焰开口，直接灌封，这样可以免去洗瓶、干燥、灭菌等工作。

大量生产时，安瓿在洗涤后采用隧道式烘干，此设备主要由远红外线发射装置与安瓿自动传送装置两部分组成，在碳化硅电热板辐射源表面涂上远红外涂料，如氧化钛、氧化锆等氧化物，便可辐射远红外线，具有效率高、质量好、干燥速率快和节约能源的特点。灭菌好的空安瓿存放柜应有净化空气保护，安瓿的存放时间不应超过 24h。

18.6.1.2 注射液的配制

大量配制注射剂的原液时，在夹层锅内进行，夹层锅带有搅拌和加热/冷却装置。原液的配制方法有两种，将全部原料加入全量溶剂，配制成所需要的浓度，此法为稀配法，适合原料质量好的原料。另外一种方法是将全部原料加入到部分溶剂中，配成浓液，然后对浓液进行加热或冷藏后过滤，除去其中的杂质，此法为浓配法，可以将溶解度小的杂质除去。无论是稀配法还是浓配法，所使用的注射用水要新鲜制备，贮存时间不超过12h。

对含量少的注射液，应先将药物溶于少量的溶剂中完全溶解后再稀释，以防止药物的损失和不均匀；对剧毒药物，应特别小心谨慎，放置交叉污染；对不易滤清的药液可加0.1%～0.3%的活性炭处理，也可用纸浆或纸浆混炭处理，以达到吸附和助滤的作用，同时使用时应注意活性炭对药物的吸附作用，特别是对小剂量药物，应考察其加炭前后的药物含量变化，确定能否使用。

配制好的原液在灌封前要进行过滤处理，过滤的顺序是先粗滤，再进行精滤。粗滤使用垂熔玻璃滤器、砂滤棒等，精滤时要使用微孔滤膜。可以采用高位静压过滤装置，也可以采用减压或加压过滤装置来进行过滤。加压过滤压力稳定、滤速快、质量好，适合大批量生产，如果中途停顿，对滤层的影响较小，外界的空气也不容易进入过滤系统。此法适合配液、滤过和灌封在同一水平面的操作。无菌滤液采用此法可以有效防止外界的污染。

18.6.1.3 注射剂的灌封

灌封包括灌注药液和封口两步，应在同一室内进行。灌注后应立即封口，以免污染。灌封室的环境要求严格控制，洁净级别达到A级。

灌封分手工和机械两种。手工灌注针头一般采用拉尖的玻璃管、不锈钢针头，或采用软针头（塑料）灌注，可以减少玻璃屑脱落的概率。机械灌封多用于大规模工业化制备注射剂，采用多针头连续灌封，常用的有AG1/2，AG5/10和AG20三种型号的灌封机，分别用于1～2mL、5～10mL、20mL的注射剂的灌封。为了保证注射剂的稳定性，有时可在注射液灌注后、封口前向安瓿中注入惰性气体，常用氮气和二氧化碳。

封口的方式采用拉封法。按火焰多少可分为单火焰法和双火焰法，其中双火焰法较常用，封口速度快，质量较高。火焰多采用煤气或汽化汽油，同时以压缩空气或氧气助燃。封口时火焰要调节好，防止发生鼓泡、封口不严等废品。

灌封过程可能出现的问题：剂量不准确，封口不严，有焦头、瘪头、鼓泡等废品。出现焦头的主要原因是安瓿瓶颈粘有药液，封口时炭化所致。充二氧化碳的产品容易发生瘪头或鼓泡，可通过预热，在熔封上方加一保温挡板，适当控制火焰，以减少废品的产生。

18.6.1.4 注射剂的灭菌和检漏

除采用无菌操作生产的注射剂之外，均需进行灭菌。为了兼顾药物的稳定性和杀灭其中可能残留的微生物，对灭菌时间和方式要合理选择。注射剂的生产污染较少，常用流通蒸汽灭菌，一般1～5mL的安瓿，100℃流通蒸汽灭菌30min；10～20mL的安瓿，100℃流通蒸汽灭菌45min。对热不稳定的注射剂可适当缩短灭菌时间或降低灭菌温度，如对维生素 C 注射液，可采用 100℃流通蒸汽灭菌 15min；对耐热的注射剂宜采用 115℃流通蒸汽灭菌 30min。灭菌后要进行检漏，防止微生物通过安瓿上的细孔或裂缝进入瓶内。方法是先对安瓿进行减压，再将有颜色的水喷在其上，如果安瓿密封不严，有色水就会进入负压的安瓿内部，导致瓶内药液染色。

18.6.1.5　注射剂的质量检查和稳定性评价

（1）可见异物检查。可见异物是存在于注射剂中、在规定条件下目视可以观测到的不溶性物质，其粒径或长度通常大于 50μm。注射液中特别是输液中的颗粒物质可造成毛细血管堵塞而导致栓塞，若侵入肺、脑、肾、眼等脏器，还有可能引起这些组织的栓塞和巨噬细胞的包围与增生，形成肉芽肿等危害。注射液的可见异物检查应按照《中国药典》附录的“可见异物检查法”进行。

（2）不溶性微粒检查。不溶性微粒检查法是在可见异物检查符合规定后，用以检查溶液型静脉注射剂中不溶性微粒的大小及数量的方法，包括光阻法和显微计数法两种方法。除另有规定外，测定方法一般先采用光阻法，当测定结果不符合规定或供试品不适于用光阻法测定时，才改用显微计数法。

（3）热原检查。热原的检查方法详见《中国药典》附录的“热原检查法”和“细菌内毒素检查法”。

（4）无菌检查。注射剂在灭菌后应抽取一定数量的样品进行无菌检查，以确保产品的灭菌效果。通过无菌操作制备的成品更应注意无菌检查结果。具体实施方法见《中国药典》附录的“无菌检查法”。

（5）降压物质检查。药典规定对由发酵制得的原料，制成注射剂后一定要进行降压物质检查。由发酵提取得到的抗生素如两性霉素 B 等，若质量不好往往会混有少量组胺，其毒性很大，可引起明显的低血压反应，因此是降压物质的代表。具体检查方法详见《中国药典》附录的“降压物质检查法”。

（6）稳定性检查。溶液型注射剂需要注意其在贮存中的化学稳定性，应制定主成分含量测定方法，通过加速试验等方法来评价其化学稳定性。

（7）其他。注射剂的装量检查按药典规定方法进行。此外，鉴别、含量测定、pH 测定、毒性试验、刺激性试验等按具体品种要求进行检查。

18.6.1.6　注射剂的印字和包装

注射剂生产的最后工序为印字包装。印字的内容包括注射剂的名称、规格及批号。印字后的安瓿即可装入纸盒，盒外贴标签，盒内应附详细说明书，供使用时参考。此外，包装应采用产品免受运输、装卸及贮存时引起外伤的防护措施，还应有保护光敏性药物遇光降解的措施。

【例】环丙沙星注射剂的制备

［处方］乳酸环丙沙星 2.54g（相当于环丙沙星 2.0g），EDTA－2Na0.05g。枸橼酸 0.2g，氯化钠 9.0g，适量盐酸，注射用水加至 1000mL，每瓶注射剂 100mL，每 1mL 含主药 2mg。

［制法］取乳酸环丙沙星 2.54g 和 EDTA－2Na0.05g，溶于适量热水中，作为 A 液；另取枸橼酸 0.2g、氯化钠 9.0g 溶于适量水中，加针剂用活性炭约 0.1%，加热煮沸

10min，趁热用布氏漏斗衬滤纸脱炭，所得滤液作为B液；将A液和B液合并搅匀，加盐酸调节pH为4.3，加水至1000mL搅匀后，经三级过滤，分装，在115℃、0.07MPa蒸气压下灭菌0.5h，即得。

【例】维生素C注射液的制备

［处方］维生素C104g，碳酸氢钠49g，亚硫酸氢钠2g，依地酸二钠0.05g，注射用水1000mL。

［制法］在配制容器中，加配制量80%的新鲜注射用水，用二氧化碳饱和，然后加维生素C溶解，分次缓缓加入碳酸氢钠，搅拌使完全溶解。加入预先配制好的依地酸二钠溶液和亚硫酸氢钠溶液，搅拌均匀，调药液pH至6.0～6.2，然后加入用二氧化碳饱和的新鲜注射用水至全量，用垂熔玻璃漏斗和膜滤器过滤，并在二氧化碳或氮气流下灌封，最后以100℃流通蒸汽灭菌15min。

［注解］①维生素C的水溶液与空气接触，自动氧化成脱氢抗坏血酸，脱氢抗坏血酸再经水解生成2，3－二酮－L－古罗酮糖酸而失去疗效，此化合物继续被氧化成草酸及L－丁糖酸，分解后呈黄色；脱氢抗坏血酸在无氧条件下会降解为糠醛，糠醛进一步聚合成多聚糠醛，形成黄色的斑点。这两点是影响维生素C颜色变化的主要原因，氧气、光照、加热、金属离子、酸碱度等都是加速脱氢抗坏血酸降解的因素。因此生产上采取充填惰性气体、调节药液的pH值、加抗氧剂及金属络合剂等多种措施。②维生素C分子中有烯二醇式结构，故显强酸性。注射时刺激性大，产生疼痛，故加入碳酸氢钠或结晶碳酸钠，可将维生素C部分地中和成钠盐，以减小疼痛。同时碳酸氢钠还起调节pH的作用，以增强本品的稳定性。③本品的稳定性与温度有关，实验证明本品100℃流通蒸汽灭菌15min的药物稳定性较好。但操作过程应尽量在无菌条件下进行，以防污染。

18.6.2 输液剂的生产工艺

输液剂是大体积的注射液，是一类用于调整体内水、电解质、糖、蛋白质代谢及扩充血容量的供静脉或皮下注射的100mL以上的大型注射液，例如，生理盐水、等渗葡萄糖注射液、水解蛋白注射液及右旋糖酐注射液等。

18.6.2.1 输液剂的特点

（1）容量包装。输液一般分装于密闭的大型安瓿、中性硬质玻璃瓶或轻便特制的塑料袋内。其容量在100mL以上，一般为500mL，最大者有1000mL。

（2）理化性质。由于输液用量大，因而对某些理化性质如渗透压、pH等的要求比一般小型注射剂严格。一般大输液的渗透压，若悬殊地偏离人体的生理范围，会由于用量过大，导致超出体液的调节能力，常引起不良反应，如低渗液可产生血尿，高渗液可导致血球脱水皱缩，严重者发生血栓危及生命。同样，一般大型输液的pH若悬殊地超出人体生理pH范围，会因输入的体积大，血液缓冲能力不够，从而破坏血液中的酸碱平衡，可引起不良反应甚至造成严重后果。

（3）血流动力学。小体积注射剂不要求也不具有血流动力学性质，而输液特别是某些血容量扩充剂如右旋糖酐注射液等，则要求具有一定的胶体性、密度、黏度和滞留性等血流动力学性质，以起到增加血浆容量的作用。

（4）制备。大输液的剂型不同于小体积注射剂，一般都只以注射用水为溶剂，制成澄明的注射液，不采用混悬液及油制溶液。大输液与一般注射剂特别是肌肉注射液不同，除在制备过程中加入酸碱调节输液的 pH 外，一般不允许添加附加剂。

18.6.2.2　不同类型输液的质量要求

目前临床上常用的输液可归纳为以下三类。

（1）电解质输液。主要用于大量脱水患者补充体内水分、电解质，纠正体内酸碱平衡，维持体液渗透压，以恢复人体的正常生理功能。近年来，电解质输液已从单一电解质逐步向复方电解质发展，如林格氏液、乳酸林格氏液等。

（2）营养输液。主要为患者提供糖、脂肪、氨基酸、微量元素和维生素等热能和营养成分，使不能正常进食或超代谢的患者仍能维持良好的营养状态，纠正负氮平衡，促进伤口愈合，延长生存期等。营养输液有糖类输液、脂肪输液、氨基酸输液、维生素输液等。

（3）渗透压输液。主要用作血容量扩充剂和高渗利尿脱水剂。前者是利用水溶性高分子化合物溶液所产生的胶体渗透压来增加血容量，维持血压以达到预防和治疗休克的目的；后者是利用药物溶液所产生的高渗透压达到脱水利尿的作用，还可降低眼压、颅内压以及防治急性肾功能衰竭。这类输液有右旋糖酐注射液、羟乙基淀粉注射液以及甘露醇注射液等。

输液的质量要求与小体积注射剂是基本一致的，但由于这类产品注射量大，故应对无菌、无热原和澄明度这三项特别注意。含量、色泽、pH 也应合乎要求，渗透压可为等渗或偏高渗，但不能引起血象的任何异常变化。此外，输液要求不能产生导致过敏反应的异性蛋白及降压物质。输液中不得添加任何抑菌剂，并且在贮存过程中应保持质量稳定。特殊情况下制成乳状型或混悬型大体积注射液，要求微粒直径小于 1μm。胶体输液，除符合注射剂有关质量要求外，代血浆应不应妨碍血型试验，不应妨碍红细胞的携氧功能，在血液循环系统内，可保留较长时间，易被机体吸收，不得在脏器组织中蓄积。

18.6.2.3　等渗、等压条件摩尔浓度的计算

注射液渗透压过高或过低时，肌肉注射也能产生刺激性，且影响吸收。质量浓度为 0.9% 的氯化钠溶液和血浆具有相同的渗透压，故为等渗溶液。肌内注射可耐受质量浓度为 0.45% ～2.7% 的氯化钠溶液，即相当于 0.5 ～3 个等渗度的溶液。而对于静脉注射则看对红细胞的影响，因为红细胞为一半透膜，在低渗溶液中，水分子穿过细胞膜进入红细胞内，会导致红细胞胀破，造成溶血现象。渗透压小于质量分数为 0.45% 氯化钠溶液注射入体内将有溶血现象产生。大量注入这类低渗溶液，会使人感到头胀、胸闷，严重的可发生麻木、寒颤、高热、尿液中出现血红蛋白等症状。注入高渗溶液时，红细胞内的水分渗出，细胞萎缩，但只要注射速度缓慢，由于血液可自行调节使渗透压很快恢复正常，所以不至于发生不良影响。脊髓腔内注射由于易受渗透压的影响，故注射液必须调节至等渗。

1）输液渗透压的计算

临床上原采用渗透摩尔质量（简称渗量，Osm/L）或渗透毫摩尔质量（简称毫渗量，mOsm/L）作为体液渗透压的单位，现已改为采用国际单位千帕 kPa。计算的原理是根据稀溶液的依数性，即渗透压大小由溶液中溶质的质点数目决定。37℃下，非电解质如

1mmol/L葡萄糖的渗透压为：1mOsm/L = 1/1000 Osm/L = 2.5787kPa；电解质如1mmol/L NaCl 溶液的渗透压为：2 × 1mOsm/L = 5.1574kPa，1mmol/L $CaCl_2$溶液的渗透压为：3 × 1mOsm/L = 7.7361kPa。

正常人体液中的阳离子包括 Na^+、K^+、Ca^{2+} 和 Mg^{2+} 共产生 149mOsm/L = 384.1863kPa的渗透压，故体液（包括血浆）渗透压平均为768.4526kPa，正常范围为718.0360 ～ 799.3970kPa。因此，从临床的观点来看，凡是输液的渗透压力为768.4526kPa，则认为与血浆等渗。所以制备等渗输液，需要基本上符合上述要求。

【例1】 制备等渗氯化钠注射液1000mL，需要多少氯化钠？

解：由于1mmol/L NaCl 溶液的渗透压为5.1574kPa，设产生768.4526kPa，需要 x（mmol）NaCl，

则 1mmol：5.1574kPa = x：768.4526kPa

x = 149mmol

NaCl 的质量 = 149 × 58.5mg = 9g

故质量分数为0.9%的氯化钠注射液，就是等渗溶液。

2）凝固点降低数据法

血浆的凝固点为 -0.52℃，因此任何溶液，只要其凝固点降低为 -0.52℃，即与血浆等渗。表18-5列出了一些药物的1%水溶液的凝固点降低数据，根据这些数据可以计算给药物配成等渗溶液的浓度。

表18-5 部分药物水溶液的凝固点降低数据与氯化钠的等渗当量

名称	1%水溶液的凝固点降低数据/℃	1g 药物氯化钠的等渗当量
硼酸	0.28	0.47
盐酸乙基吗啡	0.19	0.15
硫酸阿托品	0.08	0.10
盐酸可卡因	0.09	0.14
氯霉素	0.06	—
依地酸钙钠	0.12	0.21
盐酸麻黄碱	0.16	0.28
无水葡萄糖	0.10	0.18
葡萄糖（H_2O）	0.091	0.16
氢溴酸后马托品	0.097	0.17
盐酸吗啡	0.086	0.15
碳酸氢钠	0.381	0.65
氯化钠	0.58	—
青霉素G钾	—	0.16
硝酸毛果芸香碱	0.133	0.18
聚山梨酯-80	0.01	0.02
盐酸普鲁卡因	0.12	0.18
盐酸丁卡因	0.109	0.18

【例 2】　用氯化钠配制 100mL 等渗溶液，问需要多少氯化钠?

解：查表知质量浓度为 1% 氯化钠溶液的凝固点降低 0.58℃，设氯化钠在等渗溶液中的浓度为 x，则

$1\% : x = 0.58 : 0.52$

解得 $x = 0.9\%$

即配制 100mL 的等渗氯化钠溶液需 0.9g 氯化钠。

【例 3】　配制 100mL 质量浓度为 2% 盐酸普鲁卡因溶液，需要加多少氯化钠使成等渗溶液?

解：2% 盐酸普鲁卡因水溶液的凝固点降低数据 $= 0.12℃ \times 2 = 0.24℃$，设 x 为配成等渗溶液所需氯化钠的质量分数，则 $\frac{x}{1\%} = \frac{0.52/0.24}{0.58}$，解得 $x = 0.48\%$，

即加入 0.48g 的氯化钠，可使 2% 的盐酸普鲁卡因溶液成为等渗溶液。

3）等渗溶液（iso - osmotic solution）和等张溶液（isotonic solution）

等渗溶液是指渗透压与血浆相等的溶液。因为渗透压是溶液的依数性之一，可用物理化学实验方法求得，因而等渗是个物理化学概念。但根据此概念计算出某些药物如盐酸普鲁卡因、丙二醇、尿素及甘油等的等渗浓度，然后配成等渗溶液，结果还是会发生不同程度的溶血现象，因而提出了等张的概念。所谓的等张溶液是指与红细胞膜张力相等的溶液。在等张溶液中既不会发生红细胞体积改变，更不会发生溶血，所以等张是个生物学概念。

许多药物的等渗浓度与等张浓度相同或相近，但对于有些药物，红细胞膜不能看作理想的半透膜，因为它们能迅速自由地通过红细胞膜，同时促使细胞膜外水分进入细胞，导致红细胞胀大破裂，从而引起溶血。这类药物一般加入适量氯化钠或葡萄糖后即可避免溶血。

18.6.2.3　输液剂的制备

1）车间要求

输液剂是大容量的注射剂，其制备工艺与小体积注射针剂的工艺几乎相同。根据我国 GMP 规定，输液剂的生产必须有合格的厂房或车间，并有必要的设备和经过训练的专业人员，才能进行生产。在输液生产线，一般洗涤室、配液室的洁净度为 C 级，而洗瓶机、传送机、灌装机、盖胶塞等关键部分，会采用局部层流的方法，其洁净度要求为 A/B 级。

2）质量控制和稳定性评价

输液剂的质量要求和注射小针是一致的，但是由于注射量大，因而对澄明度、热原、无菌性的检查比小针更为严格。

3）制备工艺

配液用的注射用水必须新鲜制备，特别要注意与质量密切相关的热原、pH 和铵盐的情况。此外，输液剂所使用的原料应当选用注射级的原料，药液的配制多采用浓配法，并加入 0.01% ～0.5% 针用活性炭脱色。输液的过滤和针剂相同，多采用加压过滤，具体为先采用陶瓷滤棒、垂熔玻璃滤棒和板框式压滤机进行预滤，再用微孔滤膜进行精滤。

用玻璃瓶制备输液剂时，灌封步骤包括灌注、加膜、盖橡胶塞和轧铝盖。现在的联动包装技术可以将制瓶、灌注和封口同时进行。为减少微生物繁殖的机会，输液剂从配制到灭菌不宜超过4h，一般采用115℃流通蒸汽灭菌30min。质检项目通常包括微粒、热原和澄明度以及酸碱度等，详细可参照《中国药典》附录中的相关内容。

输液剂的工艺变化主要发生在包装材料上，传统的输液剂主要是采用玻璃瓶和胶塞，这不仅笨重，而且在各个环节受到污染的概率也很大。因此目前输液剂的包装正从玻璃瓶向塑料包装的方向转化。塑料包装分为塑料瓶和塑料软袋，采用聚氯乙烯（PE）或聚丙烯（PP）等无毒塑料制成，具有耐水耐腐蚀、机械强度高、化学稳定性好、可以热压灭菌、质量轻、运输方便、不易破损等优点。近年，国内的输液包装也发生了重大改变，国产的双向拉伸聚丙烯（BOPP）输液瓶制作设备，自动化程度高、速度快、产品质量稳定。随着技术的不断进步和膜材成本的不断降低，国内大输液生产厂家输液产品不断更新、规模不断扩大，复合膜软袋在输液产品包装的发展中将发挥越来越重要的作用。

【例1】 葡萄糖注射液

［处方］注射用葡萄糖50～400g，1%盐酸适量，注射用水加至1000mL，可得葡萄糖含量为5%～40%的注射液。

［制法］按处方量将葡萄糖投入煮沸的注射用水内，得到50%～60%的浓溶液，加入盐酸适量，同时加浓溶液量0.1%的活性炭，混匀，加热煮沸约15min，趁热滤过脱炭。在所得滤液加入注射用水稀释至所需量，测定pH及含量合格后，反复滤过至澄明即可灌装封口，在115℃下热压灭菌30min，即得。

［作用］5%、10%葡萄糖注射液具有补充体液、营养、强心、利尿、解毒的作用，用于大量失水、血糖过低等症。25%、40%葡萄糖溶液，因其渗透压高，能将组织内的体液引到循环系统内并由肾排出，用于降低眼压及颅内压增加引起的各种病症。

［注解］①葡萄糖注射液有时会产生云雾状沉淀，一般是由于原料不纯或滤过时漏炭等原因造成的，解决办法一般采用浓配法：用滤膜滤过，并加入适量盐酸，中和胶粒上的电荷，加热煮沸使糊精水解，蛋白质凝聚，同时加入活性炭吸附，滤过除去。②葡萄糖注射液另一个不稳定的表现为颜色变黄和pH下降。有人认为葡萄糖在酸性溶液中，首先脱水形成5-羟甲基呋喃甲醛，再进一步分解为乙酸丙酸和甲酸，同时形成一种有色物质，一般认为是5-羟甲基呋喃甲醛的聚合物。由于酸性物质的生成，所以灭菌后葡萄糖注射液pH下降。影响稳定性的因素，主要是灭菌温度和溶液的pH。因此，为避免溶液变色，一方面要严格控制灭菌温度与时间，另一方面要调节溶液的pH在3.8～4.0。

【例2】 右旋糖酐-40氯化钠注射液

［处方］右旋糖酐-40 60g，氯化钠9g，注射用水加至1000mL。

［制法］将适量注射用水加热至沸，加入计算量的右旋糖酐-40，使溶液浓度为12%～15%，搅拌使其溶解，加入1.5%的活性炭，保持微沸1～2h，加压滤过脱炭，浓溶液加注射用水稀释成6%的溶液，然后加入氯化钠，搅拌使其溶解，冷却至室温，取样，测定含量和pH，pH宜控制在4.4～4.9，再加活性炭0.5%，搅拌，加热至70～80℃，反复回滤，至药液澄明后灌装，用115℃灭菌30min。

［作用］中分子右旋糖酐与血浆有同样的胶体特性，可以提高血浆胶体渗透压，增

加血容量，维持血压，用于治疗低血容量性休克，如外伤性出血性休克。

［注解］①右旋糖酐是用蔗糖经 Leuconnstoc Mesenteroides 菌发酵后产生的葡萄糖聚合物。其通式为 $(C_6H_{10}O_5)_n$。右旋糖酐按相对分子质量不同可分为中、低、小相对分子质量三种，分别为右旋糖酐 - 70，右旋糖酐 - 40，右旋糖酐 - 20。②右旋糖酐 - 40 或右旋糖酐 - 20 注射液有 6% 和 10% 的氯化钠或葡萄糖注射液，而右旋糖酐 - 70 注射液只有 6% 氯化钠或葡萄糖注射液。③因右旋糖酐是经生物合成制备的，易夹杂热原，故活性炭用量较大，同时因本品黏度大，所以需要在较高温度下滤过。本品灭菌一次，其相对分子质量下降 3000 ～ 5000，所以受热时间不能过长，以免产品变黄。本品在贮存过程中易析出片状结晶，主要与贮存温度和相对分子质量有关。低分子右旋糖酐也有脱水作用，但作用时间短。它还能改变红细胞的电荷，使红细胞获得一层有负电荷的多糖外衣，由于同样电荷互相排斥，故可防止红细胞相互黏着，同时也可防止红细胞与毛细血管的黏附，因此，可避免血管内红细胞凝聚，减少血栓形成，增加毛细血管的流量，改善微循环。

18.6.3 特殊类型的注射剂

18.6.3.1 注射用灭菌固体制剂

注射用灭菌固体制剂是指药物被制成在临用前需要用适宜的无菌溶液配制成澄清溶液或均匀混悬液的无菌粉末或块状物。前者为无菌粉针，药品呈结晶形或无定形粉末；后者是灭菌冷冻干燥品，药品呈疏松块状。注射用灭菌固体制剂可用适宜的注射用溶剂配制后注射，也可用于静脉输液配制后静脉滴注。将药物制成粉针剂不仅可以提高药物的稳定性，而且极大地方便了药物的贮藏和运输。

1）灭菌

先用适当的溶剂将药物溶解，必要时可加活性炭脱色和吸附除去热原等杂质，经初滤后再用 0.18μm 微孔滤膜过滤，滤液经结晶法或喷雾干燥法或冷冻干燥法后得到无菌干燥精制品，所得物料的纯度、细度、加入溶剂复溶后的澄明度等指标都要符合注射剂的要求。

2）结晶

在适宜条件下，如降低温度或通过溶剂转换，使药物从无菌滤液中析出结晶，经过抽滤或离心过滤并分次洗涤处理，将母液分离掉，最后进行低温真空干燥。

3）喷雾干燥

将无菌液（固体含量 20% ～ 30%）经过喷雾干燥制成无菌粉末或球形制剂，此法制备的无菌物溶解性能好，药物受污染机会小，可以大量生产，但是对热敏感药物的稳定性会有一定程度的影响。

4）冷冻干燥

将药物的无菌滤液置于冷冻干燥剂内，经过低温冻结、减压干燥，再粉碎成粉末药物供分装。此法适合于受热易分解或易氧化的药物的处理，优点是微粒的污染机会小，但是生产周期长、成本高。

5）无菌分装

（1）原材料的准备。盛装无菌粉末的溶液可以是粉针安瓿或带橡胶塞铝盖轧口的玻璃瓶，处理方法均按本章前述方法处理，均需灭菌。玻璃瓶可用电烘箱180℃干热灭菌1.5h，胶塞洗净后要用硅油进行硅化处理，再用125℃干热灭菌2.5h，灭菌好的空瓶存放柜应有净化空气保护，瓶子存放时间不能超过24h。无菌原料可用结晶法、喷雾干燥法制备，必要时需进行粉碎、过筛等操作，在无菌条件下制得符合注射用的灭菌粉末。

（2）无菌分装。分装必须在高度洁净的无菌室中按照无菌操作进行。分装好的小瓶需要立即加塞并用铝塑组合盖密封。分装机应有局部层流装置。

（3）辅料。有些药物粉末由于剂量太小，分装有困难，装量不准确，此时可以通过加入适当填充剂辅料来解决，填充剂类似于片剂制备中所加入的稀释剂；为了增加药物的稳定性，有时要加入调节pH的物质，所加入的这些物质都要满足注射要求并经过灭菌处理。常用辅料有乳糖、蔗糖、甘露醇，附加剂有维生素C、磷酸盐、枸橼酸盐、尼泊金、无水氯化镁、去氧胆酸钠、无水碳酸钠、水解明胶、氯化钠等。

（4）灭菌和异物检查。对于耐热的品种如青霉素，一般可按前述条件进行补充灭菌，以确保安全。对于不耐热的品种，必须进行严格的无菌操作，因为终产品不能灭菌。异物检查一般在传送带用眼睛进行检视。

6）质量控制

注射用无菌分装产品除了应进行含量测定、可见异物等注射剂的一般项目外，还应特别注意其吸湿问题、无菌问题、检漏问题、装量差异问题和澄明度问题等。

（1）吸湿。无菌分装产品在分装过程中应注意防止吸潮问题的发生，此外，一方面要对橡胶塞进行防潮性能测定，另一方面也应注意铝盖可能封口不严的问题，应压紧后瓶口烫蜡，确保封口严密。

（2）无菌。无菌分装产品是在无菌条件下制备的，稍有不慎就有可能使局部受到污染，而微生物在固体粉末中繁殖较慢，不易为肉眼所见，危险性更大。为了保证用药安全，解决无菌分装过程中的污染问题，应采用层流净化装置，为高度无菌提供可靠的保证。此外，对耐热产品可进行补充灭菌。

（3）装量差异。无菌分装的产品由于粉末易吸潮、易结块、流动性差、粉末质轻、密度小、针状结晶不易准确分装等原因造成装量差异不合格的问题，应针对具体产品采取解决措施。

（4）检漏。粉针的检漏较为困难，耐热的产品可在补充灭菌时进行检漏，漏气的产品在灭菌时易吸湿结块；不耐热的产品可用亚甲蓝水检漏。

（5）澄明度。对无菌分装产品，粉末要经过一系列处理，会使污染机会增多，粉末溶解后可能出现毛点，以致澄明度不合要求。因此应从原料的处理开始，注意环境控制，防止污染。

【例】注射用青霉素G钠（钾）盐

将青霉素G钠（钾）盐结晶，用丁醇和乙酸乙酯洗涤、甩滤、压粉、过筛，并于105℃真空干燥6～8h，放冷。将青霉素G钠（钾）的无菌粉末分装于无菌大瓶中，送制剂车间分装。分装的容器经洗涤、干燥、灭菌，送入无菌分装室。橡胶塞经氯化处理后，用自来水、0.2% KOH热溶液（90℃）洗涤，再用蒸馏水冲洗干净，于110℃干燥，180℃灭菌1h。然后在无菌室按无菌要求进行分装。无菌分装室的温度控制在20～25℃，相对适度为55%左右。分装后盖橡胶塞和铝盖、轧口、检查、封蜡、贴签、包装即得。

18.6.3.2　注射用冷冻干燥制品

冷冻干燥制剂，简称“冻干剂”，是指把药品溶液在低温下冻结，然后在真空条件下升华干燥，除去冰晶，待升华结束后再进行解吸干燥，除去部分结合水而制成的制剂。冻干剂的冷冻干燥过程主要可分为药品的准备、预冻、升华干燥和解吸干燥、密封保存等五个步骤。药品按上述方法冻干后，可在室温下避光长期贮存，需要使用时，加灭菌注射用水或生理盐水制成溶液或混悬液，即可恢复到冻干前的状态。此法适合对热不稳定和在水溶液中不稳定的药物，这些药物多为疫苗和其他生物制品。

冷冻干燥具有的突出优点为：①冷冻干燥在低温下进行，因此对许多热敏性的物质特别适用，如蛋白质、微生物之类不会发生变性或失去生物活性；②由于在冻结的状态下进行干燥，因此药品的体积几乎不变，保持了原来的结构，不会发生浓缩现象；③干燥后的物质疏松多孔，加水后溶解迅速而完全；④干燥在真空下进行，氧气极少，一些易氧化的物质得到了保护；⑤干燥能排除 95% ～99% 的水分，故干燥后产品能够长期保存而不致变质；⑥干燥后采用真空压塞，避免了药物的氧化问题。

但是，冻干对溶剂的选择范围很窄，生产设备要求较高，干燥时间长，生产能耗大，这些都是冷冻干燥法的明显的缺点。

1）注射用冷冻干燥制品的生产工艺

产品在冻干之前的操作基本上与溶液型注射剂相同，但分装时应注意厚度要薄，方便冻干。分装之后的工艺如下。

（1）预冻。产品在进行冷冻干燥时，需要装入适宜的容器进行预先冻结，才能进行升华干燥。预冻过程不仅是为了保护物质的主要性能不变，也是为了使冻结后的产品有合理的结构以利于水的升华，此外，还要有适当的装量。预冻温度应该低于产品的低共熔点 10 ～20℃，否则抽真空时可能因压力降低而使制品的低共熔点升高，少量的液体会“沸腾”导致产品表面不平，严重时可能会造成喷瓶。预冻有速冻和慢冻两种方法，速冻得到的冰晶细微，制得的产品疏松易溶；慢冻得到的冰晶粗大，但由于大的冰晶升华快，故慢冻可提高冻干效率。

（2）干燥。药品冷冻干燥的干燥过程可以分为两个阶段，即升华干燥（又称一次干燥）和解吸干燥（又称二次干燥）。前者除去自由水，后者除去部分结合水。

一次干燥可采用一次升华法和反复预冻升华法。一次升华法是指先将处理好的产品溶液在干燥箱内预冻至低共熔点以下 10 ～20℃，同时将冷凝器温度下降至 -45℃以下，启动真空泵，当真空度达到 13.33Pa 以下时关闭冷冻机，通过搁板下的加热系统缓缓升温，以提供制品升华过程中所需的热量，制品的温度逐渐升高至低共熔点以下 3 ～5℃时，维持此温度至除去所有自由水。这种方法适合于低共熔点在 -20 ～ -10℃的产品，且溶液浓度、黏度不大，装量厚度在 10 ～15mm 的情况。对低共熔点较低或结构复杂、黏稠的产品如多糖或中药提取物等难于冻干的产品，可采用反复预冻升华法，此法是指反复预冻升温的方法，经过反复处理，制品结构发生改变，表面外壳由致密变为疏松，有利于冰的升华，可缩短冻干周期。

二次干燥是在升华干燥完成后，为尽可能除去残余水分而进行的进一步干燥。解吸干燥的温度可根据制品的性质来确定，制品在保温干燥一段时间后，整个冻干过程即可结束。

国内现有 LGJ－Ⅱ医用冷冻干燥机设备，可满足一般生产的需要，国外发展连续冷冻干燥机，适用于大规模生产。

2）注射用冷冻干燥制品质量控制

冻干剂除了应符合一般注射剂的一些质量控制标准外，还应为完整的块状物或海绵状物，且具有足够的强度、不易碎成粉、外形饱满不萎缩、色泽均一、干燥充分、能使药物保持稳定、加入溶剂后能迅速恢复成冻干前的状态等特点。冷冻干燥制品常遇到的问题有含水量偏高、外形不饱满或萎缩成团块及喷瓶等。

（1）含水量偏高。冻干时装量过厚、热量不够、冷凝器温度偏高、真空度不够、未采用真空压塞等原因均可能导致冻干制品含水量偏高。

（2）制品外形不饱满或萎缩成团块。发生这种问题一般可能是由于冻干开始时水分升华得过快，制品形成的已干外壳结构致密，升华的水蒸气穿过的阻力过大，水蒸气在已干燥部分停留时间过长，使这部分药品逐渐潮解以致体积收缩，外形不饱满或萎缩。另外，制品中固体成分过少也是出现上述现象的原因之一，特别是黏度大的制品更容易出现这种问题。解决的方法有加入或改变填充剂、采用反复预冻升华法、改善结晶状态和制品的通气性等。

（3）喷瓶。喷瓶是由于预冻温度过高，制品预冻不够完全或升华时供热过快使局部过热，部分制品溶化为液体。在高真空下这些液体会从已干燥的固体界面下喷出形成喷瓶。预防措施是预冻温度应在低共熔点以下 10 ～20℃，同时加热升华温度不要超过低共熔点。

【例】注射用法莫替丁

［处方］法莫替丁 20g，L－门冬氨酸 8g，甘露醇 10g，注射用水加至 1000mL，制成 1000 支。

［制法］取法莫替丁及 L－门冬氨酸，加注射用水 500mL，50℃搅拌约 30min 至全溶，加甘露醇继续搅拌溶解，加溶液量 0.1% 的活性炭，保温搅拌 15min 后滤过除炭，补加注射用水至全量，过 0.18μm 微孔滤膜，灌装，每支 1mL，冷冻干燥，真空压塞，压盖，半成品质量检查合格后印字包装。

［作用］适用于消化性溃疡出血、应急状态时并发的急性胃黏膜损害和非甾体类抗炎药引起的消化道出血。

［注解］①法莫替丁及 L－门冬氨酸均微溶于水，法莫替丁显弱碱性，与门冬氨酸可形成盐，因而易溶于水。只有溶解于水的药物才能起反应，未溶解的药物可以继续溶解，再起反应，所以使药物完全溶于水有一个时间过程，温度升高有利于反应的进行；②法莫替丁及 L－门冬氨酸成盐只有在冻干时形成的无定形固体才能够迅速溶于水，在其他条件下形成的固体溶于水的过程非常缓慢；③尽管门冬氨酸是二酸，但与法莫替丁起反应时只有一个酸根参与；④因法莫替丁与 L－门冬氨酸均微溶于水，除非等量加入，否则将有不溶性物存在；⑤只有法莫替丁与 L－门冬氨酸形成的盐在冷冻时可以形成低共熔混合物，其他无机酸和有机酸形成的盐在冷冻时均有晶体析出，且再溶解时必须加热。

18.6.3.3 混悬型注射剂

混悬液是一种固体微粒分散于液体的分散体系。凡不溶于水且无合适溶剂可溶解的药物，或采取增溶、助溶等方法仍不能制得治疗所需的浓度的药物，或在水中不稳定或需制成某种缓控释或靶向制剂给药的药物均可制成混悬型注射剂。

1）混悬型注射剂的质量要求

除了有溶液型注射剂的某些基本要求如无菌、pH、安全性、稳定性等外，混悬型注射剂还有其特殊要求，即混悬液的物理流动性。

根据混悬型注射剂的质量要求，颗粒粒径大小要均匀适宜，一般小于 15μm，15 ～ 20μm 的颗粒不应超过 10%；具有良好的通针性和再分散性；不能沉降太快，贮存过程中不结块，若有可见沉淀，振摇时应容易分散均匀。因此，混悬型注射液制备时主要考虑原料微粉化和微粒分散在介质中的稳定性这两个问题。

2）混悬型注射剂的制备方法

（1）分散法。采用球磨机、流能磨、喷雾干燥、冷冻干燥等方法制得符合注射混悬液要求的无菌原料，然后将其分散于各种附加剂的灭菌溶液中。

（2）结晶法。将药物溶液在一定的温度、搅拌速度、溶剂加入速度的条件下，通过溶剂转换作用，使之析出微细结晶，然后除去有机溶剂、灭菌、滤过，再将所得结晶加溶剂至所需要量。

3）混悬型注射剂制备的注意事项

在混悬型注射剂的制备过程中，应选用合适的晶型。晶型不均与稳定性有关，而且还会影响生物利用度。醋酸可的松有 5 种晶型，晶型Ⅰ、Ⅱ在干燥状态下都是稳定的，但在水中特别是在温热的混悬液中，能迅速转变为含结晶水的晶型Ⅴ，如果精制不好，则可结成饼块。在混悬液的生产过程中，常常出现晶型的转变，因此要设法防止，其方法是选用适宜的助悬剂与表面活性剂。在混悬型注射剂中常用的助悬剂有羧甲基纤维素钠、甲基纤维素、海藻酸钠等，用量一般为 0.5% ～ 1%。还可用单硬脂酸铝作为助悬剂，如油制普鲁卡因青霉素注射液。另外处方中常加入 0.1% ～ 0.2% 聚山梨酯 -80 作润湿剂。

【例】醋酸可的松注射剂的制备

[处方] 醋酸可的松微晶 25g，氯化钠 3g，羧甲基纤维素钠（30 ～ 60cPa · s）5g，硫柳汞 0.01g，吐温 -80 1.5g，注射用水加至 1000mL。

[制法] ①将硫柳汞加入 50% 量的注射用水中，再加入羧甲基纤维素钠，搅匀，过夜溶解后，用 200 目尼龙布滤过，密闭备用；②将氯化钠溶于适量注射用水中，经 4 号垂熔漏斗滤过。将①项溶液置水浴中加热，加入②项溶液及吐温 -80，搅匀，使水浴沸腾，再加入醋酸可的松搅匀，继续加热 30min，取出冷却至室温，加注射用水调至总体积，用 200 目尼龙布过筛两次，在搅拌下分装于瓶内，扎口密封，用 100℃振摇下灭菌 30min。

18.6.3.4　乳剂型注射剂

油溶性药物除了可以选用注射用油制备成油注射液外，还可以将其制备成 O/W 型或 W/O 型的乳剂液供注射用。乳剂型注射剂可增加油相的表面积，使其在体内的吸收加快；同时 O/W 型乳状液可与体液互溶，使油性药物静脉注射成为可能；乳剂型注射剂还可使药物具有一定的器官靶向性。

1）乳剂型注射剂的质量要求

乳剂型注射剂通常以静脉注射较多。乳剂型注射剂除应符合注射剂的一般规定外，其分散相乳粒的粒度90%应在1μm以下，不得有大于5μm的乳粒；应能耐受热压灭菌，在灭菌和贮存期间应能保持各成分稳定不变，粒子大小不得超限；应具备适宜的pH；无溶血和降压作用等。

乳剂型注射剂的稳定性是其一个突出问题，包括物理稳定性和化学稳定性。物理稳定性包括分层、破裂、转相、絮凝等。此外，由于乳剂制备中多用磷脂作为乳化剂，磷脂对光、热、氧均不稳定，从而影响乳剂的化学稳定性。提高乳剂稳定性的方法有改变乳化剂的种类或浓度、油相的种类及比例，以及选择不同的助乳化剂及其制备方法等。

2）乳剂型注射剂的制备方法

乳剂型注射剂的制备一般以湿胶法较多，即先将乳化剂制成胶浆，然后加入油，通过各种乳化设备制成乳剂，滤过、分装、灭菌即可。通常的乳化设备有胶体磨、高速组织捣碎机、高压乳匀机、超声波发生器等。小量制备时一般可用组织捣碎机先制得稳定的浓缩乳剂，然后稀释成乳剂；亦可先用高速组织捣碎机制备初乳，然后进行超声处理；或将油相、水相和乳化剂通过胶体磨反复匀化处理。

【例】 前列地尔注射液

[处方] 前列地尔10mg，大豆油200g，精制豆磷脂36g，甘油50g，油酸4.8g，HCl溶液或NaOH溶液，注射用水2000mL。

[制法] ①称取处方量的甘油加适量注射用水，搅拌使其溶解，配成甘油水溶液，按溶液量的3%加入针用活性炭，室温搅拌15min，滤过至溶液澄明，作为水相，备用；②分别称取处方量的油酸和大豆油，按质量的3%加入针用活性炭，80℃搅拌15min，滤过至溶液澄明，备用；③将处方量的前列地尔、油酸和大豆油混合，搅拌溶解，使其成为均一溶液，作为油相；④将①和③的溶液、处方量的卵磷脂和适量的注射用水混合，用匀质机快速剪切直至形成均匀的初乳；⑤将所得的初乳加补注射用水至全量，调节pH至6.0左右，混合均匀后，在90MPa过纳米机3次，制得粒径均一、平均粒径在400nm以下的脂微球；⑥将制得的液体分装，充入氮气，灌封，100℃流通蒸汽灭菌45min，质检，贴签，装箱。

[作用] 用于治疗慢性动脉闭塞症（血栓闭塞性脉管炎、闭塞性动脉硬化症）引起的四肢溃疡及由微小血管循环障碍引起的四肢静息疼痛，可改善心脑血管微循环障碍。

[注解] ①本品是以脂微球为药物载体的静脉注射用前列地尔制剂，脂微球的包裹可使前列地尔不易失活。另外，本品具有易于分布到受损血管部位的靶向特性，从而发挥本品的扩张血管、抑制血小板凝集的作用。②本品在制备时，首先制得的是W/O的初乳，然后进一步制成O/W的乳剂，在转型时，可以使制得的乳剂的粒子比较小。

18.7 注射剂新的包装形式及近年国外研究热点

1）ADD－Vantage系统

ADD－Vantage系统是由一个塑料输液袋和一个装有药物无菌粉末或注射液的玻璃药瓶组成的。药瓶被封在塑料袋中的一个小室中，通过外力作用除去瓶塞，药物即可释放入液体稀释剂中，振摇均匀后即可使用。

2）Mix－O－Vial 系统

Mix－O－Vial 系统是一种药物无菌粉末与液体稀释剂的联合体。底室含有药物的无菌粉末，顶室为液体稀释剂，两室之间为一密封层。使用时除去防尘罩，用拇指压住顶部旋塞，移去中间的密封层，稀释液即可进入底室，振摇均匀后即可使用。

3）Monovial Safety Guard 系统

Monovial Safety Guard 系统是一套完整的装置，即药物与输送装置，在转移针头周围具有保护性的护罩。将针头插入输液袋端口，然后转移装置朝药瓶方向推。将 Monovial（单瓶）竖直向上，挤压输液袋，使袋中液体进入 Monovial 中。振摇 Monovial，使其中药物溶解，然后使其倒置，挤压释放小袋使药物溶液进入输液袋，重复几次至药瓶中药物全部进入输液袋，即可使用。

4）Tubex 注射器

Tubex 注射器是具有防滑条的颈部轴环和旋塞杆，可安全地固定的无菌注射器。每个预填充装置含有一个药物剂量，并带有无菌针头。给药后将针头弃去，注射器可重复使用。

5）Inject－Ease

Inject－Ease 在激活后可自动将胰岛素注射器的针头刺入皮肤。

6）Medi－Jector Ⅱ

Medi－Jector Ⅱ 是一种喷射注射器装置，是用喷射器注射所用压力而不是用针头使注射药物分布至皮下。

其他包装形式还有 Pen delivery systems 以及方便使用的冷冻注射器（ready-to-use-frozen syringes）等。这些技术进步均给患者使用注射剂带来了方便。

思考题

18－1　注射剂有哪些优点？由哪些成分组成？

18－2　注射溶剂有哪几种？

18－3　试述注射用水的质量要求和生产工艺。

18－4　注射剂生产工艺设计中要注意哪些方面？

18－5　生产车间的洁净度是如何划分和控制的？

18－6　试述注射剂的一般制备工艺。

18－7　注射剂有哪些种类，有何不同？

18－8　特殊的注射剂有哪几种？其生产工艺如何？

18－9　注射剂的质量控制包括哪些方面？

18－10　滴眼液含有哪些成分？

18－11　试述滴眼液的制备工艺和质量控制。

第19章 缓释和控释制剂的工艺研究

19.1 概述

缓释制剂（sustained - release preparations）是指药物在规定释放介质中，按要求缓慢地非恒速释放药物。其与相应的普通制剂比较，给药频率比普通制剂减少一半或有所减少，显著增加患者的顺应性。

控释制剂（controlled - release preparations）是指药物在规定释放介质中，按要求缓慢地恒速或接近恒速释放药物。其与相应的普通制剂比较，给药频率比普通制剂减少一半或有所减少，血药浓度比缓释制剂更加平稳，且能显著增加患者的顺应性。

19.2 缓控释制剂的临床意义

缓控释制剂的临床意义：①保持疗效同时减少毒副作用。按该类制剂设计的要求，药物可缓慢地释放进入体内，血药浓度的“峰谷”波动小，因此可避免由于血药浓度超过治疗浓度范围所导致的毒副作用，同时又能保持在有效浓度范围内得以维持疗效。②使药物口服后延迟到肠内释放，避免在胃内灭活，从而使对胃酸不稳定的药物可以口服给药。另一方面，经皮下或肌肉注射给药及透皮吸收的缓控释制剂，还可避免门肝系统的首过效应，使药物缓慢释放、吸收。③使药物口服后延迟到肠内释放，避免对胃造成刺激，使虽有疗效但易刺激胃部的药物减轻或避免了其副作用。④使药物定位释放。使药物在适当部位较长时间停留并按要求释放一定量的药物，提高其生物利用度，或达到增加局部治疗的目的。此类释药系统不仅可用于结肠疾病的治疗，还可用于蛋白质或多肽类药物以避免胃酸或肠道中的某些酶的破坏。

19.3 缓控释制剂的处方设计

19.3.1 药物的选择

近年来，缓控释制剂技术的发展很快，以往许多对口服缓控释制剂药物选择的限制已被打破。例如，首过效应强的药物（如普萘洛尔、美托洛尔和普罗帕酮等）、一些半衰期很短或很长的药物、传统观点不主张制成缓释制剂的抗生素药物（如头孢氨苄、克拉霉素等）和一些成瘾性药物，都被制成缓控释制剂以适应临床医疗的需要。因此，目前对于口服缓控释制剂的适用药物范围并无明显界定，只要其每服剂量不超过具体剂型的适用范围，或是制成缓控释制剂后生物利用度没有显著降低或变得不稳定即可。当然，对于不同类型的口服缓控释制剂，其适宜的药物范围也不同，这需要在实际应用中加以区别和考虑。

在缓控释制剂的设计中，药物的理化性质起着决定性的作用。药物的水溶性、油水分配系数、化学稳定性以及与蛋白结合率等性质，不仅对药物在体内的吸收产生影响，而且对缓控释制剂的释药行为也有影响。另外，生理因素也对缓释制剂设计有重要影响。理想的口服缓控释制剂，除了能按照预先设计的要求释放药物以外，应能最大限度地减少胃肠道生理因素对释药系统在胃肠道内行为的影响，以发挥药物的最佳疗效。因此，在设计口服缓控释制剂时，给药部位、胃肠蠕动、首过效应、血流供应、患者的疾病状态、药物作用的靶器官等生理因素也应加以考虑。

19.3.2　药物剂量的设计

缓控释制剂的剂量一般依据普通制剂的用法和剂量来设定。例如，若某药物普通制剂的用法为每日两次，每次5mg，若改为缓控释制剂，则每日一次，每次10mg。但是，许多心血管类药物和内分泌类药物往往存在最低起始剂量，因此制成缓控释制剂时，往往将最低起始剂量设定为制剂的剂量，具体用药时，可视病情酌情增加服用剂量。

19.3.3　安全性

设计某种药物的缓控释制剂，要尽可能查阅或了解该药物的安全范围信息，如最低有效浓度、最低中毒浓度等。根据安全范围或治疗指数的大小，来选择适宜的方式制备缓控释制剂，使其释药效果符合药物的安全范围。通常情况下，治疗指数越大，表示该药越安全。对于治疗指数小、治疗浓度的安全范围窄的药物，在设计缓控释制剂时应精确控制剂型中药物的释放，防止药物大量突释或释药速度过快导致血药浓度超过其最低中毒浓度，引起相应的毒副作用。

19.4　缓控释制剂的设计原理

19.4.1　膜控型缓控释制剂

膜控型缓控释制剂是指通过包衣膜来控制和调节药物释放速度和行为的一类释药系统。对于这类释药系统，不同性质的成膜材料的选择、包衣膜中各种添加组分的选择以及膜控制剂的制备方法都会对释药系统的释药行为产生极大的影响。

19.4.1.1　包衣膜处方组成

1）常用的成膜材料

（1）乙基纤维素。乙基纤维素为白色易流动的颗粒或粉末，不溶于水、胃肠液、甘油和丙二醇。在很多方面乙基纤维素都是缓释包衣理想的聚合物，它无色无味，不但在生理条件下，而且在正常贮藏条件下都比较稳定，甚至加热至软化点温度135℃时也很稳定。由于分子中乙氧基含量的不同，乙基纤维素产品的黏度范围和取代度较为广泛，给制剂技术人员提供了灵活选用的可能性。乙基纤维素除在控释包衣中广泛应用外，还能与其他纤维素聚合物，尤其是与HPMC混合，用来提高膜的韧性及增加表面的光泽，同时还可获得适宜释药性能的包衣膜。

（2）醋酸纤维素。醋酸纤维素是用木纤维以少量硫酸为催化剂，与冰醋酸－醋酸混合液进行乙酰化而制得的，根据所含结合酸量的不同，又分为一醋酸纤维素、二醋酸纤维素和三醋酸纤维素。缓释和控释包衣材料多用二醋酸纤维素，平均相对分子质量约为5万，为白色疏松小粒或粉末，不溶于水、乙醇或酸碱溶液，溶于丙酮等有机溶剂，且具良好的成膜性能。据报道，在相同的成膜条件下，醋酸纤维素控释膜的通透性为乙基纤维素膜的10倍且更为牢固坚韧。

（3）聚丙烯酸树脂。通常将甲基丙烯酸共聚物和甲基丙烯酸酯共聚物统称为聚丙烯酸树脂。由于化学结构及活性基团的不同，聚丙烯酸树脂可以获得具有各种溶解性能的产品，如胃溶型的、肠溶型的和胃肠不溶型的，均能包衣成膜。

（4）包衣溶剂。常用的溶剂有水、醇类、酮类、酯类和氯化烃类。由于各种溶剂的蒸发潜热不同，包衣操作时有不同的蒸发速度，而且成膜材料的溶胀及松弛程度均受到溶剂的影响，会直接影响膜的质量，故而溶剂系统在很大程度上决定了最终形成衣膜的性质和特点。选择溶剂的首要条件是成膜材料在溶剂中能最好和最大范围地溶解，一般认为成膜材料的最适宜的溶剂应能使聚合物在溶液中获得最大的伸展，形成的膜具有最大的黏结或内聚强度，从而使膜具有最佳的机械强度。

由于常用的成膜材料难溶于水，所以常用有机溶剂进行薄膜包衣，但由于有机溶剂存在着明显的缺点，如易燃易爆、污染空气、毒性较大等。因此，以水为分散介质的包衣液目前已成为缓控释包衣制剂的主要材料，它的最大优点是彻底革除了有机溶剂、固体含量高、黏度低、易操作、成膜快等。这种被称为水分散体的包衣材料主要有以下两种。

a. 水不溶聚合物的胶乳或伪胶乳。胶乳是用液态单体通过乳化聚合作用而制得的合成聚合物的水分散体，如市售的丙烯酸树脂类的水分散体包衣液；而伪胶乳则是将聚合物溶解在与水不相混溶的有机溶剂中，然后在乳化剂和稳定剂存在的条件下在水中乳化，初乳匀化后产生微乳滴，经真空蒸去有机溶剂而成。因制备时未加增塑剂，包衣前需塑化。

b. 微粉混悬液。微粉混悬液是将水不溶性聚合物制成微粉，然后分散在含水溶性增塑剂的水溶液中。

2）增塑剂

上述成膜材料单独使用所形成的衣膜往往机械性能较差，且脆性较大、易断裂，故常在包衣液处方中添加增塑剂以提高包衣材料的成膜能力，增强衣膜的柔韧性和强度，并有可能调节包衣膜的释药速度。一般增塑剂的常用浓度相当于聚合物质量的15%～30%。增塑剂在特定的包衣溶液或分散体中的最适用量，必须经过细致的实验才能确定。增塑剂的介入使控释膜的通透性变小，并且随着增塑剂用量的增加，控释膜的通透性逐渐减小；当增塑剂的用量超过一定标准后，通透性减小的趋势变得不明显。而用不同类型的增塑剂配制同一聚合物的包衣溶液，则能分别制成具有不同释药速度的包衣制剂，这往往与增塑剂的水溶性有着密切的关系。

优良的增塑剂应与成膜材料具有良好的混溶性，即成为热力学稳定的分子分散，否则在衣膜干燥或贮存时，小分子增塑剂会形成粒子凝聚在衣膜表面而失去增塑效果。此外，增塑剂应能长期保留在衣膜内，并在使用和贮存过程中损失得越少越好，这就要求增塑剂在化学上具有稳定、高沸点和低挥发性的特点，当然还应无毒、无味、无臭、耐寒、耐热等。实际上，要达到这样的要求常需将两种或两种以上增塑剂混合使用。

3）致孔剂

无渗透性或低渗透性成膜材料（如醋酸纤维素或乙基纤维素等）单独制成的包衣膜，往往对水分或药物的通透性很低，难以满足释药的要求，故常在这些材料的包衣液中加入水溶性的物质，通称为致孔剂，来增加包衣膜的通透性，以使制成的制剂获得所需的释药速度。常用的致孔剂有 PEG 类、PVP、蔗糖、盐类以及其他水溶性成膜材料如 HPMC、HPC 等。有时，也将部分药物加在包衣液中作致孔剂，同时这部分药物又起速释作用。当含致孔剂的缓释包衣制剂与水或消化液接触时，衣膜上的致孔剂逐渐溶解，使膜形成微孔或海绵状结构，从而增加了介质和药物的通透性。

4）抗黏剂

在以有机溶剂制成的包衣液处方中加入少量（一般为包衣液体积的 1%～3%）滑石粉、硬脂酸镁、二氧化硅、二氧化钛等抗黏剂，可以有效地防止包衣过程中易出现的粘连、结块等问题，从而可以降低包衣工艺的操作难度，缩短操作时间。

5）其他

包衣液处方中除以上一些成分外，有时还需加入着色剂、消泡剂、稳定剂等，例如在 EC 水胶乳包衣液中加表面活性剂十二烷基硫酸钠为稳定剂；消泡剂常用二甲基硅油。

19.4.1.2　膜控型缓控释制剂的制备方法

1）锅包衣法

目前多采用改进的包衣锅如高效包衣锅、加挡板包衣锅及埋管式喷雾包衣锅进行包衣。高效包衣锅的锅壁上开有数千个小孔，孔径约 1.5mm，热空气通过小孔吹入锅内，可大大提高包衣效率。高效包衣锅仅适用于片剂包衣。埋管式喷雾包衣锅是指在普通包衣锅的底部装有通入包衣溶液、压缩空气和热空气的埋管，仅适用于以水为分散介质的混悬型包衣液。喷雾包衣锅可连续操作，可缩短包衣时间，能用于小粒子的包衣。

2）空气悬浮流化床包衣法

流化床包衣法是制备缓释包衣常用的生产方法。该法是借助急速上升的空气流使片剂、小丸剂、颗粒等在包衣室内处于悬浮流化状态，同时将包衣液以雾状喷入，使之包裹在制剂表面，并被不断通入的热空气所干燥，反复包衣直至所需厚度。此法的特点是操作连续，进料和出料无须停止操作；操作时流化床温度易于控制并能很快达到等温条件。目前常用于缓释包衣的流化床类型有顶喷造粒和包衣两用的流化床、底喷包衣流化床及旋转式流化床等。旋转式流化床以其独特的空气流型结合离心力使之既适用于造粒又可包衣，能均匀地混合物料，制成粒度重现性好的球形颗粒。

3）压制包衣法

压制包衣法是在聚合物包衣材料粉末中加入适量辅料，制成颗粒后直接经包衣压片机压包在片芯表面的方法，但此法需要由两台旋转式压片机组成的特殊的包衣压片机。

4）热熔包衣法

热熔包衣法是将熔点较低的聚合物材料加热成液态或乳流态后，喷洒至丸芯或颗粒表面，再使之冷却成膜的方法。

19.4.1.3 膜控型缓控释制剂的种类

1）微孔膜包衣片

微孔膜控释剂型通常是用胃肠道中不溶解的聚合物如醋酸纤维素、乙基纤维素、乙烯-醋酸乙烯共聚物、聚丙烯酸树脂等作为衣膜材料，在其包衣液中加入少量水溶性物质（如PEG、PVP、PVA、十二烷基硫酸钠、糖和盐等）作为致孔剂；也有加入一些水不溶性粉末如滑石粉、二氧化硅等；甚至将药物加在包衣膜内既作致孔剂又作速释部分，用这样的包衣液在由普通方法制成的片剂上包衣即成微孔膜包衣片。水溶性药物的片芯应具有一定的硬度和较快的溶出速度，以使药物的释放速度完全由微孔包衣膜来控制。

2）膜控释小片

膜控释小片是指将药物与辅料按常规方法制粒，压制成小片，其直径约为3mm，用缓释膜包衣后装入硬胶囊使用。每粒胶囊可装几片至20片不等。在同一胶囊内的小片可包上具不同缓释作用的包衣或不同厚度的包衣。此类制剂无论是在体外还是体内均可获得恒定的释药速度，生产工艺也比控释小丸简便，质量也易于控制。

3）肠溶膜控释片

肠溶膜控释片是指将药物压制成片芯，外包肠溶衣，再包上含药的糖衣层。含药糖衣层在胃液中释药，起速效作用。当片剂进入肠道后，肠溶衣膜溶解，片芯中的药物释出，因而延长了释药时间。

4）膜控释小丸

膜控释小丸由丸芯与芯外包裹的控释薄膜衣两部分组成。丸芯含药物、稀释剂、黏合剂等辅料。包衣膜亦分为亲水薄膜衣、不溶性薄膜衣、微孔膜衣和肠溶衣。

19.4.2 骨架型缓控释制剂

骨架型缓控释制剂是指将药物和一种或多种惰性固体骨架材料通过压制或融合等特定工艺制成的固体制剂，有片剂、微丸、颗粒剂等形式。缓释骨架片可以分为多孔型骨架片和无孔型骨架片，其中多孔型骨架片中的药物通过众多微孔的孔道释放，一般服从Higuchi方程，有时也可达到零级释放。无孔型骨架片的释药是片剂表面的磨蚀-分散-溶出过程，它的释药过程服从一级或近似一级释药动力学过程，少数也可调节至零级过程。因此，采用不同性质的骨架材料可以制成释药机制和行为不同的骨架型缓控释制剂。

19.4.2.1 缓控释骨架片

1）亲水凝胶骨架片

亲水凝胶骨架片是指由亲水性聚合物与药物制成的骨架片。这类聚合物遇水发生膨胀，形成凝胶屏障从而控制药物的溶出。选择不同性能的聚合物及其不同的用量可调节亲水性凝胶骨架片的释药速度。常用的亲水凝胶骨架材料有羟丙甲基纤维素、海藻酸钠、Carbopol、甲基纤维素钠、聚氧化乙烯等。

亲水凝胶骨架片属于可溶胀骨架系统，其释药过程往往是骨架溶蚀和药物扩散的综合效应的过程。一般认为，药物的释放动力学依赖于亲水凝胶骨架材料的溶蚀、溶胀与溶剂扩散前沿之间的相对运动。因而，影响药物释放的重要参数是扩散和溶蚀前沿之间的距离，而不是溶胀和溶蚀前沿之间的距离。亲水凝胶骨架片由于药物的水溶性不同，释放机制也不同，对于水溶性药物主要以药物扩散为主；对于难溶性药物则以骨架溶蚀为主。

2）蜡质骨架片

蜡质骨架片是指由蜡质材料与药物制成的缓释骨架片。其机理是这些蜡质材料逐渐溶蚀而缓缓将药物释放出来。常用的蜡质骨架材料有硬脂酸与硬脂醇、巴西棕榈蜡、单硬脂酸甘油酯等。

在蜡质骨架片中，药物的释放取决于蜡的逐渐溶蚀，故 pH、消化道因素能很大程度地影响药物的释放。若用可水解的酯作骨架，则药物释放速度与酯的水解速率呈平行关系。另外，表面活性剂对药物的释放也有一定影响，各种表面活性剂因其水中溶解度不同，影响大小也不同。

3）不溶性骨架片

不溶性骨架片是指由不溶于水的高分子材料与药物制成的骨架片。通常水溶性较好的药物适合制成这类骨架片。用药后，胃肠液渗入骨架孔隙使药物溶解，药物会通过错综复杂的骨架孔道，缓缓向外释放出来，最后，骨架将随粪便排出体外。常用的不溶性骨架材料有乙基纤维素、聚乙烯、聚丙烯、聚硅氧烷、乙烯－醋酸乙烯共聚物和聚甲基丙烯酸甲酯等。多数情况下，不溶性骨架片属于多孔性骨架系统，其药物释放符合 Fick 定律，其动力学过程可以用 Higuchi 及其改进模型描述。

19.4.2.2　缓控释微丸

微丸是指直径小于 2.5mm 的球状制剂。为达到不同的治疗目的，通过采用不同处方，可将药物制成具有不同释药速度（速、缓或控释）的微丸，制成的微丸一般可填充入空胶囊中使用。微丸服用后可均匀地分布在胃肠道内，使药物在胃肠表面分布面积增大，从而提高生物利用度或减少药物局部浓度过高所导致的胃肠刺激。微丸在胃肠道的吸收受胃排空的影响较小，吸收均匀，个体间生物利用度差异较小，流动性好，便于分剂量包装。

1）微丸的常用辅料

微丸丸芯的辅料主要有稀释剂和黏合剂，具体类别与片剂辅料大致相同。比较常用的丸芯辅料有蔗糖、乳糖、淀粉、微晶纤维素、甲基纤维素、聚乙烯醇、聚乙烯吡咯烷酮、羟丙基纤维素、羟丙甲基纤维素等。目前国内已有制成的不同粒径规格的空白丸芯出售，市售主要有淀粉球形颗粒和微晶纤维素球形颗粒。微丸包衣膜的辅料也与膜控型缓控释制剂的近似，在此不再赘述。

2）微丸的制备方法

（1）包衣锅法。包衣锅法是比较传统的制备方法，具体操作为将药物与辅料粉末混合均匀，加入黏合剂制成软材，过筛制粒，在包衣锅中滚制成小球，包衣后即得所需微丸。为了改善微丸的圆整性，可采用“丸模法”，即以蔗糖或淀粉细粒为“丸模”（空白丸芯），以水为黏合剂，加入药物与辅料滚制成含药丸芯，干燥后再重复进行此操作至成大小合适的微丸，再包上薄膜衣即可。

（2）沸腾床制粒包衣法。沸腾床制粒包衣法的具体操作为将药物与辅料置于流化床中，鼓入气流，使两者混合均匀，再喷入黏合剂，使之成为颗粒，当颗粒大小满足要求时停止喷雾，所得颗粒直接在沸腾床内干燥，微丸的包衣过程也可同时进行，即制粒、干燥、包衣一步完成。在整个过程中，微丸始终处于流化状态，可有效地防止微丸在包衣过程中发生粘连。

（3）离心造粒法。离心造粒法是指将母核输入到旋转的转子上，利用离心力与摩擦力形成母核的粒子，再将药物与辅料的混合物及包衣液分别喷入其中，颗粒最后滚制成圆整性较好的微丸的方法。

（4）液相制备法。液相中制备微丸即药物在溶剂中结晶的同时发生聚结而制备微丸，可分为直接球形聚结法（将药物微粒直接混悬于液相中发生聚结）和结晶球形聚结法（药物先溶解，再结晶，在结晶的同时发生凝聚）。此技术整个操作过程在液相中完成，操作简单，仪器要求低、操作时间短、实验条件（辅料、方法）选择范围大。

（5）挤出－滚圆法。挤出－滚圆法是指将药物、辅料粉末、黏合剂混合均匀，通过挤出机将其挤成条柱状，再于滚圆机中将条柱形物料切割，滚制成大小均匀、规整的球形，最后进行干燥、包衣的方法。

（6）熔融法。熔融法是指通过熔融的黏合剂将药物、辅料粉末黏合在一起制成微丸，再将微丸包衣的方法。此法尤适于对水、热不稳定的药物。用此法可得到粒径为0.5～2.0mm的微丸。熔融法又可分为熔融高速搅拌混合制粒法和流化熔融制粒法。所用黏合剂通常熔点小于120℃，并且能够抵抗胃肠道酶的破坏。熔融高速搅拌混合制粒法的主要步骤：在高速搅拌器中，在操作温度高于黏合剂熔点的条件下，将熔融的黏合剂与固体药物粉末进行搅拌、黏合而成颗粒或微丸。

3）缓控释微丸的释药机制

（1）蜡质、不溶性高分子骨架微丸释药机制。这类微丸通常以蜡类、脂肪类及不溶性高分子为骨架，水分不易渗入丸芯，药物的释放主要是外表面的磨蚀－分散－溶出过程，影响释药速度的主要因素有药物溶解度、微丸的孔隙率及孔径等。因为难溶性药物释药太慢，故较适用于水溶性药物。

（2）含致孔剂的包衣膜释药机制。通常是将药物制成丸芯，再用含致孔剂的包衣液进行包衣。致孔剂附着于衣膜中，当衣膜与胃肠液接触时，部分致孔剂溶于水，形成许多微孔，水分渗入片芯，形成药物饱和溶液，从而达到近似零级释药过程。

（3）树脂型微丸释药机制。将药物交换到树脂上，再进行包衣，即制成树脂型微丸；口服后，胃肠道离子可将药物不断地从树脂上置换下来而发挥其缓释作用，包衣膜可以加强缓释效果，以防止药物过快释放。

（4）脉冲释药微丸释药机制。脉冲释药系统以定时控制方式在胃肠道特定部位（如胃、结肠）释药，其释药方式符合人体昼夜节律变化，是近期药物制剂研究的一个新领域。脉冲释药微丸亦称时控爆裂系统，这种微丸从内到外分为四层：丸芯、药物层、膨胀层、水不溶性聚合物外层衣膜。水分通过外层衣膜向系统内渗透并与膨胀层接触，当水化膨胀层的膨胀力超过外层衣膜的抗张强度时，衣膜便开始破裂，从而触发药物释放，可通过改变外层衣膜厚度来控制时滞。

19.4.2.3 胃内滞留片

胃内滞留型缓控释制剂是指一类能滞留于胃液中，延长药物释放时间，改善药物吸收，提高生物利用度的释药系统。大多数的缓控释系统可较好地控制药物从系统中的释放，却无法确保药物的有效吸收，因此会发生生物利用度不高的问题。胃肠道是大多数药物的有效吸收部位，故而延长制剂在胃肠内的滞留时间，可达到增加药物吸收、提高生物利用度的目的。这类制剂包括胃漂浮系统、胃内膨胀系统、生物黏附系统等。

1）胃漂浮系统

胃漂浮系统是指口服后可以维持自身密度小于胃内容物密度，从而在胃液中呈漂浮状态的制剂。胃漂浮制剂可以延缓胃排空时间，从而延长了制剂在胃肠道的滞留时间，使吸收时间延长，增大了吸收量，提高了生物利用度。漂浮制剂与普通亲水凝胶骨架缓释片都以亲水凝胶为主要材料，但普通亲水凝胶骨架片药物的生物利用度往往难以提高，甚至常低于普通固体制剂，而漂浮制剂则在使药物缓释的同时，提高其生物利用度。

2）胃内膨胀系统

胃内容物通过幽门排入小肠，如果改变药物剂型的大小，使之无法通过幽门，则可延长制剂在胃中的滞留时间。当然，如此大的剂型难以服用，因此设计了一种可在胃内迅速发生膨胀的给药系统，体积膨胀到无法通过幽门，但又不阻塞幽门为宜。该给药系统的关键在于选择一种合适的膨胀剂。

3）生物黏附系统

生物黏附系统希望把药物黏附在胃黏膜或上皮细胞表面，达到延长胃内滞留时间的目的，其基本机制是该给药系统中的聚合物与黏膜通过静电吸引或由于水化形成氢键而相互结合。阴离子型聚合物的结合能力高于中性及阳离子型聚合物。由于胃内特殊的生理环境（胃液呈酸性，胃黏膜厚且总处于更新之中），使得这种给药系统可行性较小。

19.4.2.4　生物黏附片

生物黏附片是利用生物黏附膜吸收以达到治疗目的的片状制剂，可应用于口腔、鼻腔、眼眶、阴道及胃肠道特定区段。生物黏附是指两种物质中至少有一种具有生物属性，在外力影响下，通过表面张力作用使此两种物质界面较持久地紧密接触而黏在一起的状态。生物黏附片既可安全有效地用于局部治疗，也可用于全身。口腔、鼻腔等局部给药可使药物直接进入大循环而避免首过效应。常用的舌下片，其药物是在唾液中溶解后吸收的，而口腔黏附片中的药物则是直接由黏膜吸收，从而为改善药物的释放和吸收提供多种可能性。常用的生物黏附材料有 Carbopol、羟丙基纤维素、羧甲基纤维素钠等。

19.4.3　渗透泵型控释制剂

渗透泵型控释制剂是以渗透压作为释药动力，以零级释放动力学为特征的一种释药系统。在当前众多的各种释药系统当中，由于渗透泵型控释制剂具有零级释药的明显特征，其释药行为不受介质环境的 pH、胃肠蠕动和食物等因素的影响，且体内、外释药相关性较好，成为迄今为止口服控释制剂中最为理想的一种。渗透泵型控释制剂的形式多种多样，主要有单层和双层渗透泵片。

19.4.3.1　单层渗透泵片

1）处方组成

对于大多数水溶性药物而言，可通过将药物与适宜的渗透活性物质制成片芯后，用醋酸纤维素等不溶性高分子材料对片芯进行包衣，形成半透性的刚性外膜，然后用激光或机械方式在该膜上刻出孔径适宜的释药小孔，从而制得初级单层渗透泵片（elementary osmotic pump，EOP），如图 19－1 所示。

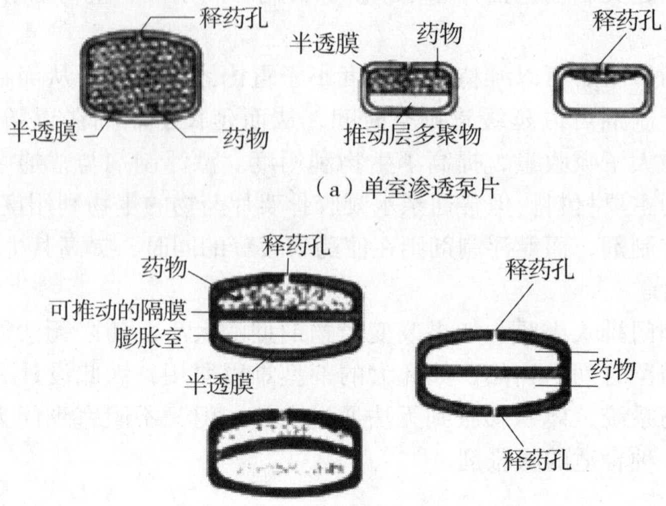

图 19－1 初级单层渗透泵片和双层渗透泵片

渗透泵控释制剂外包衣所用的成膜材料有醋酸纤维素、乙基纤维素、聚氯乙烯、聚碳酸酯、乙烯醇－乙烯基乙酸酯和乙烯－丙烯聚合物等，但最为常用的是醋酸纤维素。

在包衣膜内也可加入致孔剂，即多元醇及其衍生物或水溶性高分子材料，从而形成海绵状的膜结构，药物溶液和水分子均可以通过膜上的微孔，这种结构导致的药物释放机理也遵循以渗透压差为释放动力的渗透泵式释药过程。常用的致孔剂有聚乙二醇 400、聚乙二醇 600、聚乙二醇 1000、聚乙二醇 1500、羟丙甲基纤维素、聚乙烯醇、尿素等。致孔剂在一定程度上也可以增强膜的柔韧性，并使渗透泵制剂的制备工艺简化。

渗透活性物质是指能够产生较高渗透压的物质，包括氯化钠、氯化镁、硫酸镁、硫酸钠、硫酸钾、甘露醇、尿素、琥珀酸镁、酒石酸等。当药物本身的渗透压较小时，加入这些渗透活性物质来产生较高的渗透压，作为药物释放的动力，主要用于初级渗透泵控释制剂。

渗透泵控释片上的释药孔，可以通过机械法、激光法和膜致孔法制成，其大小可以从几十微米到几百微米不等，应视具体情况而定。

2）制备工艺

对于单层渗透泵制剂而言，其制备工艺与普通薄膜包衣片的制备工艺类似：将药物与黏合剂、填充剂、渗透活性物质等混合均匀后制粒，干燥，压成片芯，用醋酸纤维素或醋酸纤维素水分散体进行包衣，最后用激光或其他方法在包衣膜打成释药孔。

3）释药机理

单层渗透泵片口服时，环境介质中的水分经刚性结构的半透性衣膜渗透进入片芯内，使片芯中的渗透活性物质和药物溶解，从而在片芯内形成渗透压很高的饱和溶液，使药物和促渗剂的饱和水溶液从释药小孔中释出，达到恒速释药的良好效果。

19.4.3.2　双层渗透泵片

1）处方组成

由于单层渗透泵片仅适用于水溶性较好的药物，故药剂工作者开发了各种形式的双层或多层渗透泵控释制剂来解决难溶性药物制成渗透泵控释制剂的问题。以双层渗透泵片为例，其片芯为双层结构，一层由药物与适当的辅料所构成（简称为含药层），另一层主要由促渗透聚合物所构成（简称为推动层或助推层，是药物释放的主要动力）。用于多层或多室渗透泵控释制剂的渗透活性物质，常称为促渗透聚合物，主要有相对分子质量为 300 万～500 万的聚羟基甲基丙烯酸烷烃酯，相对分子质量为 1 万～36 万的聚乙烯吡咯烷酮，阴离子水凝胶，相对分子质量为 45 万～400 万的 Carbopol 羧酸聚合物，相对分子质量为 8 万～20 万的 Goodrite 聚丙烯酸，相对分子质量为 10 万～500 万以上的聚氧乙烯（Polyox）等。它们具有遇水强烈膨胀或溶胀的特性，膨胀后的体积可增加 2 ～50 倍，对药物的释放可形成较大的推动力。促渗透聚合物可以是交联或非交联的亲水聚合物，一般以共价键或氢键形成的轻度交联为佳。

2）制备工艺

与单层渗透泵片相比，双层渗透泵片的片芯制备较为复杂。首先要选用适宜的高分子材料（通常采用聚氧乙烯，PEO）制成双层片，使含药层在释药过程中形成高分子和药物的混悬液，这种药物的混悬液将被推出释药孔。为保证安全有效地释药，防止衣膜破裂导致药物突释，所需包衣膜的厚度要高于单层渗透泵。聚氧乙烯等高分子材料常被用来制备助推层，这些物质遇水膨胀后可提供很大的释药动力。在本层内可以加入一些无机盐等渗透活性物质，以增大包衣膜内、外的渗透压差。在制备这种双层片的片芯时需采用特殊的压片机，首先压出含药层，然后把助推层（促渗透聚合物）加在含药层的上面，进行第二次加压，最终压成双层片。然后用醋酸纤维素进行包衣，并用适当方法制备释药孔，即制成双层渗透泵片。

3）释药机理

双层渗透泵片口服时，水分经半透膜渗入片芯，在含药层，难溶性药物与高分子材料迅速水化形成具有一定黏度的混悬液；在助推层，高分子材料吸水膨胀后，推动含药层中的混悬液从释药孔中释出。

19.4.4　药树脂缓释片剂

含药物的离子交换树脂简称为药树脂。药树脂缓释片是指将药树脂与适宜的辅料混合，经压制而成的片剂。含酸性基团的阳离子交换树脂可与碱性药物如生物碱或其他胺类药物结合成药树脂，含碱性基团的阴离子交换树脂可与酸性药物如乙酰水杨酸、巴比妥酸衍生物等生成药树脂；口服后，胃中的氢离子和肠道中的钠离子可使吸附在阴树脂上带正电荷的药物释放，而氯离子可使吸附在离子树脂上带负电荷的药物释放。药树脂在胃肠有规律地缓缓释药而达到长效作用。

药树脂的制备可先将药液反复流经层析柱，也可将树脂浸泡在药液内放置一定时间。待药物与树脂结合后，用蒸馏水或去离子水洗涤树脂颗粒间的游离物质，并使其干燥。然后将干燥的树脂颗粒进一步用乙基纤维素等高分子材料包衣；包衣膜层越厚，释药速度越慢。最后将该颗粒与适宜辅料混合，压制成药树脂缓释片。药树脂仅适用于可解离的药物，若长期使用还应注意药树脂可能引起的体内电解质的平衡失调。

19.4.5 磁性缓释片剂

磁性缓释片剂是在缓释片剂的基础上制成的，磁性缓释片剂多由磁性材料和具有一定通透性但不溶于水的骨架材料或缓释包衣材料所组成，经压制和包衣等工艺来制成片状剂型。口服后，在体外磁场作用下，将其引导并固定在靶区释放药物，这样既可减少用药剂量，减轻药物的毒副作用，又可加速和提高治疗效果，是集速效、高效、长效于一身的新剂型。口服所用的磁性材料常用的有羰基铁等纯铁、磁铁矿、正铁酸盐、γ-三氧化二铁、铁铝合金、铁镍合金和铁钴合金等。常用的缓释材料有乙基纤维素、聚乙酸乙烯酯、甲基丙烯酸和甲基丙烯甲酯等。

19.4.6 多层缓释片剂

多层缓释片是利用多层压片机把两层或三层释药速率各不相同的颗粒压制而成的多层片剂。其结构可以是上下层相叠的双层缓释片，亦可是外层包埋整个内层的内外层结构的缓释片。片剂中一般含有速释部分和缓释部分，口服后，速释部分能快速提供有效的血药浓度，而缓释部分则可长期保持该血药浓度的稳定。

19.5 缓控释制剂的体内外评价方法

19.5.1 体外释药行为评价——体外释放度试验

体外释放度试验主要包括：实验装置、释放介质、搅拌和取样时间等。

19.5.1.1 实验装置

《中国药典》2015 版共收录了 3 种用于释放度的测定的方法。第一法为转篮法，第二法为桨法，第三法小杯法实际上是一个小型的桨法，其溶出杯只有 250mL。转篮法和桨法是目前应用最多也是最成熟的方法。

19.5.1.2 释放介质

如果说实验装置是在模拟人体，那么释放介质则是在模拟胃肠道的内容物。

1）介质种类

通常情况下，水性介质（水、0.1mol/L 盐酸和缓冲液）为首选溶出介质。对于水难溶性药物，可选用水性介质加适量表面活性剂或非挥发性有机溶剂（如丙二醇）以满足“漏槽条件”即药物所在释放介质中的浓度远小于其饱和浓度，一般要求不少于形成饱和溶液量的 3 倍，并脱气。

2）体积

释放介质的体积共有 5 种：250mL、500mL、750mL、900mL、1000mL。其中 900mL 和 1000mL 比较常用。选择释放介质体积的一个重要的标准是漏槽条件。

3）pH

生理 pH 在胃内为 1 ～3.5，在小肠约为 7，在结肠约为 7.5。在释放度的测定中，常用人工胃液、人工肠液、0.1mol/L盐酸、pH为6.8的磷酸盐缓冲液或pH为4～8的缓冲液。通常先用低pH的人工胃液再换用高pH的人工肠液，以模拟制剂将要经历的体内pH变化。

4）温度与黏度

因为人体的体温一般为37℃，所以大多数口服缓控释制剂的释放度测定温度都选用了37℃。进食状态下的胃肠道内液体往往具有一定的黏度，因而会对释药系统的释放行为有很大影响。有时选择适宜黏度的释放介质，可能会获得比较理想的体内外相关性效果。

5）离子及离子强度

胃液中主要的离子是H^+和Cl^-，肠液中主要的离子是HCO_3^-、Cl^-、Na^+、K^+、Ca^{2+}。释放度实验常使用的人工胃液即稀盐酸，而人工肠液则使用磷酸盐缓冲液，并未模拟肠内的离子环境。离子的种类及含量一方面可能会与控释辅料相互作用，直接影响释药系统的释药特性，这对于自身可以解离荷电的高分子材料作用最为显著；另一方面，离子的种类及含量还会导致介质的渗透压大小不同，从而影响水分向释药系统内部的渗透速度，最终影响释药系统的释药特性。

6）表面活性

释放介质的表面活性对药物及释药系统均有影响。胆汁中的胆盐、胆固醇和卵磷脂不仅可以增加难溶性药物的溶解速度和程度，获得较高的生物利用度，另一方面，还可以提高水分对于释药系统的浸润性，使释药系统的释药开始时间缩短，从而减小释药初期的“时滞”。在体外实验中，使用十二烷基硫酸钠、聚山梨酯或其他表面活性剂来增加难溶性药物溶解度的报道很多。

7）搅拌

为了模拟胃肠道的运动，体外释放测定中都规定了一定的搅拌速度和强度，常用的是50r/min、75r/min、100r/min。

8）取样时间

《中国药典》2015版对取样时间的规定如下：释药全过程的时间不应低于给药的间隔时间，累积释放量要求达到90%以上，在制剂的质量研究中，应以累积释放量对时间作出释药曲线图，制订出合理的取样时间。除另有规定外，从释药曲线图中应至少选出3个取样时间点，第一点为开始的取样时间点（0.5～2h，累积释放量约30%），用于考察药物是否有突释；第二点为中间的取样时间点（累积释放量约50%），用于确定释药特征；最后的取样点（累积释放量>75%）用于考察释药量是否基本完全。应该引起注意的是，对于大多数口服缓控释制剂，胃肠道的有效吸收时间为8～12h。因此在开发研制新的口服缓控释制剂时，体外释放度测定往往测到8～12h，取样点应在初期设置多些，在末期设置少些。但有些药物在结肠末端甚至直肠上部仍可以被吸收，这样的药物在制成一天给药一次的释药系统时，其体外释放度的测定往往可以测到14～18h。

19.5.2　体内过程评价

缓控释制剂最终需要进行体内试验来评价其能否在体内达到预期的血药浓度及其维持时间。

19.5.2.1 临床前药代动力学试验

对于试制的口服缓控释制剂，首先应进行动物试验，研究其单剂量给药和多剂量给药后的药代动力学特点，考察其缓释特征。单剂量给药采用自身对照或分组对照进行试验，阐述试验制剂吸收程度是否生物等效，试验制剂是否具有所设计的释药特征。多剂量给药采用自身对照或分组对照进行试验，与被仿制药或普通制剂比较吸收程度，考察试验制剂是否具有缓控释药特征。

19.5.2.2 人体生物利用度和生物等效性试验

缓控释制剂在完成临床前试验后，报经国家药审部门批准后，应进行人体生物利用度和生物等效性试验来进一步考察制剂在人体内的释药情况。生物利用度和生物等效性试验应在单次给药和多次给药达稳态两种条件下进行。单次给药双周期交叉试验可观察比较受试者于空腹状态下服用缓控释受试制剂与参比制剂的吸收速度和吸收程度的生物等效性，并确认受试制剂的缓控释药代动力学特征。多次给药双周期交叉试验可观察比较缓控释受试制剂与参比制剂多次连续用药达稳态时，药物的吸收程度、稳态血药浓度及其波动情况。

19.5.2.3 体内外相关性评价

从体外释放曲线来准确地、精确地预测体内生物利用度的预测能力是长期追求的目标。在某些情况下，尤其是对于缓控释制剂处方，释放度试验不但能提供制备过程中的质量控制，而且还能预示该处方在体内的行为。但胃肠道的环境比较复杂，在目前条件下是无法精确模拟的。因此，对体外释放数据与体内吸收数据进行相关性分析就显得十分必要了，如果两者显著相关，就可以用体外释放结果作为该产品体内生物利用度特性质量相关的指标，也可用于处方筛选和批间质量控制，这样就能减少在初始审批过程中和中试放大及审批后的改变过程中所进行的生物等效性研究的数目。

在通常情况下，应采用具有不同释放速度的两种或更多种制剂来评价体内外相关性，若缓控释制剂的释放速度不随释放条件的改变而变化，则单一释药速度的处方亦可。首先，应在相同的条件下测得各制剂的体外释放度数据；其次，应采用足够数量的受试个体，进行交叉试验设计，获得各制剂的体内血药浓度经时曲线；最后，采用上述的方法建立不同水平的体内外相关性。如果不具有点－点相关的关系，则应改变体外释放的条件或引入“时间比例因子”来建立点－点相关的关系。另外，如果受试制剂处方中释药速度最快或最慢的处方之一不符合已建立的体内外相关性，则该处方可从建立的相关性关系中除去，只利用满足相关性的另外两个处方建立体内外相关；若释药速度中等的处方不符合体内外相关性，即使释药速度最快或最慢的处方均满足同一相关性，该制剂的体内外相关性关系也不存在。

总之，建立和评价体内外相关性的一个主要目的就是建立该释放度试验以替代人体生物等效性研究，这样就能减少在初始审批过程中和中试放大及审批后的改变过程中所进行的生物等效性研究的数目。因此，体内外相关性的研究对于口服缓控释制剂的开发和生产都具有十分现实的意义。

思考题

19－1　缓控释制剂有何临床意义？

19－2　缓控释制剂的种类有哪些？其原理怎样？

19－3　膜缓控释制剂的材料有哪些？

19－4　试述膜缓控释制剂的制备方法。

19－5　试述缓控释微丸的制备工艺。

19－6　如何进行缓控释制剂的质量评价？

第 20 章　靶向给药制剂的制备工艺

靶向制剂亦称靶向给药系统（drug targeting delivery system，DTDS）是通过适当的载体使药物选择性地浓集于病变部位的一类给药系统，通常把病变部位形象地称为靶部位，靶部位可以是靶组织、靶器官，也可以是靶细胞或细胞内的某靶点。靶向制剂不仅要求药物到达靶部位，还要求具有一定浓度的药物在这些靶部位滞留一定的时间以发挥药效。一般认为靶向制剂应具备定位、浓集、控释及无毒可生物降解四个要素。靶向作用的目的是选择性地把药物输送到病变部位或体内的某一个特定部位，防止把药物输送到产生毒副作用或失去药物生理活性的部位，可以把药物输送到用一般方法无法输送的作用部位，按设定的药物浓度和时间选择性地把药物输送到作用部位，在作用部位药物有良好的重现性，可以提高和改善药物的使用效率，减少用药量。因此，理想的靶向给药系统应具备诱导装置、对生物体有特异性识别能力的装置、调整药物浓度水平和调节装置、探测靶向部位的装置、测定药效装置，以及供应药物的贮藏和药物释放装置等。

靶向制剂在提高药效，降低毒性，提高药物的安全性、有效性、可靠性和患者用药顺应性方面具有重要的意义，逐渐受到国内外医药界的广泛重视。

20.1　靶向制剂的分类

按药物载体的种类，靶向制剂可分为微粒性载体、分子性载体和生物来源载体三类靶向制剂。微粒性载体包括高分子骨架、天然高分子材料形成的微粒和合成高分子材料形成的微粒。分子性载体包括低分子物质如脂溶性低分子和高分子物质如右旋糖酐、聚乙二醇、高分子共聚物。生物来源载体包括细胞如红细胞、白细胞等，脂蛋白如低密度脂蛋白，生物体内分子如抗体、植物凝血素，激素如肽类激素等。

按药物所到达的靶部位也可将靶向制剂分为三类：第一类是可以到达特定靶组织或靶器官的靶向制剂；第二类是可以到达特定靶细胞的靶向制剂；第三类是可以到达细胞内某些特定靶点的靶向制剂。

目前最常用的分类方法是将靶向制剂分为被动靶向制剂、主动靶向制剂和物理化学靶向制剂三大类。

1）被动靶向制剂

被动靶向制剂是进入体内的载药微粒被巨噬细胞作为外来异物所吞噬从而实现靶向的制剂，这种生理过程的自然吞噬使药物被动地浓集于病变部位而产生特定的体内分布特征。这类靶向制剂常采用脂质、类脂质、蛋白质、生物降解型高分子物质作为载体材料，药物被包裹或嵌入这些载体材料中，制成各种类型的微粒给药系统。经注射给药后，载药微粒被单核－巨噬细胞系统的巨噬细胞（尤其是肝的 Kupffer 细胞）吞噬摄取，从而使药物定位、浓集并释放于含有丰富巨噬细胞的肝、脾等器官。显然，这是一种被动性的靶向过程。

载药微粒在体内的分布首先取决于粒径大小。小于 100nm 的纳米囊和纳米球可缓慢积集于骨髓；小于 1μm 的一般被肝、脾中的巨噬细胞摄取；大于 7μm 的微粒通常被肺的最小毛细血管床以机械滤过方式截留，被单核白细胞摄取进入肺组织或肺气泡。除粒径外，微粒的表面性质如荷电性、疏水性质及表面张力等对药物的体内分布也起着重要作用。一般而言，表面带负电荷的微粒易被肝脏摄取，表面带正电荷的微粒易被肺摄取。

2）主动靶向制剂

主动靶向制剂一般是将微粒表面加以修饰后作为“导弹”性载体，将药物定向地输送并浓集于预期的靶部位并发挥药效的靶向制剂。例如，载药微粒表面经亲水性高分子材料 PEG 修饰后，不易被巨噬细胞吞噬；或因连接有特定的配体可与靶细胞的受体结合，或因连接单克隆抗体成为免疫微粒等原因，能避免巨噬细胞的摄取，从而防止在肝内浓集，改变了微粒在体内的自然分布而到达特定的靶部位；也可将药物修饰成前体药物，在特定靶区被激活并发挥主动靶向的作用。

3）物理化学靶向制剂

物理化学靶向制剂是用某些物理方法或化学方法使靶向制剂在特定部位发挥药效的靶向制剂。例如，在载药微粒中加入磁性材料制成磁性微球制剂，在足够强的体外磁场诱导下，这些磁性微球非常容易定位并浓集于靶部位；或使用对温度较为敏感的载体材料制备成热敏感靶向制剂，在局部热疗机的作用下，使药物在靶区释放；也可使用对 pH 敏感的载体材料制备成 pH 敏感靶向制剂，使药物在体内特定 pH 的靶区释放。另外，采用栓塞性微球制剂即阻断靶区的血液供应，并在靶区释放药物，可以起到栓塞和靶向治疗的双重作用，这也属于物理化学靶向制剂的范畴。

20.2　被动靶向制剂

一般被动靶向制剂包括脂质体、靶向乳剂、微球和纳米粒等。

20.2.1　脂质体

脂质体（liposome）是指将药物包封于类脂质双分子层内而形成的微型泡囊，也有人称脂质体为类脂小球或液晶微囊。类脂质双分子层的厚度约 4nm。根据脂质体结构中所包含的类脂质双分子层的层数，可分为单室脂质体和多室脂质体。含有单层类脂质双分子层的泡囊称为单室脂质体；含有多层类脂质双分子层的泡囊称为多室脂质体。脂质体结构示意图如图 20－1 所示。

20.2.1.2 脂质体的组成与结构

脂质体是以磷脂为主要膜材并加入胆固醇等附加剂组成的。由图 20－1 可见，当类脂分于在水中浓度到达一定时，其亲水极性基团向外，亲油非极性基团向内，从而形成板状双分子层或球状双分子层。

磷脂为两亲性物质，即含有磷酸基和季铵盐基，此为亲水基团，又含有两个较长的疏水烃基链，此为亲油基团。胆固醇亦属于两亲性物质，结构中也有疏水与亲水两种基团，但其疏水性比亲水性强。用磷脂和胆固醇作膜材制备脂质体时，必须用有机溶剂先将其配成溶液，然后蒸发除去有机溶剂，此时器壁上可形成均匀的薄膜。此薄膜由互相间隔的磷脂和胆固醇分子定向排列的双分子层组成。磷脂分子的亲水端呈弯曲的弧形，形似“手杖”，其“手柄”部分与胆固醇分子的亲水基团相结合，形成U形结构（图20－2）。两个U形结构相对排列，则形成双分子层结构。

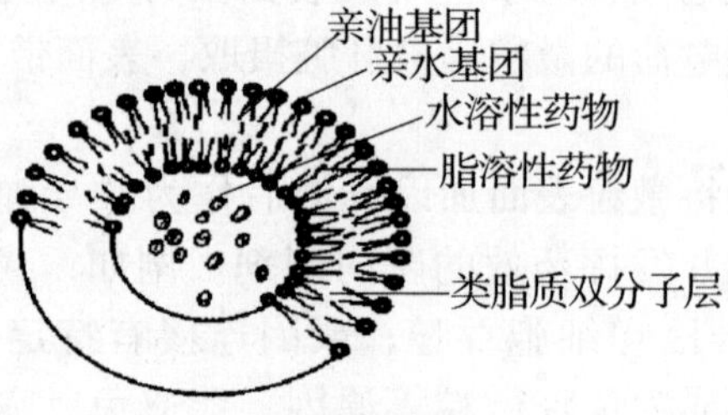

（a）单室脂质体

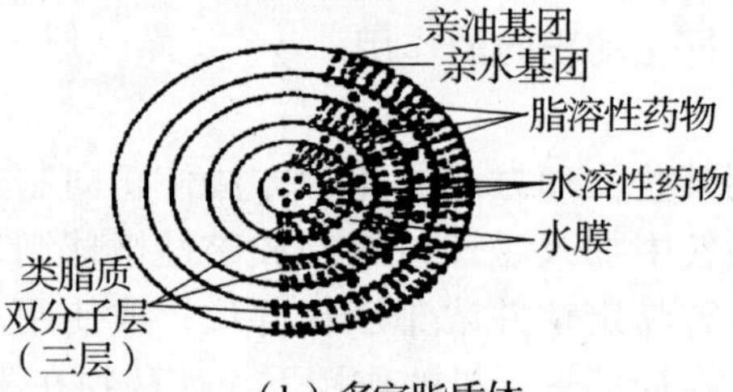

（b）多室脂质体

图20－1　单室和多室脂质体结构

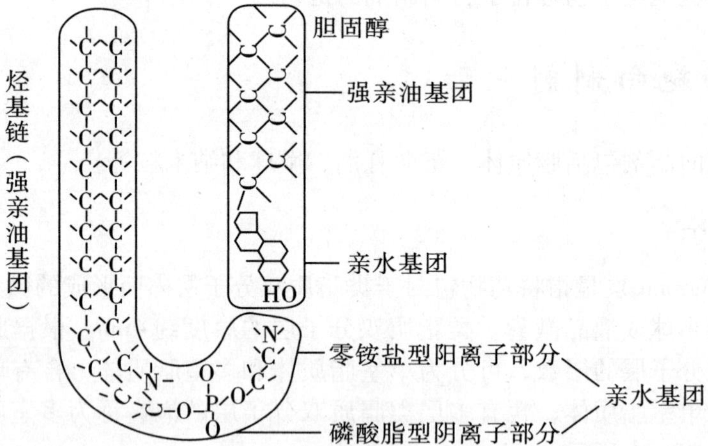

图20－2　卵磷脂与胆固醇在脂质体中的排列形式

当薄膜形成后，加入磷酸盐缓冲液振荡或搅拌即可形成单室或多室脂质体。在不断搅拌时，水溶性药物将容纳在水膜中，而脂溶性药物则结合于双分子层的疏水链部分。脂质双层构成一个个封闭小室，脂质体可以是单层的封闭双层结构，也可以是多层的封闭双层结构。

20.2.1.3 脂质体的两个重要理化性质

1）相变温度

脂质体膜的物理性质与温度有密切关系，当温度升高时脂质体双分子层中的疏水链可从有序排列变为无序排列，使脂质体的双分子层厚度减小，膜的流动性增加，由“胶晶”态变为“液晶”态，这种转变温度称为相变温度（phase transition temperature）。相变温度取决于磷脂的种类，一般酰基侧链越长，相变温度越高，反之则越低。膜的流动性是脂质体的一个重要物理性质，在相变温度下，膜的流动性增加，被包裹在脂质体内的药物具有最大的释放速度，故膜的流动性直接影响脂质体的药物释放和稳定性。

2）荷电性

含酸性脂质如磷脂酸（PA）和磷脂酰丝氨酸（PS）等的脂质体荷负电，含碱性（氨基）脂质如十八胺等的脂质体荷正电，不含离子的脂质体显电中性。脂质体的表面荷电与其包封率、稳定性、靶器官分布及其对靶细胞作用有重要的关系。

20.2.1.4 脂质体的作用机制

脂质体的结构与细胞膜相似，能显著增强细胞的摄取能力。脂质体在体内与细胞的作用过程可分为吸附、脂交换、内吞、融合四个阶段。吸附是脂质体作用的开始，机制属普通物理吸附，受粒子大小、密度和表面电荷等因素影响；脂交换是脂质体的脂质与细胞膜上脂质发生交换的过程；内吞是脂质体的主要作用机制，脂质体易被单核-巨噬细胞系统细胞特别是巨噬细胞作为外来异物吞噬进入溶酶体，特异性地将药物集中释放于细胞内，也可使不能通过细胞膜的药物达到细胞内部；融合是指脂质体的膜与细胞膜成分相似，可通过融合作用使药物进入细胞内，经溶酶体消化而释放出药物。

20.2.1.5 脂质体的作用特点

1）靶向性

脂质体进入体内可被巨噬细胞作为异物吞噬，从而浓集在肝、脾、淋巴系统等单核-巨噬细胞丰富的组织和器官中，故可作为抗肝癌等药物的载体，用于治疗肝肿瘤以及防止肿瘤扩散转移，亦可作为抗寄生虫、原虫药物的载体，用于治疗肝寄生虫病、利什曼病等单核-巨噬细胞系统疾病。动物实验已证明，经静脉注射后脂质体在某些肿瘤中的药物浓度比邻近正常组织高。

2）缓释性

许多药物在体内迅速代谢，故作用时间较短。将药物包封成脂质体后，可使药物在体内缓慢释放，从而延长其在血液中的滞留时间，也可减缓药物的代谢和排泄，从而延长药物的作用时间。

3）组织相容性与细胞亲和性

脂质体本身是类似生物膜结构的泡囊，因而具有组织相容性，对正常组织细胞不会产生损害作用，并可长时间吸附于靶细胞周围，有利于药物向靶组织渗透。同时它还具有细胞亲和性，易与细胞融合，使之可以通过融合方式进入细胞内，经溶酶体消化后使药物释放于细胞内部。

4）降低药物毒性

脂质体注射给药后，改变了药物的体内分布，主要在肝、脾等单核-巨噬细胞较丰富的器官浓集，这种体内分布的改变将相对降低心脏、肾脏和其他正常组织细胞中的药物浓度，因此将对心、肾有较强毒性的药物如阿霉素、两性霉素等制成脂质体，可明显降低其心、肾毒性，这也是脂质体用于抗癌药物载体的最主要优点之一。

5）提高药物稳定性

有些口服易被胃酸、胃酶破坏的药物，制成脂质体后可受到脂质体双层膜的保护，从而提高体内稳定性和口服吸收的效果。

20.2.1.6 制备脂质体的材料

形成脂质体双分子层的膜材主要由磷脂与胆固醇组成。

1）磷脂类

磷脂包括天然的卵磷脂、脑磷脂、豆磷脂以及合成磷脂，如合成二棕榈酰 - DL - α - 磷脂酰胆碱、合成磷脂酰丝氨酸等。豆磷脂是少量脑磷脂与卵磷脂组成的混合物。磷脂可在体内合成与转化，如脑磷脂可以转化为卵磷脂和丝氨酸磷脂，丝氨酸磷脂也可以转化为脑磷脂。

2）胆固醇

胆固醇具有调节膜流动性的作用，在高于相变温度时，在磷脂中加入加胆固醇则可增加膜的有序排列，减少膜的流动性；在低于相变温度时，在磷脂中加入胆固醇则可以使膜减少有序排列，增加膜的流动性。

20.2.1.7 脂质体的制备方法

1）注入法

将类脂质和脂溶性药物共溶于有机溶剂中（一般多采用乙醚）作为油相，在水溶性药物加入磷酸盐缓冲液中作为水相，然后将油相经注射器缓缓注入加热至50 ～60℃的水相中，继续搅拌至挥发尽有机溶剂，即得脂质体。这种脂质体粒径较大，不宜静脉注射，再经超声或通过高压乳匀机两次，所得产品大多为单室脂质体，少数为多室脂质体，粒径绝大多数小于2μm。

2）薄膜分散法

将类脂质与脂溶性药物溶于氯仿或其他有机溶剂中，然后将氯仿溶液在烧瓶中旋转蒸发，使在烧瓶内壁上形成薄膜；加入含有水溶性药物的磷酸盐缓冲液，不断振摇或搅拌，即可生成脂质体，其粒径为1 ～5μm。

3）超声波分散法

将水溶性药物溶于磷酸盐缓冲液中，再加入溶有类脂质及脂溶性药物的有机溶剂中，搅拌蒸发除去有机溶剂，残液经超声波处理，分离出脂质体，然后再混悬于磷酸盐缓冲液中，制成脂质体混悬型注射剂。凡经超声波分散的脂质体，绝大多数为单室脂质体。多室脂质体经超声波进一步处理，亦能得到相当均匀的单室脂质体。

4）逆相蒸发法

将磷脂等膜材溶于氯仿、乙醚等有机溶剂中，加入待包封药物的水溶液进行短时超声，直到形成稳定的W/O型乳剂，然后减压蒸发除去有机溶剂，达到胶态后，滴加缓冲液，旋转使器壁上的凝胶脱落，在减压下继续蒸发。制得水性混悬液，通过凝胶色谱法或超速离心法除去未包封的药物，即得大单室脂质体。本法特点是包封的药物量大，体积包封率可大于超声波分散法30倍，适合于包封水溶性药物及大分子生物活性物质如各种抗生素、胰岛素、免疫球蛋白、碱性磷酸酯酶和核酸等。

5）冷冻干燥法

将类脂质经超声处理高度分散于缓冲盐水溶液中，加入支撑剂如甘露醇、葡萄糖、海藻酸等，冷冻干燥后，再将干燥物分散到含药物的缓冲溶液或其他水性介质中，即可形成脂质体。此法适合于包封热敏感性药物。

20.2.1.8　脂质体的给药途径

1）静脉注射

静脉注射是脂质体最常见的给药途径。静注后迅速从血液中消除，其消除率与脂质体大小及所带电荷种类有关，大脂质体比小的消除快。静脉注射的脂质体优先被肝、脾等富含单核－巨噬细胞的组织脏器所摄取，并迅速被单核－巨噬细胞吞噬和降解，少数被肺、骨髓及肾摄取。

2）肌内与皮下注射

脂质体经肌内或皮下注射后，缓慢从注射部位消除，随后被吸收进入淋巴管，最后进入血液循环并广泛分布于肝、脾的单核－巨噬细胞系统中。

3）口服给药

有些药物以游离形式通过胃肠道时会被破坏或不能被吸收，但包封于脂质体后可提高药物的胃肠道稳定性或通过胃肠道吸收。

4）眼部给药

脂质体对外眼组织、结膜和巩膜具有更强的亲和力，滴眼后可迅速分散，可增强药物对角膜的穿透性。

5）肺部给药

脂质体经静脉注射后，只有少量分布到肺部，不能在肺中达到有效治疗浓度，若要肺部给药通常采用经肺吸入的脂质体气雾剂。

6）经皮给药

脂质体能使亲脂性、难渗透皮肤的大分子药物透入皮肤，并可维持恒定的释放；也可使药物滞留在表皮和真皮之间，提高局部治疗作用，减少全身的副作用。

7）鼻腔给药

脂质体经鼻腔滴入后很快转移到支气管处被机体吸收，但粒径太大会沉积在无纤毛的鼻腔前部，影响吸收。

20.2.1.9　脂质体的质量评价

脂质体的粒径大小、粒度分布、包封率和稳定性等可直接影响脂质体在体内的分布与代谢。除应符合药典有关制剂通则的规定外，目前要求控制的质量检查项目主要包括如下指标。

1）形态、粒径及其分布

脂质体的形态应为封闭的多层囊状物，其粒径大小可用显微镜法测定，小于 1μm 时须用扫描电镜或透视电镜检查；也可用电感应法（如 Coulter 计数器）、光感应法（如粒度分布测定仪）、激光散射法等测定脂质体的粒径及其分布。

2）包封率和载药量测定

对于处于液态介质中的脂质体，可用适当方法分离出脂质体（如柱色谱法、离心法或透析法等），分别测定介质和脂质体中的药量，按下式计算包封率：

$$包封率 = \frac{脂质体中的药量}{介质中的药量 + 脂质体中的药量} \times 100\%$$

载药量是指脂质体内含药物的质量分数，如用包封的药物溶液体积的相对量表示，可称为体积包封率，单位为 L/（mol 类脂）。

3）渗漏率测定

脂质体不稳定的主要表现为渗漏，所以用渗漏率可表示在贮存期间脂质体的包封率变化情况，由下式进行计算：

$$渗漏率 = \frac{贮存后渗漏到介质中的药量}{贮存前包封的药量} \times 100\%$$

4）药物体内分布的测定

通常以小鼠为受试对象，静脉注射脂质体后，测定不同时间的血药浓度，并定时处死动物，剖取脏器组织，匀浆分离取样，以同剂量药物作对照，比较各组织的滞留量，进行药动学处理，评价脂质体在动物体内的分布情况。

20.2.2 靶向乳剂

乳剂的靶向性特点在于它对淋巴系统的亲和性。油状药物或亲脂性药物制成 O/W 型乳剂静脉注射后，药物可在肝、脾等单核－巨噬细胞丰富的组织器官中浓集；水溶性药物制成 W/O 型乳剂经口服、肌内或皮下注射后，易聚集于附近的淋巴器官、浓集于淋巴系统，是目前将抗癌药物运送至淋巴器官最有效的剂型。W/O/W 型和 O/W/O 型复乳口服或注射给药后也具有淋巴系统的亲和性，复乳还可以避免药物在胃肠道中失活，增加药物稳定性。影响乳剂靶向性与释药特性的因素有：

（1）乳滴粒径和表面性质。O/W 型普通乳剂中油滴越小，比表面积越大，释药越快，复乳也有类似规律。乳剂的粒径对靶向部位也有影响，静注的乳剂乳滴在 0.1 ～ 0.5μm 时，被肝、脾、肺和骨髓的单核－巨噬细胞系统的巨噬细胞所吞噬，静注 2 ～ 12μm 粒径的乳剂可被毛细血管摄取，其中 7 ～ 12μm 粒径的乳剂可被肺机械性截留滤取。除乳剂粒径影响靶向性外，乳剂的表面性质也起重要作用。带负电的 O/W 型乳剂更易被肝的单核－巨噬细胞摄取而靶向肝脏，带正电荷的乳滴较易被肺毛细血管截留而靶向肺。

（2）油相的影响。一般油的含量越高，释药越慢，急性毒性越低。油相的黏度越低，物质从外相进入内相的速度越高，油膜也越易破裂或形成漏隙。油相不同的复乳在胃内滞留时间也不同，短直链的饱和脂肪酸酯对胃内滞留时间无明显影响，而长链脂肪酸酯能使滞留时间延长，其中以肉豆蔻酸异丙酯的复乳最为显著。

（3）乳化剂的用量和种类。阿霉素乳剂的大鼠体内研究表明，随着乳化剂用量增大，无论 W/O 型普通乳还是 W/O/W 型复乳，阿霉素的血清浓度都降低，体内滞留时间都延长，但 W/O 型普通乳剂给药后，心、肾中的含量降低，肝中的含量则增大；W/O/W 型复乳给药后，心、肺、脾中的含量稍增大，肝中的含量则降低。乳化剂的种类会影响乳剂的体内分布，如以卵磷脂制备的微乳，主要被单核－巨噬细胞系统吞噬而浓集于肝脾；而用泊洛沙姆－338 作乳化剂，则可避免吞噬，使炎症部位的微乳聚集量大大提高。

（4）乳剂的类型。大鼠口服5－氟尿嘧啶W/O型普通乳剂和不同复乳后，血药浓度均比药物的水溶液低，W/O/W型复乳的初期血药浓度低于W/O乳剂及O/W/O型复乳的血药浓度，这可能是因为后者的外相均为油相，由肠道吸收后不易向淋巴组织转运而滞留于血中，故血药浓度高，而前者由肠道吸收后迅速向淋巴组织转运，因此血药浓度较低。另外，W/O/W型复乳的黏度小，可以作为水溶性药物的淋巴给药载体。乳剂的脂肪滴不进入肝门静脉，可以选择性地大量浓集于单核－巨噬细胞系统的巨噬细胞内，使药物具有淋巴系统的靶向性，因而可提高药物的抗炎症作用。

20.2.3　微球

微球（microspheres）是一种用适宜高分子材料为载体包裹或吸附药物而制成的球形或类球形微粒，一般制成混悬剂供注射或口服，粒径通常为1～250μm。

根据临床用途的不同，可以将微球分为非靶向微球和靶向微球两类。非靶向性微球的主要目的是缓释长效，口服、皮下植入或关节腔内注射的微球一般都属于以缓释长效为目的的非靶向性微球。根据靶向原理的不同，靶向微球可分为三类：

（1）普通注射用微球。经静脉或腹腔注射后，由于体内的生理作用使微球选择性地聚集于肝、脾、肺等部位，属于被动靶向制剂。

（2）栓塞性微球。将大于12μm的微球注射于癌变部位的动脉血管内，微球将随血流阻滞于靶区周围的毛细血管中，既可阻断肿瘤的血流供应，又可在靶区释放药物以发挥靶位化疗作用。

（3）磁性微球。将磁性铁粉包入微球中，利用体外磁场效应，引导药物在体内移动和浓集定位。

普通注射用微球的载体多数为生物降解材料，如蛋白类（明胶、白蛋白等）、糖类（琼脂糖、淀粉、葡聚糖、壳聚糖等）、合成聚酯类（如聚乳酸、丙交酯乙交酯共聚物等）。若药物能溶解或分散在载体材料溶液中，就可用于制备微球。微球的制备方法如下：

（1）明胶微球和白蛋白微球的制备。明胶和白蛋白均属于蛋白质类，可以通过乳化－固化法或喷雾干燥法制备微球。乳化－固化法是将药物与载体材料溶液混合制成药物饱和溶液（或混悬液），再将其分散在适当的植物油或有机溶剂中制成W/O型乳状液，然后使乳剂内相固化并分离微球，这是现有制备方法中较为普遍且简易的方法。

使内相固化的方法有加热固化法和化学交联固化法。加热固化法是利用蛋白质受热凝固的性质，可在100～180℃的条件下加热使白蛋白固化并分离制备微球。化学交联固化法适用于一些对热不稳定的药物，采用加入化学交联剂如甲醛、戊二醛等使白蛋白、明胶等载体的方法使材料固化而制备微球。

微球的粒径通常取决于制得的乳滴的粒径及乳化剂的种类与用量。乳化剂如聚山梨酯－20的体积分数由0.1%增加至5%时，微球的粒径降低约40%；增大超声波的乳化功率和延长超声时间，所得微球的粒径降低；固化时搅拌速度增大，所得微球的粒径较小；固化时使用的温度不同，所得微球平均粒径也不同；水相中药物浓度增大，微球的粒径也增大；油相不同，微球粒径也不同，有人制得的微球平均粒径随棉籽油、油酸、玉米油、橄榄油、轻质矿物油的顺序增大；微球粒径的减小或药物的油溶性增大，微球载药量则降低；对难溶性药物，可在制备时加入二甲基甲酰胺提高其水溶性。

明胶微球亦可用两步法制备，即先制备空白明胶微球，再选择既能溶解药物，又能浸入空白明胶微球的适宜溶剂系统，用药物溶液浸泡空白微球后干燥即得。两步法适合于对水相和油相都有一定溶解度的药物。

喷雾干燥法是将药物与载体材料的混悬液或溶液，经蠕动泵输入喷雾干燥器，物料同干燥热气流进入的方向一致，溶剂蒸发后得微球。根据释药要求，所得微球可进一步加热固化，该法可避免使用化学交联剂或有机溶剂。

（2）聚酯类微球的制备。聚酯类微球可用液中干燥法制备，用此法制得的微球的形态是多种多样的，有的是表面光滑的完整圆球，有的是表面粗糙的圆球，偶尔也有外形不规则的，有的表面有药物的微晶体，有的外表面有孔，大多数内部多孔。

20.2.4 纳米粒

纳米粒包括纳米囊和纳米球。纳米囊（nanocapsules）属药库膜壳型，纳米球（nanospheres）属基质骨架型，它们均是高分子物质组成的固态胶体粒子，粒径多在 10 ～ 100nm 范围内。药物可以溶解或包裹于纳米粒中，分散在水中形成近似胶体溶液。将药物制成纳米粒后，通常具有缓释、靶向、保护药物、提高疗效和降低毒副作用的特点。

20.2.4.1 制备方法

纳米粒可使用的载体材料与微囊材料类似，在性质上主要要具有生理相容性、生物降解性、定向性、细胞渗透性以及良好的载药能力。制备纳米粒的方法很多，常见有聚合法、天然高分子法和液中干燥法等，现简述如下。

1）聚合法

合成高分子材料多采用聚合法制备，包括胶束聚合法、乳化聚合法和界面聚合法。其中以水为连续相的乳化聚合法是目前最主要的制备方法。该法将单体分散于含乳化剂的水相中的胶团内或乳滴中，可避免使用有机溶剂。单体遇 OH^- 或其他引发剂或经高能辐射发生聚合，单体的快速扩散使聚合物的链进一步增长，胶团及乳滴作为提供单体的仓库，而乳化剂对相分离以后的聚合物微粒也起防止聚集的稳定作用。溶液的 pH 和单体的浓度也是影响粒径的重要因素。

2）天然高分子法

（1）白蛋白纳米球。该法主要利用蛋白质在 100 ～ 180℃ 变性形成含有水溶性药物的纳米球。将白蛋白同药物溶入或分散入水中作水相，在油相中搅拌或超声乳化得 W/O 型乳状液。将此乳状液快速滴加到 100 ～ 180℃ 的热油中并保持 10min，白蛋白即可变性形成纳米球。

（2）明胶纳米球。将乳状液中的明胶乳滴冷却至胶凝点以下固化，可再用甲醛交联，这种不加热的方法，可用于热敏感药物。

（3）凝聚高分子纳米球。该法利用明胶、白蛋白等高分子材料改变 pH，加入盐析剂等发生盐析脱水而凝聚。如将药物和载体材料明胶溶于水中，在表面活性剂存在的条件下，高速搅拌，慢慢加入盐类沉淀剂使之盐析。加入少量溶剂如乙醇、异丙醇等，至混浊刚消失，继续搅拌并加入适量固化剂（如戊二醛水溶液），固化，经透析或葡聚糖凝胶柱除去盐类即得。

3）液中干燥法

液中干燥法也称溶剂挥发法，该法既可包裹水溶性药物，也可包裹水不溶性药物。即将药物溶于可挥发，且在水中可适当溶解的有机溶剂中，制成O/W型乳状液，再挥发除去有机溶剂，得到纳米球。纳米球的粒径取决于溶剂蒸发之前形成的乳滴的直径，可通过搅拌速度、分散剂的种类和用量、有机相及水相的量和黏度、容器及搅拌器的形状和温度等因素，来控制纳米球的粒径。

20.2.4.2 体内分布与消除

纳米粒可经静脉注射，一般被单核-巨噬细胞系统摄取，主要分布于肝（60%～90%）、脾（2%～10%）和肺（3%～10%），少量进入骨髓。纳米粒亦可由细胞内或细胞间穿过内皮壁到达靶部位。有些纳米粒具有在肿瘤中聚集的倾向，因此作为抗癌药物载体，是纳米粒最有价值的应用之一。其原因可能是因为许多肿瘤细胞吞噬活性增强；纳米粒能从肿瘤部位的有隙漏的内皮组织血管中逸出而滞留在肿瘤内；有些纳米粒对肿瘤的血管壁有生物黏附性。

给药途径不同或使用的聚合物材料不同，纳米粒在体内的分布和消除也不同。聚氰基丙烯酸乙酯纳米球在眼内的消除半衰期达15～20min，如黏附在结膜和角膜上，随眼泪消除的半衰期比水溶液滴眼剂延长5～20倍。裸鼠单次静注5-氟尿嘧啶聚氰基丙烯酸己酯纳米球，28天后药物慢慢消除到剩余45%，140天剩余8%；间隔28天注射一次，多次注射后，发现脾和肺中相对药物量最高，且未见肝、脾、肺组织的改变。

20.3 主动靶向制剂

主动靶向制剂对药物载体进行结构修饰以达到以下目的：避免单核-巨噬细胞系统的吞噬作用；改变载药微粒在体内的自然分布；与靶细胞的受体特异性地结合，总的目的是使药物定向地运送并浓集于所需要的预定靶区发挥药效。主动靶向制剂包括经过修饰的药物载体制剂及前体药物制剂两大类制剂。修饰的药物载体制剂有修饰脂质体、修饰微乳、修饰微球、修饰纳米球等；前体药物制剂包括抗癌药及脑组织靶向、结肠靶向的前体药物等。

20.3.1 修饰的药物载体

经修饰后药物载体的疏水性表面被亲水性表面所代替，可以减少或避免单核-巨噬细胞系统的吞噬作用，有利于载体分布于缺少单核-巨噬细胞系统的组织（即靶向于肝脾以外的组织）中。利用抗体修饰，可制成定向于细胞表面抗原的免疫靶向制剂。

20.3.1.1 修饰的脂质体

1）长循环脂质体

脂质体表面经适当修饰后，可避免被单核-巨噬细胞系统吞噬，从而延长药物在体内血液循环系统的时间，称为长循环脂质体。如脂质体用聚乙二醇（PEG）修饰，其表面被柔顺而亲水的PEG链部分覆盖，极性的PEG增强了脂质体的亲水性，也增加了脂质体表面的空间位阻，从而减少了血浆蛋白与脂质体膜的相互作用，降低了脂质体被巨噬细胞吞噬的可能性，延长了在循环系统的滞留时间，有利于肝脾以外组织或器官的靶向性。

2）免疫脂质体

脂质体表面连接上某种抗体或抗原，制成免疫脂质体后，将具有对靶细胞分子水平上的识别能力，可提高脂质体的专一靶向性。如阿昔洛韦脂质体表面连接上抗细胞表面病毒的糖蛋白抗体后，得到阿昔洛韦免疫脂质体，可以识别并靶向作用于眼部疱疹病毒结膜炎的病变部位，2h 给药能特异地与被感染细胞结合，并抑制病毒生长，游离药物或未免疫的脂质体则无此效果。

3）糖基修饰的脂质体

脂质体表面结合上天然或人工合成的糖基，可改变脂质体的体内分布。不同的糖基在体内可产生不同的分布，带有半乳糖残基的脂质体被肝实质细胞所摄取，带有甘露糖残基的脂质体被 K 细胞所摄取，含氨基甘露糖衍生物的脂质体则在肺中明显蓄积。

20.3.1.2 修饰的微乳

分别以磷脂和泊洛沙姆－338 为乳化剂，豆油为油相，甘油作助乳化剂制备布洛芬辛酯微乳，两者粒径几乎无差异，但静注相同剂量时，以磷脂为乳化剂的微乳在循环系统很快消失，且主要分布于肝、脾、肺，而以泊洛沙姆－338 为乳化剂的微乳，由于泊洛沙姆的亲水性使微乳表面性质改变，药物在循环系统中存在的时间较长，药物在炎症部位的浓度较前者高 7 倍。

20.3.1.3 修饰的微球

用聚合物将抗原（或抗体）吸附或交联形成的微球，称为免疫微球，除可用于抗癌药物的靶向治疗外，还可用于标记和分离细胞作诊断和治疗。例如用 PEG、泊洛沙姆等亲水性物质包封微球，能降低巨噬细胞的吞噬作用，提高含药微球在血液中的浓度。也可采取给药前先给予大剂量空白微球的方法，以阻滞单核－巨噬细胞系统的摄取。

20.3.1.4 修饰的纳米球

聚乙二醇修饰的纳米球长循环脂质体。用双嵌断的 PLA/PGA 共聚物与 PEG（相对分子质量 350 ～20 000）以液中干燥法制备纳米球，所得纳米球表面被 PEG 覆盖，注射 5min 后，在肝中的量仅为未修饰纳米球的 37.5%，而在血中的量为未修饰者的 400%；2h 后未修饰者在血中完全消失，而修饰者尚有 30% 在血液中维持循环。

免疫纳米球。单克隆抗体与载药纳米球结合后通过静脉注射，可实现主动靶向。与药物直接同单克隆抗体结合相比，单克隆抗体较少失活且载药量大。

20.3.2 前体靶向药物制剂

前体药物（prodrug）是由活性母体药物衍生而成的药理惰性物质。在体内经化学反应或酶反应的作用下，前体药物中的活性母体药物再生从而发挥治疗作用。使前体药物在特定的靶部位再生为母体药物的基本条件：使前体药物转化的酶（或反应物）应仅在靶部位存在或仅在靶部位表现出活性；前体药物能与药物受体充分接近；有足够量的酶以生成足够量的活性药物；产生的活性药物应能在靶部位滞留，而不漏入循环系统产生毒副作用。有些前体药物或者由于不够稳定，或者由于在体内转运受到阻碍，可再制备其衍生物，称为双重前体药物。

20.3.2.1　**抗癌药物前体药物**

一般情况下，癌细胞组织的特点是pH低，碱性磷酸酯酶和酰胺酶浓度高。某些抗癌药物制成碱性磷酸酯或酰胺类前体药物可在癌细胞组织再生活性母体药物，发挥出靶向作用；一些肿瘤能产生大量纤维蛋白酶原活化剂，使纤维蛋白酶原活化成为活性的纤维蛋白酶，故将抗癌药物与合成肽连接成为纤维蛋白酶的底物，可在肿瘤部位使活性母体药物再生。

20.3.2.2　**脑部靶向前体药物**

脑部靶向释药对于治疗脑部疾患有较大意义。许多药物由于脂溶性小而难以透过血脑屏障，一些药物虽然有足够亲脂性，能够进入脑部，但也容易进入其他组织器官，以致产生不必要的毒副作用。故必须采取一定措施，使药物仅在脑部发挥作用。目前比较成功的脑靶向前体药物是氧化还原脑内释药系统，它已成功地用于多巴胺、雌二醇、青霉素等药物的脑内特异释药，其基本原理是利用某些亲脂性二氢吡啶能进入脑内的性质，在脑内氧化成为相应的、难以跨过血脑屏障的季铵盐而滞留在脑内，经脑脊液的酶或化学反应水解，缓慢释放药物从而延长药效；而在外周组织形成的季铵盐由于其强亲水性，可迅速经胆、肾消除，全身毒副作用明显降低。

20.3.2.3　**结肠靶向药物制剂**

具有结肠靶向性的药物制剂是目前研究的一个热点。口服结肠定位给药系统（oral colon specific drug delivery system，OCSDDS）可避免药物在消化道上段被破坏或释放，保证到达人体结肠释药发挥局部或全身治疗作用。结肠释药对治疗结肠局部病变特别有用，在胃肠道上段易降解的肽类和蛋白质类药物，制成OCSDDS能够提高机体吸收率。

20.3.3　物理化学靶向制剂

20.3.3.1　**磁性靶向制剂**

采用体外磁场的效应引导药物在体内定向移动和定位集中的制剂称为磁性靶向制剂。这类制剂主要有磁性微球和磁性纳米囊，通常作为抗肿瘤药物的靶向载体。

磁性靶向制剂的应用可以把单核-巨噬细胞系统的干扰降到最低程度。这类制剂的特点有：药物被载体引导到靶区周围，使靶区很快达到所需浓度，在其他部位的分布相应减少，因此可降低用药剂量；药物大部分在局部起作用，相对减少了药物对正常组织的副作用，特别是降低了对肝、脾、肾等重要器官的损害；加速药效的产生，可提高药物疗效。

磁性微球或磁性纳米囊可用一步法或两步法制备，一步法是在成球前加入磁性物质，再用聚合物将磁性物质包裹成球；两步法是先制成微球或纳米囊，再将微球或纳米囊磁化。注射用磁性物质通常是超细磁流体，如$FeO \cdot Fe_2O_3$或Fe_3O_4，由粒径在10～15nm范围的超细球形粒子组成，这样制成的微球或纳米囊才能不聚积、不堵塞血管，在毛细血管内能均匀分布并扩散到靶区，即使外加磁场移除，微粒也可停留在靶区。口服磁性微球粒径可稍大。

磁性微球或磁性纳米囊的形态、粒径分布、溶胀能力、吸附性能、体外磁响应、载药稳定性等均有一定的要求，应用时需要外加磁场。

20.3.3.2 栓塞靶向制剂

通过插入动脉的导管将栓塞物输送到靶组织或靶器官的医疗技术称为动脉栓塞技术。栓塞的目的主要是阻断靶区的血供和营养，使靶区的肿瘤细胞缺血坏死；如其中含有抗肿瘤药物，则具有栓塞和靶向化疗的双重作用，还具有延长药物在作用部位作用时间的效果。这类靶向制剂主要有动脉栓塞微球和复乳。

动脉栓塞微球的载体材料主要有白蛋白及明胶、乙基纤维素、淀粉及其衍生物、壳聚糖等，制备的方法主要有乳化－液中干燥法和乳化－化学交联法等。

微球的动脉栓塞化疗已在临床上用于治疗肝、脾、肾、乳腺等部位的肿瘤，疗效显著，尤其对于不可手术治疗的肝肿瘤，采用微球进行栓塞化疗已成为首选方法。

20.3.3.3 热敏靶向制剂

1）热敏感脂质体

利用相变温度的不同，可制成热敏感脂质体。当达到预期的相变温度时，脂质体的类脂质双分子层从胶态转变为液晶态，脂质体膜的通透性增加，此时被包封的药物释放速度亦增大。在通常的脂质体制备工艺中，按一定比例加入含有不同长链脂肪酸结构的磷脂酰胆碱，即可制得热敏感脂质体。

2）热敏免疫脂质体

在热敏感脂质体膜上交联抗体，可得热敏免疫脂质体。这种脂质体同时具有物理化学靶向与主动靶向的双重作用，如阿糖胞苷热敏免疫脂质体等。

20.3.3.4 pH 敏感靶向制剂

1）pH 敏感脂质体

利用肿瘤间质液的 pH 比周围正常组织显著低的特点，可以设计 pH 敏感脂质体。这种脂质体可用对 pH 敏感的类脂（如 N－十六酰－L－高半胱氨酸，PHC）与其他脂质混合制成。因 pH 的不同，PHC 存在两种平衡结构，一种是开链式，一种是闭合式。在 pH 较低时，闭合的 PHC 是一种中性类脂，脂质双层的稳定性被破坏，脂质体内的药物不断地释放出去。

2）pH 敏感的口服结肠靶向给药系统

利用结肠 pH 较高的特点，可制成口服结肠靶向给药系统。如丙烯酸树脂类 Eudragit L/RS 和 Eudragit S 均不溶于水及消化液中，但能在结肠 pH 较高的环境溶解，可用于制备 pH 敏感型口服结肠靶向给药系统。

思考题

20－1 靶向制剂具有什么优点？

20－2 靶向制剂分为几类？各有什么特点？

20－3 脂质体的制备方法有哪几种？

20－4 如何进行脂质体的质量评价？

20－5 试述微球和纳米粒的制备方法。

20－6 主动靶向制剂有哪些？如何实现靶向？

第 21 章　制药工艺的优化

根据科学原理，运用一定方法安排实验，通过少量次数实验，比较实验结果，迅速找出使某种指标最优的有关因素值的方法，称为实验最优化。

当药物的制备路线选定后，就要开始试验研究工作，探讨反应条件（如反应浓度、物料比、温度、反应时间、溶剂、催化剂等）与产品收率和纯度之间的关系。通过研究，获得最佳工艺条件，在药物的开发过程中，无论是实验室工艺研究、中试放大研究还是工业化生产工艺的研究，都需要做大量实验。为了通过最少的实验得到最好的结果，需要进行优化研究。欲在影响反应的诸多因素中分清主次，就需要通过科学合理的实验设计及优选法，找出影响生产工艺的内在规律以及各因素间的相互关系，找出生产工艺设计所要求的参数，为确定生产工艺提供参考。

试验设计及优选法是以概率论和数理统计为理论基础来安排试验的应用技术。试验设计及优选法过程可分为试验设计、试验实施和分析试验结果三个阶段。首先要明确试验目的，即试验追求的指标，再找出要考察的因素的变动范围；再就是进行试验设计，然后按设计好的方案实施实验；最后要对试验结果进行分析，确定所考察因素的重要性。如果试验设计得好，试验结果分析得法，就能将试验次数减少到最低限度，缩短试验周期，使生产工艺达到优质、污染少、低消耗、高效益的目的。

制药工艺研究通常采用单因素平行试验优选法和多因素正交设计法、均匀设计优选法以及响应面设计法等方法。单因素平行试验优选法是在其他条件不变的情况下，考察某一因素对产品收率、纯度的影响。通过设立不同的考察因素平行进行多个反应来优化反应条件，例如在温度、压力和配料等反应条件固定不变时，研究反应时间对收率的影响；或者在反应时间、温度和压力等反应条件固定不变时，研究配料比对收率的影响等。目前该方法在制药工艺研究中较为常用。多因素正交设计法、均匀设计优选法、响应面设计法是选定影响反应收率的因子数和欲研究水平进行正交设计、均匀设计或响应面设计，安排实验即可以达到简化的目的，也具有代表性，不会漏掉最佳反应条件，有助于问题的迅速解决。

21.1　单因素试验法

单因素平行试验优选法是在其他条件不变的情况下，考察某一因素对收率的影响，通过设立不同的考察因素平行进行多个反应来优化反应条件。

21.1.1　设计步骤

设计步骤如下：①确定评价结果的方法和影响指标的主要因素，即以 x 为影响因素的指标函数 $P(x)$ 的确定；②确定包含最优点的实验范围，即 x 的取值范围为：$a \leqslant x \leqslant b$；③进行实验；④实验结果分析；⑤进行下一轮实验，再分析结果，如此循环，直至得到满意的结果；⑥如果发现3 ～5 个实验点对指标的改变并不大，可以认为在实验范围内该因素不是主要影响因素，不必继续对该因素进行研究。

21. 1. 2　因素的取值方法

21. 1. 2. 1　平分法

平分法见图 21 -1。使用平分法的基本要求是在实验范围内，指标函数为单调函数。每做一次实验，就能决定下一次实验的方向。平分法对实验的安排原则是，总在实验范围的中点处安排实验，即 $x=a+(b-a)/2$。平分法能最快达到实验目的，但很多目标函数不能符合要求。

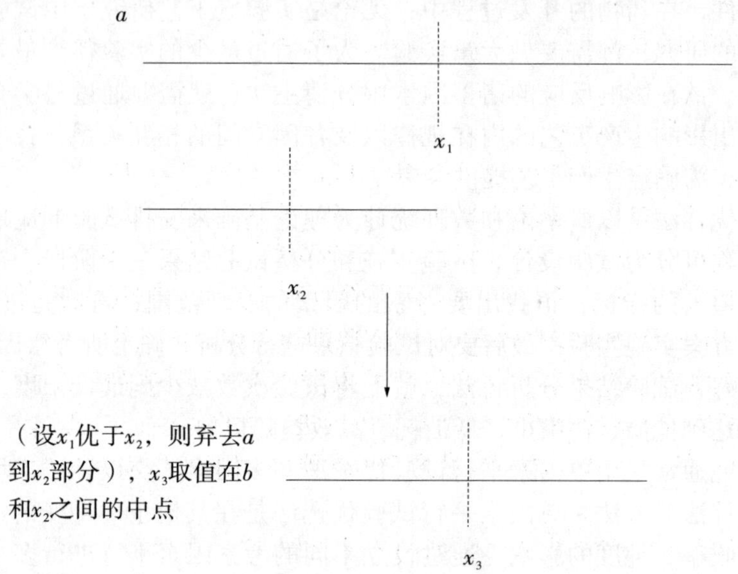

图 21 -1　平分法示意图

21. 1. 2. 2　0. 618 法

0. 618 法又称黄金分割法，见图 21 -2。此法适用于单峰函数，按相应比例设定因素取值。使用0. 618 法的具体做法是：在 $x_1=a+0.618$（$b-a$）和它的对称点 $x_2=a+0.382$（$b-a$）两处安排实验，并比较实验结果，如果第一轮实验说明 x_1处优于 x_2处，就将 a 到 x_2实验范围舍去，将新的实验点安排在新的实验范围 x_2到 b 的 0. 618 处，即 $x_3=0.618$（$b-x_2$），而 x_1处就相当于在新的实验范围的 0. 382 位置。如有实验结果，可直接进行比较。如果第一轮实验结果是 x_2处优 x_1处，就将 x_1到 b 实验范围弃去，将新的实验点安排在 a 到 x_1的 0. 328 处，其结果再于 x_2处直接进行比较，如此类推，直至得到满意的结果。

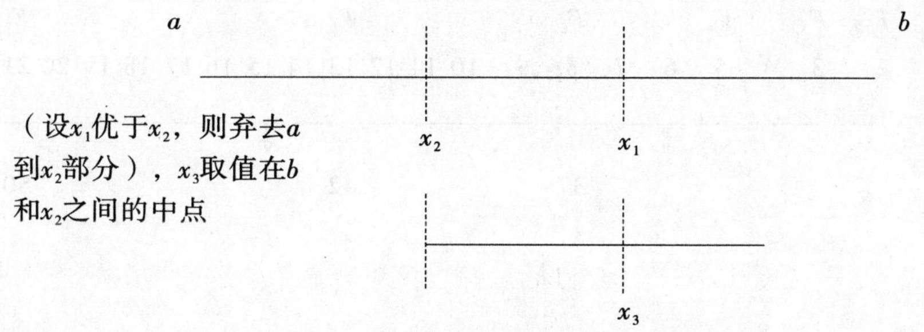

图 21－2 黄金分割法示意图

21.1.2.3 分数法（非波那西法）

此法适用于单峰函数，非连续变化。实验点 $F_n = F_{n-1} + F_{n-2}$（$F_0 = F_1 = 1$），n 为实验次数。

非波那西数列的头 15 项值为：

n＝0，1，2，3，4，5，6，7，8，9，10，11，12，13，14，15。

F_n＝1，1，2，3，5，8，13，21，34，55，89，144，233，377，610，987。

不难看出，当 n 大于一定数值后 $F_{n-1}/F_n \approx 0.618$；$F_{n-2}/F_n \approx 0.382$。因此，分数法的基本原理与 0.618 法相同，下面通过实例看看分数法是如何安排实验，以及如何能在 $F_n - 1$ 个实验点的情况下，顶多只做 $n-1$ 次实验即可找到最佳条件。

例如，某抗生素生产传统工艺要求在 37℃ 发酵 16h。为了提高生产能力，欲提高发酵温度来缩短发酵时间，准备在 29～50℃ 范围内进行优选实验，温度间隔 1℃，故中间总实验点为 20 个。按 $F_n - 1 = 20$，n 值为 7，故顶多只需要做 6 次实验就可找到最佳条件。

所安排的实验点温度与非波那西数列的关系见图 21－3。因 $F_7 = F_6 + F_5 = 21$，故第一实验点在 $F_6 = 13$ 即 42℃ 进行，第二个实验点在 $F_5 = 8$ 即 37℃ 进行。实验结果表明 42℃ 下发酵优于 37℃ 发酵（发酵时间缩短，并没影响其他指标）。舍去低于 37℃ 的实验范围，因 $F_6 = F_5 + F_4 = 13$，故第三个实验点在 $F_5 = 8$ 即 45℃ 进行，而 $F_4 = 5$ 即 42℃ 的实验已有结果，比较说明 45℃ 发酵已影响其他指标，情况劣于 42℃，舍去高于 45℃ 的实验范围。第四个实验点在 $F_3 = 3$ 即 40℃ 进行，结果发酵时间比 42℃ 长，但未影响其他指标。最后，舍去低于 40℃ 的实验范围。现在的最适范围已缩小至 40℃～45℃，仅 5℃ 之差。再选择在 $F_3 = 3$ 即 43℃ 进行第五次实验，结果与 42℃ 时相当，温度间隔为 1℃。这样，仅做五次实验，就可确定了在 42～43℃ 发酵的新工艺，提高了生产力。使用分数法时，对于实验点总数大于 $F_n - 1$，又小于 $F_{n+1} - 1$ 的情况，应凑成 $F_{n+1} - 1$ 实验点，以便按上述原则安排。虚设的实验点不必做实验。

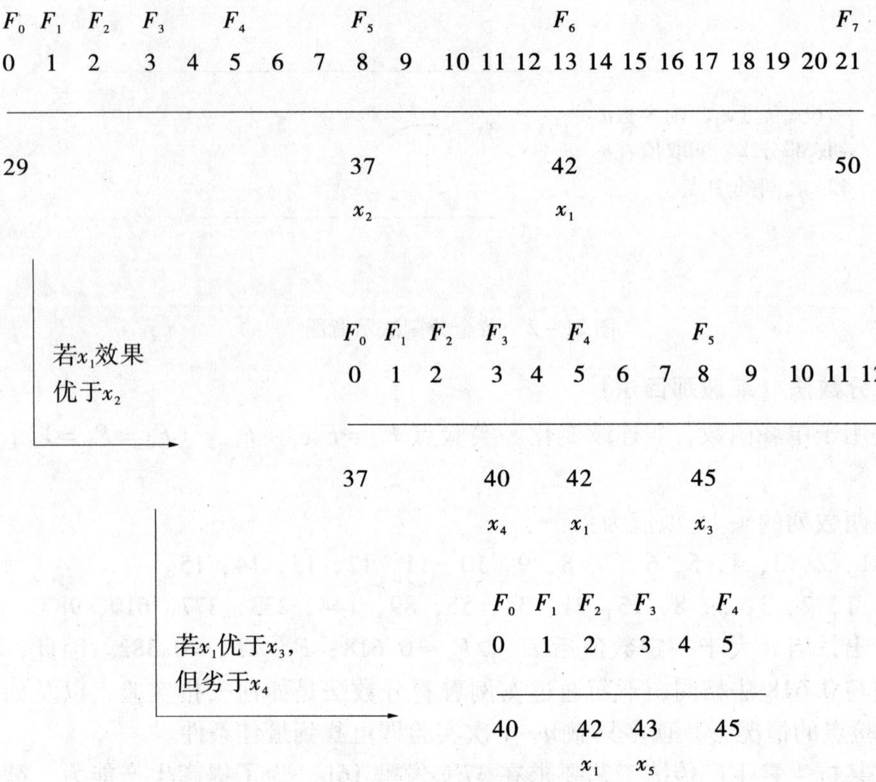

图 21-3 分数法示意图

21.1.2.4 抛物线法

实验结果可定量处理的，通过抛物线模拟函数，寻求函数最大值。设三个实验点 x_1、x_2、x_3的实验值分别为 y_1、y_2、y_3，见图 21-4。通过二次抛物线的近似函数方程：

$$y=\frac{(x-x_2)(x-x_3)}{(x_1-x_2)(x_1-x_3)}y_1+\frac{(x-x_1)(x-x_3)}{(x_2-x_1)(x_2-x_3)}y_2+\frac{(x-x_1)(x-x_2)}{(x_3-x_1)(x_3-x_2)}y_3 \quad (21-1)$$

求最大值为实验点 x_4，

$$x_4=\frac{y_1(x_2^2-x_3^2)+y_2(x_3^2-x_1^2)+y_3(x_1^2-x_2^2)}{2[y_1(x_2-x_3)+y_2(x_3-x_1)+y_3(x_1-x_2)]} \quad (21-2)$$

如果求得的 x_4 与 x_2 相当，可取 $x_5=(x_4+x_2)/2$，以求得最大值。

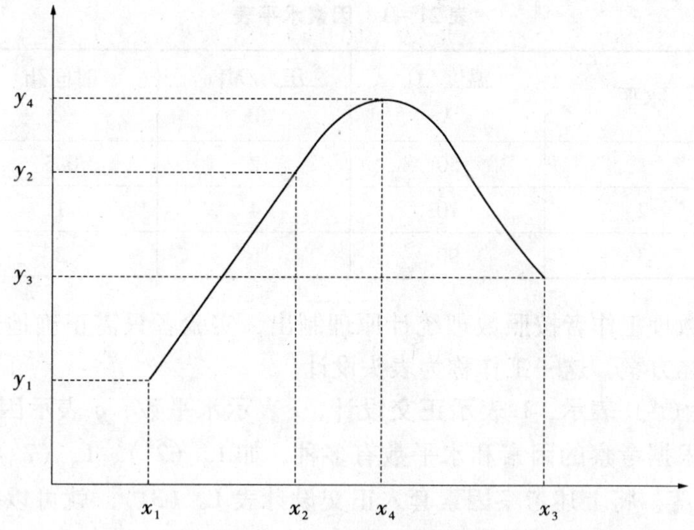

图 21 -4　抛物线法示意图

21.1.2.5　等距法

等距法是单因素平行试验常用的方法，即将一定范围内取值按实验次数平均。如实验点范围为 $a \sim b$，预设的实验次数为 n 次，再 $X_1 = a + (b-a)/n$，$X_2 = X_1 + (b-a)/n \cdots\cdots X_n = X_{n-1} + (b-a)/n$。通过结果比较，取最佳的因素值。

21.2　正交设计

正交设计（orthogonal design）的理论研究始于欧美，20 世纪 50 年代已进行推广应用。它是在全面实验点中挑选出最有代表性的点做实验，挑选的点在其范围内具有“均匀分散”和“整齐可比”的特点。“均匀分散”是指实验点均衡地分布在实验范围内，每个实验点有充分的代表性；“整齐可比”是指实验结果分析方便，易于分析各个因素对目标函数的影响。由于正交设计法是基于数理统计原理来科学合理地安排实验，并按一定规律分析处理实验结果，故能够较快地找到工艺的最佳条件，且具有可判断诸多因素中何种影响因素是主要因素，以及判断影响因素之间的相互影响情况等优点。

21.2.1　正交表及表头设计

正交设计法的第一步是确定考察的因子数和欲研究水平，然后再选取正交表。正交设计的因素为考察的工艺影响因素，水平数为因素的取值点。该取值点可通过单因素分析确定。实验设计按照规定的正交表进行。

设某一药物合成反应的影响因素有温度、压力和时间，即有 3 个因素，分别称为 A、B、C。其考察水平有 3 个，如表 21 -1 所示。

表 21-1 因素水平表

水平	温度/℃ A	压力/MPa B	时间/h C
1	50	2	0.5
2	70	4	1
3	90	6	2

正交表已由数理工作者按照数理统计原理制出，实验者只需正确地选用这些表来安排所做实验的具体方案，这一工作称为表头设计。

正交表用 L_n（t^q）表示，L 表示正交设计，t 表示水平数，q 表示因子数，n 表示实验次数。正交表根据考察的因素和水平数有多种，如 L_4（2^3）、L_8（2^7）、L_9（3^4）、L_{16}（4^5）、L_{25}（5^6）等。将上述考察因素套入正交设计表 L_9（3^4），就可以按照表 21-2 中给出各处理中各因素的水平安排实验。

表 21-2 L_9（3^4）正交设计表

处理号	因素 A	因素 B	因素 C	因素 D
1	1	1	1	1
2	1	2	2	2
3	1	3	3	3
4	2	1	2	3
5	2	2	3	1
6	2	3	1	2
7	3	1	3	2
8	3	2	1	3
9	3	3	2	1

按多因素全面逐项实验，不难算出，三因素三水平实验次数为 27 次，四因素三水平的实验次数为 81 次，显然，因子或水平多时的全面逐项实验很难进行。对多因素多水平问题，只能选出部分具有代表性的点做实验。人们习惯用单因素平行实验优选法来找出最佳工艺条件，如考察三个因素时，固定其他两个因子，考察剩余一个因子，但这样需实验 27 次。而采用正交设计，实验次数为 9 次，比全面逐项实验法所需 27 次大大减少。实验设计表中还有因素 D 可空着，在方差分析中作为误差项。

21.2.2 正交试验结果分析

21.2.2.1 极差分析

利用正交表计算分析，可以分辨出主次因素，预测更好的水平组合，为进一步实验提供可靠依据，可采用极差分析。

若 K_1 表示水平一实验结果总和的平均值，K_2 表示水平二实验结果总和的平均值，K_3

表示水平三实验结果总和的平均值，则极差 R 为 K 值中的最大值与最小值之差。分析实验结果极差 R 的大小可用来衡量实验中相应因子（因素）作用的大小，因子水平数完全一样时，R 大的因素为主要因素，R 小的因素为次要因素。

以上述实验设计为例，经过对合成反应转化率的考察，实验结果如表 21－3。

表 21－3　正交试验结果

处理号	温度/℃ A	压力/MPa B	时间/h C	转化率/%
1	50	2	0.5	31
2	50	4	1	54
3	50	6	2	38
4	70	2	1	53
5	70	4	2	49
6	70	6	0.5	42
7	90	2	2	57
8	90	4	0.5	62
9	90	6	1	64
K_1	41	47	45	—
K_2	48	55	57	—
K_3	61	48	48	—
R	20	8	12	—

本例中 A 因素的影响最大，C 因素次之，B 因素最小。K_1，K_2，K_3 中数值最大者对应的水平为最佳水平，即转化率最高。本例中最佳组合为 A_3、B_2、C_2，即最佳反应条件：温度 90℃、压力 4MPa、时间 1h。

21.2.2.2　方差分析

方差分析是用来考查各因素在统计学上的显著性及相互作用关系的。

如上例中，样本总方差平方和为：

$$SS_{总} = \sum y^2 - \frac{(\sum y)^2}{9} \tag{21-3}$$

y 为测得的转化率。

各因素的方差平方和为：

$$SS_A = \frac{(\sum y_A)^2}{3} - \frac{(\sum y)^2}{9} \tag{21-4}$$

$$SS_B = \frac{(\sum y_B)^2}{3} - \frac{(\sum y)^2}{9} \tag{21-5}$$

$$SS_C = \frac{(\sum y_C)^2}{3} - \frac{(\sum y)^2}{9} \tag{21-6}$$

$$SS_{误差} = SS_{总} - SS_A - SS_B - SS_C \qquad (21-7)$$

均方差为各方差平方和除以自由度。本例中各因素只有3个水平，故其自由度为2。F值为各因素均方差除以误差的均方差。方差分析见表21-4。

表21-4 方差分析结果

变异来源	平方和	自由度	均方	F值	p值
A	618.0000	2	309.0000	34.3333	0.0283
B	114.0000	2	57.0000	6.3333	0.1364
C	234.0000	2	117.0000	13.0000	0.0714
误差	18.0000	2	9.0000	—	—

从表中可见，A因素的F值达到显著水平（$p<0.05$）。表明温度是对转化率影响的关键因素，其他两个因素对转化率的影响没达到显著水平，即可不作重点考虑。

另外，对各水平间可进行多重比较，多重比较的方法有多种如LSD法、Tukey法、SNK法和Duncan新复极差法等，可根据显著性判定方法的不同选择不同方法。本法采用LSD法对因素A的3个水平进行多重比较的结果见表21-5。

表21-5 LSD法多重比较

水平	均值	3	2	1
3	61.0000	—	0.0337	0.0147
2	48.0000	13.0000	—	0.1037
1	41.0000	20.0000	7.0000	—

下三角为均值差，上三角为显著水平。结果表明水平3与水平1和水平2间达到显著水平（$p<0.05$），而水平1与水平2间未达显著，可见水平3为关键水平，而水平1与水平2之间差异不大。

21.3 均匀设计

正交实验设计是一种较优秀的实验设计方法，但当实验水平数较大时，正交实验次数相当多，例如有5个因素，每个因素有5个水平，用正交表安排实验至少要做$5\times5=25$次实验。如果用均匀设计，则仅需要进行5次实验就可以得到较好实验结果。

均匀设计（uniform design）是由我国数学家方开泰将数论应用于实验设计，创造出的一种适用于多因素、多水平实验的实验设计法。均匀设计与正交设计的不同之处在于不考虑数据整齐可比性，而是把实验点在实验范围内充分均衡分散，就可从全面实验中挑选出更少的实验点为代表进行实验，得到的结果仍能反映该分析体系的主要特征。这种从均匀性出发的设计方法，称为均匀设计实验法。用均匀设计安排实验可大大减少实验次数，实验次数与各因素所取的水平数相等。用均匀设计可适当增加实验水平而不必担心导致像正交设计那样实验次数呈平方次增长的现象。

为了达到实验点均匀分布的目的，均匀设计与正交设计一样，也需要按照规格化的表格（均匀设计表）设计实验，不同的是，均匀设计还有使用表，设计实验时必须将设计表与使用表联合应用。

21.3.1　均匀设计表

均匀设计表用 U_n（t^q）表示。U 表示均匀设计，t 表示因素的水平数，q 表示最多可安排的因素数（列数），n 表示实验次数（行数），这里 $n=t$，$q=t-1$，即实验次数与所取水平数相等，最多可安排的因素数比水平数少 1。

以 U_5（5^4）为例，讨论 U_5（5^4）表与使用表联合应用，见表 21－6 和表 21－7。

表 21－6　U_5（5^4）均匀设计表

处理	X_1	X_2	X_3	X_4
1	1	2	3	4
2	2	4	1	3
3	3	1	4	2
4	4	3	2	1
5	5	5	5	5

上表中各值代表各因素的水平。

表 21－7　使用表

因素数	列号			
2	1	2		
3	1	2	4	
4	1	2	3	4

本表最多可安排 4 个因素。在均匀设计表中，水平数比因素数大 1。有时为了减少实验误差和方便数据处理，水平数一般取因素数的 2 倍，然后按这个水平选取均匀表，从中选取某些列组成均匀实验设计表。例如，在 U_5（5^4）中只安排 2 个因素。这时可选择第 1、2 列安排实验。不过这些列的选择是有规则的，不能任意选。U_5（5^4）表中取 1、2 两列和 1、4 两列各自组合，考察所设计的实验点分布情况，见图 21－5。

由图中可知，1、2 两列组合成的实验点的代表性比 1、4 两列组合的要好，因此在使用表中列出的，对二因素五水平的实验一般要采用 U_5（5^4）表中第 1、2 两列安排实验。

21.3.2　结果分析

结果分析主要有两种方法：直观分析和回归分析。现举例说明。设某合成工艺中要考察三个因素配料比（X_1）、溶剂量（X_2）、反应时间（X_3）对收率的影响。各因素取 7 个水平，列表如下：

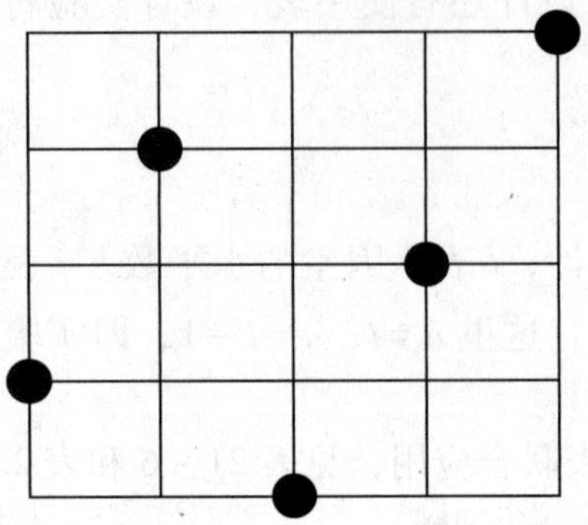

1、2列组合

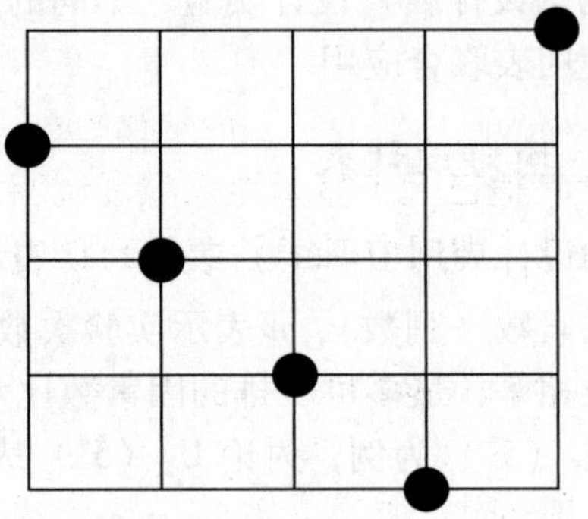

1、4列组合

图 21－5　均匀设计数据分布图

表 21－8　因素水平表

因素	1	2	3	4	5	6	7
X_1	1.0	1.4	1.8	2.2	2.6	3.0	3.4
X_2/mL	10	13	16	19	22	25	28
X_3/h	0.5	1.0	1.5	2.0	2.5	3.0	3.5

采用 U_7（7^6）表安排实验，可选择 1、2、3 列组合成实验设计表。按表中水平进行实验，其结果见表 21－9。

表 21－9　实验结果表

实验号	1	2	3	收率/%
1	1	2	3	33.0
2	2	4	6	36.6
3	3	6	2	29.4
4	4	1	5	47.6
5	5	3	1	20.9
6	6	5	4	45.1
7	7	7	7	48.2

直观分析：实验 7 收率最高。如果对实验结果不进行统计处理，可以认为最优条件就是配料比 3.4，溶剂量 28mL，反应时间 3.5h。由于均匀设计保证所设计的实验点均匀分布，水平数取得多，间隔不大，因此真正的最优化条件与此相差不大。

回归分析：利用计算机软件 DPS 对实验结果进行线性逐步回归，得到方程如下：

$$y = 20.05 + 1.49X_1 - 1.03X_2 + 3.85X_3 \quad (21-8)$$

$$R = 0.875 \quad S = 0.070 \quad F = 3.29$$

对于 3 个变量、7 个样本，其 F 值小于显著性标准 $F_{0.05}$，说明方程并不可信。在方程式中，X_2对产率的贡献是负值，因而可以不予考虑。只用其余两个变量重新回归后，得到方程：

$$y = 18.40 + 1.00X_1 + 3.71X_3 \quad (21-9)$$

$$R = 0.856 \quad S = 0.065 \quad F = 5.47$$

这时 F 值已大于显著性标准，说明方程可信。从各因素的系数也可看出，X_3 对产率的影响较大，即反应时间是主要的影响因子。

21.4　响应面设计

响应面试验设计法是统计、数学和计算机科学紧密联系和发展的产物，它将响应受多个变量影响的问题进行建模和分析并以此来优化响应。

21.4.1　响应面设计法的基本原理

响应面设计法（response surface methodology，RSM）是由英国统计学家 G. Box 和 Wilso 于 1951 年提出来的，是数学方法和统计方法的产物，用来对受多个变量影响的问题进行试验、建模和数据分析，运用图形技术将这种函数关系显示出来，以供我们凭借直观的观察来选择试验设计中的最优化条件。但是并非所有的试验都可以用响应面来优化，因为有些试验指标和因素不一定存在很明显的函数关系，也不是所有的试验都适合采用响应曲面法，有的试验利用正交试验完全可以达到优化试验的目的。由于响应曲面法可以得出连续的函数关系式，而正交只是不连续的点的优化组合，因此其优化试验设计的优势是比较明显的，如果响应面的模型建立得比较好，可以通过所得方程计算出任意条件组合下的函数值。

响应面设计方法就是利用合理的实验设计方法并通过实验得到一定的数据，采用多元二次回归方程来拟合因素与响应值之间的函数关系，通过对回归方程的分析来寻求最优工艺参数，解决多变量问题的一种统计方法。它也是一种序贯方法。当试验点远离最优点时，系统可能只有微小的弯曲，可以使用一阶模型。通常情况下，采用“最速上升法”和“最陡坡法”是最有效快速地找到使实验结果向着最优点快速逼近路径的最好方法。

21.4.2　一阶响应面的设计方法

21.4.2.1　自然变量到规范变量的编码变换

响应曲面设计中诸多变量的变化范围可能各不相同，甚至有的自变量的范围差异极其悬殊，为方便统一处理，将所有的自变量做一线性变换，即编码变换，它可以使因子区域都转化为中心在原点的“立方体”，进行编码变换更为重要的原因是因为编码可以解决量纲不同给设计带来的麻烦。下面介绍编码方法。

设第 i 个变量 z_i 的实际变化范围是 $[z_{1i}, z_{2i}]$，$i=1, 2, \cdots, m$，记区间的中心点为 $z_{0i} = (z_{1i} + z_{2i})/2$，区间的半长为 $\Delta i = (z_{2i} - z_{1i})/2$，$i = 1, 2, \cdots, m$，做如下 m 个线性变换：

$$x_i = \frac{z_i - z_{0i}}{\Delta i}, \quad i=1, 2, \cdots, m \quad (21-10)$$

经过此编码变换后，可以将变量 z_i 的实际变化范围 $[z_{1i}, z_{2i}]$ 转换成新变量 x_i 的变化范围 $[-1, 1]$。这样就将形如“长方体”的因子区域变换成中心在原点的“立方体”区域。

21.4.2.2 一阶响应曲面的正交设计

我们通过一个简单的例子来叙述一阶响应曲面的正交设计的步骤与数据的分析方法。

【例 1】 硝基蒽醌中某物质的含量 y 与以下三个因素有关：Z_1 亚硝酸钠（单位：g）、Z_2 大苏打（单位：g）、Z_3 反应时间（单位：h）。为提高该物质的含量，需建立 y 与变量 z_1，z_2，z_3 的响应曲面方程。

（1）利用二水平正交表安排试验。首先，我们对其进行试验设计如下。

$$z_{1i} \leqslant z_i \leqslant z_{2i},\ i=1,\ 2,\ \cdots,\ m \tag{21-11}$$

在本例中 $m=3$，我们称 z_{1i} 为 z_i 的下水平，z_{2i} 为其上水平，$z_{0i}=(z_{1i}+z_{2i})/2$ 为其零水平，$\Delta i=(z_{2i}-z_{1i})/2$ 为因素的变化半径；式（21－10）中 x_i 为因素 z_i 的编码值。

因此可以得出本例中因素的水平和编码值表，如表 21－10 所示。

表 21－10 因素水平与编码值对应表

编码值	因素		
	z_1	z_2	z_3
上水平（+1）	9.0	4.5	3
下水平（−1）	5.0	2.5	1
零水平（0）	7.0	3.5	2
变化半径（Δi）	2	1	1

我们称（x_1，x_2，…，x_m）的取值空间为编码空间，我们可先建立 y 关于 x_1，x_2，…，x_m 的响应曲面方程，再利用式（21－10）转化为 y 关于 z_1，z_2，…，z_m 的方程。

（2）选择合适的正交表安排试验。将每个因素的上水平与下水平看成因素的两个水平，选择合适的二水平正交表来安排试验，并将二水平正交表中“1”与“2”分别改成“1”与“－1”，此处请注意顺序。如此一来，正交表中两个水平不仅代表了因素水平的不同取值状态，还表示了水平的取值大小。此外因素间的交互作用可以通过因素所在列的水平的乘积获得。例如正交表 $L_8(2^7)$ 改造后变成表 21－11，这样就不需要交互作用列表了。

表 21－11 改造后的 $L_8(2^7)$

试验号	列号						
	1	2	3	4	5	6	7
	x_1	x_2	x_1x_2	x_3	x_1x_3	x_2x_3	$x_1x_2x_3$
1	1	1	1	1	1	1	1
2	1	1	1	−1	−1	−1	−1
3	1	−1	−1	1	1	−1	−1

续上表

试验号	列号						
	1	2	3	4	5	6	7
	x_1	x_2	x_1x_2	x_3	x_1x_3	x_2x_3	$x_1x_2x_3$
4	1	-1	-1	-1	-1	1	1
5	-1	1	-1	1	-1	1	-1
6	-1	1	-1	-1	1	-1	1
7	-1	-1	1	1	-1	-1	1
8	-1	-1	1	-1	1	1	-1

将 3 个因素分别置于 1、2、4 列，从而可得试验方案表，并按试验方案进行试验。结果见表 21-12。

表 21-12　试验计划及试验结果

试验号	x_1（亚硝酸钠）/g	x_2（大苏打）/g	x_3（反应时间）/h	试验结果
1	1 (9)	1 (4.5)	1 (3)	92.35
2	1 (9)	1 (4.5)	-1 (1)	86.10
3	1 (9)	-1 (2.5)	1 (3)	89.58
4	1 (9)	-1 (2.5)	-1 (1)	87.05
5	-1 (5)	1 (4.5)	1 (3)	85.70
6	-1 (5)	1 (4.5)	-1 (1)	83.26
7	-1 (5)	-1 (2.5)	1 (3)	83.95
8	-1 (5)	-1 (2.5)	-1 (1)	83.38

①根据试验结果，采用回归分析中的最小二乘法估计出各回归系数，并对回归方程及回归系数进行显著性检验，最后得到响应曲面。

对本例 $m=3$、$n=8$，试验结果的数学模型为

$$y_i = \beta_0 + \beta_1 x_{i1} + \beta_1 x_{i1} + \beta_1 x_{i1} + \varepsilon_i, i = 1,2,\cdots,8 \tag{21-12}$$

式中，ε_1，ε_2，…，ε_8 相互独立且服从分布 N（0，σ^2）。

采用 Minitab17 软件可进行设计和运算，求得关于 x_1，x_2，x_3 的响应曲面方程为

$$\hat{y} = 86.42 + 2.35x_1 + 0.43x_2 + 1.47x_3 \tag{21-13}$$

②第二步对响应曲面方程进行显著性检验。

响应曲面方程的显著性检验相当于检验假设 H_0：$\beta_1 = \beta_2 = \cdots = \beta_m = 0$，$H_1$：$\beta_1$，$\beta_2$，…，$\beta_m$ 中至少有一个不为零。

与多元回归分析一样，我们可以采用如下统计量

$$F = \frac{U/f_U}{Q_e/f_{Qe}} \tag{21-14}$$

其中 U 为回归平方和；f_U 为其自由度；Q_e 为残差平方和；f_{Qe} 为相应的自由度，其表达

式分别为：

$$U = \sum_{j=1}^{m} \hat{\beta}_j l_{iy} = \sum_{j=1}^{m} \hat{\beta}_j B_j \tag{21-15}$$

$$l_{jy} = \sum_{i=1}^{n} (x_{ij} - \bar{x}_j)(y_j - \bar{y}) = \sum_{i=1}^{n} x_{ij} y_j = B_j \tag{21-16}$$

$$Q_e = \sum_{i=1}^{n} (y_i - \hat{y}_i)^2 = l_{yy} - U \tag{21-17}$$

$$l_{yy} = \sum_{i=1}^{n} (y_i - \bar{y}_i)^2 = \sum_{i=1}^{n} y_i^{\ 2} - n\bar{y}^2 \tag{21-18}$$

$f_U = m$，$f_{Qe} = n - m - 1$

如果 $F > F_a(f_U, f_{Qe})$，则认为响应曲面方程是有意义的，若 $F \leqslant F_a(f_U, f_{Qe})$，则认为响应曲面方程不显著。

在本例中，$n=8$，$m=3$，从式（21-16）中可以知道

$l_{yy} = \sum_{i=1}^{n} y_i^{\ 2} - n\bar{y}^2 = 59820.56 - 8 \times 86.42^2 = 73.23$，$f_T = 8 - 1 = 7$

$U = 2.35 \times 18.79 + 0.43 \times 3.45 + 1.47 \times 11.79 = 63$，$f_U = 3$ $Q_e = 71.50 - 63 = 8.5$，

$f_{Qe} = 7 - 3 = 4$

因此有

$F = \dfrac{U/f_U}{Q_e/f_{Qe}} = \dfrac{63/3}{8.50/4} = 9.88 > F_{0.05}(3,4) = 6.59$

这说明上述求得的响应曲面方程显著。

③第三步为回归系数的显著性检验。

在响应曲面分析中，为检验 x_j 的系数 β_j 是否为0，我们采用统计量

$$F_j = \frac{U_j}{\overline{Q}_e}, j = 1, 2, \cdots, m \tag{21-19}$$

其中 $\overline{Q}_e = Q_e/f_{Qe}$，$U_j$ 是因素 x_j 的偏回归平方和，其计算公式为

$$U_j = \frac{\hat{\beta}_j^{\ 2}}{c_{jj}} = \frac{B_j^{\ 2}}{d_j}, j = 1, 2, \cdots, m \tag{21-20}$$

其中 c_{jj} 是 Z^TZ 的逆矩阵中的对角元，在一次响应曲面的正交设计中，$c_{jj} = 1/d_j$，当 $F_j > F_a(1, f_e)$ 时，认为因素 x_j 显著，否则认为因素不显著，可以从响应曲面方程中将它删去，而其他因素的回归系数不变。

在本例中，$U_1 = 44.13$，$U_2 = 1.49$，$U_3 = 17.38$，而 $\overline{Q}_e = 8.50/4 = 2.125$，计算得

$$F_1 = \frac{44.13}{2.125} = 20.77$$

$$F_2 = \frac{1.49}{2.125} = 0.70$$

$$F_3 = \frac{17.38}{2.125} = 8.18$$

对于 $\alpha = 0.05$，$F_{0.05}(1,4) = 7.71$，所以因素 x_2 不显著，其他因素显著。

将 x_2 从响应曲面方程中删去，最后求得各因素的响应曲面方程是

$$\hat{y} = 86.42 + 2.35x_1 + 1.47x_3 \quad (21-21)$$

将编码式 $x_1 = (z_1 - 7)/2$ 和 $x_3 = z_3 - 2$ 带入 y 关于 z_1、z_3 的响应曲面方程为

$$\hat{y} = 86.42 + 2.35 \times \frac{z_1 - 7}{2} + 1.47(z_3 - 2)$$

$$= 75.255 + 1.175z_1 + 1.47z_3 \quad (21-22)$$

从该方程可以知道，当 z_1、z_3 增加时，y 会相应增加。

21.4.3 二阶响应面的设计与分析

一般说来，当试验安排接近最优点时，需要用一个具有弯曲性的模型来逼近响应，在大多数情况下，如下的二阶模型是合适的。

$$y = \beta_0 + \sum_{i=1}^{m}\beta_i x_i + \sum_{i=1}^{m}\beta_{ii}x_i{}^2 + \sum_{i<j}^{m}\beta_{ij}x_i x_j + \varepsilon \quad (21-23)$$

响应曲面分析的试验设计目前主要包括中心复合设计、BOX 设计、二次饱和 D-最优设计、均匀设计等。

21.4.3.1 二阶响应曲面的中心复合设计

在利用二水平因子设计时需要注意一个问题——因子效应的线性假定，一般情况下，线性假定仅仅相当近似地成立。如果在主效应即一阶模型中增加交互作用项和纯二次项时，需要采用能够模拟响应曲面弯曲性的模型。在 2^k 因子试验中，重复某些点的方法将提供针对来自二阶效应的弯曲性的保护，并可得到一个独立的误差估计。这一方法由在 2^k 设计中加进中心点而构成，在中心点处做 m_0 次重复试验。在设计中心处加进重复试验的一条重要的理由是，中心点不影响 2^k 设计中通常的效应估计量。

对于 2^k 因子设计的情形，若弯曲性检验是显著的，则只能假定二阶模型，如

$$y = \beta_0 + \beta_1 x_1 + \beta 2x2 + \beta_{12}x_1x_2 + \beta_{11}x_1{}^2 + \beta_{22}x_2{}^2 + \varepsilon \quad (21-24)$$

可以看出，此时有 6 个参数要估计，而对于加上中心点的 2^2 设计也只有 5 个独立试验，因此我们不能在该模型中估计未知参数 β。

解决这个问题的简单而高效的方法是在 2^2 设计中增加 4 个轴试验，如图 21-6（a）所示的 $k=2$ 情形得到的设计，称为中心复合设计（central composite design），中心复合设计法可以用于拟合二阶响应曲面模型。

中心复合设计是在编码空间中选择几类具有不同特点的试验点，适当组合起来形成的试验方案。中心复合设计由 3 类不同的试验点构成

$$N = m_c + m_r + m_0 \quad (21-25)$$

式中，m_c 为各因素均取二水平（+1，-1）的全面试验点；m_r 为分布在 m 个坐标轴上的星号点，它们与中心点的距离 r 称为星号臂，r 为待定参数，调节 r 可以得到所期望的优良性，如正交性、旋转性等；m_0 为各因素均取零水平的试验点即中心点，它无严格限制，一般而言 $m_0 \geqslant 3$。

$m=2$，$m_0=4$ 时的中心复合设计试验方案如表 21-13 所示。

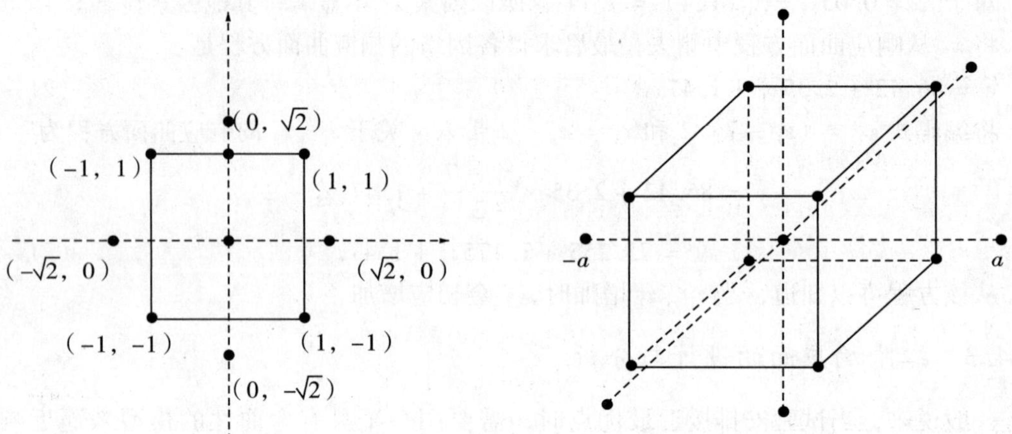

（a）$k=2$，$a=\sqrt{2}$时　　（b）$k=3$，$a=1.682$时

图 21－6　中心复合设计

表 21－13　$m=2$，$m_0=4$ 时的中心复合设计方案

试验号	x_1	x_2	试验点类别
1	−1	−1	$m_c=2^m=4$
2	1	−1	
3	−1	1	
4	1	1	
5	−1.41	0	$m_r=2m=4$
6	1.41	0	
7	0	−1.41	
8	0	1.41	
9	0	0	$m_0=4$
10	0	0	
11	0	0	
12	0	0	

利用中心复合设计编制试验方案，既能全面满足试验要求，大大减少试验次数，还能使二次设计在一次设计的基础上进行，充分利用一次设计所提供的信息。这是因为，若一次响应曲面不显著，只需要添加距离中心点为 r 的臂长点，试验构成组合设计后，就可以求得二次响应曲面方程，这既方便了试验者，也符合节约的原则。

Design－Expert 试验软件中具有专门进行中心复合设计的模块，使用该软件来进行中心复合设计是最方便和高效的。

21.4.3.2　二阶响应曲面的 Box－Behnken 设计

Box－Behnken 设计是 Box 和 Behnken 在 1960 年提出的由因子设计（factor design）与不完全集区设计（incomplete block design）结合而成的适应响应曲面设计的 3 水平设计。

因为随机完全集区在某些情形下不实用，而进一步改良成功的设计，称为不完全集区设计。Box – Behnken 设计是一种符合旋转性或几乎可旋转性的球面设计。何谓旋转性，即试验区域内任何一点与设计中心点的距离相等，而变异数是此点至设计中心点的距离函数，与其他因素无关，所以是一种圆形设计。而且，所有的试验点都位于等距的端点上，并不包括各变量上下水平所产生与立方体顶点的试验，能避免掉很多因受限于现实考虑而无法进行的试验。Box – Behnken 设计的一项相当重要的特性就是以较少试验点的响应曲面设计法。它是一种不完全的三水平因子设计，其试验点的特殊选择使二阶模型中系数的估计比较有效。

表 21 – 14 列出了 3 个变量的 Box – Behnken 设计，图 21 – 7 是此设计的图解，注意到 Box – Behnken 设计是一个球面设计，所有设计点都在半径为 $\sqrt{2}$ 的球面上。而且 Box – Behnken 设计不包括由各个变量的上限和下限所生成的立方体区域的顶点处的任一点。当立方体顶点所代表的因子水平组合因试验成本过于昂贵或因实际限制而不可能做试验时，此设计就显示出它特有的长处。Design – Expert 8.0.6 中具有专门进行 Box – Behnken 设计的模块，可进行计算和变量优化。

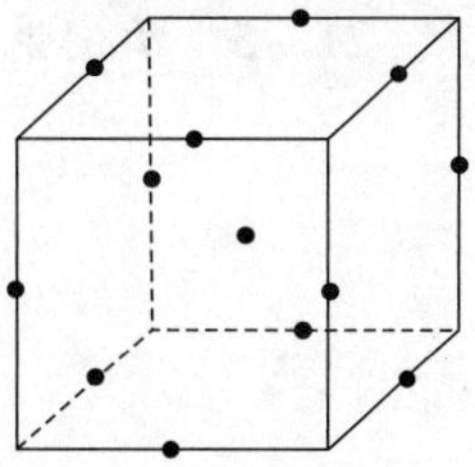

图 21 – 7　三因子三水平 Box – Behnken 设计的试验点

表 21 – 14　3 个变量的 Box – Behnken 设计

试验	x_1	x_2	x_3
1	–1	1	0
2	–1	1	0
3	1	–1	0
4	1	1	0
5	–1	0	–1
6	–1	0	1
7	1	0	1
8	1	0	1
9	0	–1	–1
10	0	–1	1
11	0	1	–1
12	0	1	1
13	0	0	0
14	0	0	0
15	0	0	0

思考题

21－1　单因素实验方法有哪些？其特点是什么？

21－2　举例说明正交设计和结果分析方法。

21－3　举例说明均匀设计和结果分析方法。

21－4　举例说明一阶响应面设计和结果分析方法。

21－5　举例说明二阶响应面设计和结果分析方法。

第22章　制药工艺的放大

制药工艺的研究一般可分为实验室研究、中试放大以及工业化生产三个阶段。

实验室研究通常是以得到少量合格产品为目的，数量从几毫克到数千克不等。而产品上市，通常都需要经过一个将小试实验的规模放大50～100倍的中试放大研究阶段，并提供足够产品供临床试验。同时这也便于进一步研究在一定规模的装置中各步反应、变化的规律，为下一步进行工业化规模的生产建立基础。虽然化学反应的实质不会因小试实验、中试放大和大工业化生产而改变，但各步化学反应的最佳工艺条件有时能随着试验规模和设备等外部条件的变化而改变，把实验室获得的工艺条件原封不动地搬到工业化生产，有时会影响收率和质量。有些反应甚至会发生溢料或爆炸等不良后果。因此，化学制药工艺的放大研究起着承前启后的重要作用。工业化生产是利用实验室研究的成果，利用相关设备、人员、资金等资源将原料进行加工、转化为成药产品的增值过程。在这一过程中，涉及药品生产的成本、物料的输送、环境保护和生产安全等前两个阶段未涉及的许多问题。这些问题在中试放大中只能部分地反映，有些问题只有在生产过程中才会得到彻底解决。

22.1　制药工艺三阶段的区别

22.1.1　实验室阶段

实验室阶段即通过实验找出科学合理的合成和分离路线、最佳的反应条件、培养条件、制剂条件，以提供技术资料。本阶段的特点：物料少、设备小、流速低，处于理想状态。

本阶段的目标是通过收集该产品的制备路线，通过分析和比较，选择一条或数条路线，利用实验找出有工业生产价值的路线和可行的反应条件，并为质量研究和中试放大研究提供技术资料。这一阶段的主要任务是在玻璃烧瓶及玻璃仪器中进行反应及后处理。由于投料量较小，故后处理量也相应较小。在这一过程中，物料的转移由人工来完成，简单方便；可以透过玻璃及时地观察反应；可以迅速而方便地进行必要的加热和冷却等操作，从而有效地控制影响安全的因素。

22.1.2　中试放大阶段

采用小型工业器械，应用工业级原料按照实验室最佳工艺条件操作，以核对、校正和补充实验数据。本阶段的特点：小型设备、工业级原料、实验室条件。

中试车间是药厂进行工艺放大研究的场所。中试时采用金属或搪玻璃制造小型工业反应设备。流体物料的输送采用人工和管道输送相结合的方式来完成。大多应用工业级原料代替实验试剂。严格按照实验室摸索确定的条件进行单元和后处理操作，并加以分析总结，进一步完善实验室获得的数据。通过多次的放大研究，在发现新问题的同时，不断解决。最后进行工艺总结，放大阶段的总结报告。

中试规模一般比实验室规模大 50 ～100 倍。对于细胞培养，通常采用 10 ～30L 以上反应器进行放大研究。由于工业生产的发酵罐容积在 10 ～$50m^3$，抗生素的发酵罐容积达 $100m^3$，故采用吨级发酵罐进行中试更为有利。也可结合该药的制剂规格、剂型及临床使用情况确定中试放大规模，一般每批原料的数量应达到制剂规格量的 1 万倍以上。根据该药品的剂量大小和疗程长短，通常需要 2 ～10kg 的原料，这一般是实验室条件所难以完成的。在中试放大的基础上，把生产工艺过程的各项内容进行归纳并形成文件，制定生产工艺规程。中试放大和生产工艺规程是互相衔接、不可分割的两个部分。

22.1.3 工业化生产阶段

工业化生产阶段即根据市场容量、经济指标进行工厂设计。本阶段的特点：大型设备、大量物料、物料与热量的传输非理想化。

工艺放大试制结果进一步证实了实现该产品工业化生产的可能性以后，企业可以根据市场的容量和经济指标的预测结果，进行工厂新建（或扩建）设计。在设计、建厂、设备安装完成以后，即可进入生产试车阶段。如果一切顺利的话，可以进行试生产。试生产以后，工艺研究工作需要继续进行，工艺条件需要进一步优化。这是由于实验室研究中有许多因素都未加以考虑，而这些因素在生产中是必须考虑的内容，如物料输送、设备腐蚀、搅拌器混合效果等问题必须妥善解决。热量的导入和导出必须根据需要有效加以控制，否则将直接影响到中间体或成品的收率和纯度，严重时将影响到人身安全。工艺放大试验的目的就是要设法暴露实验室中未能反映出的一些影响因素和安全隐患，预防在大生产中可能出现和发生的工艺事故。解决生产过程中遇到的各种工艺问题，可以为工程设计提供必要的工程数据或技术经济资料，也培养出一批能分析和解决实际问题的技术人员和技术工人，从而完成产品从实验室向规模生产的转变。

实验室研究与工业生产的主要区别见表 22－1。

表 22－1 实验室研究与工业生产的主要区别

比较项目	实验室研究	工业生产
目的	迅速打通工艺路线	生产符合质量标准的产品
规模	较小，通常按克（g）计	依据市场容量，尽可能大，一般按千克（kg）或吨（t）计
总体行为	注重可行性，不计成本	注重实用性，追求经济效益
原辅料	用量少，试剂级，纯度高，含量 95% 以上，杂质限量严格	用量大，工业级，纯度较低，杂质不明，不严格
设备	玻璃仪器，小设备，多为常压	金属和非金属等大型设备，具有一定压力
物理状态	流速慢、搅拌高，混合快，趋于稳态	流速高，搅拌低，混合慢，传热、传质、动量传递非稳态

续上表

比较项目	实验室研究	工业生产
反应条件	温度、压力等较恒定，热效应小，易控制	热效应大，难以恒温、恒压，不易控制
辅助过程	很少考虑副产物、三废、动力能耗	溶剂回收、副产品利用等；三废处理量大，达标排放，节能措施，综合利用

22.2　中试放大的基本概念

22.2.1　放大系数

在放大过程中，放大后的试验（或生产）规模与放大前规模之比为放大系数。比较的基准可以是每小时投料量、每批投料量或年产量等。例如，实验室每批投料量 20g，中试试验每批投料 1kg，放大系数为 1000/20 = 50。中试试验装置年生产能力 100kg，欲建立工业装置年产能力 20t，放大系数为 20 000/100 = 200。近年也出现以反应器特征尺寸比为放大系数的说法。

22.2.2　放大效应

由于制药工程过程往往是复杂的化学过程和物理过程的交织，存在许多未知问题，因此，在放大过程中，不仅会有数量的变化，还会发生质的变化。在认识化工过程的实质之前，放大试验中如果没有采取措施调整，仅是简单地用原实验的操作条件，指标往往不能重复。这种在未充分认识放大规律之前，因过程规模变大造成指标不能重复的现象称为“放大效应”。

一般来说，放大效应多指放大后反应状况恶化、转化率下降、选择性下降，造成收率下降或产品质量劣化的现象。

22.2.3　返混

为了提高设备生产能力及满足许多反应的自身要求，工业化过程往往采取连续式操作。返混是涉及连续式反应器的重要概念。

间歇式操作时，将反应物一次性加入反应器，经过一定的时间间隔后再放料。因此，反应时间就是物料在反应器中停留的时间。物料按连续式操作的情况变化很大，应使用停留时间描述反应。当管式反应器的长/径比足够大时，可以认为物料是以平推流的形式通过反应器的。理想化情况下物料在反应器中的停留时间相同，但在实际过程中，连续反应器中由于固有的流速分布不均匀如层流、沟流、死角等，以及因搅拌、对流、扩散等原因，造成若干物料团反向流动，会使物料团在反应器中停留时间不同，进而导致不同时刻进入反应器物料的混合。这种不同时刻进入反应器物料的混合，会形成物料团在实际连续反应器中停留时间不一致的特征。

化学反应工程学把这种具有不同停留时间（不同时刻进入反应器）物料的混合称为返混。物料连续化带来的返混现象，不同于间歇搅拌造成的物料在空间上的混合，是一种时间上的混合。“空间混合”可以加速传热和传质过程，减少物料团之间温度差、浓度差，从而有利于化学反应。“时间混合”则不利于化学反应。因返混现象，若干反应物料可能尚未来得及变化，就已经离开了反应器，导致转化率降低。又因若干产物不能从反应器及时移出，一方面可能进入串联副反应，降低了选择性，另一方面还对主反应起到稀释作用，减缓反应。因此，返混一般会导致反应收率下降。

22.2.4 冷模试验

使用水、空气、砂等惰性物料代替实际化学品在各种实物模型或工业装置上进行的实验称为冷模试验。冷模试验主要用于研究流动状态和传递过程等物理过程。例如，使用空气和砂可进行流态化研究，为流化床反应器的设计提供参数。

冷模试验的优点是直观、经济，条件易满足、易控制，此外，还可以进行真实条件下不便进行的类比试验，减少直接试验的危险性。但冷模试验所得的结果还要结合化学反应特点以及热效应等进行校正后方可用于实际。

22.2.5 数学模型

由于实际过程的复杂性，即使通过实验，我们也很难将结果关联成合适的准数方程。试图按数学关系式直接描述化工过程并进行放大非常困难，因此在实验过程中总是努力将实际研究对象合理简化，形成能够反映过程本质的模型。例如，实际连续反应器中的物料流动，如果看成是物料沿反应器轴向的均匀流动和径向的扩散运动的叠加，就可以使问题简化，可建立一组相应的数学表达式，即数学模型，再通过计算机解决。所谓数学模型是利用一组数学表达式来表述实际过程和结果的方法。

22.3 中试放大的基本方法

22.3.1 逐级经验放大

依靠小规模试验的方法和数据，凭借开发者的经验，不断加大实验的规模，修正前一次试验的参数，摸索化学反应过程和化学反应器的规律。这种方法称为逐级经验放大。

优点：建立在实验基础上，经历了一次以上的中试，可靠程度高。

缺点：缺乏理论指导，难以解决放大过程中的问题。放大系数不高，复杂的体系只能是10～50倍，开发周期长。

22.3.2 相似模拟放大

运用相似理论和相似准数的概念，依据放大后体系与原体系之间的相似性放大的方法。

22.3.2.1 相似理论

（1）几何相似。几何相似要求两个大小不同体系的对应尺寸具有比例性。一个体系中存在的每一个点，另一个体系中都有对应点，从而使得几何尺寸不同的体系形状相同。

（2）运动相似。运动相似要求具有时间比例性，即在几何相似的两体系中，各对应点的运动速率相同。

（3）动力相似。动力相似要求力的大小具有比例性，即在两体系中，各对应点承受的作用力相同。例如，当大小不同两体系反映流动形态的雷诺准数的数值相等时，这两体系即存在某种动力相似，实为反映流体运动惯性力和黏性力之比。

（4）热相似。热相似要求在几何相似的两体系间，各对应点的温度相同。

（5）化学相似。化学相似要求在几何相似的两体系间，各对应点的各种化学物质浓度相同。

22.3.2.2　模拟放大方法的不足

相似模拟放大虽然取得了一定成效，但是实际不存在完全相似，甚至两体系之间连最基本的几何相似也不能完全实现。例如，圆柱形设备将其直径和高度都放大 10 倍，两体系高/直径比相等，而表面积/体积比为 1/10，严格来说并没有做到完全相似。又如，在希望使用相似准数作为放大依据的情况下，欲实现对内径 50mm 管道、实际液体流速 2m/s（管道中液体流速一般在 1 ～3m/s 范围）的流动情况的模拟，在小型实验装置内径 5mm 管道中，实验液体流速要达到 20m/s 才能满足雷诺准数相等。这无疑增大了实验难度和消耗，有时甚至是无法做到的。

对更复杂的实际化工过程，往往涉及若干个相似准数，放大中无法做到使它们都对应相等，只能满足最主要的相似准数相等。因此，相似模拟放大仍带有强烈的经验色彩，而且在具体应用时存在许多困难。不难想象，涉及传热和化学反应的情况十分复杂，不可能在既满足某种物理相似的同时还能满足化学相似。一般说来，相似模拟放大仅适用于简单的物理过程，不适用于化学反应过程。

22.3.2.3　数量放大

数量放大法是仅增添过程设备单元的放大方法，可视为相似模拟的特例。新增体系与原体系完全相同，各项操作参数不变，形成双系列或多系列，以扩大生产能力。

列管式固定床多相催化反应器的放大设计往往依据一支单管反应器的工业性试验结果进行，这种利用单支装填一定高度催化剂的固定床反应器所做的研究试验，称为单管试验。试验内容包括催化剂的粒度、床层高度、反应温度、进料比例、操作速度等。结果满意后，依据实验确定的参数设计制成多根完全相同的单管组成的反应器，只要在结构上保证物料分布均匀，使每根单管状况和操作条件与单管试验时相同，一般均能得到相同结果，实现放大。其优点：适合于单元操作的物理过程放大。缺点：不适合于复杂体系。

22.3.3　化学反应工程理论指导放大

综合认识不同化学反应和不同类型反应装置的特点，逐步形成了化学反应工程学。化学反应工程学是将化学（包括热力学、动力学、催化等）、化学工艺（包括生产流程、设备和工艺条件等）、传递工程（包括流动、混合、传热、传质等）以及工程控制等方面的内容统一起来，研究化学反应过程客观规律的边缘科学。化学反应的动力学因素、传递过程因素以及两者的结合既是影响化学过程的三要素，也是化学反应工程学研究的核心问题。

化学反应工程学认为，在化学反应器的放大工程中，化学反应动力学规律并没有改变，只是反应器的尺寸（有时还包括类型和结构）变化，导致物料的流动状况发生了改变，反过来制约化学反应。

如化学反应器的放大工程中的返混现象。化学反应工程学按反应进行的方式将反应分为间歇式反应和连续式反应。物料在理想管式反应器中的停留时间相同。物料浓度不随时间变化，而随管线的长度变化，即随空间而变化。而间歇式反应，由于大多数采用良好的搅拌方式，其物料的浓度随反应时间而变化，釜内物料浓度处处相等，不随空间而变化。使用停留时间分布可以描述连续式反应器的传递特征。大多实际反应器的情况是多数物料的停留时间小于空间时间，停留时间分布密度函数曲线形状与通过多个连续搅拌釜串联操作建立的模型反应器显示的停留时间分布密度函数曲线相似。当串联釜数增多时，曲线向平均停留时间或空间时间表达直线靠近，也就是说，串联釜数愈多，返混愈得到改善。因此利用化学反应工程学理论可以说明化学反应器放大的实质及如何保证停留时间分布状况不恶化或放大前后平均停留时间相同。这样，利用化学反应工程理论，可以从本质上解决反应器放大的难题。

22.3.4 数学模型放大

通过建立数学模型来实现放大的方法为数学模拟放大，简称模拟放大。随着化学反应工程学与计算机技术的发展，自1958年首次成功实现对化学工程的模拟放大以来，数学模拟放大法取得了很大发展，模拟或仿真成为热门话题。它通过研究模型的本质和规律，再推理出原型的本质和规律。模拟代表化工工程开发的发展方向。其过程为：

（1）建模。建模工作为：通过小型化学试验，结合化学、化学工程理论，建立反应动力学模型和通过大型冷模试验，进行化学反应工程学研究，建立流动模型。

通常把建立在坚实的理论基础上、意义明确、能够反映过程的物理和化学本质的模型，称为原理模型，其结论可以用于外推；建立在试验数据基础上的模型，称为经验模型，其结论不能盲目外推。多数情况下是建立混合模型。

（2）模型检验。模型检验是通过一定规模的试验进行的。此时试验的目的不是测取数据，而是验证模型是否达到特定目的，并修正、完善模型，使之具备等效性。

（3）模型运用。模拟放大的最后工作是借助经过验证的数学模型进行各种模拟试验，即通过改变参数，用计算机解数学方程，达到放大和优化的目的。模拟试验工作仅需在计算机上完成，不再依赖实物装置。这样做除可节省时间、人力、物力和资金外，还可以进行高温、高压参数下的计算，提高放大工作效率。

数学模型本身并不能揭示放大规律，数学模型只是一种工作方法。模型的建立、检验、完善只有在大量严密的试验工作基础上才能完成。那种认为数学模拟放大法是一种不需要试验的纯数学方法的说法是错误的。

22.4 中试放大的过程

22.4.1 中试前提

22.4.1.1 对小试的要求

可进行中试的小型试验标准要满足以下条件：①收率稳定，质量可靠；②操作条件已确定，产品、中间体及原料分析方法已经制定；③某些设备、管道材质的耐腐蚀试验已经进行，并能提出所需的一般设备；④进行过物料衡算，三废问题已有初步的处理方法；⑤已提出所需原料的规格和单耗数量；⑥已提出安全生产要求。

22.4.1.2 对设备的要求

中试放大采用的装置，要根据反应类型、操作条件等来选择和设计，要考虑反应对设备的材质和型式的要求，特别是接触腐蚀性物料，并按照工艺流程进行安装。中试放大也可以在适应性很强的多功能车间中进行，无需按生产流程来布置生产设备，可制备样品或进行小批量试制，适合多种产品的中试放大。目前，我国的不同级别的高新产业园区的孵化机构可以提供这样的放大车间。这种车间一般拥有各种规格的中、小型反应器和后处理的分离纯化设备，各个反应器除装有搅拌器，各种配管可以通蒸汽、冷却水或冰盐水等外，还附有蒸馏装置可以进行回流（部分回流）反应或边反应边分馏以及减压分馏等。有的反应器还配备有中、小型离心机等，将反应与分离耦合起来。固 - 液混合物过滤一般采用小型移动式压滤器。因此，多功能放大车间能够适应一般化学反应的各种不同反应条件和操作要求。高压反应、氢化反应、硝化反应、羟化反应、酯化反应和 Grignard 反应等以及有机溶剂的回收和精制也都有通用性设备。多功能车间可以适应多种产品的中试放大，也可进行新药样品的制备，还可用于多品种的小批量生产。在这种多功能车间中进行中试或生产试制，不需要强调按生产流程来布置生产设备，而是根据工艺过程的需要来选用反应设备。

制药是在反应器内进行的，无论是化学制药还是生物技术制药，各类设备都是进行现代制药工艺、实现最终产品必不可缺的硬件。对于药物生产领域，不同的生物来源的药物，生物细胞的培养、处理和药物的制造过程都有较大的区别，故要求设备是智能化、全自动化、密闭的，可以在线实时监测，尽可能减少人为操作因素，以保证质量的稳定、可控和生产高效率。生物反应器应该有温度、pH、溶解氧、消沫、通气等传感器及流加系统等，应尽可能配置计算机，用于自动化监测与细胞培养过程的控制。生物技术制药的规模，一方面追求提高反应器体积，目前搅拌罐反应器的体积已达到 $500m^3$，单细胞蛋白反应器达 $2000m^3$；另一方面，如单克隆抗体等免疫与诊断试剂的制备，在实验室规模下就能满足需要。在某些药物的制造中，反应器成为其大规模生产的限制因素。

近年来微型中间装置的发展也很迅速，即用微型中间装置取代大型的中间装置，为工业化装置提供精确的设计数据。其优点是费用低，建设快，在一般情况下，不必做全工艺流程的中试放大，只做流程中某一关键环节的中试放大即可。

22.4.2 中试放大的研究内容

22.4.2.1 工艺路线和单元操作方法的复审

一般情况下，单元反应的方法和生产工艺路线应在实验室阶段就确定下来。在中试放大阶段只是确定具体的工艺操作和条件以适应工业化生产。当选定的工艺路线和工艺过程在中试放大时暴露出难以克服的重大问题时，就需要复审实验室工艺路线，修正工艺过程。如盐酸氮芥的生产工艺曾用乙醇精制，所得产品的熔距很长，杂质较多，难以保证产品质量。推测杂质可能是未被氯化的羟基化合物，所以在中试放大时，改变氯化反应条件和采用无水乙醇溶解，然后加入非极性溶剂二氯乙烷，使其结晶析出，从而解决了产品质量问题。又如喹诺酮类抗菌药的氯化反应中，用五氯化磷为氯化剂进行回流反应。但由于五氯化磷加热升华，在回流过程中易使冷凝器堵塞，导致反应不能顺利进行。后来改用三氯化磷和氯气代替五氧化磷，顺利地解决了回流管路的堵塞问题，生产可以平稳进行。

复审的目的：①降低产品成本；②实现生产过程的最优化；③保证质量，实现有效化的过程控制；④安全生产，包括劳动保护；⑤小试很少考虑回收、污染、能源，所以工艺还要考虑废弃物处理，保持环境的可持续发展。

22.4.2.2 设备材质与型式的选择

开始中试放大时，应考虑所需各种设备的材质和型式是否合适，尤应注意接触腐蚀性物料的设备材质的选择。由于实验室的容器和反应器大多由玻璃组成，而在工业上不可能大量使用玻璃容器。因此，工业设备的材质主要是金属与非金属材料。浓硫酸由于其氧化性可以使钢铁表面形成致密的氧化膜，阻止了它与金属本体的直接接触，所以浓硫酸贮存和输送可以使用铁质容器和管道。又例如，含水1%以下的二甲基亚砜（DMSO）对钢板的腐蚀作用极微，但当含水达5%时，则对钢板有强的腐蚀作用。后经中试，发现含水5%的DMSO对铝的作用极微弱，故可用铝板制作容器。其他如盐酸，可以使用聚丙烯材料的容器、管道和阀门。

22.4.2.3 搅拌器型式与搅拌速度的考察

药物合成中的反应大多是非均相反应，反应热效应较大。虽然在实验室中由于物料体积较小，搅拌效果好，传热、传质的问题表现得不明显，但在中试放大时，由于搅拌效果的影响，传热、传质的问题就突出地暴露出来。因此，中试放大时必须根据物料性质和反应特点，注意研究搅拌器的型式，考查搅拌速度对反应影响的规律，特别是固-液非均相反应时，要选择符合反应要求的搅拌器型式和适宜的搅拌转速。搅拌速度过快不一定合适。例如，由儿茶酚与二氯甲烷和固体烧碱在含有少量水分的DMSO的存在下，合成黄连素中间体胡椒环，中试放大时，起初因采用180r/min的搅拌速度，反应过于激烈而发生溢料。经摸索，将搅拌速度降至56r/min，并将反应温度控制在90～100℃（实验室时温度为105℃），反应能平稳地完成。又如在成品结晶工序中，锅壁常附着结晶体，导致传热效率下降，故所选用的搅拌应具有较大直径，尽可能接近锅壁，使沿锅壁的物料运动速度加快，减少物料对锅壁的黏附。

22.4.2.4 反应条件的优化和限度试验

在实验室阶段所获得的最佳条件不一定能完全符合中试放大的要求。因此，应该就反应中的主要影响因素，如放热反应中的加料速度、反应罐的传热面积与传热系数，以及制冷剂等因素进行深入的试验研究，掌握它们在中试装置中的变化规律，从而得到更合适的反应条件。例如，磺胺－5－甲氧嘧啶生产中间体甲氧基乙醛缩二甲酯由氯乙醛缩二甲醇与甲醇钠反应制得。甲醇钠浓度为20%左右，反应温度为140℃，反应罐内显示1MPa的压力，这样的反应条件对设备要求过高。中试时在反应罐上装了分馏塔，随着甲醇馏分馏出，罐内甲醇钠浓度逐渐升高，同时反应生成物沸点较高，反应物可在常压下加热至140℃顺利反应，从而把原来要求在加压条件下进行的反应改为常压反应。

化学反应受到许多客观因素的影响，有些因素在实验室中根本不可能发生，但在生产中，影响反应的因素是多方面的，人员、设备、物料的变化都会影响到反应。如冷凝器受腐蚀漏水对无水反应会带来不良影响，反应过程中意外停电导致整批物料可能报废，如果可能的话，需要进行回收处理再使用等。通过放大工艺研究，可进行可控制条件下反应条件的研究。如果对这些“意外”因素不做研究，则可能造成重大损失甚至发生安全事故。在这种情况下，应进行工艺条件的限度试验，有意识地安排一些破坏性实验，以便更全面地掌握反应的规律，为确保安全和正常生产提供数据。

22.4.2.5　操作方法的确定

药品的生产实际上是一个由原料变成产品的过程。在这一过程中，物料进行着流动。在中试放大阶段，由于处理物料量增加，因此有必要考虑使反应与后处理的操作方法适应工业化生产的要求，特别要注意缩短工序、简化操作，还要从设备布置、加料方法、物料分离和输送等方面考虑。为减轻劳动强度，尽可能利用重力自动加料和管线输送。

如邻位香兰醛用硫酸二甲酯甲基化从而制备邻甲基香兰醛。曾用小试操作法放大，即将邻位香兰醛及水置于反应罐中，升温至回流，然后交替加入18%氢氧化钠溶液及硫酸二甲酯。反应完毕降温，冷却后冷冻，使反应产物充分结晶析出，过滤，水洗，将滤饼自然干燥，然后置蒸馏罐内，减压蒸出邻甲基香兰醛。这种操作方法非常繁杂，蒸馏时还须防止蒸出物凝固堵塞管道而引起爆炸。后处理曾改用提取，但易发生乳化，物料损失很大。小试收率83%，中试收率仅有78%左右。后来采用相转移催化（PTC）反应简化了工艺，提高了收率。在反应罐内一次性加入邻位香兰醛、水和硫酸二甲酯，再加入苯，使反应物分为两相，并加入相转移催化剂（PTC），搅拌下升温至60～75℃，滴加40%氢氧化钠溶液。碱与邻位香兰醛首先生成钠盐，然后与硫酸二甲酯反应，产物即转移到苯层，而甲基硫酸钠则留在水层，反应完毕后分出苯层，蒸去苯后得产品邻甲基香兰醛，收率稳定在90%以上。

22.4.2.6　原辅材料的过渡试验及质量标准研究

对设计或选择的工艺路线以及各步反应条件进行试验时，要使用试剂规格的原辅材料（原料、试剂、溶剂等），这是为了排除原辅材料中杂质的不良影响，保证试验结果的准确性。工艺路线确定之后进一步考察工艺条件时，应尽量改用以后生产能得到供应的原辅材料，使原料价廉易得。为此，应将某些工业规格的原辅材料所含杂质与试剂的相应指标进行对比，并通过对比实验确定工业原料对反应收率和产品质量的影响，制定合理的原辅材料的规格标准，规定主要杂质的允许限度。

在制药工艺的研究中，有许多原辅材料特别是中间体和新产品，均无现成的分析方法，必须开展分析方法研究，以便制定出准确可靠、简便易行的检验方法。

22.4.2.7 反应后处理研究

一般说来，反应后处理是指从化学反应结束到取得本步反应产物的整个过程。这里不仅包括从反应混合物中分离得到目的物，也包括母液处理等。后处理的化学反应较少（如中和等），多数为化工单元操作，应认真对待。

在一个药品的生产过程中，单元操作比单元反应的数量要多得多，像固体溶解、气体吸收、溶液萃取、溶剂分馏回收等。因此，做好反应后处理工作对于提高反应收率、降低消耗、保证药品质量、减轻劳动强度、改善生产环境和提高劳动生产率都有重要意义。因此，必须重视对后处理方法的研究。

后处理方法随反应性质的不同而不同。研究后处理时，首先要摸清反应产物系统中可能存在的物质种类、组成和数量等，在此基础上，找出它们性质之间的差异，尤其是主产物或反应目的物区别于其他物质的特征。然后，通过实验拟定反应产物的后处理方法。在研究与制定后处理方法时，还必须考虑简化工艺操作的可能性，尽量采用新工艺、新技术和新设备，以提高劳动生产率，降低成本。

22.4.2.8 物料衡算

根据质量守恒定律，以生产过程或生产单元设备为研究对象，对其进出口处进行定量计算，称为物料衡算。物料衡算是产品理论产量与实际产量或物料的理论用量与实际用量之间的比较。通过物料衡算计算，得到进入与离开某一过程或设备的各种物料的数量、组分以及组分的含量，即产品的质量、原辅材料消耗量、副产物量、三废排放量，以及水、电、蒸汽消耗量等。这些指标与操作参数有密切关系。操作参数的最佳选择、操作人员的操作技术和管理水平决定了这些基本指标的优劣，或者说这些基本指标的优劣是制药工艺优化程度、操作技术和管理水平的综合反映。

物料衡算是制药工艺计算中最基本，也是最重要的内容之一。通过物料衡算，可深入分析生产过程，了解原料消耗定额，揭示物料利用情况；了解产品收率是否达到最佳数值，设备生产能力还有多大潜力；明确各设备生产能力之间是否平衡等。由此可采取有效措施，来进一步改进生产工艺，提高产品的产率和产量。

22.4.3 物料衡算

22.4.3.1 目的

物料衡算的目的有两种，一种是对已有的生产设备和装置利用实际测定的数据，计算出另一些不能直接测定的物料量，利用计算结果，可对生产情况进行分析，作出判断，提出改进措施。另一种是为了设计一种新的设备或装置，根据设计任务，先作物料衡算，求出每个主要设备进出的物料量，然后再作能量衡算，求出设备或过程的热负荷，从而确定设备尺寸及整个工艺流程。

22.4.3.2 原理

物料衡算是研究某一个体系进、出物料及组成的变化，即物料平衡。所谓体系就是物料衡算的范围，它可以根据实际需要人为地选定。体系可以是一个设备或几个设备，也可以是一个单元操作或整个化工过程。进行物料衡算时，首先须确定衡算的体系。

物料衡算的理论基础是质量守恒定律，对于每一个参加反应的组分，根据这个定律可得到物料衡算的基本关系式：

$$进入体系的物料量 - 流出体系的物料量 = 体系中的转化量 \quad (22-1)$$

在化学反应系统中，物质的转化服从化学反应规律；在生物反应系统中，物质的转化也符合一定的反应方程，可以根据反应方程式求出物质转化的定量关系。

22.4.3.3　物料衡算的基准及操作时间

进行物料衡算必须选择一定的基准作为计算的基础，通常采用的基准有下列 3 种：

（1）以每批操作为基础。适用于间歇操作设备、标准或定型设备的物料衡算，化学制药产品的生产间歇操作居多，以一批投料量为计算基准，在实践中运用的场合最多。

（2）以单位时间为基准。适用于连续操作设备的物料衡算，如塔设备用于回收操作，大多选择每小时流量作为计算基准。

（3）以每千克产品为基准，确定原辅材料的消耗定额。

每年设备操作时间即车间每年设备正常开工生产的天数，除节假日外，一般以 300d 计算。对于工艺技术尚未成熟或腐蚀性大的车间一般以 280d 或更少一些时间计算。连续操作设备也可按每年 7000 ～ 8000h 为设计计算的基础。如果设备腐蚀严重或在催化反应中催化剂活化时间较长、寿命较短、所需停工时间较多的，则应根据具体情况决定每年设备工作时间。

22.4.3.4　物料衡算步骤

物料衡算步骤如下：①收集和计算所必需的基本数据；②列出化学反应方程式，包括主反应和副反应；③根据给定条件画出流程简图；④选择物料计算的基准；⑤进行物料衡算；⑥列出输入与输出的物料平衡表和“三废”排量表等物料平衡表，计算原辅材料消耗定额（kg）。

22.4.3.5　有关计算

（1）收集有关计算数据。要进行物料衡算，应根据药厂操作记录和车间试验数据收集主、副反应方程式，工艺流程，反应物的配料比，原辅材料名称、规格，半成品、成品及副产品等的浓度、纯度或组成，阶段产率、转化率、车间总产率等各项数据。

（2）转化率。反应产物（含主产物、副产物和杂质）所消耗掉的物料量与投入反应物料量之比简称该组分的转化率。通常是针对主要反应物而言的，一般以百分率表示。若用符号 X_A 表示主要反应物 A 的转化率，则得：

$$X_A(\%) = \frac{反应消耗 A 组分的量}{投入反应 A 组分的量} \times 100\% \quad (22-2)$$

（3）收率（产率）。即某主要产物实际收得的量与投入原料计算的理论产量之比值，也以百分率表示。若用符号 Y 表示，则得：

$$Y(\%) = \frac{产物实际产量}{按某一主要原料计算的理论产量} \times 100\% \quad (22-3)$$

$$或\ Y(\%) = \frac{产物折算成的原料量}{原料投入量} \times 100 \quad (22-4)$$

（4）选择性。即各种主、副产物中，主产物所占百分率，用符号 φ 表示，则：

$$\varphi(\%) = \frac{\text{主产物生成量折算成的原料量}}{\text{反应掉的原料量}} \times 100\% \tag{22-5}$$

中试生产中测得的转化率、收率和选择性等数据可作为设计和选择工业反应器大小的依据。而在大生产中，这些数据可用来评价这套生产装置的生产效率。

（5）产品总收率。产品总收率是一个产品生产工艺是否先进的代表性指标之一。通常，生产一个化学合成药物要经过不同的生产工序。生产工序是由化学反应和单元操作所组成的集合。每个工序都有投入产出，都能计算工序收率，产品总收率与各工序收率的关系为：

$$Y = Y_1 \times Y_2 \times Y_3 \cdots\cdots \tag{22-6}$$

计算工序收率时必须注意质量监控，即对各工序中间体和药品纯度要有质量分析数据。

例如：在氯霉素生产中，有溴化缩合工序（制备缩合物）$Y_1 = 85\%$；还原工序（制备氨基物）$Y_2 = 86\%$；分拆工序（拆分光学异构体）$Y_3 = 93\%$，成品工序（制备氯霉素）$Y_4 = 95\%$；求产品总收率，则 $Y = Y_1 \times Y_2 \times Y_3 \times Y_4 = 85\% \times 86\% \times 93\% \times 95\% = 65\%$。

在化学制药工艺研究中，特别需要注意成品的质量标准、原辅材料的质量和规格、各工序中间体的化验方法和监控、回收品的处理等。一个完整的产品物料衡算应包括反应中形成的各种形态的物质，尤其是气体。气体不便于计量，有时可通过估算或进行吸收等技术处理后测定含量。这些都是影响物料衡算的因素。

22.4.4 能量衡算

制药过程中包含有化学过程和物理过程，这些过程往往伴随着能量变化，因此必须进行能量衡算。又因生产中一般无轴功存在或轴功相对来讲影响较小，因此能量衡算实质上是热量衡算。生产过程中产生的热量或冷量会使物料温度上升或下降，为了保证生产过程在一定温度下进行，外界须对生产系统加入或排除热量，即设备的热负荷。根据设备热负荷的大小、所处理物料的性质及工艺要求，再选择传热面的形式，计算传热面积；确定设备的主要工艺尺寸。传热所需的加热剂或冷却剂的用量也是以热负荷的大小为依据进行计算的。对已投产的生产车间，进行能量衡算是为了更加合理地用能。通过对一台设备能量平衡测定与计算可以获得设备用能的各种信息，如热利用效率、余热分布情况、余热回收利用等，进而从技术上、管理上制定出节能措施，最大限度地降低单位产品的能耗。

22.4.4.1 原理

热量衡算的主要依据是能量守恒定律。在无轴功的条件下，进入系统的热量与离开系统的热量相互平衡。

其热量衡算表达式为：

$$Q_1 + Q_2 + Q_3 = Q_4 + Q_5 + Q_6 \tag{22-7}$$

式中，Q_1为物料进入设备带到设备中的热量；Q_2为由加热剂（或冷却剂）传给设备和物料的热量（加热时取正值，冷却时取负值）；Q_3为过程的热效应，它分为两类，即化学反应热效应和状态变化热效应；Q_4为物料从设备离开所带走的热量；Q_5为消耗于加热（冷却）设备和各个部件上的热量；Q_6为设备向四周散失的热量。

通过上式可以计算出 Q_2，由 Q_2可计算加热剂或冷却剂的消耗量。

22.4.4.2　计算过程

所处理的物料带到设备中去的热量 Q_1，可用下式计算：

$$Q_1 = \sum Gct \tag{22-8}$$

式中，G 为物料的质量，kg；c 为物料的比热容，kJ/（kg·℃）；t 为物料的温度，℃。

G 的数值根据物料衡算的结果而定。t 的数值由生产工艺操作规程或车间试验数据或由其他搜集得来的资料而定。至于物料的比热容可从各种手册中找到，在缺乏数据的情况下可根据经验式或做实验求取。

由加热剂（或冷却剂）传给设备和所处理的物料之热量 Q_2，在大多数情况下为未知数，需利用热量衡算来求出。据此可以确定传热面积的大小以及加热剂（或冷却剂）的用量。

过程的热效应 Q_3，可以分成两类，一类是由于发生化学反应的结果，放出或吸入的热量，一般称为化学反应热；另一类是由于物理－化学过程所引起的结果，此种热量一般称为状态热。

在某一过程中，有时只有化学反应热，有时只有状态热，有时两者兼有。属化学反应热的有聚合热、硝化热、磺化热、氯化热、氧化热、氛化热、中和热等。这些化学反应热的数据可以从手册、工艺学书籍、工厂实际生产数据、中间试验数据以及科学研究中获得。如果缺乏数据，可根据元素的生成热和化合物的燃烧热求出。属状态热的有汽化热、熔融热、溶解热、升华热、结晶热等。这些数据同样也可从手册、化工过程及化工计算书籍等资料中找到。

反应产物由设备中带出的热量 Q_4，计算方法同所处理的物料带到设备中去的热量 Q_1。Q_5为消耗在加热设备各个部件上的热量。

对于连续操作的设备只需建立物料平衡和热量平衡，不需要建立时间平衡。这是因为在连续操作中，所有条件都不是时间的函数。但对于间歇操作的设备，还需建立时间平衡。这是因为在间歇操作中，条件随时间而改变。热量负荷也是随时间改变的，因此，在进行连续操作的设备热量衡算时，常用 kJ/h 作为计算单位。而在间歇操作时，常用 kJ/一次循环为计算单位，然后考虑不均衡系数，从 kJ/一次循环换算为 kJ/h。在没有确切的不均衡系数时，亦可根据间歇操作设备的各个操作阶段，分别求出热负荷，从中获得不均衡系数。

22.5　生产工艺规程

中试放大阶段的研究结果证实了工业化生产的可能性后，根据市场的容量和经济指标的预测，提出生产任务，进行基建设计遴选和确定定型设备以及非定型设备的设计和制作。然后，按照施工图进行生产车间或工厂的厂房建设、设备安装和辅助设备安装等。经试车合格和短期试生产稳定后，即可着手制定生产工艺规程。

22.5.1 生产工艺规程的概念

生产工艺规程为将基于生产工艺过程的各项内容归纳写成的一个或一套文件，包括起始原料和包装材料的数量，以及工艺、加工说明、注意事项、生产过程控制等。一个药物虽然可以采用几种不同的生产工艺，但其中必有一种是在特定条件下最合理、最经济又最能保证产品质量的工艺。由于生产的药物种类不同，各种药物生产规程的繁简程度有很大差别，通常认为拟定工艺路线是制定生产工艺规程的关键，是组织生产工艺过程和进行生产的重要依据。因此，生产工艺规程是指导生产的重要文件，也是组织管理生产的基本依据，更是制药业的核心机密。先进的生产工艺规程是工程技术人员、岗位工人和企业管理人员的集体创造，属于知识产权保护范畴，要严守机密。

制药装备、材料来源和环境保护等要通过 ISO9000 国际标准体系的认证，按照 GMP 原则，系统地论证药品生产步骤、过程、设备、原料和人员等因素，建立过程信息汇集和评估的文件。将 GMP 的内容作为质量体系的各要素程序与 ISO9000 体系有机地结合起来，才能建立完善的、国际性的、普遍适用的制药工程质量管理和质量保证体系。从工艺流程的开发阶段开始，将制药过程有效化贯穿于整个生产过程，从而保证整个生产工艺流程的预定结果，并保持一致性和连续性，达到降低成本、过程最优化、质量保证和安全生产的目的。

22.5.2 生产工艺规程的主要作用

生产工艺规程是依据科学理论和必要的生产工艺试验，在技术人员和生产人员总结生产实践的基础上制定的。制药企业的生产工艺规程需经制药企业多个部门的审核、审定和批准，有关人员必须严格执行。在生产车间，还应编写与生产工艺规程相应的岗位操作法或标准操作规程，后者是生产岗位操作人员培训的基本要求，也是岗位工作的直接依据。

（1）组织工业生产的指导性文件。只有根据生产工艺规程安排生产、进行调度，才能保持各个生产环节之间相互协调，按计划完成生产任务。因此，生产工艺规程是组织工业生产的指导性文件。不同过程的操作工时和生产周期各不相同，原辅材料、中间体质量标准及各中间体和产品质量监控方法也各不相同，还要考虑设备检修等过程。只有严格按照工艺规程组织生产，才能保证药品质量，保证生产安全，提高生产效率，降低生产成本。

（2）生产准备工作的依据。在正式投产药物之前，需要做大量的生产准备工作。生产工艺规程可为生产准备工作提供依据。企业应根据工艺过程供应原辅材料，须有原辅材料、中间体和产品的质量标准，还要有反应器和设备的调试、专用工艺设备的设计和制作要求等。如维生素 C 生产工艺过程要求有无菌室、种子罐、发酵罐、高压釜等特殊设备。制备次氯酸钠需要用液碱和氯气和加压氢气，并需制备 Raney 镍等，还需要不少有毒、易爆的原辅材料。这些设备、原辅材料的准备工作都要以生产工艺规程为依据进行。

（3）新建和扩建生产车间或工厂的基本技术条件。在新建和扩建生产车间或工厂时，生产工艺规程提供了基本的技术支撑。先确定生产品种的年产量；其次确定反应器、辅助设备的大小和布置；进而确定车间或工厂的面积，以及原辅材料的储运、成品的精制、包装等；最后确定生产工人的工种、等级、数量、岗位技术人员的配备，各个辅助部门如能源、动力供给部门等也都以生产工艺规程为依据逐项进行安排。

22.5.3 生产工艺规程的原始资料和基本内容

生产工艺规程的内容包括品名，剂型，处方，生产工艺的操作要求，物料、中间产品、成品的质量标准和技术参数以及储存的注意事项，物料平衡的计算，成品容器、包装材料的要求等。

1）产品概述

产品概述即介绍产品的名称、化学结构和理化性质、质量标准、临床用途和包装规格与要求等。包括：①名称，包括通用名、商品名、化学名称和英文名称；②化学结构式、分子式、分子量；③理化性质，包括性状、稳定性、溶解度；④质量标准及检验方法，质量标准指企业内控标准、优级品标准和出口品执行标准等系列标准，检验方法包括准确的定量分析方法、杂质检查方法和杂质最高限度检验方法等；⑤药理作用、不良反应、临床用途、适应证和用法等，对于原料药则主要指药理作用和临床用途；⑥包装规格要求与储藏条件。

2）原辅材料和包装材料的质量标准及规格

原辅材料和包装材料的质量标准及规格包括化学原料编号、名称、项目（外观、含量和水分）、质量标准和规格，包装材料名称、材质、形状、规格等。

3）反应过程

按化学合成反应或微生物发酵、细胞培养的生物合成反应，分工序写出各种反应（包括主反应、副反应、辅助反应，如催化剂的制备、副产物处理、回收利用等）的反应方程及其反应原理，标明反应物和产物的中文名称和分子量，还要写明反应终点的控制方法和快速化验方法。

4）生产工艺流程与设备流程图

以生产工艺过程中的反应单元为中心，用图解形式把物料、反应、分离纯化等过程加以描述，形成工艺流程图。用设备示意图的形式来表示生产过程中各设备的衔接关系，即构成设备流程图。

5）生产工艺过程

在制定生产工艺规程时应深入生产现场进行调查研究，尤其要重视中试放大时的各个数据和现象，分析各种现象出现的原因并提出处理方法。生产工艺过程应包括：①原料配比（投料量、折纯、质量比和摩尔比）；②主要工艺条件及详细操作过程，包括反应液配制、反应、后处理、回收、精制和干燥等，对于生物技术制药工艺过程，主要包括菌种或细胞的选育与保存、接种或传代，无菌化操作方法，培养基的配制，发酵或细胞培养、分离纯化等主要工艺条件；③重点工艺控制点，如加料速度、反应温度、减压蒸馏时的真空度等；④异常现象的处理和有关注意事项，如停水、停电、产品质量不好等异常现象。

6）中间体和半成品的质量标准和检验方法

中间体和半成品的规格标准由中间体生产岗位和车间共同商定或修改。以中间体和半成品名称为序，将外观、性状、含量指标、检验方法以及注意事项等内容列成表，同时规定可能存在的杂质含量限度。

7）生产技术经济指标

生产技术经济指标包括成品生产能力（年产量、月产量）和副产品生产能力（年产量、月产量）；中间体和成品的收率、分步收率和成品总收率；劳动生产率成本，即全员和工人每月每人生产数量和原料成本、车间成本及工厂成本等；原辅材料及中间体的消耗定额。

8）生产安全与劳动保护

（1）防毒与防辐射危害。制药工业生产过程中经常使用具有腐蚀性、刺激性和剧毒的物质，甚至还有射线的辐射，容易造成化学烧伤、慢性中毒，危害操作人员身体健康。因此，必须了解原辅材料、中间体和产品的理化性质，分别列出它们的危害性、防护措施、急救与治疗方法，以保障人员的生产安全。

（2）防火、防爆。制药工业包括高温和高压反应，其中有很多原料和溶剂是易燃、易爆物质，极易酿成火灾和爆炸。如 Raney 镍催化剂暴露于空气中便会急剧氧化而燃烧，应随用随制备，储存期不得超过一个月。氢气是易燃、易爆气体，氯气是有窒息性的毒气，并能助燃。要明确车间和岗位的防爆级别，列出各种原料的危险性和防护措施，包括熔点、沸点、闪点、爆炸极限、危险特征和对应的灭火剂种类，建立明确而细致的安全防火制度。

（3）资源与环境安全。要有资源和环境安全意识，努力做好资源的综合利用和三废的达标排放。对废弃物进行有效处理，对溶剂尽可能回收再利用。对于废弃物，将其生产岗位、名称及主要成分、排放情况（日排放量、排放系数和 COD 浓度）和处理方法等列成表；对于回收品，将其生产岗位、名称、主要成分及含量、日回收量和处理方法等列成表，载入生产工艺流程。

（4）生物安全性。生物技术制药还涉及基因生物工程。这些生物往往携带抗生素、病毒、致癌等基因，直接排放势必对环境造成不可预测的风险，抗药微生物还可能导致对局部环境的污染。因此，要建立基因工程生物的保管、处理与排放方案。

9）设备一览表及主要设备运行能力

设备一览表包括岗位名称、设备名称、材质、规格与型号（含容积、性能、电机容量）、数量等。

主要设备的生产能力以中间体为序，列出主要设备的名称和数量、生产班次、每个批号的作用时间、投料量、批产量和折成品量、全年生产天数、成品生产能力（日生产能力和年生产能力），并说明主要设备的使用与安全注意事项。

10）操作工时与生产周期

将各岗位的操作单元、操作时间（包括生产周期与辅助操作时间）和岗位生产周期列成表，并由此计算出产品生产总周期。

11）劳动组织与岗位定员

根据产品的工艺过程进行分组，每组由若干岗位组成，按照岗位需要确定人员的职务和数量，如组长、技术员、班长和操作人员等。

12）物料平衡表

以岗位为序，将加入物料的名称、含量、用量、折纯量和收得物料的名称、产量及组分制成物料平衡表，并计算各岗位原料利用率，计算公式如下：

原料利用率 = （产品产量 + 回收品量 + 副产品量）/原料投入量 × 100%　　(22 - 9)

13）附录

附注主要包括有关常数及计算公式，如所用酸、碱溶液的相对密度和质量分数、收率计算公式等。

22.5.4　生产工艺规程的制定和修订

1）制定和修订的相关依据

根据 GMP 规定："产品的生产工艺及关键设施、设备应按验证方案进行验证。当影响产品质量的主要因素，如工艺、质量控制方法、主要原辅料、主要生产设备等发生改变时，以及生产一定周期后，应进行再验证。"同时，验证也是文件、质量计划、岗位等的基础。"生产工艺规程、岗位操作法和标准操作规程不得任意更改。如需更改时，应按制定时的程序办理修订、审批手续。"

基于 GMP 的管理，医药品必须按照生产工艺规程进行生产。生产工艺规程并非一成不变，制药工艺的革新伴随着产品的始终。生产技术是不断地发展的，人们的认识也在不断地深化。药品生产的特点是品种更新速度快、生产工艺改进完善的潜力大，随着新工艺、新技术和新材料的出现和采用，已制定的生产工艺规程在实践中也常常会面对新问题或发现不足之处，因此必须对生产工艺规程进行及时修订。要更改生产工艺规程必须履行严格的审批手续，有组织、有领导地遵循"一切经过试验"的原则。

2）制定和修改生产工艺规程的要点

对于新产品的生产，在试车阶段，一般是制定临时生产工艺规程，经过一段时间生产稳定后，再制定生产工艺规程。正式生产以后，工艺研究还需要继续进行，不断改进和完善。在具体实施中，应该在充分调查研究的基础上多提出几个方案进行分析、比较和验证。如发现问题，应会同有关设计人员共同研究，按规定手续进行修改与补充，或组织专家论证。

3）制定标准操作规程

GMP 规定产品生产管理文件除生产工艺规程以外，还有岗位操作法或标准操作规程（standard operation procedure，SOP）。因此要在制定和修订生产工艺规程的基础上，编写标准操作规程。

标准操作规程的内容包括：生产操作方法和要点，重要操作的复核、复查，中间产品质量标准及控制，安全和劳动保护，设备维修、清洗，异常情况处理和报告以及工艺卫生和环境卫生等。

思考题

22 - 1　制药工艺研究的三阶段各有什么特点？

22 - 2　制药工艺放大研究的内容是什么？

22 - 3　制药工艺放大有哪些研究方法？

22 - 4　制药工艺放大研究中要注意哪些方面？

22 - 5　如何进行物料衡算和能量衡算？

22 - 6　生产工艺规程由哪些内容组成？具有什么意义？

第23章　制药工艺流程设计和经济评价

制药厂的建设包括设计、制造、施工和安装等过程。其中工程设计是主要的环节，在整个厂房建设中起着举足轻重的作用。一般可分为三个主要阶段：设计前期工作（包括项目建设书、厂址选择报告、预可行性研究报告和可行性研究报告）、初步设计和施工图设计。工艺流程设计是车间工艺设计的核心。因为生产的最终目的在于得到高质量、低成本产品，这取决于工艺流程的可靠性、合理性及先进性，而且车间工艺设计的其他项目均受制于工艺流程。换言之，车间工艺设计必须满足工艺流程的要求，而且工艺流程设计与车间布置设计一起决定了车间或装置的基本面貌。

工艺流程设计包括实验工艺流程设计和生产工艺流程设计两部分。对于国内已大规模生产、技术比较简单，以及中试已通过的产品，其工艺流程设计一般属于生产工艺流程设计；对于只有文献资料依据，国内尚未进行实验和生产，以及技术比较复杂的产品，其工艺流程设计一般属于实验工艺流程设计。本章讲述的是生产工艺流程设计。

23.1　工艺设计图

工程设计的主要成果是工程图纸，即需要在设计的不同阶段提供各种工程图纸，作为指导制造、施工、安装等过程的主要技术文件和技术依据。工艺设计图是生产工艺设计的主要图纸，通常包括工艺流程图、设备布置图和管路布置图，一般应按不同设计阶段的要求和规定进行绘制。在两阶段（即初步设计阶段和施工图设计阶段）的设计中，图样的种类及其主要表达内容可参考表23－1。其中设备图由设备专业人员设计绘制，工艺设计图则由工艺专业人员设计绘制。

表23－1　设计图的种类

初步设计	施工设计	设计内容
工艺设计图		
全厂总工艺流程图		全厂总工艺流程、物料衡算结果
物料平衡图		
物料流程图		车间（装置）的物料流程、物料平衡、设备特征、换热器的热量平衡等
带控制点工艺流程图	带控制点工艺流程图，辅助管路系统图，蒸汽管系统图	车间（装置）或工段中的主辅管路、生产设备、仪表、管件、阀门的配制
设备布置图	首页图，设备布置图，设备支架图，管口方位图	车间（装置）、工段中生产设备和操作平台等的具体位置和安装情况，支架、平台的详细结构

续上表

物料平衡图		
管路布置图	管路布置图，蒸汽管布置图，管段图，管架图，管件图	车间（装置）、工段的管路、管件、阀门、管架及仪表检测点的位置，安装情况，管段、管件的详细结构
设备图		
非定型关键总设备图		非定型总设备图及零部件图，设备总图，部件、零件的结构形式、尺寸、材质、数量、技术要求等
定型设备总图及零部件图		设备的主要结构形式、尺寸、技术特征

23.2　工艺流程设计的任务

（1）确定流程的组成。由原料到产品、副产品至“三废”处理，都要经过若干个单元反应和单元操作，而这些单元反应和单元操作又是按一定的顺序连接起来的，确定这些单元反应和单元操作的具体内容及其顺序以及它们之间的相互连接，是流程设计的基本任务。

（2）确定载能介质的技术规格和流向。制药生产中常用的载能介质有水蒸气、水、冷冻盐水、压缩空气和真空等。在工艺流程设计中，要明确这些载能介质的种类、规格和流向。

（3）确定生产控制方法。单元反应和单元操作应在一定的条件下进行（如温度、压力、进料速度、pH 值等），只有生产过程达到了这些技术参数的要求，才能使生产按给定方法运行。因此，在流程设计中对需要控制的工艺参数应确定其检测点、检测仪表的安装位置及其功能。

（4）确定“三废”的治理方法。除了产品和副产品外，对全流程中所排出的“三废”要尽量综合利用。对于一些暂时无法回收利用的，则需进行妥善处理。

（5）制定安全技术措施。对生产过程，特别是停水、停电、开车、停车以及检修等过程中可能存在的安全问题，应确定预防、预警及应急措施（如设置报警装置、事故储槽、防爆片、安全阀、泄水装置、水封、放空管和溢流管等）。

（6）绘制工艺流程图。在初步设计阶段，工艺流程设计的成果是初步设计阶段的带控制点工艺流程图和工艺操作说明；在施工图设计阶段，工艺流程设计的成果是施工图阶段的带控制点工艺流程图，即管道仪表流程图（piping and instrument diagram，PID）。两者的要求和深度不同，施工图阶段的带控制点流程图是根据初步设计的审查意见，并考虑到施工要求，对初步设计阶段的带控制点工艺流程图进行修改完善而成的。两者都要作为正式设计成果编入设计文件中。

（7）编写工艺操作方法。在设计说明书中应阐述从原料到产品的每一个过程的具体生产方法，包括原辅料及中间体的名称、规格、用量，工艺操作条件（如温度、时间、压力等)，控制方法，设备名称等。

23.3 工艺流程设计的原则

通常，工艺流程设计要遵循以下原则：①保证产品质量符合规定的标准；②尽量采用成熟、先进的技术和设备；③满足 GMP 要求；④使用尽可能少的能耗；⑤尽量减少“三废”排放量；⑥具备开车、停车条件，易于控制；⑦具有柔韧性，即在不同条件下(如进料组成和产品要求改变时)能够正常操作的能力；⑧具有良好的经济效益；⑨确保安全生产，以保证人身和设备的安全。

23.4 工艺流程设计的基本过程

工艺流程设计的基本过程如下：

1）对选定的生产方法进行工程分析和处理

对选定生产方法的小试、中试工艺报告，或者对工厂实际生产工艺及操作控制数据进行工程分析，在确定产品方案（品种、规格、包装方式）、设计规模（年产量、年工作日、日工作班次、班生产量）及生产方法的情况下，将产品的生产工艺过程按制药类别和制剂品种要求，分解成若干个单元反应、单元操作或若干个工序，并确定每个步骤的基本操作参数（又称为原始信息，如温度、压力、时间、进料速度、浓度、生产环境、洁净级别、人净物净措施要求、制剂加工、包装、单位生产能力、运行温度与压力、能耗等）和载能介质的技术规格。

2）绘制工艺流程框图

工艺流程框图是以方框或圆框、文字和带箭头线条的形式定性地表示出由原料变成产品的生产过程。

3）进行方案比较

在保持原始信息不变的情况下，从成本、收率、能耗、环保、安全及关键设备使用等方面，对提出的几种方案进行比较，从中确定最优方案。

4）绘制设备工艺流程图

确定最优方案后，就可进行物料衡算、能量衡算、设备的选型和设计，并绘制工艺流程图。工艺流程图是以设备的外形、设备的名称、设备间的相对位置、物料流线及文字的形式定性地表示出由原料变成产品的生产过程。

5）绘制初步设计阶段的带控制点流程图

工艺流程图绘制后，就可进行车间布置和仪表自控设计。根据车间布置和仪表自控设计结果，绘制初步设计阶段的带控制点流程图。

6）绘制施工图阶段的带控制点流程图

初步设计流程图经过审查批准后，按照初步设计的审查意见进行修改完善，并在此基础上绘制施工图阶段的带控制点流程图。

上述流程设计的基本程序可用图 23 - 1 表示。由图可见，流程设计几乎贯穿整个工艺设计过程，由定性到定量、由浅入深，逐步完善。这项工作由流程设计者和其他专业设计人员共同完成，最后经工艺流程设计者表述在流程设计成果中。

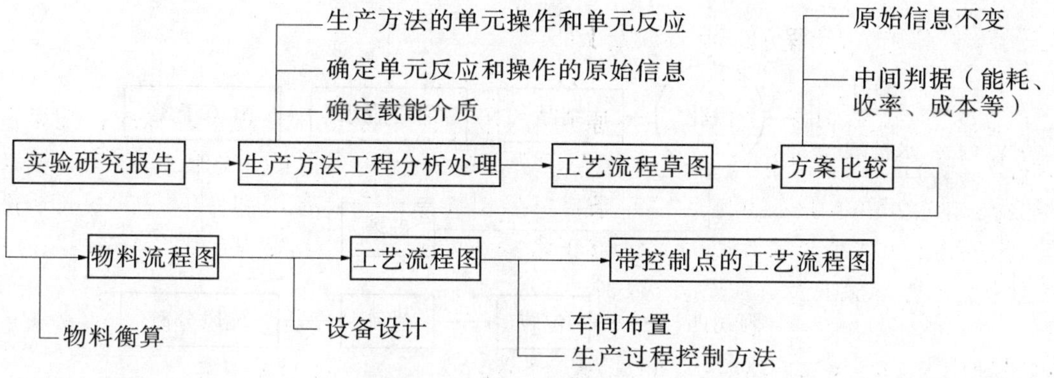

图 23－1　工艺流程设计程序

23.5　制药工艺流程图

制药工艺流程图是用来表达工艺生产流程的图样，有下列几种表达方式。

1）工艺流程示意图。

工艺流程示意图是在生产路线确定后，物料衡算设计开始前表示生产工艺过程的一种定性图纸，有框图和流程简图两种表示方法，不需编入记录文件中。主要内容为：物料由原料转变为成品的全部过程；原料及中间体的名称及流向；采用的化学反应和单元过程的名称。

其中的工艺流程框图是以方框或圆框分别表示单元过程及单元反应，以箭头表示物料和载能介质流向，并辅以文字说明。它是物料计算、设备选型、公用工程（种类、规格、消耗）、车间布置等项工作的基础，需在设计工作中不断进行修改和完善，如图 23－2 所示的阿司匹林工艺流程框图。而工艺流程简图由物料流程和设备组成，如图 23－3 所示。它包括以一定几何图形表示的设备示意图，设备之间的流向关系，全部原料、中间体及“三废”的名称和流向以及必要的文字说明。

2）全厂总工艺流程图或物料平衡图。

全厂总工艺流程图是为说明部分提供的全厂总流程图样，有的工厂则改称为全厂物料平衡图。一般用细实线画成长方框来表示各车间（工段），流程线只画出主要物料，用粗实线表示；流程方向用箭头画在流程线上；图上还注明了车间名称，各车间原料、半成品和成品的名称，平衡数据的来源、去向等。

3）物料流程图。

工艺流程示意图完成后，开始进行物料衡算，再将物料衡算结果注释在流程中，即成为物料流程图。它说明了车间内物料组成和物料量的变化，单位以批（日）计（对间歇式操作）或以小时计（对连续式）。从工艺流程示意图到物料流程图，工艺流程就由定性转为定量。物料流程图是初步设计的成果，需编入初步设计说明书中。

对应于工艺流程示意图，物料流程图也有两种表示方法：①以方框流程表示单元操作及物料成分和数量。它包括框图和图例，每一个框表示过程名称、流程号及物料组成

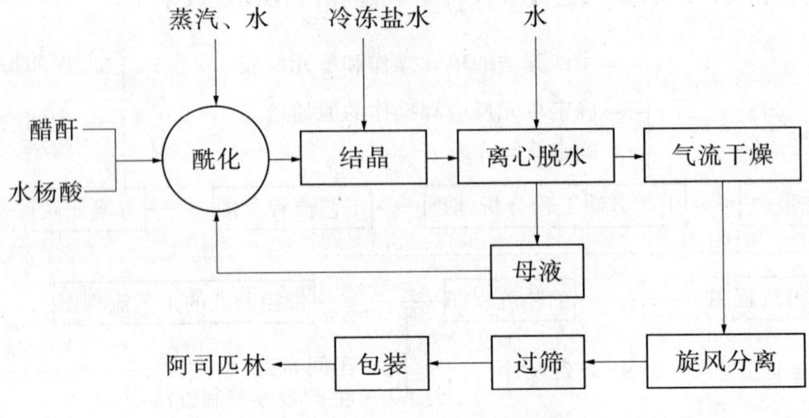

图 23－2　阿司匹林工艺流程框图

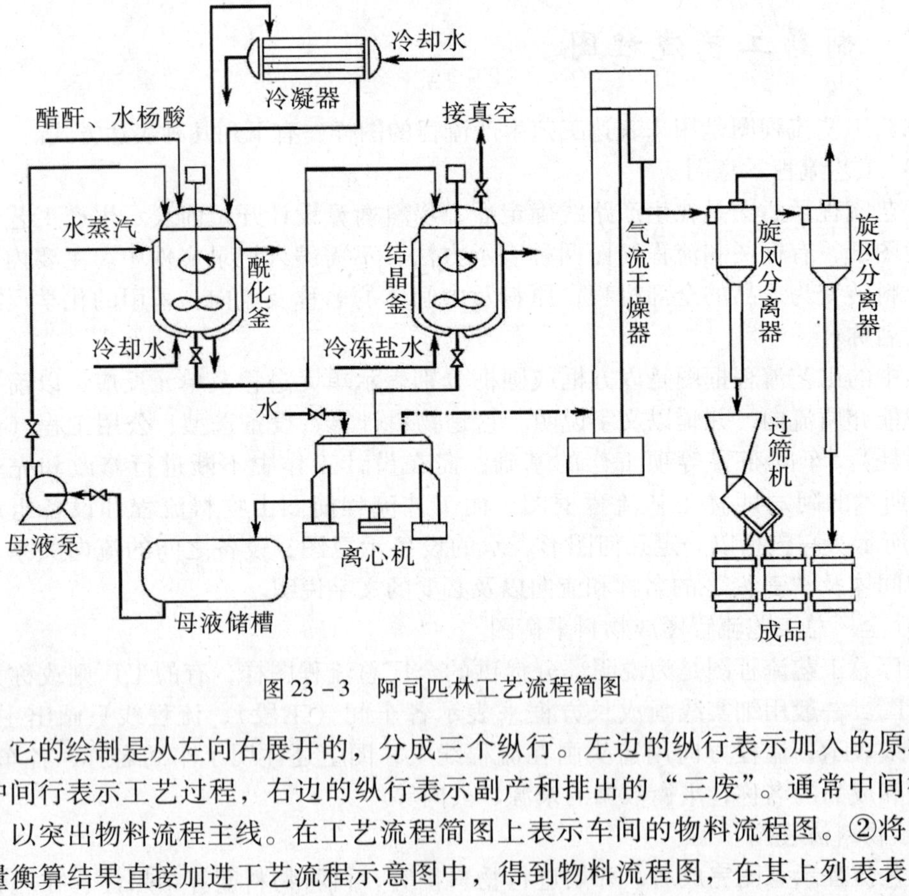

图 23－3　阿司匹林工艺流程简图

和数量。它的绘制是从左向右展开的，分成三个纵行。左边的纵行表示加入的原料和中间体，中间行表示工艺过程，右边的纵行表示副产和排出的“三废”。通常中间行用双线绘制，以突出物料流程主线。在工艺流程简图上表示车间的物料流程图。②将物料衡算和能量衡算结果直接加进工艺流程示意图中，得到物料流程图，在其上列表表示物料组成和量的变化，图中含设备位号、操作名称、物料成分和数量。如无变动，在施工图设计阶段中不再重新绘制。对总体工程设计应附总物料平衡图。物料流程图可用不同的方法绘制。

4）带控制点工艺流程图。

带控制点工艺流程图是表示全部工艺设备、物料管路、阀门、设备附件以及工艺和自控仪表的图例、符号等的一种内容较为详细的工艺流程图，又称生产控制流程图或工艺控制流程图。在初步设计和施工图设计中均要提供这种图样。它由工艺专业和自控专业人员合作绘制而成，是设备布置、仪表测量和控制设计的依据，可供施工安装、生产操作时参考。带控制点工艺流程图是工艺设计必须完成的图样。

带控制点工艺流程图的绘制方法和步骤如下：①确定图纸幅面和绘图比例；②用细实线画出各台设备的外形轮廓。如没有比例要求，设备的尺寸大小应适当相称和大致形似。画设备时，从左到右按流程顺序把各台设备在平面和空间的大致位置关系表示出来，拟布置在楼上的设备不要绘在地坪上。设备之间的距离，应根据图幅的大小、设备的多少，以及各设备间的管路疏密程度来定，不能让管路在个别设备间过于密集，以致影响管道代号的标注，使得图面布局不均衡，甚至造成图面混乱；③按有关规定，用不同符号画出设备的管道连接和流动方向，管路上各种阀门和仪表的位置。为了绘图方便，并使图面内的管道图线分布合理，应该按介质分成若干系统再按系统进行绘制。一般先绘制主物料系统，后绘制辅助物料系统。对于同种介质的，应该先绘制管路多而杂的，再绘制简单的；④对设备标明编号和名称。对管路按不同设计阶段的要求进行标注；⑤所采用的介质代号和阀门符号均需在流程图右上方列出图例及必要的文字说明。

23.6　设备和管路布置设计

23.6.1　设备布置图

设备布置设计是在确定生产流程和设备的型号、规格、数量的基础上进行的。其任务是将工艺流程所确定的全部设备，在厂房建筑内合理布置，安装固定，以保证生产的顺利进行。设备布置设计的最终成果是设备布置图等一系列图样，它包括以下几种。

（1）设备布置图。表示一个车间或一个工段的生产和辅助设备在厂房建筑内外安装布置的图样。

（2）首页图。表示车间内设备布置图需分区绘制时提供分区概况的图样。

（3）设备安装详图。表示用来固定设备的支架、吊架、挂架及设备的操作平台、附属的栈桥、钢梯等结构的图样（施工图设计内容之一）。

（4）管口方位图。表示设备上各管口以及支座、地脚螺栓等周围安装方位的图样（施工图设计内容之一）。

其中设备布置图是采用若干平面图（即水平剖视图）和必要的立面剖视图，画出厂房建筑基本结构以及与设备安装定位有关的建筑物、构筑物（如墙、柱、设备安装孔洞、地沟、地坑及操作平台等），再添加设备在厂房内外布置情况的图样。设备布置图中的平面图是假想掀去了屋顶或上层楼板的水平剖视图。立面剖视图是沿垂直方向剖切建筑物而画出的立面正投影图。

设备布置图是设备布置设计中的主要图样，是按正投影原理绘制的，在初步设计阶段和施工图设计阶段中都要进行绘制。

23.6.2 管路布置图

管路的布置设计首先应保证安全、正常生产和便于操作、检修，其次应尽量节约材料及投资，并尽可能做到整齐和美观以创造美好的生产环境。

由于制药厂的产品品种繁多，操作条件不一（如高温、高压、真空及低温等）和输送的介质性质复杂（如易燃、易爆、有毒、有腐蚀性等），因此对管路的布置难以做出统一的规定，须根据具体的生产特点结合设备布置、建筑物和构筑物的情况以及非工艺专业的安排进行综合考虑。

23.7 制药工艺经济性评价

制药工艺与经济虽分属两个不同的范畴，但它们之间又有着密切的内在联系。在工艺与经济的关系中，经济是主导，工艺的先进性是为经济发展服务的，即工艺技术的产生、发展和提高，是由经济发展的需要决定的。任何一种技术从其产生开始就有明确的经济目的，推广应用时也必须考虑它的经济效益。通常，先进的技术都有较好的经济效益。

所谓工艺经济性就是指在工艺方案实施过程中，考虑各种生产要素的投入和产出的对比结果，即劳动消耗与有用成果的对比结果。在技术方案实施过程中讲求经济效益，也就是要用尽可能少的投入，生产出尽可能多的、符合社会需要的产品，其中包括劳动消耗的节约及有用成果的增多两方面内容，以实现技术方案的经济目的。

设计工作中技术经济分析的任务是对整个工厂基建投资的经济效果、综合性技术经济指标进行分析和论证，做出评价的结论，并把各项技术经济指标和结论与国内外现有同类型的先进指标进行对比，以此说明本设计的先进性和不足，求得基建投资最有效的利用。

23.7.1 产品成本的经济分析

产品成本是由可变的费用与不变的费用构成的。前者通称为变动成本，后者通称为固定成本。其表达式为：

$$\text{产品成本} = \text{变动成本} + \text{固定成本} \tag{23-1}$$

其中，变动成本指项目费用因素中的原料、辅料、燃料及动力（水、电、汽等）消耗等，随企业年产量增加或降低而有增减变化；而工人工资及附加费、车间经费、企业管理费等变化不大的，则称为固定成本。因此，在分析影响产品成本水平的项目费用因素时，只要抓住影响变动成本水平的因素的变化就可以了。

23.7.2 基建投资费用的经济分析

产品成本的经济分析，能反映某一设计方案在投产后的经济效果。产品成本的节约多与先进的工艺方法和设备流程组合，以及厂房建筑、设备安装、仪表控制等因素有关。这些关联因素都表现在基建项目的投资费用上。所以对基建投资费用进行经济分析，也具有同等重要的经济意义。

同产品成本组成类似，基建投资费用有投资总额，也有投资单位费用。后者是投资总额分摊到单位产品（或单位生产能力）的投资费用。

一般情况下，投资总额较大但生产效率较高的方案，有可能是经济合理的方案。在分析基建投资时，除对方案本身的投资数量进行分析外，尚需对投资费用的构成项目，如厂房建筑费、设备购置费、设备安装工程费以及其他费用等进行分析，通过比较各项投资费用占投资总额的百分数，找出采取降低投资费用的相应措施。

23.7.3　工艺经济效果综合分析

工艺经济效果综合分析的目的是在完成年产量的前提下，选出一个投资省、周期短、见效快的最佳设计方案。通过经济分析，可以评价设计方案的经济效果和设计技术水平。

工艺经济性评价采用两种基本方法：一是确定方案的绝对经济效益，即通过方案本身的效益与费用的计算与比较，评价、选择方案；二是确定方案的相对经济效益，即仅就方案的不同部分进行比较，通过计算经济效益来确定方案。前者是筛选方案，后者是优选方案。在技术经济评价中，这两种方法是相辅相成的。

23.7.3.1　绝对经济效益评价指标

表示工艺方案绝对经济效益的指标有投资回收期、投资收益率、净现值、净现值率、内部收益率等。

（1）投资回收期。投资回收期是指项目的净收益抵偿全部投资所需要的时间。而净收益主要是指利润，此外还包括按制度规定允许作为还款用的折旧、摊销及其他资金；全部投资包括固定资产投资、固定资产投资调节税、建设期借款利息和流动资金。投资回收期的计算，按是否考虑时间价值可分为静态投资回收期和动态投资回收期。将所计算的投资回收期与基准投资回收期比较，若小于基准投资回收期则方案可行，反之，则方案应予以否决。

投资回收期具有明确的经济意义，其计算简单、直观，便于投资者衡量项目的风险能力，并能在一定程度上反映投资效益的优劣。但它也有局限性，如没有考虑计划投资的项目使用年限；没有考虑投资回收以后的收益。因此，仅以投资回收期作为评价根据，有时会使决策失误，故要与其他指标结合使用。

（2）投资收益率。投资收益率也称投资报酬率，是指项目达到设计生产能力后的一个正常年份的净收益额与项目总投资的比率。对生产期内各年的净收益变化幅度较大的项目，则计算生产年平均收益额与项目总投资的比率。

投资收益率的经济含义是表明项目投资后单位投资所创造的净收益额，因此，它是进行财务能力分析和考察项目赢利水平的重要指标。在实际评价工作中，根据分析的具体目的的不同，主要计算投资利润率、投资利税率和资本金利润率。将所计算的投资收益率与基准投资收益率相比较，若大于基准收益率，则项目可以考虑接受，反之，则应予以否决。

（3）净现值。净现值是反映工程项目在建设期和生产服务年限内获利能力的综合性动态评价指标。对于独立方案，当净现值大于零时，方案可以考虑接受，因为此时方案的投资收益率不仅能够达到事先设定的基准收益率水平，而且能够取得超额净收益现值；

当净现值等于零时，方案也可以考虑接受，因为方案的投资收益率恰好等于基准投资收益率要求的标准；当净现值小于零时，方案应予以否决。多方案进行比较时，净现值最大为最优方案。

（4）净现值率。净现值指标用于多方案比选时，虽然能反映每个方案的盈利水平，但是由于没考虑各个方案投资额的多少，因而不能直接反映资金的使用效率，可采用净现值率作为净现值的补充指标。所谓净现值率也称净现值指数，是指项目方案的净现值与全部投资现值之比。净现值率的最大化有利于实现有限投资取得净贡献的最大化。计算所得的净现值率若大于零，方案可以考虑接受；当净现值小于零时，方案不可行。当对有限资金约束的多个独立方案比选时，可以采用净现值率指标按照大小将项目排列，并以此顺序选择满足资金约束条件的项目组合方案，使总净现值实现最大化。

（5）内部收益率。内部收益率又称内部报酬率，是指项目在整个计算期内各年净现金流量现值累计等于零时的折现率。它反映项目所占用资金的营利能力，是考察项目资金使用效率的重要指标。内部收益率就是投资的收益率，它表明了项目对所占用资金的一种恢复能力，项目的内部收益率越高，其经济性也就越好。计算所求的内部收益率要与项目的基准收益率相比较，当内部收益率大于基准收益率时，则表明项目的收益率已达到或超过基准折现率水平，项目可行；反之，当内部收益率小于基准收益率时，则表明项目的收益率未达到基准收益率水平，项目不可行。内部收益率只能判断单个方案是否可行，进行多方案比选时，还需计算差额投资内部收益率。

23.7.3.2 相对经济效益评价指标与方法

相对经济效益指标有费用现值、差额净现值、差额投资回收期、差额投资收益率、差额投资内部收益率等。

（1）费用现值。费用现值就是把不同方案计算期内的年成本按基准收益换算为基准年的现值，再加上方案的总投资现值。费用现值越小，其方案的经济效益越好。方案的费用，即现金流出量基本可分为两类：一类是方案的投资，包括固定资产投资、固定资产投资方向调节税、建设期借款利息以及流动资金；另一类是经营成本。投资属于一次性支出费用，而经营成本是经常性支出费用，二者是不同性质的费用，不能直接相加。折算费用就是把投资和经营成本用基准投资收益率折算后变为相当于同一性质的费用并相加，计算出每个方案的总折算费用加以比较，选择总折算费用最小者为最优方案。

（2）差额净现值。差额净现值是指被比较的两个方案净现金流量差额的现值之和。差额净现值大于零，选取投资大的方案；差额净现值小于零，选取投资小的方案。

（3）差额投资回收期。差额投资回收期又称追加投资回收期。一般在满足相同需要的情况下，投资额大的方案年成本比投资额小的方案要低，这是技术进步带来的效益，是符合客观实际的。所谓差额投资是指两个互斥方案所需投资之差额，差额投资回收期是指投资大的方案以每年所节约的年成本来收回差额投资所需要的时间。当差额投资回收期小于基准投资回收期时，则投资多、年成本低的方案较优；反之，则投资少、年成本高的方案较优。应当指出，差额投资回收期法只能比较方案间的优劣与好坏，但是较优方案是否可行，尚不能断定，因此，差额投资回收期法适于可行方案间的比较和优选。

（4）差额投资收益率。差额投资收益率是指在不考虑资金时间价值的条件下相比较方案净收益差额与投资差额的比率，其经济含义是单位差额投资所创造的净收益额。差额投资收益率常用于两个方案的比较和优选，特别是常用于技术改造项目改造前后两个技术方案的经济效益的比较和优选。若差额投资收益率大于基准投资收益率，则投资多、净收益多、经营成本低的方案较优；反之，则投资少、净收益少、经营成本高的方案较优。显然，差额投资收益率法主要用于判别方案的可行与否及其营利能力的分析。

（5）差额投资内部收益率。差额投资内部收益率又称增量内部投资收益率，是指两个方案净现金流量差额的现值之和等于零时的折现率。差额投资内部收益率比选的实质是将投资大的方案和投资少的方案进行对比，考察增量投资能否被其增量收益所抵消或抵消有余，即对增量现金流的经济性做出判断。若差额投资内部收益率大于基准收益率时，则投资大的方案为优；若差额投资内部收益率小于基准收益率时，则投资少的方案为优。差额投资内部收益率仅适用于方案间的比选，因为差额投资内部收益率只能反映增量现金流的经济性，不能反映各方案自身的经济性，即绝对经济效益，故不能仅根据差额投资内部收益率的数值大小来判定方案的取舍。

思考题

23－1　工程设计图包括哪些图？

23－2　工艺流程设计的步骤是怎样？

23－3　制药工艺的经济性评价有哪些指标？

第24章 制药“三废”处理工艺

24.1 清洁生产的概念

清洁生产（cleaner production）是指将整体预防的环境战略持续应用于生产过程的产品中，以减少对人类和环境的风险，主要包括三方面内容，即清洁生产工艺、清洁产品和清洁能源。对于制药企业，清洁生产工艺主要包括尽量少用、不用有毒有害的原料，得到无毒、无害的中间产品，减少或消除生产过程的各种危险性因素，少废、无废的工艺，高效的设备，物料的再循环，简便、可靠的操作和控制，完善的科学量化管理等。清洁产品覆盖了产品整个生产周期的各个阶段，包括产品的设计，原辅材料的购置、生产、包装、运输、流通、消费和报废等，从全过程减少对人类和环境的不利影响。清洁能源主要包括常规能源的清洁利用、可再生能源的利用、新能源的开发和各种节能技术的使用。

清洁生产工艺是生产全过程控制工艺，包括节约原材料和能源、淘汰有毒害的原材料，并在全部排放物和废物离开生产过程以前，尽量减少它们的排放量和毒性，对必须排放的污染物实行综合利用，使废物资源化。清洁生产的有效技术途径主要如下。

（1）资源综合利用。包括原料资源的综合利用、水资源的综合利用、二次资源的综合利用和废物的综合利用。在原料药的单位成本中，物耗和能耗往往占70%～80%（扣除科研开发与市场开发费用），因此节能降耗对于降低成本价格具有重要作用，是提高国际竞争力和经济效益的有效手段。在20世纪60年代，制药工业对原料曾提出过“节约使用、寻找代用、回收再用、综合利用”的“四用”方针，强调了对溶剂等的回收再用、贵重或有毒有害原料的寻找代用、原料的节约使用和综合利用，取得了较好的效果。在发酵工艺中，对原料成分进行分析，并建立组分在生产过程中的物料平衡，掌握流向，以实现对原料的“吃光榨尽”，提高原料转化率，这始终是清洁生产技术的一个重要方向。

（2）研究开发新型工艺和装备。包括原料处理工艺的改革、产品制造工艺的全过程统筹和装备技术的更新。实施清洁生产，采用先进工艺和先进设备，需要加大科研力度和在生产上的投入力度。我国最初生产维生素C时采用莱氏法全化学合成，后来使用两步发酵法简化了工艺，省去了易燃易爆的丙酮，这就是清洁生产成功的范例。

（3）必要的末端处理。包括废水、废气、废液等的综合处理和利用。生产马来酸氯苯那敏（扑尔敏）工艺中用氯化亚铜为催化剂，产生含铜2%、氨6.5%～7.5%的铜氨废水。将此废水与工业液碱按1：（0.2～0.3）的比例反应，回收氧化铜后再排放。从庆大霉素工艺废水中回收提取菌丝蛋白；从土霉素提炼废水中回收土霉素钙盐；从土霉素染菌发酵液中回收制取高蛋白饲料添加剂；从生产中间体氯代土霉素母液中蒸馏回收甲醇；从安乃近废水母液中蒸馏回收甲醇和乙醇；从淀粉废水中回收玉米浆、玉米油和蛋白粉。又如西安某药厂在生产四环素时，对其中的草酸废水投加硫酸钙，反应得到草酸钙，再经酸化回收草酸。

应充分考虑生产过程中废水的回收和再利用，这既可以回收废水中存在的抗生素等有用物质，提高原料的利用效率，又可以减少废水排放量，改善排放废水水质，具有较为可观的综合利用价值，能产生较好的环境、经济和社会效益。

24.2　清洁生产的重要性

24.2.1　清洁生产对能耗的要求

我国同一品种的药物在不同企业之间的能耗和原料消耗相差较大，据 2001 年 21 个原料药总耗的比较结果分析，多数品种相差 30%～40%，甲氧苄啶（TMP）、庆大霉素、多西环素（强力霉素）、盐酸土霉素等相差一倍以上。节约资源对制药工业来说首先是节能降耗，对现有产品采用先进工艺技术、先进设备，逐步淘汰落后的工艺技术和设备。此外，包装也是制药企业在环保方面的突出问题之一，是节约资源不可忽视的一个方面。1T 青霉素分装 80 万单位青霉素 125 万瓶。每瓶 1 个玻璃小瓶、1 个铝盖、1 个胶塞、1 个小纸盒、标签、说明书，还有中盒和纸箱，青霉素一年生产 40 亿瓶，包装材料的消耗极大。因此，药品包装在确保产品质量、方便储运和使用的前提下，应考虑节约资源，减少浪费。

我国原料药出口量 2001 年为 12 万吨，2002 年为 13 万吨，占 24 类原料药总产量的 40%。不少合成药的生产工艺不符合环保要求，如年产 2.6 万吨、出口 1.8 万吨的对乙酰氨基酚（扑热息痛），其中间体对氨基酚还是采用对硝基氯化苯这一落后的生产工艺，而以硝基苯为原料，氢气氢化、转位的清洁生产工艺至今未用在生产上，这既污染环境，也使我国的对乙酰氨基酚在国际上竞争力不强。还有一些原料药的还原用铁加盐酸，环境问题严重。制药工业使用的有机溶剂多，提高了生产成本。我国已经加入世界贸易组织（WTO），这对于扩大原料药出口来说是个机遇，但同时也面临的一个新问题，就是国际贸易上的绿色壁垒。国外绝大多数用户在要求生产商提供 GMP 证书的同时，还要求提供环境管理体系 ISO14001 认证书。而要获得此证书，根本的办法是实施清洁生产。

24.2.2　清洁生产的意义

制药企业是典型的资源消耗型企业，需要消耗大量的化工原料、中间体和煤、水、电等，因此如何节约资源，减少污染，关系着企业的经济效益，也关系着环境效益和社会效益。在发达国家，制药企业以生产制剂药物为主，把半成品、原料药等分散到其他地区和国家进行生产，即“转移生产”。我国现已成为世界原料药第二大生产国，同时也是原料药出口大国。随着医药工业的发展和制药生产规模的迅速扩大，我国制药企业对环境保护的重视程度也越来越强。为了改变能源和原材料、辅料的单耗过高、利用率低等问题，采用先进技术和设备，加大对生产过程的监控，加强员工素质和技能培训，使制药企业从整体上更注重资源节约和环境保护。进行清洁化生产是十分重要的和紧迫的。

清洁生产意义重大，不仅关系到环境保护问题，也关系到节约资源问题，往往还有利于减少有害物质对生产者健康的危害，有效防止职业病发生。清洁生产也直接关系到企业的经济效益，关系到产品的国际竞争力。

24.2.3 "三废"的消除和减少

如何实现清洁生产？可从以下几方面实现"三废"的消除和减少。

24.2.3.1 研究和采用少污染或无污染的生产工艺

（1）更换原辅材料。以无毒、低毒的原辅材料代替有毒、剧毒的原辅材料，降低或消除"三废"的毒性；提高"三废"的综合利用价值，使副产物成为使用价值更高的化工产品；减少"三废"的种类和数量，减轻处理系统的负担。

（2）改进操作方法。如采用密封的操作装置，避免废物的泄漏和废气的挥发；采用回收循环装置，最大程度地回收废液和固体废物；实现废物的综合利用等。

（3）调整不合理的配料比。通过实验，确定最佳的配料比，避免不合理的配料比，从而产生出较多的废物。

（4）采用新技术。采用立体定向合成技术，减少副产物的产生，提高碳利用率；采用固相酶技术、相转移催化反应等先进催化技术，提高主产物产率，减少副反应的发生。

（5）调整化学反应的先后次序。有些反应先后次序颠倒会导致大量副产物的产生，所以要根据实际情况，确定合理的反应先后次序。

24.2.3.2 循环使用与无害化工艺

在合成反应中，尽量做到副产物的循环利用，这样既可降低成本，又减少了"三废"的排放。如氯霉素合成中的乙酰化反应为：

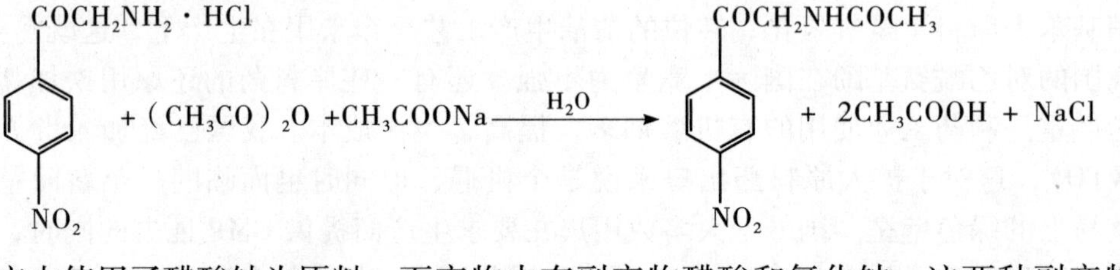

反应中使用了醋酸钠为原料，而产物中有副产物醋酸和氯化钠。这两种副产物均易于分离和保存，且为工业化的常用原料，不应作为废物处理，可以直接回用。醋酸可与氢氧化钠反应直接生成原料醋酸钠。

又如甲氧苄胺嘧啶的氧化反应如下：

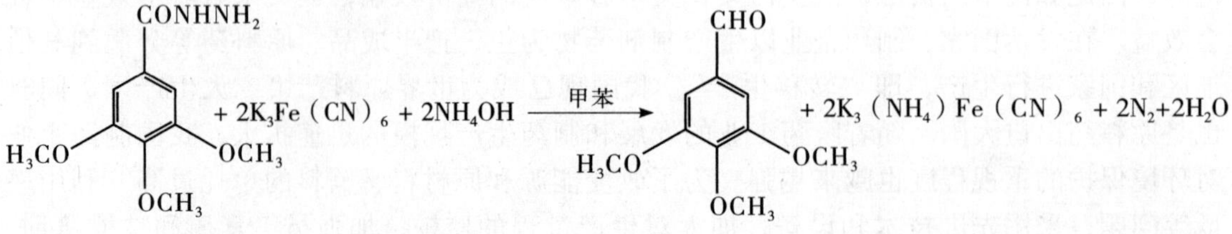

$$3K_3(NH_4)Fe(CN)_6 + KMnO_4 + 2H_2O \xrightarrow{\triangle} 3K_3Fe(CN)_6 + MnO_4 + KOH + 3NH_2OH$$

反应的产物 $K_3(NH_4)Fe(CN)_6$ 经过适当的处理，又可变为原料使用，从而实现了副产物的有效回用。

24.2.3.3　回收利用与资源化

有些反应的副产物不能直接利用，这时应研究其可能的利用途径，实现资源化再利用。如止咳药咳美芬、咳必清的中间体苯基环戊烷甲腈的制备反应中需用到1，4－二溴丁烷，通常采用四氢呋喃与HBr反应制得，需要用硫酸作催化剂，后处理较麻烦。为了能够利用苯基环戊烷甲腈制备反应的副产物溴化钠，研究发现了1，4－二溴丁烷的另一种合成工艺，即将四氢呋喃与溴化钠，在硫酸作用下可直接生成1，4－二溴丁烷，且产物中没有硫酸，减少了后处理的困难。

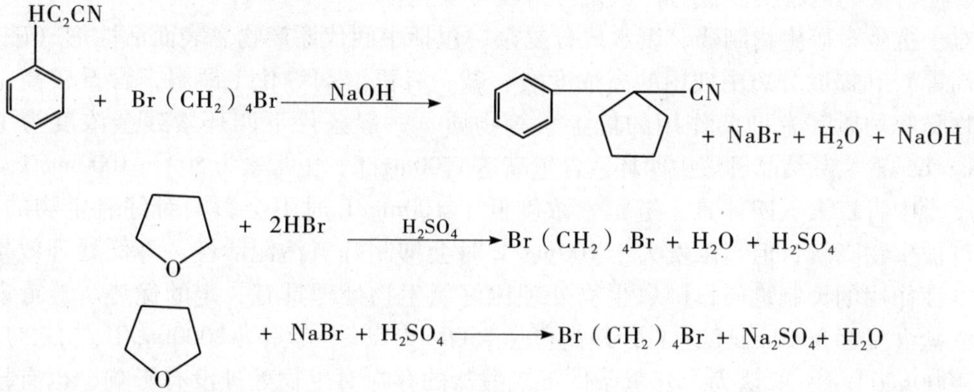

24.2.3.4　加强设备管理

药品投产后设备经过一定时间的运转和磨损，可能会出现“跑、冒、滴、漏”现象，这也是污染产生的原因之一。如果不加以注意，积少成多，会造成严重的污染和浪费。因此生产上要密切注意，加强设备管理，谨防设备破损导致的环境污染。

24.3　制药企业末端污染的治理技术

24.3.1　末端污染

末端污染是指企业在产品生产过程中对环境产生的污染。从原料药到药品，整个生产过程都有造成环境污染的因素。据不完全统计，全国制药企业每年排放废气量约10亿立方米。其中含有有害物质约10万吨；每天排放的废水量约50万立方米；每年排放的废渣约10万吨，对环境危害十分严重。近年来，通过工艺改革、回收和综合利用等方法，在消除或减少危害性较大的污染物方面已做了大量的工作。用于治理污染的投资也逐年增加，各种治理污染的装置相继在各大药厂投入运行。然而，由于化学制药工业环境保护的历史较短以及污染的治理难度较大等原因，防治污染的速度仍远远落后于制药工业的发展速度。从总体上看，制药行业的污染情况仍然十分严重，治理的形势相当严峻。

24.3.2 末端污染物

制药企业排放的污染物通常具有毒性、刺激性和腐蚀性，化学制药企业的污染物还具有组分多、pH 不稳定、COD 高等特点，这些特点与防治措施的选择有直接关系。

1）组成成分

我国原料药的生产企业规模通常较小，因此与特大型工业企业相比，排放污染物的数量一般不大，但由于化学原料药的生产具有反应步骤多而复杂、工艺路线较长等特点，因此所用原辅材料的种类较多，反应形成的副产物也多，成分复杂，这给污染的综合治理带来了很大的困难。由于生产规模的改变、工艺路线的变更、新技术和新材料的推广应用，使污染物的种类、成分、数量经常发生变化。

对于抗生素等生物制药，废水成分复杂，包括中间代谢产物、表面活性剂（破乳剂、消沫剂等）和提取分离中残留的高浓度酸、碱、有机溶剂等化工原料，含量较高，存在难生物降解物质和有抑菌作用的抗生素等物质。一般条件下四环素残余浓度为 100 ～ 1000mg/L，而实际结晶母液中四环素含量高达 1500mg/L，土霉素为 500 ～1000mg/L。据报道，废水中青霉素、四环素、链霉素浓度低于 100mg/L 时不会影响对好氧生物的处理，而且可被生物降解，但当浓度大于 100mg/L 时会抑制好氧污泥活性，降低处理效果。对于有毒性作用的抑制物质，厌氧生物处理比好氧生物处理具有一定的优势。链霉素废水中硫酸盐含量为 3000mg/L 左右，最高可达 5500mg/L；土霉素为 2000mg/L 左右，庆大霉素为 4000mg/L。一般认为，好氧条件下硫酸盐的存在对生物处理没有影响，也有报道硫酸盐达 1000mg/L 以上对好氧生物有抑制。

2）pH 不稳定

排放的废水不一致，有时呈强酸性，有时呈强碱性，pH 值很不稳定。有些成分易导致 pH 值波动大、色度高和气味重等，影响厌氧反应器中甲烷菌正常的活性。生物降解处理废水要求流入废水的水质、水量比较均匀，若变动过大，会抑制微生物的生长，导致处理效果显著下降。因此，在生物处理或排放之前必须进行中和处理，以免影响处理效果或者造成环境污染。

3）化学需氧量高

化学需氧量（chemical oxygen demand，COD）是在一定条件下用强氧化剂（$K_2Cr_2O_7$，$KMnO_4$）使污染物氧化所需的氧量，分别用 COD_{Cr} 和 COD_{Mn} 表示。无标记时的 COD 默认为 COD_{Cr}。生化需氧量（biochemical oxygen Demand，BOD）是在一定条件下微生物分解水中有机物时所需的氧量。常用 5 日生化需氧量（BOD_5）表示 20℃下，培养 5d，1L 水中溶解氧的减少量，单位为 mg/L。无标记时的 BOD 默认为 BOD_5。

对于排放的有机污染物，有些能被微生物降解，而有些则难以被微生物降解。有些废水的化学需氧量很高，但生化需氧量却不一定很高。

COD 浓度高的抗生素废水污染物，用好氧生物法处理有较大的困难。对废水进行生物处理前，一般先要进行生物可降解性试验，以确定废水能否用生物法处理。对于那些浓度高而又不易被生物氧化的废水要另行处理，如萃取、焚烧等。否则，经生物处理后，废水中化学需氧量仍会高于排放标准。

24.3.3 末端污染的控制技术

在污染物中，以废水的量最大、种类最多，危害严重，对生产可持续发展的影响也最大，它是制药企业污染物无害化处理的重点和难点。制药生产过程中还会排放大量的废气、废渣并产生一定的噪声，因此，加强废气、废渣的处理和噪声治理对末端污染的综合控制极为重要。在采用新技术、改变生产工艺和开展综合利用等措施后，仍可能有一些不符合现行排放标准的污染物，必须采用科学的处理方法，对最后无法利用但又必须排出的污染物进行无害化处理。废水处理技术很多，按作用原理一般可分为物理方法、化学方法、物理化学方法和生物方法。

（1）物理方法。物理方法是指利用物理作用将废水中呈悬浮状态的污染物分离出来的方法，在分离过程中不改变其化学性质，如沉降、气浮、过滤、离心、蒸发、浓缩等。物理方法常用于废水的一级处理。

（2）化学方法。化学方法是指利用化学反应原理来处理废水中各种形态的污染物的方法，如中和、凝聚、氧化和还原等。化学方法常用于有毒、有害废水的处理，使废水达到不影响生物处理的条件。

（3）物理化学方法。物理化学方法（物化法）是指综合利用物理和化学作用除去废水中的污染物的方法，如吸附法、离子交换法和膜分离法等，近年来，物理化学方法处理废水已形成了一些固定的工艺单元，并得到了广泛应用。

（4）生物方法。生物方法是指利用微生物的代谢作用，使废水中呈溶解和胶体状态的有机污染物转化为稳定、无害的物质，如 H_2O 和 CO_2 等的方法，生物方法能够去除废水中的大部分有机污染物，是常用的二级处理法。

上述每种废水处理方法都是一种单元操作。由于制药废水的特殊性，仅用一种方法一般不能将废水中的所有污染物除去。在废水处理中，常常需要将几种处理方法组合在一起，形成一个处理流程。流程的组织一般遵循先易后难、先简后繁的规律，即首先使用物理方法进行预处理，以除去大块垃圾、漂浮物和悬浮固体等，然后再使用化学方法和生物方法处理。对于某种特定的制药废水，应根据废水的水质、水量、回收有用物质的可能性和经济性以及排放水体的具体要求等情况确定适宜的废水处理流程。

24.4 废水处理工艺

废水是污染物无害化处理的重点和难点。药物生产过程中不同药物品种和生产工艺产生的废水水质和水量也存在着较大差异。一般情况下，按医药产品特点和水质特点可分为四大类：化学合成药物生产废水、生物制药生产废水、中药制药生产废水和制剂生产废水。各类制剂生产过程中的洗涤水及冲洗水主要包括生产过程中各工段的冷却水、制剂冲洗水、净化水等工艺泄漏废水，同时还有相当一部分为卫生清洁的地面冲洗废水。一般污染程度不大，经简单处理可达标排放。但有些也含一定量的表面活性剂和消毒剂，处理时应予以重视。以下重点介绍生物制药和化学制药生产中废水的处理工艺。

24.4.1 生物技术制药的废水

24.4.1.1 废水来源与特点

根据生物技术制药工艺过程的特点，生物制药的废水可分为提取废水、洗涤废水和其他废水，其中提取废水的有机物浓度和抑菌物质浓度最高，为该类废水的主要污染源，较难处理。废水中污染物的主要成分是发酵残余的营养物，如糖类、蛋白质、脂肪和无机盐类（Ca^{2+}、Mg^{2+}、K^{+}、Na^{+}、SO^{2-}、$HPO_4{}^{2-}$、C^{-}、$C_2O_4{}^{2-}$等），其中包括酸、碱、有机溶剂和其他化工原料等。

1）提取废水

提取废水是经提取药用物质后的发酵残液，有时也称为发酵废水。COD浓度高，其中主要为发酵残余基质及营养物、溶剂提取过程的萃取液、经溶剂回收后排出的蒸馏釜残液、离子交换过程排出的吸附废液、水中不溶性抗生素的发酵滤液以及染菌倒罐废液等。这些成分在废水中浓度较高，如青霉素COD为15 000～80 000mg/L、土霉素COD为8000～35 000mg/L。而且使废水中COD、BOD值出现波动高峰，一般废水的BOD可高达（2～3）×100mg/L。

另外，在发酵过程中由于工艺需要采用一些化工原料，废水中也含有一定的酸、碱和有机溶剂等。硫酸盐浓度高，链霉素废水中硫酸盐含量为3000mg/L左右，最高可达5500mg/L；土霉素为2000mg/L左右，庆大霉素为4000mg/L。一般认为好氧条件下硫酸盐的存在对生物处理没有影响，也有报道硫酸盐达1000mg/L以上对好氧生物处理有抑制。四环素生产中排放的废水，不仅有机物浓度高，而且含有大量的氨氮和草酸。经计算，生产1kg四环素产生的COD量相当于0.4m^3COD浓度为9218mg/L的废水。

维生素C生产综合废水的COD含量可达80 000～100 000mg/L，含甲醇、乙醇、甲酸、蛋白质、古龙酸、磷酸盐等物质，废水呈酸性。

2）洗涤废水

洗涤废水来源于发酵罐的清洗、分离机械的清洗及其他清洗工段和地面清洗水等，水质一般与提取废水（发酵残液）相似，但浓度低，一般COD为500～2500mg/L，BOD为200～1500mg/L。

3）其他废水

生物制药过程需要制冷降温，大多有冷却水的排放。一般污染物浓度不大，可直接排放，但最好能回用。有些药厂还有酸、碱废水，经简单中和可达标排放。

从抗生素制药的生产原料及工艺特点中可以看出，该类废水成分复杂，有机物浓度高，溶解性和胶体性固体浓度高，pH值经常变化，温度较高，带有颜色和气味，悬浮物含量高，易产生泡沫，含有难降解物质和有抑菌作用的抗生素，并且有毒性。

24.4.1.2 废水处理工艺

1）处理工艺流程。对于不同废水选择适当的工艺组合可以满足排放标准要求，根据以往的废水处理经验，废水处理的基本工艺流程见图24-1。其中调节池的作用是对进入下一道工序的废水进行混合或调节pH等；预处理的目的是使废水更容易被生物处理或悬浮物更好地澄清，如絮凝、凝聚等；厌氧反应主要是使废水中的有害难降解物质在无氧的环境中利用厌氧微生物的代谢作用变为小分子无害物质或有氧条件下易降解的物质；好氧反应是在有氧条件下好氧微生物将废水中的有机物质降解为无机物质，如 CO_2 和 H_2O；沉淀是将废水中的悬浮物质在重力作用下与液体分开的过程，沉淀需在沉淀池中进行；后处理是对沉淀池中的溢流水进一步处理的过程，主要包括 pH 调节、二次沉淀等单元操作，目的是使废水经处理后能达标排放。

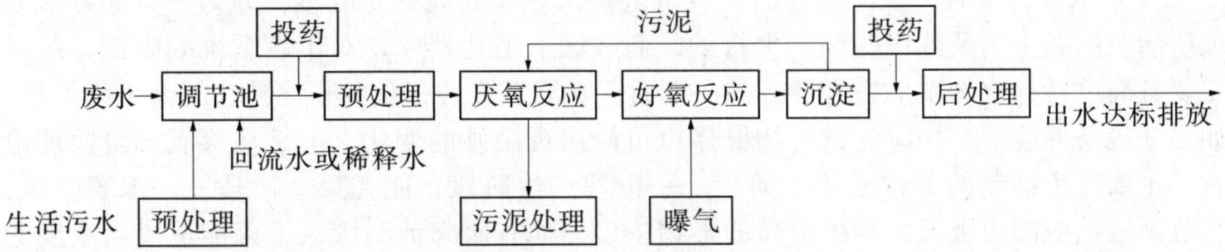

图 24－1　制药废水处理的基本工艺流程

与一般工业废水相似，抗生素工业废水也采用物化法和生物法进行处理。物化法包括化学凝聚、强氧化剂氧化、射线辐射、反渗透、焚烧、电解、萃取和离子交换等，主要用于废水中可利用组分的回收、废污泥的焚烧等；生物法包括好氧法和厌氧法。目前发达国家多采用较稳妥但费用较高的混合稀释好氧处理工艺。

厌氧生物处理技术在抗生素类制药废水处理的成功应用，对抗生素废水的生物处理起到了极大的推动作用，大大地降低了在废水处理方面的工艺及技术难度。一般国内外对制药废水的终端治理采用生物处理技术或物化加生物联合处理技术。总体来看，制药废水的污染物以有机物为主，含有难降解有机物和抑制微生物生长的物质，但一般经适当的预处理和菌种驯化，用生物法处理可得到良好的处理效果。

2）主要工艺参数

抗生素生产废水几乎都是采用好氧生物处理技术来处理的。1949 年 Henkelekien 报道青霉素生产废水的厌氧处理研究结果，对 pH 值、负荷、搅拌效果等因素的影响做了具体研究，BOD 去除率为 81%。1952 年赫威芝等进行的青霉素、链霉素废水厌氧生物处理试验，容积负荷达到 1.2kg BOD/（m^3 · d）。1974 年 Jennett Denn 发表了厌氧滤池处理低浓度制药废水的研究成果。荷兰 Gist 药厂采用单级厌氧颗粒污泥膨胀床（EGSB）工艺处理抗生素废水、酵母和食品生产混合废水，处理负荷高达 3.5kg COD/（m^3 · d），COD 去除率为 60%。华北制药厂在 20 世纪 80 年代采用两相厌氧流化床工艺，对高浓度含硫酸青霉素生产废水的处理也获得成功。

3）处理效果

制药废水经物理、化学和生物法联合处理，COD 去除率平均在 90% 以上，具体选用哪种方法需要根据废水的实际情况来确定。

4）关于抗生素类制药废水的几个关键问题

一般认为厌氧消化对毒物的敏感性大于好氧处理，这也是大都采用好氧法进行废水处理的一个原因。但是在多数情况下，厌氧和好氧法往往要结合应用才能达到较好的处理效果。

（1）厌氧微生物能进行好氧微生物所不能进行的解毒反应，如厌氧脱卤作用。卤化芳香化合物在厌氧环境下也能被有效地降解，在好氧情况下卤化的芳香族化合物趋于聚合。由于大多数抗生素结晶母液是代谢产物，其中不仅含有复杂的苯环结构，而且还存在着大量中间代谢产物，它们各有不同的抑菌范围。因此，可以在厌氧环境下通过厌氧微生物的代谢降解芳香环及较大的苯环结构，使其变成小分子，并破坏其抑菌作用，提高其废水的生物处理能力。

（2）从理论上看，反应过程的厌氧消化要比好氧处理更为敏感，因为一方面好氧处理所涉及的微生物及其代谢都是平行的，而在厌氧消化器中，对于该系统的碳源，绝对需要各高度特异化的微生物类群；另一方面，好氧系统具有众多非特异性的微生物类群，如果环境条件改变，相应的微生物群体也可能出现微妙的变化。但是从厌氧三阶段理论看，主要产生抑制的部位是第三阶段——甲烷产生阶段，而在第一阶段——水解阶段，水解菌的适应能力极强，能耐很高的毒物浓度。如有研究证明厌氧细菌能适应高浓度的 NaCl 和 NH_3，确证它们还能适应高浓度的 H_2S。可见，应该充分利用第一阶段的水解菌，使抗生素及其代谢中间物得以降解，使最后阶段的产甲烷过程的毒物的影响得以缓解。因此，充分利用第一阶段的水解作用，可以破坏和降解毒物的抑菌能力，对后序处理是极为有利的。

（3）厌氧法能直接处理高浓度有机废水，但出水残留 COD、BOD 浓度往往较高，色泽较深，且带有臭味，而好氧法则可以在一定程度上克服这些缺点。故一般多将厌氧法和好氧法联合应用。

24.4.2 化学制药的废水

24.4.2.1 废水来源

化学制药废水中含有种类繁多的有机物、金属及废酸废碱等。生产过程本身大量使用各种化学原料，但由于多步反应，导致原料利用率低，大部分随废水排放，对环境影响大。

有机合成药物品种多，生产过程多样，生产废水的水质、水量变化范围很大。废水中主要为有机污染物，还有悬浮物、氨氮、油类与各种重金属。上海某生产磺胺类药物和维生素等原料药的药厂，每年生产原料药 2000t，每天排放废水约 $6000m^3$。废水水质为：COD 含量为 1000 ～ 1500mg/L，BOD 为 300 ～ 500mg/L。主要污染物为低级脂肪酸、醇、酯、苯胺及挥发酚等有机污染物。

化学合成药生产废水的特点为 COD 高、BOD 低，以硝基苯和其他杂环化合物污染为主；此外，有些废水的含盐量高，这是生产中大量使用酸碱所致，它增加了三物处理的难度。据报道，在医药工业生产排放的五类废水中，化学合成药生产废水是目前污染最严重同时也最难处理的一类。

24.4.2.2 处理工艺

根据废水污染物的不同采用不同的处理方法，一般采用二级处理，COD 去除率约为 92%，BOD 去除率约为 97.5%。电耗量 2.4 $kw \cdot h/m^3$（废水），处理费约 0.75 元/m^3（废水）。

24.4.3　中成药制药的废水

24.4.3.1　废水来源

中成药制药的废水对于不同产品的生产都有其特殊的产生工段，但大多包含洗药、煮提与制剂、洗瓶等工段。中成药废水中含有各种天然有机污染物，其主要成分为糖类、有机酸、苷类、蒽醌、木质素、生物碱、单宁、鞣质、蛋白质、淀粉及它们的水解产物等。中成药废水的水质波动很大，其 COD 含量最高可达 6000mg/L，BOD 最高可达 2500mg/L。

24.4.3.2　处理工艺

传统好氧生物处理装置的进水 COD 浓度一般在 2000mg/L 以下。国内一些采用好氧方法处理制药废水的厂家，如东北制药总厂、山东济宁抗生素厂和北京第二制药厂等，进水 COD 浓度一般低于 2000mg/L，若废水浓度高，直接采用好氧方法处理，所需稀释程度很高，故采用适合处理高浓度废水的厌氧方法进行预处理，此法具有可承受高浓废水和产生污泥量少等特点，其后串联好氧处理，形成厌氧好氧串联处理工艺系统。

24.5　废气处理工艺

按所含主要污染物的性质不同，排出的废气可分为 3 类，即含尘（固体悬浮物）废气、含无机污染物废气和含有机污染物废气。含尘废气的处理实际上是一个气、固两相混合物的分离问题，可利用粉尘质量较大的特点，通过外力的作用将其分离出来；而处理含无机或有机污染物的废气则要根据所含污染物的物理性质和化学性质，通过冷凝、吸收、吸附、燃烧、催化等方法进行无害化处理。

24.5.1　含尘废气处理技术

药厂排出的含尘废气主要为粉碎、碾磨、筛分等机械过程所产生的粉尘，以及锅炉燃烧所产生的烟尘等，常用的除尘方法有 3 种，即机械除尘、洗涤除尘和过滤除尘。

1）机械除尘

机械除尘是利用机械力（重力、惯性力、离心力）将固体悬浮物从气流中分离出来。常用的机械除尘设备有重力沉降室、惯性除尘器、旋风除尘器等。重力沉降室是利用粉尘与气体的密度不同，依靠粉尘自身的重力从气流中自然沉降下来，从而达到分离或捕集气流中含尘粒子的目的。惯性除尘器是利用粉尘与气体在运动中的惯性力不同，使含尘气流方向发生急剧改变，气流中的尘粒因惯性较大，不能随气流急剧转弯，便从气流中分离出来。旋风除尘器是利用含尘气体的流动速度，使气流在除尘装置内沿一定方向作连续的旋转运动，尘粒在随气流的旋转运动中获得了离心力，从而从气流中分离出来。

机械除尘设备具有结构简单、易于制造、阻力小和运转费用低等特点，但此类除尘设备只对大粒径粉尘的去除效率较高，而对小粒径粉尘的捕获率很低。为了取得较好的分离效率，可采用多级串联的形式，或将其作为一级除尘使用。

2）洗涤除尘

洗涤除尘又称湿式除尘，它是用水（或其他液体）洗涤含尘气体，利用形成的液膜、液滴或气泡捕获气体的尘粒，尘粒随液体排出，从而使气体得到净化的方法。

洗涤除尘器可以除去直径在0.1μm以上的尘粒，且除尘效率较高，一般为80%～95%，高效率的装置可达99%。洗涤除尘器的结构比较简单，设备投资较少，操作维修也比较方便。在洗涤除尘过程中，水与含尘气体可充分接触，有降温增湿和净化有毒废气等作用。尤其适合高温、高湿、易燃、易爆和有毒废气的净化。洗涤除尘的缺点是除尘过程中要消耗大量的洗涤水，而且从废气中除去的污染物全部转移到水中，因此必须对洗涤后的水进行净化处理，并尽量回用，以免造成水的二次污染。此外，洗涤除尘器的气流阻力较大，因而运行费用较高。

3）过滤除尘

过滤除尘是使含尘气体通过多孔材料，将气体中的尘粒截留下来，从而使气体得到净化的方法。目前，我国使用较多的是袋式除尘器，其基本结构是在除尘器的集尘室内悬挂若干个圆形或椭圆形的滤袋，当含尘气流穿过这些滤袋的袋壁时，尘粒被袋壁截留，在袋的内壁或外壁聚集而被捕集。

袋式除尘器在使用一段时间后，滤布的孔隙可能会被尘粒堵塞，从而导致气体的流动阻力增大，因此袋壁上聚集的尘粒需要连续或周期性地被清除下来。袋式除尘器是利用机械装置的运动，周期性地振打布袋从而使积尘脱落。此外，利用气流反吹袋壁而使灰尘脱落也是常用的清灰方法。

袋式除尘器结构简单，使用灵活方便，可以处理不同类型的颗粒污染物，尤其对直径在0.1～20μm范围内的细粉有很强的捕集效果，除尘效率可达90～99%，是一种高效除尘设备。但袋式除尘器的应用受到滤布的耐温和耐腐蚀等性能的限制，一般不适用于高温、高湿或强腐蚀性废气的处理。

各种除尘装置各有其优缺点。对于那些粒径分布范围较广的尘粒，常将两种或多种不同性质的除尘器组合使用。

24.5.2 含无机物废气处理技术

含有氯化氢、硫化氢、二氧化硫、氮氧化物、氯气、氨气和氰化氢等的废气，主要处理方法有吸收法、吸附法、催化法和燃烧法等。其中以吸收法最为常用，吸收法技术比较成熟，可选择适宜的吸收剂和吸收装置进行处理，并可回收有价值的副产物。例如，用水吸收废气中的氯化氢可获得一定浓度的盐酸；用水或稀硫酸吸收废气中的氨可获得一定浓度的氨水或铵盐溶液，可用作农肥；含氰化氢的废气可先用水或液碱吸收，然后再用氧化、还原及加压水解等方法进行无害化处理；含二氧化硫、硫化氢、二氧化氮等酸性气体，一般可用氨水吸收，根据吸收液的情况可用作农肥或进行其他综合利用等。

吸收是利用气体混合物中不同组分在吸收剂中的溶解度不同，或者与吸收剂发生选择性化学反应，从而将有害组分从气流中分离出来的过程。吸收过程一般需要在特定的吸收装置中进行。吸收装置的主要作用是使气液两相充分接触，从而实现气液两相间的传质。用于气体净化的吸收装置主要有填料塔、板式塔和喷淋塔。

24.5.3　含有机物废气处理技术

根据废气中所含有机污染物的性质、特点和回收的可能性，可采用不同的净化和回收方法。目前，含有机污染物的废气的一般处理方法主要有冷凝法、吸收法、吸附法、燃烧法和生物法。

1）冷凝法

冷凝法是指通过冷却的方法使废气中所含的有机污染物凝结成液体从而分离出来。冷凝法所用的冷凝器可分为间壁式和混合式两大类。相应地，冷凝法有直接冷凝与间接冷凝两大工艺流程。由于使用了间壁式冷凝器，冷却介质和废气由间壁隔开，彼此互不接触，因此可方便地回收被冷凝组分，但冷却效率较差。

冷凝法的特点是设备简单、操作方便，适用于处理有机污染物含量较高的废气。冷凝法常用作燃烧或吸附净化废气的预处理，当有机污染物的含量较高时，可通过冷凝回收的方法减轻后续净化装置的负荷。但此法对废气的净化程度受冷凝温度的限制，当要求的净化程度很高或处理低浓度的有机废气时，需要将废气冷却到很低的温度，经济上通常是不划算的。

2）吸收法

选用适宜的吸收剂和吸收流程，通过吸收法除去废气中所含的有机污染物是处理有机物废气的有效方法。吸收法在处理含有机污染物废气中的应用不如在处理含无污染物废气中的应用广泛，其主要原因是适宜吸收剂的选择比较困难。

吸收法可用于处理有机污染物含量较低或沸点较低的废气，并可回收获得一定量的有机化合物，如用水或乙二醛水溶液吸收废气中的胺类化合物，用稀硫酸吸收废气中的吡啶类化合物，用水吸收废气中的醇类和酚类化合物，用亚硫酸氢钠溶液吸收废气中的醛类化合物，用柴油或机油吸收废气中的某些有机溶剂（如苯、甲醇、乙酸丁酯等）。但当废气中所含的有机污染物浓度过低时，吸收效率会显著下降。因此，吸收法不宜用于处理有机污染物含量过低的废气。

3）吸附法

吸附法是将废气与大表面多孔性固体物质（吸附剂）接触，使废气中的有害成分吸附到固体表面上，从而达到净化气体的目的。吸附过程是一个可逆过程，当气相中某组分被吸附的同时，部分已被吸附的该组分又可以脱离固体表面回到气相中，这种现象称为脱附。当吸附速率与脱附速率相等时，吸附过程达到动态平衡，此时的吸附剂已失去继续吸附的能力，因此，当吸附过程接近或达到吸附平衡时，应采用适当的方法将被吸附的组分从吸附剂中解脱下来，以恢复吸附剂的吸附能力，这一过程称为吸附剂的再生。吸附法处理含有机污染物的废气包括吸附和吸附剂再生的全部过程。

与吸收法类似，合理地选择和利用高效吸附剂，是吸附法处理含有机污染物废气的关键。常用的吸附剂有活性炭、活性氧化铝、硅胶、分子筛和褐煤等。吸附法的净化效率较高，特别是当废气中的有机污染物浓度较低时仍具有很强的净化能力。因此，吸附法特别适用于处理排放要求比较严格或有机污染物浓度较低的废气。但吸附法一般不适用于高浓度、大气量的废气处理。否则，需对吸附剂频繁地进行再生处理，会影响吸附剂的使用寿命，并增加操作费用。

（4）燃烧法。燃烧法是在有氧的条件下将废气加热到一定的温度，使其中的可燃污染物发生氧化燃烧或高温分解从而转化为无害物质。当废气中的可燃污染物浓度较高或热值较高时，可将废气作为燃料直接通入焚烧炉中燃烧，燃烧产生的热量可予以回收。当废气中的可燃污染物浓度较低或热值较低时，可利用辅助燃料燃烧放出的热量将混合气体加热到所要求的温度，使废气中的可燃有害物质进行高温分解从而转化为无害物质。

燃烧过程一般需控制在800℃左右的高温下进行。为了降低燃烧反应的温度，可采用催化燃烧法，即在氧化催化剂的作用下，使废气中的可燃组分或可高温分解组分在较低的温度下进行燃烧反应而转化成 CO_2 和 H_2O。催化燃烧法处理废气的流程一般包括预处理、预热、反应和热回收等。

燃烧法是一种常用的处理含有机污染物废气的方法。此法的优点是工艺比较简单，操作比较方便，并可回收一定的热量；缺点是不能回收有用物质，并容易造成二次污染。

（5）生物法。生物法处理废气的原理是利用微生物的代谢作用，将废气中所含的污染物转化成低毒或无毒的物质。可用生物过滤器处理含有机污染物废气。含有机污染物的废气首先在增湿器中增湿，然后进入生物过滤器。生物过滤器是由土壤、堆肥或活性炭等多孔材料构成的滤床，其中含有大量的微生物。增湿后的废气在生物过滤器中与附着在多孔材料表面的微生物充分接触，其中的有机污染物被微生物吸附吸收，并被氧化分解为无机物，从而使废气得到净化。

与其他气体净化的方法相比，生物处理法的设备比较简单，且处理效率较高，运行费用较低。因此，生物法在废气处理领域中的应用越来越广泛，特别是含有机污染物废气的净化。但生物法只能处理有机污染物含量较低的废气，并不能回收有用物质。

24.6 废渣处理工艺

药厂废渣是在制药过程中产生的固体、半固体或浆状废物。在制药过程中，废渣的来源很多，如活性炭脱色精制工序产生的废活性炭、铁粉还原工艺产生的铁泥、锰粉氧化工序产生的锰泥、废水处理产生的污泥，以及蒸馏残渣、失活催化剂、不合格的中间体和产品等。防治废渣污染应遵循“减量化、资源化和无害化”的“三化”原则。首先要采取各种措施，最大限度地从“源头”上减少废渣的产生量和排放量；其次，对于必须排出的废渣，要从综合利用上下功夫，尽可能从废渣中回收有价值的资源和能量；最后，对无法综合利用的废渣要进行无害化处理。

24.6.1 回收和综合利用

废渣中有相当一部分是未反应的原料或反应副产物，在对废渣进行无害化处理前，应尽量考虑回收综合利用。许多废渣经过某些技术处理后，可回收有价值的资源。废催化剂是化学制药过程中常见的废渣，制造这些催化剂要消耗大量的贵金属。如利用废钯炭催化剂制备氯化钯的工艺，废钯炭催化剂首先用焚烧法除去炭和有机物，然后用甲酸将废渣中的钯氧化物还原成粗钯，粗钯再经王水溶解、水溶、离子交换除杂等步骤制成氯化钯。

铁泥可以制备氧化铁红或磁芯，锰泥可以制备硫酸锰或碳酸锰，废活性炭经再生后可以回用，硫酸钙废渣可制成优质建筑材料等。从废渣中回收有价值的资源，并开展综合利用，是控制污染的一项积极措施。这样不仅可以保护环境，而且可以产生显著的经济效益。

24.6.2 无害化处理

经综合利用后的残渣或无法进行综合利用的废渣，应采用适当的方法进行无害化处理。由于废渣的组成复杂，性质各异，故还没有像废气和废水的治理那样形成系统的治理方法。目前，对废渣的处理方法主要有化学法、焚烧法、热解法和填埋法等。

1）化学法

化学法是利用废渣中所含污染物的化学性质，通过化学反应将其转化为稳定、安全的物质的方法，是一种常用的无害化处理技术。例如，铬渣中常含有可溶性的六价铬，对环境有严重危害，可利用还原剂将其还原为无毒的二价铬，从而达到消除六价铬污染的目的。再如，将含氰化合物加入氢氧化钠溶液中，再用氧化剂使其转化为无毒的氰酸钠或加热回流数小时后，再用次氯酸钠分解，可使氰基转化成 CO_2 和 N_2，从而达到无害化的目的。

2）焚烧法

焚烧法是使被处理的废渣与过量的空气在焚烧炉内进行氧化燃烧反应，从而使废渣中所含的污染物在高温下氧化分解而破坏的方法，是一种高温处理和深度氧化的综合工艺。焚烧法不仅可以大大减少废渣的体积，消除其中的许多有害物质，而且可以回收一定的热量，是一种可同时实现减量化、无害化和资源化的处理技术。因此，对于一些暂时无回收价值的可燃性废渣，特别是当用其他方法不能解决或处理不彻底时，焚烧法常是一个有效的方法。在常用的回转炉废渣焚烧装置的工艺流程中，回转炉保持一定的倾斜度，并以一定的速度旋转。加入炉中的废渣由一端向另一端移动，经过干燥区时，废渣中的水分和挥发性有机物被蒸发掉。温度开始上升，达到着火点后开始燃烧。回转炉内的温度一般控制在 650 ～1250℃。为了使挥发性有机物和由气体中的悬浮颗粒所夹带的有机物能完全燃烧，常在回转炉后设置二次燃烧室，其内温度控制在 1100℃ ～1370℃。燃烧产生的热量由废热锅炉回收，废气经处理后排放。

焚烧法可使废渣中的有机污染物完全氧化成无害物质，有机物的化学去除率可达 99.5% 以上，因此，适用于处理有机物含量较高或热值较高的废渣。当废渣中的有机物含量较少时，可加入辅助燃料。此法的缺点是投资较大，运行管理费用较高。

3）热解法

热解法是在无氧或缺氧的高温条件下，使废渣中的大分子有机物裂解为可燃的小分子燃料气体、油和固态炭等的方法。热解法与焚烧法是两个完全不同的处理过程。焚烧的过程放热，其热量可以回收利用；而热解则是吸热的。焚烧的产物主要是水和二氧化碳，无利用价值；而热解产物主要为可燃的小分子化合物，如气态的氢、甲烷，液态的甲醇、丙酮、乙酸、乙醛等有机物以及焦油和溶剂油和固态的焦炭或炭黑等，这些产品可以回收利用。

4）填埋法

填埋法是将一时无法利用但又无特殊危害的废渣埋入土中，利用微生物的长期分解作用使其中的有害物质降解。一般情况下，废渣首先要经过减量化和资源化处理，然后才对剩余的无利用价值的残渣进行填埋处理。同其他方法相比，此法的成本较低，且简便易行，但常有潜在的危害性。例如，废渣的渗滤液可能会导致填埋场地附近的地表水和地下水的严重污染；某些含有机物的废渣分解时会产生甲烷、氨气和硫化氢等气体，造成场地恶臭，严重破坏周围的环境卫生，而且甲烷的积累还可能引起火灾或爆炸。因此，要认真仔细地选择填埋场地，并采取妥善措施，防止对水源造成污染。

除以上几种方法外，废渣的处理方法还有生物法、湿式氧化法等多种方法。生物法是利用微生物的代谢作用将废渣中的有机污染物转化为简单、稳定的化合物，从而达到无害化的目的的方法；湿式氧化法是在高压和150～300℃的条件下，利用空气中的氧对废渣中的有机物进行简化，以达到无害化的目的的方法，整个过程是在有水的条件下进行的。

思考题

24－1　什么是清洁生产？有何意义？

24－2　制药企业的末端污染物有何特点？其控制方法有哪些？

24－3　试述生物制药、化学制药和中药制药废水的来源和处理方法。

24－4　废气有哪些处理方法？

24－5　废渣有哪些处理方法？

参考文献

［1］曹光明．中药浸提物生产工艺学［M］．北京：化学工业出版社，2009.

［2］岑琴，周丽莉，礼彤．膜分离技术及其在中药领域中的应用［J］．沈阳药科大学学报，2008，25（1）：77－80.

［3］陈赟，田景奎，程翼宇．中草药挥发油提取新技术——亚临界水萃取［J］．化学工程，2006（08）：62－65.

［4］陈光明，刘玉华．核酸疫苗制备工艺研究进展［J］．生物技术通讯，2006（06）：129－131.

［5］陈建茹．化学制药工艺学［M］．北京：中国医药科技出版社，2007.

［6］陈来同，唐运．生物化学产品制备技术［M］．北京：科学技术文献出版社，2003.

［7］陈来同，唐运．生物化学产品制备技术［M］．北京：科学技术文献出版社，2004.

［8］陈丽娜，温宇旗，韩国庆，等．生物活性肽制备工艺的研究进展［J］．农产品加工，2018，463（17）：63－68.

［9］陈平．中药制药工艺与设计［M］．北京：化学工业出版社，2009.

［10］高怡婷，柳文媛．多糖的制备工艺与质量控制研究进展［J］．药学进展，2016，40（3）：205－211.

［11］郭勇．生物制药技术［M］．2版．北京：中国轻工业出版社，2007.

［12］何建勇．生物制药工艺学［M］．北京：人民卫生出版社，2007.

［13］胡林峰，李绍平，王一涛．中药靶向制剂研究进展［J］．中国新药杂志，2005（12）：1387－1390.

［14］霍清．制药工艺学［M］．2版．北京：化学工业出版社，2016.

［15］黄量，戴立信．手性药物的化学与生物学［M］．北京：化学工业出版社，2002.

［16］乐夏云．诺氟沙星的合成工艺［J］．当代化工研究，2018（4）：129－130.

［17］李家洲．生物制药工艺学［M］．北京：中国轻工业出版社，2007.

［18］李津明．现代制药技术．北京：中国医药科技出版社，2005.

［19］李世忠，高冠道，张爱勇．化学絮凝法处理制药废水应用研究进展［J］．工业用水与废水，2008（6）：6－10.

［20］李雅君．葛根有效成分提取及分离纯化工艺研究［D］．山西大学，2014.

［21］李岩．有关青霉素类药物的制备［J］．生物技术世界，2013（02）：91.

［22］李艳，肖凯军，郭祀远，等．高效逆流色谱研究进展——在天然产物有效成分分离方面的应用［J］．现代食品与药品杂志，2006，16（4）：78－80.

［23］李丽娅，梁方君．头孢菌素C钠盐最佳制备工艺探讨［J］．黑龙江医学，2003，16（6）：515－516.

［24］李元．基因工程药物［M］．北京：化学工业出版社，2002.

［25］梁世中．生物制药理论与实践［M］．北京：化学工业出版社，2005.

［26］林强，霍清．制药工艺学［M］．北京：化学工业出版社，2010.

［27］刘彬果，郭文勇，钟蕾，等．大孔树脂吸附技术在中药制剂中的应用［J］．解放军药学学报，2003（6）：54－57.

［28］马劲．时滞与 pH 敏感结合型结肠靶向制剂［D］．北京中医药大学，2009．

［29］齐继成．中药有效成分提取新技术研究开发进展［J］．医学信息：西安下半月，2005（11）：21－23．

［30］齐香君．现代生物制药工艺学［M］．北京：化学工业出版社，2004．

［31］潘伦，江尚飞，谭小梅，等．控释微丸国内外研究进展［J］．中国药业，2014，23（19）：8－11．

［32］潘伟麟，范苗，宋张晴，等．中药炮制标准化、规范化的研究进展［J］．科技展望，2016，26（25）：272－273．

［33］潘卫三．工业药剂学［M］．北京：高等教育出版社，2006．

［34］彭运平，何小维．生物物质的分离新技术－反胶团萃取［J］．生物技术通报，2003（6）：37－41．

［35］饶伟文，周文杰．中药产地加工规范化研究进展．中国中医药信息杂志，2012，19（2）：106－109．

［36］施秀芳，张秋荣．制药工艺学［M］．郑州：郑州大学出版社，2007．

［37］石鹏，艾晗，王辉，等．抗生素制药菌渣的处理处置技术进展与分析［J］．中国抗生素杂志，2015，40（7）：486－494．

［38］谭静，王亚茹，林红强，等．当归的炮制研究进展［J］．特产研究，2018（2）：74－78．

［39］王沛．制药工艺学［M］．北京：中国中医药出版社，2017．

［40］王效山，王键．制药工艺学［M］．北京：北京科学技术出版社，．2003．

［41］王效山，夏伦祝．制药工业的三废处理技术［M］．2 版．北京：化学工业出版社，2018．

［42］王永菲，王成国，等．响应面法的理论与应用［J］．中央民族大学学报（自然科学版），2005，14（3）：236－240．

［43］吴梧桐．生物技术药物学［M］．北京：高等教育出版社，2003．

［44］吴梧桐．生物制药工艺学［M］．4 版．北京：中国医药科技出版社，2015．

［45］吴晓英，郭勇．生物制药工艺学［M］．北京：化学工业出版社，2009．

［46］席晓丽，聂祚仁，翟立力，等．冷冻干燥技术制备非晶态粉体的机理研究［J］．北京工业大学学报，2007，33（11）：1207－1211．

［47］夏换章．生物制药工艺学［M］．2 版．北京：人民卫生出版社，2016．

［48］肖焕，冯倩茹，区炳雄．当归不同炮制工艺的比较［J］．中药材，2012（08）：43－45．

［49］肖永庆，张村．现代中药提取新技术［J］．现代中医药，2007（3）：75－79．

［50］辛秀兰．现代生物制药工艺学［M］．2 版．北京：化学工业出版社，2016．

［51］许峰．基于工业化生产的治疗用单克隆抗体上游制备及放大工艺研究［D］．苏州大学，2014．

［52］徐莲英，侯世祥．中药制药工艺技术解析［M］．北京：人民卫生出版社，2003．

［53］徐良娟，王柏．难溶性药物渗透泵控释制剂的研究现状［J］．药学进展，2012（9）：406－412．

［54］许炎森．布洛芬的合成工艺研究［J］．化工设计通讯，2018，44（4）：186．

［55］姚明春．药品冷冻干燥技术的研究［J］．中国医药导报，2007，4（4）：245－246．

［56］尤启冬，林国强．手性药物——研究与应用［M］．北京：化学工业出版社，2004．

［57］余琼．生物制药工艺学［M］．北京：高等教育出版社，2011．

［58］元英进．制药工艺学［M］．2 版．北京：化学工业出版社，2017．

［59］翟中和．细胞生物学［M］．北京：高等教育出版社，2000．

［60］曾凡明，李刚．喷雾干燥技术在我国的应用［J］．中国药业，2007，16（12）：16－17．

[61] 曾苏. 手性药物与手性药理学 [M]. 杭州：浙江大学出版社，2002.

[62] 赵临襄. 化学制药工艺学 [M]. 4 版. 北京：中国医药科技出版社，2015.

[63] 赵临襄，赵广荣. 制药工艺学 [M]. 北京：人民卫生出版社，2014.

[64] 赵广荣. 现代制药工艺学 [M]. 北京：清华大学出版社，2015.

[65] 张成，王红. 无味氯霉素的合成工艺改进 [J]. 湖北中医药大学学报，2011，13（1）：36－38.

[66] 张建斌，姚伟，董继刚，等. 重组（CHO 细胞）乙肝疫苗纯化工艺的改进 [J]. 中国生物制品学杂志，2003（04）：239－240.

[67] 张亚军，郑杭生，徐莲英，等. 中药口服缓释制剂的研究进展 [J]. 中国中药杂志，2005，30（22）：1794－1796.

[68] 张衍. 制药工程工艺设计 [M]. 北京：化学工业出版社，2006.

[69] 张燕，李萍，董亚荣. 化学制药废水处理研究进展 [J]. 北方环境，2011，23（Z1）：117－118.

[70] 张敏，吕华瑛. 中药成分分离新技术及应用 [J]. 山东中医杂志，2005，9（24）：562－565.

[71] 张秋荣，施秀芳. 制药工艺学 [M]. 郑州：郑州大学出版社，2007.

[72] 张喜梅，李琳，陈玲，等. 葛根总黄酮提取工艺研究 [J]. 现代食品科技，2008（1）：42－45.

[73] 郑穹. 化工过程开发及工艺设计基础 [M]. 武汉：武汉大学出版社，2000.

[74] 朱葆佺. 新编药物合成反应路线图设计与制备工艺新技术实务全书 [M]. 天津：天津电子出版社，2005.

[75] 朱科，王艳艳，丁海平，等. 酶法制备阿莫西林的工艺优化研究 [J]. 中国抗生素杂志，2011，36（1）：44－47.